儿童发展心理学

了解孩子，才能教育好孩子

[美] 琼·利特菲尔德·库克（Joan Littlefield Cook）/ 著
[美] 格雷格·库克（Greg Cook）/ 著　　和静　张益菲 / 译

The World of Children

（3rd Edition）

中信出版集团 | 北京

致我们的孩子：威尔、雷切尔、莉莉和安迪。

他们丰富了我们的生活，

并提醒我们，生活中最重要的事情就是孩子的发展。

作者简介

琼·利特菲尔德·库克（Joan Littlefield Cook）美国威斯康星大学白水分校的心理学教授及心理系主任，曾获得范德堡大学心理学和人类发展专业博士学位。二十多年来，琼一直教授有关儿童及青少年发展、教育心理学、认知心理学方面的课程。美国威斯康星大学麦迪逊分校曾评选她为“杰出教授”，威斯康星大学白水分校曾授予她教学优秀奖。

格雷格·库克（Greg Cook）美国威斯康星大学白水分校的心理学教授及副校长，曾获得范德堡大学心理学博士学位。格雷格教授曾在范德堡大学、威斯康星大学白水分校及麦迪逊分校教授儿童发展、研究方法、统计学等课程，并获得白水分校文学院奖、教学优秀奖等奖项。

前　言

新学期伊始，学生们常常会问我们，他们为什么要学习儿童发展理论，以及这一学科在他们的人生中会有什么样的作用。在从事儿童发展教学的 25 年间，我们一直在尽力地向优秀的前辈学习。我们相信教学的方式与内容同样重要。教学既要迎合学生的兴趣和需要，又要精选教学内容，避免泛泛而谈，科学合理地教学。我们是如何选取教学内容的呢？首先必须考虑，不管学生将来成为父母、老师、护工、社工，还是儿童发展学科的研究人员，所选的内容会对他们的人生产生怎样的影响；其次还要涉及这一领域现今的发展成果和实际应用，以便学生对该领域的现状有清楚的了解。

作为研究人员与大学教授，我们看到儿童发展领域正发生着可喜的变化。心理学领域的发展，如大脑发育、行为遗传学方面的新进展和有关社会互动的新理论等，都带来了新的挑战与愿景，引发了热烈的讨论。儿童发展理论在实际生活中发挥着重要作用，这点一直让我们倍受鼓舞。卫生服务从业人员、教育人员、社工、日托工作人员、家长，乃至心理学家，都在每天的工作和生活中用到发展科学理论，去培养、教育，或以其他方式关心儿童。而我们想要让学生和这本教材的其他读者认识到的，正是科学理论与解决实际问题之间的紧密联系。

我们编写这本教材，旨在清楚明确地解释“为什么”和“怎么做”的问题。我们看重学习成果，深信学生将教育心理学、学习科学、认知科学等领域的理论知识运用到实际生活中会有更多收获。学生必须真正地学习，而非死记硬背课本上的概念，才能深刻地认识到发展科学在人们生活中的积极作用。学生对课上所学内容进行反思、批判和应用的能力越来越重要。我们鼓励学生对所学概念进行评价和应用，以便学生在未来的事业和生活中更加有效地应用这些知识。本书重点介绍当代科学理论和儿童发展领域的最新成果，但是为了更好地理解当今的发展，我们必须反思过去。在书中，我们回顾了一些经典研究及其历史背景，介绍了这些研究成果如何影响儿童发展领域，以及心理学家如何看待该领域，以便读者理解某些特殊的科学方法是如何被提出，如何随着时间的推移经历演变，或是遭到淘汰的。我们希望学生意识到，正如成年人受儿时的经历影响，儿童发展科学也离不开以往的研究成果。

《儿童发展心理学》的三大重要目标

目标一　关注解决实际问题的人

我们希望学生了解学习儿童发展理论的重大意义。我们深信儿童发展科学能为儿童和家庭提供实实在在的帮助，希望学生将研究成果与实际中的家庭问题联系起来。

为此，每章开篇介绍一个真实案例，激励学生学习更多儿童发展知识来解决问题。

学生还可以在我们的心理实验室网站（www.mypsychlab.com）上找到案例对象的视频采访。这些真实案例可以鼓励学生学以致用，为案例对象提供建议。

目标二　锻炼学生批判性地看待研究成果

我们希望学生学习新知识、了解新情况，但更重要的是，学生必须了解这些新知识、新情况是如何产生的，并发展自身技能来评估和分析所学知识。本书介绍了如何应用本领域的研究方法，并向学生展示了这些方法的局限性。每章开篇案例与思考问题环节旨在鼓励学生换位思考，研究如何应用理论知识解决个人具体的实际问题，锻炼学生的批判性思维。

目标三　帮助学生将科学理论与实际问题联系起来

这本书充分研究并熟悉儿童发展领域，对学生和社会均颇有裨益，既可以为家长和相关从业人员提供实际建议，又能为社会政策的制定献计献策，而所有建议均基于坚实的研究基础。

我们的个人经验

我们有儿童发展方面的学习和研究经验，也有抚养四个孩子的实践经验。本书出版之际，我们的大儿子安迪马上就要拿到学士学位了。他今年 22 岁，主修心理学，辅修社会学，现在是一名治疗专家，专门为自闭症儿童服务。二儿子威尔现年 18 岁。他热爱运动，积极参加各类学校和社区活动，是学校的风云人物。他现在高三，忙着准备申请大学和奖学金，有意攻读卫生领域或计算机科学等相关专业。17 岁的女儿雷切尔、莉莉是异卵双胞胎，两人性格迥异。雷切尔文静害羞，擅长与人合作，爱好是越野跑和田径跑。她在保护动物协会当过志愿者，想成为素食主义者。相比之下，莉莉更加活泼开朗，总是第一个迎接新挑战。她酷爱游泳，组织学校的西班牙语学习项目，对数学和化学兴趣浓厚。两人关系很好，但也在分别学习自我独立。我们饶有趣味地观察着孩子们迈出的第一步、说出的第一句话、上学的第一天、第一次约会，享受着和孩子们共处的欢乐时光。和大多数家庭一样，我们也必须努力平衡工作和家庭生活，此外，我们还遇到过早产、孩子的语言障碍和身体疾病、学校问题、同胞竞争，以及家庭生活中可能出现的其他各种问题。

通过孩子，我们更加理解儿童发展理论的实际应用。与孩子实际相处过程中遇到的挑战、复杂问题、实际困难、快乐和满足，即使是最宏大的理论也无法言尽。与孩子相处的实际经验丰富了本书的写作，提醒我们在教学与写作时牢记理论的实际应用。我们鼓励学生将个人经验带入儿童发展的学习中，我们也是一样，有时会将个人经验带入本书中。希望我们的个人经验可以给学生提供另一种思考的角度。

目录

第一部分
导　论 / 001

第 1 章　儿童发展理论概述 / 002

发展领域 / 004
发展维度 / 004
研究主题 / 005

儿童发展理论 / 008
理论的作用 / 008
精神分析理论、行为主义理论和社会学习理论 / 011
认知理论、生物学理论、环境理论和系统理论 / 016

儿童发展研究 / 022
描述性研究方法 / 022
相关性研究方法 / 023
实验研究方法 / 027
发展评价方法 / 029
儿童研究伦理 / 032

理论应用与相关职业 / 033
儿童发展研究的实际应用 / 033
相关职业 / 036

第 2 章　遗传与环境 / 038

基因与人类繁衍 / 039
基因与神奇的遗传编码 / 039

细胞分裂 / 044

性状与基因异常 / 050

显性与隐性 / 051

染色体异常 / 056

产前筛查与基因检测 / 058

基因与环境的关系 / 062

反应幅度、渠化作用和选窝现象 / 063

或然渐成论：激活你的基因 / 066

行为遗传学 / 068

行为遗传学、遗传率、共享与非共享环境 / 068

如何估测遗传率 / 069

复杂特征的遗传率 / 071

第 3 章　产前发育和分娩 / 076

产前发育 / 077

怀孕 / 077

产前发育的阶段 / 079

致畸原：婴儿的健康风险 / 083

妊娠期内饮酒、吸食可卡因和吸烟 / 085

母体的健康状况和年龄 / 093

关键时期 / 097

父亲的作用 / 098

分娩过程 / 101

分娩阶段 / 101

分娩的文化差异 / 102

现代的分娩方式 / 104

分娩并发症：出现意外状况 / 108

新生儿诞生 / 109

家庭构成：调节心理，以适应新生儿诞生 / 110

向父母角色转变 / 111

成为哥哥或姐姐 / 111

第二部分
婴儿和学步儿（0 ~ 2岁）/ 113

第4章 婴儿和学步儿的生长发育 / 114

早产和婴儿死亡率 / 115
什么是早产 / 116
婴儿早夭 / 117
产前检查 / 118

大脑和身体的发育 / 120
大脑和神经系统的结构 / 120
大脑和神经系统的形成 / 122
身体发育、睡眠类型和婴儿猝死综合征 / 125
喂养与营养 / 128

感官能力 / 132
婴儿的视觉如何 / 132
婴儿的听觉如何 / 134
婴儿的嗅觉和味觉如何 / 135

动作发展 / 136
反射：婴儿最初的协调运动 / 136
随意运动：肌肉运动的里程碑 / 137
早期教育的文化差异 / 142
训练孩子如厕的习惯 / 143

第5章 婴儿和学步儿的认知发展 / 145

感知能力的发展 / 146
罗伯特·范茨的研究 / 147
习惯化－去习惯化研究 / 150
跨感官知觉 / 152

皮亚杰的认知发展理论 / 155
神童皮亚杰 / 155
建构主义 / 156
认知发展阶段理论第一阶段：感知运动阶段（0 ~ 2岁）/ 161

语言习得理论 / 169
语言是什么 / 169
学习理论：语言能力是后天习得的 / 170
先天理论：天生的沟通能力 / 171

互动理论：认知法和社会互动论 / 177
早期交流：语言如何产生 / 179

第 6 章　婴儿和学步儿的社会情绪发展 / 188

依恋 / 189
依恋研究史 / 190
与依恋相关的因素 / 195
早期依恋和长期影响 / 201

气质和情绪 / 205
气质类型 / 205
认识气质的其他方法 / / 208
婴儿对情绪的反应 / 209
学步儿的自我意识情绪 / 213

社会交往与游戏 / 213
婴儿的社会交往和感觉运动游戏 / 213
学步儿的朋友 / 216
学步儿之间的冲突和象征性的游戏 / 217

第三部分
童年早期：玩耍期（3～6岁）/ 219

第 7 章　童年早期儿童的身体发展 / 220

儿童的身体和大脑发育 / 221
身体发育和饮食情况 / 221
大脑的发育和发展 / 225
经验对大脑发育的影响 / 228
儿童大脑整体的发育模式 / 229

儿童的动作发展和体育活动 / 230
粗大动作和精细动作的发展 / 231
体育活动和锻炼 / 233
脑瘫 / 235

儿童的健康和安全问题 / 237
儿童的死亡和安全问题 / 238
虐待和忽视 / 239
虐待和忽视对儿童的影响 / 242

第 8 章 童年早期儿童的认知发展 / 247
皮亚杰儿童认知发展阶段理论第二阶段：前运算阶段 / 248
丰富的心理表征 / 249
直觉思维的出现 / 250
守恒问题 / 252
皮亚杰与教育 / 254
维果茨基对认知发展的社会文化观点 / 255
维果茨基的成长环境：新理论诞生的社会文化背景 / 255
言语和语言的作用 / 257
认知中介 / 258
最近发展区 / 259
脚手架与合作学习 / 259
信息加工理论 / 261
什么是信息加工法 / 261
基本认知过程的发展 / 262
元认知和儿童发展心智理论 / 265
语言能力发展 / 267
日益扩展的词汇 / 268
学习语法和言语的社会规则 / 269
双语儿童：学习两门语言 / 271
早期儿童教育和幼儿园入园准备 / 274
早期儿童教育 / 274
幼儿园入园准备 / 279
第 9 章 童年早期儿童的社会情绪发展 / 282
社会自我与情绪自我 / 283
自我、自我调节与情绪 / 283
性别观念的形成 / 287
道德发展 / 289
儿童教养模式 / 290
教养的维度 / 292
教养模式 / 293
管教：父母应该怎么做 / 295
朋友与游戏 / 300
性别隔离 / 300
游戏类型 / 305

第四部分
童年中期：学龄期（7 ~ 11 岁）/ 309

第 10 章 童年中期儿童的身体发育 / 310
儿童的身体和大脑发育 / 311
身体发育和超重问题 / 311
大脑的发育和成熟 / 314
儿童的运动发展和体育活动 / 316
运动发展 / 316
体育活动和锻炼 / 318
有组织的运动 / 320
儿童的健康和安全问题 / 321
童年伤害和安全问题 / 322
儿童性虐待 / 324
特殊儿童 / 328
发展心理病理学是什么 / 330
注意力缺陷多动障碍 / 330
交流与学习障碍 / 333
自闭症谱系障碍 / 336

第 11 章 童年中期儿童的认知发展 / 340
皮亚杰认知发展阶段理论第三阶段：具体运算阶段 / 342
具体运算思维 / 342
类包含、序列化和传递性推理 / 343
信息加工：记忆力的发展 / 344
两种记忆模式：存储库和网络 / 344
工作记忆 / 346
长期记忆 / 349
记忆发展的其他特征 / 351
信息加工：知识、策略和新方法 / 356
知识储备 / 356
策略发展 / 359
理解认知发展的新方法 / 361
信息加工研究方法的利弊 / 366
学习交流：童年中期儿童语言能力的发展 / 367

熟练掌握基本语言 / 367
元语言意识与语言使用方式的变化 / 368
语言发展的连接模型 / 369
情景认知 / 370
数学能力的发展 / 371
阅读能力的发展 / 374
写作能力的发展 / 377

第 12 章 童年中期儿童的社会情绪发展 / 382
社会自我与情绪自我 / 383
自我评价 / 384
情绪发展 / 386
性别差异 / 387
道德与亲社会道德判断 / 388
攻击性行为、欺凌行为与适应力强的儿童 / 391
家庭结构 / 394
父母离异与儿童成长中出现的问题 / 395
未婚生子家庭与继亲家庭 / 400
游戏、朋友和同龄人受欢迎程度 / 403
游戏与“最好的朋友” / 403
同龄人受欢迎程度 / 405
儿童回应信息的社会认知模型 / 410
学校和媒体 / 411
学校：信念与期待 / 412
儿童与媒体 / 414
儿童与电视 / 414
电子游戏、电脑和网络 / 418

第五部分
青春期（12 岁以上）/ 423

第 13 章 青春期青少年的身体发育 / 424
青春期的身体发育和大脑发育 / 425
青春期特征 / 425
早熟与晚熟 / 429

大脑发育 / 430

青春期性行为 / 433

青春期性行为方式 / 433

青春期期间的避孕措施 / 436

性知识与性教育 / 438

对青少年性行为的特殊考量 / 440

性传播疾病 / 440

少女怀孕 / 442

强迫性行为 / 445

青少年健康问题 / 446

营养与锻炼 / 447

药物的使用和滥用 / 449

其他健康问题 / 455

第 14 章 青春期青少年的认知发展 / 460

皮亚杰认知发展阶段理论第四阶段：形式运算阶段 / 461

什么是形式运算阶段 / 461

青少年的自我中心主义 / 464

对皮亚杰理论的评价 / 465

维果茨基的认知发展观 / 467

情境认知 / 467

引导青少年参与实践 / 468

思维是一种社会共有的认知 / 468

智力 / 469

智力理论 / 470

智力评估 / 475

智力的两种极端：智力障碍与智力超群 / 477

族裔差异和文化偏见问题 / 480

青少年使用的语言 / 484

青少年语域 / 484

社会和文化方言 / 485

情景认知：做决策的青少年 / 486

青少年的决策能力如何 / 486

职业选择 / 488

从学校向职场的过渡 / 490

第 15 章 青春期的社会情绪发展 / 494

青少年的自我认知 / 495

认同 / 495

性取向 / 497

道德观 / 499

社会关系：家庭 / 503

青少年发展自主性：与父母产生矛盾 / 503

家庭结构 / 505

社会关系：同龄人 / 510

青春期的朋友和同龄人 / 510

派系和群体 / 511

同龄人的压力、违法行为和攻击行为 / 513

环境影响 / 516

学校中的青少年 / 516

学习成绩差异 / 518

文化背景差异 / 521

第一部分

导　论

第 1 章

儿童发展理论概述

发展领域

发展维度

研究主题

儿童发展理论

理论的作用

精神分析理论、行为主义理论和社会学习理论

认知理论、生物学理论、环境理论和系统理论

儿童发展研究

描述性研究方法

相关性研究方法

实验研究方法

发展评价方法

儿童研究伦理

理论应用与相关职业

儿童发展研究的实际应用

相关职业

最近，雪莉和亚当有了他们的第三个孩子，他们的生活也因此发生了很大的变化。以前，他们有更多时间照顾到每一个孩子，但现在他们发现自己很难既满足新生儿的基本需要，又兼顾另外两个孩子的活动。他们的大儿子叫马克斯，今年 9 岁，聪明好学，热衷于电子游戏，在同龄人中堪称滑雪高手。他很有自己的想法，喜欢表现出独立性。他们的大女儿叫伊莎贝拉，今年 6 岁，热衷于体操、舞蹈、表演和音乐。虽然伊莎贝拉才上一年级，但她争强好胜，希望在所有活动中都有出色的表现。伊莎贝拉富有同情心，关心他人。她抱着刚出生的妹妹佐薇时，样子非常可爱。新出生的小佐薇与她的哥哥、姐姐完全不同，她比他们小时候更放松、悠闲。小佐薇还不会翻身，也不能像其他婴儿那样动动手脚、拉伸肌肉，但她更擅长“交际”——有人走近时，她就会冲他们微笑，还喜欢发出咕咕的声音。另外，佐薇与其他两个孩子长得也不一样，她头发和眼睛的颜色较浅，皮肤更加娇嫩。

雪莉很想知道孩子们长大后会变成什么样子。她并非有意要比较他们，但她为他们之间的差异性感到惊讶。雪莉认为自己和亚当对孩子们一视同仁，但孩子们的兴趣和性格各不相同。差异是如何产生的呢？她尽量让自己不要去担心这个问题。与大多数父母一样，她希望孩子们幸福快乐，做最好的自己。虽然抚养孩子很有挑战性，但当雪莉和亚当展望未来，想象着孩子们长大后会变成什么样时，两个人都感到十分兴奋。他们思考着怎么做才能最大限度地帮助孩子们，并希望把每一个孩子当作独一无二、特别的个体来欣赏。

你可以从父母的思考角度阅读本章节。雪莉和亚当想以最好的方式关心孩子，对此你会给出什么建议？研究人员对儿童发展了解多少？为什么出自同一个家庭的孩子看起来却大不相同？孩子们在成长过程中会经历哪些发展阶段？促进孩子们成长的因素是什么？学完本章，你便能基于有关孩子发展的十几种观点，向雪莉和亚当解释这些问题了。

没有多少事情能像看着孩子成长和发展这么令人称奇了。婴儿出生时弱小无助，但短短几个月后他们便可以爬来爬去，自己吃饭，探索眼前的一切了。不久之后，他们开始上幼儿园，之后，开始第一次约会，学习开车，最后开始工作，过年轻人的生活。从童年到青春期，他们的进步非常显著。

你有没有近距离地观察过一个孩子的成长呢？如果没有，可以回想一下自己的成长经历。显然，你现在比小时候长得更高，变得更强壮，身体也更协调，还积累了更多客观知识，掌握了更有效、更高效地解决问题的能力。你的社交圈也会发生很大变化，尤其当你远离家人或组建了自己的家庭以后。然而，在其他方面你还保留着最初的特点，比如，也许你小时候很害羞，现在依然会缄默沉思、不爱讲话，或者你小时候非常活泼，现在还是精神饱满、活力四射。

本书探索了孩子从出生到童年再到青春期整个过程的诸多变化和相似之处。前三章为介绍章节，接下来的部分为：

- 婴儿和学步儿：初期（从出生到 2 岁），在此阶段，婴儿和学步儿的生命刚刚开始；
- 童年早期：玩耍期（3 岁到 6 岁），在此阶段，儿童开始玩耍、结交朋友、探索周围的世界；

- 童年中期：学龄期（7 岁到 11 岁），在此阶段，儿童开始专注于学校和学习；
- 青春期：向成年过渡期（12 岁及以上），儿童步入青春期，青少年步入成年期。

每一部分包括三个章节，即身体发育、认知发展、社会心理发展。把所有章节整合起来，便可以呈现出每一个年龄阶段发展过程中遇到的挑战和取得的进步。

第 1 章将介绍儿童发展领域。首先，我们会界定儿童发展领域，明确该领域研究的基本问题。接着，我们会简单概述部分重要的理论和在该领域中用到的研究方法，并展示这些理论如何体现在孩子的现实生活中。

发展领域

在儿童发展领域，汇集了心理学、教育学、社会学、人类学、社会工作学、生物学、医药学、经济学和其他领域的专家，其研究目的是描述、理解儿童在婴儿—童年—青少年阶段发生的重要变化。儿童每天都在变化——长身体，学知识，获得技能。但也有一些方面不会发生变化，例如，快乐开朗的性格可能会贯穿孩子的童年时期。

如果想与儿童打交道或助其成长，理解儿童的发展过程至关重要。父母自然有责任为孩子提供最好的成长环境。其他需要与孩子打交道的人，如老师、辅导员、社会工作者、心理学家、医护人员，也要明白孩子发展的基本原理，以及阻碍和影响孩子发展的因素。同时，通过理解孩子的发展，成年人也可以理解自己的发展历程——了解过去可以更好地珍惜现在、预测未来。

发展维度

孩子的发展是多方面的，其中身体发育最明显。孩子们会长个儿，肌肉的力量和协调性也会逐步增强。刚出生时孩子甚至无法抬头，但随后几个月，他们肌肉的力量和协调性都会迅速增强。之后，孩子开始学爬行，学走路，最后学骑自行车，学做运动。很多孩子都会经历一个身体“瘦长”的阶段，这段时间里他们长个儿的速度超过了体重和肌肉体积的增长速度。在青少年阶段，孩子逐步走向性成熟，此时，他们看起来更像成年人了。随着儿童的大脑和神经系统的逐步发展和成熟，协调性和技能方面也相应发生了变化。

认知发展指的是孩子看待世界、处理信息、存储和调取记忆、解决问题、语言沟通方面发生的变化。婴幼儿会在探索周围的世界、学习日常物品和事件名称的同时，开始学说话。之后，儿童和青少年认知能力提升体现最明显的地方就是他们增长了不同学科的知识，包括阅读、写作、数学、社会学、科学、艺术等，而潜在的变化则是他们洞察力、信息处理、记忆和问题解决能力的发展。

此外，儿童的社会情绪能力发展很快。在婴幼儿时期，由父母和其他家庭成员给他们提供食物、安全的环境和娱乐方式。逐渐长大后，他们开始去找同龄人互动，在此过程中，提高了沟通和情感表达的能力。蹒跚学步的小孩不管和同性别还是异性别的孩子都很容易打成一片。但等到童年中期他们开始建立真正的友谊时，此时的玩伴多数都是自己的同性。随后，大多数青少年都会面临约会、性别认同、建立亲密关系等问题。

当然，这三方面的发展是相互依赖的。生物心理社会学模型认为，生物、心理和社会因素有时会以复杂的方式互相作用，从而影响发展。虽然最初提出该模型是为了更好地理解疾病和健康，但对更好地理解发展也有重要作用。例如，研究员可能会通过采访、检查答对率、观察切入角度等方式了解孩子解决数学问题的能力。但是，要是孩子有数学焦虑症，看错数字（比如把“6”看成了“9”），或者这个孩子本来就不喜欢数学呢？如果研究人员仅仅关注认知发展，其他影响孩子学习数学和解决数学问题的因素就可能被忽略。

研究主题

儿童的生活相对复杂，其成长和发展会受到一系列因素的影响。通过阅读本书，你会逐步了解研究人员在儿童发展领域已经取得的具体成果。对于部分内容，我们会追溯到该研究的起源。因为通过了解某个研究的起源，我们可以更深刻地了解该研究的现状。但是，多数情况下，我们只关注最近的研究。我们建议通过

4 个主题来帮助你更好地认识儿童发展的研究领域。尽管这些主题并非近来才有，但它们对定义儿童发展学现代研究方法的重要作用已日益凸显。

天性和教养 首先，儿童的成长和发育会受到天性和教养的共同影响。天性是指影响儿童发展的生物因素。打个比方，基因因素决定了一棵幼苗最终会开出美丽的花朵。同理，儿童身体细胞里有很多基因信息，这些基因信息控制着身体的成长和发育，并且影响着许多重要的人类特征。目前，你可能知道基因会影响到眼睛的颜色，但你是否知道，它们还会影响到你的身高、体重、智商，甚至性格？

教养指的是影响孩子发展的生活环境。儿童只有得到来自对自己重要的人（如父母、兄弟姐妹、其他亲人、老师和朋友）的关爱和支持，才能健康发展。同时，周围的文化和社会经济环境也会影响到孩子的发展。贫穷、营养不良、医疗卫生服务短缺等问题都会对儿童的成长和发育带来不良影响。文化遗产和文化多样性会丰富他们的生活。儿童生活的社区会决定他们接受教育的学校和交往的朋友圈。所有这些影响因素都是非生物的，都被认为是教养的一部分。教养也包括孩子的经历和他们从所处环境中学到的东西。

长期以来，哲学家、科学家一直在讨论天性与教养之间的关系。20 世纪早期美国著名心理学家约翰·华生是教养至上理论的代表人物。他曾经写道：

> 给我一打健康而又没有缺陷的婴儿，把他们放在我所设计的特殊环境里培养，我可以担保，我能够把他们中间的任何一个人训练成我所选择的任何一类专家——医生、律师、艺术家、商界首领，甚至是乞丐或窃贼，而无论他的才能、爱好、倾向、能力，或他祖先的职业和种族是什么。

华生认为经验与学习，亦即教养，可以决定儿童的未来。但是，其他专家有不同意见，他们认为智力与性格受基因（天性）的影响大于教养。例如，研究人员对比，同卵和异卵双胞胎的智商和衡量一般认知能力的其他指标的相似度，结果显示前者比后者相似度更高。同卵双胞胎基因相同，而异卵双胞胎只有一半基因相同，因此研究人员认为，双胞胎基因越相似，其智力水平也会越接近。而一项针对出生不久就被收养的儿童的调查，也得出了相似的结论。被收养的儿童到了 18 岁，智商更加接近于其亲生父母而不是养父母。另一方面，分开抚养的同卵双胞胎，智商差距较大，而一起成长的同卵双胞胎，智商更加接近。这一发现表明影响智商的因素不仅包括基因，也包括后天教养。

在心理学、哲学等领域，关于天性与教养的争论由来已久。而如今，科学家应用科学技术，获得了关于基因和基因遗传的运作机制的新发现。因此，天性与教养之争再次成为该领域最热话题之一。到了现代，研究人员认为天性与教养缺一不可，区分这两种影响因素也成为不可能的事。研究人员不再争论二者孰轻孰重，而是转而研究两种因素之间的相互作用。

神经科学领域 在神经科学领域，心理学家、生物学家以及其他科学家都在研究大脑与神经系统的结构与功能，这一领域正迅速发展。目前，科学家正倾力研究大脑哪些部分控制人类说话、阅读、解决问题、协调肌肉等各项能力。现有结果表明，随着脑内通路的成熟，儿童的反应速度与协调性会有所提升。对于激素、基因和其他生理特征如何影响儿童行为、认知过程，甚至情绪，也有更多新的认知。

近来，技术人员致力于绘制出大脑内部神经元之间的完整通路，这种研究名为连接组学。连接组学用颜色区分不同的神经元，并区分神经元之间的通路，追踪其变化。随着研究的深入，我们将会更了解生理变化与儿童成长之间的相互作用。

多元性与文化多样性 本书强调的第三个主题，是研究人员投入大量时间研究的一个课题：多元化环境如何丰富儿童的生活。越来越多的研究关注来自少数族裔家庭、移民家庭、双语或多语家庭的儿童，关注同性恋父母、离婚父母、单亲父母、养父母面临的问题。在更高的层面，心理学家、社会学家和其他研究人员正在研究不同文化和价值观如何影响社会，以及社会又如何反过来影响家庭生活和儿童。美国文化日益多元化，随之而来的是多元化的邻里社区、学校和家庭。毫无疑问，这将带来许多挑战，但同时也会丰富我们的生活。

积极发展与适应性 最后，我们必须强调的是，大多数儿童经历的是积极的成长与发展，拥有快乐、健康的童年。青少年也往往对他们与父母的关系感到满意，其中大多数的青少年在之后的学业、事业和生活中都获得了成功。本书会涉及关于儿童发展负面因素的研究，包括先天缺陷、精神疾病、家庭问题、各种形式的虐待等。只有对这些重要问题进行调查研究，我们才能更好地帮助儿童乃至整个家庭。不过，近年来，越来越多的研究人员研究积极心理学，研究儿童何时以何种方式实现积极发展。即使面对再大的困难（重大疾病或贫困），许多儿童也具有较高的适应性——战胜困难，脱离困境。本书将会讨论儿童发展过程中可能出现的种种问题，但同时也会着重讨论大多数孩子所经历的积极发展过程。

以上四大主题可谓代表了儿童发展领域最前沿的研究。全书采用这类研究的相关案例。

儿童发展理论

我们已经概述了儿童发展领域常见的研究问题，下面让我们来看看用于解释儿童发展的主要理论。这些年来，研究人员从各个方面收集了大量关于儿童发展的观察发现和资料。这些数据涵盖面广泛，包括儿童的平均身高、体重、智商、交友情况、活动模式，以及惩罚和离婚对儿童发展的影响等。这一系列的数据相当庞大，如果不合理组织，将会变得难以理解。在这一部分，我们将解释研究人员为什么要通过创建理论来组织这些资料。我们也将讨论对儿童发展领域影响最深远的理论。

理论的作用

理论用于解释事实的关联性。理论提供组织和关联事实的框架，这些框架可以起到多种作用。

理论可用于总结已知事实。通过了解当代理论，你可以知晓研究人员对儿童发展已有的认知。通过追溯重要理论的历史发展，你可以了解专家之前的想法，了解知识和观念是如何随着时间变化的。

理论可用于预测未来的行为和事件。理论会告诉我们，在一般情况下，一组事实或事件会有什么样的联系。当我们得知其中一个事件已经发生时，就可以预测相关事件也会随即发生。例如，通过正确的惩罚理论，我们会了解到儿童对严厉惩罚和轻度惩罚的反应，如果某个孩子正在接受严厉惩罚，我们就能预测出这个孩子可能的反应（随后或近期内的反应）。

理论有预测作用。它可用于指导父母、老师、咨询师、治疗专家、社会工作者，以及其他与儿童打交道的人。

理论也可以激发新的研究和发现。根据定义，理论是无法直接证实的，所以研究人员通过从一般理论中抽取具体的推论或假设，然后收集观察数据以证明假设是否合理，从而检验理论。在检验假设的过程中，研究人员进行观察，收集资料，然后可能会有新的发现。这一过程通常会导致研究人员修改起初的理论，有时会发展出新的理论。

最后，理论可以充当过滤器，用于相关信息、观察发现和相互关系的识别。理论影响我们对儿童及其发展的看法，也会影响研究人员的研究问题。因此，理论可充当过滤器，过滤掉与该理论不相关的问题和观察发现，留下可进一步考虑的相关信息。以孩子帮助父亲这一简单举动为例，从精神分析理论、行为主义理论或者生态学理论角度进行观察的研究人员会有不同的看法。

表 1.1 概述了儿童发展的主要理论。精神分析理论是儿童发展理论领域最早的理论之一，它极大地影响了我们对儿童发展的早期认知。然而，由于新理论更加准确实用，儿童发展领域在很大程度上抛弃了精神分析论。行为主义理论与社会学习理论在 20 世纪中期占主导地位。虽然此后又出现了新理论，但和孩子打交道的专业人士仍然以上述两种理论为依据设计项目，从而改善儿童的行为。认知理论在 20 世纪后期崛起。环境理论和系统理论（如动态理论）相对较新，其潜力仍在探索中。

在阅读这些理论时，我们要记住，每一个理论都总结了当时研究人员对儿童发展的认知和猜想。理论会随着科学的发展而变化。此外，不要期望同一个理论能够解释儿童发展的所有问题。大部分理论只针对儿童发展的某些方面——例如，儿童怎样学习，怎样思考世界上的万事万物，或者他们怎样和周围的人交流沟通。没有一个理论可以独自解释儿童成长和发展过程中的每一个过程和改变。如今，

表 1.1

主要发展理论一览表

精神分析理论	行为主义理论与社会学习理论	认知理论	生物学理论	系统理论
研究人格发展、意识与潜意识对行为与发展的影响。	研究环境中可观察条件及其与可观察行为之间的关系。	研究儿童如何学会思考。	研究发展生物学及其生理基础。	研究不同系统、变量之间的相互作用。
精神分析理论 （西格蒙德·弗洛伊德）	经典条件反射 （伊万·巴甫洛夫、约翰·华生）	认知发展理论 （让·皮亚杰）	动物行为学 （康拉德·洛伦茨）	生态系统理论 （尤里·布朗芬布伦纳）
• 精神包括本我、自我、超我；三者处于永恒的矛盾中。 • 性心理发展分为五个阶段。 • 人格在青少年时期发展完善。	• 行为遵循刺激－反应模式。 • 非条件刺激引起非条件反射；非条件刺激与中性刺激结合；形成条件刺激，引发条件反射。 • 解释多种恐惧的形成。	• 儿童积极建构个人认识。 • 儿童发展心理图式表示知识经验。 • 儿童同化并顺应自身图式。 • 认知发展的五个主要阶段。	• 基于达尔文进化论与自然选择理论。 • 研究有助于其竞争与生存的动物（包括人类）行为。	• 多重系统影响儿童发展。 • 多重系统包括家人、朋友、学校、邻居、政府、父母工作单位，以及社会价值观、法律、风俗等各方面的相互作用。 • 这种相互作用随着时间改变。
心理社会理论 （爱利克·埃里克森）	操作性条件反射 （B.F. 斯金纳）	社会文化理论 （列夫·维果茨基）	神经科学	动态系统理论
• 关注自我同一性的健康发展。 • 八大心理社会冲突。 • 冲突是否得到正面解决取决于与他人的互动。 • 人格发展贯穿一生。	• 行为受具体行为后果影响。 • 强化增加特定行为重复的可能性；惩罚削弱特定行为重复的可能性。 • 儿童调整行为实现强化，避免惩罚。	• 强调文化与社会交流对认知发展的作用。 • 儿童使用所在文化创造并鼓励使用的心理工具。 • 社会言语内化为私语；最终变为内部言语。	• 直接观察思考时大脑和神经系统的结构与功能。 • 利用先进技术判断大脑哪些部位与心理机能、行为有关。	• 基于数学家与物理学家用以研究复杂系统的模型。 • 多种因素之间产生复杂的相互作用，可能显得混乱无序，但系统自组织后就会出现稳定的模式。 • 模式随时间改变。
	社会学习 （阿尔伯特·班杜拉）	信息处理		
	• 儿童通过观察模仿他人行为来学习；有时并不需要强化或惩罚。 • 强化与惩罚引导儿童思考应该模仿哪些行为。	• 详细分析思维过程。 • 强调基本处理效率，先验知识和记忆。		

许多心理学家和研究人员都会采取一种折中的态度，将多个理论的主要概念结合起来。了解这些之后，让我们一起来探索一些发展理论。我们按照理论发展的时间先后顺序开始，先探索最早的理论，最后探索最新的理论。

精神分析理论、行为主义理论和社会学习理论

精神分析理论 精神分析理论主要关注人格构建以及自我意识和无意识对行为和发展的影响。最著名的两个精神分析理论是由西格蒙德·弗洛伊德和爱利克·埃里克森提出的。

西格蒙德·弗洛伊德（1856—1939）是一位奥地利医生，专攻神经学，治疗多种疾病。在他治疗的病人中，有些人的症状（例如，瘫痪）似乎是由神经系统异常引起的，但是当弗洛伊德仔细检查这些病人时，他没有查出任何实际问题。困惑了一段时间之后，弗洛伊德得出结论：这些症状是由病人无意识的心理冲突引起。它们与我们今天说的心身类疾病类似。

弗洛伊德认为，精神由本我、自我、超我三部分组成：

- 本我完全停留在潜意识层面，包括长期进化遗传下来的原始性冲动和侵略本能。
- 自我是人格中的理性部分，试图通过现实方法满足本我的冲动。
- 超我则代表人格中的道德层面，包括道德原则、道德理想和良心。

弗洛伊德认为这三种组成部分永远处于相互冲突的状态。例如，当你与人吵架时，你会产生推倒对方的冲动（来自本我）。同时，（由于超我的制约）你又想到攻击别人是不礼貌的。这样一来，你只能采取折中的办法（自我的协调），辱骂对方并对他避而不见。只有实现超我道德原则与本我原始本能的平衡，我们才能发展出健康的人格。同时，自我必须足够强大，综合考虑现实因素，并能迅速有效地协调本我、超我、现实要求之间的关系。

少儿时期这三大部分是如何发展的呢？弗洛伊德认为，自我与生俱来，是长期进化的结果。接着，他提出性心理发展分为五个阶段，并解释了自我和超我如

何驯服本我。图 1.1 分别介绍了五个阶段。口唇期和肛门期的婴幼儿通过父母的反馈，学会控制口欲与排泄欲。儿童的性欲发生区（敏感区）需要适度刺激，刺激过多或过少都将导致儿童发展受阻，心理能量郁积。少儿学会延迟满足后，如正确使用厕所、规定时间进餐等，自我逐渐开始形成，并控制本我。

弗洛伊德关于性器期的观点争议最大。他提出了一种现象，名为“俄狄浦斯情结”，取自古希腊戏剧人物——弑父娶母的俄狄浦斯。根据该理论，性器期儿童对异性家长产生了无意识性欲。最终他们会意识到他们不可能与异性家长结合，部分原因在于同性家长过于强大。为消解俄狄浦斯情结，儿童只能妥协——认同同性家长。男孩开始模仿父亲，女孩则模仿母亲。这样，他们避免与同性家长对抗（一旦对抗注定失败），而选择“加入同性家长的行列”（同性家长与异性家长可发生关系——此为儿童的真实欲望）。通过对同性家长的认同，儿童发展出同性家长的超我。换言之，儿童模仿家长的道德观、理想和价值观，从而形成自己的世界观。

随着道德观的形成，儿童开始对曾经的乱伦情感产生羞耻和内疚。因此性器期之后就是潜伏期，或称休眠期。这一阶段，性欲遭到压抑，儿童倾向于与同性伙伴玩耍，热衷于与性无关的活动。到了生殖期，儿童成长为青少年，性欲复苏，开始探索性别身份。

弗洛伊德的理论旨在解决病人的问题，这些问题大多关于性焦虑或儿童时期

口唇期：0 ~ 2 岁 婴儿通过吮吸、啃咬、牙牙学语满足口腔欲望。

肛门期：2 ~ 3 岁 排泄训练有助于幼儿平衡自身排泄欲望与社会整洁需求的矛盾。

性器期：3 ~ 7 岁 少儿对异性家长产生无意识性欲，同时受同性家长的限制，最终认同同性家长。

潜伏期：7 ~ 11 岁 性欲受到压抑，儿童倾向于与同性伙伴玩耍。

生殖期：11 岁至成年 青春期重新萌发性冲动，青少年逐渐发展成熟关系。

图1.1 弗洛伊德人格发展理论的五个阶段

的性阴影。批评家指责弗洛伊德过分强调无意识和性冲动，很多专家也认为弗氏理论不足以解释儿童的正常发展。然而，弗洛伊德毕竟是最早一批提出完整的儿童发展理论体系的思想家。许多弗氏概念成为大众文化的常用词——本我、自我、超我和俄狄浦斯情结只是其中很小一部分。弗氏理论无疑对当今儿童发展理论和心理学都有巨大的影响。

爱利克·埃里克森（1902—1994）继承并发展了弗洛伊德的精神分析理论。埃里克森更加关注儿童健康发展，特别是自我同一性的发展。他认为，人类在经历一系列心理社会发展阶段的过程中逐渐发展出同一性。他提出，心理社会发展分为 8 个阶段，分别代表八大冲突（见表 1.2）。当儿童在与自身社会环境中重要的他人发生互动时，他会通过认同危机积极或消极的一面，解决当前阶段所面临的冲突。例如，在第一阶段，婴儿必须面对信任与不信任的心理冲突。如果与父母或看护进行积极互动，婴儿会觉得世界可以依靠，人们基本可以信任。而如果遭到父母忽视或虐待，婴儿则会产生不信任感，几乎对所有人失去信任。埃里克森还认为，较早阶段的经历会影响后期阶段的选择。例如，儿童如果在第一阶段建立了信任感，到第二阶段，则更有可能发展自主或独立意识，在后续阶段也是如此。与弗洛伊德不同，埃里克森认为，青春期过后，人格发展仍在继续，并按照成年的三个时期划分成不同的发展阶段。

行为主义理论 精神分析理论面临的一大问题是，相关概念很难用科学方法测试。例如，我们如何才能观察、衡量本我，甚至证明其存在呢？行为主义心理学起源于美国，旨在建立一种更加客观、科学的心理学。约翰·华生（1878—1958）是美国行为主义心理学之父。华生认为心理学应该研究环境中可观察的条件及其与外显行为之间的关系。

华生首先从伊万·巴甫洛夫的经典条件反射研究着手。俄国心理学家巴甫洛夫，以狗的消化系统为对象进行了心理实验。当狗闻到或尝到肉粉的味道时，会自动分泌唾液。巴甫洛夫将前者称为非条件刺激，后者称为非条件反应。如果研究人员重复将音叉声（一种中性刺激）与肉粉联系起来，那么即使没有肉粉，音叉声仍会刺激狗分泌唾液。这时，音叉声变成了条件刺激，唾液分泌变成了条件反应。

表 1.2

埃里克森心理社会发展八阶段理论			
阶段（冲突）	年龄	积极结果	消极结果
基本信任与不信任的心理冲突	0～1岁	积极看护有助于婴儿学会信任父母或主要看护人员；认为人和环境可以信任；建立自信。	消极看护或忽视婴儿的需求会导致婴儿无法信任看护人、其他人，甚至自己。
自主性与羞耻感和怀疑的冲突	2～3岁	儿童通过行走、说话、如厕训练锻炼独立性，并从独立中建立自豪感（“我做的！”）	如果独立性受到压抑或因此受罚，儿童会产生羞耻感，并怀疑自身能力。
主动与内疚的冲突	4～5岁	儿童主动发起活动，满足更大目标；学会主动设定目标、设计项目，与伙伴互动。	如果主动性被压抑，儿童会产生内疚感，为自身欲望与父母要求相冲突而感到内疚。
勤奋与自卑的冲突	6～12岁	在校期间，儿童常常与同学进行比较；优胜的儿童会变得自信、勤奋。	比较中处于劣势的儿童会产生自卑感，感到自己的能力不够，表现不好。
自我同一性与角色混乱的冲突	青少年期	通过对性、情绪、教育、族裔/文化、职业等方面的探索，个体逐渐形成自我同一性。	个体没有稳定的同一性，自我感觉混乱。
亲密与疏离的冲突	成年早期	个体建立一段或多段亲密关系；个体可能结婚、组建家庭。	没有亲密关系，个体可能产生孤独感。
生育与停滞的冲突	成年中期	个体通过抚养儿童、教育或志愿服务，为下一代做出积极贡献。	与他人没有积极联系，个体可能产生停滞感，担心生活浪费在自私追求中。
自我整合与绝望期的冲突	成年晚期	如果其他阶段都得到积极解决，个体会形成完整的自我感觉；个体对生死态度积极健康。	如果其他阶段都是消极解决，个体会产生负面的自我感觉；个体因浪费生命、壮志未酬而绝望；个体害怕死亡。

华生研究儿童如何通过经典条件反射学习刺激与反应的关系。华生做过最著名的实验，是让 11 个月大的阿尔伯特对一只白鼠产生恐惧。一开始，阿尔伯特完全不害怕，反而准备伸手触摸白鼠。然而，当阿尔伯特伸出手准备摸白鼠时，华生在他脑后用锤子大声敲打钢条吓他。这样重复多次，阿尔伯特不仅不摸白鼠了，反而见到白鼠就哭。阿尔伯特的恐惧是刺激反应。后来，阿尔伯特的恐惧对象延伸到兔子、皮大衣、狗，甚至圣诞老人面具！华生总结出儿童会通过经典条件反射形成多种恐惧。他认为父母和其他人都应该利用这一方法引导儿童积极发展。如果环境得到合理的控制，儿童就会产生无限的潜力。正如前文所述，华生认为婴儿可以被训练成任何一种人，其思想可见一斑。

华生关注儿童面对刺激的反应，而 B.F. 斯金纳（1904—1990）则指出，儿童也可以通过自身行为的后果进行学习。他将这一过程称为操作性条件反射。假设一个小女孩刚好在打扫自己房间，被她的父亲看到，父亲大力拥抱她并说："你太棒了，谢谢你帮忙做家务！"受到这样的表扬后，这个小孩很有可能以后还会打扫自己的房间。如果是这样，按斯金纳的话说，儿童的行为被拥抱和表扬"强化"了。在操作性条件反射理论框架下，强化可以是任何因素，只要这一因素可以提高行为重复的可能性。相对地，惩罚则会降低行为重复的可能性。假设一个 17 岁男孩回家太晚，过了宵禁时间，他的父母可能会罚他关禁闭，或者暂停他的驾驶特权。如果惩罚有效，这个男孩以后不太可能再犯类似错误。斯金纳认为，儿童会对形势进行"操作"（操作性条件反射的术语名称从这里而来），调整自身行为，以期获得更多强化，避免惩罚。

社会学习理论 除了经典条件反射和操作性条件反射之外，阿尔伯特·班杜拉（1925— ）证明儿童也会进行社会学习——观察模仿其他人的行为来学习。例如：塔米卡的父亲向来客微笑，塔米卡也会随之微笑；杰米看到电视上超级英雄大战邪恶反派，第二天也用暴力解决学校里的问题；萨拉看见一个女孩往募捐箱投硬币，便向母亲索要一枚硬币募捐。班杜拉指出，儿童常常不需要强化或惩罚来规范行为，有时他们会模仿身边观察到的行为。

近些年来，班杜拉的社会学习理论逐渐演化为一种社会认知理论。社会认知理论强调儿童如何看待所观察到的行为和互动。从这一角度来看，强化与惩罚帮助儿童分辨哪些行为应该模仿、哪些不应该模仿——如果儿童目睹他人因某种行为得到强化反馈，以后就更可能模仿这一行为。对于儿童看法的强调，反映了儿童发展领域从行为主义理论转向认知理论的大趋势。

认知理论、生物学理论、环境理论和系统理论

认知理论 让·皮亚杰（1896—1980），瑞士心理学家，创立了认知发展理论。该理论关注儿童如何在了解世界的过程中积极地调整自身的认知。皮亚杰提出，儿童通过一种他称之为“心理图式”的认知结构来呈现自身对这个世界的理解。例如，图 1.2 中的婴儿知道如何握球——他有一种握物图式。但是，随着婴儿经历的增多，他的握物图式可能遭遇挑战。假如他想握住大一点儿的球，结果会怎么样呢？很有可能他还是像以前握小球一样，单手握大球。这时单手握物的图式就失效了。要想成功握住大球，婴儿必须不断实践试错，才能学会

图1.2 同化和顺应
这个婴儿似乎很高兴，因为他可以握住小球了。那他怎么调整握物图式才能握住大球呢？

双手握球。

皮亚杰利用这个故事说明婴儿试图通过同化和顺应，将大球纳入他的握物图式。

- 同化是将新事物或新信息纳入现有心理图式的过程。如果同化失败（如上述案例中，婴儿没能握住大球），就必须调整图式。
- 顺应是调整或改变图式使其更好地容纳新经历的过程。通过顺应，婴儿可以了解到，握这个动作有时需要双手完成。这样一来，婴儿的握物图式变得更加有效、灵活。他学会单手握较小物体，双手握较大物体。

随着儿童继续积累经历，他们可以通过不断同化和顺应来调整认知结构或图式。皮亚杰还认为，儿童的认知结构发展会经历四个主要阶段：感知运动阶段、前运算阶段、具体运算阶段、形式运算阶段。我们会在第 5 章更加详细地了解这四大阶段和皮亚杰的认知发展理论。

在第 8 章中，我们还会讨论另一种认知理论，即列夫·维果茨基提出的社会文化理论。维果茨基（1896—1934），苏联心理学家，与皮亚杰同时代。维果茨基的理论强调儿童如何学习周围语言文化呈现出来的思想结构。文化创造出心理工具，帮助人们解决问题、处理信息，而这些工具也通过文化语言反映出来。儿童在学习语言的过程中，也在学习其中的心理工具。例如，美国儿童常常听到“自由”和“民主”这两个词，经过学习内化之后，他们可能变得十分乐观，相信自己可以改变自己的命运，并为社会做出贡献。

皮亚杰和维果茨基对儿童发展理论影响深远，特别是皮亚杰，他在儿童认知发展领域撰写了数百篇文章和多部书籍，深深启发了其他研究人员。自皮亚杰起，研究人员沿用信息加工方法来研究认知发展。信息加工方法利用计算机来了解人类思想，得益于计算机的出现与普及。这种研究方法关注儿童如何理解世界上的各种信息，如何存储检索记忆系统里的信息，以及如何学习使用策略解决复杂问题。信息加工心理学家常常强调基本加工效率（或儿童认知过程中的速度与准确度）和知识库变化（儿童知识的变化）的重要性。研究人员还研究过儿童如何处理学习信息，包括拼写、科学、数学等。虽然近期研究成果与皮亚杰的理论有所出入（见第 5 章中《对皮亚杰理论的评价》），但皮亚杰作为认知发展理论之父，对该领域的发展起到了重大的作用。

生物学理论 前文提到的神经科学，并非严格意义上的理论，而是研究大脑和神经系统成长发育的研究领域。它为儿童发展领域提供了一种生物学的角度。

动物行为学是一种经典的生物学理论，主要研究动物行为的适应性或生存值。动物行为学来源于查尔斯·达尔文（1809—1882）的进化论和自然选择学说（“适者生存”）。动物行为学家研究自然生存环境中的动物，仔细观察动物的行为模式和本能，以及动物如何竞争、如何生存。康拉德 · 洛伦茨（1903—1989），欧洲动物学家，奠定了动物行为学的理论基础。洛伦茨关于印刻的研究成果最负盛名。他证明了雏鹅会对孵化出来之后见到的第一个人或动物产生情感。洛伦茨在实验中监护刚出生的雏鹅，雏鹅对他产生印刻，追在他身后到处跑。动物行为学家认为，印刻在父母与子女之间建立起联系，使得子女更可能追随父母、得到保护。研究人员将这一动物行为学理论扩展至对人类婴儿与母亲之间的联系的研究。有人推测，婴儿出生后数小时是建立健康联系的关键时机。其他研究人员则认为人类的亲密联系建立得更加缓慢，可能一直延续到婴儿一岁左右。第 6 章还会有更多关于亲密联系的内容。

动物行为学家试图厘清除了联系和情感之外，人类其他行为模式是否也会形成适应性。他们研究范围广泛，包括侵略行为、恋爱行为、情绪反应等。生物社会学是动物行为学的一个分支领域，主要研究人类及动物社会互动的演化与发展。行为遗传学也是动物行为学相关的研究领域，研究特殊行为到底是天生（遗传）的还是后天习得的。以上各个研究领域都有助于我们理解重要性状和行为的生物学根源与历史，丰富知识。

环境理论和系统理论 儿童慢慢长大，其行为也变得非常复杂。最新理论关注儿童内部及周围的复杂系统网络，试图对儿童发展进行解码。这类理论强调儿童所在的家庭、社会和文化环境，认为必须先了解这些环境的运作方式才能理解儿童发展。

尤里·布朗芬布伦纳（1917—2005）提出的生态系统理论就是这类理论的杰出代表。布朗芬布伦纳强调儿童周围的系统及其相互关系对儿童发展各个方面产生的影响。

图 1.3 显示的是布朗芬布伦纳理论中的嵌套结构与系统。

- 微系统，即最里层，指的是儿童与直接环境中的人之间的关系与互动，包括父母、兄弟姐妹、朋友、老师等。父母是温暖呵护，还是冷漠疏远，会对儿

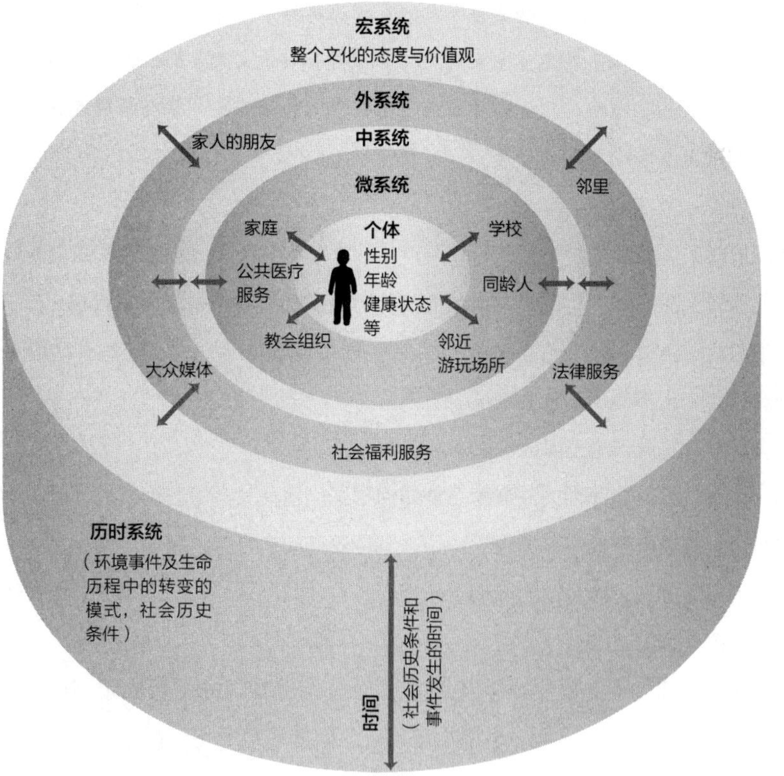

图1.3 生态系统理论

尤里·布朗芬布伦纳提出影响儿童发展的嵌套结构系统。

童发展产生不同的影响。这些关系都是相互的，因为儿童的自身性状也会影响他人对他的反应。例如，一个温顺的小孩可能会让父母更加温情怜爱。

- 中系统是指家庭、邻里、学校、日托机构和较大社会环境中其他因素之间的联系。父母参与学校事务，家庭与学校加强沟通，都有利于儿童在学校有更好的表现。
- 外系统指的是更大的社会环境和网络。大家庭网络、社交圈、政策规章、社会服务项目，甚至父母工作单位关于休假与弹性工时的规定，都是可能影响儿童发展的社会环境因素。
- 宏系统范围最大，包括整个文化的价值观、习俗、规则、资源。个体主义文化（如美国文化）更加看重个人的目标而非集体目标，强调儿童要尽早独立，鼓励同伴竞争。而集体主义文化（如中国和日本文化）则强调群体利益高于个人利益，重视集体和合作。在贫穷国家，营养不良、落后的医疗卫生条件等问题会影响儿童的发展。

历时系统呈现的是上述四种系统产生的影响和系统之间的相互关系随时间的变化。新生命的降生可以极大地改变父母与孩子之间的关系。如果搬家，孩子就必须面对新学校、陌生的邻里和伙伴。经济形势起起落落，就业率时升时降……所有这些变化都会影响儿童发展。布朗芬布伦纳的理论提醒我们，各种不同因素都会对儿童发展产生正面或负面的影响。

动态系统理论同样关注嵌套系统如何相互作用及其随着时间发展而产生的变化。这类理论基于数学和物理学中用来解释复杂动态系统的模型。动态系统理论近年来备受关注，而且可能有助于研究人员整合其他理论与研究成果，因此留到最后介绍。

众所周知，人类行为类型丰富，十分复杂。我们几乎不可能预测每个儿童会如何应对某个具体情境，也很难用单一原因解释某一特定行为。例如，关于儿童对父母离异的反应，我们可以总结出大多数儿童感到悲伤或抑郁，其中不少学习成绩下降，但是这些结论终究无法涵盖所有儿童。有些儿童丝毫不为所动，甚至在父母离异之后更加开心，并且取得更大成就。（关于父母离异的后果，详见第 12 章。）

结果出现之后，我们能找到具体原因吗？一般不能。假如一个男孩在父母离异之后攻击性增强（在学校打架或与朋友争吵），其原因可能在于他失去父亲的教导、母亲抑郁、家庭收入缩减、邻里关系紧张、转学等一连串改变。实际上，男孩攻击性增强可能是多种变量与情况的共同作用，而非由单一因素造成。

动态系统理论认为，男孩内部及周围多层因素之间十分复杂的相互作用决定了男孩如何应对父母离异。儿童内部因素包括自尊、处理复杂情绪的能力、与同伴互动的能力。儿童周围的因素可能包括大家庭网络、同伴的侵略性、在学校与人交流的情况、与父母的交流方式。另外，所处文化与社会对于离婚的普遍态度也很重要。生物学方面则需要考察侵略性基因倾向以及儿童情绪与大脑神经系统中生物化学变化的联系。以上各因素初看显得十分琐碎混乱，令我们无法得出结论。但最终我们会从混乱中找到秩序。例如，父母离异之后，儿童可能变得十分迷茫、行为古怪。然后，在不同层次各变量的综合作用下，儿童可能慢慢形成稳定的行为模式——如用侵略性行为消解沮丧。如果改变变量组合，那么儿童可能会形成不同模式，如逃避或抑郁。

动态系统理论在解决复杂儿童发展问题中的应用日益增多。近年来，研究人员应用该理论研究了婴儿如何学会行走、伸手拿物体、感知形式，以及儿童如何学习新词、理解情绪、与同伴互动、度过（皮亚杰提出的）认知发展的各个阶段。我们可以把天性与教养放在一边，研究所有因素如何通过复杂的相互作用影响儿童发展。

正如前文所述，心理学家提出了多种理论，用于解释儿童与青少年的发展问题。我们希望读者通过对本书的学习，能对儿童研究领域的不同理论有所了解。不同理论或多或少都对儿童教育工作者有所帮助，同时，提出值得研究的新变量、新因素，有助于未来的理论研究。学生在学习这些理论时，不要期望某种理论是绝对“正确”或“错误”的。每种理论都对儿童和青少年研究有所贡献，但没有哪一种理论可以完全解释复杂的人类发展问题。我们在研究进程中得到的新成果可能验证（或推翻）之前某些理论，同时新理论也会不断涌现。下节，我们会介绍研究儿童发展最重要的技巧。

儿童发展研究

研究人员如何发现儿童发展的模式？我们如何才能知道不同年龄儿童的典型行为特征？我们如何搜集信息，验证理论，并解决儿童与家庭面临的问题？儿童发展领域采取科学方法进行研究。科学方法要求研究人员系统观察儿童及其行为，搜集并利用相关数据验证研究假设。如果假设得到数据支持，研究人员就可以断定其理论是正确的。反之，研究人员则必须修改理论，甚至提出新的理论假设。本节将介绍儿童发展研究领域最常用的研究方法。

描述性研究方法

描述性研究方法试图对行为的特征进行描述，例如，行为发生的频次和条件。观察是描述行为的一种方法。自然观察中，研究人员观察自然环境（如家庭、学校、游戏场地等）中的儿童，记录儿童什么时间与什么人做了什么事，以及这一过程中的其他细节。假如你想了解学龄前儿童看书和学前准备的情况，可以去日托中心观察儿童。如果儿童完全没有这类行为怎么办？观察期间的活动不利于培养阅读能力（如午休或游戏时间）又怎么办？自然观察的最大优势是可以收集到真实行为的相关信息，但问题也很大，因为情况不可控，研究人员无法保证所要观察的行为一定发生。

另一种描述性方法为结构式观察，要求研究人员制造合适的情境，安排儿童入内（通常是实验室，或家里、学校里的特定地点），观察儿童的行为。例如，观察儿童的阅读兴趣与学前准备的情况，你可以在某个房间里放入各式玩具和趣味读本。你可以观察儿童是否选择阅读，阅读时间多长，如何阅读。因此，结构式观察的研究环境比自然观察更加可控。但是，以这种方式观察的不是生活中的真实情况与行为方式。不管使用哪种观察方式，信息收集者不能带着预期结果进行观察。否则，个人想法会影响观察过程和研究结果，即出现观察者偏差。

研究人员除了观察儿童的行为，还可以搜集儿童的自我报告，或儿童对于某个话题相关问题的直接回答。例如，你可以询问儿童是否喜欢阅读，阅读频率如何等等问题。调查既可以是面对面的访问，也可以是书面的调查问卷。自我报告法要求实验对象记忆准确、回答清楚。有些儿童这方面能力较强，有些较弱，实验对象能力的差别可能导致研究结论发生偏差，这也是自我报告法的最大缺陷。另外，儿童有时可能觉得真实的答案不太好，于是推测研究人员的喜好来回答问题。采访者还要避免引导儿童做出某种反应。采访者的问题类型、提问方式，或无意识的非语言信号，例如身体动作或面部表情，都有可能在无意间误导儿童。

此外，研究人员还可以进行个案研究，即对单个或少数儿童进行全面深入的研究。个案研究意在对个人进行详细的描述，通常针对个人某些具体行为进行研究。个案研究通常关注特殊儿童，如发展迟缓或异常优秀的儿童。这类研究采取不同的研究方式，包括细致的重复观察（自然观察与结构式观察结合）、标准测试与非正式评估、自我报告、生理测试（测量如大脑活动、心率等），以及具体活动期间的呼吸方式。例如，你可以通过研究阅读能力较强的儿童，了解阅读能力发展的原因与方式，或通过研究阅读障碍儿童，找出阅读障碍的原因。

描述性研究方法能够提供某一行为的相关信息，因此常常为发展研究提供基础支撑。但这些方法并非万能，我们还需要其他方法来解释变量之间的关系。

相关性研究方法

假设我们要回答下面这个问题：低年级学生的阅读能力与父母为学龄前儿童阅读的时间有关系吗？我们需要做些什么样的观察呢？其中一种方式就是要求学龄前儿童的父母详细记录下每次为孩子阅读的时间，即写阅读日志。六周之后，收集阅读日志，并计算父母为儿童阅读的平均时间。等到儿童上了二年级，将儿童在标准阅读测试中的分数与学龄前阅读平均时间进行比较。假设我们做了这个研究，图 1.4 为可能搜集到的相关数据。表格数据表明，学龄前阅读时间越长，儿童在二年级阅读测试中越可能得高分，相反则越可能得低分。使用相关性方法，研究者需衡量两个或多个变量的相关性。

相关系数用来表明两个或多个变量之间相关的方向和程度。在上述例子中，我们可以计算出一个相关系数，表示学龄前阅读平均时间与二年级阅读分数之间的相关性。相关系数（用 r 表示）的取值范围为 $-1.0 \leqslant r \leqslant +1.0$。正系数（$0.0 \leqslant r \leqslant +1.0$）表明两个变量的关系为正相关。换言之，一变量数值变高，另一变量数值也随之变高，反之亦然。图 1.4 显示的是正相关，相关系数为 +0.81。系数的大小表示相关的程度。图 1.4 显示强正相关（+0.81），即学龄前阅读时间越长，二年级阅读分数就越高，且二者相关性强。

接下来是负相关的例子。如果要求刚刚生产的妈妈估测怀孕期间平均每周所喝的含酒精饮品量，结果会如何呢？酒精消耗量与婴儿出生体重之间有关系吗？图 1.5 为假想数据，相关系数为 −0.84。负系数（$-1.0 \leqslant r \leqslant 0.0$）表明两个变量之间呈负相关：一变量值越大，另一变量值越小，反之亦然。图表中清楚显示，酒精摄入量越多，婴儿出生的体重就越轻，且二者相关性强。

以上例子充分显示了相关性研究的重要作用。如果以上研究确实存在，我们就可以了解，父母为学龄前儿童阅读时间越长，儿童二年级的阅读分数就会越高；酒精摄入量越多，婴儿出生时体重就越轻。两个结论都为父母提供了宝贵的建议。但我们也必须清楚相关性研究的一大缺点：相关性不等于因果性。相关性研究可以证明两个变量彼此相关，但我们不能据此断定何为因、何为果。例如，饮酒较多的女性比不饮酒女性更容易抽烟、缺乏营养。到底是酒精导致出生体重下降，还是抽烟情况、营养不足等未统计的其他因素呢？阅读研究中，学龄前阅读时间长，导致儿童阅读能力更强，似乎听起来很合理，但真正的因果顺序可能刚好相反。例如，儿童有可能继承了“阅读能力”，导致有些儿童天生就有较强的阅读能力，有些则阅读能力较差。为“阅读能力”较高的儿童阅读更加有趣，因为他们更加专心，提出的问题也比较有趣，而且其行为方式也鼓励父母花更多时间为他们阅读。这样一来，结论就成了儿童因“阅读能力”较高（以二年级标准测试结果为

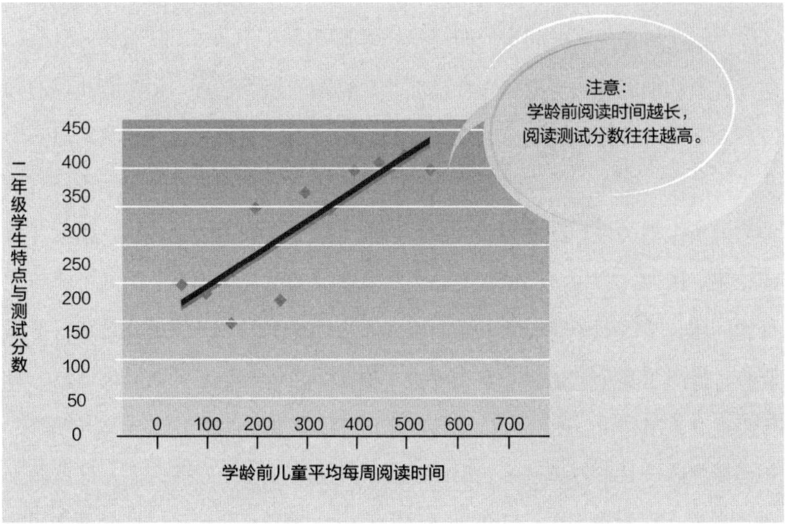

图1.4 正相关

假设二年级阅读分数与父母为学龄前儿童阅读时间相关，相关系数为 +0.81。蓝线为拟合线。

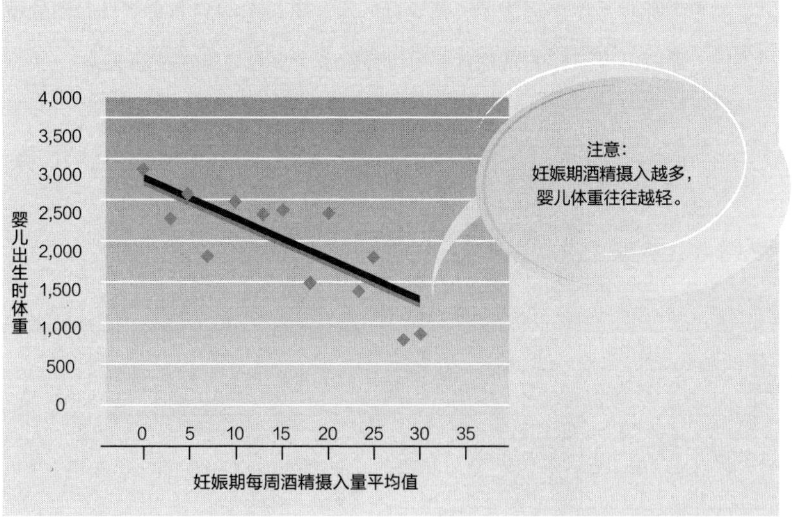

图1.5 负相关

假设婴儿出生时体重与母亲妊娠期摄入酒精量相关，相关系数为 −0.84。蓝线为拟合线。

参照）而促使父母花更多时间为他们阅读，而非相反。

研究人员认识到，两个变量可能形成十分复杂的相互联系，影响着儿童的行为和发展。在系统理论的讨论中，我们提到，越来越多的研究试图通过衡量多个变量来描述这种复杂关系。有时研究人员会计算路径分析系数——显示不同变量相互关系的多组相关性。在发展研究中，研究人员往往利用路径分析，预测儿童发展的结果。例如，萨拉·佩德森与同事有意研究儿童的孤独感，因其可能与抑郁、行为问题、整体健康有重要联系。研究人员针对 12 ~ 13 岁的儿童进行了孤独感调查，提出了多个变量。儿童在 6 ~ 7 岁时，由母亲与老师对其破坏性、焦虑和孤僻程度做出评价。研究人员还调查儿童有没有被同伴拒绝或讨厌，如果有，则进一步调查这一状态持续了多长时间、其间儿童有多少朋友等问题。这些调查分别在儿童 8 ~ 9 岁和 10 ~ 11 岁时各进行一次。图 1.6 显示了这些变量之间的关系。例如，6 ~ 7 岁儿童的破坏性与 8 ~ 9 岁的同伴拒斥呈正相关（r=0.36），与 8 ~ 9 岁的朋友数量呈负相关（r=−0.16）。相关性最强的是 8 ~ 9 岁的同伴拒斥与 10 ~ 11 岁的同伴拒斥（r=0.40）。图表右侧显示同伴拒斥严重、朋友少的儿童，更加感到孤独。图表还表明，孤独感的原因可以追溯到儿童更早时期的破坏性、焦虑、孤僻。像这样的路径分析可以显示多个变量之间的复杂关系。

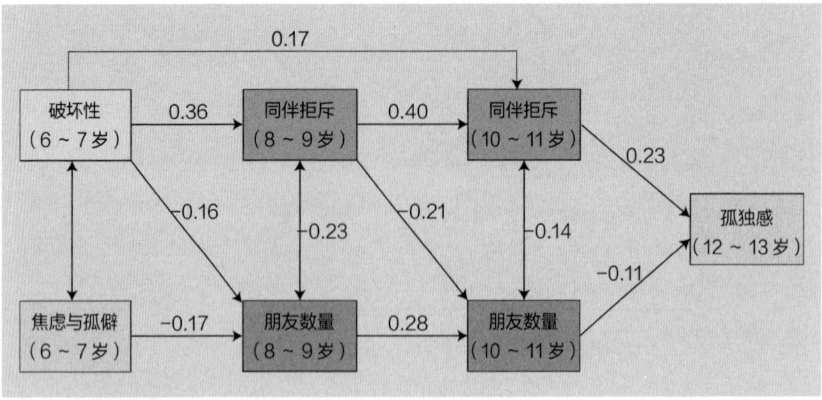

图1.6 路径分析举例

该图表显示的是 12 ~ 13 岁儿童孤独感的多个变量之间的相关性。

即使是研究一组复杂关系，我们仍无法确定何为因、何为果。儿童是因为遭受同伴拒斥而感到孤独，还是因为孤独伤心而独处，进而招致同伴拒斥呢？同一组相关性，可以有多种解读方法。因此，相关性不等同于因果性。最终研究人员采用实验方法，以期可以判断因果。

实验研究方法

我们如何才能证明某种阅读指导有助于儿童阅读能力的提升呢？思考一下图 1.7 所示的假设实验。研究人员随意挑选 50 名阅读能力低于年级平均水平两年的二年级学生，分为实验组和控制组，每组 25 人。实验组 25 人接受阅读指导，注重语言基本发音（音素），通过发音学习新词。控制组 25 人则接受全校统一的阅读指导。除了阅读指导不同以外，研究人员尽可能保证其他因素相同，如等量的阅读指导、同样的指导老师、相同的指导时间等。目的在于确保两个组别之间只有一个变量——阅读指导的类型。这一变量称为自变量，即研究人员在实验中所操控的变量。研究人员操控自变量，必须保证可能影响阅读能力提升的其他因素不变，包括阅读能力落后程度、老师、时间等。阅读指导结束后，我们可以评估每个儿童的水平，比较两组儿童正确发音的单词数量与阅读指定文章的速度。正确发音的单词数量与阅读速度是因变量，即测试结果，它随着自变量的变化而变化。

通过实验，研究人员可以系统控制自变量，考察其变化是否引起因变量的变化。如果实验操作得当，两组之间的唯一区别是阅读指导类型不同：实验组接受以音素为基础的阅读指导，而控制组接受全校统一的阅读指导。如果观察得出两组儿童阅读准确度与速度存在差距，例如，实验组准确度与速度远高于控制组，那么我们就可以得出结论，认定以音素为基础的阅读指导是导致两组差距的原因。原因还可能是什么呢？两组儿童在相同的时间，接受同样老师的等量阅读指导，只有阅读指导类型不同。

当然，研究人员也无法完全控制实验中的每个因素。每个孩子在阅读指导期间注意力集中程度、练习的阅读量等都有差异。孩子的家庭环境也大不相同，家

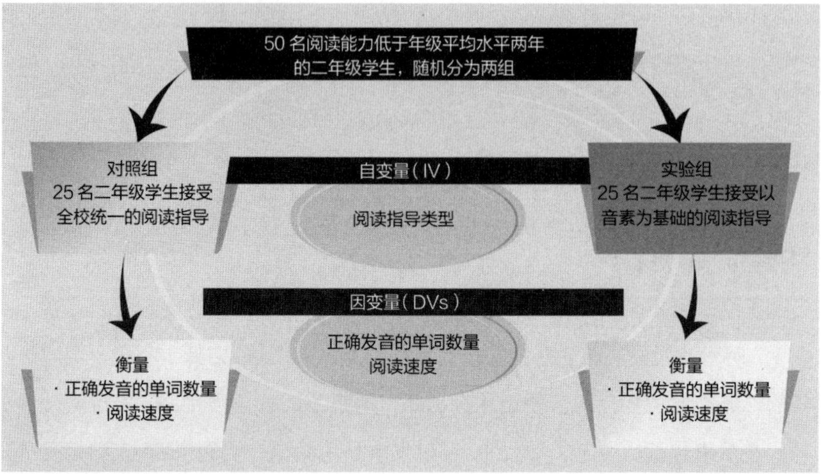

图1.7 假设实验

该假设实验旨在研究以音素为基础的阅读指导对阅读准确度与速度有何影响。实验中，研究人员系统控制自变量（IV），考察其对于因变量（DV）的影响。如果确保阅读指导类型是唯一自变量，那么一旦实验组与对照组的阅读准确度与速度出现差异，原因就只能是阅读指导类型不同。只有实验才能判定因果关系。这次实验中，你能想到哪些与阅读能力相关但操控比较困难的因素？

庭阅读环境和具体的阅读指导或多或少也有不同。这些因素对阅读准确度与速度有所影响，因此我们分组时会采取随机分配的方式，避免以上因素产生明显影响。在随机分配的情况下，每名参与者分配到各个组别的概率相同。这样就不太可能出现某些极端情况，如注意力不集中的儿童全部分到控制组，或家庭阅读环境好的儿童全部分到实验组。

如果实验结果显示自变量与因变量之间存在相关性，就可以确定二者为因果关系。上例中，我们可以证明以音素为基础的阅读指导可以帮助阅读能力较差的儿童提升阅读准确度与速度。但是要研究阅读障碍背后的因果规律，如产前酒精摄入量与阅读障碍的关系，怎么实验呢？显而易见，为了观察妇女产前酒精摄入量对儿童阅读能力的影响而要求妇女妊娠期饮酒是不道德的行为。

由此可见，实验方法的一大缺点是：研究人员必须时刻考虑对自变量的操控是否符合道德。还是回到关于学龄前阅读与二年级阅读成绩的讨论上，二者存在相关性，但并非因果关系。这种情况下进行实验符合道德吗？我们能否要求某些父母多为学龄前子女阅读，某些父母少读，甚至不读呢？能否将父母与子女随机分配到两个组别？一旦实验过程的任何条件对儿童发展产生负面影响，那么实验就很难符合道德。

在人类实验不道德的情况下，我们有时需要借助动物研究。例如，我们在研究饮酒量对怀孕的影响时，就利用了老鼠和其他动物（动物权利保护者认为这种实验也不道德，现在动物研究也有严格的规章制度）。但是，动物研究有时也不适用，例如，我们不可能利用猴子或老鼠进行学龄前阅读实验。如果人类实验涉及道德问题或者可行性问题而无法开展，我们就只能选择相关性研究方法。

总而言之，相关性方法的优点是不必对变量进行实验操作，就可以证明不同变量之间的联系。其主要缺点在于只能得出变量相关性，而非因果性。实验方法的一大优点是，如实验操作得当，就可以证明因果关系，缺点是儿童发展理论的研究领域有些实验不符道德，无法开展。

发展评价方法

儿童发展理论的研究的主要目的在于研究儿童在成长过程中如何发展变化。不管是利用描述性方法、相关性方法，还是实验方法，研究人员都需要比较不同时间或儿童不同年龄阶段的观察结果。这就需要用到横向研究方法或纵向研究方法。

横向研究方法要求研究人员在同一时间点对不同年龄组别的儿童进行比较。例如，利用横向研究方法研究个位数字短时记忆的发展变化。受试者分为一年级组、四年级组和青少年组。每人会听到一组个位数字录音（例如，3、7、5、9），随后研究人员要求受试者准确复述所听到的数字。受试者听录音的同时，还要在电脑上玩游戏，这一设置是为了分散受试者的注意力，阻止他们复述或练习。该实验旨在研究受试者在无法练习的情况下对数字的记忆情况。实验结果显示，一年级学生平均复述 3.6 个数字，四年级学生平均复述 4.5 个数字，而青少年平均复述 5.4 个数字。研究人员通过横向研究的方法证明：年龄越大，短时记忆越强。

另一种方法是纵向研究方法，即在不同时间对同一组受试者做相同测试，从而比较受试者在不同年龄的表现。研究人员可以比较观察结果，得出受试者成长过程中的变化。以南希·艾森伯格及其同事的纵向研究为例，研究人员利用多项指标评估儿童进行亲社会行为或助人行为的频率。研究人员对一组 32 名儿童进行跟踪调查，从 4 岁到 24 岁，每两年调查一次。结果表明，儿童发展过程中亲社会行为方面的个人差异相对来说较为稳定一致。学龄前（4 岁）最愿意帮助别人的儿童，到了童年中期、青春期，甚至青年时期，都表现出比别人更强的亲社会倾向与行为。

横向和纵向研究方法各有千秋。纵向研究方法对发展的研究更为直观。通过跟踪调查，研究人员可以观察到同一组儿童在成长过程中，行为、态度、性格等是否改变、如何改变。纵向研究方法的缺点在于，研究历时过长，难以保证受试者的持续参与。例如，艾森伯格与同事进行实验之初，实验对象共有 37 名儿童。实验过程中，有些儿童搬家，失去联系；一名受试者前期配合研究，成年之后却拒绝参与调查。可以想见，受试者退出研究，其原因五花八门：单纯觉得无聊、失去兴趣、时间不够、罹患疾病，甚至死亡。

纵向研究方法的一大严重问题在于差异退出。如果受试者由于研究本身的性质而退出，研究结果的有效性将受到影响。例如，亲社会倾向最弱的受试者退出以上研究，研究结果将会高估大多数人的亲社会倾向。而且，有些受试者研究之初（儿童时期）乐于配合，但后来却越来越不配合，甚至退出研究。如果发生类似情况，研究人员得出的结论往往会过高估计亲社会行为的稳定性，因为亲社会行为最不稳定的受试者已经退出研究。显而易见，纵向研究方法时间跨度越长，越有可能出现受试者退出的情况。另外，此类研究的时间跨度过大，显得不切实际。大多数研究人员真的愿意花 20 年时间完成一个研究吗？ 20 年之后，他们及其所在的研究领域真的还有兴趣研究同样的问题吗？

横向研究方法的主要优点在于耗时相对较短。研究人员不必苦苦等待受试者发育成长，而是利用横向研究方法截取某一个时间点不同年龄的相关数据。这种方法的缺点则是不同组别的受试者年龄、智力、体力等都不一样，而这些区别有可能影响研究结果的准确性。上文提及的短时记忆研究中，一年级、四年级学生与成人分别是三组不同的人。这样一来，当我们比较三组的记忆能力时，如何能保证造成记忆能力差别的原因是年龄差距，而非个人之间的区别呢？

正如短时记忆研究中的情况一样，假使不同年龄组别之间差距过大，可能会产生世代效应。世代效应是指不同成长时期的独特经验导致人们表现出不同的行为或其他特性。由于几十年间教育、技术、医药、经济、文化环境等方面的巨大变化，这个时代的儿童与几十年之前的儿童有着迥异的成长经历。例如，现在一年级学生的成长经历，必然不同于 20 世纪 30 年代大萧条时期或越战时期的孩子。

为了充分利用两种研究方法的长处，研究人员采用了横向、纵向研究方法混合的设计。图 1.8 即为一例。研究之初（2002 年）采用横向研究方法，研究人员同时研究 4 岁、8 岁、12 岁、16 岁四组儿童。然后，研究人员利用纵向研究方

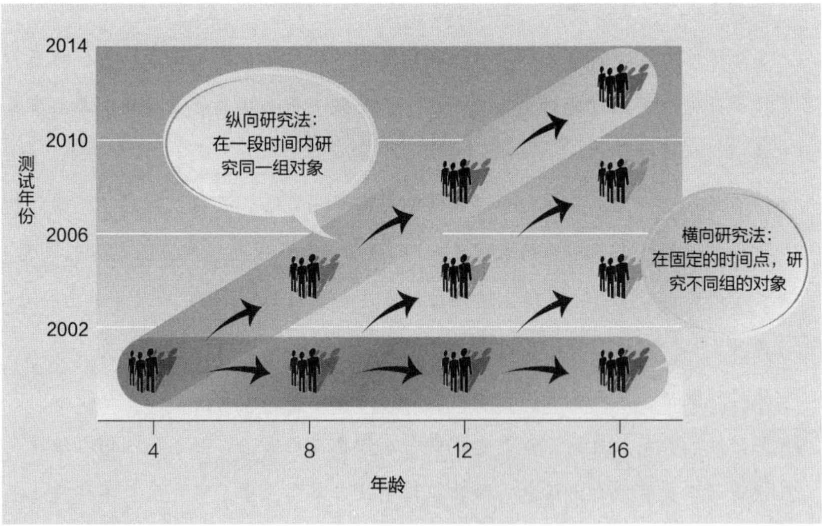

图1.8 混合设计

利用混合设计方法研究发展问题，研究人员同时研究不同年龄的儿童（横向研究方法），然后重复调查同一批儿童，跟踪调查儿童的发展情况（纵向研究方法）。这种研究方法操作复杂，耗时长，较少见于发展研究领域。

法对儿童的发展进行跟踪调查，每四年对同一批儿童进行调查研究。注意，2002年4岁的孩子到2006年时变成8岁，以此类推。这种研究方法有时也称交叉滞后设计或序贯设计。

不管使用相关性方法、实验方法，还是横向研究方法、纵向研究方法、混合设计方法，研究人员都必须认真保护每位研究受试者的个人权利。下面就介绍一下儿童研究的伦理讨论。

儿童研究伦理

儿童领域的研究人员必须遵循美国心理协会（APA）和儿童发展研究协会（SRCD）规定的伦理准则。以下为伦理准则的重点概括：

- 风险与益处。只有当潜在益处大于任何已知风险时，研究人员才能开展研究，并完善研究设计与流程，保证研究结果价值超过研究过程中受试者可能遭受的损失、压力与不便。
- 安全操作流程。研究人员须确保研究流程不会对儿童身心造成伤害，将压力减到最低。一旦可能对儿童造成伤害，研究人员必须与相关负责人或共事人员商讨对策。
- 知情同意。研究人员须向受试者详细解释研究目的、流程、研究相关的已知风险与益处。实验对象为未成年人时，须获其本人父母或监护人的知情同意。
- 不可预见的后果。一旦研究流程对儿童产生负面影响，研究人员须尽力补救。另外，如研究过程中所需收集的信息可能影响儿童健康，研究人员须与儿童父母、监护人，或相关专家进行商讨，尽力帮助儿童。
- 保密性。研究人员须保证对受试者个人信息进行保密，绝不向任何人泄露受试者姓名及其他身份信息。除非征得受试者事先同意，研究人员不得将此类信息录入任何书面研究报告。大多数研究报告只需多名受试者的平均或累计数值。如须给出受试者的个人数据，必须匿名。

为保证研究人员遵循以上伦理准则，所有研究项目须首先获伦理审查委员会（IRB）的批准。大多数大学都设有专业人士组成的伦理审查委员会，主要审查研究提案。委员会主要审查研究的潜在益处是否超过潜在风险，研究人员是否获得受试者的知情同意，保护受试者隐私，并符合所有其他伦理准则。动物研究也必须遵循一定的伦理准则。

理论应用与相关职业

科学研究的目的，一是为了科学本身的进步，二是为了帮助人们解决实际问题。而最重要的实际挑战莫过于抚养教育儿童了。你可能已经有非常明确的职业目标，如老师、咨询师、心理学家、社会工作者、研究人员等。但如果热爱儿童工作的你还没有决定未来的事业，以下内容将为你提供一些有趣的想法。还有什么工作比得上与儿童相关的工作呢？儿童工作者可以帮助下一代人过上健康美满的生活！

儿童发展研究的实际应用

儿童发展研究可能应用于家庭与教养、社会政策、教育和其他多个领域。所有与儿童打交道的人都可以从中获益。

家庭与教养　特定情况下，父母如何做出对儿童最好的选择？父母如何在处罚儿童的同时表现出怜爱？父母如何帮助儿童交友，学习社交技巧，并受到伙伴喜爱？父母离异会对儿童产生哪些影响？重组家庭和单亲家庭对儿童又有哪些影响？围绕家庭与教养，我们可以提出无数问题。抚养儿童是大多数人一生中最重大的责任，大多数家长渴望提高自己的知识水平和技能。本书中几乎所有的话题都对父母教养子女有借鉴意义。随着内容的深入，我们会陆续谈到这些话题。而且，每章都附有个人视角板块，采访介绍人们在实际生活中与儿童打交道的经验。这些采访提供一些真实事例，说明人们对于儿童发展的看法，以及人们如何应用儿童发展理论理解儿童，进行儿童工作。本章个人视角板块为《第一次做父母》。

社会政策 为了推动儿童健康成长、保障儿童福利，社会应该担负起哪些责任？贫穷对于儿童发展有哪些影响，我们又可以通过哪些措施减少负面影响？婴儿刚出生，父母是否应该带薪休假？在测评与监控儿童在校情况时，联邦政府应该担任何种角色？如果儿童受到虐待或忽视，政府部门是否应该干预，并将儿童与原有环境隔离？以上问题反映了儿童发展与政府政策之间的复杂关系。在社会政策领域，联邦政府、州政府和地方各级政府工作人员利用儿童发展研究成果，改善儿童及其家庭的生活。20 世纪 60 年代，总统林登・B. 约翰逊提出“向贫穷开战”，启用联邦基金对抗贫困，扩大政府在教育与医疗方面的作用；乔治・W. 布什提出“不让一个孩子掉队”法案，改革基本技能的教育与评估，政府部门也积极干预，改善儿童的生活。民间组织和个人也可以影响社会政策。慈善机构、服务组织以及一些个人则为困难儿童捐款，提供其他帮助。

儿童发展理论的研究对社会政策的影响体现在两个方面：一方面，研究成果可以促进社会政策的修改与完善。例如，研究表明家庭不健全的儿童在学校表现较差，于是催生“先行计划”，以帮助这些儿童训练学习技能。另一方面，社会政策与项目出台之后，儿童发展研究人员负责评估其效果，发挥着至关重要的作用。

教育、心理学、咨询与其他应用 儿童发展研究还应用于教育、治疗等其他方面。普通班级教师与特殊教育教师要充分了解发展理论，才能帮助学生发挥最大的学习潜能。教师应该了解儿童对新信息的学习情况、独立学习和团队合作的情况、与朋友伙伴交流的情况，这点非常重要。同时，教师还应了解如何应对特殊儿童。儿科专家与咨询师须深刻理解儿童发展的典型（与非典型）路径，必须针对每个儿童的发展情况采取不同的干预措施与治疗方法。儿科医师、护士、物理治疗师等医疗专家每天与儿童打交道，熟知儿童发展各方面知识有利于提高其工作效率。日托负责人、运动指导、营地辅导员等儿童相关领域从业人员，如果学习儿童及其发展相关研究成果，将获益良多。

个人视角

第一次做父母

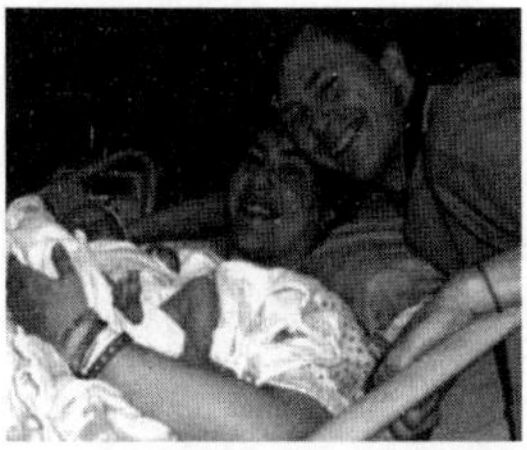

卡罗琳·兰德斯和鲍勃·兰德斯
得克萨斯州达拉斯市
两人刚迎来第一个孩子——康纳

关于孩子的未来和发展，你面临的最大的问题是什么？

我们认真考虑过每天要做些什么来保证我们的儿子健康成长。我们希望为他提供种种新鲜的体验，而不是要求他必须做什么。现在的小孩子一出生就有各种约束，很小就要做很多事情。我们不像其他父母那样让孩子学这学那，但是也担心康纳长大以后不如别人。我们最担心的还是关系到孩子未来的一些事情。

你对孩子有哪些希望和担忧呢？

首先最重要的就是儿子的健康。健康是一切的基础。我们还希望让他从小热爱学习，让他懂得良好的教育才能带来满意的事业。希望他能找到属于自己的路（即使不符合我们的预想），获得真正的幸福，诚实地面对自己。希望他能有快乐的童年、美好的回忆，知道我们一直爱着他、珍视他。希望这能让他拥有自我价值感与自信心，帮助他做出决定，结交真诚的朋友。我们一个朋友的祝福，总结得非常好："愿康纳的生活由爱开始，在爱中结束。生死之间漫长的一生中，慢慢发现爱的多种面貌。"

我们最担心的是儿子的安全和健康。比起我们小时候，现在的环境危险得多。我们那时候不必（太）担心拐卖、骚扰、校园武器等问题。我希望让他了解安全知识，既能保护自己，又不失掉童真，不对他人充满戒心。

抚养孩子遇到问题时，你会怎么解决呢？

主要是问问有孩子的家庭和朋友，也会查阅相关资料。但是毕竟不是所有事都有先例可循。所以我们也常常凭直觉行事。

问 题

如果你马上要迎来第一个孩子，你会有哪些问题、希望和担忧？你会如何获取抚养孩子的相关信息？你会怎么安抚第一次做父母的卡罗琳和鲍勃，消除他们的疑虑？

相关职业

读者还会看到，本书每章均设有从业人员视角板块，通过采访从业人员介绍与儿童相关的职业。本章从业人员视角板块以《儿童社会工作者》为题。和儿童打交道或为儿童谋福利的职业，种类繁多。学校里，普通教育教师、特殊教育教师、辅导员、负责人、课堂助教每天都和儿童打交道；治疗方面，精神病医师、临床心理医师、学校心理学家、咨询师、临床社会工作者帮助患有心理疾病、遭受虐待或压力过大的儿童；社会服务机构下属家庭暴力庇护所、男孩女孩俱乐部、重返社会训练所、刑事审判与青少年犯罪项目也需要儿童相关从业人员；幼托服务机构帮助家庭处理好工作与照顾儿童之间关系；不少公司也聘用儿童服务工作者和儿童信息咨询专家，因为一些商业公司会涉及儿童产品的营销、广告与开发；政府部门也需要儿童发展专业人才，指导、运营、监督儿童与家庭的相关项目。科学家、研究人员不停进行新研究，开发并测试儿童发展新理论，保持该领域与时俱进。科学家还提供数据库，供相关从业人员参考，以便更好地帮助儿童。

本章介绍了儿童发展领域，不仅阐述了该领域的基本问题与理论，说明了研究人员如何利用科学方法研究儿童发展，还讨论了儿童发展研究的应用与儿童相关职业。接下来的章节中，读者将了解这一领域的重要发展趋势与研究成果。在本书的学习过程中，读者不仅可以收获与儿童打交道的宝贵经验，还可以更加了解自身的发展。

从业人员视角

儿童社会工作者

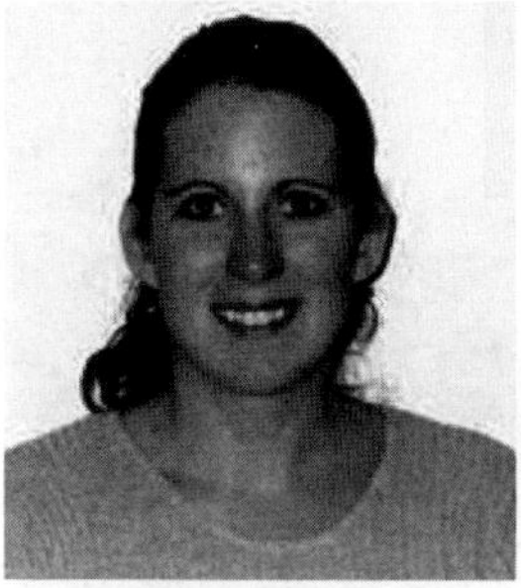

帕梅拉·塔尔博特
密歇根州弗拉特罗克市
社会工作者，负责评估密歇根州寄养家庭资格

你的工作内容是什么？如何帮助儿童和家庭？

我负责审查寄养家庭经济水平是否稳定，是否能保障寄养儿童安全，是否适合寄养儿童。具体来说，我要了解评估对象的社会历史、犯罪记录、病历等，再就对象是否可以获得寄养许可提出意见。我还为想要寄养儿童的家长提供训练，使他们能够更好地与孩子及其亲生父母相处，遵守相关法律并与寄养管理机构进行有效沟通。我还调查虐待、忽视儿童，违规等指控。如果指控成立，我会给出建议。

你在工作中会运用到哪些与儿童发展相关的知识？

培训即将寄养孩子的父母，我会用到关于家庭结构、管教、虐待与忽视、分离与依恋、滥用药物与嗜酒影响的知识，尤其是管教。我们也会说明家庭内部各种因素如何影响儿童发展，帮助养父母更好地理解儿童的行为，满足儿童的需求。大多数寄养儿童因环境、教育、情感忽视、身体虐待等等因素，发展稍有迟滞。许多父母希望寄养儿童能顺利适应新的家庭，马上就能像他们自己的孩子一样。他们并不了解寄养儿童曾经的生活经历。

在你看来，儿童与家庭面临的最大的问题是什么？

滥用药物、酗酒、身体虐待和忽视。我们照顾的孩子被送到机构的原因各不相同，往往不是某个单一问题导致。吸毒成瘾的父母有可能虐待子女，把子女单独留在家里。教育与环境缺失也是较大的问题，孩子不去学校，家里也不安全（例如，蟑螂太多、断电、停暖、没有家具等等）。性侵也是常见问题，但不如以上几种问题常见。

对于有志于本领域的学生，你有什么建议吗？

首先，你个人的问题要解决好。很多人因为个人偏见无法有效应对多方参与的工作，有些人甚至要接受治疗。另外，工作时不能带入个人情绪，也别奢望拯救世界。但是，工作有点成效的时候，也会觉得很值得。帮助别人打破怪圈，为几代人创造更加美好生活的感觉非常好。当然，做到这一点，需要付出艰辛的努力。

从事相关工作需要什么教育背景和训练？

至少要求相关领域（社会工作、心理学、儿童发展等）的学士学位。必须参加各州规定的培训（密歇根州要求24小时社会工作培训和16小时社会工作执照培训），以及每年的定期培训。入职单位也会有相关培训。

问 题

如果要从事帕梅拉这样的工作，你需要儿童发展的哪些知识？你认为如今儿童与家庭面临的最大问题是什么？有哪些措施能有效帮助家庭解决问题？

第2章
遗传与环境

胡安和特蕾西非常想要孩子，但他们不能生育，于是他们领养了两个漂亮的孩子。这两个孩子——卡桑德拉和约翰——都来自胡安的祖国哥伦比亚。胡安和特蕾西不太了解孩子的亲生父母，只知道卡桑德拉的母亲没读完四年级，生她的时候才20岁，并且那时已经有三个孩子了。两个孩子的生父都没有参与领养过程。孩子们和胡安有一样的文化和族裔背景，但胡安对他们的身心健康及其亲生父母的具体情况都不清楚。

有时，胡安和特蕾西会想，他们与亲生父母相比，到底谁对孩子的行为和性状影响更大呢？卡桑德拉长得不像特蕾西，像胡安，而约翰则刚好相反。两人的心理特征呢，特蕾西本来以为卡桑德拉的脾气是天生的，但后来夫妇二人发现，通过他们的教育和对卡桑德拉行为做出的反馈，卡桑德拉的脾气得到了极大的改善。孩子的性情、性格、智力水平会像胡安和特蕾西吗？还是更像他们的亲生父母？胡安和特蕾西对孩子的发展有什么影响呢？

学习本章的过程中，你可以从胡安和特蕾西的角度考虑问题。你要怎样让胡安和特蕾西理解孩子不仅受后天教养的影响，也受遗传因素的影

基因与人类繁衍

基因与神奇的遗传编码

细胞分裂

性状与基因异常

显性与隐性

染色体异常

产前筛查与基因检测

基因与环境的关系

反应幅度、渠化作用和选窝现象

或然渐成论：激活你的基因

行为遗传学

行为遗传学、遗传率、共享与非共享环境

如何估测遗传率

复杂特征的遗传率

响？天性与教养对儿童性情、性格、智力的发展发挥什么样的作用？学完本章，你就可以向夫妇二人详细解释基因与环境如何影响其子女的身心特征。回答这个问题，你应该用到至少十个具体的概念。

胡安和特蕾西面临的是儿童发展领域的核心问题。儿童的性格、智力等特征多大程度上受亲生父母遗传因素的影响？又在多大程度上受养父母、教师、伙伴等环境因素的影响？第 1 章中，我们提出了天性 - 教养问题，几个世纪以来，哲学家就这个问题争论不休，直到现在，这还是科学家研究的基本问题之一。第 2 章从多个方面探讨了天性 - 教养问题。首先，我们来了解一下天性，回顾基因、染色体、人类繁衍、细胞分裂等相关知识，然后讨论与天性相关的各个因素与培养之间的关系。环境与基因如何影响儿童发展？胡安和特蕾西抚养孩子的方式是否会影响其性格、智力等特征？后天教养与儿童基因如何发生作用，进而影响儿童发展？本章将介绍人类遗传，以及基因与环境之间的相互关系。

基因与人类繁衍

我们每个人都是从一个受精卵细胞发展而来。直到成人，最初那个细胞已经分裂出亿万个细胞。身体内部各个细胞的结构和功能由基因决定，即分子决定细胞如何生长。我们继承父母的基因，但每个人的具体基因组合各不相同，从而产生不同的细胞，形成独一无二的个体。现在我们来看看基因是什么，基因又是如何代代相传的？

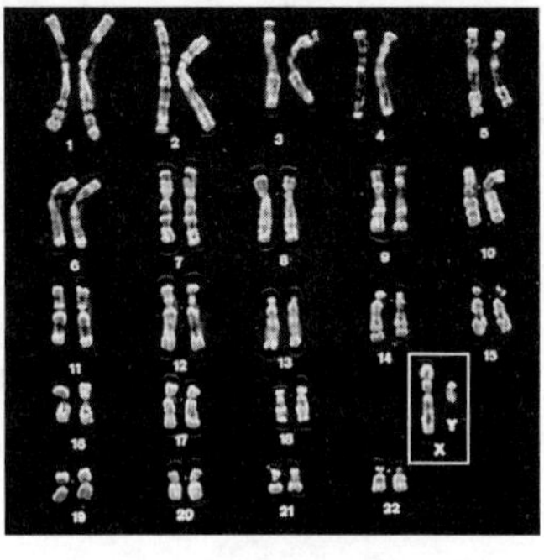

图2.1 46条成对染色体核型

该核型（染色体示意图）中，22 对染色体形状相似，最后一对包括一条 X 染色体和一条 Y 染色体（图中方框标示）。

基因与神奇的遗传编码

人体内绝大多数细胞的细胞核内包含 46 条染色体（携带遗传信息的 DNA 分子结构）。染色体由脱氧核糖核酸链（DNA）组成。染色体成对出现，如图 2.1 所示，共有 23 对染色体。其中男女都相同的 22 对染色体，被称为常染色体。除此之外，女性还有两个 X 染色体，而男性还有一个 X 染色体、一个 Y 染色体。图 2.1 所示为男性体内染色体。

1953 年，英国研究人员詹姆斯·沃森和弗朗西斯·克里克首次发现 DNA 的分子结构——两条由核糖分子与磷酸分子组成的长链，就像旋转楼梯一样相互缠绕。图 2.2 显示了 DNA 双螺旋结构和连接两边的“梯级”。螺旋结构中的每一级都由一对碱基分子组成，名为腺嘌呤（A）、胸腺嘧啶（T）、鸟嘌呤（G）、胞嘧啶（C）。如图所示，DNA 序列就是由一系列“梯级”（一对对碱基）组成。值得注意的是，腺嘌呤总是与胸腺嘧啶配对（A–T），而鸟嘌呤总是与胞嘧啶配对（G–C）。因此，如果双螺旋结构一边是 ACCACT，另一边就必然是 TGGTGA。

在每个体细胞所含的 46 条染色体中，大约有 30 亿对组成核苷酸的碱基。正

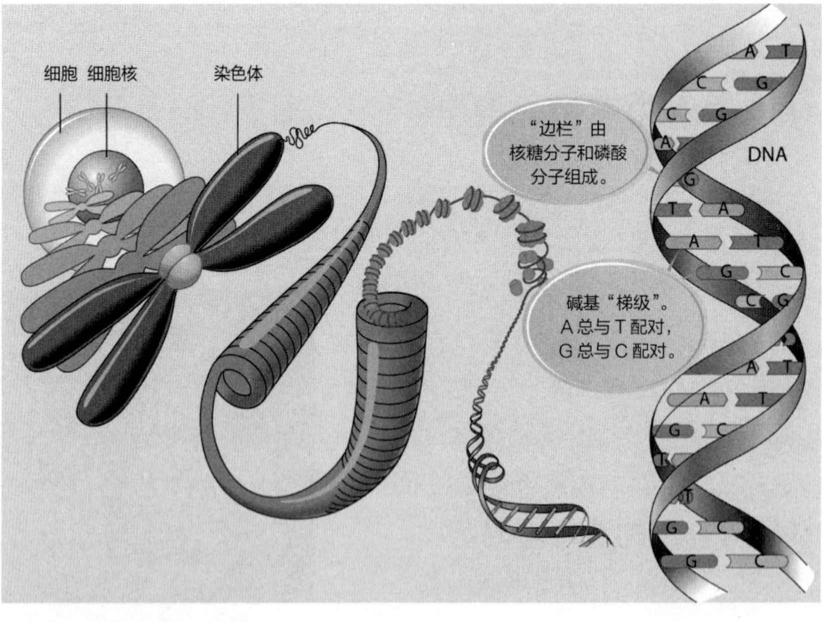

图2.2 染色体、DNA、基因

每个细胞核内含染色体。染色体由 DNA 双螺旋组成。DNA 形似阶梯，两边由碱基对组成的“梯级”连接。腺嘌呤总是与胸腺嘧啶配对（A–T），而鸟嘌呤总是与胞嘧啶配对（G–C）。基因是一段染色体形式的 DNA，通常包括几千个碱基对。

是这些碱基对的不同排列构成了个人的遗传密码（基因组），从而决定哪些性状将得到遗传。遗传密码还可细分为更小的部分——基因。基因是一小段 DNA 链，一个基因决定某个性状、组织等的遗传信息。人类体细胞中的 46 条染色体大约有 25 000 个基因。值得一提的是，只有 2% 的碱基对人真正发挥作用。研究人员正在研究人类基因组内发挥作用的部分和基因组的种类，但是基因序列的功能还有待探索。

经过在人类基因组计划中的各国政府与科学家的共同努力，现已发现 1 800 多种致病基因，已研发 2 000 种以上人类致病基因检测，并开发出了大大降低基因检测成本的生物技术产品。图 2.3 列出了一些已发现的基因。接下来的几年里，这些信息还会持续发挥作用。科学家们正在努力寻找导致遗传性疾病的基因，包

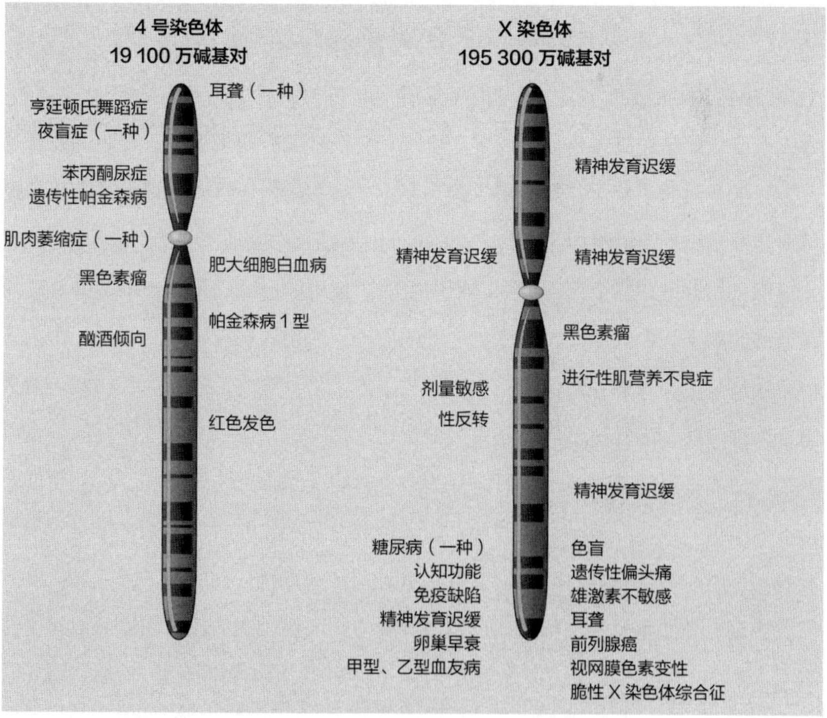

图2.3 人类4号染色体与X染色体已定位的基因举例

本章稍后会提到亨廷顿氏舞蹈症（位于 4 号染色体）与性别相关基因（位于 X 染色体）。

括与 50 种癌症相关的基因异常。这一研究发现可以拯救和延长数百万生命。假如血友病是你的家族遗传病，你就可以进行基因检测，判断自己是否遗传了血友病基因。该基因在 X 染色体上的位置标记如图 2.3 所示。如果你遗传了血友病基因，可以咨询医生如何避免可能导致大出血的重伤。另外，医生可能利用基因疗法改变你体内细胞的遗传功能。如果他们可以注射健康基因对抗你体内的致病基因，并通过基因“剪贴”修复缺陷基因，你会怎么样？如果他们可以选择性地阻止致病基因发挥作用，使你避免患上疾病，你又会怎么样？ 2011 年，研究人员就某种基因疗法进行了 2 700 多次临床试验来改变人体基因，例如，置换基因、基因活化调节、改变基因以使病变细胞更能为免疫系统识别等。尽管基因疗法还处在临床试验阶段，很多重要问题亟待解决，但其发展仍备受期待。

目前，人们已经可以在生殖技术的帮助下选择胚胎性别。临床医生先将女性的卵子与男性的精子放进试管里培养，接着将所选性别的染色体（XX 代表女，XY 代表男）植入女性子宫。人们还可以用类似的方式筛选出致病基因，以“自然”方式形成的胚胎在母体内也可以接受检查。检查结果有助于夫妇对胚胎的发育状况有更加全面的了解，并做出相应的决定。以后，人们还可以对未出生的孩子进行遗传性疾病基因检测，这样，未来的人们可能免受多种遗传性疾病的困扰。

但是如何把握这个度？读到以上内容时，你可能已经想到这一领域涉及的复杂道德问题了，如何才能在不违背伦理的前提下应用这些技术呢？如果一个人遗传了致病基因，只能表明他在一生中有可能患上某种疾病，并不能表明他一定会患上某种疾病。因为很多疾病是由其他变化、饮食、接触风险因素等环境因素诱发的。父母是否应该抛弃携带致病基因或患有唐氏综合征的胚胎呢？我们可能觉得，为了下一代，应该抛弃某些会引起夭折或痛苦死亡的致病基因，但是对于结肠癌、阿尔茨海默病等发病较晚的疾病，我们又应该如何应对它们的致病基因呢？胚胎如果有其他不好的性状，如低智商、暴力倾向等，我们应该如何应对？不要忘了，基因检测并不能保证百分之百准确。如果基因检测错判胚胎携带致病基因，我们又该如何？而且随着基因检测面向大众开放，合理解析测试结果，包括预测特定疾病发展的准确性等，就变得尤为重要。遗传学研究日渐深入带来的种种可

社会政策视角

保护公民的遗传隐私

提前知道自己是否携带糖尿病、乳腺癌、前列腺癌、心脏病等严重疾病的致病基因是有用的吗？如果你很小就知道自己有可能患上某些疾病，你就可以改变自己的生活方式，避开风险，避免引发疾病。例如，你本来48岁可能突发心脏病，但通过饮食、锻炼、高血压药物治疗等方式，就可能避免其发作。

但是如果你的老板或保险公司得知你的基因情况，那会怎么样？老板会不会因为担心你承受不了工作压力而解雇你或剥夺你的升职机会？其他的雇主会不会因为你的健康问题而拒绝雇用你呢？健康保险公司会不会因为风险太大而拒绝为你提供保险呢？还会有公司愿意接受你的投保吗？

这些问题都是遗传信息隐私全国讨论中的核心问题。早在人类基因组初稿完成之前，美国政府就已发布禁令，禁止任何联邦机构将基因信息用于员工招聘、升职、解雇等目的。23个州随即立法反对招聘过程中的“基因歧视”。经过多方讨论协商，2008年5月21日，《遗传信息反歧视法案》（GINA）通过立法。该法保护人们在就业与健康保险方面免受基因歧视，并禁止保险公司与雇主要求公民进行基因检测。2008年，美国大多数州（密西西比、北达科他两州除外）都通过法案，规范保险公司对于基因检测信息的使用。

如何利用基因信息，利用过程中应该有哪些限制呢？从某一方面来看，雇主和保险公司已经对雇员和保险对象做过健康风险评估。你曾经多少次被问到“目前的身体状况”，以及是否抽烟、饮酒？如果抽烟导致健康问题，那么要求烟民多付保险费是合理的吗？一位20岁单身男性与一位40岁已婚女性相比，谁的汽车保险费更高？因此，我们早已根据相关风险将对象分门别类。

我们没有可靠的方法预测个人未来，只能考虑所有风险的相关因素。把20岁男性统一列入高风险驾驶行列，真的公平吗？有些人认为基因检测评估风险更加公平、可靠、客观。《纽约时报》一篇社论指出“随着理性歧视的发展，曾经的偏见慢慢弱化。人们不再因肤色受歧视，而凭染色体决高低”。

弗朗西斯·柯林斯，美国人类基因组计划前负责人，提供了另一角度的看法。柯林斯预测该计划的主要贡献在于应用遗传学制定个人健康计划，促进个人健康。但他也警告只有通过立法防止社会组织在健康保险与就业方面的基因歧视，基因检测才能发挥有利作用。很多人担心基因检测的负面影响。一次电话调查中，63%的受访者表示如果雇主和保险公司可以拿到基因信息，他们拒绝参加基因检测。如果人们拒绝基因检测，他们就无法提前判断风险。上百万人可能罹患疾病，甚至死亡，而这些疾病本可以避免。

问 题

即使通过了《遗传信息反歧视法案》，你认为联邦和各州法律能起到多大的作用？企业会找到法律的漏洞吗？我们真的可以强制要求雇主在招聘时不考虑健康风险吗？保险公司如被迫接受高风险、高成本的投保人，又如何保持盈利？你认为我们应该如何平衡早期风险检测与基因信息的挪用、滥用？

能性让人兴奋，但同时也带来了不少复杂的问题。

另外一个问题涉及基因检测对象的个人隐私。社会政策视角板块文章《保护公民的遗传隐私》对遗传学研究领域的隐私与伦理有更详细的介绍。

细胞分裂

人类繁衍过程中，父亲体内的精子与母亲体内的卵子结合形成新的胚胎。受精过程中，卵子与精子结合，父母双方的染色体结合，从而形成胚胎独一无二的

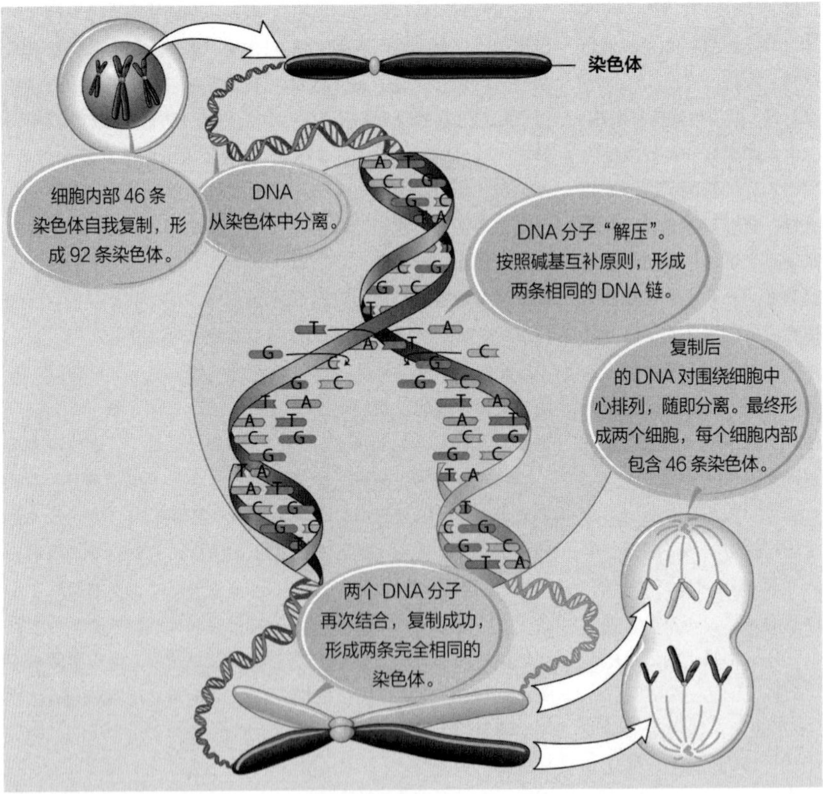

图2.4 有丝分裂

复制过程中，DNA链“解压”，每条母链上会长出一条新的子链。这就是细胞分裂过程中每条染色体（遗传密码）的复制方式。

基因组合。每一对染色体包含两种基因，分别来自父母双方。两种基因主要在碱基对（A、T、G、C）序列上存在些许差异。这些不同的基因被称为等位基因，等位基因结合形成每个人的独特特征。

为了更好地理解基因遗传，你需要了解一些细胞分裂的知识。卵子与精子结合之后，受精卵开始分裂。第一次分裂之后形成的有机体被称为合子。合子内部的细胞继续分裂，每次分裂形成新细胞，细胞内部基因信息完全相同。

我们来探究一下这个过程，看看体内基因如何复制到每个细胞内部。有丝分裂（“复制分裂”）是指一个细胞复制自身染色体、再分裂形成新细胞的过程。细胞分裂过程中，每条染色体上的 DNA 材料“解压”。两条螺旋之间由碱基对形成的微弱连接断裂。图 2.4 展示了 DNA 链如何解压并自我复制。两条旧链之上生出两条新链，重新结合形成两条新的染色体。这一过程完成后，我们就成功复制了一对染色体。如果一切顺利，每个新细胞都包括完全相同的 DNA。有丝分裂贯穿胚胎发育和身体成长、运转、愈合的整个过程。除非细胞出现异常（碱基对排列顺序改变），生殖细胞以外的其他细胞内都含有由受精卵细胞中的染色体复制而来的 46 条染色体。

生殖细胞，即配子，并非经有丝分裂而成。配子是组成人类精子、卵子的细胞，通过另一种细胞分裂方式——减数分裂形成。减数分裂的过程见图 2.5。减数分裂的名称由来是因为此类分裂将每个细胞的染色体数目减半。每个生殖细胞经减数分裂，染色体数量减至 23 条，受孕时精子、卵子结合之后，受精卵得以形成标准的 46 条染色体。减数分裂过程中，不同染色体对的遗传物质可以互换（这一过程叫作交换），然后随机分配形成生殖细胞，进而保证基因池的多样性。因此，即使一对夫妻有好几个孩子，因染色体或基因组合的差异，每个孩子也会表现出较大的遗传差异。

最后，繁殖与细胞分裂还涉及性别的确定。我们已经提到过，一般细胞内部共 23 对染色体，其中一对十分特殊，叫作性染色体。性染色体表示为 X 染色体和 Y 染色体。女性有两个 X 染色体，男性有一个 X 染色体、一个 Y 染色体。性细胞形成后，女性的卵子只有 X 染色体，而男性精子一半有 X 染色体，另一半有 Y 染色体。与卵子结合的精子类型决定婴儿的性别。如果精子携带 X 染色体，受精卵为 XX，婴儿性别为女；如果精子携带 Y 染色体，受精卵为 XY，婴儿性别为男。X、Y 染色体也与遗传缺陷有关，详见下节。

双胞胎是怎么形成的？ 前文提到减数分裂可以保证遗传多样性，但同卵双胞胎拥有相同的遗传密码，是唯一的例外。同卵双胞胎是指由一枚受精卵发展而来的两个人。怀孕初期，受精卵细胞分裂成两个有机体，最终成长为两个婴儿。科学家称同卵双胞胎为单卵双胞胎，因为双胞胎来源于同一个受精卵。单卵双胞胎由一个受精卵发展而来，彼此拥有相同的 46 条染色体和相同的遗传密码。同

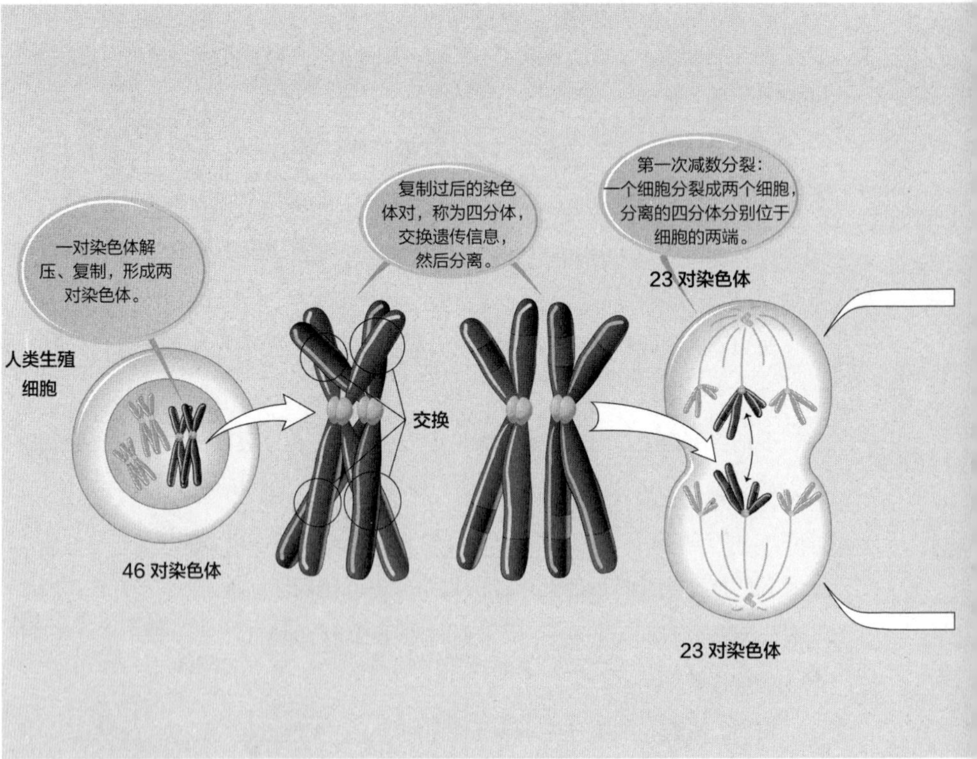

图2.5 减数分裂

配子（精子和卵细胞）经减数分裂而成。减数分裂将每个细胞内部 46 条染色体减至 23 条。染色体片段交换与随机重组保证了物种的基因多样性。受精之后，细胞分裂方式变为有丝分裂，细胞内部 46 条染色体全部复制到新细胞内。

卵双胞胎性别相同，外形也很相似。同卵双胞胎出现的概率大约是 1/260（不同阶层人口之间基本没有差别），似乎不具有遗传性。

异卵双胞胎是两次受精的结果，也就是说，母亲排出两个卵子，与两个精子分别结合。异卵双胞胎是由两次受精形成的两个受精卵发展而成，因而也被称为双卵双胞胎。双卵双胞胎与非双胞胎的兄弟姐妹一样，在基因上不会特别地相似。两人性别可能不同，外形也可能完全不像。理论上，两人可能不是同一个父亲所生。怎么会这样呢？如果母亲在短时间内与两个男人发生关系，她可能排出两个卵子分别与两人的精子结合。尽管发生概率较低，但也可以说明异卵双胞胎之间

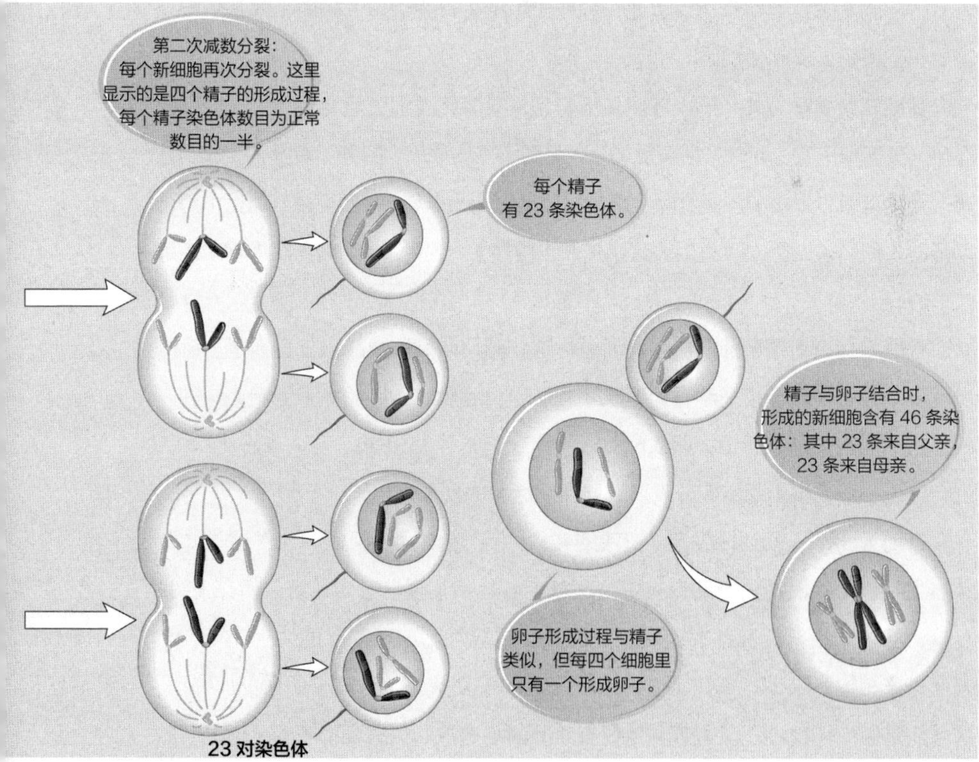

差异之大。还有可能出现半同卵双胞胎，又名极体双胞胎。这种类型的双胞胎由一个卵子（通过有丝分裂）分裂成两个细胞，随后与两个不同的精子结合而形成。半同卵双胞胎从母亲方面遗传的染色体相同（来自分裂的卵子），但是从父亲方面遗传的染色体不同(来自两个不同的精子)。半同卵双胞胎被发现已有数年之久，但是具体发生概率仍不清楚。

不同种族出现异卵双胞胎的概率不同，科学家目前还不清楚其原因。亚洲人的异卵双胞胎出现概率为 1/500，白种人为 1/125，某些非洲人种则高达 1/20。由于异卵双胞胎需要母亲排出多个卵子，那么母亲的基因、卵巢与生殖系统的正常运转起到至关重要的作用。因此，异卵双胞胎有母系遗传的倾向，并且随着母亲的年纪增长，概率增加。

其他辅助受孕方式 形成胚胎并不容易，很多问题都可能导致一些夫妻难以怀孕。父亲精子量少、母亲生殖系统缺陷是两大主要原因。另外，单身人士或同性恋夫妻也可能想生孩子。面对以上情况，表 2.1 列出的人工授精以及其他技术都可以帮助人们怀孕。个人视角板块文章《人工授精》，介绍了一对夫妻使用辅助生殖技术的经历。

有些妇女服用催孕药解决生育问题。这些药物刺激卵巢排出更多卵子。有时出现多个卵子与多个精子结合，形成双胞胎、三胞胎、四胞胎等多胞胎。这种方式出生的婴儿多是异卵（异卵双胞胎、异卵三胞胎等）。不过，有时在多胞胎中，也会出现一个或多个受精卵分裂形成同卵双胞胎的现象。

目前为止，人们还未发现人工受孕会对儿童造成发展问题。在对这类儿童从出生到青少年时期的跟踪调查中，父母、老师和儿童自己均认为他们在情绪、友谊、学习成绩等方面都表现出良好的社会适应性。一个明显的区别在于，与普通母亲相比，借助这类技术的母亲往往更加关爱孩子，与孩子关系更加密切。这可能是因为怀孕过程很辛苦和她们有克服困难的决心。有证据表明，通过胚胎捐献（将捐献胚胎移植入待孕母亲体内）怀孕的父母可能会过于关爱子女，更加具有保护性。

个人视角

体外受精

杰米·康弥撒里斯
密歇根州阿勒根县
一位通过人工授精怀上孩子的母亲

你为什么会使用辅助生殖技术？

我患有多囊卵巢综合征，需要注射激素促进排卵。接受宫腔内人工授精（IUI），每次排卵周期怀孕概率增加了20%，和“正常”女人怀孕概率一样。但是宫腔内人工授精还是没效果，所以我们决定进行体外受精。

你能简单介绍一下体外受精的流程吗？

我们是借助体外受精（IVF）怀上儿子的。我连续几周服用药丸，进行注射，改善激素情况。之后，我的卵巢出现了不少卵泡和成熟的卵子。把卵子从卵泡中取出来，在实验室受精，最后将两个2天大的胚胎放回我的子宫。其余的胚胎低温保存，以备不时之需。

第一次就成功了吗？有没有什么副作用？你总体感觉怎么样？

第一次体外受精，我就怀上了，但只持续了5个星期。第二次是三胎妊娠，结果怀孕24周儿子出生，因为过早早产而夭折。最后一次，我们生下了一个健康的孩子。过程中的副作用包括激素治疗导致的潮热、喜怒无常，子宫过度刺激导致的腹胀，以及注射伤口。一想到体外受精可能不成功，我还容易情绪化。不过，我觉得体外受精还是值得一试的，因为每次尝试我都成功怀孕了。但是，我还经历了多胎妊娠，那其实挺危险的。对不孕不育的夫妻来说，体外受精是很好的选择。

你身边的朋友和家人支持你吗？他们怎么看待你的决定呢？

我们的家人朋友都非常支持我进行宫腔内人工授精和体外受精。我们毫不避讳，也从未得到负面的反馈。

对其他想要尝试宫腔内人工授精和体外受精的人，你有什么建议吗？

了解整个流程，包括各种副作用和可能出现的结果。浏览著名的网站、论坛，咨询生育专家和私人医生。夫妻两人应该商量好具体流程和整个疗程的时间。了解你的需要，相信你的直觉。

问 题

你会接受人工授精或其他辅助受孕方法吗？你认为父母应不应该告诉孩子，他们曾使用这些辅助技术？为什么？

表 2.1

其他人工受孕技术	
人工授精	• 采集父亲的精子，然后注射进母亲的生殖系统，完成授精。 • 如果父亲的精子无法存活，可从其他男士或精子银行采集精子。
体外受精	• 从母亲的卵巢中取出几个卵子。 • 将卵子与精子放置于皮氏培养皿中进行受精和初期细胞分裂。 • 将数个胚胎（每个胚胎含 4 ~ 8 个细胞）放入母亲子宫，继续生长。
低温保存	• 将采集的精子冷冻，数年之后解冻仍可保持活性。 • 体外受精形成的胚胎可以先冷冻，再解冻放入母亲子宫。
辅助体内受精	• 从母亲卵巢内采集卵子。 • 从父亲体内采集精子。 • 将卵子和精子注入母亲的输卵管，受精，继续生长。
代孕母亲	• 使用体外受精方法将父母的精子与卵子结合。 • 胚胎放入另一位女士体内，代孕母亲代替亲生父母生育。 • 有时代孕母亲也提供卵子，将父亲的精子注入代孕母亲体内形成胚胎。

性状与基因异常

可以想象，每个独特个体的遗传密码多么复杂。46 条染色体上有上千个基因，由 30 多亿对碱基有序排列而成。所有这些信息形成遗传密码，遗传密码必须精确无误地复制到数万亿人体细胞中。复制过程中的错误或变异时有发生，有些甚至遗传至下一代。有些情况下，只有少数碱基对出问题。但有时，也会发生整条染色体被破坏、丢失、过度复制的情况。

本节将介绍出现遗传错误时，人们可能会遗传的一些疾病或健康问题。科学家已经辨明数千种遗传疾病，本书将介绍几个例子，以便学生更好地理解基因如何造成人类疾病与人体畸形。随着科学研究的逐步深入，我们将不断了解更多相关遗传密码，将来有望利用基因疗法或其他方法解决严重的健康问题，甚至治疗某些致命疾病。

显性与隐性

前文已经提到染色体成对出现。很多人类性状由等位基因（同一基因的两个版本，位于一对染色体上）之间显性与隐性的关系决定。也就是说，如果一个人的一对染色体分别遗传了一个显性等位基因、一个隐性等位基因，显性基因将决定性状。假设拱足等位基因为显性，扁平足等位基因为隐性。如果你遗传了两个显性等位基因，或显性、隐性等位基因各一个，就会长出拱足。如果你遗传了两个隐性等位基因，分别来自父母的两条染色体，就会长出扁平足。由于这种显性、隐性的关系，显性等位基因决定的性状比隐性等位基因决定的性状更有可能表现出来（更多显性性状见表 2.2）。这些性状中，你有哪些？

表 2.2

显性与隐性基因关系决定的常见性状	
显性性状	隐性性状
有耳垂	无耳垂
能卷舌	不能卷舌
有酒窝	无酒窝
长睫毛	短睫毛
大眼珠	小眼珠
拱足	扁平足

显性与隐性关系不仅决定拱足、卷舌能力等性状，还对遗传疾病与基因异常有影响。以下章节中，我们将介绍显性与隐性等位基因的遗传病、X 染色体遗传病，以及染色体异常。

显性遗传疾病 亨廷顿氏舞蹈症是一种常见的显性遗传疾病。这种疾病是遗传性的，但是患者直到 30 岁以后才会显露病征。亨廷顿氏舞蹈症会持续伤害大脑与神经系统，损伤智力，削弱肌肉控制能力，破坏平衡能力与语言能力。控制亨廷顿氏舞蹈症的基因已被发现位于 4 号染色体上。这种疾病比较罕见，每 10 万个新生儿中只有 4 ~ 7 个患亨廷顿氏舞蹈症，欧洲西部人口最容易患这种疾病。目前为止，还没有根治亨廷顿氏舞蹈症的方法。

我们来仔细看看图 2.6，图中显示的是当父母一方或双方患有亨廷顿氏舞蹈症时，子女遗传该疾病的可能性。图左侧显示父母中一人有亨廷顿氏舞蹈症显性等位基因（H），也有不会显露性状的隐性等位基因（h），由于疾病基因为显性，这位父亲或母亲将患上亨廷顿氏舞蹈症。父母中另一人携带两个隐性等位基因（hh），因此不会患上亨廷顿氏舞蹈症。一般来说，两人生育的孩子中，有一半可能会遗传显性基因，患上疾病，另一半可能会遗传两个隐性基因，避免这种疾病。图右侧显示如父母双方都有亨廷顿氏舞蹈症显性的等位基因，其子女遗传该疾病的可能性大大增加。

隐性遗传疾病 与显性遗传疾病略有不同，人们必须遗传两个隐性等位基因才会患上隐性遗传疾病。因此，只有当父母双方都显露性状（有两个隐性等位基因）

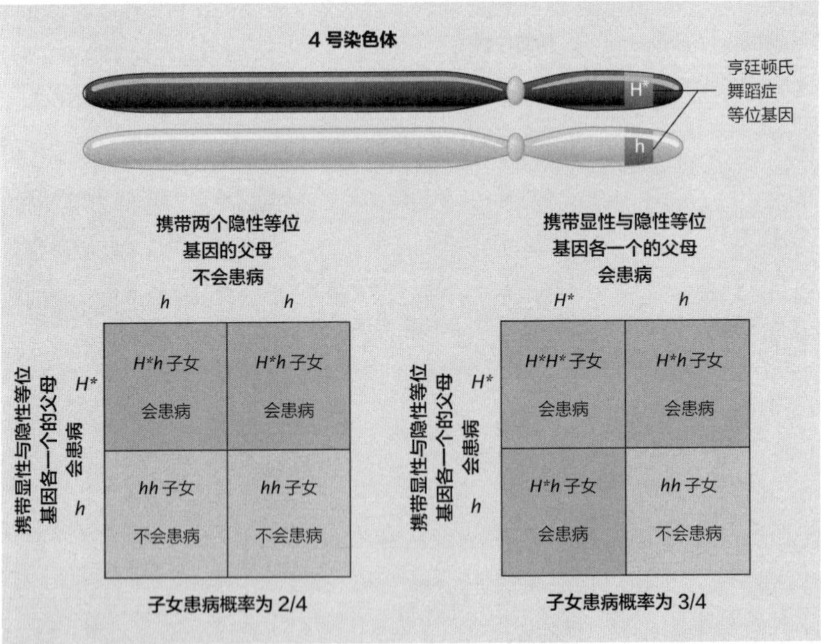

图2.6 显性疾病等位基因

一旦遗传了显性等位基因，人就会表现显性性状。此图中，显性等位基因决定亨廷顿氏舞蹈症。显性等位基因用大写字母 H 表示，隐性等位基因用小写字母 h 表示。星标指示该基因会导致疾病（H*）。左侧显示父母中一人患病（H*h），一人健康（hh），子女遗传该疾病概率为 50%。右侧显示父母两人都患病（H*h），子女遗传该疾病的概率为 75%。如果父母中一人携带两个显性等位基因（H*H*），子女患病概率会是多少呢？

或携带性状（有一个隐性等位基因）时，子女才会遗传隐性性状。囊肿性纤维化是较常见的一种隐性遗传疾病，由 7 号染色体上的基因控制。囊肿性纤维化影响人体内分泌黏液的器官，常受影响的包括肺、胃肠道、胰腺、肝脏等。囊肿性纤维化患者常出现严重的呼吸问题和肺部感染，但由于针对症状的诊治技术越来越先进，患者预期寿命也从几十年前的 20 岁左右延长到现在的 40 岁左右。囊肿性纤维化也是白种人最常见的隐性遗传疾病，每 2 000 个白人儿童中大约就有一例囊肿性纤维化患者。几乎每 25 个白人中就有一人携带囊肿性纤维化的隐性等位

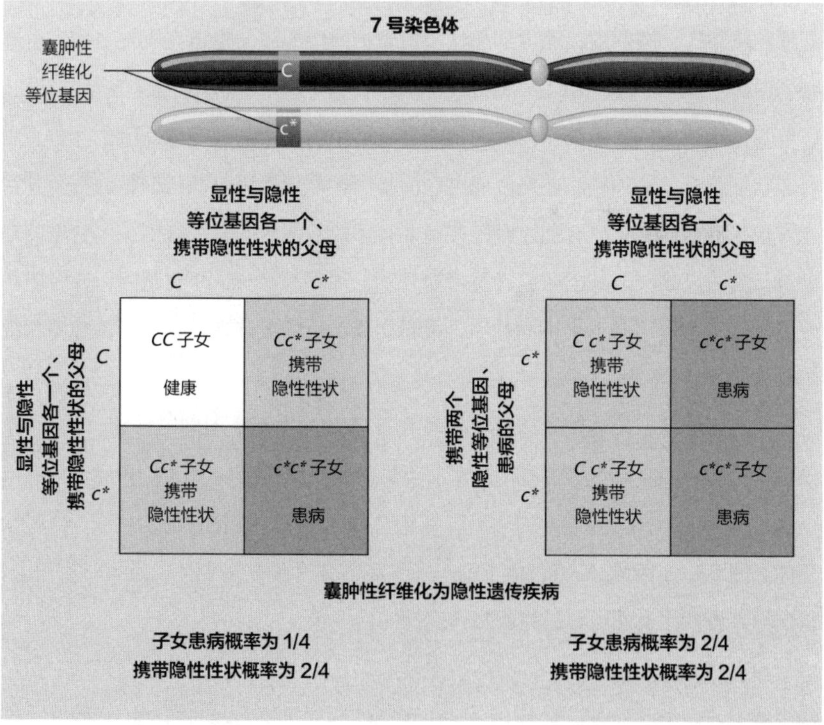

图2.7 隐性疾病等位基因

一个人必须分别从父母双方遗传两个隐性等位基因，才会显露隐性性状。此图中，遗传两个隐性等位基因（c*c*）就会患上囊肿性纤维化。左侧显示父母两人均携带隐性性状基因（Cc*），也都有显性等位基因，因而并未患病。但是，两人的子女遗传两个隐性等位基因（c*c*）并患病的概率为 25%。右侧，父母中有一人患病，子女患病风险上升，概率为 50%。如果父母双方都患病，子女患病概率会是多少？父母中一人携带疾病隐性性状（Cc*），一人健康（CC），结果又会怎样？

基因。囊肿性纤维化基本与亚洲人无缘，在非洲人中也很少见。图 2.7 以囊肿性纤维化为例介绍了隐性性状的遗传模式。

镰状细胞病（SCD）是全世界最常见的一种遗传疾病。镰状细胞病是一系列疾病，表现为血红蛋白受损，血红蛋白是红细胞内的一种物质，负责将氧气从肺部传送到身体各个部分。这一系列疾病中最著名的就是镰状细胞贫血，在非洲裔和拉美裔人群中最为常见。每 400 个非洲裔新生儿、每 1 000 个拉美裔新生儿中大约就有 1 个患病。有地中海地区、中东地区和美洲原住民血统的人群也有患病风险。11 号染色体上的基因导致血红蛋白受损，进而形成镰状细胞病。正常的红细胞软软的、圆圆的，而内部血红蛋白受损的红细胞，输送完氧气之后变得僵硬、弯曲，形状与镰刀相似。镰状细胞有黏着性，可能在身体各处小血管内结块，破坏身体组织。美国多个州内医院定期进行简单的血液测试，诊断新生儿是否患有镰状细胞病。这种疾病还可以通过产前基因检测查出来。镰状细胞病有多种治疗方法，但目前为止只有通过骨髓移植才有可能治愈，而骨髓移植需要合适的捐献者，实施风险大。基因研究人员希望开发一种基因疗法，修正基因，或者阻止致病基因发挥作用并活化不同基因，重新生成健康的血红蛋白，从而治愈镰状细胞病。

X 连锁性状　X 连锁（伴性）性状是指男女发生频率不同的性状，由 X、Y 染色体上的显性与隐性等位基因决定。女性有两个 X 染色体（XX），而男性有一个 X 染色体、一个 Y 染色体（XY）。Y 染色体体积小，携带遗传信息较少（Y 染色体见图 2.1）。因此，X 染色体上的大多数等位基因在 Y 染色体上没有对应基因，从而导致男性比女性更容易显露隐性遗传疾病性状。

血友病（甲型血友病，亦称典型血友病）是一种常见的 X 连锁遗传病。血友病患者血液内缺少一种凝血剂，一旦出现割伤或严重擦伤，有可能流血致死。如果男性 X 染色体遗传了血友病隐性等位基因，即使 Y 染色体上携带有助于凝血的显性等位基因也无法避免疾病。女性则幸运得多。即使她们有一条 X 染色体遗传了血友病隐性等位基因，另一条 X 染色体上几乎总有显性等位基因主导凝血机制。这些女性不会患病，只不过有可能将疾病基因遗传给子女。女性只有在两条

X 染色体都遗传了隐性等位基因的情况下，才会罹患血友病，而这种情况极其罕见。X 连锁隐性遗传性状还有进行性肌营养不良症、色盲、某些种类的视网膜色素变性（导致失明的一大因素）等，这些健康问题在男性中更为普遍。

X 染色体上的显性等位基因疾病则是另一种情势。女性（有两个 X 染色体）比男性（有一个 X 染色体）遗传 X 染色体致病基因的概率高出一倍。又因为致病基因是显性基因，任何一条 X 染色体上遗传了该基因，女性都会患病。因此，女性比男性患病的概率也高出一倍。幸运的是，X 连锁显性遗传病十分稀少。抗维生素 D 性佝偻病是其中一例，女性患病率高出男性一倍。患病儿童伴有肾脏问题，骨骼生长所需的钙质生成受阻。患病婴儿在 1 岁时就开始出现四肢畸形，生长缓慢。雷特氏综合征（导致严重的精神发育迟滞）也是一种 X 连锁显性遗传病。这种疾病仅出现在女性中，因为遗传该病的男性数量极少，且出生之前就已经死去。一般来说，如果女性有一条染色体上携带致病基因，另一条染色体上就会有隐性（不致病）基因，不致病基因足以支撑女性胚胎存活。但是男性不同，小小的 Y 染色体不携带不致病基因，所以只有致病基因发挥作用。致病基因破坏力强，会导致男性胚胎流产。

脆性 X 染色体综合征也是一种特殊的性染色体疾病。这种疾病与 X 染色体受损有关——染色体一端受损，且含有可致病的受损等位基因。脆性 X 染色体综合征可导致面部畸形、脑部损伤，进而导致精神发育迟滞。每 4 000 ~ 6 000 名男性中就有一位脆性 X 染色体综合征患者，比女性患病率高出一倍。脆性 X 染色体综合征是导致男性精神发育迟滞的主要疾病之一，仅次于唐氏综合征（介绍见下节）。

你可能已经发现，很多性状并不完全遵循基因遗传的显性与隐性模式。很多（有人认为是大多数）性状是多基因性状，即性状形成涉及多种基因的共同作用。发展心理学家十分关注的复杂性状，如智力、性情等，就受到多种基因的影响。而且更复杂的是，很多基因具有多效性，即某个基因或某组基因影响多个性状。因此，可以想象，研究复杂性状遗传十分困难。

染色体异常

每 160 个新生儿中就有一个的染色体数目或结构出现问题。大多数的胎儿流产都是染色体异常造成的。正常情况下,每个精子和卵子都有 23 对染色体。然而,在减数分裂形成配子的过程中,精子或卵子有可能缺少或多出一条染色体。大多数时候,这种情况会导致早期流产。

不同于其他染色体异常,21 号染色体异常不会造成流产。21 号染色体是最小的染色体之一(见图 2.1)。如果多了一条 21 号染色体,婴儿就会患上唐氏综合征。唐氏综合征别名“21 三体综合征”,因为这种疾病是由 21 号位上出现的三条染色体造成的。典型的唐氏综合征患者身形矮小,手指粗短,易出现心脏问题,寿命较短(见图 2.8)。患者还伴有精神发育迟滞,智商一般在 25 ~ 50 之间(正常人平均智商为 100)。唐氏综合征是导致精神发育迟滞的最主要遗传性疾病,40% 中到重度的精神发育迟滞是由这种疾病造成的。一般来说,典型唐氏综合征成年患者心智水平停留在 7 ~ 8 岁儿童的水平,寿命大约 50 岁。但是,寿命与种族关系密切。白人患者平均寿命 50 岁,非洲裔美国人 25 岁,其他种族则仅有 11 岁。造成这种差异的部分原因在于防护条件不同,例如,对于并发症的药物或手术治疗、预防措施的质量等。

95% 的唐氏综合征患者因卵子形成时,21 号染色体对没有正常分裂,导致多出一条 21 号染色体,从而患病。图 2.9 表明,随着母亲年龄增大,婴儿患病概率明显增加,但研究人员尚不清楚原因。可能因为母亲年龄增大导致卵子质量下降,进而导致染色体异常。35 岁产妇风险过高,医生通常建议怀孕早期进行基因检测,检查胎儿染色体是否异常。

图2.8　唐氏综合征症状

唐氏综合征由染色体异常(多出一条 21 号染色体)造成。患者典型特征为鼻低平、眼裂小、外耳小、脖子短。智商低也是唐氏综合征患儿面临的一大问题。

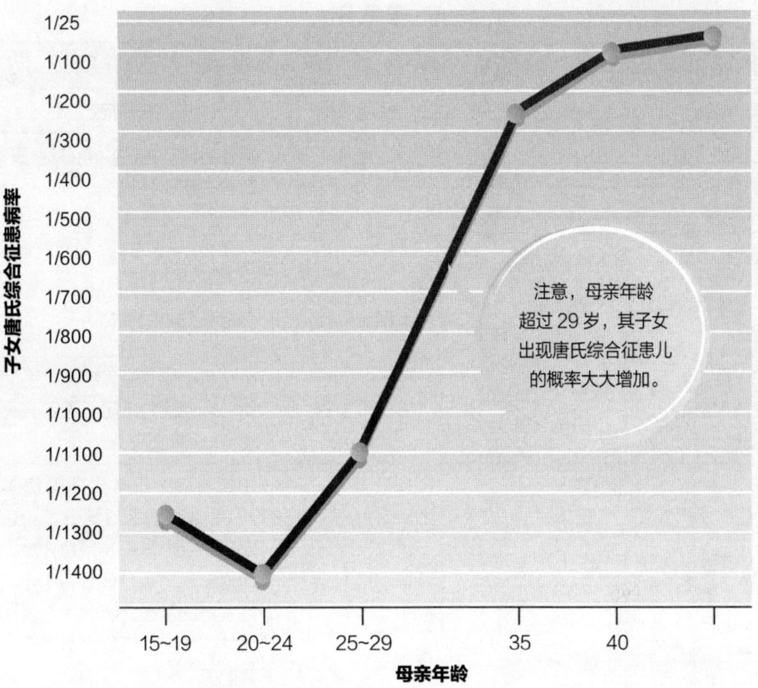

图2.9 母亲年龄与唐氏综合征患病风险

母亲年龄越大，其子女唐氏综合征患病率越高。

尽管多方强调“高龄”产妇会导致婴儿患病概率增加，但读者还需注意，因年轻母亲生育率高得多，所以多数唐氏综合征患儿都是由35岁以下的母亲所生。

性染色体异常 除了造成21三体综合征（唐氏综合征）以外，多出一条染色体通常还会导致流产或婴儿出生数月内夭折。不过，有一个例外——性染色体。即使性染色体缺少或过多，婴儿也可以存活——实际上，性染色体数目异常是人类最常见的遗传疾病之一。每500个新生儿中就有1个患病。表2.3列出了几种性染色体异常遗传疾病。下节，我们将介绍医生最常使用哪些诊断技术，检查胎儿是否遗传或罹患遗传疾病。

表 2.3

性染色体异常遗传疾病一览表			
疾病	性染色体组成	患病概率	主要症状
克氏综合征（男性）	XXY，多一条 X 染色体	1/650 男性	睾丸小，不育；学习问题，害羞，社会心理发育落后。
XYY 综合征（男性）	XYY，多一条 Y 染色体	1/1 000 男性	身材高；学习问题；有生育能力。
X 三体综合征（女性）	XXX，多一条 X 染色体	1/1 000 女性	身材高；有生育能力。
先天性卵巢发育不全（女性）	X，少一条 X 染色体	1/2 000 女性	身材高，脖子短，肩宽，空间感知与运动能力不足；不孕；种种其他健康问题。
XX 男性综合征（性别反转）	XX	1/20 000 男性	性别反转（正常男性染色体为 XY）。减数分裂过程中 Y 染色体部分断裂附着在 X 染色体上。因为这部分 Y 染色体含有决定男性性发育的基因，因此患者表现男性性别特征。所有患者均没有生育能力。
XY 女性综合征（性别反转）	XY	1/20 000 女性	性别反转（正常女性染色体为 XX）。减数分裂过程中，Y 染色体部分断裂并丢失。患者虽携带 XY 染色体，却没有决定正常男性发育的基因，反而发育出女性性别特征。XY 女性综合征患者不会发展出第二性征，没有生育能力。

产前筛查与基因检测

父母在怀孕期间感到忧虑是十分正常的，特别是家族有遗传病史或婴儿有其他风险的时候。幸运的是，现在医学专家可以帮助父母减轻妊娠期焦虑。孩子出生之前，医生可以通过多种手术方法检查遗传疾病和其他潜在问题。最常用到的方法包括超声检查、羊膜穿刺、绒毛取样等。还有一些手术方法已经成形或正在测试，涉及分析母亲血液中的胎儿 DNA 和 RNA。这些手术方法只需进行母体血液分析，无须对子宫施针，因而母亲和胎儿都比较安全。

超声波检查（超声），即技术人员利用设备将声波对准孕妇腹部，设备读取返回的声波信息，生成胎儿和周围结构的图像。医生可通过超声检查判断胎儿是否存在健康问题，可以检测到一些结构性缺陷，如心脏、神经管、脊柱等部位的缺陷。超声检查可以在妊娠期随时进行。可以选择进行 3D 和 4D 超声检查。前者中声波从不同角度发回，通过电脑程序形成一个立体图像，后者则可以实时查看该立体图像。图 2.10 的超声图像清楚地显示了胎儿形状。

我们永远不会忘记第三胎（之前已经有了两个儿子）的超声检查。医师检测时，设备在我的腹部移动，显示器上出现两个小胎儿，依偎在一起。起先，我们还以为看到了重影，毕竟重影在超声检查中很常见。但医师告诉我们，那不是重影，而是一对异卵双胞胎姐妹。两个儿子，两个女儿，我们太幸福了！得知两个小宝贝都很健康，我们马上开始考虑其他事情：怎么同时给两个宝贝喂奶、换尿布？我们的小汽车怎么装下六个人？（我们后来把小汽车换成了面包车。）

如果父母很有可能将缺陷遗传给子女，或母亲年龄超过 35 岁，医生通常会建议进行基因筛查。以羊膜穿刺为例，医生将针经母亲腹部、子宫刺入包裹胎儿的羊膜囊。同时，技术人员利用超声波显示胎儿位置，引导针刺入羊水。针上带

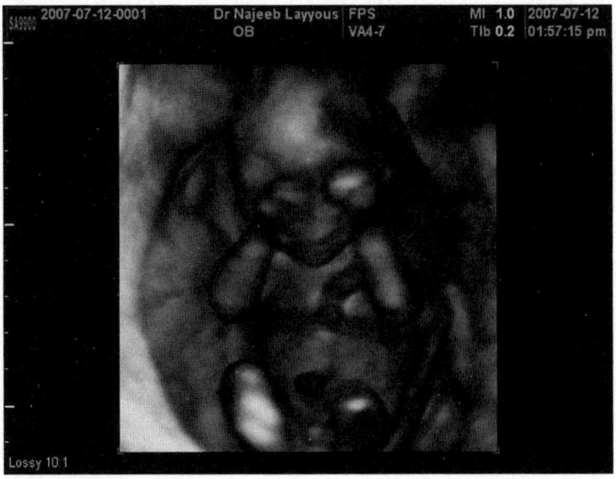

图2.10 胎儿超声图

医生可利用超声检查法监测胎儿生长情况，监测上百种潜在的生长缺陷。

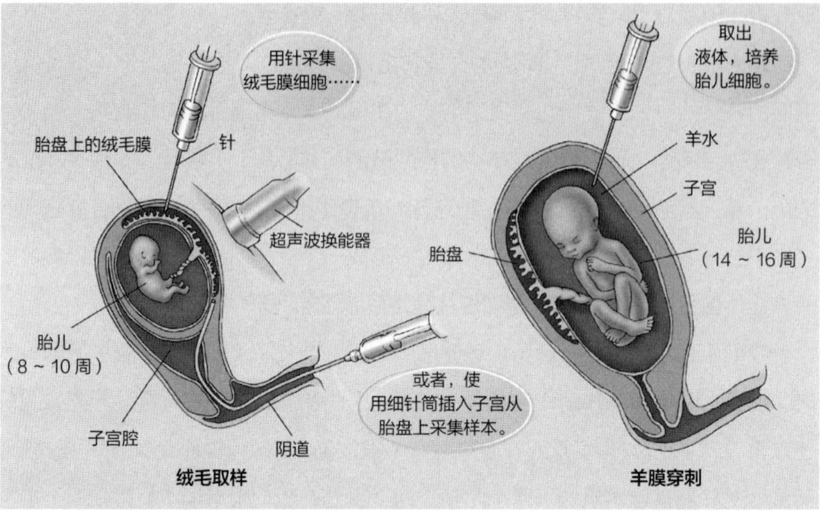

图2.11 妊娠期两种采集细胞进行基因检测的方法

左侧绒毛取样，将针筒经阴道插入子宫，采集胎盘绒毛膜细胞，或用针刺入胎盘采集细胞，进行基因检测。右侧羊膜穿刺，将针经母亲腹部、子宫，刺入羊膜囊，取出羊水，其中包含胎儿细胞。

回少量羊膜囊内的液体，其中含有胎儿脱落的细胞。技术人员将细胞放入实验室培养，从培养的细胞中分离出染色体，按大小排列组成核型，进行基因检测。图 2.1 所示染色体图即为核型。通过核型分析，医学专家可以检测出上百种遗传疾病，特别是染色体异常引起的疾病。如果有单基因病或其他家族遗传病，可以进行特殊测试，检查疾病相关基因。

怀孕 14 周后可进行羊膜穿刺，1 ~ 2 周能出结果。羊膜穿刺导致不良后果的概率为 1/200。穿刺时，针靠近胎儿，可能导致伴随早产风险的子宫收缩，甚至流产，穿刺带来的伤口和病菌可能造成严重感染。由于以上风险，医生一般不会进行羊膜穿刺，除非胎儿可能罹患其他遗传疾病或并发症，情况危险。

绒毛取样（CVS）的实施时间早于羊膜穿刺，大约怀孕 9 周就可以进行。绒毛取样只需几天就可以出结果。进行这种手术时，医生通常将一根长针筒经阴道插入子宫，有时也会将针经腹部、子宫刺入（与羊膜穿刺类似）。医生在胎盘绒

从业人员视角

基因咨询师

罗宾 · L. 贝内特
华盛顿州西雅图市
基因咨询师、美国基因咨询师协会会长（www.nsgc.org），著有《遗传家族史实用指南》（1999）

基因咨询师具体做些什么工作？

我们帮助遗传病患者及有患病风险的人。我们把复杂的遗传信息翻译成实用信息，帮助来访者更好地了解遗传病及其应对措施、遗传作用、检测方法。咨询过程中，我们会建立来访者家族谱系，总结来访者家族至少三代的健康状况和家庭关系。与来访者交流对于基因检测、产前检测及其可能后果的感受与问题，这是我们十分重要的工作之一。我们还负责推荐社区资源和合适的医疗机构。

如果检查出来严重的疾病或缺陷，咨询师如何告知并协助来访者？

诊断结果都是面对面通知的，我们强烈建议来访者有人（配偶、亲人、朋友）陪伴。基因咨询师主要培训方向是哀伤辅导和危机咨询。咨询师会尽量预测来访者的反应，如有需要，则将来访者推荐到专业人士（私人或家庭医生）和互助小组（互助小组相关信息详见 http://www.geneticalliance.org）。

你所在领域有哪些最新技术或趋势？

症状前基因检测与遗传易感性基因检测已经成为可能，人们通过基因检测可以得知遗传病患病概率。对于这类人群来说，基因咨询师至关重要，因为有些健康的人有患病风险，而测试结果不能预知发病时间和情况。正确理解检测结果既是医学难题，也是心理难题。新近出现的还有药物基因组学，通过检测人们的遗传易感性，针对个人具体情况开药。这种方法有望大幅减少药物不良反应，但是它十分昂贵。基因疗法关注度很高，但是投入实际应用还有很长的路要走。

从事相关工作需要哪些条件？

必须有基因咨询专业硕士学位，包括医学、心理学、人类遗传学相关课程的学习和 1 000 小时的临床实践。基因咨询师的工作涉足面广，包括医疗中心、私人咨询、医学研究、公共健康与政策、药品公司和教育行业。如果要将基因检测用于临床治疗，实施者必须得到美国基因咨询协会的认证。

问 题

你家里有遗传病史吗？你愿意接受基因检测，诊断自己是否有可能染上遗传病吗？为什么？

毛膜上采集细胞。下一章会介绍绒毛膜细胞源自受精卵，其染色体和遗传密码与胚胎内部细胞相同。和羊膜穿刺一样，专家可以通过培养这些细胞，构建核型，进行基因检测。绒毛取样的优点在于实施时间早于羊膜穿刺，可以让父母早几周了解胎儿情况。如果胎儿出现严重缺陷，父母可能要终止妊娠，那么，越早诊断越好。过去，进行绒毛取样的流产风险很高（几乎是羊膜穿刺的 2 倍），还有可能导致胎儿四肢畸形，但现在安全性已经有所提高。近来有研究表明，两种手术风险差不多。尽管绒毛取样导致胎儿四肢畸形概率很小，专家仍建议怀孕满 10 周再做手术。图 2.11 展示医生如何通过绒毛取样和羊膜穿刺采集细胞。

基因与环境的关系

本章的第一部分介绍了遗传基因与遗传特征的基本概念。但是，任何一种人类性状都不是基因遗传单一作用的结果。环境对于性状的生成和发展起着必不可少的作用。本书中的环境指的是儿童与其生命中的人、事物、情境的相互作用。儿童由父母抚养、老师教育，同时又受到兄弟姐妹、玩伴、榜样等的多方面影响。温度、光照、有毒化学物也会影响儿童发展，所以这些也属于儿童发展的一部分。本节中，我们将讨论遗传基因与环境如何相互作用形成儿童的复杂性状、特征、行为。

发展心理学家将遗传基因与环境之间的相互作用称为基因 - 环境交互作用，即第 1 章介绍的天性与教养的相互作用：天性（基因与遗传）与教养（环境影响）共同发挥作用，产生某种结果。第 1 章已经提到，哲学家、科学家一直以来都对天性与教养之间的相互关系非常感兴趣。几个世纪以来，有人认为天性重要，有人认为教养重要，但现在人们基本认为二者对儿童发展均有至关重要的作用。遗传基因与环境之间的相互作用表现在多个方面。我们会介绍三种常见作用方式——反应幅度、渠化作用和选窝现象，以及一种新理论——**或然渐成论**。

反应幅度、渠化作用和选窝现象

反应幅度 考察遗传基因与环境之间的交互作用，需要认识到个人的基因型（实际基因密码）限定可能出现的表现型（可观察到的性状）。所有可能出现的表现型就是每个人基因型的反应幅度。重点在于，基因限定反应幅度，但是表现型最终由环境影响决定。图 2.12 显示的是三名儿童认知能力的假设反应幅度。反应幅度是一种理论构架，有助于我们更加了解基因与环境交互作用的形式。但是实际操作中我们不可能确定某个人的反应幅度，因为在个人发展的有限时间里，我们不可能了解或操控所有环境因素。

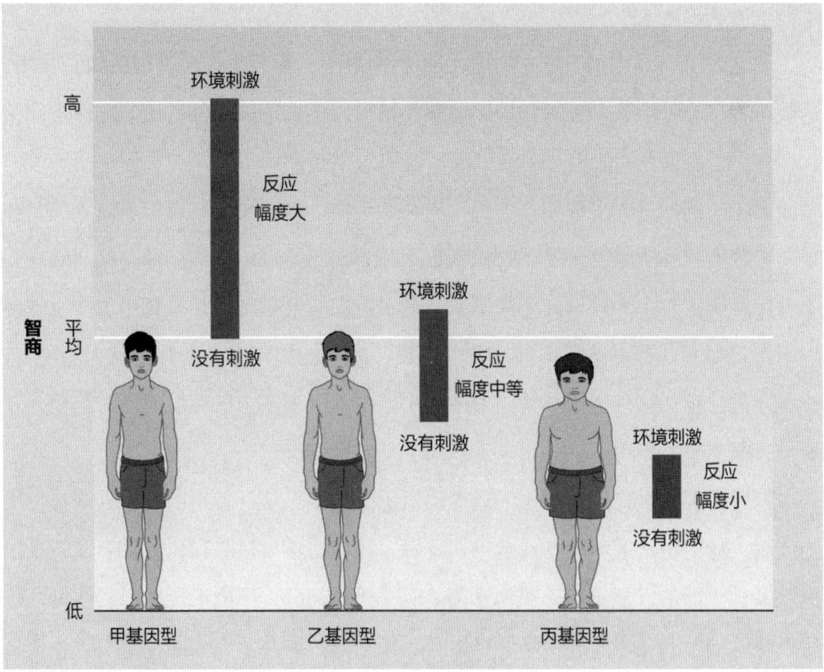

图2.12 三名儿童认知能力（智商）的反应幅度（假设数据）

儿童甲显示反应幅度大。缺乏环境刺激的情况下，智商平平；如果加大环境刺激，智商则大大提高。儿童丙反应幅度较小。该儿童基因型已经设限，不管环境因素如何，智商都会较低。唐氏综合征可能会形成类似基因型，导致低智商。儿童乙反应幅度介于两者之间，随着环境变化，智商也会适度变化。

渠化作用 基因 - 环境交互作用的第二种考察角度，强调遗传基因如何保护儿童免受环境影响。渠化作用是指基因对于发展道路与结果的影响。换言之，基因作为强大的缓冲，可以帮助个人应对复杂的环境变化，并限制环境对个人的影响。因此，一个物种的发展，局限于该物种特有的几种发展道路，只会产生该物种特有的性状特征。图 2.13 将发展概念假设为地形，清楚地显示以上结论。遗传基因限定了穿过发展地形上山川峡谷的几条路径或渠道。环境可以看作一股外力（像风一样），推动个人在发展地形上行进。渠道越深，说明这条发展路径受基因影响越深，受环境（风）影响越小。这个模型中，选择点（渠道一分为二，提供两种发展方向的地点）代表着发展过程的重要时期。例如，儿童出生头一年如果没有听到某种语言的语音，就会慢慢失去辨别这种语言中微弱差别的能力，未来也很难达到母语水平。

图 2.13 所示渠化作用，特别是右侧的地形图，强调了遗传基因的保护作用。这就解释了为什么人们面对极端环境条件仍可以生存下来。你看出渠化作用和第 1 章适应性主题之间的相互关联了吗？基因的限制作用可以保护人们免受环境的负面影响。例如，大多数婴儿大约 1 岁开始走路，这与父母的看护质量无关，与婴儿吸收的营养质量也无关。因此，我们可以看出行走可以算作一种渠化活动——不管环境因素有多大差异，婴儿基本都是 1 岁左右开始行走。只有出现严重的环境干扰，如婴儿遭受严重虐待或营养不良，才可能出现意外，行走延迟。不过，读者还需注意，这种理论非常强调遗传决定论，而事实上，环境因素对于个人发展也有很重要的作用。

新近出现的渠化理论弱化了遗传决定论的色彩。这种较新的理论强调了环境的作用，特别是产前环境和儿童早期环境。该理论称为经验渠化，认为遗传基因提供多种可能的发展结果（类似于图 2.13 左侧情况），环境则发挥限制作用，决定最终的一条或几条发展道路。以语音感知为例，婴儿 1 岁之前，听到各个语言的基本语音时都是相似的反应；1 岁之后，才会分辨母语（出生头一年接触的语言）语音中的细微差别。换句话说，遗传基因使得人们拥有感知语音的能力，但是个人早期语言环境决定其分辨的具体语音。反应幅度理论与经验渠化理论都强调环

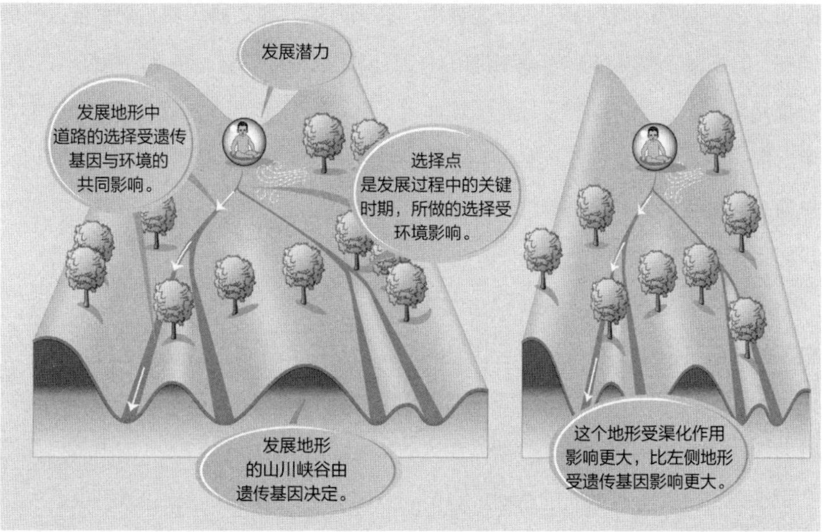

图2.13 渠化作用

图示山川峡谷代表个人行进的发展地形。圆球在地形中移动的路径代表个人的发展。遗传基因决定了地形的高低起伏，而环境作用则推动圆球穿过选择点，继续行进。每个山谷的宽度代表某个基因型对应的表现型数（类似反应幅度）。注意右侧地形渠化作用更强，遗传基因在个人发展中发挥更大的作用。

境因素对于最终发展结果的决定作用，但反应幅度理论认为，特定遗传基因的发展道路和发展结果有很多种可能性。相比之下，经验渠化理论强调发展道路与发展结果十分有限，并且限制性作用在发展初期就已发生。

这两种不同渠化观点对于一系列实际问题也有不同解答。例如，父母时不时会担心他们是不是影响了孩子的发展结果。强调遗传基因作用的渠化理论，认为除非父母采取了某些极端措施，否则儿童不会受到影响，而是沿着既定的发展道路发展。看护方式、日常生活稍有差别，基本不会影响儿童的最终发展结果。经验渠化理论则提供完全不同的理解。按照经验渠化理论，父母在儿童早期创造的经历、提供的机会将大大影响儿童的最终发展结果。

选窝现象 出人意料的是，儿童基因与环境的交互作用还可以表现为基因对环境的影响。儿童所处或选择的某种环境或多或少受到基因的影响。第一，婴儿时期，遗传基因的影响表现得比较被动。这一时期，婴儿的环境几乎完全由父母控制。但是，儿童与父母有很多相同的基因，因此家庭环境与儿童基因相符。第二，随着儿童长大，遗传基因发挥刺激性作用。这是指儿童的遗传倾向刺激父母等人做出反应。假使儿童想要从事体育运动，父母可能会为儿童提供更多运动的机会，包括多去操场、鼓励儿童参加运动队等。这些活动由儿童遗传倾向引发，并进一步加强儿童这一方面的遗传倾向。

第三，当儿童更加年长，能自主选择活动的时候，遗传基因发挥主动作用。较大的儿童可以主动寻找最适合自己的窝，即活动和环境，这就是选窝现象。自由选择的情况下，内向的孩子愿意选择更安静、被动性的活动，例如，看电影、读书等。外向的孩子更愿意参加体育运动和喧闹的活动。内向或外向的基因促使儿童选择符合其基因倾向的活动。因此，基因决定儿童的某些性状或特征，也影响儿童周围的环境，从而影响儿童行为。

我们的双胞胎女儿就显示了被动、刺激、主动三种形式的基因影响。两人还是婴儿时，我们按照自己的兴趣提供环境——读书、放音乐给她们听，拥抱她们并轻轻晃动。我们的兴趣和能力反映了我们的基因，因为我们和女儿有很多相同基因，我们提供的环境应该与她们的基因倾向相符。孩子长大一点后，周围的环境明显对她们产生了不同的影响。雷切尔非常开朗，喜欢快节奏的体育运动。莉莉更喜欢玩电脑游戏、芭比娃娃，或是安静地坐在大人腿上。我们对这些变化做出反应，让雷切尔花更多时间运动，让莉莉安静地玩耍。两个女儿现在长大了，开始积极选窝，因为倾向不同，她们选择的环境必然不同，包括个人爱好、结交的朋友和闲暇活动。

或然渐成论：激活你的基因

研究人员仍在研究基因与环境之间更复杂的交互作用如何影响人们的性状和特征。或然渐成论就是其中一个例子。“渐成”是指在发展过程中慢慢形成（而非从一开始就存在）某一性状、特征或行为。“或然”是指依据特定环境条件，某些特征或性状可能形成（而非与环境无关、必然形成）。或然渐成论认为，只有在遗传基因由特定环境条件或生活经验激活后，才有可能形成某一行为结果。例如，一个人就算遗传了某种癌症基因，最终也不一定患病。他选择的生活方式（如饮食运动习惯、抽烟、日晒等）可能会影响癌症基因是否被激活，以及他是否患上癌症。

这种交互作用并不新鲜，但这一理论将环境作为激活基因的主要因素，具有开拓意义。研究人员认为，人体内大多数基因不是直接表现而是被激活的（有人估计这一比例高达 98%）。这意味着每个人的潜在发展路径远比实际发展路径多得多，个人环境决定基因组中哪些部分会被激活。图 2.14 显示了这种复杂的交互作用。例如，我们知道某些环境因素（如光、压力、营养、白昼长度）影响体内多种激素水平。激素进入细胞核，影响蛋白质合成，最终“打开”或“关上”某些基因。因此，不仅基因可以影响行为（见图 2.14 左上箭头），环境也可以影响哪部分基因被激活并表现出来（见图 2.14 下方箭头）。

我们来了解一下论证或然渐成论的一些重要研究。或然渐成论认为，环境如果发生重大变化，最终激活出来的基因也会改变。因此，如果研究人员将一个有机体放置在迥异于其自然环境的陌生环境中，即使遗传信息不变，有机体也可能形成该物种不常见的某些特征或行为。实际上，有些研究确实得出了这一结论。

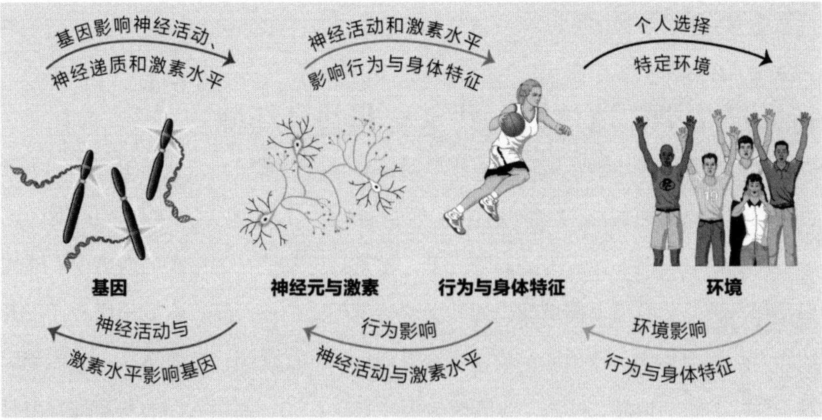

图2.1 4 或然渐成论

基因决定身体或行为特征（如高度活跃），促使儿童选择某些环境（如剧烈或刺激性运动）。但是环境也可以使身体产生变化（如激素水平），进而选择性激活基因。

例如，改变小鸟胚胎发展环境，可能导致小鸟长出牙齿。小鸟胚胎已经形成，说明导致异常特征的基因已经存在，只不过正常发育的小鸟不会显现这一特征。环境变化激活了正常情况下“关闭”的基因。另一个实验中，研究人员将果蝇卵短暂暴露于乙醚气体中，导致孵化出来的果蝇多长了一对翅膀。基因激活的变化也可能遗传到后代——两对翅膀的果蝇后代也多长了一对翅膀（有些研究人员认为只有维持变化的环境，才能保证后代同样的基因得到激活）。

这些研究对于人类发展意味着什么？显然，人类遗传潜能很大，但只有一小部分得以显现。儿童的环境（包括产前与出生后的环境）决定哪些部分可以显现。尽管研究人员取得了不少进展，我们还是无法断定哪些环境因素对于基因表达影响最大，也无法确定环境因素如何形成复杂性状，如智力与人格。但是或然渐成论有力地证明了基因与环境之间的关系，强调这种相互关系对发展产生影响，且天性与教养互相依存。

行为遗传学

你与兄弟姐妹、父母有何不同？不同点或相似点是由什么造成的？这些都是行为遗传学试图解决的问题。

行为遗传学、遗传率、共享与非共享环境

什么是行为遗传学？这一研究领域对发展学研究有何助益？第 1 章介绍了天性与教养之间的关系，让读者初步了解行为遗传学。行为遗传学研究遗传基因（与环境影响相对）对特定行为的影响程度，常常讨论某些行为结果的遗传率。遗传率是指一种估测数值，衡量某一性状受遗传基因影响的程度。本章稍后会详细介绍如何估测遗传率。遗传率估值范围在 0.00 ~ 1.00 之间，估值越高，遗传基因对于性状的影响越大。例如，身高遗传率估测为 0.90，那么人们的身高基本由基因决定。相比之下，某些态度（如宗教性、对于种族融合的态度等）的遗传率就低得多。根据不同的衡量标准，宗教性遗传率估值在 0.04 ~ 0.22 范围内波动，

种族融合则为 0.06。遗传率估值低，表明这些态度的变化几乎不受基因变化影响，而是受学习经历与环境因素的极大影响。

学生应该避免利用遗传率估值断定某一性状是否“天生”。遗传率估值衡量的是特定人群中某一性状的变化多大程度上受遗传基因的影响。还需注意，即使某一性状遗传率估值很高，也并不意味着人们一定会表现出这种性状。对此，或然渐成论已经给出解释，遗传潜能需要环境条件才能激活。尽管遗传率估值理论上可能高达 1.0，但是行为遗传学研究的复杂性状从未出现那么高的遗传率。一般来说，0.50 以上的遗传率估值就已经很高了。

最近几十年来，行为遗传学越来越注重环境对于发展的影响。本书中已经多次提到，实际发展结果是基因与环境共同作用的结果。但是要解释不同的行为结果，我们必须区分两种不同的环境——共享环境与非共享环境。共享环境包括共同生活的人的共享经验与环境条件。共享经验往往导致类似的行为结果。一个家庭的共享环境包括阅读材料、参加的文化或体育活动，以及家庭整体的社会经济水平。

不过，共享环境无法解释家庭成员之间的行为差异。如要理解家庭内部差异，我们还要研究导致个人差异的环境因素，即非共享环境。非共享环境包括个人的独享经验和环境条件。非共享环境因人而异，它会导致行为结果出现差异。例如，家里的一个孩子把大量时间花在听音乐和玩乐器上，而另一个孩子则更喜欢观看和参加体育运动。尽管他们生长在同样的家庭，但两人大部分时间都处在不同的环境条件中。

如何估测遗传率

研究人员常用两种方法估测遗传率——双胞胎研究和领养研究。双胞胎研究通过比较同卵、异卵双胞胎，估测基因对于某一性状的影响力。这种研究利用同卵、异卵双胞胎的区别来达到研究目的。本章已经提到，受精卵一分为二，从而形成同卵双胞胎。因为来自同一个受精卵，双胞胎必然拥有相同的基因。而异卵双胞胎由两个受精卵发展而成，因此两人基因相似度与非双胞胎一样，大约有 50% 的遗传信息相同。

在双胞胎研究中，研究人员通过比较同卵、异卵双胞胎的各类参数（如智商或人格参数），进而估测遗传率。他们分别计算每对双胞胎之间的相关性，然后比较同卵双胞胎与异卵双胞胎的相关性。（第 1 章提到过相关性是衡量两个变量之间关联程度的数值。）如果基因对于所研究的性状影响很大，那么同卵双胞胎的相关性应该远远高于异卵双胞胎的相关性。

领养研究通过研究被领养儿童及其亲生父母、兄弟姐妹、领养家庭，估测基因对于某一性状的影响力，比较儿童与亲生家庭的相关性和儿童与领养家庭的相关性。如果基因对于所研究的性状影响很大，儿童与亲生家庭的相关性应该远远高于儿童与领养家庭的相关性。

有时两种研究方法可以结合起来，提供一种估测遗传率的新方法，例如，通过研究被不同家庭收养的同卵双胞胎，估测遗传率。但学生应该记住，无论是双胞胎研究、领养研究，还是两者结合的研究，都只能提供遗传率的估值。而且，有些因素还会影响估值。例如，很多领养机构采取选择安置措施，为儿童选择与其亲生家庭相似的领养家庭。领养机构在为儿童选择领养家庭时，一般考虑种族和文化背景、整体社会经济地位和教育水平等因素。你认为选择安置会对遗传率估值产生什么影响？部分领养研究表明，选择安置对于所研究的性状影响不大，但是，更多的研究并没有提供相关信息。双胞胎研究中的环境相同假说也值得深究，研究人员一般假设双胞胎所处的环境是相同的。你认为这一假说成立吗？同卵双胞胎的环境相似度是否会高于异卵双胞胎？如果同卵双胞胎环境相似度更高，那么遗传率估值有可能偏高。

最后，请记住，在很多情况下，儿童基于个人遗传倾向，会选择或被放置在特定环境，而且正如前述或然渐成论所说，基因激活有赖于环境因素。目前的研究方法还无法解开遗传基因与环境之间的相关性。遗传率估值不单由遗传或环境决定，而是二者相互作用的结果，因此很难判明二者对于遗传率估值的影响。新兴的统计学方法，如在第 1 章学到的路径分析，可以描述基因与遗传之间的关系，以及选择安置与不同环境可能产生的影响。现在，我们只要通过这些方法进行简单的相关性比较，就可以得到更加精确的遗传率估值。

复杂特征的遗传率

研究人员利用上述方法研究了多种不同的人类特征，以便更好地理解基因与环境的影响。表 2.4 列出了几种性状或行为的遗传率估值。结果显示，所有性状或行为都表现出轻到中度遗传率。

认知能力的遗传率　智力可能算得上是研究人员研究得最多的一个行为特性了。研究人员一般利用标准智力测试分数（智商）来衡量个体的智力高低。表 2.5 显示的是 216 个不同研究中的平均智商相关性。这些数据表明，遗传因素对智商有显著影响。同卵双胞胎智商相关性明显高于异卵双胞胎，亲生父母相关性高于养父母相关性。根据这些数据，行为遗传学推算智商遗传率约为 0.50。如表 2.4 所示，认知能力（如空间推理、言语论辩和感知速度）和学习表现（如语言使用、数学、社会研究和自然科学）的遗传率估值比较接近。

表 2.4

多种性状和特征的遗传率估值

性状或特征	遗传率估值
认知能力	
一般智力	0.52
言语论辩	0.50
感知速度	0.46
职业兴趣（青少年时期）	0.42
空间推理	0.40
学习成绩（青少年时期）	0.38
语言使用	0.40
阅读	0.68
数学	0.52 ~ 0.56
社会研究	0.34
自然科学	0.38
处理速度	0.22
发散思维	0.22
人格与气质	
焦虑	0.70
社交性	0.64
活动性 / 冲动性	0.62

表 2.4（续）

多种性状和特征的遗传率估值	
情绪性	0.54
外向性	0.51
保守性	0.50
情绪不稳定性	0.46
反社会行为	0.40 ~ 0.50
男性化 / 女性化	0.40
宗教性	0.40
性取向	0.30 ~ 0.70
信仰上帝	0.22
对种族融合的态度	0.06
参与宗教事务	0.04
问题情况	
多动症	0.75
阅读障碍	0.72
自闭症谱系障碍	0.90
双相障碍	0.70
精神分裂症	0.80
肥胖（体重指数）	0.50 ~ 0.90
酗酒（风险）	0.50 ~ 0.71

表 2.5

用来估测智商遗传率的相关性	
关系	平均智商相关性
同卵双胞胎，共同成长	0.85
异卵双胞胎，共同成长	0.59
同卵双胞胎，分别领养	0.74
亲生父母与孩子，共同居住	0.41
亲生父母与孩子，领养分居	0.24
养父母与孩子	0.20
亲兄弟姐妹，共同成长	0.46
领养家庭的兄弟姐妹	0.24

因此，认知能力似乎受遗传因素影响较大。遗传影响会随着年龄的增加而改变吗？毕竟，随着儿童长大，不同的遗传系统发挥作用，环境影响也会改变。若干研究表明，某些认知能力的遗传率估值会发生变化——随年龄增加而增加。从图 2.15 中可以看出，随着年龄增加，遗传因素对认知能力的影响增强。为什么会这样呢？前文提到的选窝现象认为基因通过引导个人选择环境来影响环境。随着人们长大独立，更加自主选择环境，这种效应更加明显。遗传率估值增加可能反映了基因的间接影响。还要注意，尽管基因的整体影响慢慢增强，但我们并不清楚具体涉及哪些基因。可能人的一生中各个时期发挥作用的基因不同，其中一些基因的影响增强，另一些的影响削弱。

我们还需要进一步研究，才能理解不同时期特定基因的相互作用与影响。同时我们也要清楚关于认知能力遗传率的研究常常富有争议。

人格与气质的遗传率 行为遗传学家也研究过人格遗传率。与认知能力研究一样，大多数人格研究表明，遗传因素发挥着重要作用。如表 2.4 所示，双胞胎研究和领养研究得出的遗传率估值高达 0.70。平均考虑人格主要方面的遗传率，可得出结论：40% ~ 50% 的人格变化由遗传因素影响。

人格遗传率估值也随年龄变化而变化，但不像认知能力遗传率估值一样随年龄增长而增加。例如，青少年后期，外向性、情绪不稳定性、情绪性、活动水平和社交性等遗传率估值均呈下降趋势。但是在社会发展等其他方面，如亲社会 / 反社会行为、自尊、宗教性等，遗传率估值则随年龄增长呈上升趋势。一般认为，基因对于人格的影响不会随着年龄的增加而产生很大变化；如出现变化，多由环境变化所致。对于人格相关基因及其基因标记的研究才刚刚开始。

发展心理学家十分关注人格中的气质，即儿童的活动水平或面对刺激的反应模式。儿童在很小的时候就在易怒程度、社交性和活跃度等方面产生明显差异。这些差异多延续到儿童成年以后，对儿童社会交往影响重大。下面我们来看看基因对气质有什么影响，关于这个问题的详细介绍见第 6 章。

如表 2.4 所示，气质的若干方面，如焦虑、社交性、活动性 / 冲动性和情绪性，都表现出中度遗传率。针对 3 个月大的婴儿进行的研究显示，基因对注意力、活

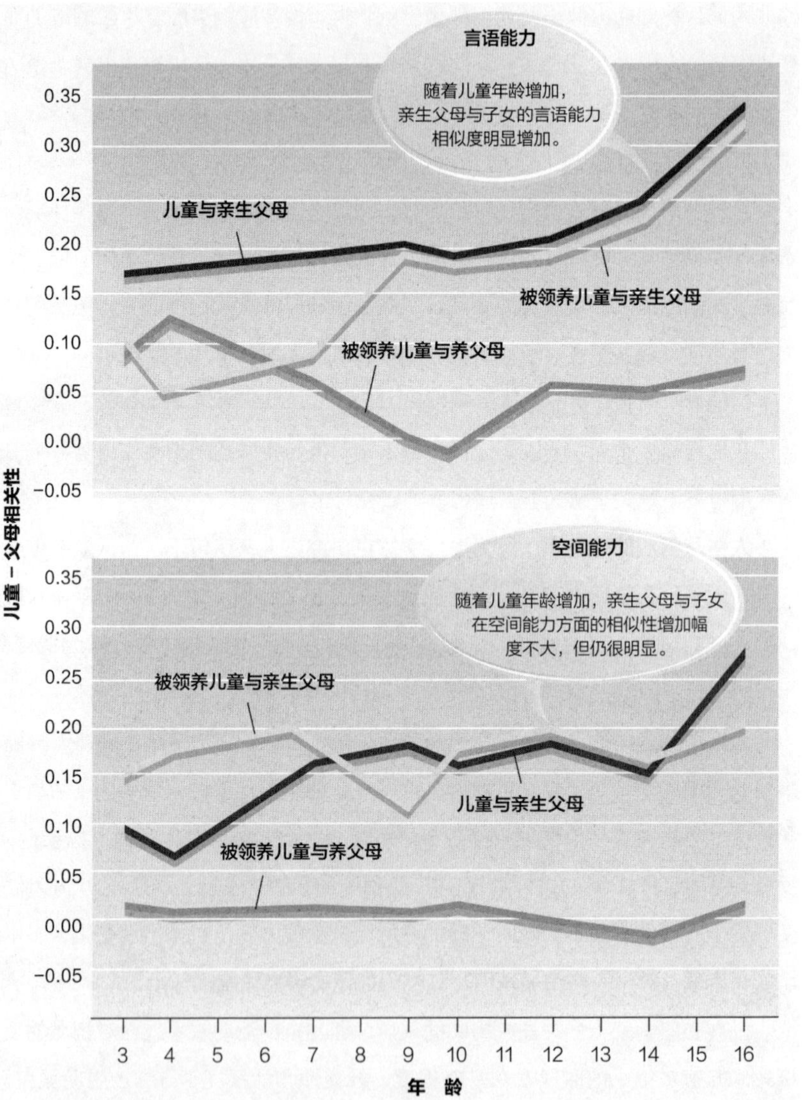

图2.1 5 言语能力和空间能力的遗传率

某些认知能力的遗传率估值随年龄增加而增加，可能是由于选窝倾向更加明显。人的一生中各个时期发挥作用的具体基因也不相同。

跃度、参与程度和害羞等性状有持续影响。气质对于儿童人际交往影响重大。读者应该也知道，随和、反应灵敏、总是微笑的孩子比易怒、挑剔、难以安慰的孩子容易交流得多。

有些研究人员认为，基因对气质的影响还有文化层面的深远意义。杰罗姆·凯根提出各个人类社群有其独特的气质（与第1章中提到的多样性主题相关）。气质差异导致不同文化出现不同的哲学。凯根据此假设提出，文化差异的基本方面，即每个文化的不同哲学，可能受到基因影响。例如，佛家哲学比西方哲学更加注重宁静和谐，同时这些特点也在亚洲文化中更为常见。这一观点乍看十分牵强，但是白人婴儿与亚洲婴儿的各方面气质，如活跃水平和发声等，确实都有显著差异，而气质明显受到基因影响。凯根并不是在讨论哪种哲学更为优秀，也没有否认环境对于气质和哲学的影响。哲学一直以来被认为由环境决定，而现在凯根提出基因有可能影响哲学的观点，既新鲜又有趣。

从表2.4可以看出多动症、精神分裂症、肥胖和酗酒的遗传率估值较高。研究人员已经初步证明部分症状和认知能力的标记基因与遗传率，但是还需进一步研究才能得出确切结论。

本章介绍了基因相关的基本信息，包括基因的结构、基因的代际遗传及其对智力和人格等复杂性状的影响。行为遗传学取得了激动人心的进展，遗传学研究也发展迅速，不出几年我们就能更加深入地了解基因对于行为的影响。关于基因与环境，我们希望你们能记住以下几点：第一，基因与环境的交互作用十分复杂。儿童发展理论的研究的核心问题经历了从“哪个因素有影响？”到“哪个因素影响最大？”，再到现在的“两个因素如何相互作用，并共同影响复杂性状和特征？”的过程。第二，我们必须重申，某一性状受基因影响，并不意味着这一性状不受环境制约，也不是否定个人自由意志的作用。正如戈特利布所说，“基因对于行为的形成必不可少，但并不是唯一的影响因素”。第三，目前大量研究围绕基因对于智力、性取向、攻击性等争议性状的影响。对于基因作用的研究固然重要，但是社会如何解读和利用研究成果也很重要。行为遗传学家希望社会可以利用新发现来制定、实施更加人性化的政策，不过最终实现这一点还需政策制定者更加深谋远虑，公众更加了解情况。

第3章

产前发育和分娩

产前发育

怀孕

产前发育的阶段

致畸原：婴儿的健康风险

妊娠期内饮酒、吸食可卡因和吸烟

母体的健康状况和年龄

关键时期

父亲的作用

分娩过程

分娩阶段

分娩的文化差异

现代的分娩方式

分娩并发症：出现意外状况

新生儿诞生

家庭构成：调节心理，以适应新生儿诞生

向父母角色转变

成为哥哥或姐姐

当伊丽莎白发现自己16岁的女儿斯蒂芬妮怀孕后，她不禁落泪。她自己在17岁时辍学，18岁有了第一个孩子。那时她有点儿像个野孩子，既饮酒又吸毒。到22岁时，她又有了另外两个孩子，对于一个没受过多少教育也得不到家里什么帮助的单亲妈妈来说，生活异常艰辛。现在女儿斯蒂芬妮是在重蹈覆辙，甚至比她第一次怀孕时的年龄还要小。斯蒂芬妮和她的孩子将来生活会怎样？她能完成高中的学业吗？

伊丽莎白有些内疚，想知道她作为母亲是否让女儿感到失望。难道她没有告诫过斯蒂芬妮有关怀孕方面的事情吗？还是她对女儿的监管力度不够？她还担心婴儿的健康状况。斯蒂芬妮年龄太小，是否能生出一个健康的孩子呢？她有没有像自己当时那样吸毒、饮酒呢？伊丽莎白承认自己在一生中犯过很多错误，但是对其他父母仍有一条忠告："对你的孩子进行安全性行为教育。"

学完本章，对于伊丽莎白提出的有关斯蒂芬妮怀孕的几个问题，你将弄清楚十几种不同的概念，并且还会了解一些相关的研究和发现。目前对未成年人怀孕都有哪些发现？酒精和其他药物对胎儿发育会有哪些影响？如何利用这些研究发现帮助未成年和成年怀孕的妈妈们呢?

与很多意外怀孕的案例一样,伊丽莎白担心斯蒂芬妮孩子的健康和发育状况。虽然斯蒂芬妮还很年轻,以前也没打算生孩子,但她仍然竭尽所能地确保孩子的健康。然而,很多家长对于胎儿在子宫里如何发育,或者他们的行为对胎儿发育会产生什么影响并不了解。本章我们将讨论怀孕的基本条件、胎儿产前发育和分娩,将详细阐述对胎儿发育产生影响的各种因素。阅读本章后,你会了解到胎儿无法健康出生的概率有多大!很多因素都会影响到胎儿发育,但我们也希望你能注意到很多重要的影响都是可控的。我们认为这一点是非常积极的,因为这就意味着任何女性及其配偶只要选择积极健康的生活方式,就可以极大地提高孕育健康胎儿的概率。事实上,大多数孕妇都能生出健康足月的婴儿。

产前发育

产前发育是指胎儿出生前的发育过程。产前发育包括受精后有机体的形成直至出生的典型发育过程。本节我们将讨论如何受孕以及胎儿在出生前的发育过程中都发生了什么变化。

怀孕

一个精子与一个卵子结合的过程即为受精,从这时起,先天因素与后天因素开始错综相交。如图 3.1,女性生殖系统包括两个卵巢。个体发育成熟后,每个卵巢会孕育几百个卵子,并准备好受精。育龄女性一个卵子(卵泡)的成熟期约为 28 天。卵子成熟后排出卵巢,这一过程即为排卵。在典型的月经周期内,只有一个成熟卵子排出卵巢。当多个卵子排出卵巢时,就会形成异卵双胞胎或多胞胎。回顾一下第 2 章的内容,其中提到了任何受精卵都有可能分化形成同卵双胞胎。

排卵结束后,卵子移至卵巢附近的输卵管。通常在输卵管的上部和较宽的部位比较容易受孕。性交过程中,男性一般射出 5 亿个精子,然而只有几百个精子可以穿过女性子宫进入含有卵子的输卵管。一旦一个精子穿透卵子外膜，卵子外膜就会立即封闭，使其他精子无法进入。这种自然的生理过程可以保证只有来自父体一个精子的 23 条染色体与来自母体的 23 条染色体相结合。

再次观察图 3.1，可以发现，受精卵在输卵管中时便开始细胞分裂。此时及之后，胎儿产前发育的整个过程均通过有丝分裂进行。我们在第 2 章讲过，有丝分裂是一个“复制分裂”的过程，其结果是对每个新细胞中 46 条染色体遗传物质的全部复制。受精卵分裂后形成 2 个完全相同的细胞。接着，2 个细胞分裂形成 4 个完全相同的细胞，4 个分裂成 8 个完全相同的细胞，以此类推，不断进行。在细胞分裂早期，研究者将该有机体统称为受精卵。

在出生之前，我们是如何从受精卵内各种各样的细胞发育成人体形状的呢？分化发挥了非常重要的作用，通过分化，每个分裂的新细胞形成了特定的结构，比如肌肉细胞、心脏细胞、大脑细胞，这些特定的结构发挥着特定的功能。每

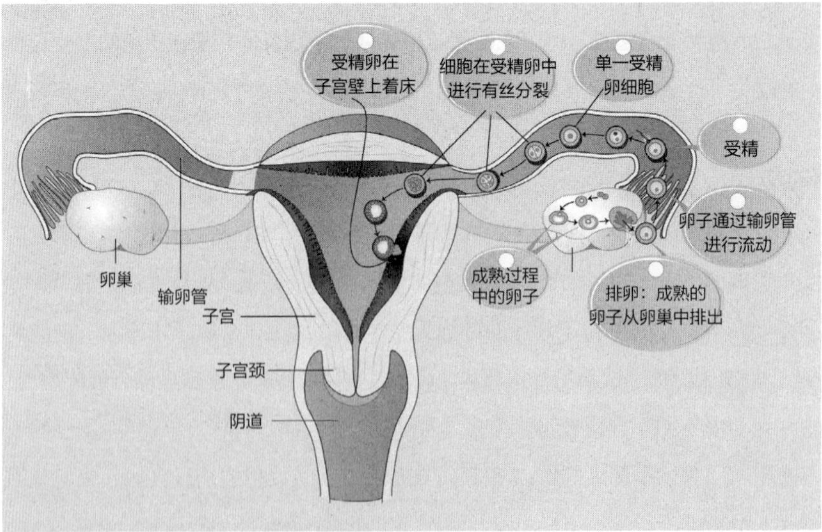

图3.1 在女性生殖系统内受精期和受精卵期的发育

一个卵子成熟后会从卵巢排出并通过输卵管流动。该卵子受精后形成受精卵，受精卵将流入子宫，在子宫内壁着床并继续发育。（受精卵期，胎儿产前发育的第一个阶段，从怀孕开始共 2 周。）

个细胞都包含相同的 DNA，因此在每个单独的细胞中，特定基因激活（或表达）和失活的不同模式形成了细胞分化。这一过程受控于遗传密码（先天）和分裂细胞周围特定环境（后天）的相互作用。随着科学家对控制细胞分裂的信号有了更深入的了解，他们还探索了相反的细胞活动——细胞脱分化，即细胞所具有的特定功能逐渐退化。了解这一过程可能会促使科学家最终研发出在不同条件下治疗不同疾病的新疗法。

产前发育的阶段

研究者将产前发育分为代表性的三个主要阶段：受精卵期、胚胎期、胎儿期。表 3.1 总结了有丝分裂和细胞分化过程中出现的所有重要变化和标志性事件。胎儿从微小的单细胞生物开始，直至发育成完整的人体，从母体出生。这个非凡的发育过程需要 9 个月，因此，在此期间的产前护理变得尤为重要。我们一起来看看这些阶段的详细变化。

受精卵期：怀孕后 2 周 受精卵期是指从受孕开始的 2 周孕期。受孕大约 12 小时后，受精卵进行第一次分裂，形成 2 个相同的细胞。受精卵从输卵管到子宫需要 3 ~ 4 天，进入子宫后开始第一次细胞分化。细胞外层迅速分裂、拉长，形成新的细胞外层，被称为滋养层。内部细胞，即囊胚，其外表仍然较为圆润。接下来几周，滋养层内细胞将进一步分化，形成支持受精卵发育的胎盘、脐带、羊膜囊等其他结构。囊胚将会发育成胎儿。胎盘及其他支持受精卵发育的结构均由受精卵内的细胞发育而来，这对遗传咨询具有重要意义。在第 2 章讲到的绒毛取样中，专家进行细胞取样的地方就在胎盘膜内，因为这些细胞都源于受精卵，与胎儿的染色体和基因都相同。

怀孕 8 ~ 12 天后，受精卵开始着床，即受精卵嵌入母体子宫内膜。受精卵形成初期，为产生能量支持，细胞迅速分裂，可以直接从母体血液中吸收氧气和营养。受精卵刺激母体子宫内膜，嵌入位于子宫内膜表面的组织内。当母体组织的血液流经受精卵时，血液中的氧气和营养便“漏进”受精卵内。此时，受精卵还没有形成自己的循环系统（心脏或血管）。即使胎儿在发育后期形成了自己的循环系统，母体的血液也不会直接与胎儿的血液混合，因为胎盘内的这两条供血系统相互独立。母体内激素发生变化，以确保在怀孕 9 天后子宫内膜营养最为丰富。因此，此时成为受精卵着床的最佳时间。激素的变化阻止了母体经期子宫内膜脱落，同时会使母体感到疲乏、困倦、清晨作呕，还会感到胸部肿胀酸痛。9 天后，激素继续发生改变，致使子宫内膜营养含量下降。因此，受精卵必须在第 9 天前完成着床，否则流产的可能会大大增加。

受精卵在子宫内膜着床后，胎盘、羊膜囊、脐带和其他支持受精卵发育的结构开始生长。一旦这些结构开始形成，该有机体便成为胚胎。

胚胎期：第 3 ~ 8 周 怀孕 2 周后即进入胚胎期。这时，胚泡在胚胎内分化形成 3 个细胞层：外胚层、中胚层和内胚层。外胚层是细胞群的外层，在胚胎期内形成神经系统（包括大脑和脊髓）、感觉接收器和皮肤外层。中胚层或中层发育成循环系统、骨骼、肌肉、排泄系统、生殖系统、消化道外层、皮肤内层。内胚层或内层将最终发育成呼吸系统和消化系统的其余部分。

胚泡分化成外胚层、中胚层和内胚层的过程极其重要，因为如果这一阶段中存在主要基因异常，很可能会导致流产。流产是指在怀孕前 20 周出现的任何自然妊娠终止。流产还被称为自然流产，这不同于由胎儿父母选择终止妊娠的人工流产。要知道胚泡分化只出现在怀孕早期，大约怀孕后 2 周。在这期间流产的女性甚至有可能不知道自己已经怀孕了，这是因为很多流产都未被察觉，研究人员也很难查出流产出现的频率。一般估计，流产占怀孕总次数的 30% ~ 40%，其中大约一半的流产是在女性还未察觉怀孕的情况下发生的。

当胚胎继续正常发育，它会开始变长，长度达到一定程度后相互重叠形成一个神经管。第 3 周内，神经管内开始形成大脑和脊髓。当神经管内开始分化形成第一批神经细胞时，它们非常容易受到子宫内毒素的侵袭。一旦第一批神经细胞遭到破坏，这一破坏将不可挽回，并会危及正常的大脑发育。

在第 3 ~ 4 周内，开始形成胎盘和脐带。它们可以为生长中的胚胎提供更加充足的氧气和营养。胎盘是一种海绵状组织，从滋养层长出并进入母体的子宫内膜。仅仅几周后，胎盘将大部分胚胎包围，成为母体血液和胎儿血细胞之间的

表 3.1

胎儿产前发育过程的重要变化和标志性事件	
怀孕阶段和胎龄	变化或标志性事件
受精卵期（第 0 ~ 14 天）	
第 12 小时	受精卵进行第一次细胞分裂(此时受精卵有 2 个细胞)。
第 3 ~ 4 天	受精卵进入子宫。 第一次细胞分化后形成滋养层和胚泡。
第 8 ~ 12 天	受精卵在子宫内壁着床。
胚胎期（第 3 ~ 8 周）	
第 14 天	胚泡分化形成外胚层、中胚层和内胚层。 主要的基因和染色体异常会导致流产。
第 3 周	胎儿开始形成脊髓和大脑。
第 3 ~ 4 周	胎儿开始形成胎盘和脐带。
第 4 周	胎儿开始形成眼睛，出现心脏震颤、手芽。
第 5 周	胎儿手臂继续发育，出现腿芽。
第 8 周	胎儿器官发生完成；所有主要的器官和结构已经形成。 胚胎重约 0.94 克。
胎儿期（第 9 周至出生）	
第 9 ~ 12 周	胎儿手脚第一次活动（母体感知不到）。 第一次出现反射。 利用超声波可以确定胎儿性别。
第 17 ~ 20 周	母体可以感知胎儿活动。 借助听诊器可以听到胎儿心跳。 胎儿体重约为 0.45 千克。
第 24 周	胎儿开始形成脂肪；体重迅速增加。
第 26 ~ 28 周	胎儿肺部机能发育成熟，可以进行呼吸。 胎儿体重约为 0.9 千克。
第 38 ~ 40 周	正常的出生胎龄。 新生儿平均体重为 3.4 千克。

隔层。脐带连接着胎盘和发育中的胚胎。脐带内包含两条动脉和一条静脉，通过血管可以在母体和胎儿之间来回运输物质：向胚胎内运进氧气和营养，向母体运回胚胎（后期是胎儿）产生的排泄物，并由母体排出。

胚胎得到了更多的营养和氧气，就可以进行更快更复杂的发育了。发育 4 周后，眼睛开始形成，躯体继续发育，心脏组织开始以原始的心跳状态“颤动”，开始出现手芽。发育 5 周后，手臂进一步发育，腿芽开始形成。

回顾胎儿发育的前几周，可以发现胚胎形成和成长的两大类别。第一类是头尾模式。头尾模式是指头部和上半身的形成和生长早于尾部或下半身生长的趋势。正如上文提到的,大脑和眼睛的形成早于前臂,前臂早于腿部。第二类是近远模式。比如，距离身体中线较近的心脏组织的形成早于距离中线较远的前臂。这两类模式有助于我们推测发育过程中的危险期——结构最先形成的时期，以及初始细胞分裂因遭到周围环境干扰而变得易受损的时期。当细胞分裂按照自然的时间表进行时，它们仍需要健康母体的支持（营养）。在本书第 4 章中我们还会提到头尾和近远模式，因为婴儿控制和协调肌肉的过程也遵循这两大原则——首先是上半身，因为其距离身体中线较近，其次是下半身，因为其距离身体中线较远。

孕后第 8 周，器官发生完成。器官发生是指每一个重要的身体结构在胚胎内分化的过程。在该过程结束时，每个结构都会形成独一无二的细胞组织。此时，在胚胎内可以清楚地看到大脑、心脏、肺、肾脏、手指、生殖器官，甚至还可以看到脚指甲。尽管大多数重要的器官还不能发挥应有的功能，但已经出现了所有的主要结构。胚胎现在仅有 2.5 厘米多，体重只有约 1 克。器官发生完成意味着胚胎期的结束，此时该有机体被称为胎儿。

胎儿期：第 9 周直到出生（第 38 ~ 40 周） 胎儿期约为 30 周，是产前发育过程中最长的一个阶段。在胎儿期内，由于胎儿组织和器官进一步分化（更加细化），并逐渐开始发挥作用，胎儿在大小和体重上大幅增加。在第 9 ~ 12 周，胎儿会出现第一次手脚活动，此时母体并不能感觉到。同时，胎儿还会第一次出现反射，通常是惊吓反射和吸吮反射。另外，胎儿的性器官不断发育，这时已经可以通过超声检查检测出胎儿性别。在第 17 ~ 20 周时，当胎儿在羊膜囊内翻转、活动手脚时，母体开始感受到胎儿的活动。此时通过听诊器可以听到胎儿的心跳。

胎儿 18 周时体重不足 0.45 千克，发育尚不成熟，还不能适应子宫之外的环境。在第 24 周时，胎儿开始形成脂肪，体重迅速增长。体重的增加对胎儿存活非常重要，因为在刚出生前几天母乳还不充足，新生儿必须依靠这些积聚的脂肪维持生命。在第 26 ~ 28 周时，胎儿肺部发育成熟，可以成功地进行呼吸。此时，如果出现早产，只要胎儿体重约为 0.9 千克，就有可能存活。然而，最后几周的发育仍然非常重要，这不仅可以增加婴儿的存活概率，还可以大大提高新生儿的健康水平。如果能得到特别护理，一些个头较小的早产儿可以恢复并存活下来，但是其他早产儿身体会非常脆弱，甚至无法存活。一项对 9 500 名早产儿进行的大规模研究表明，在第 22 周出生的早产儿存活率只有 6%，而在第 24 周和第 28 周出生的早产儿存活率分别为 55% 和 92%。几乎所有在第 26 周或更短周期出生的早产儿都患有呼吸窘迫综合征。

在第 28 ~ 40 周内，胎儿的体重通常会增加 2 千克多。主要的器官系统功能发展得更完善、更牢固，大脑迅速发展。在胎儿期的发育高峰期，大脑每分钟可以产生 25 万个新细胞，到出生时总共可以产生 800 亿个细胞！神经系统科学家正致力于研究大脑这个戏剧性的发育阶段，我们将在第 4 章重点阐述这一问题。正常的妊娠结束时（第 38 ~ 40 周），新生儿平均体重达 3.4 千克，大约 53 厘米长。

致畸原：婴儿的健康风险

每年几十万婴儿出生时都有缺陷，这些缺陷会威胁到他们的生命或将来的发育。有些婴儿头部、面部、心脏或其他身体组织患有先天畸形。有些婴儿出生时体重偏低，还有些婴儿出生时没有任何缺陷，但以后生活中在记忆力、注意力、身体协调能力或其他与出生缺陷相关的方面会出现问题。第 2 章已经讲过，有些出生缺陷是由于孩子的染色体或基因异常所致。唐氏综合征就属于这类出生缺陷，可以追溯到一个具体原因——遗传了人体第 21 对染色体的三体变异（21 三体综合征）。然而，对于大多数刚出生便患有出生缺陷的婴儿，研究人员尚无法确定具体病因。像出生体重偏低、智力障碍、注意力不集中等轻度至中度缺陷都是由于很多潜在原因导致的，但对于这些原因，人们尚未得知或了解得并不透彻。尽管如此，专家们估计，多达 1/3 的出生缺陷与妊娠期不利于发育的环境因素有关。通过控制母体避免这些因素，可以大大降低出生缺陷的发生率。然而，要实现这一目标，就需要了解这些因素是什么，应该如何避免。这一部分将解释在保护发育中的胎儿的健康方面，我们可以做出哪些重要的改变。

在大部分产前发育的过程中，胎儿（或早期的胚胎）周围是支持性和保护性结构。胎儿浮在羊膜囊内，囊内的羊水可以缓冲温度变化、噪声和母体的突然运动对胎儿产生的影响。胎盘和脐带负责运输胎儿所需要的氧气和营养。因此，人们曾一度认为这些结构可以很好地保护胎儿不受外界环境中有害因素的影响。然而，今天我们知道这些保护并不完善。虽然母体和胎儿的血液实际上没有混在一起，但较小的分子（比如氧气和营养）通过渗透从母体进入胎盘、进入婴儿的血液。而胎盘内积累的婴儿排泄物则以相反的程序排出——进入母体血液，由母体处理后排出。这种过程是健康的，但也有可能出现有害胎儿身心健康的情况。比如，当酒精、可卡因等毒素进入母体血液后，它们会进入胎盘，对发育中的胎儿造成损害。环境中的污染物可能积存在母体的组织内，其中很多有害化学物质会传给胎儿。母体内传染性病毒和疾病也会侵袭胎儿。这一部分，我们将讨论几种重要的致畸原及其产生的潜在危害。

在 20 世纪 60 年代出现了一个新的研究领域——畸形学，或者说对致畸原的研究。致畸原是指任何可能会影响怀孕和导致出生缺陷的物质或环境因素。如果怀孕期间接触了致畸原，像上面说的那样，致畸原将对正在生长的有机体产生直接的影响——毒素穿过胎盘，对胎儿造成损害。然而，损害也有可能由间接原因所致。比如，某些物质（如尼古丁）不会穿过胎盘，但会造成母体血管收缩，减少提供给胎儿的氧气和营养。另外，损害可以通过应激反应得到缓解。也就是说，致畸原使母体和发育中的胎儿产生压力，这会造成儿茶酚胺和糖皮质激素等应激激素增多。这些激素会改变胎内各种激素和化学物质的相对含量，导致“生理、新陈代谢和行为的调整点有所改变”。有时这一过程被称为“成人疾病的胎儿起源”学说，这就帮我们解释了为什么孩子产前与致畸原接触后不会立刻显现影响，而是在童年时开始出现患病风险且该风险不断增加。请记住，致畸原会同时造成直接和间接的影响。

表 3.2 总结了最常见的致畸原和危险因素。接下来几部分内容将重点讲述几个危险因素，并对相关出生缺陷出现的原因做出解释。

继续学习本章，你将发现“早产儿”“早产”“低出生体重儿”这些术语不断出现。因此，现在我们来了解一下它们的定义。早产（或早熟）为通用术语，表示婴儿提前出生或没有达到本应该达到的体重。早产儿具体来说是指在妊娠 37 周前出生的婴儿（正常的妊娠期为 38 ~ 40 周）。低出生体重儿是指出生体重不足 2.5 千克的婴儿（比正常体重少 0.9 千克）。早产的婴儿——或为早产儿，或为低出生体重儿——更容易患上各种严重的疾病，甚至死亡。很多致畸原会破坏胎儿生长，因此常常造成早产、早产儿和低出生体重儿。

妊娠期内饮酒、吸食可卡因和吸烟

饮酒 从全美范围的调查来看，18 岁及以上的女性中有 60% 的女性饮酒，15% 的女性在过去一年中有酗酒经历，酗酒一般是指每次喝 5 种或更多的酒精饮料。据报道，饮酒的男性占 70%，酗酒的占 33%。尽管很难统计出在怀孕期间继续饮酒的女性数量，但一项全美调查表明，在妊娠期饮酒的女性比例为 12%，其中 35 ~ 44 岁的女性在妊娠期饮酒的比例为 18%，这一比例是年轻女性妊娠期饮酒率的 2 倍，此外，妊娠期饮酒的女性还包括受过大学教育或有大学学历的女性、职业女性和未婚女性。研究清晰地表明妊娠期饮酒会造成严重后果。大量有关人和动物的研究证实了酒精会导致婴儿先天畸形、生长迟缓、中枢神经系统损害，甚至还会造成流产和胎儿死亡。在一项对 65 万名孕妇怀孕结果的测试中，研究者发现妊娠期饮酒的孕妇流产率比不饮酒的孕妇高 40%，每周饮酒 5 次及其以上的孕妇的流产率比不饮酒的孕妇高 70%。

酒精对胎儿会产生多方面的损害。母体血液中的酒精可以穿过胎盘，一旦接

表 3.2

致畸原和危险因素	
致畸原或危险因素	潜在影响
合法和非法药物	
酒精	导致智力障碍的主要原因。胎儿酒精综合征（FAS）包括生长障碍、头部和面部畸形，以及中枢神经系统功能障碍。胎儿酒精谱系障碍（FASD）包括不同程度的生长迟缓、智商偏低、多动或注意力不集中、认知灵活性不足、规划能力偏低、记忆力或语言能力较差。
可卡因	早产，胎儿生长迟缓，出生体重偏低，大脑、肠和生殖器（尿道）畸形。大出血、损伤、胎儿大脑肿胀。过敏性、肌肉震颤、僵化、自发运动减少、呼吸系统和心脏问题、视觉和听觉问题、睡眠障碍、新生儿高声大哭。婴儿 1 个月时，觉醒水平降低、行为规范能力下降、兴奋程度上升；行为问题的风险增加、语言发育迟缓、儿童期出现注意力问题。
吸烟	最常见的问题是出生体重偏低。还会增加自然流产、死产、新生儿死亡、多动症、在学校表现恶劣的风险。
大麻	出生体重偏低、肌肉震颤、惊吓反应增加、视觉问题、智商偏低。据报道，还会增加患白血病的风险。
海洛因	早产、胎儿生长迟缓、出生体重偏低、黄疸、呼吸窘迫综合征、过度吸吮、新生儿高声大哭并难以平复。另外，出现脱瘾症状，包括坐立不安、烦乱、肌肉震颤、可能持续 4 ~ 6 个月的睡眠中断。胎儿和新生儿死亡的可能性增大。
环境污染	
汞	孕妇吸收汞后会造成胎儿脑损伤、失明、智力障碍和脑瘫。一些工业环境中会出现汞。由于水体遭受污染，汞常会积存在鱼体内。
多氯联苯（PCBs）	怀孕时摄入多氯联苯会造成胎儿早熟、出生体重偏低、小头畸形、婴儿神经系统健康指数偏低、视觉和短期记忆异常。多氯联苯来自工业环境、电子绝缘体等物质并且可以渗入到地下水。美国中西部工业区很多水源和鱼类都遭到多氯联苯的污染。
铅	较低铅摄入量会导致婴儿期的认知障碍；中度或较高铅摄入量会造成胎儿生长迟缓和流产。工业环境、空气污染和很多人家中的旧油漆中都含有铅。

表 3.2（续）

致畸原和危险因素	
致畸原或 危险因素	潜在影响
电磁辐射	对于接触由电脑显示器、微波炉、无线电波、电热毯，以及超声波检查、磁共振成像和大多数医用 X 射线检查等医疗手段所产生的少量电磁辐射，尚未探测出任何可计量的影响。应该避免接触大量电磁辐射（比如重复做骨盆 X 射线）。
母体疾病	
单纯性疱疹病毒（HSV）	早产、小头畸形、眼睛疾病和智力障碍。
巨细胞病毒（CMV）	胚胎死亡、生长迟缓、小头畸形、失明、失聪、智力障碍、脑瘫。
梅毒	梅毒会感染婴儿，导致婴儿失聪、牙齿和骨骼畸形、面部畸形、大脑中产生多余的液体、智力障碍。
人体免疫缺陷病毒（HIV）	影响尚不清楚，但是会导致婴儿艾滋病毒感染、生长迟缓、小头畸形，以及头部和面部畸形。
风疹 （德国麻疹或三天麻疹）	婴儿出现风疹、白内障、心脏缺陷、失聪、青光眼和智商偏低。
水痘	脑损伤，智力障碍，肌肉萎缩，皮肤结疤，眼睛、四肢、手指和脚趾畸形
母体其他情况	
压力	研究结果各不相同。一些研究表明，压力会导致胎儿出生体重偏低、早产，使分娩并发症出现的可能性增加。增加婴儿在童年和成年时的健康风险。动物实验表明，压力会导致流产等更多严重的结果。
年龄	少女怀孕往往导致胎儿出生体重偏低、早产、新生儿死亡率上升。年龄在 30 ~ 40 岁的女性，更容易出现早产、胎死和分娩并发症的风险。
男性的注意事项	
酒精	对老鼠的研究结果表明，酒精会损害精子中的遗传物质，还会提高后代的活动水平。
可卡因	可能会附着在精子上，并被携至卵子。可能会破坏胚胎发育或危及其生存。
间接影响	当父亲或男性做出对女性来说的危险行为时，怀孕便会受到威胁。男性必须考虑到把握好以下事项：鼓励女性使用处方或非处方药物的限度；环境污染状况；性传播疾病和其他疾病。孕期健康是男女双方共同的责任。

触胎儿，酒精会破坏细胞分裂并杀死胚胎细胞。胎儿大脑和神经系统内的细胞尤其容易受到酒精侵害——这些细胞一旦遭到破坏便不可重生。母体血液中的酒精也可能导致胎盘血管紧缩，造成通过胎盘的血流减少，进而削减支持胎儿健康生长的氧气和重要营养，并且还会使子宫功能衰退，造成胎儿宫内死亡。

妊娠期饮酒的母亲产下的婴儿更容易冲动、精力不集中和多动。胎儿接触酒精最显著的特征是大脑发育迟缓和智商偏低。实际上，专家认为，在美国导致智力障碍的主要原因是妊娠期饮酒！如果婴儿出生时患有智力障碍，将无法治愈。然而，如果妊娠期戒酒，任何酒精导致的智力障碍以及更严重的疾病，如胎儿乙醇综合征，将会得到避免。

1968 年首次确认了胎儿乙醇综合征（FAS）。患有 FAS 的新生儿有以下症状：（1）整体生长不足；（2）头部和面部畸形；（3）中枢神经系统（大脑和脊髓）障碍——常常导致某种程度的智力障碍。有关研究表明，产前接触酒精的动物和患有 FAS 的人群都出现了与接触酒精相关的脑部异常，其中包括顶骨、大脑额叶、小脑、基底神经节和胼胝体内整体神经元缺失和结构异常。接触酒精的胎儿出生体重尤其偏低，这就表明在怀孕期间胎儿整体生长被中断。眼皮下垂、面中部扁平、鼻子较短、上唇较薄是由 FAS 导致的典型的头部和面部畸形症状。中枢神经功能障碍表现为智商偏低、多动、运动协调能力较差等缺陷。以上即为 FAS 的所有症状。在美国安全出生的婴儿中，FAS 的估计发病率为 1.5%。

胎儿接触酒精产生的影响由轻到重各不相同。影响结果的范围区间被称为胎儿酒精谱系障碍（FASD），其中 FAS 是酒精产生的最严重的影响。通常来看，婴儿生下来不会患有所有病状，而是出现一个或几个症状，比如出现智商偏低和多动症状，只出现智商偏低症状，或在注意力、认知灵活性、规划能力、记忆力或语言能力等具体的神经心理功能方面出现问题。如果孕妇在怀孕前 6 周每周都酗酒，那么胎儿在性格和睡眠方面会出现更严重的问题。与 FASD 相关的身体、认知、行为缺陷可能在儿童期后期之前都不容易察觉，甚至不明显，因此很难估计发病率。然而，研究者仍然认为，在安全出生的胎儿中 FASD 的发病率高达 6%。请注意，这一估计值并不包括由酒精破坏造成的流产和宫内胎死。如果想了解一个患有 FAS 儿童的家庭的经历，请阅读个人视角板块文章《患有胎儿乙醇综合征的收养儿的家庭》。

如果母亲为长期酗酒者（每天至少喝 6 杯）或经常酗酒（每周至少 1 次），那么胎儿更容易患有更严重的 FASD（包括 FAS）。饮酒量少于以上数量的女性仍然会为胎儿带来隐患，因为影响取决于多种因素。这些因素包括胎儿和母体的基因健康、母体的酒精代谢及耐受能力、妊娠期饮酒的方式，以及具体的评估结果。一项大规模研究表明，饮酒母亲出现胎盘早剥的概率比不饮酒的母亲高出 33%。胎盘早剥是指部分或全部胎盘与子宫壁脱离，造成供给胎儿的氧气和营养减少，很可能出现早产或流产的严重情况。一些研究在少量或中等酒精摄入量方面得出了相互矛盾的结论，然而其他研究表明，妊娠期少量饮酒会增加婴儿在童年时出现多动症、冲动和不良行为的可能。即使每周只喝一种酒精饮料也会增加孩子的攻击性。研究者在报告中指出，一个晚上的酗酒可能对儿童大脑造成严重的损害，并影响儿童的学习能力。在一项针对大约 1 000 位女性的研究中发现，与 FASD 相关的生理特征和如低出生体重、低出生身长等生长障碍，表明妊娠期饮酒量与患病风险呈直线正相关——酒精摄入量越多，风险越大并且无处不在。在老鼠实验中，神经系统科学研究员发现，即使严格控制每次只注射少量的酒精，仍然会杀死相当数量的脑细胞。由此类推到人类，科学家估计母体每次只饮用 1 或 2 杯酒，就会破坏多达 2 000 万大脑细胞。说起保护婴儿的健康和发育的完整性，确实没有安全的饮酒量。

幸运的是，女性可以获取这一信息，并有望避免妊娠期饮酒。一组研究人员把洛杉矶低收入的孕妇任意分为两组：一组接受旨在帮助她们减少饮酒量的咨询辅导，另一组只被告知应该停止饮酒。尽管两组女性在妊娠期的饮酒量都明显减少，但咨询组女性的饮酒量减少的幅度更大。显然，这会带来积极的效果，因为咨询组女性生出的婴儿比另一组生出的婴儿体重更重，个头儿更大。另外，咨询组的宫内胎死率更低。在 117 名完成咨询辅导的女性中，出现流产的女性只有 1 名，然而在没有接受咨询辅导的 138 名女性中，出现流产或宫内胎死的女性有 4 名。从这一发现来看，如果有更多这样的咨询辅导，那么将会有许多家庭和孩子免遭由酒精损伤带来的灾难性影响。还有一些其他方法则侧重于阻止或减少酒精对细胞层面的不利影响。这些方法为治疗酒精伤害带来了希望，但只能在胎儿发育早期实施。另一项对没有怀孕的美国印第安女性的研究表明，接受咨询的女性自我报告饮酒量降低，避孕药的使用增加。

可卡因 大约 1% 的女性承认在妊娠期吸食过可卡因。怀孕期间接触可卡因会使胎儿生长迟缓，导致早产，还会导致胎儿的大脑、肠、生殖器官、泌尿系统畸形。一项研究表明，分娩前可卡因检测呈阳性的母亲更有可能早产。分娩时出现胎儿窘迫、新生儿身体偏小或大脑发育迟缓等情况的可能，是不吸食可卡因的母亲的 2.5 倍。接触到可卡因的新生儿会出现出血、机能障碍、脑肿胀和其他大脑异常的症状。这些症状容易增加新生儿的兴奋性、肌肉震颤和动作僵硬，减少新生儿的自发运动。另外，还会损害新生儿的感官功能，使其视觉注意力下降并打乱其生物钟（睡觉、清醒、集中注意力）。

长期接触可卡因产生的影响更加难以判断。一些研究表明，即使把其他产前吸毒或家庭环境等混杂变量的影响都考虑在内，接触可卡因也会对儿童的注意力、语言能力、视觉能力、行为问题、整体认知发展产生不利影响。使用核磁共振成像和功能性磁共振成像等神经系统科学方法测量的研究已经辨别出接触过可卡因和没接触过可卡因的儿童在大脑结构和大脑活动方面有所不同。然而，也有其他研究表明，儿童早期出现的问题与吸食可卡因关系不大或没有关系，或者这一影响与性别或不利于照顾儿童的环境等其他因素相互影响。比如，一项研究表明，吸食可卡因的母亲产下的男孩在 9 岁时智商偏低，但同样的情况下，女孩的智商却没有受到影响。另一项研究表明，在妊娠期吸食可卡因的母亲产下的儿童长到 10 ~ 14 岁时大脑体积比同龄儿童偏小。男孩与女孩之间存在差异，当母体在妊娠期饮酒、抽烟或吸食大麻时两者之间的差异尤其显著。

吸烟 大约 16% 的孕妇承认自己在妊娠期抽烟。香烟里含有 7 000 多种化学物质，其中包括尼古丁、一氧化碳、二氧化碳、氰化物和很多其他已知的可以引发疾病的物质。这些化学物质会破坏胎盘，降低进入胎盘和子宫的供血量，减少为胎儿提供的氧气和营养含量。同时，它们还会破坏大脑的正常发育。另外，

个人视角

患有胎儿乙醇综合征的收养儿的家庭

谢里和艾伦·斯科特
阿拉斯加州安克雷奇市
收养了一个患有胎儿乙醇综合征（FAS）的孩子，名叫贾斯汀

谢里和艾伦·斯科特收养贾斯汀时，他还是个婴儿。贾斯汀的生母长期酗酒，小时候遭受过虐待，流落街头。贾斯汀是她的第三个孩子，三次怀孕期间她都酗过酒。生了贾斯汀之后，她又怀孕过两次，但最终都因酗酒过度造成流产。贾斯汀1个月大时一直待在医院的新生儿重症监护室内，那是他的生母看望他的最后一次。后来她又去流浪，之后死于酗酒和吸毒，年仅24岁。

采访贾斯汀时，他已经19岁了。下面是他的养父母谢里和艾伦·斯科特讲述的关于他的部分经历：

“医生告诉我们贾斯汀患有产前酒精暴露，并且活不过1岁。他病情稳定后，便不必待在医院了——只用在一个安全的地方直到死去。他的出生记录上写着他在自然流产中被成功救活。他出生时只有26周，并且出生时血液中的酒精含量为0.236。我们知道贾斯汀的大脑和身体受到产前酒精暴露的影响，但是最终确认他患有胎儿乙醇综合征，这意味着，即使随着时间的推移和用爱呵护也不能假装问题就不存在了——这些病征将会对他造成终生的影响。这让人悲痛万分。我们为小男孩而悲伤，为他去世的母亲而悲伤，也为我们自己害怕不知如何帮助他学习和成长而悲伤。我们担心人们会因为他的病去评论他，不会全力帮助他完成他力所能及的事、成为他想成为的人。让我们感到欣慰的是，对于贾斯汀成长的诸多问题，我们找到了一个答案。这些年来，当我们找到一些愿意帮助贾斯汀和我们家庭的伙伴时，才感觉找到了一点儿方向。

“贾斯汀患有大脑性麻痹，这会影响到他的大肌肉群运动功能和精细运动功能。他必须扶着别人的胳膊，或使用拐杖、轮椅或步行器才能站起来或走路。他可以自己吃饭，但很难用刀子切食物。可以自己穿衣服，但不能很好地系扣子、绑鞋带和按纽扣。他患有视力和听力问题、大脑癫痫和腭裂。他更喜欢用肢体语言和文字沟通机来交流。文字沟通机是一种手持式电子语音输出设备。最棘手的问题是发育迟缓。测试表明，他19岁时的认知能力水平只在4～7岁。他成长过程中没有朋友，陪伴他的大多是他的家人或计酬服务人员。

“令人惊奇的是，尽管贾斯汀的发育与他人不同，但他是一个很好相处、惹人喜爱、快乐而有趣的孩子。他非常体恤他人、有趣滑稽、热爱音乐，并且非常欣赏别人对他的关注。

“贾斯汀的残疾影响着家里的每一个成员，这既有积极的一面，也有消极的一面。我们都学会了不用大声争吵来解决分歧，因为争吵往往会吓到贾斯汀。我丈夫艾伦学着更清楚地分享他的感受，更主动地表现他的情绪。现在他变得更有耐心，为其他抚养需要特殊护理的孩子的爸爸们提供支持。他对此感到非常快乐。过去四年里，我们的大女儿一直担当着贾斯汀的护理员，帮助他学着在社区走动、在社会工作、培养自助和独立生活的能力。她比我们都先意识到贾斯汀身边需要一个懂手语的人，于是她高中时报名学习了美国手语。”

斯科特一家通过与贾斯汀的接触，开始与石汤组（Stone Soup Group）合作，石汤组是一个非营利机构，旨在为整个阿拉斯加州有需要特殊护理和服务的孩子的家庭提供帮助。斯科特一家还创建了家长导航服务，可以为有需要特殊护理的孩子的家庭联系能够提供帮助的有经验的父母。

问　题

你认为采取什么措施可以大大减少患产前酒精暴露的儿童和家庭的数量？需要什么组织？这些组织有用吗？

尼古丁是一种会抑制食欲、使人上瘾的兴奋剂，因此在妊娠期吸烟的女性往往吃得较少，体重变轻。但是孕妇需要足够的能量以满足婴儿的营养需要。健康的妊娠期间，女性的体重至少增加 9 ~ 11 千克。如果母体体重增加不足，婴儿可能会早产，患有并发症的风险也会加大。

吸烟母亲产下的新生儿常常出现的症状是体重过低，长大后更容易出现多动症、注意力持续时间短，并且他们往往在阅读、拼写和数学方面得分较低。一项研究表明，在妊娠期每天抽 10 根及以上香烟的女性生出的孩子与其他孩子相比更容易焦虑、沮丧、有攻击性和出现违法行为。在 5 ~ 18 岁的孩子身上都会看到这些不同。最重要的是，吸烟会损害胎盘。所以妊娠期吸烟的女性出现自然流产、死产和胎儿死亡的风险更高。可喜的是，很多女性已经了解了妊娠期抽烟的危险性，并且正在改变她们的习惯。自 1990 年起，女性在怀孕期间的吸烟率下降了 45%（从 18% 下降到 10%）。拉美裔和亚裔 / 太平洋岛国的女性妊娠期吸烟率原本并不高，自 1990 年以来下降得更多（从 6% 下降到 2%）。

目前，我们已经讨论了酒精、可卡因和香烟的影响。另外，有关大麻和海洛因的影响都总结在了表 3.2 中。这些都是毒品，如果孕妇不使用，将会有数以百万计的孩子幸免于出生缺陷。从社会角度来看，我们可以做些什么来减少妊娠期的药品使用呢？让我们来看看美国的一个州在保护婴儿发育方面是怎么做的，请阅读社会政策视角板块文章《玛丽萨・安・克劳利案例》。

母体的健康状况和年龄

除了母体从外部环境引入体内的酒精、毒品和香烟等致畸原以外，母体的健康状况和年龄也会对婴儿产生影响。接下来的一节，我们将认识两个特定的传染病，了解它们对发育中的胎儿产生的潜在影响和如何避免其影响。我们来看一看母体年龄大小会对产前发育造成怎样的影响。

母体的健康状况　如果女性在怀孕期间携带一种传染病，那么这种传染病会威胁到胎儿健康。母体内导致这种传染病出现的病毒或微生物通常会穿过胎盘进入胎儿体内，对胎儿造成伤害或把疾病传染给胎儿。其他情况是通过分娩过程把疾病传给胎儿。

疱疹　单纯性疱疹病毒（HSV）是一种成人间的性传播疾病，会导致嘴唇周围出现水泡（“唇疱疹”），以及生殖器官区域出现水泡或溃疡。单纯性疱疹病毒具有传染性，通过接吻、性交和口交等口部和生殖器的接触得以传染。病毒在有溃疡出现时最容易传播，但是在溃疡出现前且没有明显的症状时也可以传播。在美国，单纯性疱疹病毒是一种常见的传染疾病，其中女性患有该传染疾病的比例约为 1/5，男性为 1/9，诊断年龄在 14 ~ 49 岁。很多染上该传染病的人并没有意识到自己患有该疾病。成年人感染 HSV 会导致溃疡，产生剧烈疼痛，并且增加感染人类免疫缺陷病毒的风险（人类免疫缺陷病毒是引发艾滋病的病毒），然而有时这些症状比较温和，不容易被人察觉。

但是对于胎儿和新生儿来说，单纯性疱疹病毒会产生非常严重的后果。当女性在怀孕早期染上 HSV，那么出现流产的风险会增加 3 倍。一出生就携带 HSV 的婴儿通常是在出生时感染的，而不是在产前发育时期通过血液元素交换穿过胎盘感染的。如果胎儿获得抗病毒药物，那么染上 HSV 的新生儿中大约有一半会躲过永久性伤害，另一半患有神经损伤、智力障碍甚至死亡的风险非常大。如果母体在生孩子时没有任何症状（比如疱疹破溃），那么婴儿感染 HSV 的风险就会

社会政策视角

玛丽萨·安·克劳利案例

南卡罗来纳州安德森市

当玛丽萨·安·克劳利生下第三个孩子安特文时，孩子的血液检测结果呈可卡因阳性。克劳利因忽视罪而被拘捕。克劳利承认忽视孩子的罪行，并被判有5年刑期。服刑2个月后被释放并提起上诉。

南卡罗来纳州最高法院认定克劳利有罪，主张伤害一个可存活胎儿的孕妇应该遭到指控。美国最高法院驳回上诉，因此克劳利再次回到监狱。在监狱服刑将近1年，并接受了半年戒毒治疗后，克劳利被释放出狱，条件是必须找到合适的工作和住所，定期回家探望并接受毒品检测。

南卡罗来纳州在起诉吸食毒品的孕妇方面立场强硬，并且其他州也通过了相似的法律。比如，有15个州认为在怀孕期间滥用药物就是虐待儿童，据此，法院可以终止其作为母亲的权利。在一些州，如果出现孕妇酗酒，这些法律同样适用。有3个州（明尼苏达州、南达科他州和威斯康星州）可以以这些行为为依据，强迫孕妇加入治疗项目。有14个州要求医疗保健专业人员对可疑的产前滥用物质的情况做出报告。这些强硬政策得到了广泛关注，也带来了棘手的问题。鉴于我们对致畸原有害作用的了解，越来越多的人认为孕妇应该为自己不健康的行为负责。但是，这些法律是否恰当？是否可以保护发育中的胎儿的健康？

很多人担心这样一来，重担就全部落在母亲身上了。内布拉斯加州以整个家庭为单位，如果男性和怀孕的妻子或女朋友饮酒，也有可能被起诉。这样的规定是否更合适呢？当男性给孕妇毒品时，他们是否应因向“未成年人”（如胎儿）提供毒品而遭到起诉呢？最后，人们还担心会出现“滑坡谬误”。从我们保护胎儿不受毒品和酒精的有害影响开始，哪里可以算作终点呢？如果孕妇吸烟、食用被污染的鱼、在有压力的环境下工作、饮食缺乏营养、锻炼过度或过少，我们都要起诉她吗？法律适用于怀孕的哪个阶段呢？有26个州致力于专为孕妇发展治疗项目或为她们参加已有的项目提供优先权，但是鼓励或强迫她们参加这些项目到底能走多远呢？

问　题

你支持玛丽萨·安·克劳利由于使未出生的孩子受到可卡因的影响而服刑入狱吗？如果同意，你认为这类法律行为的底线应该在哪？最后，不让人们进行有害怀孕的活动的法律是否有效呢？

非常低（低至 0.04%）。然而，如果母体分娩时出现症状，那么婴儿感染 HSV 的风险会非常高。剖宫产（本章后面会做详细介绍）是指通过在母体腹部切开一个切口、从子宫把婴儿取出来的手术过程。这就减少了婴儿与病毒的接触。

巨细胞病毒（CMV），是疱疹病毒家族的一员，该病毒的携带者占美国成年人的 50% ~ 75%。在成年人中，巨细胞病毒的传播途径与单纯性疱疹病毒相同，通过接吻和其他亲密接触进行传播。巨细胞病毒潜伏在多数有健康免疫系统的成年人中，因此感染了巨细胞病毒的成年人很少表现出该病毒的任何症状。然而对胎儿来说，这种病毒非常危险。如果母体怀孕时第一次染上巨细胞病毒，那么胎儿感染的风险会增加。如果之前没有感染过巨细胞病毒的孕妇在妊娠第 3 ~ 8 周（胚胎期）感染了该病毒，并且该病毒影响到胚胎（对胎儿的影响概率为 1/3），那么通常会造成胚胎死亡。如果女性在怀孕后期第一次感染上巨细胞病毒并且胎儿遭受了感染，那么通常胎儿可以正常出生，但很有可能患有生长迟缓、小头畸形（头围很小还伴有运动能力、言语能力、智力方面的发育迟缓）、失明、失聪、智力障碍和大脑性麻痹。20% 的先天感染巨细胞病毒的婴儿会出现严重的健康问题，除了会出现比较有名的唐氏综合征、胎儿乙醇综合征和神经管缺陷外，还会出现其他问题。与其他病毒相比，巨细胞病毒并不容易传播，但在一些少数族裔（比如非拉美裔黑人、墨西哥裔美国人）和低收入人群中这一病毒的感染率较高，因此这些人群中的婴儿更容易感染该病毒。目前，巨细胞病毒的治疗方案包括使用抗病毒药物，但这些抗病毒药物会产生很严重的副作用。科学家们正在研发预防巨细胞病毒感染的疫苗。

人类免疫缺陷病毒 / 获得性免疫缺陷综合征 据估计，美国有近 30 万女性感染了人类免疫缺陷病毒（HIV 病毒），该病毒会引发获得性免疫缺陷综合征（艾滋病）。非洲裔美国人比其他种族感染该病毒的风险更高，其感染率比非拉美裔白人女性高 15 倍。这些女性中几乎有 1/4 的人没有意识到自己已经感染了病毒，这就更加加剧了把该病毒传给婴儿的风险。很多女性也没有意识到有很多有效的治疗方法可以阻止把 HIV 传染给胎儿。对任何一个刚生下来就患有严重的不治之症的婴儿来说，患病都是一个悲剧。一出生就患有 HIV 的婴儿通常是在出生或临近出生时感染上病毒的。母亲采用母乳喂养婴儿，会增加婴儿患有 HIV 的可能。有些婴儿的母亲携带艾滋病毒，但婴儿没有感染病毒，对于这些婴儿而言，HIV 的致畸影响尚不清楚，这些影响可能包括生长迟缓、头部和面部畸形。如果母亲不治疗 HIV，她们把艾滋病毒传给孩子的可能性为 25%。幸运的是，如果母亲和孩子都接受抗反转录病毒药物治疗，那么患有 HIV 的孩子只有 2%。自从引进这些药物后，婴儿的感染率下降了 93%。

母亲年龄 在美国，每年有大约 75 万少女怀孕。与此相对，很多女性由于要完成学业或追求事业，则把生孩子推到 30 多岁或 40 岁。多数情况下，研究表明，在生育年龄怀孕会比较健康。从图 3.2 中可以看出，15 岁以下和 44 岁以上的母亲生下的低出生体重儿的比重最高；在青少年时期产下低出生体重的新生儿的比例随年龄的增长持续下降，在 30 岁左右这个比例再次开始上升。你还可以看到非拉美裔黑人在所有年龄段中产下低出生体重的新生儿的比例都较高——一

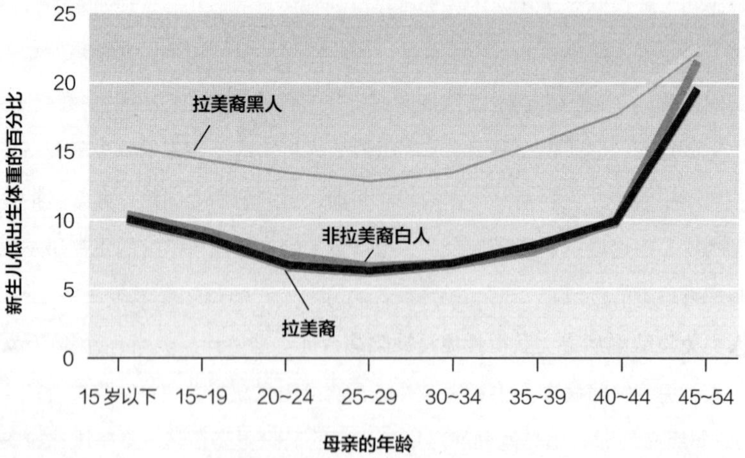

图3.2 新生儿低出生体重的百分比

新生儿低出生体重（少于 2.5 千克）的最高百分比出现在 15 岁以下和 45 岁及其以上的母亲群体中。数据是基于 2009 年所有在美国注册的新生儿。

个种族和族裔的差异可以通过更好的产前护理和教育来弥补。

很多青少年由于在社会和认知层面上并不成熟，不能很好地应对怀孕带来的压力。收入水平较低、教育程度不足、社会孤立、吸毒饮酒、缺少早期的产前护理都会导致怀孕的少女分娩结果并不乐观。刚刚开始月经的少女在生理上是否准备好进行足月妊娠仍然是个问题。幸运的是，随着节欲意识的提高和避孕措施的改善，近年来，少女人群中的婴儿出生率得以降低。在 1991 年该出生率达到最高值，之后下降了 1/3。自 1976 年政府开始记录统计数据以来，现在该出生率已经降至最低值。从 1991 年开始，流产率下降了 40%，母亲处于青少年时期的婴儿的数量下降了 1/3 还多。我们将在第 13 章展开学习少女怀孕相关的风险和对婴儿发育的影响。

近年来，少女人群中的婴儿出生率不断下降，但与此同时，年长母亲的婴儿出生率不断上升。20 世纪 70 年代晚期，35 岁以上女性中的婴儿出生率达到最低值，但如今这一婴儿出生率增长了一倍多。处于生育年龄晚期的女性有很多担忧。随着年龄增长，女性越来越容易出现高血压、糖尿病和其他健康问题。因此进入 30 岁后期或 40 岁的女性，分娩时出现早产、宫内胎死和并发症风险的可能略有增加。在 40 岁的产妇中，第一次生孩子的女性比已经有一个或两个孩子的女性往往容易出现更多问题。年龄较大的母亲生下的孩子更容易患有唐氏综合征（见第 2 章）。但是，大多数其他已知的染色体异常与母体年龄没有关系。虽然 40 岁以上的母亲出现的风险更高，但需要指出的是，如果大体上怀孕过程正常进行，她们最终都会生出一个快乐、健康的婴儿。

关键时期

发育中的胎儿在什么时候最容易受到酒精、可卡因和香烟等有害物质的侵袭呢？就胎儿缺陷而言，是在产前发育早期接触到这些有害物质更加严重，还是在临近出生时接触到更加严重呢？在图 3.3 中可以找到答案。请注意，在妊娠期前 2 周出现出生缺陷的可能性较小，但在第 3 周后出现的可能性会急剧上升并达到最高值。妊娠期第 8 周以后，出现出生缺陷的风险再次下降，并在婴儿出生前持续下降。为什么在妊娠前 2 周出现的风险最低？不要忘了这一时期是受精卵期。这时受精卵还没有附着在母体的子宫内壁上，胎盘和脐带还没有形成。由于受精卵没有从母体血液中获取营养，因此还不会接触到可能存留在母体血液中的有害化合物。然而，如果有害物质进入受精卵，它们会破坏细胞分裂并导致流产。

妊娠期第 3 周以后，胎盘和脐带间会长出一个导管。通过这个导管，母体的有害物质会进入胎儿体内。这一时期也是大多数器官和组织开始形成的时期——还记得器官发生这个概念吗？因此，这一时期产生的任何破坏都会造成婴儿的严重畸形。妊娠 8 周以后，器官发生完成，因此这时因接触到有害物质而造成灾难性畸形或干扰的可能比较小。相反，如果胚胎期长时间接触有害物质，则会导致生长迟缓和智商偏低。

观察图 3.3 可以发现，妊娠早期对胎儿的健康至关重要。然而现在的问题是，很多女性在她们怀孕将近甚至超过 8 周时才确定自己怀孕了。在那个时候，主要器官系统形成的关键期已经过了。从观念上来看，认为自己可能怀孕的女性，可以在她们确定避免致畸原的有害影响之前，改变自己的生活方式，这样会使胎儿更为健康。希望你可以明白，为了避免致畸原的有害影响，生活习惯不够健康的女性，确实需要在怀孕前改变这些不良习惯。

父亲的作用

目前，我们已经讨论了怀孕期间，由于母体年龄太小或太大或使婴儿接触到了有害物质和危险情况可能出现什么问题。但是，所有的负担都要女性和母亲独自承担吗？当然不是！最近的研究表明，父亲为青少年（低于 20 岁）的婴儿更有可能成为早产儿和低出生体重儿。这些婴儿往往在阿普加新生儿评分中的得分较低，并且在婴儿期很容易死亡。令人吃惊的是，无论母亲的年龄是 20 岁、29 岁，或者在两者之间，这种趋势依然如此。在这项研究中，父亲的年龄导致婴儿出生问题的概率高于母亲。其他研究结果表明，如果父亲在工作环境中接触到铅和汞等重金属、杀虫剂、有毒的化学物质，则很有可能造成胎儿流产和各种出生缺陷。

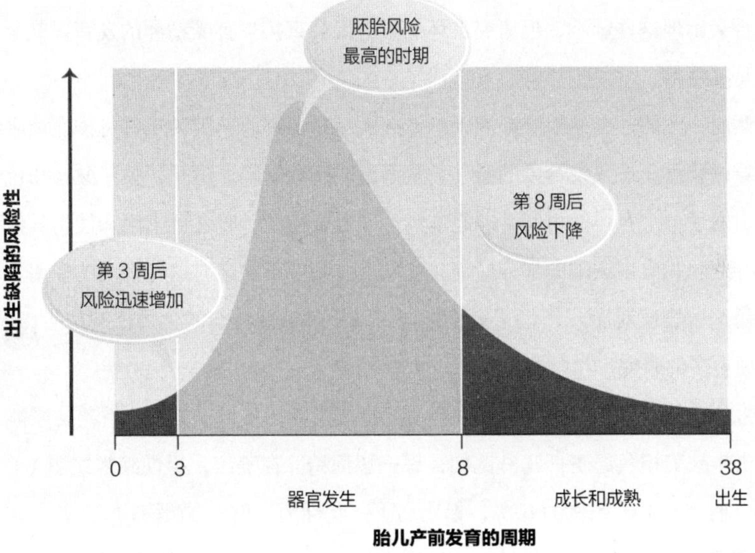

图3.3 产前发育过程中出现出生缺陷的相对风险

如果器官和组织在胚胎期（第 3 ~ 8 周）接触到致畸原，那么正在发育的有机体的处境将极其危险。在受精卵时期（第 1 ~ 2 周）出现异常的情况并不多见，然而一旦出现便会产生致命的影响。由于基本的器官和组织已经形成，胎儿期（第 9 周直到出生）出现危险的可能性较低。

在大多数情况下，当有毒物质影响了精子，受损的精子在到达卵子之前就死了。然而，有毒物质有时会破坏染色体或基因，改变基因的运作方式，或破坏受精卵或胚胎的发育，因此导致出生缺陷、流产和其他问题。对老鼠的研究表明，酒精会破坏精子中的遗传物质。如果公鼠在交配前喝了酒，那么生下的小老鼠会表现得较为狂躁；同时，每窝老鼠数量减少，出生体重偏轻，并且更容易感染疾病。对人类的研究表明，男方在女方怀孕之前或过程中饮酒与孩子后期的学习和记忆力问题、多动症、处理压力的困难有关，但是研究者还没有完全弄明白两者之间的相关性是如何产生的。有证据表明，男性精子中的 DNA 会因饮酒和吸烟而受损。这些变化会降低生育能力，导致流产，使胎儿正常的基因表达发生变化。积聚在睾丸中的可卡因会破坏精子。就老鼠而言，如果公鼠在受孕前吸入可卡因，小老鼠会出现大脑发育迟缓、注意力和记忆力问题。尽管人类研究还没有确认在人身上是否会出现这些影响，但研究者怀疑可卡因会直接损害受精卵的发育，甚至可能危及其生存。

然而，大部分出生缺陷都源于母体接触了有毒物质，因为正是母体血液中的元素穿过胎盘，进入发育中的胎儿，从而造成这些缺陷。但是，关于父亲角色的研究引发了一个有趣的可能，即原本归咎于母亲饮酒、吸食可卡因和使用其他致畸原导致胎儿出生缺陷的部分原因，实际上应归咎于父亲对这些物质的使用。父亲使用这些物质对胎儿产生了多少影响，以及对哪些特定的生物机制产生影响，还需要更多的研究。

暂不谈父亲与有害物质的接触产生的直接影响，从另一方面来看，父亲能对胎儿出生缺陷担负起责任吗？比如，想一想酒精。在美国，男性经常饮酒（1 个月至少喝一次）的比例为 59%，相比之下，女性为 43%。酗酒率（30 天中，女性一次性喝 4 杯及以上，男性一次性喝 5 杯及以上的比例）方面，男性为 23%，是女性（11%）的 2 倍。再想想，很多女性嗜酒者，其丈夫也都嗜酒。当男性鼓励女性饮酒时，难道他们不应对饮酒产生的后果负责吗？很多男性在妻子怀孕时都会减少饮酒量或完全克制饮酒。但是请记住，最严重的出生缺陷发生于器官形成时期，也就是怀孕第 3 ~ 8 周，这段时间很多女性都没有意识到自己怀孕了。

男性和女性都应该意识到，之所以接触到有害物质是因为我们的习惯，是怀孕前多年来养成的习惯引起的。为了保证可以健康怀孕，生育年龄的女性可以在知道自己怀孕前避开有害物质，或者在计划怀孕时期采取预防措施。男性和女性的其他亲友应该好好思考一下他们的行为、习惯、态度可能会鼓励或促使女性饮酒、吸毒、抽烟。从环境污染到性传播疾病，我们都应该思考一下我们的行为会促使哪些其他的产前危害产生。难道健康怀孕的责任不是关乎所有人，包括母亲、父亲、孕妇的父母和朋友的吗？

分娩过程

怀孕将近 9 个月时，分娩也就临近了。怀孕的准妈妈在几周甚至几个月以来一直隐隐地感到子宫在断断续续地紧缩。但是这些假性宫缩只是种“练习”，不像真宫缩那样有规律。最终，子宫收缩会变得越来越有规律，收缩得越来越小，也越来越紧。婴儿将在之后几个小时内出生。

分娩阶段

研究人员虽然已经掌握了很多分娩开始的特定生理预兆，但仍没有完全弄清。一项研究表明，胎盘中一种特定的激素——促肾上腺皮质激素释放激素（CRH）升高，会刺激胎儿肾上腺发生变化，这些变化会促进平衡的母体激素发生改变并刺激子宫收缩。分娩过程还涉及两种特定的基因。该项研究表明，刺激分娩的生理事件与炎症反应在很多方面都非常相似，炎症反应会引发分娩。母体子宫收缩会使激素渐次增加，从而刺激收缩，使收缩的频率和强度不断加强，直到婴儿出生为止。如图 3.4 所示，内科医生通常把分娩过程分成三个阶段：宫口扩张、胎儿娩出和胎盘娩出。

第一阶段（宫口扩张）是耗时最长的阶段，平均持续 6 ~ 14 个小时。对第一次分娩的母亲来说，这个阶段的时间会更长，但每位产妇的情况因人而异。当子宫开始有规律地收缩时，宫口扩张期便开始了。收缩刚开始比较柔和而且频率很低，不过最终变得越来越剧烈，大约每 2 分钟出现一次，每次收缩持续 2 分钟。这些收缩会引起宫口扩张，即宫颈不断张开。宫颈是比较粗糙的环形组织，在怀孕期间保持完全闭合以确保胎儿在子宫内的安全，使其不受外界感染。在分娩的第一阶段，宫颈必须扩张到正常半径的 100 倍，达到 10 厘米，形成一条婴儿产道。子宫收缩也会推动婴儿向下运动，使得婴儿头部用力挤压宫颈口。

第二阶段（胎儿娩出），是指婴儿通过产道并出生的过程。这个过程比第一阶段短很多，平均需要 30 分钟到 2 个小时。子宫收缩推动婴儿通过产道进行分娩。在这一阶段，母体也会出现极其强烈的感觉，用力产出胎儿。胎儿出生后，这一阶段结束。

第三阶段(胎盘娩出),胎盘和其他胎膜通过产道产出的过程即为胎盘娩出期。这一阶段通常持续不到1个小时，在胎盘娩出时，母体会感到子宫持续收缩。这一阶段的收缩不像第一和第二阶段那么剧烈。通常母亲的注意力都集中在了新生儿上，而不在子宫收缩上。

分娩的文化差异

所有人分娩的生物学原理都是一样的，然而，分娩的过程在不同文化中各不相同。请思考以下两则故事：

在墨西哥，当母亲开始感到子宫收缩时，便会去当地的接生婆家里。接生婆帮助过成百上千的产妇分娩。她所接受的医疗训练不多，大部分的接生技术来自给其他接生婆帮忙时学习的经验，以及当地几代以来流传下来的传统。在她们家里有些工具，还有一个准备接生的房间。接生婆使用按摩和蒸汽浴这些传统方法来减轻女性分娩时的痛苦。礼节仪式如下：比如，如果是个女婴，胎盘一定要埋在家中做墨西哥玉米粉圆饼的地方附近，如果不埋在这里，母亲和婴儿便会招致厄运。这些仪式在墨西哥部分地区流传了数代，具有宗教或传统价值。一位女性在她怀孕期间接受过一次医生检查。这是墨西哥政府的惠民措施，不收取任何费用。但是这位女性去诊所要赶一天的路，离开熟悉的环境让她感到很不舒服。冰冷的铁制医疗椅让她想到了她们文化中的不孕不育（“性冷淡的”），所以她再也没有去过诊所。

在中国上海，女性会去当地非常现代化、规模很大的医院分娩。每天来医院看病的人数有7万，每天在那儿出生的婴儿大概有40个。在大部分子宫收缩的待产过程中，六位母亲一个病房，病房里还有几位助产护士提供帮助。当分娩临近时，产妇被转移到产房，在这个产房里有两位母亲已经完成分娩。她们平躺在塑料床上，助产护士和医生继续后续工作。分娩后，母亲和婴儿会被带到不同的房间。当母亲在休息恢复体力时,婴儿被带去印脚印和照相,之后婴儿由护士照看。很多母亲分娩时让自己的母亲陪在身边，也有很多人不那样。父亲和其他家庭成

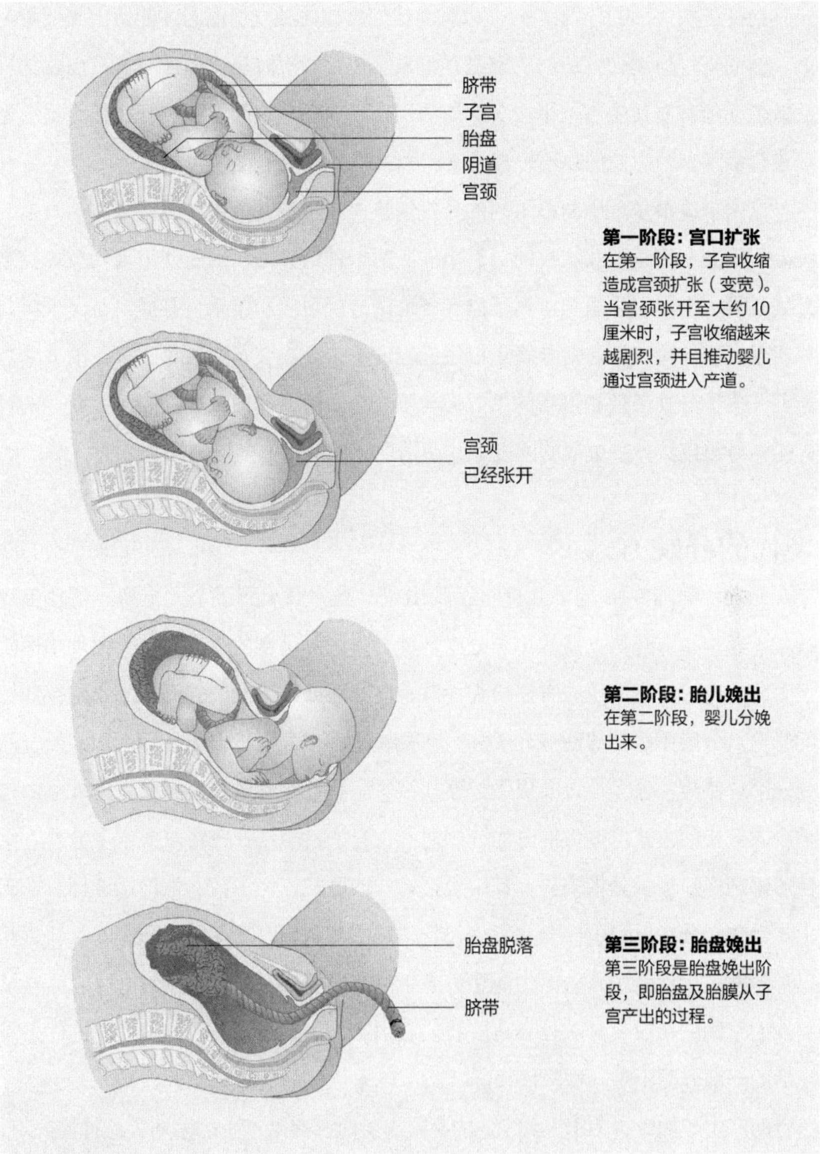

图3.4 分娩过程

第一阶段，子宫收缩造成宫颈扩张（变宽）。当宫颈张开至大约10厘米时，子宫收缩越来越剧烈并且推动婴儿通过宫颈进入产道。在第二阶段，婴儿分娩出来。第三阶段是胎盘娩出阶段，即胎盘及胎膜从子宫产出的过程。

员不允许进入狭小的分娩室——只有当他们付钱住独立房间时才能留下来照顾产妇，然而支付得起独立房间的家庭并不多。在有些医院里，通过剖宫产出生的婴儿数量在所有婴儿中占一半左右。如果出现了任何分娩问题症状，医护人员会迅速进行手术，因为他们并不想冒险给产妇家庭带来一个残疾儿。

这两个故事呈现出两种不同的分娩情景。在很多文化中，生孩子被认为是一种要用庆典和传统仪式庆祝的自然事件。另一种情景是，医生使用现代技术控制分娩过程。世界卫生组织监测了世界各地的分娩习俗和结果，并提倡在保证婴儿和母亲健康的情况下，对分娩进行最低程度的干预。在一些贫穷国家，很多女性和婴儿由于分娩条件和习俗的不卫生与不安全而感染病菌致死。因此，我们的目标是在尊重自然分娩过程的前提下，使用现代技术和安全措施保证母子平安。

现代的分娩方式

如今，美国 99% 的婴儿都在医院出生。医生意识到了个人支持、疼痛治疗技术（药物和非药物支持的）和分娩环境整体的舒适度的重要性。美国现代医院设有分娩中心，房间里放有摇椅和沙发，同时还鼓励产妇的伴侣和家人陪伴在她们身边。分娩中心的房间灯光柔和，在分娩过程中，医护人员鼓励产妇放松、四处走动，甚至在很多地方会提供按摩式浴缸。有些女性选择淋浴或按摩式盆浴这种令人放松的方式度过大部分的分娩时间，有的甚至选择在浴缸或水下分娩。女性可以选择很多种分娩姿势，其中包括蹲式或跪式，但多数女性仍然选择躺在床上。除非在分娩过程中伴有并发症，不然待产和生产时都在同一个房间。新生儿母子同室是指让新生儿一出生便和母亲生活在同一个房间，这样父母可以尽早了解他们家庭的新成员。从社会角度我们意识到，大部分情况下，生孩子这件事是生活的一部分而不是一种医疗状况。

助产士 如今，美国大约 7% 的婴儿出生时都有助产士的陪同，这种情况下，医生可能陪同也可能不陪同。助产士通常提供产前护理，并在分娩时全程照顾产妇。如果想深入了解助产士，请阅读从业人员视角板块文章《专业助产士》。越来越多的女性会选择另一类叫接生员的职业，她们在婴儿出生时和出生后负责照料产妇。这类助产人员在产妇分娩时提供按摩和分娩姿势建议等非药物支持，并为新生儿父母适应照顾婴儿提供指导。

分娩准备 在待产和生产过程中一种常见的方法是分娩准备。通过这一方法，产妇和她们的伴侣已经了解了分娩过程，知道在分娩时要做些什么。通常产妇通过学习特定的技巧来应对由宫缩产生的疼痛。其中一种方法是拉玛泽无痛分娩法。根据费尔南德·拉玛泽的介绍，女性习惯性地认为子宫收缩将会非常痛苦。一想到宫缩就让她们感到很紧张，这就使真正宫缩时的疼痛变得更加剧烈。为了打破这种思维定式，拉玛泽在分娩课堂上教授女性选择性放松肌肉和控制呼吸。在分娩过程中，为了把婴儿推出子宫，子宫肌肉必须强烈地收缩。但当收缩开始时，大多数女性会本能地使身体的其他肌肉变得紧张。拉玛泽的选择性放松训练帮助女性学会在子宫收缩时不使其他肌肉变得紧张，因此紧张和疼痛就减少了。在收缩过程中对呼吸进行控制可以转移收缩时的注意力，从而减轻疼痛。总之，拉玛泽的这两种技巧可以大大减轻分娩时的疲倦和疼痛。

分娩准备的最后一部分是分娩时有分娩教练或同伴。通常教练都是孩子的父亲，但有时也会是孕妇的母亲或其他家庭成员或伙伴。这个教练和孕妇一起参加减痛分娩法的课程，帮助她练习放松和呼吸技巧，在分娩过程中守在一旁，随时准备提供帮助。教练可以帮助孕妇回忆她所学的内容，比如什么时候、怎样进行放松和控制呼吸，并且在更加困难的宫缩过程中，一直和她讲话（因此被称为“教练”）。

研究表明，学过分娩准备的女性一般在分娩时感受到的痛苦较少，需要的止疼药较少，选择剖宫产分娩的可能性更小，并且更能享受分娩的过程。然而，产生这些积极作用的原因具体是与产妇对分娩知识的增加、放松技巧和呼吸控制、有人陪在身边有关，还是与学没学过分娩准备的女性之间存在的差异有关？这些还不清楚。研究指出，父亲和其他同伴也受益很多，体会得更多的是对分娩的积极感情，并对母亲和婴儿感到更加亲近。

这些分娩方法为家庭在决定使用哪种分娩方式时提供了选择。对分娩有一定的可控性可以帮助女性和她们的伴侣在分娩时保持更积极的心态。反过来，这也可以让母亲更放松，并且可能会缓解紧张、焦虑、疼痛，也可能有助于整个家庭经历一个更积极的分娩过程。

缓解临产和分娩时的疼痛 即使女性学习了分娩准备，当不断出现子宫收缩时（有时持续 12 小时或者更长），她们中的大部分仍然会感到明显的疼痛和不舒服，随后婴儿会穿过产道娩出。几项研究表明，美国所有在医院分娩的案例中，68% ~ 95% 的分娩都使用了某种类型的药物以缓解母亲的疼痛。

20 世纪中期，为了减轻疼痛，人们使用了全身麻醉药和强安定药。但是，后来医生们意识到这些药很多都会穿过胎盘，对胎儿构成严重的威胁。今天，在临产和分娩时，人们把药物使用降至最低。医生把药物剂量控制在最小，并且尽可能在临产后期使用，很多女性通过分娩准备减少她们对止痛药的需求。一种很受欢迎的方法是硬膜外麻醉，即在母亲脊柱的空隙处注入一种缓解疼痛的药物混合物。通常，医生在脊柱下部进行硬膜外麻醉，这样只麻醉腰部以下部位。在减轻分娩疼痛方面，硬脊膜外腔注射似乎相对安全有效。最常使用的药物组合还没有对新生儿产生显著的有害影响，尽管一些研究表明婴儿会出现整体警觉性下降和如吸吮等具体行为的活动水平下降。有一种并发症是，注入硬膜外药物后，母亲在骨盆区失去知觉，因而无法感受到正常的推力。当然，也可以在必须用力时引导女性用力，但是使用这些药物仍然会延迟分娩。有时，医生不得不使用钳子帮助胎儿通过产道。

剖宫产 在临产和分娩过程中最具侵略性的医疗帮助就是剖宫产分娩，即通过外科手术取出婴儿和胎盘。母亲被注入麻醉剂后，在其腹部切开一个切口，取出婴儿和胎盘。人们采用剖宫产出于各种各样的原因。有些是因为孕妇的健康问题，比如孕妇患有糖尿病、高血压以及婴儿如果通过产道就会感染母体疾病。其他是出于对婴儿的健康顾虑，比如胎儿缺氧、胎儿心率异常。有时，因为胎儿的大小和位置有问题，也会进行剖宫产。如果胎儿的头部太大，无法通过母亲的盆骨，或者母体子宫内婴儿的双脚朝下（臀位）或在一侧（横位）时，便需要进行剖宫产。这些情况都可以通过超声波检测出来。多胎妊娠进行剖宫产并不少见，因为多胎妊娠会增加胎儿出现缺氧症和其他出生并发症的可能性。

从业人员视角

专业助产士

阿比·贝乌比
夏威夷凯卢阿市
一位在私人诊所妇产科工作的专业助产士

助产士都做些什么？为什么你想成为一名助产士？

一般来说，接生婴儿占助产士工作的5%。我为孕妇提供服务，从她们最初检查，到最后复查，我会每天随访并为她们做产后检查。我可以和她们待很长时间，教她们分娩技巧，医生们是没有这么多时间做这些事情的。通常我会用半个小时和她们交流最初检查的情况，然后用15～20分钟交流复诊情况。我也会为孕妇做早期和晚期的妊娠超声波检查，查看羊水和胎儿的大小。剩下的时间都在做定期查房、避孕咨询和一些初级护理工作。

我做临产和分娩室的护士已经8年了，高危和低危的产妇都碰到过，并且还拿到了硕士学位。做护士这么久以来，我想得最多的就是接下来继续做护士。工作最有趣的部分是做令人第一次看到"某些东西"的超声波检查。这时是父母第一次看到自己的孩子。（在做第一次超声波时，通常胎儿太小，什么都看不到。）以前我很喜欢接生，但是工作压力非常大。本质上来说，你手上有两条人命。并且产妇家里还会有很多要求，要随叫随到，有时晚上也是这样。

为什么有些父母会选择助产士？这样分娩的方法有哪些不同吗？

大多数女性选择助产士是因为我们采取更自然的分娩方式。医生们看到的总是做得不对的地方，但我们看到的是做得对的地方。我们认为生孩子是自然而然的事情，女人们一直都在做这件事。如今，医生们意识到了女性需要使用更为自然的分娩方式，并且努力去做到这点，但是相对来说他们还是对此有些陌生。我们在产妇分娩上花了更多的时间，指导帮助她们分娩，还提供全面护理，包括随访观察和产后检查。我们花更多的时间和她们交流而不是谈论她们。助产士不仅会记住产妇的名字，还会努力记住她们其他孩子、父母和丈夫的名字，甚至她们的职业、假期等。

有没有在某些情况或条件下，你们不被允许或拒绝服务？

我不会接受由妊娠引发高血压（子痫前期/毒血症）的孕妇，也不接受早产（胎儿不足36周）和患有严重糖尿病的孕妇。当然有些女性在怀孕时就出现了健康问题，这种时候我会根据具体情况而定。

对可能考虑雇用助产士的准父母，你有什么建议？

我会看看他们的证件，与他们见面并讨论他们的人生哲学。并不是所有的助产士都相信同一件事或以同样的方式去做事。有些人非常自然派，认为没有必要进行疼痛控制。这对部分人有效，但并不是所有人。有些人选择在家里生孩子，有些人选择在医院，两者之间还有很多选择。另外，我认为让家长们见一见助产士的后备医生非常重要。如果分娩情况恶化，这位医生就是他们可以托付、可以带孩子来到世界上的人。

在你们的工作领域通常需要什么训练和教育？

成为一名助产士有很多方法。最典型的方法就是先成为一位注册护士，然后取得硕士学位。证书项目不会授予硕士学位，但是这两个选择都可以授予“专业助产士”身份。有些项目并不需要护士证书，那些是“专业接生员”。但是要取得这两个认证，都必须参加国家统一考试，并且每8年更新一次。还有缺乏“经验”的助产士，也就是“边工作边学习”的助产士。他们在大多数州里都是违法的，然而，他们有很多追随者。在中西部地区，很多阿米什人接受他们。在夏威夷他们不违法，但也不合法。

问　题

在怀孕期间和分娩时雇用助产士的优势有哪些？应该注意哪些事项？你更倾向于选择哪种方法？

在美国，剖宫产分娩率一直都很高，采用剖宫产分娩的比例约为1/3。非洲裔美国女性比其他人种更倾向于采用剖宫产分娩。在所有40岁及其以上的女性中，选择剖宫产分娩的比例为50%，相比来看，20岁以下的女性选择剖宫产分娩的比重为23%。很难弄清楚剖宫产率如此之高的原因。妊娠期营养改善可能导致胎儿体积偏大，使分娩更加困难；大龄孕妇可能患有更多导致难产的健康问题，这便增加了母亲和婴儿出现危险的可能；胎儿监测器不断改进、更为敏感，可能比以前能更早地监测出胎儿窘迫的情况。仅仅有过一次剖宫产分娩并不意味着以后一定要进行剖宫产，女性们也可以成功地进行剖宫产后阴道生产，很多产科医生鼓励女性在剖宫产后进行“试产”，除非有表明不利于试产的情况存在。

分娩并发症：出现意外状况

大多数孕妇都能顺利分娩，生出一个健康的婴儿，但偶尔也会出现分娩问题。幸运的是，在过去的半个世纪里，对于如何处理这些并发症，医学界的专家们已经积累了大量的经验。

胎位不正 分娩时出现的一个并发症涉及胎儿的位置。胎儿最佳的位置是头部朝下。这一位置使胎儿头部最先通过产道，最大限度地降低对母亲和胎儿的危险。然而，5% 的胎儿在子宫的位置与正常胎儿完全不同，这种情况就被称为胎位不正。在臀位情况下，半边臀或双脚位于子宫的最低部位。在横位情况下，胎儿侧躺在子宫内。这两种位置都对分娩造成了严重威胁。

通常，在分娩前，医生或助产士可以通过超声波或体检查出胎位不正的情况。有经验的产科医生会经常试着“转动”位置不正的胎儿，尽管这个办法总是失败。在一些情况下，胎儿自己可以转动回来，有时候就在分娩刚开始时。但是胎儿到底转不转动，什么时候转动，都很难预测。胎位不正性难产是分娩时的一种并发症，但是如果仔细检测和监控，不会造成严重后果。为了防止对婴儿和母亲造成潜在的严重影响，很多医生对胎位不正的胎儿都选择有计划的剖宫产分娩。

胎儿窘迫 胎儿窘迫是指胎儿突然出现缺氧，心率或呼吸发生变化。以上任何症状都表明胎儿处于危险中。在分娩过程中，医生可以利用电极或其他装置监测胎儿的这些症状。缺氧症对胎儿会产生非常严重的后果。胎儿可以承受短时间的缺氧而不出现不良反应，但如果氧气供应不足超过几分钟，便会造成永久性脑损伤。以下任何一个原因都会造成缺氧症出现：胎盘恶化或过早分离，产妇疲劳或分娩期间换气过度，分娩期间脐带突然收缩，分娩后婴儿不能立即开始呼吸。分娩时间较长时，医生便会担心胎儿有可能出现缺氧。同时，分娩期间的缺氧问题也是增加对胎儿监测的主要原因。对胎儿窘迫进行早期诊断和迅速治疗，是选择剖宫产分娩的常见原因。

新生儿诞生

期待已久的时刻终于来临，家庭的新成员诞生了！医生和护士立刻检查新生儿，以便发现任何潜在的问题。他们监测婴儿的呼吸和体温，并且经常用硝酸银治疗新生儿的眼睛，这样可以预防在分娩过程中由于感染母体疾病（如淋病）而引起的视觉问题。护士或其他工作人员也会对母亲进行监测，以确保她没有失血过多或遭受感染。他们经常鼓励母亲分娩结束后立即给婴儿喂奶。

典型的新生儿的头身比例似乎看起来很大，他们的头盖骨由于在出生过程中遭到挤压而变形。婴儿生下来时浑身湿漉漉的都是羊水，并且有的婴儿身上还有出生前用来保护他们的白色奶酪似的包衣（被称作胎儿皮脂）的残留物。

新生儿的头和眼睛会朝向有声音的地方，紧盯着父母的脸看。尽管他们的视线模糊，但是他们仍然看得见。他们还具有几种适应性反应。如果你轻拍一下新生儿的脸颊，他们会把头转向触摸他脸颊的方向。触摸新生儿的嘴唇，他们就会吸吮一下。这两个反射帮助新生儿找到乳头、开始喝奶。如果你把手指放进婴儿手中，婴儿会反射性地紧紧抓住手指。下一章我们将对新生儿的反应和感知能力、婴儿大脑和神经系统的生长和发育进行更加完整的讲述。

对几乎所有新生儿都进行的第一项常规检查是阿普加测试，这是目前应用最广泛的新生儿筛查评估。婴儿出生 1 分钟后，医生对其进行一个简单的评估，出生 5 分钟后会再做一次评估。之所以做两次评估是为了确保注意到新生儿身体发生的变化，因为在喧嚣的分娩环境中很容易忽视婴儿发生的细微变化。阿普加测试对心率、呼吸、肌肉张力、颜色、刺激反射五项因素进行评分，每一项的评分等级为 0、1、2 分（2 分为最高分）。新生儿的总得分反映出身体的总体状况。最高分为 10 分，7 ~ 10 分为最佳状态，表明婴儿不需要任何立即救助或密切监测。在美国所有婴儿中，大约 89% 的婴儿在 5 分钟阿普加测试中的得分都在“最佳”范围内。4 ~ 6 分表明有潜在的问题，必须密切监测婴儿或对婴儿进行一些手术。0 ~ 3 分表明胎儿情况非常危险，必须立即抢救。

家庭构成：调节心理，以适应新生儿诞生

对大部分家庭而言，有了孩子是一件令人兴奋和高兴的事情。在其他情况下，婴儿带给家庭的既有欢笑又有泪水。不论环境怎样，任何家庭增添了新成员后都需要大调整。睡眠和饮食方式、家庭成员的自由时间、对不同家庭成员的需要和愿望的关注程度都会受到影响。其他兄弟姐妹会感到嫉妒，甚至可能希望父母可以“把他带回去”。这一节，我们将对有了新婴儿的家庭提出建议并介绍相关信息。

向父母角色转变

成功向家庭生活新阶段的过渡包括各种各样的因素。迎来了第一个孩子的父母或伴侣必须转变自我认知：他们现在是父母，不仅仅是两个个体或一对夫妇。他们必须学着为这个非常需要关怀的新人分配时间、精力和情感。在很多情况下，单亲父母（通常是单亲妈妈）必须一个人满足新生儿的所有需求，有时会得到来自家庭的帮助，但其他大部分时间都要靠自己。成功的过渡并不意味着新生儿父母没有任何压力或问题，这种情况可能不存在。相反，成功的过渡是指父母以积极的方式应对处理各种压力和问题，这样所有家庭成员的需求都能得到充分满足。他们很现实，但对成为父母的利弊又很乐观。他们能够以支持和积极的态度、熟练的技能应对困难，商量、解决问题而非逃避或否认它们。能够成功过渡的家庭相比出现过渡困难的家庭，相互之间更懂得关怀，对彼此的需要更加敏感，并且彼此的互动更加积极。过渡需要的时间因家庭差异而各不相同，但是通常在婴儿出生后需要大约半年到一年的时间。

另外，还有孩子的因素。先天和后天的几个方面或多或少都会影响父母角色转换的难度。比如，婴儿的性格大部分取决于遗传基因，但他们还有自己的生理需求。有些婴儿性格乖巧、温顺而快乐，有些则不是。有些婴儿每次睡觉不超过30分钟，从不如父母所愿地小睡片刻；不好好吃奶，每天吐三次，并且每天晚上都哭闹几个小时。对于孩子比较难带的父母来说，如果可以在照顾婴儿过程中有定期的休息，过渡期就会变得较为轻松。他们还要记住的很重要的一点是，多数家庭最终都能找到一个可行的办法。家庭的过渡受到婴儿带给家庭的“先天”因素和父母如何适应的“后天”因素影响——我们可以再次看出先天和后天的重要性。

成为哥哥或姐姐

哥哥或姐姐，这个曾经的“一山之王”，自从新婴儿降临后很难面对他或她已经不再是每个人关心的中心这一事实。在新生儿出生的前几个月里，其哥哥或姐姐常出现的问题包括：抱怨越来越多、入睡困难、退缩、黏人、有攻击行为和如厕问题。多数情况下，这些改变都是短期的，持续时间不超过几个月。然而，一些研究表明，弟弟或妹妹的出生和较大的孩子几年后语言发展、成绩、社会情绪调节能力偏低之间的相互关系。这些研究似乎尤其适用于家庭经济困难的孩子。这些问题大多是由于家庭整体环境和互动模式发生了变化（如育儿策略不当，父母与大孩子单独相处的时间较少，家庭经济压力增加，大孩子技能发展的机会减少），而非由新生儿出生所致。很多孩子对于新诞生的弟弟或妹妹适应得非常好，很少表现出消极抵触，甚至会出现积极的改变。比如，一些哥哥姐姐在吃饭和如厕方面变得更加独立，语言能力有所提高，或者发展了更好的同伴关系。

尽管当孩子过渡到哥哥或姐姐的过程中不可能没有冲突，但父母可以帮助他们调整适应。父母应该意识到的很重要的一点是，成为哥哥或姐姐是一个很重要的变化，这一变化对于学龄前的孩子来说尤其难适应。尽可能地让孩子做好准备是合乎情理的。父母可以尝试以下有帮助的建议：

- 和孩子谈论这些变化，承认所有的负面情感并尽可能增加与他们独处的时间。
- 通过提出获取关注的积极方法，以帮助孩子发展应对技能。
- 确保孩子有足够的机会和朋友们玩耍，鼓励孩子与自己进行更多的互动。
- 指出大孩子可能需要的有益方法。
- 家长应该用积极的应对技巧和态度为孩子树立榜样，从而帮助孩子意识到可以过渡到像以前一样幸福和有安全感的家庭生活的新阶段。

这一章，我们从怀孕讲到了孩子出生，讨论了胎儿产前发育的正常过程、临产和分娩的阶段、孕妇分娩的多种选择，还讲到了产前和分娩阶段出现的所有问题，阐述了会危及发育的致畸原和其他危险因素。从这些细节中，希望你可以清楚地看到两点：第一，孕妇和她们的家庭成员可以通过选择健康的生活方式、避免致畸原、避免少女怀孕来提高孕育健康胎儿的概率；第二，尽管可能出现问题，但是大多数胎儿发育的结果都是积极的。多数婴儿生下来都是健康、强壮的，并具备快速发展身体、认知和社会情感等方面的能力。

第二部分

婴儿和学步儿（0 ~ 2岁）

第 4 章

婴儿和学步儿的生长发育

杰丝怀孕 6 个月了，即将成为一位母亲，她感到非常兴奋。怀孕后，杰丝调整了她的饮食，其中包括食用更多有机和健康的食品。她每周去体育馆锻炼身体两三次，她想增强精力和体力，以帮助自己顺利分娩。目前，她所有的产前检查都正常——胎儿发育得很好，看起来也很健康。杰丝的母亲生她时早产，因此杰丝有些担心自己也会出现早产的状况。

杰丝的丈夫达伦每天晚上都会贴着她的腹部讲睡前故事。杰丝说：“我们看过一些研究，这些研究表明新生儿可以辨认出在子宫里听到的声音，因此这就是达伦尽早和宝宝培养感情的方式。”“另外，我们希望早些养成一个平静的睡眠习惯——现在还不知道这种方法是否有效，但如果有效不是很好吗？”他们正在装修宝宝卧室，用的都是亮色，但也不想太过浓墨重彩。宝宝出生后，杰丝和达伦计划全家报名参加可以为婴儿增添快乐和额外刺激感的婴儿运动课程。杰丝打算给孩子母乳喂养至少半年，或许会根据婴儿需要增至两年。

正如大多数新任父母和准父母一样，杰丝和达伦迫切希望帮助孩子成长。你有什么建议吗？

早产和婴儿死亡率

什么是早产

婴儿早夭

产前检查

大脑和身体的发育

大脑和神经系统的结构

大脑和神经系统的形成

身体发育、睡眠类型和婴儿猝死综合征

喂养与营养

感官能力

婴儿的视觉如何

婴儿的听觉如何

婴儿的嗅觉和味觉如何

动作发展

反射：婴儿最初的协调运动

随意运动：肌肉运动的里程碑

早期教育的文化差异

训练孩子如厕的习惯

婴儿真的可以识别出在子宫听到的声音吗？婴儿运动课程是否有帮助？应该母乳喂养婴儿多长时间？学习了本章，你就可以对这些问题给出合理的建议。你至少可以利用一些研究发现，帮助杰丝和达伦分清虚实，给他们的宝宝一个很好的开始。

婴儿期是一个非常令人兴奋的时期，这个时期有很多令人印象深刻的第一次：父母第一次看到自己的孩子；第一次拥抱、第一次喂食、第一次微笑；孩子 1 岁时，第一次走路、第一次开口说话。婴儿在生命的开始阶段非常无助，必须完全依赖他人照顾。在他们 2 岁时，便可以走路、跑步、攀爬和说话，并且有了一定的自主性和独立性。想到在婴儿和学步儿时期发生巨大变化的速度，你就会理解杰丝和达伦希望给孩子一个最好的开端的原因了。在这一章中，我们将重点讲述孩子 2 岁前的生长发育。

早产和婴儿死亡率

图 4.1 是一位早产儿。在美国，婴儿面临的最大威胁就是早产，出生时妊娠不足 32 周的婴儿占 2%，但死亡数量却占到 54%。尽管美国的医疗技术在世界上遥遥领先，但是在常常由早产引起的新生儿低出生体重率方面，美国在 30 个工业化国家中居于第 21 位，并且婴儿出生死亡率位居第 2。总体来看，美国的早产率已经下降（现在是 12%），但与 1990 年（10.6%）相比仍然偏高。新生儿低出生体重比例现在为 8%，

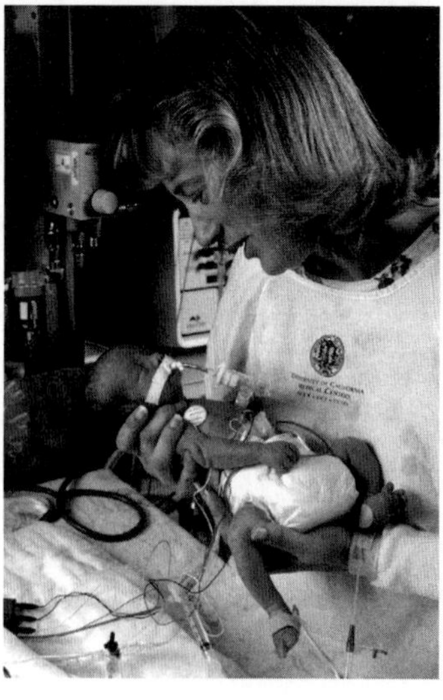

图4.1　早产儿

图中的婴儿妊娠期大约 27 周，出生时体重只有 900 克。通常，这么早出生的小婴儿会出现四肢抽搐和痉挛、呼吸不稳定的情况，并且有人触摸时会收缩肢体。他们弱小的身体不能正常地调节温度，并且吸吮反射不足，无法进行母乳或奶瓶喂养。

这是自 1969 年以来的最高值。在美国，一些人群的早产现象甚至更加严峻。比如，非洲裔美国人在新生儿低出生体重率、早产率和新生儿死亡率方面比其他种族都高很多，分别高出 2 倍、1.5 倍和近乎 2.5 倍。

显然，人们并非杞人忧天。但是，早产和低出生体重出现的原因和导致的结果是什么呢？更重要的是，我们是否已经了解如何预防这些严重的问题？

什么是早产

早产可以有多种定义方法。正常的妊娠期大约为 38 ~ 40 周，正常新生儿的体重为 3.4 千克。比正常产期提前 2 周或者推迟 2 周仍然属于正常。我们在第 3 章讲到，早产是指妊娠期少于 37 周，或者说是比正常产期提前了 3 周以上。婴儿出生时体重如果低于 2.5 千克，则为低出生体重；如果低于 1.59 千克，则为超低出生体重。有宫内发育迟缓问题的婴儿有时也会被称为小于胎龄儿，他们的出生体重低于同胎龄平均体重的十个百分点（在同胎龄孩子中最轻的 10% 之中），且并非由性别、种族和其他引起低体重的已知原因所致。

我们为什么要做出这么细致的划分？因为这几种情形对婴儿的后期发展所产生的影响不同。早产当然是不好的，但是考虑到他们的胎龄，很多早产儿的发育和体重还是可以接受的。只要出生体重不要过低，属于该胎龄下的正常体重，而且能够得到合理的治疗，很多早产儿就有足够的适应力，可以正常发育。然而，宫内发育迟缓的新生儿却情况堪忧。某种因素限制了他们的正常发育，所以他们出生时体重会比同胎龄正常婴儿轻。很难弄清楚哪里出了问题，但是胎儿产前营养不良是一个可能的原因。其他可能的原因包括母亲营养不良、胎盘出现问题，或者是胎儿因为自身生理缺陷，不能吸收营养。我们在第 3 章讲过，像酒精和可卡因这样的致畸因素也会限制婴儿的生长，使婴儿出生时比同胎龄的婴儿小。相比于一般早产儿，宫内发育迟缓的婴儿更容易出现健康问题。在出生后的第一年，宫内发育迟缓的婴儿更容易出现感染、脑损伤，甚至夭折，并且更可能出现一些长期的问题，比如学习障碍或是肥胖症、高血压和糖尿病等疾病。

在所有早产和低出生体重的案例中，有一半案例的原因尚不明确。但是研究

表 4.1

引起早产的可能因素以及可能出现的后果	
引起早产的可能因素	早产的可能后果
未产前检查 阴道感染、羊水感染 生产后不到 6 个月再次怀孕 营养不良 怀孕前过于肥胖或者体重过低 吸烟 用药（比如酒精、可卡因） 母亲的年龄（尤其是孕妇年龄小于 15 岁） 婚姻状况（未婚） 母亲的疾病（比如糖尿病、高血压）影响了血管 某个族群的整体特征 基因和家族史 堕胎或产前劳动等个人因素 身体受伤 体外受精 多胎妊娠（比如双胞胎和三胞胎等）	婴儿死亡的概率增加 在以下方面遇到困难的可能性增加: •呼吸（比如呼吸窘迫综合征、呼吸暂停、缺氧症） •血液循环，导致脑出血 •脑积液 •由于吸吮困难造成的进食困难 •社会互动（很难活跃起来或平静下来，人际信号模糊） •生物钟混乱 可能会造成以下长远影响: •脑瘫及其他神经问题 •学习困难、智力较低 •注意力问题 •视力和听力下降 •语言能力发展缓慢 •运动和感知困难 •具体的学习障碍 •到成年时，可能会患上 2 型糖尿病和心血管病

人员也找出了大量的可能因素。表 4.1 列举了一些可能因素，同时也列出了早产产生的最常见影响。其中一些影响在刚出生时就有所表现，还有一些则在长大后才表现出来。

值得庆幸的是，通过仔细观察表 4.1，你会注意到有几个因素是可以控制的。这也就意味着出生并发症的风险在一定程度上是可以降低的。通过阅读个人视角板块文章《早产儿的父母》，你会对早产儿有进一步的了解。

婴儿早夭

婴儿早夭指婴儿在出生后第一年内死亡。通过图 4.2，你会发现，尽管美国有很好的医疗技术，但和其他工业化国家相比，美国婴儿的死亡率较高，非洲裔

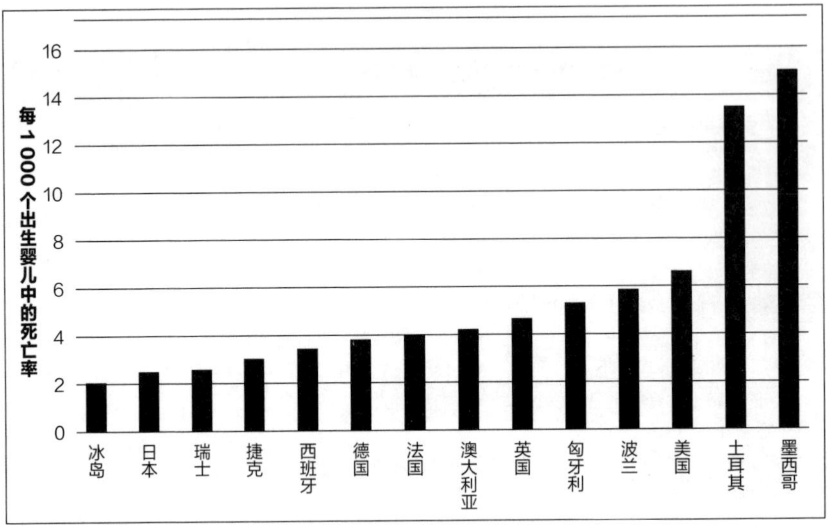

图4.2 婴儿死亡

该表显示了所选国家的婴儿死亡率。表中，美国婴儿死亡率是 2008 年的统计数据，其他国家婴儿死亡率是 2009 年的统计数据。

美国婴儿的死亡率更高。2007 年，美国婴儿平均死亡率为 0.675%，而非洲裔美国婴儿的死亡率超过 1.33%，是美国婴儿平均死亡率的 2 倍；美国高加索裔和拉美裔婴儿的死亡率为 0.55%。婴儿死亡率与缺乏产前检查、少女怀孕、营养不良、怀孕期间伤身行为、较高早产率和低出生体重率有关。因此，专家认为，降低早产率和低出生体重率的措施也将有助于降低婴儿死亡率。

产前检查

新生儿会面临各种各样的问题，虽然并不是所有问题都是可控的，但至少有一件事情是确定的：高质量的产前检查有利于婴儿健康成长。产前检查时，医生可以快速发现妊娠期间婴儿可能面临的健康问题并找出解决方案。值得欣慰的是，现在越来越多的妇女可以得到很好的产前检查。2007 年时，82% 的孕妇在怀孕早期可以得到产前检查（从第一个妊娠期开始），这相比于 1990 年 76% 的数据来讲，是一个很大的进步。接受孕期保健的非洲裔美国妇女的比例从 1990 年的

个人视角

早产儿的父母

金·鲍威尔和拉里·斯科尼克
艾奥瓦州迪科拉市
女儿塞尼亚，妊娠28周后出生，出生体重是0.87千克

你是什么时候得知自己将会早产？当时，你首先想到的是什么？你知道早产的原因吗？

金：我在怀孕的前6个月非常健康，但在一次产前检查中，医生发现我有高血压，而且出现了尿蛋白现象。第二天，我住进了医院的重症监护室。我在怀孕28周时做的第一个超声波检查。在去检查的路上，我觉得头晕，腹部上方突然阵痛，然后开始呕吐，头痛加剧。医生说只有进行紧急剖宫产，才不会危及我和孩子的生命。我当时有血小板减少综合征（溶血、肝酶升高、血小板低）。引起血小板减少综合征的原因尚不明确，而且没有任何征兆，甚至有母亲和婴儿死于这种综合征。我知道自己将会早产，但是我当时太难受了，没有意识到早产的后果。生产之后，医护人员立即就把塞尼亚转移到婴儿重症监护室，插上管子，放在温热的桌子上，接上静脉注射喂食管、呼吸率和心率监视器。当时我丈夫仍然在来医院的路上（从我家到医院需要90分钟）。出生后，塞尼亚的左肺萎陷，需要3天的肺部按摩治疗。2个星期后，医护人员将她移到恒温箱里。塞尼亚在恒温箱里待了4个星期。

拉里：塞尼亚出生15分钟后，我才赶到医院。婴儿重症监护室的人在照顾她。医生告诉我，必须在30分钟之后才可以进去看她。我当时很震惊，想着自己怎么这么快做爸爸了。婴儿重症监护室的一个医生安慰我说，在一段时间的悉心照料后，我们女儿成活的概率是很大的。

你们的孩子需不需要特殊的医疗服务？她现在的发育情况怎么样？

金：塞尼亚在婴儿重症监护室待了7个星期后才回到家，当时体重达到1.8千克，但还是要用到呼吸率和心率监视器。在两个半月后，塞尼亚有时会停止呼吸，心跳减速。出生后的第一年，她患了几次肺炎。2岁之前，塞尼亚都不能像其他正常的同龄孩子一样。但她现在已经完全正常了。在同龄孩子中，她个子算高的，体重是同胎龄孩子平均体重的一半。她的认知能力高于同龄孩子。塞尼亚5岁开始上幼儿园，喜欢写作、读书、音乐和舞蹈。

对其他早产儿或者低出生体重婴儿的父母，你有什么建议？

金：阅读与早产儿相关的信息，可以让自己对这方面有充分的了解。金·威尔逊和我写了一本书《生命的奇迹：充满希望的故事》，这样也可以和大家分享一下这方面的经验。总之，尽管有个早产儿压力很大，父母还是应该把注意力放在孩子身上，并尽量享受守护孩子成长的每一分钟。

问　题

为了降低早产风险，父母可以做什么？有哪些因素是可以控制的？

60% 上升到 2007 年的 75%，而拉美裔美国妇女的这一比例则从 1990 年的 60% 上升到 2007 年的 72%，美国印第安人怀孕早期得到保健的比例也有所上升，但仍然低于美国其他少数族裔。从近几年收集的数据来看，孕妇产前检查的比例在持续增长。

大脑和身体的发育

在出生后的第一年，不管是正常出生的健康婴儿还是早产的低体重婴儿，他们的发育都很快。在本节中，我们主要关注婴儿的生理发育。

大脑和神经系统的结构

有了大脑和神经系统，我们才会有思维、情绪和行为。大脑是身体结构里最复杂的器官，也是在胚胎组织分化开始后最先形成的结构之一。刚出生时，新生儿的头身比例就已经超过了成年人的一半。在图 4.3 中，可以看出新生儿的头部大小为总身高的 1/4，但到成年后，头部则只有身高的 1/8。刚出生时的头尾模式（从头到脚的发育模式）很明显，也就是说刚出生时，相比于躯干和腿，婴儿大脑和头部的生长和发育更靠前。

图 4.4 展示了人类大脑的主要结构。大脑和脊髓一起形成了中枢神经系统。脊髓是身体的“信息高速公路”，脊髓可以将大量身体感觉信息传输给大脑。脊髓上联脑干，脑干控制身体的基本生理机能（比如呼吸和心跳），并且会调节大脑的警觉度。小脑位于大脑后方，负责控制身体姿势、方向感，以及复杂的肌肉运动。大脑皮质是覆盖在大脑表面的灰质层，可以分成四个主要的脑叶（额叶、颞叶、顶叶、枕叶）。大脑皮质上有许多折叠的“褶”，皮质折叠的优点是，能在有限的颅骨空间中容纳更多的表面区域。

尽管大脑皮质里不同的区域以复杂的方式共同运作，很多区域都有特定作用。比如，额叶负责组织、计划、高层次思考、解决问题、发挥创造力。运动区位于皮质中部，呈条带状，长度为两耳之间的距离，负责控制随意肌的运动，比如皱

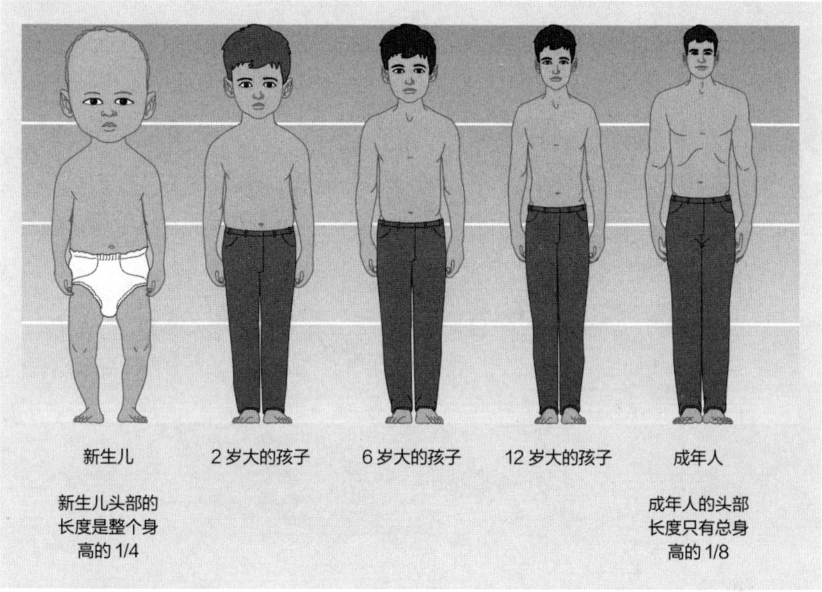

图4.3 变化中的头身比例

新生儿的头在身体中的比例相对较大。头尾模式非常明显：头部和大脑发育得较早，而下半身则在后期发育得更快。这样大脑就可以提前形成复杂的脑回路，从而支配动作、思想和情绪。

眉头或者摆动脚趾。在运动区后面会有感觉区，感觉区也呈带状，用来记录身体各部位的感觉信息（像抚摸、按压、温度以及疼痛）。威尔尼克区是在颞叶上的一个小区域，用来处理语言输入。布洛卡区位于额叶底部，组织语言输出。视觉区在枕叶后面，接收眼睛获取的信息并进行处理。尽管有研究不断表明，大脑的不同区域具有的功能不同。但我们大部分的思维、感知、情绪和记忆是由我们大脑各部分共同作用控制的。

从微观层次讲，神经系统内部的交流由一种被称作神经元的特殊细胞控制。这种内部交流是通过神经冲动（电脉冲）和神经递质（担当信使的化学物质）实现的。神经递质将电脉冲从一个神经元传递到另一个神经元。如图 4.5 所示，神经元由三个主要部分组成：树突、细胞体和轴突。树突的形态呈树枝状，负责从其他神经元接收信息。细胞体包括神经核，控制着神经元的功能。轴突是相对较

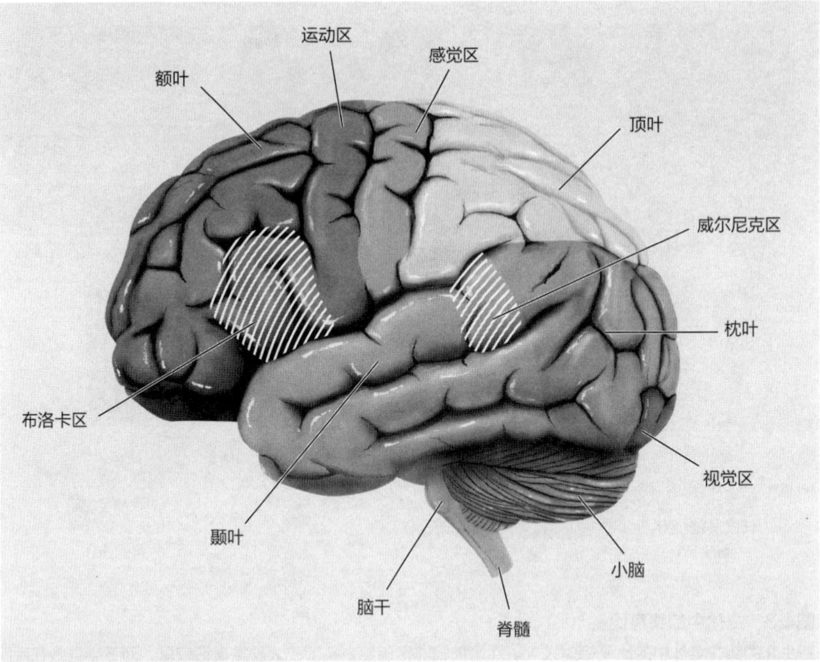

图4.4　大脑和脊髓的主要结构

长的纤维，携带着可以向其他细胞发送信息的电脉冲。成熟的轴突上面包裹着一层髓鞘，髓鞘是一层脂肪组织，具有绝缘作用且能提高神经冲动的传导速度。轴突尾部延伸出去形成突触小体，负责将信号传递到其他神经元。突触是一个神经元的突触小体与下一个神经元的树突之间的间隙。当电脉冲到达轴突末端时，会引起突触小体释放神经递质。神经递质穿过突触，到达树突。在树突的位置，神经递质会刺激或者抑制临近细胞的反应。神经系统中的神经元可以通过这种电化学刺激互相进行交流。

大脑和神经系统的形成

现在你已经熟悉了神经系统宏观（和微观）的内容，那么让我们退一步回到产前发育，看一看那个时期的大脑是如何形成和发育的。妊娠大约 4 周后，胚胎

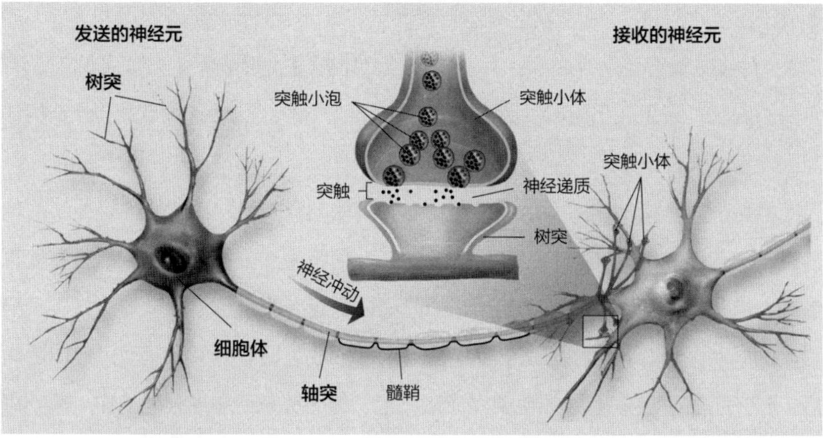

图4.5 神经元组成部分

大脑和神经系统中的每个神经元都由细胞体、树突和轴突构成。树突负责从临近的细胞里接收信息。信息沿着轴突到达突触小体，穿过突触到达附近的细胞。

折叠形成一个神经管。随后，神经管发育成中枢神经系统（大脑和脊髓）。怀孕 7 周后，在神经管中开始形成神经元。怀孕 10 周后，部分神经元开始移动到神经管的顶端，从这里开始形成大脑皮质的第一层。发育完成后，大脑皮质总共 6 层，最里面的皮质最先形成。随着神经元数量的增加，它们穿过内部皮质形成外部皮质。新的神经元产生的速度非常快。怀孕 20 周后，大脑皮质内有大约 800 亿个神经元，婴儿出生时神经元的数量与此相当。为了达到这一数量，从第 7 周神经元形成开始，胎儿大脑平均每分钟必须增加 50 万个神经元！达到 800 亿个神经元后，新的神经元会继续形成，不过，后面会讲到大脑中死去的神经元和新生的神经元数量相当。

随后，大脑发育的核心从产生新神经元转移到生成连接神经元的物质上。妊娠 20 周时，开始形成轴突和树突。23 周时，开始形成第一批突触。新突触的形成被称为突触发生。树突和轴突变长，向外突出形成一个极其庞大的突触，这样可以把周围的神经元都连接在一起。成百上千个突触的形成非常随意，只要一个神经元的轴突与另一个神经元的树突相接近时便可形成。尽管妊娠第 23 周后就形成了第一批突触，但突触发生过程在怀孕晚期才会加速，并且大部分突触都是形成于出生之后，在 1 ~ 2 岁之间达到顶峰。妊娠 31 周后（距胎儿足月只有 7 ~ 9 周），大脑皮质已经发育成熟，并开始在颅骨中折叠，形成大脑在该区域独具特色的沟回状。新生儿出生时的大脑外表与成年人一样，但大脑内部大部分结构都尚未发育成熟。

髓鞘形成是指轴突周围生长了髓鞘。髓鞘使轴突隔绝，这就使神经冲动的传导以及与其他神经元交换的速度快了 3 倍多。尽管大部分轴突在婴儿出生时就有髓鞘，但是大脑的一些区域在相当长的时间内并没有完全形成髓鞘。比如，大脑皮质的运动区和感觉区在婴儿出生 4 个月后才形成髓鞘。只有在运动区形成髓鞘后（4 个月之后），婴儿才能协调完成诸如坐、伸手够东西和站立等动作。额叶可能是大脑中最后几个长出髓鞘的区域之一，额叶某些区域的髓鞘生长一直会持续到个体年龄达二十几岁。

接下来，让我们看一个有趣的发现：人类新的神经元还没有长出来时，一半旧的神经元就已经死了！婴儿出生之前，神经元骤增并转移到神经管顶端，在这里形成大脑结构和神经系统的其余部分。然而，在转移和众多突触发生的过程中，几乎一半的神经元死于程序性细胞死亡。神经活动通过向更有用和更活跃的神经元分配更多的大脑能量来决定哪些神经元将存活下来，不太重要或不太活跃的神经元由于逐渐失去能量而死亡。遗传基因提供了过量的神经元，在最终模式形成之前，大脑一直在除去多余的神经元。程序性细胞死亡在人类一生中不断进行，但细胞死亡的速度比产前发育时的速度慢得多。如果这个过程出现干扰，会导致癌症等各种问题（死亡的细胞过少），或多发性硬化、帕金森病等神经系统疾病（死亡的细胞过多）。

在髓鞘形成和大脑其他部分发育的过程中，环境刺激对突触的生长和修剪非常重要。先天提供了基本的构成（神经元、大脑和神经系统），但在塑造和优化系统的过程中仍然需要后天体验。十多年前，佐治亚州州长推动立法，旨在为所有的新生儿提供丰富的环境。他的政策发挥了多大作用呢，我们来看一看社会政策视角板块文章《古典音乐会刺激婴儿的神经连接吗？》。对于先天和后天因素在塑造大脑方面的相互作用，我们将在第 7 章和第 10 章进行深入探讨。

社会政策视角

古典音乐会刺激婴儿的神经连接吗?

佐治亚州州长泽尔·米勒在1999年的财政预算中提出由国家拨款10.5万美元为出生在佐治亚州的每个婴儿家庭派送一个光盘或磁带。米勒评论道:“在早期听音乐会影响孩子的空间推理能力，为孩子学习数学、工程甚至象棋打下基础，对此没有人怀疑。”他还说“听舒缓的音乐可以帮助婴儿发育数万亿的大脑连接”。

研究结果与米勒声称的观点一致吗? 弗朗西斯·劳舍尔和她的同事们发表了一系列有趣的研究，研究表明，广泛的音乐训练极大地提高了学龄前儿童的空间推理能力。此外，他们还发现莫扎特奏鸣曲可以提高8 ~ 9分大学生空间推理的智商。所包括的空间推理分数涉及对比例和其他数学问题的推理测试。这些能力在听过古典音乐后有所提升的现象被叫作“莫扎特效应”。关于莫扎特效应和早期的经历如何影响发育中的大脑的报道推动了佐治亚州州长提出了用古典音乐促进婴儿大脑发育的建议。

然而，这个方法可行吗? 对大学生来说，听古典音乐带来的好处是短暂的，只能持续10 ~ 15分钟，而有几位研究员并没有发现莫扎特效应。其他研究者发现，积极的影响不仅局限于听莫扎特，听任何音乐，只要是欢快的或者听者偏爱的，都会产生积极的影响。其他研究者把研究重心转移到了音乐（莫扎特或其他音乐家所作的）对癫痫等疾病患者的脑电活动产生的结果上，以及对早产儿能量消耗和体重增加的影响上，或者把重心转移到音乐教学对智商的影响上。然而，最初的发现促使佛罗里达州立法机关通过了一项法律，要求州内所有的公立学校让学龄儿童每天听古典音乐。

问 题

基于本章的学习，你会对州和当地政府、其他机构、学校和父母在提高婴幼儿大脑发育方面提出哪些建议? 在这一领域中你认为哪些信息可以为社会政策提供支撑?

身体发育、睡眠类型和婴儿猝死综合征

身体发育 新生儿出生时的体重平均为3.4千克。从图4.6中可以看到，婴儿5个月大时体重增加了一倍，身高也迅速增高。平均来看，新生儿身高不超过50.8厘米，1岁时会再长25.4厘米。2岁时，婴儿大约达到自己成年身高的一半。

睡眠类型 在图4.7中可以看到，孩子睡眠的时间随着年龄的增长而减少。在新生儿的第1个月里，他们2/3的时间都在睡觉。通常，每次都会睡3 ~ 4个

小时，中间会短暂地醒一下，这种睡眠模式在白天和晚上都一样。出生 6 个月后，婴儿开始调整睡眠模式，即白天多醒一会儿，晚上多睡一会儿——早期的迹象表明，环境的暗示（后天）对婴儿睡眠的需求（先天）会产生影响。尽管婴儿之间的情况各不相同，但大多数婴儿在 6 个月时整个晚上都在睡觉，在 9 个月时整晚入睡的比例占 70%。到 2 岁时，大多数学步儿整个晚上都能入睡，并且白天还会小睡至少一次。学步儿每天仍然睡 12 ~ 14 个小时，这个时期，他们睡眠的时间要多于醒着的时间。

与父母同睡 在很多国家，婴儿和年纪较小的儿童与父母睡在一起的情形非常普遍，这种现象被称为共睡。比如，在瑞典，孩子们通常和父母睡在一起，直到开始上学的年龄，一些孩子与父母睡在一起的时间甚至比这还要长。在危地马拉的玛雅部落里，整个家庭常常睡在一起，他们认为让婴儿或孩子单独睡觉非常恐怖，这种行为类似于儿童忽视。共睡现象在中国、日本、韩国和泰国等亚洲国家也很常见。在很多文化中，共睡与家庭和团体的文化价值相呼应。

美国和很多西方国家更加强调锻炼孩子的独立性，因此他们通常不会和孩子共睡。尽管婴儿可能和父母睡在同一个房间里，但他们常常被安排在一个独立的婴儿床上睡觉。当婴儿能够整晚都睡觉后，美国家庭往往会把孩子放到他自己的卧室或者父母卧室以外的房间。然而，也有共睡的美国家庭。与其他美国家庭相比，共睡情况较多的家庭通常都是非洲裔美国人、拉美裔美国人、亚裔美国人、生活在阿巴拉契亚农村地区的白人，以及母亲对婴儿进行母乳喂养的家庭。尽管共睡经常反映出一个家庭的集体感，但也能反映出家庭的经济条件和其他因素。比如，低收入家庭、成员较多的家庭、生活在较小房子的家庭可能不得不选择共睡；对于很难安抚或睡眠规律调整有问题的婴儿，父母可能也会选择共睡。

婴儿猝死综合征 婴儿猝死综合征（SIDS）是指婴儿在年满 1 岁前突然死亡，并且验尸报告、病例或死亡现场调查都无法解释其死亡原因。由定义可知，婴儿死因不明，但是研究显示，当婴儿趴着睡或是侧睡，在柔软表面睡或是床上有软物，或是身体过热，婴儿猝死综合征的风险就会增加。母亲较年轻（未满 20 岁），产前检查过迟或是没有接受产前检查，在怀孕期间吸烟，这些都会增加婴儿猝死综

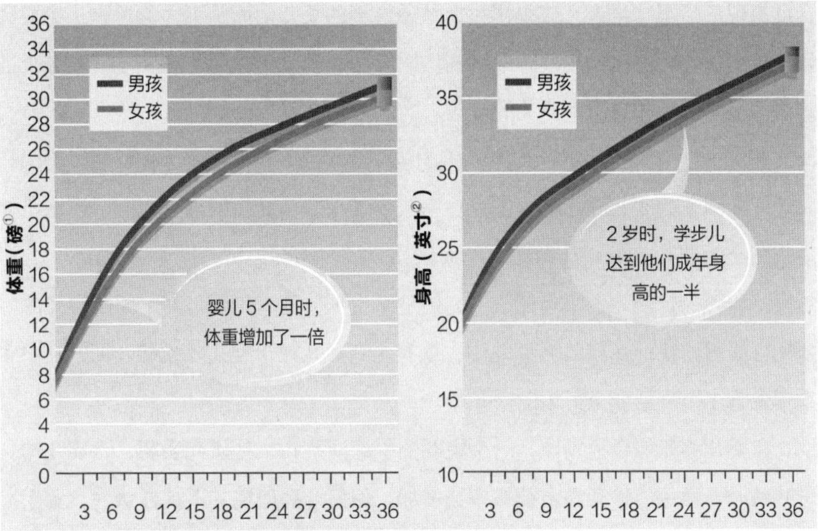

图4.6　从出生到36个月大的男孩和女孩的体重和身高的曲线图

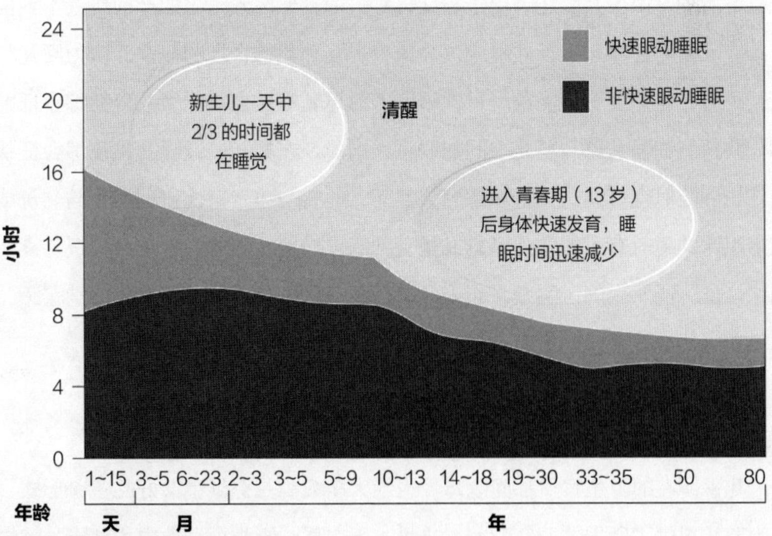

图4.7　从出生到青春期的睡眠时间

我们的睡眠时间随着年龄的增长而减少。注意婴儿快速眼动睡眠所占的比例比大龄儿童和成年人大很多。快速眼动睡眠对神经保持警觉性非常重要；非快速眼动睡眠对储存能量和刺激生长非常重要。

① 1 磅≈ 0.45 千克——编者注

② 1 英寸 =2.54 厘米——编者注

合征出现的概率。早产儿或是出生时体重过轻的婴儿则面临更大的风险。男婴患婴儿猝死综合征的比例更高，非洲裔美国婴儿和本土美国婴儿患婴儿猝死综合征的概率是非西班牙裔白人婴儿的2倍。

1992年，美国儿科学会建议父母让婴儿躺着睡。“躺着睡运动”使得美国和其他许多国家的婴儿猝死综合征死亡率减少了53%（减少的部分原因，还在于之前被归类为婴儿猝死综合征死亡的案例如今被归为其他类，比如意外窒息）。虽然婴儿猝死综合征死亡率降低，但它仍是出生1个月与年满1岁之间的婴儿的主要死亡原因。在每2 000名婴儿中，就有1名婴儿死于婴儿猝死综合征，其中多数发生于1个月到3个月大的婴儿中。

在婴儿猝死综合征领域，一个主要的争论便是：一些研究表明，当婴儿与父母共睡时，婴儿患猝死综合征概率会增加，但另一些研究并不这样认为。鉴于婴儿与父母共睡的情况多见于少数族裔和低收入家庭，所以很难确定婴儿猝死综合征概率增加是由于共睡还是由于与父母有关的其他因素（比如产前检查不到位）。一些专家认为，实际上，共睡应该会减少婴儿猝死综合征的概率，因为婴儿与母亲共睡时，他们更有可能获得母乳喂养，而母乳喂养会降低婴儿猝死综合征的概率。共睡能加强父母与婴儿之间的联系，同时，在婴儿接近婴儿猝死综合征状态而停止呼吸时也可能让父母注意到。然而，还有一些专家注意到婴儿与父母或是兄弟姐妹共睡时有可能意外窒息或是受到意外伤害。因此，将这种情况与婴儿猝死综合征可能发生的风险联系起来后，美国儿科学会建议，婴儿应该躺着睡，并且睡在离父母较近的婴儿床里。

喂养与营养

几乎所有的卫生官员都同意母乳为绝大多数婴儿提供了最好的营养形式。母乳为婴儿提供了所需的所有营养、热量、蛋白质、脂肪，母乳中各种成分的均衡搭配使得婴儿很容易将其消化。在母乳喂养的初期，母乳中包含大量初乳，这是一种黏稠的黄色物质，其中包含可以传递给新生儿的重要抗体。这些抗体为婴儿对抗各种感染、病毒、疾病提供了保护。婴儿出生约3天后，母乳量会增加。虽然此时的母乳中所含初乳较少，但它仍然提供了成长中保护婴儿的重要抗体。

母乳喂养的婴儿患有疟疾、呼吸道感染、耳朵感染、糖尿病、哮喘、儿童肥胖、淋巴瘤、婴儿猝死综合征的风险更小（见表 4.2）。大自然为喂养与养育婴儿提供了最佳的营养形式。同时，母乳喂养对于母亲的健康也有重要益处：子宫能更快恢复，分娩后出血量减少，身体更快恢复到怀孕前的体重，患卵巢癌和乳腺癌的风险降低，下一次排卵延迟（这能帮助延长与下一次怀孕的间隔时间）。

美国儿科学会建议母乳喂养应该在生产后尽快开始，最好是在一小时以内。在婴儿出生后的前 6 个月，母乳为婴儿的健康成长提供了所需的所有营养（母乳喂养的婴儿在出生后的 6 个月内，水、果汁以及其他营养的补充均非必需）。在婴儿出生后 6 ~ 12 个月的时间，婴儿需要逐渐摄入含铁丰富的食物。母乳喂养应至少持续到婴儿 12 个月大，在这之后可按照母婴的意愿决定是否继续。

出生后不足 12 个月的婴儿在断奶后应摄入一些含铁丰富的食物（并非牛奶）。当母亲在工作或是一整天时间没有在婴儿身边时，母乳喂养也许不方便。在这样的情况下，母亲仍然可以挤出乳汁，将其存放，这样就可以用奶瓶喂食婴儿。

有多少婴儿是母乳喂养的？一项来自美国的调查结果（见图 4.8）表明，75% 的母亲在某个时段都采用母乳喂养，这相比于 1970 年的 25% 有了极大的提高。但该图同时也表明，在接受母乳喂养的婴儿中，3 个月大的婴儿不到一半，12 个月大的婴儿不到 1/4。年轻的母亲以及非洲裔母亲采用母乳喂养的可能性更小。尽管这在图中没有表明，但是该调查也发现，如果母亲已婚，受过更多教育，或是有更高的家庭收入，那么她们采用母乳喂养的可能性更大。如果她们母乳喂养的选择受到丈夫或是伴侣的支持，她们也更有可能采用母乳喂养。在一项研究中，母亲对于母乳喂养的选择更多取决于她们的伴侣认为她们应该怎么做，而非她们自己对于母乳喂养的态度和意愿。

全世界正在倡议提高母乳喂养率，尤其是在许多婴儿营养不良的贫困国家。这方面的努力已经取得了进步。过去 10 年里，母乳喂养率在世界大多数地区得到了提高，有些地区母乳喂养率提升的结果非常显著。举例来说，在斯里兰卡，6 个月大的婴儿单纯用母乳喂养的百分比从 17% 提高到 76%。然而喂养率变化

表 4.2

无母乳喂养情况下健康风险增加	
结果	风险增加率（%）
足月婴儿	
急性耳部感染（中耳炎）	100
湿疹（过敏性皮炎）	47
疟疾和呕吐（胃肠感染）	178
婴儿 1 岁时因轻微呼吸道疾病住院	257
哮喘，有家族病史	67
哮喘，无家族病史	35
儿童肥胖	32
2 型糖尿病	64
急性淋巴细胞白血病	23
急性骨髓性白血病	18
婴儿猝死综合征	56
早产儿	
坏死性小肠结肠炎	138
母亲	
乳腺癌	4
卵巢癌	27

* 非母乳喂养婴儿和不使用母乳喂养的母亲，与母乳喂养婴儿和使用母乳喂养的母亲相比，患病风险增加。

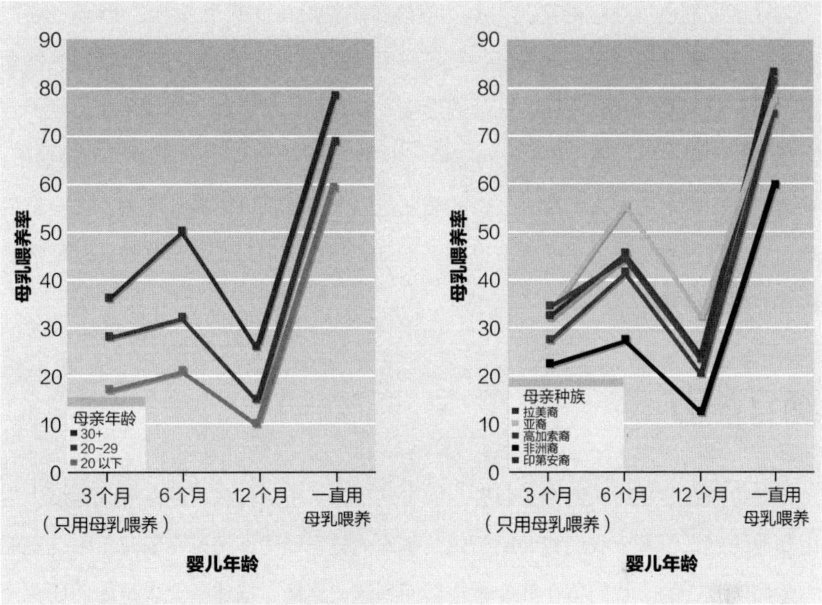

图4.8　通过年龄和种族统计的母乳喂养率

3 个月、6 个月、12 个月大的美国婴儿母乳喂养的百分比。“只用母乳喂养”即婴儿只接受母乳（没有其他补充）。对于 6 个月和 12 个月大的婴儿而言，图中表现的是他们将母乳作为一部分营养的百分比。

幅度差距悬殊，西非和中非为 23%，东非和南非为 47%。你也许会惊奇地发现在世界许多地方，母乳喂养（孩子出生后一个小时内）更有可能最早开始于贫困家庭。

尽管对于大多数婴儿来讲，母乳是一个健康的选择。但是在少数情况下，母亲会被建议采用婴儿奶粉而非母乳，因为一些传染病会通过母乳传播。比如，有 HIV 的母亲就不应该用母乳喂养婴儿。患有肺结核、乙型肝炎和水痘的母亲在用母乳喂养婴儿前应咨询医生。通过药物治疗高血压、癌症、焦虑症、压力过大、偏头痛的母亲也应该咨询医生，因为其中一些药物的有害物质能够通过母乳传递至婴儿体内。其他情况下，遗传了某些代谢紊乱（比如苯丙酮尿症或半乳糖血症）的婴儿也许需要特殊奶粉，以避免引发代谢问题。

除了我们已描述过的情况，婴儿应该在出生后 4 ~ 6 个月内接受母乳喂养。在这之后，婴儿麦片、口味清淡的蔬菜、水果都可以作为婴儿初期的固体食物食用。但要避免高糖、高脂肪、高盐的食物。食物要松软，或是切成小丁，从而避免婴儿被噎到。婴儿满 1 岁时，可以吃一些手指大的食物，比如奶酪、薄脆饼干、煮蔬菜、切片水果。大多数满 2 岁的婴儿可以上桌吃饭，和家人吃差不多一样的食物。尽管这些初学走路的孩子也许仍需母乳喂养，但母乳不再是他们获取热量和营养的主要来源。

感官能力

父母抱着婴儿时，通常会想婴儿能看到什么、听到什么、能在多大程度上运用其他的感官。本节我们将介绍新生儿基本的感官能力，追踪在婴儿阶段这些能力是如何改变的。我们将在第 5 章重新回到这一话题，描述研究人员如何研究知觉发展，并将总结研究人员对于婴儿和学步儿在不同感知形态中如何进行调整的研究成果。

婴儿的视觉如何

婴儿的视觉有多清晰？ 在感知中，一个基本的问题与视敏度有关。你也许很熟悉过去用于测试视敏度的标准视力表。根据此表，拥有 20/20 正常视力的人能够看清 6 米以外视力表上某一行的字母。拥有 20/40 视力的人只能在 6 米处看清视力正常的人在 12 米处看到的东西。但研究人员是如何测试不懂字母的婴儿的视敏度的呢？为了完成此项研究，研究人员用图 4.9 中的条纹给婴儿看。每一幅条纹图都与统一的灰色方块搭配在一起。如果一名婴儿不能看清这些条纹，那么这些条纹就会融合在一起，变成灰色。正如图 4.9 所示，更难看清间距最小的条纹图（退后几步，这些条纹会变得模糊）。然而，如果婴儿能看清这些条纹，他们会看条纹而非灰色方块。在 3 米远的地方，6 个月大的婴儿能够看清 4 毫米细的条纹（他们也更倾向于看这些条纹而非灰色方块），但 1 个月大的婴儿只能看清38毫米以上的条纹，他们也更倾向于看条纹。

研究人员估计6 ~ 12个月大的新生儿的视敏度在20/150与20/600之间。尽管在婴儿出生后的前几个月，他们的视敏度很低，汉林提醒，如果“视力发育正常，婴儿的视力似乎能够满足他们看见必须看见的事物”，比如寻找他们的看护人员、寻找食物、锁定一张微笑的脸。

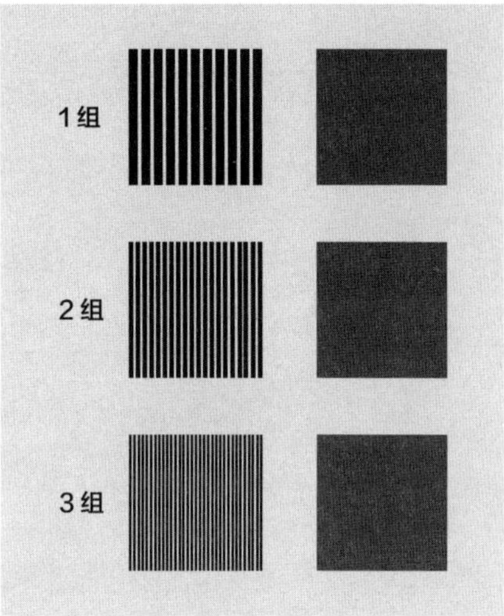

图4.9　测试婴儿视敏度的条纹

研究人员确定婴儿从灰色方块中区别出哪一组条纹。

婴儿能分辨颜色吗？　新生儿如何分辨不同的颜色，我们尚无法得知。过去几十年搜集的绝大多数证据表明，眼睛里辨别正常颜色的感光色素至少在婴儿3个月大时已存在，也可以很确定地说，色觉在婴儿6个月大的时候会相对成熟。

婴儿的视觉深度有多深？　对于深度知觉的一项经典研究是埃莉诺·吉布森和理查德·沃克1960年做的视觉悬崖实验。与图4.10中的照片相似，实验用一片玻璃覆盖住一个固体表面和一个骤降面。研究人员选取了数名6 ~ 14个月大的婴儿参加，将每个婴儿放在玻璃中间，婴儿的母亲在玻璃一边叫自己的孩子，让孩子从一边爬往另一边。所有6个月大的婴儿都爬到固体表面，爬向自己的母亲，但是他们拒绝爬上骤降面。许多婴儿号啕大哭，但仍不敢冒险爬过视觉悬崖。吉布森和沃克因此总结道：深度知觉在婴儿学习爬行的时候便产生了。10年后，其他研究人员证实，不到2个月的婴儿能够分辨骤降面与固体表面的区别。他们将婴儿面朝下放在视觉悬崖的边缘，并测试婴儿的心率。在视觉悬崖的边缘时，婴儿的心率大幅降低。对婴儿而言，心率降低表明他们正在全神贯注。尽管这些小婴儿明显能够感知到深度，但是他们对于“悬崖”似乎更感兴趣，而非畏惧。

图4.10 视觉悬崖实验

吉布森和沃克 1960 年做的经典视觉悬崖实验，和这张图中的情况类似。你能看出婴儿是否意识到玻璃下的悬崖吗?

婴儿的听觉如何

在出生之前，胎儿就能够对巨大的声音做出反应，到 6 个月大的时候，婴儿能够对咯咯的笑声、说话声、歌声和环境中其他声音做出反应。研究人员就婴儿对人类声音的反应做了广泛的研究。新生儿更喜欢听自己母亲的声音，而非陌生女性的声音。4 个月大的婴儿更喜欢人类的声音，而非沉默或白噪声。5 个月大的婴儿能够在被叫的一些名字中分辨出自己的名字，前提是他们的名字被叫得比其他名字声音大。

德卡斯珀和斯彭斯于 1986 年做了一个有趣的实验。他们要求孕妇在分娩前 6 个星期每天大声朗读两次童话故事《戴帽子的猫》。在孩子出生后的 2 ~ 3 天，研究人员测试了新生儿对这个故事的识别能力。他们将一个胶皮奶头连接到一个电子开关上，这个开关可以启动两个录音带中的一个，其中一个录下母亲怀孕时所读的故事《戴帽子的猫》,另一个录下母亲读的另一个故事（如《国王、老鼠、奶酪》)。新生儿能够通过调整吮吸奶头的频率来选择故事。对于一些婴儿而言，放慢吮吸会启动他们所熟悉的那个故事；对另一些婴儿而言，加快吮吸可以启动熟悉的故事。在这两种情形中，婴儿都通过改变吮吸频率选择了他们熟悉的故事。因为两个录音带都是母亲的声音，所以婴儿们必须根据听到的故事特质，比如速度来选择。此外，如果朗读故事的是他们不熟悉的女声，他们仍会选择熟悉的故事。这些结果表明，婴儿出生前对于声音的感知足够让他们处理和保留该故事的音质，并且新生儿对于声音的感知和记忆足够让他们区别两条录音带，分辨出自己熟悉的故事。但这对出生仅 2 ~ 3 天的婴儿而言比较困难！

婴儿的嗅觉和味觉如何

在婴儿刚出生时，他们的面部表情表明，他们对于特定气味的反应与成人相似。新生儿在对香蕉、黄油的香味做出反应时，都会表现出积极的面部表情；对香草的气味做出反应时，会表现出积极的面部表情或是面无表情；一些婴儿对于鱼腥味会表现出抗拒，对于腐臭的鸡蛋会表现出恶心的面部表情。在其他实验中，理查德·波特和他的同事研究了新生儿对于自己父母气味的识别能力。比如，让父母把纱布片置于胳膊下数小时，交由研究人员用于对其新生儿嗅觉的测试。采用母乳喂养的新生儿在 2 周大的时候，会将头转向母亲的气味，而非陌生女性（其他婴儿的母亲）的气味。然而，新生儿并不能识别父亲的气味。同样，用奶粉喂养的新生儿也不会偏好自己母亲的气味。这些结果表明，婴儿能够在他们与气味有亲密且多次的接触后鉴别出细小的区别，正如母乳喂养的婴儿能够识别出母亲的气味。

但是对于气味的感知也许在此之前就已发挥作用。出生 3 ~ 4 天的婴儿无论是母乳喂养还是奶粉喂养，都更倾向于母乳的气味，而非奶粉的气味。我们是如何知道这一点的呢？研究人员使用近红外光谱（NRIS，一种用近红外光测量大脑氧水平的技术）发现，相较于奶粉的气味，婴儿大脑的眶额叶皮质对母乳气味会产生更多的氧气流量，这在他们的睡眠过程中也是如此。同时也有证据表明，和对声音的感知、记忆一样，在妊娠即将结束的时候，胎儿系统已经发育完善，从而能够感觉和存储在出生前的气味信息。举例来说，新生儿更喜欢自己羊水的味道，而非其他婴儿羊水的味道。

婴儿在出生后表现出了对于味道的偏好，这甚至在他们第一次吃东西之前就已经存在。如果有甜食，新生儿就会微笑，并表现出吮吸的动作。对于更甜的食物，婴儿的吮吸动作延续时间更长。如果是酸味的食物，他们会紧闭嘴唇，皱起鼻子。更苦的味道会使新生儿吐口水，并表现出恶心和排斥的表情。这些早期的味道偏好似乎都受到大脑较低部位的控制，因为天生没有大脑皮质的婴儿也会有这些反应。对于咸味的反应要晚些发育，通常是 4 个月大的时候。新生儿对鲜味的反应和对甜味的反应差不多。

动作发展

婴儿出生后，能够将头转向发出有趣声音的方向，也能够转动眼睛追踪某些运动的物体。在出生后的几周，他们就开始控制头部和颈部肌肉，但仍需要一段时间才能协调身体其他部位的肌肉。通过不断的尝试与失败，新生儿也许能够将手放进嘴里吮吸，但他们仍然不能很好地控制手臂和手部肌肉去抓取物体。他们需要几个月才能站起、走路、跑步。

本节我们将讲述运动发展的典型模式——婴儿和儿童如何获得控制肌肉运动的能力。

反射：婴儿最初的协调运动

人类婴儿有一些与生俱来的有趣反射。反射是非自主的行为，由诸如声音、光、触摸、体位等环境刺激引起。如果你触摸新生儿的脸颊，他的头将转向触摸的方向。这就是所谓的觅食反射。如果有任何东西触碰到了婴儿的嘴唇，婴儿就会自动吸吮——吸吮反射。当婴儿被巨大的声音吓到，或是开始跌落时，就会产生莫罗反射（或是惊跳反射）。猛击一下婴儿床会让他们伸展胳膊和腿，展开手指和脚趾，然后再收缩胳膊和腿。如果你将婴儿脸朝上抱着，突然放低手臂几厘米，婴儿也会有同样的反应（要注意不要让婴儿落下去！）。当有东西接触到婴儿的手掌，婴儿就会出现抓握反射——婴儿的手指会自动围住这个物体并紧紧握住。

如本章之前所述，大脑皮质（大脑上部）控制随意运动。但在婴儿刚出生时，大脑皮质并未完全发育，所以最开始是大脑较低部位控制婴儿的不随意运动。随着上方皮质中枢开始随意控制肌肉运动，4 个月时，这些反射开始消失。儿科医师一直都运用这些反射的存在与消失作为神经系统功能的早期指标。第 3 章介绍过阿普加评分，该评分将“反射刺激”的测定作为新生儿早期功能评价的一部分。专门评定婴儿健康的布雷泽尔顿新生儿行为评定量表测量了 20 种不同的反射。没有反射回应，或是某些反射出现或消失的延迟，都是神经发育出现问题的信号。

随意运动：肌肉运动的里程碑

当孩子还是新生儿时，我们喜爱他们在玩耍时摆动和扭动的方式。他们的许多动作都急促且有些奇怪，但看着他们伸展肢体、活动自己的小肌肉也是很惬意的事情。他们最熟练的是转动眼睛和头，去找寻某人的脸或是追寻某人的声音。将手指放到新生儿的手中，他们握紧手指的力量会让你吃惊（抓握反射）。当新生儿醒着的时候，他们的胳膊和腿似乎一直在伸展、收缩，他们的手指一直在紧握、放开。这些早期的臂部和腿部运动都是自发并且非随意的，并不是为了去抓或是握住某一特定物体。几个月后，婴儿才能做出随意且有目的性的行为，比如抓取一个玩具，或是倒出一盒积木。在接下来的几个月，婴儿的反射，无论是自发的行为，或是之后随意的行为，都会逐渐增强他们的肌肉，刺激大脑和神经系统的发育。

图 4.11 阐述了在婴儿出生第一年中大肌肉运动的主要阶段。大肌肉运动发育涉及通过身体大肌肉协调运动过程。这些肌肉控制头、颈、躯干、手臂、腿这些较大的部位。我们稍后会讨论小肌肉运动发育，即控制我们更加复杂运动（比如手指的活动）的小肌肉的发育。

大肌肉运动发育遵循我们在前面章节讨论的头尾模式。婴儿 1 个月大时，颈部肌肉已经足够强壮，能够支撑自己的头部了。之后，躯干肌肉会更加协调。婴儿在出生头 3 个月能够翻身；6 个月时能够坐直；大概 7 个月的时候，双腿已经足够强壮，使他们能够爬行——在地上蹬腿，拖着身体前行；7 个月大的时候，婴儿可以撑着桌子或是其他支撑物站立。

对于很多家长而言，早期运动阶段中最重要的是婴儿的第一步。大多数婴儿大概在 1 岁的时候能够自己行走。但要明白，这是指平均年龄，而每个婴儿的发育速度相差很大。例如，25% 的婴儿在 11 个月大时能够较好地正常行走，25% 的婴儿在 13 个月大时开始走路，还有 11% 的婴儿则直到 15 个月大才能正常走路。这一现象源于个体基因差异、神经生长速度差异和肌肉运动锻炼的频率

图4.11 大肌肉运动里程碑

通过观察婴儿实现这些大肌肉运动的平均年龄，你可以看到婴儿发展的头尾（从头到脚）模式。要注意他们先控制颈、头，然后是躯干，最后是双腿。

差异。但儿科医生将运动发育的严重迟缓视作神经或肌肉缺陷的潜在征兆。欲了解更多关于判断和治疗运动发育迟缓的内容，请参考从业人员视角板块文章《物理治疗》。

近远模式，或由近及远（相对身体的中线而言）的模式，可见于婴儿学习抓握的过程。婴儿最先伸出自己的胳膊，再通过良好的运动技能用手掌和手指去抓。如图 4.12 所示，婴儿在 4 ~ 5 个月的时候能够随意控制自己的上臂。婴儿能够随意控制上臂之后，就能伸出两只胳膊抓住某一物体。在这个月龄的婴儿通常会将 4 根手指连同拇指在内，都放在某一物体上，即掌握。10 个月大时，婴儿开始学会更高级的钳握，即使用拇指和食指抓东西。到 15 个月大时，婴儿能够握住书写用具（但又开始使用掌握），并利用上臂的大肌肉进行胡乱涂鸦。再大一些，孩子开始使用更加精确的三点握姿以握住手中的铅笔等书写工具：他们将书写工具放在拇指和食指之间，并将手的底部放在书写纸上做支撑。正如你所见，手掌和手指的小肌肉的运动发育要远远晚于手肘、手臂和肩膀的大肌肉的运动发育。

运动技能发育中的头尾模式和近远模式反映了大脑中枢逐步发育的过程。大脑中控制头部和上臂肌肉运动的细胞和关节通常最先发育成熟。随着神经系统的发育，婴儿逐渐能够控制并协调肌肉，进行向上或向下的运动。

埃丝特 · 西伦和她的同事们提出了一套动态系统理论（详情见第 1 章），阐述运动技能发育中知觉动作发展的过程。根据该理论，伸手、爬行、行走和投掷等协调性运动是动态行为，这些行为是在各肌肉、神经通道、身体发育、学习以及动机等相互作用的过程中产生的。

- 神经系统的发育使得婴儿能够自主地控制自己的肌肉。
- 父母的鼓励和环境中有趣的玩具激发婴儿抬头、转身、爬行以及迈开第一步。
- 经常锻炼可以增强婴儿抬动并控制正在生长的四肢所需要的力量。
- 认知系统的成熟帮助婴儿记住有趣的玩具的位置，并使他们想办法协调动作、拿到玩具。

（1）

（2）

（3）

（4）

图4.12 从粗大到精巧的运动技能

发育的近远模式（从身体中线开始，由近及远地发育）通常见于婴儿学习抓握物体的过程中。（1）婴儿最早通过伸出双臂和手掌，试图抓住物体。（2）在获得了部分手部精巧运动技能后，婴儿开始逐渐能够运用更加有效的钳握。随后，（3）婴儿开始能够抓住更小的物体，并且（4）进行较为复杂的运动，开始有效的书写。

从业人员视角

物理治疗

迪安娜·沃尔什
威斯康星州麦迪逊市
梅里特医院　理疗学家

你治疗的都是几岁的孩子？他们都有什么病？在治疗的过程中需要父母的参与吗？

目前正在治疗中的孩子有早产儿，也有 16 ~ 17 岁的孩子。我看到许多孩子由于各种各样的问题而无法正常行走。有些婴儿和儿童患有斜颈（颈部的肌肉拉紧，导致无法正常行走）、脑瘫、伴有运动困难的自闭症、大肌肉发育迟缓（难以学会爬行、行走、跳跃等）、脊柱裂、肌肉萎缩症、唐氏综合征、其他影响正常运动功能的遗传性疾病，以及术后或骨折引发的综合征。我治疗的孩子有的无法保持平衡、肢体不协调，也有些患有肌无力、肌肉紧张、行走困难、无法移动某个部位的疾病。有些孩子不得不配备特殊的设备，来帮助自己行走。这些设备包括用于鞋子内部的特殊支架、拐杖、步行器、改装式自行车和轮椅。

大体来说，我每周会对孩子进行一两次治疗，具体次数视孩子和家庭的需要来定。由于父母是陪伴孩子最多的人，我工作的大部分时间里都在教导父母如何更好地帮助他们的孩子。父母参与孩子的治疗，能够加快治疗进程。我不要求孩子每周都花一小时的时间进行某项运动，但是希望孩子在每天的日常生活中都坚持锻炼。

如何判断孩子是否已经出现运动发育迟缓的症状呢？

通常我会使用多套标准化的测试来评估孩子的运动技能。大部分测试是针对特定的年龄组和特定的某种技能（例如，平衡、自主活动、协调和控球）。除此之外，我还会通过观察孩子运动水平的高低，判断他是否有运动技能方面的障碍。

要想成为一名理疗学家，需要怎样的教育和训练？

目前大部分的理疗课程都只对研究生开放，并且许多课程正逐渐转变为博士课程。课程大都将丰富的临床治疗作为训练的一部分，学生通过这一训练获得与孩子们共处的机会。如果你愿意与患者及其家人建立起亲密的关系，那么理疗学家是份不错的工作。在理疗过程中会涉及许多场所，包括学校、门诊、家庭保健机构、学会、研究院、疗养院和康复中心。对于所有的理疗领域而言，最令人激动的莫过于帮助人们实现自己的目标。在儿科工作，你还有机会结识很棒的孩子和父母。

问　题

父母可以通过哪些症状来判断处于婴儿或学步儿阶段的孩子是否需要接受物理治疗？

大脑、身体和环境三者共同作用，使婴儿不断增加力量和协调性。没有大脑，肌肉就不会移动；没有肌肉锻炼，大脑就不会发育；没有动机，婴儿就不会锻炼。问题的重点不在于哪一部分先发育，而是这几种元素如何协调一致推动婴儿和儿童向更高的水平发展。这是在儿童发育过程中另一个先天和后天相互作用的例子。

早期教育的文化差异

由于文化差异，父母的教育行为各不相同，一些文化中的婴儿受到的身体刺激比其他文化中的婴儿受到的刺激更加有力。比如，在马里，母亲通常把婴儿的胳膊或腿悬挂起来以拉伸他们的肌肉，并且在婴儿很小的时候就让他们坐着或站起来。研究者还注意到，一些非洲文化强调身体刺激，在这种文化下成长的婴儿通常都比北美洲和欧洲的婴儿更早进入主要运动的阶段，比如坐起来和走路。

相比之下，在一些南美洲的文化中，母亲对婴儿保护有加，常常限制婴儿探索和锻炼自己的运动机能。比如，在巴西，研究者发现，一天中大部分的时间母亲都抱着婴儿或把他们放在大腿上。据报道，很多巴西的母亲认为坐着或站立会损害婴儿的双腿和脊柱，因此她们很少让婴儿自己在地上坐着或玩耍。到 6 个月时，在坐、立和伸手去拿东西等运动技巧方面，巴西的婴儿与北美洲同龄的婴儿有一定差距。然而，到 8 个月时，巴西婴儿得到了更多身体锻炼，并且赶上了在其他文化中成长的婴儿。研究表明，在智利、中国，婴儿也有相似的趋势。

美国亚利桑那州的霍皮部落和新墨西哥州的特瓦族的婴儿在 14 个月时开始走路，比北美洲大部分其他婴儿晚了 1 ～ 2 个月。韦恩和马尔斯纳・丹尼斯为了研究运动发展在不同文化下的典型案例，在霍皮部落生活了两个夏季。他们在一些村庄发现，霍皮部落的母亲用传统方式把孩子固定在背篓里，然后再背在背上。这些婴儿在出生后的 9 个月里，大部分时间都被紧紧束缚在这个背篓中，即使在喂奶和晚上睡觉时都待在里面。霍皮部落的其他村庄更“美国化”一些，这些村庄的母亲不再使用背篓了，那么这些村庄的婴儿开始走路的时间是否比待在背篓中的婴儿早呢？有趣的是，答案是否定的，早也没有早很多：平均来看，待在背篓中的婴儿开始走路的时间仅仅比没有待在背篓中的婴儿晚了2天。无论有没有被固定在背篓里、有没有被允许自由玩耍和锻炼，霍皮部落的所有婴儿开始走路的时间都在14个月左右。由此可以看出，在运动锻炼对动作发展的影响方面，对文化差异的研究在考察先天条件和后天培养所起的作用时，所得出的结论并不完全一致。

训练孩子如厕的习惯

看着婴儿和学步儿经历过生命中几个里程碑式的运动阶段是件令人兴奋的事情。父母为孩子第一次坐起来、第一次爬行和第一次站起来而庆祝。谁会忘记婴儿在学步期晃晃悠悠地迈出第一步时带给人的那份兴奋感呢？实际上，父母会为孩子的每一个不太起眼的进步而高兴，如学步儿学着开始使用便盆时。与爬行、走路和其他发展阶段一样，训练孩子如厕的习惯始于身体层面的成熟、认知层面的理解，以及环境层面的暗示、反馈和激励措施这三个层面之间的相互作用，还涉及身体发育——既包括先天因素又包括后天因素。我们已经在本节前面部分的动态系统理论中学习了这部分知识。

大多数初学走路的孩子在18 ~ 24个月时就可以随意控制、调节排尿和排便运动的肌肉。那时，学步儿在需要上厕所时已经可以穿过房间并找到适合他们的便盆如厕。一旦孩子到了身体发育的这个阶段，下一步就需要父母评估孩子在情感和认知两个层面的准备程度。可以用积极且相对放松的方法训练孩子如厕吗？对于一个2岁大的易怒的孩子，这时候投入太多精力训练并不合适。如果孩子表现出害怕便盆或害怕如厕，那么说明孩子还没有准备好。当孩子意识到尿布脏了需要更换，要求穿内裤，或对浴室和厕所表现出积极的兴趣，这就表明孩子已经有了认知准备。如果孩子能在简单的指导下上厕所，并且一天中保证至少2 ~ 3个小时不尿裤子，那么，如厕训练相对会轻松不少。

当孩子看起来准备好接受训练时，就该为孩子选购适合他或她的便盆（通常是适合孩子大小的坐便器），向其演示或教授基本的使用技巧，并在孩子出色完成后给予更多表扬和奖励。大多数专家推荐使用以儿童为导向的训练方法，允许孩子根据自己的准备程度定制方案。

在对密尔沃基市的一组学步儿的研究中，研究人员发现，至少有一半的女孩在 24 个月时开始对使用厕所感兴趣，在 34 个月时可以在白天和晚上都不尿裤子。男孩到达这一阶段的时间比女孩晚 2 个月。然而，通过接受训练，孩子有可能在更小的年龄使用厕所。在关于这个话题的其他研究中，参与密尔沃基市研究的研究员表明，在 20 世纪 50 年代，白天不尿裤子的孩子的平均年龄为 24 个月（那时父母常常对孩子非常严厉，教育孩子的方法也更严格）。他们还注意到，其他国家的孩子比大多数美国孩子接受训练的时间要早，并且在密尔沃基市选取的案例中，很多非洲裔美国人的学步儿在 15 个月大之前就开始接受训练。尽管可以通过训练促使孩子更早使用厕所，但大多数专家相信，即使孩子学会独立如厕的时间会因此推迟几个月，使用以孩子为导向的方法仍对大多数学步儿的生理和情绪发展有好处。

第 5 章 婴儿和学步儿的认知发展

感知能力的发展

罗伯特·范茨的研究

习惯化–去习惯化研究

跨感官知觉

皮亚杰的认知发展理论

神童皮亚杰

建构主义

认知发展阶段理论第一阶段：感知运动阶段（0～2岁）

语言习得理论

语言是什么

学习理论：语言能力是后天习得的

先天理论：天生的沟通能力

互动理论：认知法和社会互动论

早期交流：语言如何产生

齐哈喜欢看着自己 11 个月大的女儿凯拉玩耍。和大多数孩子一样，凯拉总是急着触摸东西，探索、体验这个世界（自然会把很多东西放进嘴里）！昨天，凯拉握着一个拨浪鼓玩耍。几个月前，凯拉学会摇动拨浪鼓或是扔着玩。昨天，她却开始仔细地观察着拨浪鼓，慢慢地上下端详。凯拉好像在有意研究着拨浪鼓，想知道它会发出什么声音。齐哈的朋友告诉她，如果婴儿看不到或摸不到某个东西，他们就意识不到这个物体的存在。齐哈的朋友说得对，因为当齐哈把一个玩具藏在毯子下面，凯拉的注意力就被转移了，不再去想玩这个玩具。但最近这个方法不管用了。现在，一旦齐哈把东西从凯拉手上拿走，凯拉就会哭几分钟。即使凯拉没说出什么"真正的"话语，齐哈也知道凯拉要什么，知道她什么时候心情愉快、什么时候想再吃一口燕麦粥。

齐哈很想了解这么大的孩子对世界的认识。孩子能不能把他们听到的声音和看到的东西联系在一起？晃来晃去的发声玩具会促进孩子的发展，还是会使孩子更摸不着头脑？孩子是如何意识到，不管能不能看到，一些物体都是客观存在的？为什么在会说话前，孩子就能够和别人轻松交流？更重要的是，齐哈想知道，她怎样做才能帮助女儿发展认知能力。

和齐哈一样，你可能想知道婴儿如何理解世界、如何把感官感受到的信息整合在一起、如何思考他们经历的事情、如何告诉别人他们的需求和想法。在本章中，你会认识到，即使是幼小的婴儿，在某些方面的能力（如感知能力）也令人称奇，其他更复杂的能力（比如理解物品的客观存在性和语言能力）也会得到迅速发展。你可以回忆一下，在第 1 章，认知指的是大脑对信息的处理，比如感知、思考、记忆、解决问题和语言交流。而感觉是五官对环境中刺激物的物理感知，感知到的信息会被传输到大脑。感知则是整理、协调和解释这些信息的认知过程。感知是认知的重要组成部分。有了感知能力，人们才可以借用感官信息来思考、解决问题，从而正常工作和生活。本章中，我们会探讨婴儿和学步儿的感知、认知与语言能力，并解释这些能力发展的重要理论。本章也会涉及第 1 章中提出的三个主题，即天性和教养、神经科学的作用、积极发展和适应力。

感知能力的发展

刚出生时，婴儿的神经系统相对来说并不成熟，我们在第 4 章已经提到了这一点。这时，大脑中大多数的神经突触还没有形成。很多神经元还没有获得髓鞘，而髓鞘可以隔离各轴突，使其不会相互干扰，从而加快神经冲动的传导。新生儿可以移动眼睛，定位和跟踪环境中的物体，但刚开始时，还不能控制眼睛内部及其周围复杂的肌肉，因此很难将视线集中在一个目标上并且协调每一只眼睛看到的图像。早期哲学家，比如约翰·洛克，认为新生儿的大脑是一块白板。根据这个观点，婴儿必须通过反复尝试去学习，通过调用感官，形成有意义的感知。心理学创始人之一威廉·詹姆斯则认为，婴儿的大脑曾经历过“模糊的、嗡嗡作响的混乱状态”。

婴儿生命的初始真的那么无助吗？显然不是。正如我们在第 4 章提到的，新生儿天生就有一系列感官能力。在过去几十年里，出现了一些可靠的研究方法，这些方法可以在不使用语言的情况下检验婴儿感官能力，因此这方面的研究也大量涌现。20 世纪 50 年代以来，科学家了解了儿童感知能力方面的大量信息。显然，幼小的婴儿的认知完全不是处于“模糊的、嗡嗡作响的混乱状态”，他们有很强的能力来组织和使用感官获取的信息，从而使这些信息变得有意义。

罗伯特·范茨的研究

在 20 世纪 50 年代，罗伯特·范茨和他的同事用注视箱来研究婴儿的感知能力（图 5.1）。婴儿被放在底部滑板上，研究人员站在箱子旁边，可以通过箱子顶部的缝隙滑动卡片的图案。通过箱子顶部的孔，研究人员可以观察婴儿的眼睛，用电子设备记录婴儿盯着（注视）每一个图案的时间。“如果婴儿注视某一个图案的频率高，那说明他可以感知这种图案”。这就是视觉偏好方法的研究逻辑。这是一种简单有力的方法，许多研究人员通过这种方法来研究婴儿的感知能力。

图 5.2 中显示了范茨早期实验的结果。相比于靶心图案和报纸，2 ~ 5 天大的新生儿更愿意看人脸的图案。但是相比于单色圆圈，他们对有详细内容的图案（人脸、靶心图案和报纸）更感兴趣。婴儿看单色圆圈的时间几乎相同，尤其是黄色和白色的圆盘。所以，通过该实验，看不出婴儿是否可以区别不同的颜色。

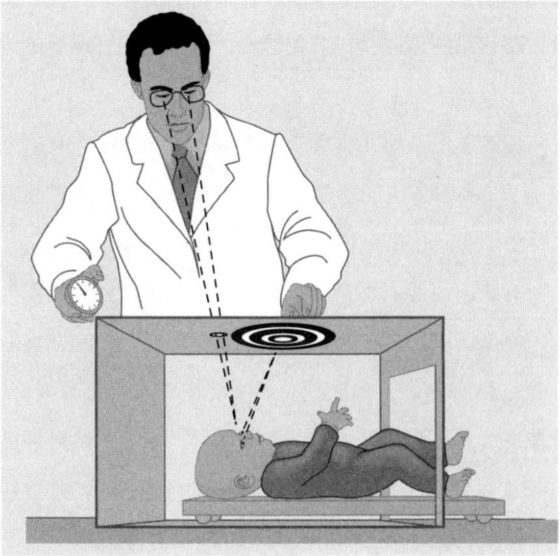

图5.1　注视箱

早期研究者用注视箱来研究婴幼儿的视觉偏好。婴儿从箱底向上看箱顶的刺激图案，研究员会观察婴儿的眼睛，记录婴儿注视每一个刺激图案的时间。

但范茨通过这种视觉偏好方法进行实验所收集到的一手数据完全可以说明婴儿能够感知形状和图案。

其他研究人员运用范茨的视觉偏好方法和其他类似方法展开研究，发现新生儿更喜欢以下几种视觉信息：

- 移动的物体
- 外轮廓或边缘
- 鲜明的色彩对比（比如：黑白对比和红白对比）
- 复杂和有细节的图案（但是不能太复杂）
- 对称图案
- 曲线图案
- 与人脸相似的图案

图 5.2 清楚地表现出婴儿的一些视觉偏好。父母可以利用这些偏好来设计孩子生活的环境。为了吸引孩子的注意力，床铃、婴儿书籍、积木和其他婴儿玩具应该有鲜明的颜色对比、对称的图案和曲线，甚至应该有人脸的图案。婴儿在探索这些图案以及其他图案时，感官系统可以获得必要信息，以刺激感官系统的进一步成长和发展。

我们在前面提到了一个有趣的发现：婴儿更喜欢和人脸相似的图案。有研究人员之前进行了新生儿（24 ~ 72 小时大）能不能区分人脸和灵长类动物的脸的实验。灵长类动物的脸和人脸相似，上部细节性更强，有对称性。实验中，婴儿可以区分出人脸和灵长类动物的脸，但他们不会对人脸有视觉偏好。还有的研究没有选取新生儿作为受试者，而是选取了 3 个月大的孩子进行实验。研究发现他们对自己族裔的脸有偏好，对性别有偏好，相比于灵长类动物对人脸更有偏好。新生儿似乎天生对脸有视觉偏好，但不仅限于人脸。1 岁以后，孩子开始对性别有视觉偏好（自己主要的看护人是什么性别，他们就更喜欢什么性别），并且对自己种族的脸有偏好，他们能够更准确地认出和自己同一种族和物种的脸。

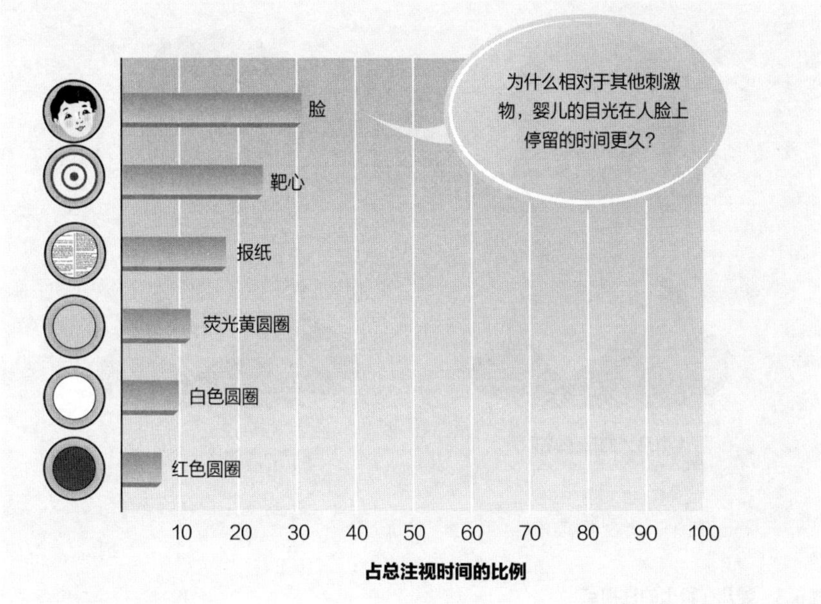

图5.2　视觉偏好实验结果

图为早期视觉偏好研究的结果。研究对象是 2 ~ 5 天大的新生儿，每次会随机给新生儿看一张图案。什么类型的图案会吸引新生儿的眼睛？

神经科学研究通过观察事件相关电位（应对外界刺激时脑电活动的变化）发现：大脑处理面部信息和处理其他物体信息时是不同的。例如，处理人脸信息比处理其他信息更快，并且用到不同大脑区域和大脑半球。

在你看来，婴儿从什么时候开始判断人脸的吸引力？你会相信他们在 2 个月大时就可以做出评判吗？在一项有趣的研究中，朱迪丝·朗格卢瓦和她的同事先请大学生为一组成年女性照片打分。随后，他们在婴儿面前用大屏幕成对播放照片。当一张漂亮女士的照片和一张不漂亮女士的照片放在一起时，2 个月大的孩子盯着漂亮女士的时间会长一些。朗格卢瓦和她的同事因此得出结论：人在很小的时候虽然还没有接触当代人们对“美”的设定标准、定义和刻板印象，但是已经有了所偏好的脸，并可以识别这种脸。如果说人的眼里总会有美丑标准，那么这种标准在我们很小的时候就已经存在。

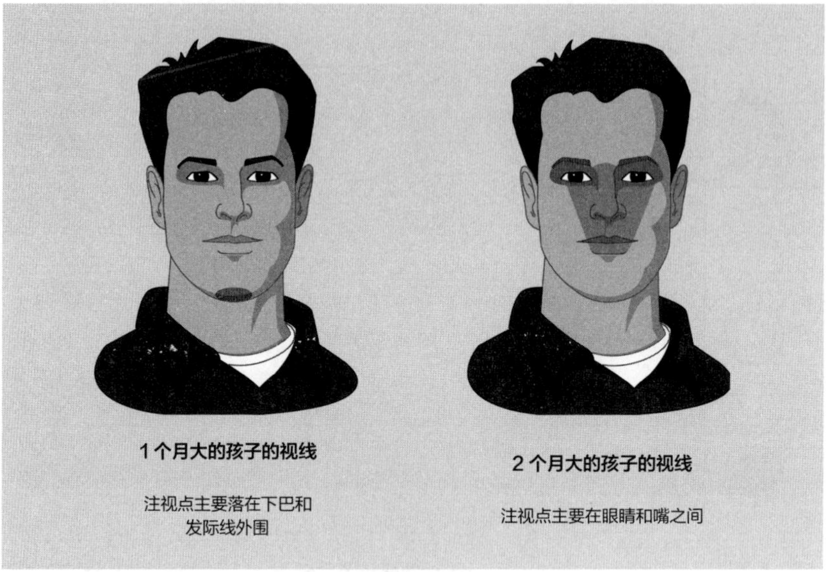

图5.3 婴儿在脸上的注视点
通过跟踪婴儿视线的移动，你可以看到 1 个月大的孩子花很长时间观察面部边缘的特征，主要是下巴和发际线外围。而 2 个月大的婴儿的注意力主要在脸的内部特征，尤其是眼睛。

在第 1 ~ 2 个月期间，婴儿对人脸的关注点变化很大。如图 5.3 所示，1 个月大的孩子更倾向于关注人脸边缘的特征（下巴和发际线），而 2 个月大的孩子更倾向于把注意力放在内部特征上（尤其是眼睛和嘴）。这个变化有助于解释为什么在第 2 ~ 3 个月期间，婴儿开始认出熟悉的面孔（比如妈妈），并且更喜欢好看的面孔，因为在认人的时候，内部特征是最重要的。

习惯化 - 去习惯化研究

回忆一下图 5.2，婴儿没有特别喜欢哪种单色圆圈，那么婴儿能否辨别不同的颜色呢？只凭借这一个实验，很难检测出婴儿能否辨别颜色。这是视觉偏好研究方法的一个重要局限，因为儿童偏爱某种图案是建立在两个基础上的：既能看出这些刺激物的不同，又要有偏好某种图案的理由。所以有一种可能的情况就是，婴儿可以看出刺激物的区别，但是认为它们同样有趣。

面对这个问题，研究人员开发了一项更严谨的视觉偏好检测，该检测纳入了习惯化 - 去习惯化方法。该方法利用的原理是：相对于熟悉的（旧的）刺激物，婴儿对于新奇的（新的）刺激物注视的时间更长。我们可以用科恩、盖尔布尔和拉萨尔在 1971 年进行的一项实验作为例子。想象这样一种情形：你给一个 4 个月大的婴儿看一个红色的圆圈，停留了几秒钟，你记录下婴儿看这个圆圈的时间，然后拿开这个圆圈，再把这个圆圈放在婴儿面前。多次重复这个过程，每次记录婴儿盯着这个圆圈看的时间。把这些时间绘制成图，你可能会发现一个趋势，如图 5.4 所示。即婴儿对该刺激物的兴趣在减少，显示出习惯化反应——减少对一个重复出现的外界刺激物的反应。习惯化反应表明：婴儿对该刺激物进行了信息处理，因为其多次出现，婴儿已经可以认出它了。

再看一下图 5.4，可以看出婴儿在去习惯化实验中的反应。实验中，给同一

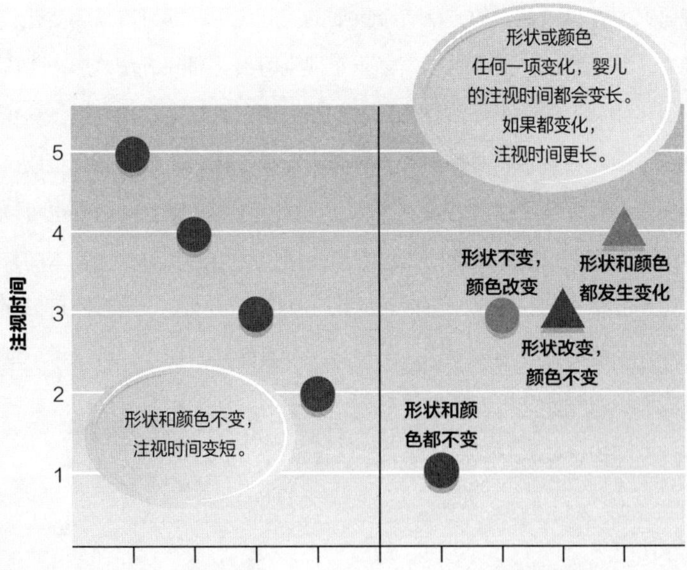

图5.4 习惯化-去习惯化例子

该图是基于 4 个月大婴儿习惯化 - 去习惯化反应的假设数据。当多次重复给婴儿看红色圆圈时，婴儿注视的时间会越来越短。但是，当物体的形状和颜色发生变化时，他们注视的时间会增加。

个婴儿看一系列刺激物，其中一些刺激物的形状和颜色是他们所熟悉的，另外一些则是新奇的。实验发现，婴儿看之前看过的那个红色圆圈的时间短，延续了习惯化实验中的注视时间变化趋势，注视的时间持续下降。但是，当颜色发生变化（变成绿色的圆圈）或者是形状发生变化（变成一个红色的三角形），婴儿注视的时间就会延长。如果既改变了形状又改变了颜色（变成一个绿色的三角形），婴儿注视的时间会更长。这种时间上的延长是去习惯化反应。去习惯化反应表明：婴儿能区分出新奇和熟悉的刺激物。在本案例中，婴儿显然可以看出不同颜色之间的差别（红色和绿色的差别）和形状之间的差别（圆圈和三角形的差别）。

在整个习惯化 - 去习惯化实验刚开始时，婴儿不会偏爱特定的颜色或形状，只是因为婴儿对红色和圆圈习惯化，才产生了这样的偏好。这种习惯化 - 去习惯化的方法避免了视觉偏好方法的一个弊端，因为该方法可以表明，即使在没有形成对某个物体固有的偏好之前，婴儿就已经能够区分差异。

这些研究婴儿感知能力的方法有个重要的实际应用，即可以预测婴儿长大后的认知能力，甚至智商。神经科学家修正了视觉习惯化研究方法，形成了闪光诱发电位习惯化研究方法，来评估婴儿在看到刺激物时的脑电活动习惯。这个新方法的优点在于婴儿在看到刺激物后，不必做出积极反应，研究人员就可以确定他们的大脑是否已经处理了这些信息。实际上，甚至在婴儿睡着的时候也可以进行这项实验。更有趣的是胎儿脑磁图，这种方法可以评估胎儿对一些基本的外界刺激物（比如声音和光）的反应，包括习惯化 - 去习惯化反应。脑磁图可以测量大脑在应对外界刺激时脑磁场的变化，这种方法没有任何副作用，可以做早期（出生前）发展滞后风险评估。如果希望更深入地了解如何利用习惯化研究方法预测认知能力，可阅读社会政策视角板块文章《评估婴儿智力是否明智？》。

跨感官知觉

尽管在前面，我们只是分别讨论了不同感官系统，但事实上，很多体验都要用到多种感官信息。比如，走在人行道上，你会感到微风吹在脸上，看到天空的颜色，听到你身边人的声音，闻到你路过的餐馆的味道。总之，你的感官信息是

社会政策视角

评估婴儿智力是否明智？

几十年来，研究人员、教育工作者和政策制定者都希望找到有效的方法来预测儿童长大后的智力，但是效果并不好。随着年龄的增长，孩子智力测试的分数会变化。但是大约从5岁开始，分数开始逐渐稳定。而且，婴幼儿智商分数和长大后智商分数的关联并不大。

习惯化－去习惯化是用来研究婴儿感知能力的方法，也很有希望成为预测儿童长大后认知能力的有效方法。研究发现，婴幼儿去习惯化程度和其1～8岁智商分数的平均相关度为0.35，和其青年时智商得分的相关度也是0.35。有意思的是，这一相关度和美国大学入学考试SAT分数与大学期间平均绩点的相关度一致，但是婴儿测试时间不多于20分钟，测试题目也不多于10个，而SAT考试时间为数小时，考试题目有100多项。这些关联度表明：婴儿的去习惯化程度越高，他们智商测试的分数也会越高。在习惯化－去习惯化实验中用到的记忆力、辨别力和识别力与一般智力测试中的认知能力是相关的。因此，习惯化－去习惯化方法有助于研究者评估婴儿早期的认知能力，也可能有助于发现婴儿发展滞后的问题。产前接触可卡因的婴儿的习惯化－去习惯化反应程度会降低。在一项对受到了可卡因影响的3个月大的孩子进行的研究中，有一半的孩子不会达到习惯化。那些确认有认知发展滞后风险（比如唐氏综合征或者大脑损伤）的婴儿要么不会产生习惯化反应，要么比正常孩子的习惯化过程要慢。对习惯化实验进行微调后，研究人员发现，如果出生前的习惯化程度低，6个月大时出现认知问题的风险就更大。通过运用多种方法对儿童处理信息速度和记忆力测量，可以更好地预测儿童的认知能力，至少可以预测到3岁大时的能力表现。

然而，批评者指出，研究人员并不完全清楚婴儿评估测试衡量的维度是什么，以及这些评测指标和以后认知能力的关系。习惯化分数也许可以反映出处理信息的认知速度，但反映的也可能是婴儿的性格和自我抑制力。一些研究发现，和长大后认知能力相关的检测因素（比如达到习惯化的时间相比去习惯化程度）对于不同性格的婴儿可能不同。婴儿认知能力评估确实可以较好地预测未来的情况，但也有一些研究发现，测试之间的连贯性不是很好。也就是说，如果几周过后再对同一个孩子进行测试，测试结果可能会发生改变。在分析多年来测试结果的相关性时，测试版本有时会发生改变，这会为数据解释造成困难。还有一些批评者指出，我们已经知道智商的最佳预测因子，即家庭环境。评估儿童早期处理信息的能力也许会有助于掌握具体认知问题，但有效的干预和预防项目必须要考虑多种因素，包括家庭环境。最后，尽管提出这种评估方法的研究者的出发点是好的，但是不能忽视这样一个问题：如果婴儿被检测出长大后有认知障碍的风险，他们就有可能会受到歧视。

问　题

你认为政策制定者是否应该支持预测性儿童评估的发展？如何利用这些信息采取有效干预措施来帮助有认知障碍风险的婴儿？在应用这些干预措施时，应该遵循什么准则？

整合在一起的，研究人员把这种整合在一起的感觉体验称为跨感官知觉。

人类把感官信息整合成整体印象的能力需要学习吗？根据建构主义的观点，人类是需要学习的。比如，让·皮亚杰认为，婴幼儿并不清楚他们看到的和听到的是相联系的。他的假设是，婴儿需要通过不断积累经验，去协调他们的感官系统（我们会在下一节讨论皮亚杰认知发展的建构主义理论）。和这一理论截然相反的是，T.G.R. 鲍尔推断，婴儿需要学着分开他们的感官印象——他们不知道自己是在看、听、尝，还是在闻。通过不断积累经验，他们逐渐能够区分这些通过不同的感官获得的信息，开始识别这些不同的感官形态。一个比较折中的观点是，埃莉诺·吉布森指出，环境中的重要特征（她称之为不变量）会被几个感官系统同时感觉到。举个例子，你可以看到人行道的表面是固体的（因为它的质地会延伸到远处），同时，你也可以感觉到它是固体的，因为你就踩在上面。同样的道理，婴儿既可以闻到又可以品尝到母乳或奶粉的香甜，既可以看到又可以听到拨浪鼓的摇动。婴儿能否将这些从不同渠道获得的感官信息联系起来？跨感官知觉理论表明，他们可以将这些信息联系起来。

安德鲁·梅尔佐夫和理查·博顿做过一个经典研究。他们把一个或光滑或粗糙的橡皮奶头放在 1 个月大的孩子嘴里，然后把橡皮奶头从他们的嘴里取出来，之后再将这两种橡皮奶头同时放到婴儿面前。这些 1 个月大的孩子会盯着刚才放在他们嘴里的橡皮奶头看，时间明显长于看另一种橡皮奶头的时间。可见，他们可以把他们看到的形状和他们感受到的联系起来。在另一项研究中，伊丽莎白·斯柏科和她的同事发现，婴儿可以将通过不同感官感受到的物体的动态特征联系起来。他们为婴儿同时播放两部电影。两部电影中都有一只袋鼠（或驴子）木偶在上下弹跳，其中一部电影中，木偶弹跳得快，另一部电影中，木偶弹跳得慢。同时，研究人员播放一段慢速或快速的“撞击声”或“锣声”，和其中一部电影的木偶弹跳动作同步。结果显示，4 个月大的婴儿盯着和这段音乐节奏同步的电影画面的时间会长。当然，一般情况下，袋鼠不会发出“撞击声”或“锣声”。因此，可以推断的是，婴儿对于袋鼠活动没有固有的经验。即使这样，这些婴幼儿也可以将声音的节奏和袋鼠弹跳的动作节奏匹配起来。这说明，婴儿完全可以找出不同感官感受到的信息中的相同特征。

可以看出，研究人员已经比较深入地了解了婴儿的感知能力。新生儿在刚出生时就可以定位和跟踪物体，感知不同形状、颜色、声音、味道和气味。随着婴儿大脑和神经系统的进一步发展，他们的感知能力会提升。而随着感知能力的提升，婴儿可以获取周围信息，了解周围世界。在下一节中，我们会讨论一个重要理论，该理论将会阐释婴儿和学步儿如何形成对事物的概念，以及如何学着思考遇到的有趣事情。

皮亚杰的认知发展理论

从婴儿到学步儿，孩子对生活方方面面的思考都会发生很大变化，包括他们注意的事物、提的问题、能够解释的事情和能够听明白的解释。这些思维方面发生的变化被统称为认知发展。在不断的变化中，孩子的思想会变得更有条理、更复杂。认知发展研究中最有影响力的理论家是让·皮亚杰。70 多年来，他在心理学研究方面取得了卓越的成就，并在该领域有着深远的影响。

神童皮亚杰

让·皮亚杰不是普通孩子。他出生在瑞士的大学城纳沙泰尔，从小就智力超群。皮亚杰从小就对自然非常感兴趣，尤其喜欢观察自然界的野生动物。正是由于细致的观察能力，他后来取得了很多科研成果。他发表第一篇文章时只有 10 岁，发表的是对一只患白化病麻雀的一页报告。皮亚杰在纳沙泰尔的自然历史博物馆工作时，有一个同事是动物学家，专门研究软体动物（比如蛤蜊、牡蛎、蜗牛等）。皮亚杰在《适应性的归类和研究》中详细介绍了软体动物的壳是怎样根据它们所处的水域流动而变化的。事实上，适应性理论对皮亚杰后来关于人类认知发展方面的理论起了重要作用。

皮亚杰 21 岁时获得博士学位，之后逐渐对心理学产生兴趣。他曾经在苏黎世一家精神病诊所工作了一段时间。在这家诊所里，他学习了弗洛伊德的精神分析理论，也学习了如何进行临床沟通。之后，他搬到巴黎，与西奥多·西蒙一起在比奈实验室工作。西蒙和阿尔弗雷德·比奈在研究智力测试方面非常知名。皮亚杰当时在实验室里的工作就是帮助研发一些推理任务的法国标准版。这些经历对于皮亚杰形成自己的理论和研究方法至关重要，主要体现在以下几个方面：首先，他意识到孩子的思维是主动的，而不是被动的。他发现，孩子在很小的时候就努力尝试弄明白各种问题，尝试解答各种问题。虽然在成年人看来，他们的推理是不符合逻辑的。皮亚杰有生物学背景，所以他把孩子的这种尝试解释为他们在努力让自己的认知能力适应其所处的情境，即理解他们所处的环境并成功应对该情境。其次，皮亚杰发现，尽管婴儿的思维往往是不合逻辑的，但他们的思维却有着惊人的规律性和连贯性。年龄相似的孩子给出的错误答案通常是一致的，而年龄不同的孩子给出的错误答案则是不同的。儿童的思维模式似乎与年龄相关。今天看来，这个理论可能并不具有开创性，但在当时，多数专家认为儿童只是消极的信息接收者（只是简单地记忆信息，而不会解释或者修正信息），并且儿童的思维方法无规律可循，也没有连贯性。皮亚杰对当时这种权威的理论提出了挑战。最终，皮亚杰意识到临床法对理解婴儿思维非常有效，因为临床法不仅要求婴儿给出问题的答案，还要求他们解释他们的回答。

建构主义

皮亚杰有生物学背景，并且对研究逻辑能力的发展以及知识的增长过程很感兴趣。在后来的职业生涯中，他花费大量的精力观察儿童的行为，并形成了自己的认知发展理论。在解释知识的发展过程中，他应用了一些生物学概念。

皮亚杰的理论经常被称为建构主义。建构主义者认为，人们是借用已有的知识和经历去解释他们现在所处的环境和正在经历的事情。人们不会全盘吸收外界事实，从而形成和物品或者事件一模一样的大脑映射。事实上，人们会“建构”（或者说是形成）他们自己的理解和认识。皮亚杰认为，建构认知必要的“材料”是图式，图式是指有组织的思想或行动模式。这是一个宽泛的概念，可以指有组织的身体行动模式（比如婴儿伸出手去抓一样东西），也可以指心理活动（比如一个高中生想着如何解决一道代数难题）。

当孩子和环境互动时，每一个图式会经过调整、结合，然后重组为一种更复杂的认知结构。可以把认知结构想象成一个孩子所有知识和认知能力的组织框架。根据皮亚杰的理论，认知结构对理解新知识至关重要，但认知结构也会随着新知识的获取而发生变化。随着孩子日趋成熟，认知结构也会相应发展，孩子的思考方式也会更加复杂。相应地，孩子与环境互动的方式就会发生质的改变。比如，一个小女孩有了一种可以识别物体相似点的图式（我们称之为类比图式）和不同点的图式（我们称之为反差图式）。随着时间的推移，她可以把这两种图式结合在一起，形成一个独立的认知结构。有了这个结构，她可以同时找出物体的相似点和不同点。当她遇到了一个新的事物，她会运用这种经过协调的认知结构来更加充分地理解该事物。比如，她第一次看到鳄梨时，会和其他食物进行对比，找出相似和不同。通过这个过程，她会明白这是一种什么样的食物，并且她对和鳄梨一类的食物会有更深的理解（大小和橙子差不多，但形状不同，和柠檬的颜色相似，和苹果质地不同）。认知结构不仅仅会组织已有知识，而且会对新的经历起到过滤作用。也就是说，人们凭借现有的认知结构理解新的经历。因为两个人的经历是不可能完全相同的，所以每个人的认知结构也不会相同，人们会以不同的方式理解同一事件。

讲到天性和教养的作用，皮亚杰认为，与环境的大量接触对人的认知能力的发展非常重要。皮亚杰承认，生理成熟度会影响认知能力的最大限度，但他更强调环境的重要性。那些和环境互动非常少的孩子没有机会去发展或重组他们的认知结构，也就不能发展更成熟的思维方式。但是，人们和环境互动的方式不是随意的，而是普遍受到三个程序的指引，分别是组织、顺应和反省抽象。如果你研究过生物，就会明白皮亚杰的生物学背景对组织和顺应这两个程序的影响之大。这两个概念都来源于生物，而皮亚杰把它们应用于心理学的研究。

组织指的是所有物种将分离的要素组合成更加复杂的高层次结构的倾向。以人类的身体构成为例。细胞由各种亚细胞结构组成；细胞又会形成组织，组织形成器官，器官构成器官系统，器官系统又会构成身体。皮亚杰认为，心理层面也有组织的倾向。也就是说，人们会尽力把自己的知识组织成连贯的系统。事实上，皮亚杰认为，组织倾向是人们的基本倾向，人们总是在尽力组织他们的知识。有了这个理论，你就会明白为什么当你遇到不能理解的事情时，你会去思考，即使你没有打算或者根本不想花费时间去思考。这种组织倾向的优点是，人们可以通过它理解和解释所遇到的物体和事件，组织倾向可以帮助我们更好地进行思维活动。但缺点是，我们组织知识的方式可能是完全错误的。如果你的理解总是错的，你可能要重新审视自己的知识组织，并做出调整。皮亚杰把后者称为顺应。

在生物学中，顺应指的是每一个物种通过自我调整以在环境中生存和取胜（你还记得软体动物是怎么顺应水流的吗？）。应用到认知发展研究中，顺应是指改变认知结构或所处环境（或对两者都做出一定程度的改变），从而更好地理解环境。图 5.5 显示了顺应过程所需的步骤：孩子从同化到认知不平衡、顺应、认知平衡，然后又回到新的同化。

为了更好地理解这个过程，我们以莉莉为例。莉莉只有 2 岁，正在学习识别动物（见图 5.5）。莉莉家里养了一条狗，她对狗的认知是：狗有 4 只脚，有毛，会叫，还会找球。一天，坐在妈妈的车里，她指着田野里的几只牛叫道："快看，妈妈，狗！"她见到这么多"狗"很兴奋，而且它们个头都很大。莉莉是用自己见过的狗来理解这些从没见过的牛。这就是一个同化的例子，即将新的物体和物体信息纳入已有的认知图式中。

莉莉把这些没有见过的动物看成是狗，并且认为它们也可以像狗一样叫和找球。当我们硬把新的物体归类到不合适的图式中时，这种误解是很常见的。但是，莉莉的妈妈做出这样的评价："不，这些是牛，它们比狗大。看下面，牛可以挤牛奶。"听了这样的反馈，莉莉的认知平衡被打破，她开始困惑。莉莉意识到她从来没有看到狗的下面有乳房，也从来没有见过这么大的狗。为了解决这种认知冲突，莉莉调整了她对动物的知识。她对狗的理解进了一层（狗不会为我们提供牛奶，也没有那么大），同时，她认识了一种新的动物（牛和狗很像，但是比狗大，还会为我们提供牛奶）。这种改变就是顺应，即改变旧图式或制造新图式，以更好地接纳吸收新的信息。现在，莉莉可以正确地辨认狗和牛了。在能辨认出狗和牛后，莉莉的认知重新达到平衡。直到莉莉去了一趟动物园，见到了另一种新的动物——大象，这种平衡才被再次打破。她会如何将大象归类到已经认识的动物中？

皮亚杰认为人们倾向于将新的经历纳入已有的图式或认知结构中。如果这种同化出现矛盾，在新的经历和旧的图式之间就产生了不平衡，皮亚杰将之称为认知失衡。为了解决这种失衡，人们会改变或调整自己的图式，以更好地顺应新的经历。如果这个过程成功了，就会达到认知平衡。因此，平衡化就是随着新的经历的获得和图式的调整，认知从不平衡到平衡的动态过程。

因为有这样的一个组织过程，人类从来都不会满足于已经达到的平衡。我们会通过吸收新信息来延展认知结构。皮亚杰认为，人们总是在寻找平衡，但平衡

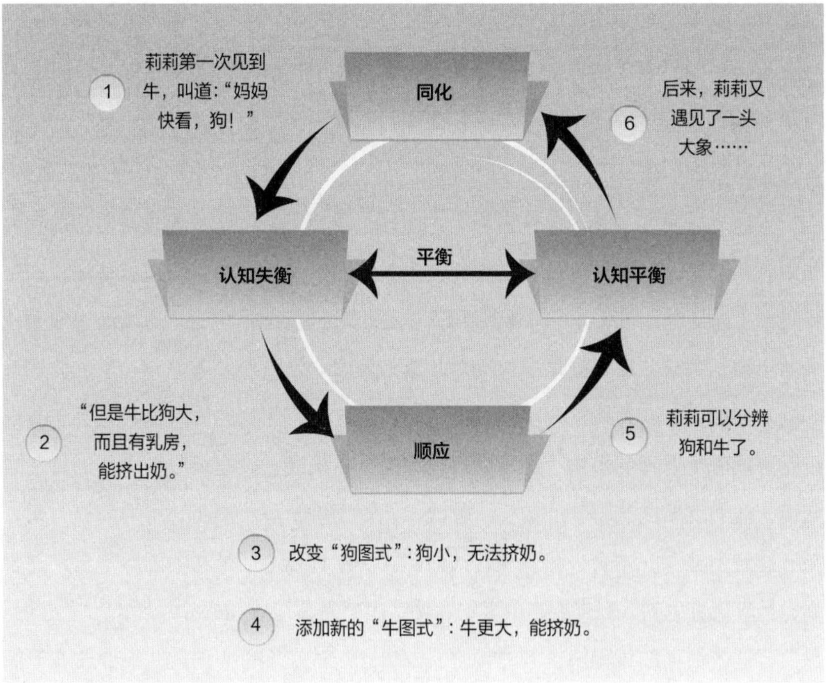

图5.5　顺应和平衡

在这个顺应和平衡的循环过程中，孩子首先会将新的经历纳入已有的图式中。如果不合适，就会出现认知失衡。通过改变（调整）图式，孩子的认知重新平衡。在遇到一个新的同化过程后，这种平衡会再次被打破。

是一个动态过程，从来都不会实现绝对的平衡。换句话说，尽管在某段时间，一个人会比较熟悉周围的环境，并且能有效地处理各种事情。但没有人能做到绝对正确、彻底、永恒地理解所有事物。皮亚杰认为“思维的常态就是不平衡，或者说是‘动态的平衡’”。我们总是有新的东西需要学习。

引导思维的最后一个程序是反省抽象。所谓反省抽象，就是一个人注意到了环境中的某个现象（比如一件物品或者一个动作的具体属性），然后思考这种现象。也就是说，这个人会把这种现象和现有的认知结构联系起来。举个例子，一个小男孩在海岸边玩耍，他注意到不管他把石子摆放成一条线，围成一个圈，还是摞在一起，石子的总数都不会发生变化。在这个例子中，反省抽象的过程是：首先这个孩子注意到石子的总数不会发生变化，然后会去思考这个现象背后隐含的事实，即物体的数量不会因为排列的方式不同而发生变化。皮亚杰认为，人在和环境互动的过程中，必须通过反省抽象才能获取新的知识。通过反省抽象，人可以提取具体的属性，对其进行思考，比较其共同点和不同点，并理解这些属性。通过这种方式，反省抽象会引起认知结构的变化。孩子可能会注意到环境中的某个现象，但如果他不去思考这种现象背后隐含的道理，或者不去将这种现象与自己现有的知识联系起来，认知结构就不会重组。在前面的例子里，如果莉莉没有注意到牛比狗大（而且有乳房）并思考这意味着什么，那么她对狗的理解就不会发生变化。

组织、顺应、反省抽象的过程对儿童的发展非常重要。首先，儿童天性好奇心强，他们会不断地探索周围的环境，寻找打破现有图式的方式，并且会思考自己是否能理解遇到的事情。但是如果没有探索的机会，没有可以刺激他们思考的经历，他们就无法获得新的信息。其次，认知不平衡是获得新知识的前提。只有孩子感到困惑时，才会去调整现有认知图式。尽管我们往往认为困惑是失败的表现，是应该避免的，但皮亚杰的理论认为，困惑是获得成功必须经历的一个过程。最后，这个循环的过程隐含着建构主义的概念。认知不平衡时，儿童会改变他们的图式，进行反省抽象，重组和完善他们的认知结构。总之，儿童不是“消极”地从成年人身上和周围环境中获取认知结构，而是会“积极”地做出调整，从而形成自己对事物的理解。

认知发展阶段理论第一阶段：感知运动阶段（0 ~ 2 岁）

我们已经了解到，在寻找认知平衡的过程中，孩子会通过顺应调整个人的图式（比如狗和牛）。皮亚杰认为，持续的组织和顺应，会形成认知结构的阶段性重大重组。因此，就形成了认知发展的四大阶段。通过重大重组，可能会形成更加有效的思考方式。每一个阶段都有其主要的技能，也会有某些局限，具体参照表 5.1 的总结。本章中，我们会着重探讨阶段一，即感知运动阶段，主要是婴儿和学步儿阶段。第二、三、四阶段将会在以后的章节中讨论。

表 5.1

皮亚杰认知发展阶段理论的四个阶段		
认知阶段	局限	进展
感知运动阶段： 0 ~ 2 岁	• 在该阶段早期，婴儿没有表征思维，大脑不能形成代表性符号 • 在该阶段早期，物体对于婴儿来说，不是永久存在的	• 随着该阶段的推进，婴儿开始逐渐形成表征思维 • 随着该阶段的推进，在婴儿的意识中，物体逐渐变成了永久存在的实体
前运算阶段： 2 ~ 7 岁	• 直觉性的思维方式造成了自我中心主义、泛灵论、人为主义，不能客观、理性地思考 • 图式不可逆，不能运算 • 由于知觉集中倾向、只关注静止结束状态、缺少可逆思维，该年龄阶段的孩子不能完成重组任务	• 表征思维进一步发展，体现在语言、绘画和游戏中
具体运算阶段： 7 ~ 12 岁	• 逻辑思维仅限于具体的、可感知的物质和经历	• 逻辑思维更加客观，有了分类和组建句子的能力 • 图式变得可逆和可运算 • 由于去集中化、对动态重组的关注和可逆性思维，儿童可以完成重组任务
形式运算阶段： 12 岁及以上	• 青少年以自我为中心的特征开始出现，假想观众并信奉“个人神话”观念	• 假设 - 演绎的推理思维出现 • 抽象思维出现

皮亚杰认为，婴儿只有感知运动思维，也就是说，他们只能靠感官信息（看到的、闻到的、尝到的、摸到的、听到的）和他们的动作（吮吸、够东西、抓东西）理解这个世界。对于那些存在于身体之外的事物，婴儿的大脑里不会形成相应的符号。比如，你给 3 岁大的惠利一个塑料拨浪鼓，她会紧紧地把拨浪鼓抓在手里来回摇动，并用它摩擦自己的脸蛋。然后，她会把拨浪鼓放在嘴边，吮吸它，咬它。最后，她会把拨浪鼓扔在地上，然后得意地盯着你看。这时，她对这个拨浪鼓了解多少？

皮亚杰还认为，如果惠利和拨浪鼓没有直接的感官接触或动作关系，她对拨浪鼓将一无所知。只有当她用手抓着拨浪鼓时，她才能感觉到拨浪鼓的存在。摇动拨浪鼓时，她可以感受到它的移动，听到它的声音。惠利的脸蛋会感受到拨浪鼓光滑的表面。当她用嘴吸、咬拨浪鼓时，她会感受到更具体的信息，包括它的凸起部分、线条和质地。然而，当她把拨浪鼓扔在地板上后，她的大脑里不会存有拨浪鼓的任何印象。因此，她不能通过思考来了解拨浪鼓，也会很快忘了它的存在。

很多成年人认为大脑映射是理所当然的事情。成年人在研究一个物体时，大脑里会形成一个代码或者图像，用来代表该物体。在看不到该物体以后，这个图像依然会存储在大脑里。因此，成年人可以进行表征思维。皮亚杰认为，婴幼儿不能形成象征符号，所以只能通过实时实地的感官信息和身体行动感知世界。他认为，随着婴儿逐渐能够在大脑里形成事物的代表符号，他们的表征思维能力就会随之形成。表征思维的出现是一个很大的进步，因为这意味着儿童的思考不会受到地域和时间的限制。有了表征思维，儿童可以回顾过去、预测未来。大脑映射也可以使孩子运用语言与他人交流。根据定义，任何语言都是实体的代表符号。所以没有大脑映射，就不可能学习词语，也不能理解这些词语代表的意义。

为了说明表征思维是如何形成的，皮亚杰将感知运动阶段分为六个发展分期（见表 5.2）。通过仔细观察，可以总结出婴儿思维发展的整体趋势。早期，婴儿的思维是条件反射型的，即通过先天的反射机制对环境中的刺激物做出反应。开

表 5.2

皮亚杰感知运动阶段的六个分期			
感知运动阶段	年龄	特征	事例
1. 基本条件反射	出生 ~ 1 个月	初期的思维系统仅仅是本能的条件反射	乱抓、吮吸、握手
2. 初级循环反应	1 ~ 4 个月	婴儿偶然做了一个身体动作。他们会通过不断尝试来重复这个动作，直到这个动作成为习惯（图式）	一个偶然的机会让婴儿将拇指放到嘴里。通过不断的尝试，婴儿开始学着重复这个动作，最终形成了吮吸拇指的习惯
3. 二级循环反应	4 ~ 10 个月	通过偶然的机会，婴儿意识到可以通过某个动作移动周围的物体。最终通过不断尝试，使得这个动作成为习惯（图式）	婴儿拿着拨浪鼓的时候，可能不小心摇了一下拨浪鼓。他非常喜欢拨浪鼓发出的声音。通过不断的尝试，婴儿学着重复这个动作，最后形成了一个摇动的动作习惯
4. 二级图式协调反应	10 ~ 12 个月	婴儿会有意识地将两种图式组合在一起来解决问题或者达成目标。目的性是一个新的特征——这些新的举动不再是偶然为之	婴儿看到箱子后面有个玩具，他把箱子推开，去够这个玩具。婴儿有意地将推开和够的动作图式结合起来，以达成目标（够到玩具）
5. 三级循环反应	12 ~ 18 个月	婴儿对世界上的所有物体都很好奇，通过不断尝试来探索，希望找到新奇的反应	婴儿从肩膀的高度扔下球，观察发生了什么。然后从臀部高、齐头高、齐膝高的位置扔下球，通过观察会出现什么样的结果来探索物体坠落的规律
6. 向表征思维过渡	18 ~ 24 个月	学步儿开始在大脑中形成对事物的映射，表明大脑思维的开始。这个阶段的映射主要是身体上的（而不是纯心理的），比如学步儿会用自己身体的动作来表现物体的运动	比如一个 1 岁半的女童想打开一个箱盖，她会重复打开和合上自己的手来思考。也就是说，她没有直接去打开箱子，而是通过自己手的运动来思考如何打开箱子。她借一个象征性的代表物（她的手）来思考箱子

始时，婴儿不会主动地控制周围的事物，只会被动地做出反应。但是，婴儿对周围事物的控制力会逐渐加强，这是因为婴儿不经意间注意到某些随机发生的事件所产生的影响。他们开始通过不断尝试的方法来理解事件。婴儿做一件事情后，观察会发生什么，然后稍微调整一下自己的行为，再观察，如此循环。最初，婴儿只是想通过不断尝试来观察出现的结果，但他们还不能预测结果。逐渐地，婴儿的行为会呈现出目的性，即他们开始预测具体的结果，并带着这种目的去采取某种行动。比如，一个小孩的拨浪鼓掉了，他的哥哥帮他拾了起来递给他。这个孩子以后可能会故意把拨浪鼓扔在地上，然后看着他的哥哥，希望他可以捡起来。目的性意味着努力地控制环境，因为在这种情况下，采取某种行为是为了达成某种具体的结果。

父母怎么才能知道婴儿已经具备表征思维？表征思维的表现之一就是对语言的运用，大约从婴儿 1 岁开始。这是因为婴儿只有有了大脑映射，才能给某个物体或现象“贴标签”，从而使用语言。另外一个现象就是延迟模仿，即小孩在观察了一个动作后，没有立即模仿，而是几个小时或者几天后才模仿。如果儿童对某个动作没有大脑映射，那么就不会记住这个事件，也就不会去模仿它。最后，婴儿对于皮亚杰理论下客体永久性概念的掌握也可以反映他们的表征思维。

皮亚杰提出了一个很有吸引力的观点，即婴儿不能理解客体永久性，也就是说，即使当我们不再直接感知某个物体，或者不再做某个动作时，该物体和该事件，甚至是该人物，仍然是客观存在的。回想一下惠利和她的拨浪鼓。皮亚杰认为，一旦惠利把拨浪鼓扔在地板上以后，她就不可能再去想它，也不可能去理解它。因为惠利不能对拨浪鼓形成大脑映射，也就不会继续感到它的存在。她不会想要再次拿到拨浪鼓，也不会对拨浪鼓感到好奇。对于惠利而言，“看不见”就意味着“想不到”。

皮亚杰通过感知运动阶段的不同时期来跟踪研究婴儿对客体永久性的理解。刚出生时，婴儿对客体永久性是没有任何概念的，直到大约 2 岁时，才有完整的概念。在最早的阶段，一旦婴儿不能直接感知某个物体，他们就不会去寻找该物体。虽然他们还是会继续盯着那个地方看，但是没有要拿回该物体的想法。

一段时间以后，婴儿一旦还能看到该物体的一部分，他们就会积极地去找回该物体（比如伸手去够没有完全被毯子覆盖的物体）。在 1 岁大的时候，婴儿会尝试着去寻找完全隐藏的物体。然而有趣的是，如果婴儿看到物体被藏在一个地方，然后研究人员将该物体移动到其他地方（这被称为“可视化位移问题”），即使是看到了这个移动的全过程，他们还是会盯着物体原来的位置，而不是移动后的位置。这被称为“是 A 非 B 问题”。在大概 18 个月大的时候，婴儿就不存在可视化位移问题了。但如果他们看不到移动物体的过程，他们还是找不到该物体。也就是说，他们本来可以看到某个物体藏在某个地方，但当研究人员悄悄地把该物体移到另外一个地方后，婴儿还是只盯着原来的地方看。他们不会去周边可能藏该物体的地方去“搜查”。在 2 岁的时候，婴儿终于可以完全克服非可视化位移问题。皮亚杰认为，这种能力是婴儿表征思维发展成熟的表现。个人视角板块文章《玩具去哪儿了？》就展现了三个家庭的婴儿解决可视化位移问题的过程。

总结一下，在感知运动阶段，婴儿的认知主要有两大发展趋势：第一，婴儿和环境的互动起初是条件反射型的，然后发展到不断尝试的阶段，最后开始有意识地、有目的地与环境互动；第二，婴儿开始能够在大脑中形成对物体、事件和人物的映像。刚开始时，婴儿的思维仅仅是条件反射，大脑里只有当时感官感受到的事物和身体运动。但是在感知运动阶段后期，婴儿已经可以内化这种思维过程，使之成为一种纯粹的“心理”模式。内化和目的性思维为下一阶段的认知发展打下了基础。

当然，也有人不同意皮亚杰对婴儿认知发展的解释，尤其是信息加工心理学的研究人员（第 1 章已经提到这种方法，第 8 章将会对此做进一步讨论）。他们认为皮亚杰低估了婴儿和学步儿在很多方面的认知能力。20 世纪 70 年代以来，皮亚杰时期没有的新方法和新技术出现了。借助这些手段，研究人员发现婴儿拥有令人惊叹的认知能力。比如，研究表明，婴幼儿可以形成信息代码，并且会通过记忆的方式储存表征符号。有大量的研究表明，如果有具体的提示，婴儿可以回忆起几周前，甚至几年前发生的事情。6 个月大的时候，婴儿可以由记忆里的

个人视角

玩具去哪儿了？

研究人员请婴儿的父母与婴儿做个游戏。这个游戏与研究人员用来研究客体永久性的游戏有点相似。父母给孩子看一个玩具，然后把玩具藏在旁边的毯子下面，并确保孩子看到了藏玩具的全过程(实验一)。第二次，父母将玩具移到另外一个地方藏起来，并确保孩子看到了这个过程（实验二)。这就是皮亚杰运用的可视化位移的实验。下面就是这些孩子的反应和其父母的想法。

汉娜·夏皮罗，阿舍的母亲
阿舍 6 个月大
佛罗里达州好莱坞市

实验一：

当我把拨浪鼓拿给阿舍的时候，她抓着它。她看着我把拨浪鼓藏在毯子底下，当看不到拨浪鼓的时候，她就开始哭了。阿舍甚至没有想要看我把拨浪鼓藏在了哪里。

实验二：

当阿舍看不到拨浪鼓后，她又哭了。

父母的想法：

让我惊讶的是，阿舍甚至没有尝试去找这个拨浪鼓；但她平时好奇心非常强，总是环顾房子四周，伸手够东西。随着阿舍一点点长大，她对物体的探索更加细致，比如她总是把东西放进嘴里。她尤其喜欢音乐盒和可以与她互动的玩具。最近，阿舍自己学会了如何打开婴儿床上的水族馆遥控灯光音乐。但是不管给她什么，她都会拿着玩，不会去找自己喜爱的玩具。

保罗·刘易斯，保罗·戴维的父亲
保罗·戴维 11 个月大
加利福尼亚州河滨市

实验一：

保罗·戴维可以很快地找到玩具，大概只用了 10 秒钟。

实验二：

他去原来的地方找玩具。在那里找了大约 15 秒后，失去了继续寻找的兴趣。他压根儿没有去最后藏玩具的那个地方找。

父母的想法：

保罗·戴维喜欢与他人互动，好奇心很强。在实验一中，他立刻跑到藏球的地方，急切地要找到它；但让我们没有想到的是，在实验二中他没有找到球。他明白实验一的“门路”并找到了球，但是当球被移动到一个新的地方后，他就找不到了。保罗·戴维喜欢实践，他会将很多玩具放进嘴里。他的注意力很容易被转移。如果我们把“不准他碰”的东西藏在附近，他立刻就会去找。但当我们把东西移到另一个地方，他就会失去继续寻找的兴趣。

诺拉·阿卡拉，埃金德勒的母亲
埃金德勒 25 个月大
伊利诺伊州迪尔菲尔德镇

实验一：

埃金德勒直接去找藏在沙发垫下面的玩具火车。

实验二：

我转移玩具时，他一直跟在后面，并很快就在新的地方找到了玩具。我对此并不感到惊奇。我儿子是一个有决心的小伙子。

父母的想法：

埃金德勒知道到哪里去找到自己想要的东西。这样，我就省事多了，当我问他："ABCD（他的那只可以唱字母歌的玩具狗）哪里去了？"或者问他："托马斯玩具火车在哪儿？"他就会去把它们找来，完全没有问题。他在还小的时候，常常只是用嘴咬玩具，现在可以用手摆弄玩具了。而且他开始喜欢有"因果关系"的玩具，即打开会发出响声的玩具或是按下按钮、滑动开关后会讲话的玩具。

问　题

你对实验中 6 ~ 11 个月大孩子的反应感到惊奇吗？你认为在非可视化位移问题的实验中，这三个孩子会做出什么样的反应？找几个你认识的小孩，在征得他们父母的同意后和他们做这个游戏。他们的反应是如何反映他们的认知发展的？

一个物体联想到另一个物体（这两个物体并非同时出现）。这种联想能力会持续 2 个星期，并且可以帮助婴儿获取新的信息。神经科学研究通过观察婴儿眼睛运动发现，婴儿在 4 个月大的时候，如果看到有物体从电脑屏幕上滑过，等到看不到该物体的时候，婴儿依然可以预测该物体的移动方向。这表明，他们知道即使看不见该物体了，它依然存在，并且会以特定的方式移动。对于成年人而言，看到物体整体时大脑皮质中被激活的部位与只看到部分物体时是不同的。这就表明，在客体永久性实验中，受试者所用到的神经通路在不同情境下是不同的。但是研究者还不能确定这些不同神经通路出现的年龄。

另外，很多研究表明，条件合适的情况下，即使只有 2 个半月大的婴儿也知道客体是永久存在的。这些研究经常用到的方法是违背期望法。在这类研究中，研究人员会让婴儿观察两个事件（见图 5.6）。本案例中，有两个坐垫，其中只有一个坐垫上放着玩具，研究人员接着拉下帘子，遮住两个坐垫，随后伸手去拿玩具。符合期望的情形是，研究人员从婴儿之前看到的放着玩具的坐垫上取出玩具；不符合期望的情形是，玩具是从一个"错误"的坐垫上取出的，即从之前没有放玩具的坐垫上找出玩具。2 个半月大的孩子观察上述出乎预料的情形的时间会长于预料之中的情形。这说明，婴儿会意识到，即使因为帘子挡住而看不到玩具了，

A. 预料之中的结果

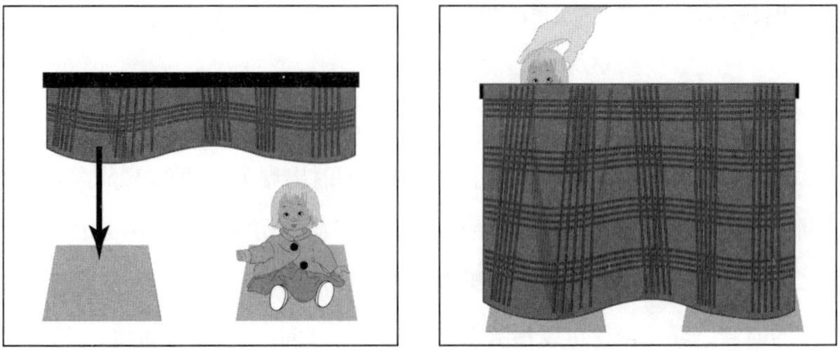

B. 预料之外的结果

图5.6 违背期望研究

违背期望方法可以用来研究客体永久性的认知发展。婴儿可以看到两个坐垫，其中一个坐垫上放着一个玩具。然后帘子被拉下来，遮住两个坐垫。接着，一个研究人员伸手从之前放着玩具的坐垫上取出玩具（预料之中的结果，见 A 组图），随后又从之前没有放玩具的坐垫上取出玩具（预料之外的结果，见 B 组图）。两个半月大的孩子观察预料之外的结果时间较长。

玩具依然是存在的，并且应该从之前放着玩具的那个坐垫上取出玩具。违背期望研究多次发现，婴幼儿盯着意外事件的时间会长一些。但是，婴儿对更复杂的物体的表征能力、表征符号在大脑里储存的持久度、对物体空间位置的认知能力还需不断发展完善。对于皮亚杰理论的批评不止这些。皮亚杰认为认知会逐渐从感觉运动思维转向抽象的表征思维，这一观点受到了一些研究人员的强烈反对。埃丝特·西伦和其他动态系统理论的研究者（研究孩子的内在因素和外在环境因素是如何互动的，以及这些内外因素是如何随着时间发生变化的）提出了一种体验认知的观点，即人的认知不会从感觉运动思维转变成表征思维。相反，认知永远是与感觉运动联系在一起的，并且体现在感觉运动中。“没有认知可以脱离感觉和动作而存在”。

我们会在第8、11、14章中探讨皮亚杰理论的其他方面，并讲到其他认知发展的研究方法。

语言习得理论

对于心理学家来讲，语言一直都是一个非常有吸引力的研究课题。我们已经在前面提到，语言能力的发展体现了表征思维能力的出现，而且语言似乎是区分人类与其他物种的特征。其他物种有很多不同的方式与同伴交流，或者说发出或接收信息。在本节中，我们会探讨人类语言与其他物种语言的不同、语言学理论的发展，以及婴儿和学步儿语言能力的形成过程。

语言是什么

人类语言有三个特征：第一，语言有语义，也就是说，语言是思想、物体和事件的具体和抽象的代表符号。比如，“婴儿”这个词语看起来和听起来都不像婴儿本身。这个词语只是一个抽象的符号。第二，语言是多产的，也就是说，人类可以创造出无数不同的表达。只要人们遵循所用语言的拼写和发音规则，他们就可以通过一种“新奇”的沟通方式让对方明白自己的意思。第三，语言有位移特征，也就是说，人们可以交谈时间上和空间上都很遥远的事物，甚至交谈物理上和逻辑上都不可能存在的事物。当语言具有了这种位移特征后，人们的交谈就不用局限于现实环境中的事物，还可以涉及很多现实环境之外的事物。

所以，语言是一套基于某种规则的符号（文字）系统。有了语言，人们就可以交流时空上很遥远的事物。在研究语言时，不能忘记理解语言与输出语言的区别。一般情况下，小孩子可以理解别人说的话，也能恰当地回应，但他们要达到一定年龄时才可以说出符合语法规则的语言。人类有一种强烈的本能驱动力去学习语言，对于这一点，大多数研究者已经达成共识。尽管在语言贫乏的环境（在很少使用或鼓励使用语言的环境）中，儿童语言习得的程度和质量都会受到影响，但彻底阻止人类学习语言却很难。

儿童是如何习得复杂的语言规则的？更让人好奇的是，他们是如何快速掌握这些规则的？有三个主要理论尝试解释人类语言能力的发展。第一是学习理论，强调的是环境的重要性。第二是先天理论，强调的是生物因素的重要性。第三是互动理论，顾名思义，该理论主要讨论各种环境和生物特征是如何互相作用的。

学习理论：语言能力是后天习得的

语言发展的学习理论基于行为主义学习理论，尤其是 B.F. 斯金纳的操作性条件反射原则和阿尔伯特·班杜拉的模仿学习概念。这种理论有时被称为环境理论，这种观点认为，和其他技能一样，语言只是一项学习行为。学习理论者认为，具体的语言训练会对语言能力的发展起到重要作用，而生物因素的影响并不大。

学习理论认为，操作性条件反射原则，尤其是其中的塑造过程（有选择地加强某种行为，同时忽略或者惩罚其他行为），解释了孩子的说话能力是如何发展起来的。比如，在孩子开始学习发声时，周围的人倾向于强化与实际存在的词语相似的发音（比如“吧吧”,与“爸爸”发音类似）,忽略不像的发音（比如“嘎嘎”）。因此，孩子倾向于重复那些与实际存在的词语相似的发音，而那些不相似的发音会逐渐消失。孩子在向看护人要东西时,一些简单的词语也会得到强化。比如，孩子将“我要橙汁”这个短语说得越清晰，大人越有可能会明白他的需求并且满足要求。随着孩子年龄的增长，父母从塑造孩子说单个词语发展到教他们说较长的短语和句子。

模仿和示范也很重要。在父母和周围其他人有选择地强化与现实存在的词语和短语相近的发音时，他们也会为孩子提供更高级的语言示范。其中一种方式就是他们会重复自己认为孩子想要说的词。比如，如果一个婴儿看着妈妈发出“么”的声音,妈妈可能就会这么回应:“妈妈,没错,我是你的妈妈。”当孩子想要模仿“妈妈”这个词的发音时，妈妈强化了这种模仿意识。成年人还会扩展孩子说的字或词语，使其表述更为准确。比如，如果孩子在走出门时说了一个“走”，他爸爸可能会说：“是的，我们要走了，再见。”这种互动强化了孩子说话的尝试，同时也为孩子说更加复杂的词语和短语做出了示范。

通过这种不断矫正的过程，孩子会逐渐掌握词语的意思。比如，治疗专家可以运用塑造的方法有效地提高有智力和听力障碍的孩子的语言水平。仅仅通过语言示范和语法规范似乎很难提高语言技能，但是如果积极地鼓励孩子去模仿示范，他们的语言水平往往会有所提高。

然而，也有很多人对语言发展的学习理论持批评态度。第一，我们尚不清楚父母塑造儿童语言时是否符合规范。有研究表明，父母对儿童语言的塑造并不符合规范，而且父母往往倾向于强化或者惩罚儿童说话内容的准确性，而不是语法的准确性。同时，父母似乎不会明确教儿童语言规则。事实上，大多数成年人自己都弄不懂，也说不清这些复杂的规则，更别说明确地去教导儿童了。第二，儿童在日常生活中听到的语言大多是不完整的、不规范的、有很多错误的，所以并不是很好的学习范例。第三，学习原则并不能解释儿童语言的创新性，用语言学家的话说就是多产性。儿童往往在很小的时候就会说一些他们从没听过的话，比如“我抵了商店”。同时他们会用新颖的方式表达他们听过的事物。批评者认为，儿童的语言不可能都是从模仿和塑造中习得的。第四，批评者认为，儿童学习语言的速度很快，这是很难用强化、塑造和模仿来解释的。第五，批评者质疑学习理论学家关于“语言仅仅是另外一种行为”的说法。我们在下一节里将会探讨另外一些研究成果，这些研究表明，和获取其他信息不同，人类天生就有分辨和处理语言的倾向。

先天理论：天生的沟通能力

知名语言学家诺姆·乔姆斯基就是首批批评语言学习理论的人之一。他认为，学习理论不能充分解释孩子快速掌握复杂语言系统的原理。乔姆斯基提出先天理论，这种理论认为语言是人类内在的能力。他认为，人类天生就自带一种语言习得机制，即一种专门用来发现和学习语言规则的大脑机制。人类天生就有特殊的器官——心脏和肺——来完成血液循环和呼吸的复杂工作。同理，我们的大脑里天生就有一种特殊的“语言器官”来完成习得语言的工作。儿童必须听到一定数量的语言，才能激活他们的语言习得机制，但是过多的输入是没有必要的，并且听到的语言也没有必要一定是符合语法规范的。因为语言习得机制是内在的，所以学习语言不需要过多的认知技巧和努力。这就解释了为什么那些即使有智力障碍和认知延迟的人也可以快速而轻松地开发至少一种语言能力。先天理论的另外一个优点是，它解释了不同语言之间相似或不同的语言习得模式。语言习得机制是内在的，但是不会提前设置孩子具体学习哪种语言。

乔姆斯基提出，语言习得机制具有内在的通用语法知识，或者是所有语言通用的语言规则系统。当孩子听到一种语言后，语言习得机制会对这种语言做出分析，并确定这种语言语法结构体系的一般类型。孩子在识别这种语言的基本语法后，可以很容易地从中提取出重要的语言信息，并且快速习得这种语言。其他的先天理论认为，语言习得机制有更通用的运作规则。这种运作规则是指使得孩子用特定方式对待语言环境的假设和偏好。也就是说，儿童在听到语言时会倾向于将注意力集中在某些特定方面的特征，比如词尾、词序、语调的不同。因为有这种运行规则，儿童注意到语言中用于表示复数、从属关系等的微妙语法规则。逐渐地，儿童会对自己语言中最有用的特点更敏感（对不是很有用的特点就没有这么敏感）。比如，学习俄语的孩子会渐渐地将注意力放在词尾，以此来确定词语之间的关系。与此不同的是，学习英语的小孩会更关注词序。尽管先天理论者对于语言习得机制中包含的具体信息有分歧，但他们都认为基于心理学的语言习得机制是存在的，并且环境的作用就是促成语言习得机制的成熟，但环境不能塑造或者训练语言习惯。

语言能力是天生的吗？ 如果语言习得是一种生物程序，那语言的发展模式就应该和其他生物系统（比如身体）发育相似。基于此，可以得出以下推论：所有人的语言能力都可以得到开发，并且会得到持续发展；语言能力应该很容易开发，不容易受阻，并且应该有专门的生理构造来处理语言；人类之外的物种不会有语言能力；最后，和生理发育的很多方面一样，语言发展应该有敏感期（儿童对环境的某个方面尤其敏感的时期）。语言能力的发展确实有这些特点。

所有人都有语言能力吗？ 跨文化比较显示，所有生理上有缺陷的人都能轻松快速地获得语言能力，而且，即使在不同的语言环境中，语言发展突破点出现的顺序和速度也是一致的。只有在语言极其贫乏的环境中，儿童语言能力的发展才会遇到障碍。这很可能是因为这些环境没有为儿童提供足够的语言体验来激活他们的语言习得机制。一般情况下，即使是有严重认知延迟的儿童，他们的语言使用水平和语法知识也几乎可以达到平均水平。

其他物种可以发展语言能力吗？ 其他物种能否发展语言能力长期以来一直是一个具有争议的话题。猿猴可以学着用手语、塑料牌、特别制作的电脑键盘来描述环境中的事物、提问、回答问题、提出请求。经过语言训练的猿猴也可以使用符号来指代当时环境里没有的物体，或者描述过去和未来的事件。但是在猿猴的正常交流中，这种位移特征是不存在的。正如我们之前讲到的，位移是人类语言的一个重要特征。然而，即使是经过训练的猿猴，在使用语言时，也不会运用语法规则，说话时不会包含新的信息，而且几乎不能掌握实用语言技巧，比如交谈中进行互动或者共同关注某个物体。对一只名为"坎济"的黑猩猩的研究发现，坎济可以很好地理解口头指示的语义和语法。先天论者认为，虽然坎济的表现令人惊叹，但是尚无证据证明它可以说出语法正确的短语。他们还指出，黑猩猩坎济为了获得这项技能，花费了 8 年时间，接受了大量训练。关于黑猩猩的进一步研究表明，它们的符号组合能力虽然可以达到 2 岁孩子的水平，但不会突破这个水平。相比之下，人类在儿童期可以快速而容易地掌握语法规则、语义、语言的交际功能。为什么会有这样的差别？先天论者认为，其他的物种不像人类一样，具有专门的大脑机制，即语言习得机制。

是否有专门的语言生理构造？ 你可能会认为答案是否定的，但人类的嘴和喉的构造确实非常适合发出各种复杂的语音。其他物种就不能发出这样的声音。除此之外，人脑里有处理语言信息的特定区域。图 5.7 对这些区域做了说明。大脑左半球主要负责处理语言信息。威尔尼克区在大脑左颞叶，控制人类对语言的理解、写作和说话能力。布洛卡区位于大脑左额叶，负责发声时的肌肉运动。其他专门负责语言的大脑区域还包括弓状束和角回。弓状束是一串连接威尔尼克区和布洛卡区的纤维，角回则是用来处理书面语言的区域。

这就表明，人类确实存在专门处理语言的生理构造，但并不是如乔姆斯基提出的语言习得机制一般的单一区域。事实上，更准确地来说，语言习得机制应该是依靠一系列互相联系的大脑区域。但目前对于这些专门处理语言的生理构造中可能存在什么样的内置信息，学界仍然没有达成一致意见。

通过使用有趣的新方法，神经科学家开始研究婴儿语言发展的神经生物学基础。比如，通过直接测量事件相关电位，可以得到婴儿听到词语时或者是既听到词语又看到物体时脑电活动的时间和位置。还有一些其他的测量方法，比如使用近红外光谱，通过将近红外光经头皮射入大脑，然后测量光的反射来观察大脑活

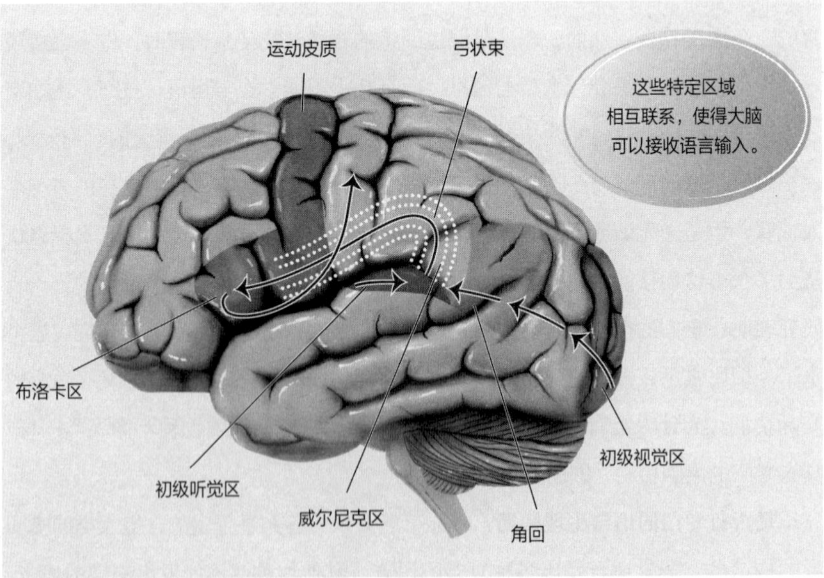

图5.7 处理语言的大脑架构

威尔尼克区对于听、说、理解语言都非常重要，神经将威尔尼克区和主听觉皮质连接起来；布洛卡区负责控制发声时的肌肉运动模式；弓状束连接威尔尼克区和布洛卡区；角回处理书面语言。

动（原理类似于声呐通过声波的反射发现水中的物体，雷达通过微波的反射发现天空中的物体）。当某块大脑区域被激活后，因为能量需求增加，血流量（和含氧血量，即含氧量较高的血）就会增加。因为含氧血和缺氧血吸收红外光线的能力不同，所以近红外光谱可以通过测量含氧血和缺氧血的相对量来评估血流变化，从而了解大脑处理信息时神经系统的状态。通过运用这些方法，研究人员发现，2～5天大的婴儿左颞区处理口语的能力一般比右颞区强。这表明，大脑的这个区域的主要工作是语言处理，并且在很小的时候就开始运作。稍大的婴儿（6～9个月大）的大脑左颞叶在听到声音时比看到外界刺激物时更活跃。

语言发展有没有敏感期？ 勒纳伯格认为，人类几乎只有在儿童期才能学习语言。之后，大脑的组织结构会变得专门化和固定化。大脑里的一些区域是专门对语言输入进行反应的，但是孩子必须体验语言环境，这些区域才能被激活。如果得不到足够多的语言输入，孩子就会错过学习语言的最佳敏感期，因为大脑里处理语言的关键区域会逐渐开始处理其他信息，快速轻松地学习语言的机会就会丢失。如果勒纳伯格关于敏感期的理论是正确的，就会有以下推论：

- 如果孩子没有机会接触语言环境，他的语言能力就会相对较低，因为语言区域不会被激活；
- 年龄较大的孩子和成年人学习新的语言应该比小孩子困难；
- 在大脑语言区域受损后，相对于小孩子来讲，年龄较大的孩子和成年人会更难恢复，因为他们的大脑区域功能已经变得专门化了。

这些推测已经得到了有关证据的支持。首先，有案例报告表明：儿童期缺少语言环境的人语言能力达不到平均水平，学习语法尤为困难。其次，相比于小孩子，年龄较大的孩子和成年人在语言学习方面遇到的困难更多。比如，杰奎琳·约翰逊和埃莉萨·纽波特对居住在美国的中国移民和韩国移民进行了英语语言能力研究，研究关注的是移民最初到达美国的年龄。从图5.8可以看出，这些移民的英语语言能力明显与他们移居到美国时的年龄相关，而与他们讲英语的时间和接受正规英语培训的多少没有联系。对学习英语和希伯来语的俄国人进行的研究得到了相似的结果。对听力障碍的孩子学习美国手语的研究得到了同样的结果：对美国手语掌握的熟练程度不能反映出受试者接触手语的时间，但是可以反映出受试者首次接触手语的年龄。最后，与成年人相比，小孩子在因左脑受到损伤造成语言功能破坏后，可以更快更好地恢复。事实上，如果左脑在 1 岁前受到损伤，语言功能就会转到右脑，这样就会对通常位于右脑的空间感知能力造成“排挤”（这体现了大脑功能的适应力）。结果是语言能力正常，而空间感知能力则受到了损伤。因此，语言能力的发展从生物的角度来看相当重要。

对先天理论的批判 先天理论认为，只要接触语言环境，就可以激活语言习得机制，语言能力就会达到平均水平，而不会受到输入语言的复杂性、抽象性和语法的正确性影响。但有研究表明，如果接触到的语言仅仅来自电视机，孩子的语言能力就不会得到正常开发。其他批评家指出，先天理论没能找出一个适用于

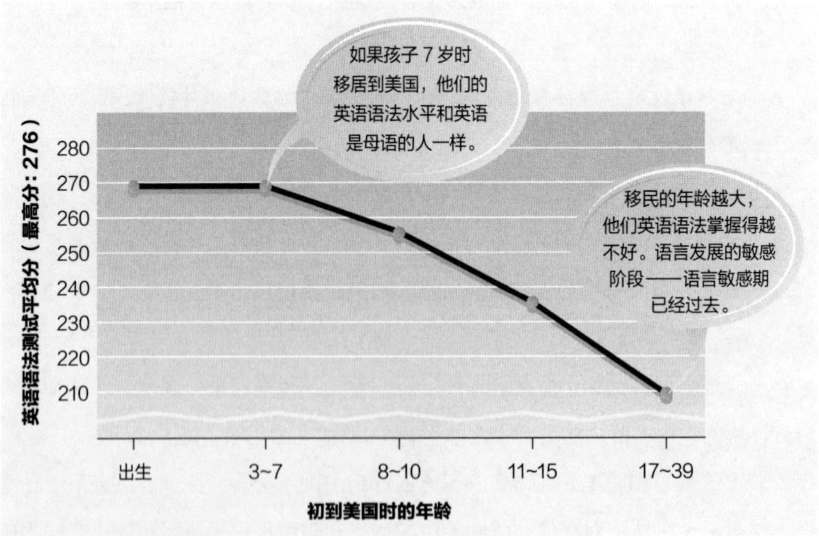

图5.8 语言发展敏感期研究

约翰逊和纽波特发现，美国的中国移民和韩国移民英语熟练程度与他们移居到美国时的年龄有关，与他们讲英语的时间和所接受的英语培训的多少联系不大。

所有语言的语法规则，而对于任何一个提出先天通用语法规则的理论，这一点都非常重要。还有一些研究表明，对于第二语言掌握的熟练程度除了和初次接触该语言的年龄有关外，也与接触该语言环境的时间长短有很大关系。这就对先天论者关于接触外语越早，越容易达到外语母语水平的论断提出质疑。最后，关于其他物种能否发展语言能力的争论一直都存在。

互动理论：认知法和社会互动论

尽管斯金纳和乔姆斯基关于语言发展方面的理论都有合理的成分，但是很多研究人员开始认为他们截然相反的理论太过极端。研究人员对于纯学习理论和纯先天理论并不满意，因此他们开始研究影响语言发展的多种因素。一些互动理论强调了认知因素的作用，还有一些则强调了社会交际因素对语言习得的作用。

认知法：语言依赖认知　皮亚杰强调了一般认知能力对于孩子语言习得的重要性，这一点不足为奇。皮亚杰的认知发展理论认为，很多能力的发展都依赖于认知能力的成熟，语言能力也不例外。认知能力的正常发展是语言能力正常发展的前提。你应该还记得，皮亚杰认为，在认知发展第一阶段（感知运动阶段）后期，孩子的认知已经达到可以理解客体永久性的水平。也就是说，婴儿开始明白，即使自己不能直接感知某个物体，该物体依然是存在的。因为语言是物体的符号，那么还处于感知运动阶段前期的婴儿是不需要语言的。他们要么直接感知物体（这就不需要语言来作为符号），要么不能直接感知到该物体，同时认为该物体根本不存在（这也不需要任何符号）。只有当婴儿的认知水平达到他们可以用符号来代表事物时，他们才有使用语言和发展语言能力的必要。这时，认知能力与环境需求、语言体验发生互动，语言能力逐渐发展成熟。

一些相关性研究结果和皮亚杰的认知发展理论是一致的。比如，孩子开始使用表示物体消失了的词语（比如“都不见了”）的时间和他们开始理解客体永久性的时间相当。他们开始使用一些表明他们在努力思考的词语（如“嗯，哦”或“明白了”）的时间和他们开始采用有意的、目标明确的、可以解决问题的策略的时间大致相当。一些研究表明，只有儿童开始理解事情会过去、理解人对物体有所有权的时候，他们在平时说话时才会用过去时态或者所有格。然而，这些相关性研究并不能证明是认知发展促成了语言发展。有趣的是，很多有严重认知障碍的孩子的语言能力发展正常，而这和皮亚杰的理论是相互矛盾的。

社会互动理论 社会互动理论认为，语言能力的发展是由孩子的生物本能与社会环境发生复杂的互动后产生的结果。大多数互动理论家同意先天理论家关于人类有发展语言能力的生理条件的论断。但是他们认为，仅仅通过听别人讲话是不足以发展语言能力的，与他人交际才是关键因素。也就是说，要发展语言能力，孩子必须要和他人进行交流。同时，社会互动理论认为，孩子与别人进行有效交流的欲望非常强烈，因为人类最重要的属性是社会性，孩子会主动通过寻求社会交际、尝试与别人交流来发展自身的语言能力。

社会交际在语言发展方面发挥着什么作用？正如我们在前面提到过的，父母对儿童语言运用情况给出的反馈可能会超出理论学家的预料。儿童经常通过尝试发出某个声音、词语、短语来发起与别人的互动。如果儿童说的话语法正确，父母可能会原样模仿这句话——重复和响应这句话，但是父母有时也会给一些暗示性的反馈。比如，他们会重新组织句子结构，即用正确的语法结构说出孩子要表达的意思。比如，一个孩子说："我看到院子里有两头鹿。"他妈妈可能会"改编"这个句子，然后对他说："你看到了两只鹿，多好啊！"父母还可能会扩充句子，即在做出修正和解释后，重复孩子要表达的意思。比如，刚才这个小孩的妈妈可能会扩展这个关于"鹿"的句子："你看到了两只鹿？你记不记得我们之前在森林保护区也看到了鹿？那些鹿和你在院子里看到的两只鹿长得一样吗？"这样，孩子就可以在回答这些问题时纠正自己的错误。

孩子的看护人在社会交际过程中，会以特定方式谨慎地给孩子灌输语言技能，比如边做动作边唱歌等综合表演、躲猫猫等游戏，还有洗澡、吃饭等日常活动。这些活动都有预定的规则，而且普遍存在于不同的文化中。

在与孩子说话时，成年人和年龄较大的孩子会改变他们的说话风格。他们会使用针对孩子的语言（有时也被称为"妈妈语"）。针对孩子的语言语速较慢、声调高、有更多的停顿、声调的高低起伏较多，而且相对于与成年人的对话来讲，有更多的问句。除此之外，针对孩子的话会夸大对关键词语和短语的强调，并且往往会重复几遍。句子短而简单，并且重点往往放在孩子能看到的物体或正在参与的活动上。每种文化和语言中都会有针对孩子的语言。即使是有听力障碍的母亲，也会用针对孩子的手语与自己的孩子交流。针对孩子的手语动作会更慢，有很多重复的动作，并且手势会比较夸张。婴儿会将较多的注意力放在针对儿童的语言上。当他们听到的是针对儿童的语言，他们会更容易区分词语和语气词，也更容易区分两个发音相近的词语。

运用事件相关电位、脑电图和脑血流量测量法的研究表明，婴儿听到针对儿童和针对成人的语言时，他们的神经活动系统模式不同。在听到针对儿童的语言时，他们的额叶和额颞顶叶区域更活跃，并且血流量更大。然而，人们还没有完全理解针对儿童的语言。尽管针对儿童的语言非常重要，但并不是所有文化中针对儿童的语言都有相同的特征。现在尚不知最重要的特征有哪些，也不清楚针对不同年龄儿童的语言是否具有相同的主要特征。

早期交流：语言如何产生

我们已经讨论了一些解释语言如何发展的理论，但是在语言发展过程中会有哪些变化，什么时候发生变化？在生命开始的前几年，与语言相关的重要变化有三个方面：第一，随着感知能力的完善，婴儿可以识别出不同的发音；第二，婴儿和他们的看护人会建立一种社会环境，有了这种社会环境后，婴儿开始逐渐摒弃自己随机发出的声音，讲出可以传达实际意义的词语；第三，婴儿开始时只是条件反射性地发出声音，并无具体目的，但是到 1 岁时，他们已经可以用真正的词语交流了。

感知能力　婴儿很快就会识别语音差别。有个经典研究案例，使用的方法是我们在本章前面讨论过的习惯化方法的变体。研究人员给受试婴儿一个奶嘴。奶嘴上有预设的声音装置，在婴儿吮吸时，奶嘴会发出一种特定的声音（比如“吧吧”）。当婴儿逐渐习惯了这个声音后，他们吮吸奶嘴的频率会降低，而且咬奶嘴的力度会降低。当吮吸奶嘴时的声音发生变化时（比如变成了“啪啪”），婴儿吮吸的频率会增加。你应该记得，这表明婴儿没有忘记第一种声音，并且能够听出这两种声音的不同。其他的研究通过使用一系列不同发音进行测试后，得出了同样的结果。近期的研究通过对刚出生几个小时的婴儿的测试发现，婴儿出生前接触到的语言会影响婴儿出生后对语言现象的感知。到 6 个月大的时候，婴儿可以区分不同的语音串。这是一个重要的技巧，因为有的词语是由具有微妙差别的语音串组成的。

有趣的是，对于 6 ~ 8 个月大的孩子来讲，讲的是否是母语对他们并无影响。但是随着年龄的增长，孩子听或者说非母语语言的困难会越来越大。接触的语言越多，辨别自己母语发音的能力会逐渐提升，但是辨别平时不会用到的语言的能力会逐渐降低。神经科学领域的研究通过对事件相关电位在一个时间段中产生的变化进行测量（脑电活动测量），得出了相同的结论。但有趣的是，这一研究同时发现，辨别非母语发音的能力并没有完全丧失。虽然大脑辨别非母语语音的能力在下降，神经系统在这方面的能力依然存在。事实上，一些婴儿对非母语语音的辨别力会比另外一些婴儿好。对于自己母语基本发音的认知，可以预示出这个孩子以后的语言水平，包括词语理解和句子组织能力。如果婴儿的非母语水平高，说明他的语言能力发展缓慢。现在还尚不清楚神经层面对语言的辨别力会保持多久。

新生儿表现出来的语言能力可能出乎你的意料。我们在前面提到过听觉偏好和习惯化研究方法，研究人员通过这些研究发现，相比于无意识的话语，新生儿更喜欢有意识的话语；相比于声学合成的非语言声响，他们更喜欢灵长类动物的发声；相比于外语，他们更喜欢听自己的母语。新生儿也可以识别词界，区别功能词（比如“它”和“里面”）和实义词语（比如“婴儿”和“桌子”）。婴儿似乎（甚至在出生前）可以感知到语言的节奏和声学特征（比如音调和重音），他们可以凭借这些特征来为听到的句子分节。除了掌握节奏和声学特征，他们还会统计讲话特征（比如特定发音的出现频率、组合方式、排列顺序），理解句子的意义。对于这么小的孩子来讲，这种能力是了不起的。

社会互动　在 1 岁的时候，婴儿开始明白他们可以通过声音来表达自己的需求，甚至控制别人的行为。要想成功地进行交流，交流双方的关注点应该相同。也就是说，谈话双方应该同时关注同一件物体。如果交谈双方说的是不同的物体、事件、话题，你可以想象这个谈话是多么奇怪。出生的第一年，婴儿逐渐可以和与自己互动的人关注同一件事物。婴儿时期的社会互动对于理解社会规则非常重要。你之前读到的游戏和日常活动（比如躲猫猫）有助于强化婴儿以这种方式与别人交谈和互动的意识。这些互动有助于婴儿明白，什么时候该轮到自己说话，以及自己该怎么参与到这种互动中。

从哭到说话：婴儿期的言语表达 表 5.3 总结了孩子 1 岁时语言表达能力的发展进程。通过观察这个发展过程，你会发现，婴儿发出的声音的区分度越来越高，也就是说，他们会在特定场合发出特定声音；并且他们发出的声音越来越有目的性，他们发出声音是为了达到某个具体的目标，比如给看护人展示自己的玩具，或者是想向看护人要什么东西。这种区分性和目的性为婴儿在 1 岁左右真正使用词语奠定了基础。

婴儿一开始发出的是条件反射的、无目的的声音，比如哭、打嗝、打喷嚏、咳嗽。这些声音有时被称为植物性语言，很多生物都会发出这种自然的声音，但这种行为是被动的，没有任何目的和意义。婴儿刚出生后的哭声是没有区分性的，也就是说，孩子饿时的哭声与尿布湿了时的哭声、生气或疼痛时的哭声是一样的。在 2 个月大的时候，婴儿的哭声开始有不同的变化。在 4 个月大的时候，婴儿发出的哭声的特征更加鲜明，他们表达不舒服和提出要求时的哭声是不一样的。在 2 个月大的时候，他们可以发出只有元音的“咕咕”声，比如“o-o-o-o-u-u-u”。婴儿发出“咕咕”的声音表明他们很开心、很舒服。婴儿往往在进行社会互动时发出“咕咕”的声音，比如当看护人对他们讲话或者微笑的时候。到 4 个月大的时候，婴儿不仅会发出“咕咕”的声音，还会开始笑了。

在 6 个月大的时候，婴儿开始发出真正的咿呀语，即重复辅音加元音音节，比如“mamama”。当婴儿在探索周围环境或者独处时，他们更容易咿呀学语。这时，他们会发出各种不同的声音，有些声音甚至可能不存在于他们的母语中。渐渐地，他们发出的声音开始更像家里人讲的话。这就意味着，所有的婴儿都有学习任何

表 5.3

婴儿说话能力的发展	
年龄	讲话类型
出生	•植物性和无区分度的发声：条件反射性的、无目的的发声，比如哭、打嗝、打喷嚏、咳嗽
2 个月	•哭声开始有区别 •用咕咕的声音表达舒适和开心的情绪
4 个月	•不同情况下会发出不同哭声 •发出咕咕的声音、笑
5 个月	•过渡性咿呀语：有一个辅音和一个元音的单音节（“ma”）
6 个月	•真正的咿呀语：重复单音节对（每个单音节由一个元音和一个辅音组成如“mama”）
8 ~ 12 月	•模仿：即刻模仿词语
9 ~ 18 月	•杂乱咿呀语：多个不同的音节（“bapadaga”） •无语义咿呀语：带有母语语调、节奏和重音特征的咿呀语 •初始词语：用固定的声音来指代某种具体的物体和事件
1 岁	•真正的词语，通常会伴有动作、咿呀语和 / 或初始词语

语种的潜力。他们在 1 岁左右接触的语言环境，决定了他们以后可以掌握的语种。真正的咿呀语的一个重要前提是，婴儿可以清楚地听到自己讲的话。因此，在这个阶段，有听力障碍的孩子语言能力发展会滞后。他们掌握词语的数量和语言的形式都会落后于听力正常的孩子。

在 8 ~ 12 个月大的时候，婴儿开始模仿语言，即模仿他人的发音和话语。模仿可以非常准确，成年人有时可能会因此认为婴儿已经掌握了这些词语，但其实婴儿并未理解自己说的词语。9 ~ 18 个月时，婴儿开始杂乱咿呀语，说的话中有很多不同的音节（比如“bapagada”），也会开始无语义咿呀语，其中会有母语的节奏和重音形式。这就表明，婴儿开始注意和掌握自己听到的语言的节奏和语调特征，但是在这个阶段，他们在讲真正的词汇时，还不会将这些特征应用进去。

最后，大概在 9 ~ 10 个月大的时候，婴儿开始使用一些初始词语——可以指代具体的人、物体、事件的固定语音。比如，我的儿子用初始词语“尼尼”来指代他的哥哥安迪，还有很多的孩子会用初始词语“巴巴”来指代奶瓶。初始词语标志着一个重要转折点，即从随机的无意义的咿呀语发声，发展到有目的的、连贯的、有特定意义的发声。一旦儿童开始使用初始词语，很快他们就可以讲出真正的词语了。

语义：词语及其含义 儿童在大约 1 岁时会第一次说出成年人讲的词语。从初始词语到真正词语的过渡是一个渐进的过程。儿童在说出第一个词语后，在接下来的几个月，依然会在真正的词语里掺杂动作、咿呀语和初始词语。正常孩子在 18 个月大的时候可以说出大约 50 个词语。表 5.4 中总结了一般情况下儿童最先掌握的词语。通过该表可以看出，孩子最先掌握的词语通常是名词，这些词语通常指代环境中他们熟悉的或对他们非常重要的事物和人，比如家庭成员、最喜欢的玩具、宠物或者食物。

如何学会第一个词？ 学步儿掌握新词语义的速度快得惊人。其中一种方式就是通过父母的示范去学习。他们会观察父母用什么语言来表示周围的事物。因此，孩子最先学会的话往往是父母经常讲的话。除此之外，家长和儿童交谈越多，儿童的词汇量扩展得就越快。儿童还会用一种快速映射的思维方式来学习语言，也就是说，在第一次接触某个词语后，儿童就至少可以理解这个词语的部分意思。如果儿童和谈话对象关注的是同一个物体，而且对方提到了该物体的名称，即使是只有 18 个月大的儿童也可以很快地将语言和实体匹配起来。尽管儿童早期的语言能力惊人，但他们的讲话中还是有很多错误。儿童往往会过度延伸，也就是说他们会扩展某个词语的含义，为这个词语赋予本来没有的意思。比如，一个儿童学了“鹦鹉”这个单词后，他可能会用“鹦鹉”去指代所有有羽毛的、有翅膀的、会飞的动物（也就是成年人眼中的“鸟”），而不是仅仅用它指代鸟的一种。儿童在语言认知方面也会出现“扩展不足”的现象，即他们会将某个词语的应用范围缩小。比如，一个儿童可能明白自己家里的宠物是一只“鹦鹉”，但他会认为这个词语只能用来指代这只特定的鹦鹉，而不是指代动物园里的鹦鹉、电视上的鹦

表 5.4

婴儿早期语言特点		
词语类型	例子	掌握词汇的比例
某一类事物的名称	母亲、父亲、祖父母、小狗、小猫、玩具	51
一类事物中具体事物的名称	妈妈、爸爸、奶奶、斑点狗、毛毛猫、泰迪玩具	14
动词	走、上、摆动、弹跳、跑、扔、哭	13
描述物体或事件的形容词	大、小、我的、好吃的、冷的	9
表达感情或关系的词语	不行、难过、请	8
语法词语	什么、哪儿、为了、是	4

鹉或者其他地方的鹦鹉。

儿童早期语言的作用　我们在前面已经讲过，儿童早期的语言是用来指代熟悉的物体和人物的。一开始他们尝试与他人交流时会用单个词语，但是这些单词可以传达一个完整的意思，或者这个词就是一句话。这类词语被称为独词句。比如，当学步儿看到他的爸爸打开烤箱时会说“热”。根据具体情境和当时的一些非语言线索（如动作），这个单词可能传达出几种不同的、更加复杂的意思。这个孩子可能想说：“爸爸，小心！烤箱烫手！”或者想说：“那个烤箱可能会烫伤我，因此我要离它远点。”甚至可能是说：“那个烤箱烫手吗？”虽然孩子在掌握了组句能力后，可以表达很多独词句不能表达的意思，但是独词句的确可以帮助孩子与他人进行交流，包括提出要求、请求、问题，以及表达自己的愿望。与孩子说话时，需要通过注意语调特征（比如一个词语或短语的哪部分被强调了）、孩子的动作和具体情境来理解独词句要表达的意思。

学步儿语法：组合词语的规则　在 18 ~ 24 个月大的时候，学步儿开始说由 2 ~ 3 个词语组成的句子。很多孩子开始说句子的时候，句子结构是“熟悉的词语 + ___”，但是对于不同的孩子，这个熟悉的词语不同。比如，儿童开始讲的句子中可能是“没有 +____”结构的短语，比如“没有牛奶”“没有妈妈”“没有打盹”“没有小猫”等。在不同的语言环境中，孩子刚开始使用句子的目的是相似的（包括提出要求、问题，以及表示想要得到某样东西）。

当学步儿由讲单个词语转到讲句子时，他们往往会用到电报语。顾名思义，电报语只会用到必要的词语，而一些助词则会被忽略。比如，他们不会说：“我过会儿去看我哥哥威尔玩垒球。”而是会说：“我去看威尔。”有趣的是，即使是这种不完整的句子也是有特定语法规则的。小孩子不会随意地拼接词语，他们会以特定的方式组合词语、排列词语顺序。比如，学步儿通常会把名词放在动词之前，他们会说“爸爸玩”，而不会说“玩爸爸”。同时，他们会把物主代词放在名词前面，说“我的猫”，而不会说“猫我的”。这种词语组合表明，他们开始明白除了词语本身，词语的顺序同样会传达重要信息。

儿童的语言能力在婴儿和学步儿阶段会发生惊人的变化，很多父母也是在这个阶段开始注意到自己的孩子和其他同龄孩子在语言发展速度方面的巨大差别。也正是在这个阶段，如果自己的孩子不能像其他同龄孩子一样快速地说话和组织句子，父母就会担心了。那么，父母应该在哪个年龄段关注孩子的语言发展速度呢？有哪些普遍存在的语言发展滞后症状？有哪些可用的治疗方法？言语 - 语言病理学可以解答这些问题。如果你想要了解更多这方面的信息，可以阅读从业人员视角板块文章《专业言语 - 语言病理学家》。

在本章中，我们探讨了婴儿和学步儿惊人的能力，也讨论了他们是如何通过综合运用自己的感知体验来促进认知能力和语言能力发展的。显然，婴儿和学步儿要想获得成熟的思维能力并和其他人熟练地交谈，还需要更多的时间，也需要来自周围人更多的帮助，但也有一些能力是与生俱来的。

从业人员视角

专业言语－语言病理学家

迪娜·伯恩斯坦，博士
纽约市布朗克斯区
迪纳·伯恩斯坦博士是经过资格认证的言语－语言病理学家，任职于纽约城市大学赫伯特莱曼学院。与埃伦莫里斯·泰格－法伯共同撰写了《儿童语言交流障碍》

语言发展障碍的早期特征是什么？

如果孩子有语言发展障碍，父母往往是第一个发现的人。他们可能会注意到婴儿不常常咿呀学语（“啊巴巴”）或者是不再发出这样的声音来自娱自乐。

有的孩子在与父母说话或玩的时候，不会去与父母互动，或者进行眼神交流。还有一些小孩发音困难，所以别人很难听懂他们说话。有的小孩甚至到了学前班以后，还是很难让别人听懂他们讲的话。还有一些小孩在学习新词汇、表示时态的词语（像“正在”或“曾经”）、虚词（比如“是”）、组词造句等方面很慢。

有些小孩可能不会用语言进行交流，不知道如何索要自己想要的东西。如果父母注意到这些问题，应该及时去寻求帮助。言语－语言病理学家将会对这个孩子进行言语－语言评估，然后和其他的专业人士一起来确定这个孩子是否有语言发展滞后的问题、发展滞后的可能原因、当前的语言水平、与同龄人的差距、有效的干预措施。不管是什么原因造成孩子语言发展滞后，一旦孩子确诊，就应该让他们及时得到治疗。孩子越早得到干预治疗，他们被成功治愈的概率就越高。

根据你的经验，还有哪些普遍存在的问题？

一些家长听到他们3岁的孩子说“我，我，我，我想要这辆红车”时就非常担心，但这是正常现象。3到3岁半的孩子不仅会重复说完整的词语（“我的，我的，我的，蜡笔”），而且会重复短语（“妈妈，我要，妈妈我要，妈妈我要一杯饮料），他们甚至会重复词语的某个部分（如“幼儿，幼儿，幼儿园”）。然而，如果孩子重复一个单词中的某个音节（比如“特，特，他”），并且能看出他们说得很费劲（比如抽动、面部紧张、面部扭曲），或者频繁地重复或拉长某个音节（比如“zi——zuo”，说10个词语中，至少有1个以上的词语会出现这种情况），那么这就表明这个孩子可能有口吃。

如果孩子5岁前存在语言方面的问题，那么他长大后就很有可能有阅读和写作障碍。因为孩子在学习阅读和写作的时候，需要调动语言系统中的所有要素，而说话有障碍的孩子在调动这些要素时会遇到困难。父母应该关注和鼓励孩子发展文字能力，并且与老师一起为孩子提供他们可能需要的帮助。

造成语言发展问题的原因有哪些？

一般很难弄清楚造成孩子语言发展问题的原因。一些孩子因为其他方面的障碍造成了语言发展困难，比如丧失听力、智力障碍、自闭症、注意力缺陷多动障碍，还有一些孩子由于基因问题引起语言发展障碍。研究人员认为，大脑里负责语言学习的神经回路功能并没有被完全使用，但是尚不清楚为什么一些人的神经回路不能像其他人的那样有效。

言语－语言病理学家需要什么样的训练？

言语－语言病理学家需要有言语－语言病理学或交流障碍领域的硕士学位。美国不同州的需求不同，但是相关领域的证书还是很有用的。

问　题

你有没有存在言语或者语言障碍的家人？根据你在本章中学到的关于语言发展的知识，你认为如何才能帮助存在言语和语言障碍的人？

第6章
婴儿和学步儿的社会情绪发展

依恋

依恋研究史

与依恋相关的因素

早期依恋和长期影响

气质和情绪

气质类型

认识气质的其他方法

婴儿对情绪的反应

学步儿的自我意识情绪

社会交往与游戏

婴儿的社会交往和感觉运动游戏

学步儿的朋友

学步儿之间的冲突和象征性的游戏

最近，丽莎第一次把她10个月大的儿子克里斯托弗送到一个家庭托儿所。丽莎和她丈夫两个人都做全职工作。之前，他们上班的时候，儿子就由丽莎的母亲照顾。丽莎想换种方式，让儿子得到的照顾更专业，因为她认为在一个有组织的环境中学习并且有其他孩子做玩伴，儿子可以从中受益。而且她也担心母亲日渐年老，等儿子可以走路了，老人会跟不上他。正式进托儿所之前，丽莎和儿子去过两次，好让他心理上有所准备。克里斯托弗刚开始很犹豫，通常情况下，他都很害怕陌生的人和环境，但这次他很快就和其他孩子熟络起来，四处爬着去找玩具，找其他学步的孩子。托儿所的保姆雷切尔很热情，很会看护孩子，克里斯托弗在这里似乎很开心。

然而，他真正到托儿所的第一天，事情就没那么顺利了。丽莎试着要离开，克里斯托弗紧紧抱住她号啕大哭。几分钟后，丽莎终于让保姆抱住他，给了他奶瓶，希望自己不在时它能安慰克里斯托弗。

克里斯托弗还是很难适应托儿所。早上丽莎把他送到托儿所时，克里斯托弗仍然嘟嘟囔囔，眼睛看着她好像在问：“为什么要这样对我？”下午，丈夫克里斯去接他时，克里斯托弗经常会哭，眼睛看着他，好像自己被“解救”了一样。丽莎和丈夫克里斯因为这个，心里很煎熬。他们把克里斯托弗交给雷切尔时会很难过，但他们清楚雷切尔会照顾得很好，而且克里斯托弗最终会适应的。

学习完本章以后，你就能够运用一些概念来帮助丽莎理解克里斯托弗对新环境的反应，理解研究者所说的亲子关系，理解儿童对生人和陌生环境产生恐惧的条件和原因。克里斯托弗对父母的依恋真的很强吗？从以上所读到的情况，你能找出什么线索吗？克里斯托弗的气质对他的反应有何影响？丽莎和克里斯可以做些什么来帮助克里斯托弗应对自己的情绪？

大多数人都记得第一次将孩子送到托儿所或者交给保姆照顾、自己离开时的情景。第一次总是很艰难。一些孩子会感到不适，另外一些则较为平静。我们首先看一看研究者是如何认识人类的依恋，又是如何将婴儿对父母的依恋进行分类的。我们也会介绍气质和已经识别出的气质类型，讨论婴儿和学步儿情绪的发育。本章末尾我们将探讨婴儿和学步儿的社会交往的类型，以及他们如何与朋友和同龄人玩耍。你可以想象得到，孩子们的依恋方式、气质、情绪以及社会交往能力都会影响他们对不同情境的不同反应，就像克里斯托弗第一天在托儿所一样。

依恋

首先，我们看一看婴儿与其最重要的照顾者之间所建立的情感纽带。大多数人都将这种情感纽带叫作“爱”，研究者用更加专业的术语将这种联系称为“依恋”。依恋是对某个人或者某些人的一种能跨越时空的持久情感纽带。婴儿不会与每一个人都建立情感纽带，他们只对少数给他们提供主要照顾的几个人产生这种特殊的依恋。自20世纪50年代伊始，这一领域的多数研究都集中于婴儿对母亲产生的依恋。当然，如今，许多婴儿也会由父亲、兄姐、祖父母、保姆或者其他关系好的亲戚照顾，因此，婴儿可能对任何持续给他们关爱的人产生依恋。在描述对依恋的研究时，我们将使用“母亲”这一术语，但我们希望父亲和其他照顾者能认识到他们与孩子的关系有相似的形成历程。

依恋研究史

约翰·鲍尔比的行为主义理论、哈里·哈洛用恒河猴所做的实验以及玛丽·安斯沃斯关于婴儿对父母的依恋的测验，都对现代人类依恋心理的研究影响甚深。

约翰·鲍尔比的动物行为理论 依据约翰·鲍尔比的动物行为理论，依恋来源于婴儿成长过程中不断发展的特征和行为体系，这个体系能提高婴儿生存的概率。动物的幼崽在出生后不久就能独自生存，与此不同，人类的婴儿则完全依赖照顾者提供食物、保护他们并且满足他们的其他需求。这种深刻的依恋纽带使人类婴儿得到的关注在数量和质量上都有所提高。鲍尔比评论说："自然将孩童设计如此，他们能迷住母亲，使她们任劳任怨，以保证自己的生存，这是幸事。大人走到哪儿，新生儿的眼睛就跟到哪儿，初为父母者会因此而高兴。后来，婴儿逐渐学会伸手去够东西，学会到处爬，又学会走路，他们便能够找到、跟着、黏着照顾者。他们或笑或哭或召唤，让大人靠近。"鲍尔比强调婴儿的笑是一种能激发成人抚育行为的强大的社会行为刺激物。对这些社会性提示，成人通常都会做出正面反应，认为婴儿圆圆的脸蛋、明亮的眼睛、胖乎乎的样子很可爱，会忍不住想抱。很快他们便与婴儿建立了很深的情感纽带。正是人类的进化将抚育孩子的成年人与依赖成人悉心照顾的婴儿联系起来。鲍尔比认为，在悲伤或害怕的时候，婴儿会寻求大人的保护，这时婴儿对大人的依恋尤为明显。婴儿所依恋的对象为其能获得情感抚慰提供了坚实基础。自 20 世纪 50 年代，鲍尔比的动物行为理论成为研究婴儿与成人之间特殊情感纽带的主要理论框架。

哈里·哈洛的恒河猴实验 同样在 20 世纪 50 年代，心理学家哈里·哈洛进行了儿童发展研究领域最著名的实验之一。哈洛养了几只恒河幼猴，如图 6.1 所示，有两种类型的母猴替身，一种替身是用金属丝网做成的，另一种替身上面覆盖了一层柔软的布面。这些幼猴会对这些物体产生依恋吗？母猴替身能给幼猴带去情感支持吗？布面母猴替身确实起到了作用。通过这个实验，哈洛很有说服力地证明了依恋形成过程中的关键因素是触觉安慰——婴儿在依赖柔软的依恋对象时获得了舒适感。

图6.1　哈洛实验中的母猴替身

恒河幼猴对能够提供触觉安慰的布面母猴产生情感依赖，而对提供食物的金属丝母猴则没有产生情感依赖。

哈洛的实验发现与如今流行的精神分析理论和行为主义理论是相冲突的。这些理论都是基于婴儿对喂他们食物的照顾者产生依恋的事实而提出的。在精神分析理论中，哺乳期的口欲满足建立了婴儿与母亲之间最初的情感纽带（试回忆弗洛伊德的口唇期，见第1章）。在行为主义理论中，食物能加强与依恋相关的行为。但对哈洛实验中的猴子来说，哺乳不是产生依恋的决定性因素。即便这些幼猴所喝的奶来自金属丝网做成的母猴，大部分时间它们都黏着有布面的母猴。将这些幼猴放到一个开着门的房间，或者一个不熟悉的环境，没有布面母猴时它们表现出极度的焦虑。起先，它们都蜷缩在角落，摇摆着身子，抱着自己。但将布面母猴放到房间里时，这些幼猴则有十分不同的反应。它们会抱着布面母猴，黏着它，之后，由于"母猴"的在场让它们有了安全感，它们开始探索周围，无拘无束地玩耍起来。如果面前有什么让它们害怕的东西（比如发出咣当声的机器人或者一个巨型昆虫模型），幼猴首先会去向布面母猴寻求安慰，然后才会很勇敢地面对自己的恐惧感。提供触觉安慰的母猴替身成了幼猴所需的安全基地，而哺乳本身则没有这样的作用。哈洛发现是布面母猴给幼猴提供了鲍尔比行为理论中所讲的安全感。

综上所述，鲍尔比和哈洛的发现为其他研究亲子间依恋关系的研究者提供了一个角度。婴儿靠近某个人寻求安全基地时，便形成了与那个人的情感纽带。当婴儿与此人分开时便表现出焦躁情绪，而重新在一起时，婴儿会黏着依恋对象，情感上又恢复了舒适感。这种规律，鲍尔比在他的行为理论中已经预测过，而哈洛在他的恒河猴实验中观察到了。那么，人类婴儿也会表现出这样的规律吗？

玛丽·安斯沃斯与陌生情境 为了研究人类婴儿的依恋行为，心理学家玛丽·安斯沃斯进行了陌生情境测验。追随鲍尔比和哈洛的脚步，安斯沃斯的实验过程基于这样一个观念：婴儿在不熟悉的环境中，或者面对不熟悉的人时，会显得很焦躁，这时，婴儿会想方设法靠近他们依恋的对象。我们一起看看具体过程：

表 6.1

玛丽·安斯沃斯的陌生情境步骤	
场景	安全型依恋的婴儿的行为
1. 介绍：助手将母亲和婴儿带到房间。这个场景持续 30 秒;其他场景每个持续约 3 分钟。	婴儿由母亲抱着。
2. 不熟悉的房间：母亲将婴儿放到地板上玩玩具，母亲坐在椅子上。母亲被告知不得指导婴儿的行为，而应正常地做出回应。	开始婴儿可能会很谨慎，但会将母亲视作安全基地。母亲在房间时，婴儿会玩玩具，并且通常会与母亲保持眼神交流。
3. 陌生人进入：不熟悉的女性陌生人敲门，然后进来。陌生人和母亲说话，然后靠近婴儿和他一起玩耍。	婴儿可能会表现出陌生人焦虑，并且很明显喜欢母亲胜过陌生人。如果母亲在场，婴儿可能会允许陌生人靠近、玩耍。
4. 母亲离开：母亲悄悄离开房间，让婴儿和陌生人待在一起。陌生人返身坐在椅子上。	婴儿表现出分离焦虑，陌生人焦虑重新产生。陌生人一定程度上可以安慰婴儿，但婴儿明显想要母亲。
5. 重逢，陌生人离开：母亲回来，陌生人离开。母亲安慰婴儿（如果婴儿想要），并且让婴儿重新与玩具玩耍。	婴儿重新见到母亲很高兴，想触摸母亲。婴儿想要靠近母亲，紧紧抱住母亲。母亲在身边时，婴儿也许会继续玩耍。
6. 母亲再次离开：母亲说“再见”，让婴儿独自待在房间。	婴儿表现出分离焦虑和焦躁。
7. 陌生人进入房间：婴儿仍然独自待着，同一个陌生人再次进入。陌生人坐在椅子上，然后呼唤婴儿，或者接近婴儿，一起玩耍。	婴儿可能会表现出陌生人焦虑，显然更希望母亲能回来。
8. 重逢，陌生人离开：母亲回来，陌生人离开，母亲抱起婴儿。实验结束。	婴儿重新见到母亲很高兴，想触摸母亲，并想要靠近母亲。

陌生情境由八个场景构成，每一个场景都被认真记录下来，以备研究者观察婴儿的依恋行为，如表6.1所示。目的是将婴儿放置到一个不熟悉的情境中并且让他和主要照顾者——通常是母亲——待在一起。婴儿会将母亲视作安全基地去探索新的环境吗？母亲离开时，婴儿是否会变得焦躁？母亲回来时，婴儿是否总想和她亲近？婴儿是否更喜欢母亲而非陌生成年人？

这八个场景中，大多数婴儿都表现出陌生人焦虑，对陌生成年人表现出谨慎或者恐惧。如果母亲还待在房间，婴儿会让陌生人接近并和他玩耍，虽然大多数时候仍然很谨慎。如果母亲离开房间，他们的焦虑则更为明显。如果母亲离开房间，大部分婴儿会表现出分离焦虑，他们会哭闹或者表现出其他明显的焦虑特征。虽然焦虑通常不是什么正面情绪，但陌生人焦虑和分离焦虑都标志着婴儿已经对某个特殊的人产生了情感依恋。能让婴儿在新环境中有安全感、舒适感的人是母亲，而非陌生人。当母亲离开时，安全感的缺失会变得很明显。对陌生人的谨慎以及对母亲的偏爱均表明婴儿产生了安斯沃斯所命名的安全型依恋 。然而，最显著的安全型依恋的标志是母亲回来时婴儿做出的反应：安全型依恋的婴儿总想和母亲接触，抱得紧紧的，并且会让母亲安慰他哄他。安斯沃斯以及其他美国研究者通过陌生情境实验观测过几千个婴儿，其中近62%表现出安全型依恋，但其他38%又如何呢？

安斯沃斯发现两种不安全型依恋。其中一种是不安全－回避型依恋，参加过实验的美国婴儿中，近15%属于这种类型，他们不把母亲当成安全基地。陌生人进来时，他们并不会表现出对母亲特别的偏爱；他们不会先抱母亲，而是直接与陌生人接近，或者和陌生人玩耍。母亲离开时，这些婴儿似乎没有不安。他们会继续玩耍，而不是跑到门口闹着要母亲。母亲再次进房间时，婴儿会躲开，不理睬她，或者躲避她。该如何解释这种行为模式，众说纷纭：是因为父母某一方过去冷落过他们，婴儿是在主动避免和他们接触呢，还是因为他们和父母没有形成情感纽带，对父母不感兴趣而已？

8%的婴儿的依恋类型属于不安全依恋－反抗型。这类婴儿通常喜欢和母亲亲近，但似乎不能从亲近中获得安慰。一些婴儿表现出夸张的陌生人焦虑和分离焦虑，或者待在父母身边的强烈需求。然而当母亲抱起这些婴儿时，他们会抵抗母亲安慰的努力，经常表现出愤怒或极度的焦虑。其他一些婴儿在母亲努力要安慰他们的时候似乎很被动。一些研究者也将这种类型命名为不安全－矛盾型依恋，因为婴儿喜欢亲近，却又对这种亲近表现得很矛盾。

最近，研究者增加了一种新类型，叫不安全－混乱型依恋，有 15% 的受试者属于这种类型。这些婴儿要么很困惑或者茫然，要么表现出矛盾的行为。他们一会儿平静，一会儿生气。他们的母亲靠近时，他们会很呆滞或者面露疑虑。他们的行为并不是一直属于回避型或者反抗型，所以不能明确地归于以上两种不安全型依恋。表 6.2 对玛丽·安斯沃斯及其他研究者识别的依恋类型做了总结。

除了陌生情境实验以外，检测依恋行为最常用的方法是依恋行为分类卡片（attachment Q-sort，简称 AQS）。指定父母、老师及其他有机会观察孩子的成

表 6.2

在陌生情境实验中识别的不同依恋类型	
依恋类型	行为表现
安全型依恋	• 婴儿以母亲为安全基地进而去探索不熟悉的房间。 • 婴儿喜欢母亲超过陌生人。 • 与母亲分离时，婴儿会表现出忧虑。 • 重新相见后，婴儿喜欢与母亲亲近。
不安全－回避型依恋	• 婴儿不会表现出对母亲的偏爱。 • 婴儿走开或看别的地方，回避与母亲接触。
不安全－反抗型依恋	• 婴儿表现出接近－抵制的矛盾行为：想要和母亲靠近却又抵制接触。 • 婴儿不会回避母亲。 • 一些婴儿表现出生气；一些很被动。
不安全－混乱型依恋	• 婴儿似乎很困惑或者表现出不一致的行为。 • 婴儿一会儿平静一会儿生气。 • 婴儿呆滞或者表现出疑虑。 • 婴儿的行为不是一直属于回避型或者反抗型。

年人去整理 90 张卡片。每张卡片上有一条简短的行为描述语，比如“为保持社会交往而行动”。按照描述的契合度，从最准确到最不准确依次不等，观察者将卡片分放到九个小组中。根据所属的卡片群，每张卡片会获得一个分数。将得分模式与孩子已有的形象进行对照，便能衡量孩子的安全感、依赖度、社交能力、社交欲望。另一种评估依恋类型的方法用到同样的卡片分类方法，但观察者主要是对亲子交往过程中照顾者的行为进行分类描述。

与依恋相关的因素

导致不同依恋类型的原因主要有父母、婴儿自身、文化因素。

父母因素　根据安斯沃斯的研究，对依恋类型的形成起决定作用的是婴儿出生第一年中父母抚育的质量——后天的教养比先天因素更重要。通过对家庭环境中亲子行为的大量观察，安斯沃斯和其他研究者发现，安全型依恋关系一般与积极、稳定、热情回应婴儿的母亲联系在一起。这些母亲经常抱孩子，很温柔，直到孩子似乎满足了才把他们放下。安斯沃斯到受试者家中观察，她发现那些安全型依恋的婴儿在母亲短时离开房间时并不会表现出很明显的焦虑。他们似乎知道母亲去哪儿了，并且相信母亲很快就会回来。这与在陌生情境实验中婴儿的行为是不一致的：同样是这些婴儿，在不熟悉的实验环境下，母亲离开时会表现出分离焦虑。在重逢的实验场景中，安全型依恋的婴儿会因为母亲的搂抱获得极大的安慰。

安全型依恋的一个尤为重要的特征是，母亲对孩子发出的呼唤和信号很敏感。当孩子哭闹或者呼唤她时，这些母亲能迅速做出回应。她们的方式更为积极，并且她们不担心自己的关心会“宠坏”孩子，但孩子需要的不仅仅是迅速积极的回应。这些母亲表现出敏感回应性——她们能从孩子的视角看待事物，并根据孩子的需求调整自己的回应。想象一个 1 岁大的婴儿打开一本书，然后指着一个气球说：“la 个。”看护人会微笑着回答说：“是的，那是一个气球，这里还有一个。”看护人注意到婴儿发出的信号，并对此做出回应，让婴儿主动去玩指认的游戏。与此相反的是，看护人从婴儿手中拿过书，从头开始教他“正确”

的读法。哪一位看护人表现出了敏感回应性呢？看护人如果顺着婴儿，和他们一起玩游戏、互动、做其他事情，就会促进健康的依恋关系形成。他们根据婴儿发出的信号和节奏调整婴儿的进食和睡眠时间，或者在其他方面表现出对婴儿的敏感体贴。在安全型依恋中，这种关系是相互的，不是由看护人完全主导的。虽然不同文化中“怎样的敏感才合适”的差异很大，对很多国家的研究，包括日本、中国、朝鲜半岛、哥伦比亚、葡萄牙、阿根廷、意大利、德国、喀麦隆、伊朗、澳大利亚，一致发现婴儿的安全感与看护人的敏感程度有关。看护人的敏感在儿童保健中也很重要：当看护人表现出更多的敏感回应性时，婴儿和年幼的儿童更可能形成安全型依恋。

根据在家庭环境中观察到的结果，安斯沃斯认为父母冷漠的抚育行为导致了不安全－回避型依恋，而父母不稳定的抚育行为则导致了不安全－反抗型依恋。研究者提供的证据证明，回避型依恋的产生多是由于父母在教养中干涉过多、反应过激，甚至带有恶意；而反抗型依恋的形成则是由于父母对孩子的需求没有反应。这些研究者发现，不安全－回避型依恋的婴儿，其母亲通常神经紧张、易怒，对自己的婴儿兴趣很小，很机械地抱婴儿，不会根据婴儿的节奏调整喂食，对婴儿哭闹或呼唤都没有什么反应，或者在其他方面表现出对当母亲这件事怀着怨气或者持消极的看法。

不管是回避型还是反抗型，两种不安全型依恋的婴儿都发现看护人不会很敏感地对他们的需求做出回应。因此，难受的时候，他们会转移视线或者生气恼怒，拒绝父母的安慰。

不安全－混乱型依恋一直与父母的消极、好干涉、虐待相关，也与那些本身受过童年创伤、与其父母之间存在未解决的问题或者仍然沉浸在依恋对象死去的悲伤中的家长相关。受过父母惊吓的婴儿在难受的时候会感到困惑，不知如何应对。他们也会担心父母难受时会怎么对他们。父母可以成为自己的安全基地吗，还是会很危险？不难理解这样一个婴儿的行为会前后不一，比如，想要接近父母但又很怯懦，或者因为进退两难而僵直不动。

婴儿自身因素　依恋是一种双向关系，因此与婴儿自身相关的因素也会影响这种依恋关系是安全型还是不安全型。安全型依恋的婴儿哭闹的次数不那么多，见到母亲后的反应更为积极，更愿意主动和母亲发生身体接触。相反，不安全型依恋的婴儿会经常哭闹，经常生气，与母亲身体接触时会挣脱。这些差异是婴儿造成的还是父母的抚育造成的？是因为母亲对婴儿更加体贴，所以安全型依恋的婴儿更少哭闹，还是因为婴儿更加乐观，所以母亲更加体贴？我们在第 1 章讨论过，在类似的相关性联系中很难确定哪个是因，哪个是果。

研究发现，在有着特殊需求的婴儿中，不安全 - 混乱型依恋出现的概率更高，比如高危性早产儿、唐氏综合征患儿、自闭症患儿、有身体残疾的婴儿。抚育带有以上这些特殊需求的婴儿是非常具有挑战性的，而且即使经过很长一段时间的抚育，仍可能有困难存在。行为基因学通常认为，依恋类型多是由父母抚育婴儿的方式决定，而非由遗传基因决定。然而，有一个观点则更为复杂：依恋的形成是遗传易感性与所受照顾之间相互作用的结果。例如，有某种基因特征（涉及调节压力、情绪和注意力的基因）的婴儿更容易因为母亲回应不够而受到伤害，但也会因为敏感回应性提高而获益更大。易感性不只存在于婴儿方面，有些父母的基因特征也使得他们更易受环境中的压力因素影响。如图 6.2 所示，这项研究发现，具有某种与多巴胺受体相关的基因型的母亲，对属于高危群体（如早产、出生时体重低、有用药风险）的婴儿敏感度更低，而具有同样基因型的母亲对不属于高危群体的婴儿则敏感度更高。具有其他基因型的母亲没有表现出这种不同的敏感模式。依恋关系似乎取决于抚育行为、婴儿特征及婴儿与父母的遗传易感性三者之间的相互作用，但就这些因素是如何相互影响的，我们不了解的内容仍有很多。

文化因素 除了婴儿和父母的因素外，背景文化的价值观也会影响父母的期待和行为。表 6.3 所示为美国及其他 7 个国家的婴儿依恋类型统计数据。为了进行比较，请注意美国的数据分成 3 个组别：总人口、华裔美国人、收入较低的拉美裔美国人。所有这些研究中，研究者都在陌生情境中对婴儿进行了观察，其中大多数婴儿处于 11 ~ 22 个月大。不安全依恋 - 混乱型是后来发现的类型，表中所引用的大多数研究没有将其包括在内，故此类型没有出现在表格中。你会发现，

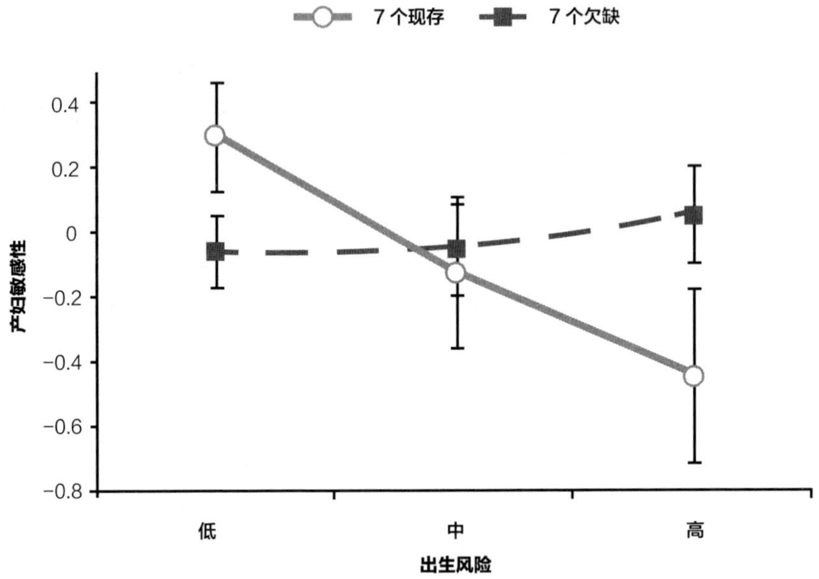

图6.2　高危婴儿和正常婴儿母亲的敏感度和基因型

依恋关系是父母与婴儿之间复杂的相互作用，既体现在行为中也体现在遗传易感性中。具有某种与多巴胺受体相关的基因型（“7 个现存”）的母亲对较正常的婴儿的敏感度更高，对属于高危群体的婴儿的敏感度更低。具有其他基因型的母亲的敏感度不会因为婴儿高危与否产生差异。

英国和瑞典安全型依恋的百分比最高。智利和德国的百分比最低，虽然这两个国家被观察的婴儿有超过一半都属于安全型。不安全型依恋则表现出更多样的情况。在欧洲国家（包括英国、瑞典、荷兰和德国），几乎所有的不安全型依恋婴儿都是回避型，只有很少一部分属于反抗型。日本和以色列则出现了相反的情况。在智利，不安全型婴儿中回避型和反抗型数量相当。

是哪些文化因素导致了不同国家之间的差别？日本文化崇尚亲密的身体接触和母婴之间的亲密关系，而且日本的父母基本上不会让婴儿独自待着，尤其是有陌生人在的时候。在以色列和朝鲜半岛也有类似的文化观念，婴儿习惯于亲密关系，与陌生人接触少，不怎么与父母分开。当日本、朝鲜半岛、以色列的婴儿处于陌生情境中，很多都表现出高度的焦虑——有时使得研究者不得不

表 6.3

陌生情境下不同国家婴儿依恋类型统计数据				
国家或组别	婴儿抽样数	安全型（百分比）	不安全依恋-回避型（百分比）	不安全依恋-反抗型（百分比）
英国	72	75	22	3
瑞典	51	74	22	4
荷兰	115	68	26	6
德国	136	57	35	8
日本	96	68	5	27
以色列	166	64	5	31
智利	38	52	24	24
波多黎各	27	52	30	7
美国：总人口	1 584	67	21	12
美国：华裔美国人	36	50	25	25
美国：布朗克斯区收入较低的拉美裔	50	50	30	20

缩短分别场景的实验时间。在陌生情境实验过程中，表现出高度焦虑的婴儿被划分为不安全-反抗型依恋。相反，德国文化强调儿童自小独立，因此那些婴儿在焦虑的时候便更少寻求待在母亲近旁。你应该记得，在陌生情境中，如果婴儿不理睬或者避免与父母接触，那么他们就是典型的不安全-回避型婴儿。我们对一些地区的婴儿在依恋类型评估中的典型反应的资料，掌握尚不多。

美国的婴儿依恋类型表现出社会经济和种族的差异。白人母亲更倾向于看重婴儿的独立性和能力，对很黏人、依赖性强的行为回应消极，而这是导致不安全-反抗型婴儿的典型行为表现。其他种族价值观稍有不同。例如，波多黎各裔的母亲看重家庭之爱和尊重，对不安全 - 回避型婴儿所表现的独立性持消极看法。许多非洲裔美国人都是在大家庭中长大的，母亲、祖母、婶婶、伯母、姐妹和其他亲戚都会参与照顾婴儿。也许这样的婴儿在母亲离开时会表现得不那么害怕？

与父亲的依恋关系 到现在为止，我们集中讨论的大都是母婴之间的依恋关系。那么父亲呢？研究者对 11 项婴儿与父亲和母亲的依恋关系的研究进行总结，得出的结论是，婴儿对父亲产生依恋的可能性与对母亲的一样大。而且，对父亲和对母亲的依恋类型往往是一致的。也就是说，对母亲是安全型依恋的婴儿，对父亲也往往是安全型依恋；对母亲是回避型依恋的婴儿，对父亲也是回避型依恋。以此类推。

直到最近，研究者运用陌生情境实验法就婴儿对父亲的依恋进行了评估，所用方法与评估母婴依恋关系相同，并考察了依恋类型与父母敏感度之间的关系。这些研究基本都发现，母亲的敏感度比父亲的敏感度对婴儿依恋类型的影响更大。而且，这些研究总体历时 30 年，尽管父亲照顾婴儿的参与度发生了变化，但对父亲来说，其敏感度对依恋类型的影响力没有提升。陌生情境实验是否适用于父亲呢？父亲给予婴儿的敏感和回应可能与母亲不同，父亲更关注并且支持婴儿探索环境、进行体能游戏和冒险活动。与此相反，母亲则在婴儿焦虑时（比如婴儿被放在不熟悉的房间与陌生人相处时）提供安慰，让婴儿平静。这两种类型的支持对婴儿信心的发展很重要。

托儿所与依恋关系 许多父母都担心，在宝宝出生后的头几个月，自己如果不能时时刻刻陪着他们，就会对他们的依恋关系造成不利影响。20 世纪 80 年代进行的一些研究表明，那些每周在托儿中心、家庭托儿所或其他带孩子的机构待 20 个小时以上的婴儿，与那些得到更多母亲照顾或者一直在家的婴儿相比，形成不安全型依恋的可能性更大一些。在这些研究中，虽然在托儿所的大部分婴儿（包括那些每周在托儿所 20 个小时以上的婴儿）仍属于安全型依恋，但其比例仍然比和母亲待在家的婴儿低很多。10 年以后，一项在美国范围内展开的研究发现，只有当母亲的照顾敏感度不够、反应不够时，婴儿待在托儿所的时间才会提高形成不安全型依恋的风险。根据这项研究，托儿所本身不一定会危害依恋关系，只有抚育问题加上全天候托管才会对依恋关系产生影响，尤其是托儿所服务质量不好的时候。

即便托管孩子本身不会损坏亲子之间的依恋关系，许多父母仍然希望在宝宝出生后的几个月能花更多的时间陪着宝宝。然而，许多父母不得不尽快回归工作，以免失业，没有工资供日常花销。在一些国家，带薪育婴假能让父母有更多时间在家陪伴刚出生的宝宝。

早期依恋和长期影响

到目前为止，我们已经知道，婴儿依恋行为的质量与婴儿出生后第一年所受到的抚育质量有关。这虽然很有意思，但如果研究结果只适用于婴儿出生后的第一年，那这项研究就会显得不那么重要了。但事实不是这样。20 世纪 70 年代早期，明尼阿波利斯市的一大批家庭曾参与过一项研究，明尼苏达大学的心理学家兼研究者艾伦・苏劳菲与同事对其进行了跟踪研究。在婴儿只有 12 个月、18 个月大的时候，研究者在陌生情境实验中对其及其母亲进行了观察。随着这些儿童年龄的增长，研究者不断收集他们的信息。证据证明，安全型依恋对儿童的发展有积极影响。在学龄前时期，老师和观察者认为，属于安全型依恋的孩子比那些婴儿时期属于不安全型依恋的孩子更快乐、更善社交、能力更强、更驯顺、更富有同情心。属于安全型依恋的学龄前儿童在同龄人中也更受欢迎，自尊心更强，并且依赖性更小，不那么消极。

到 10 岁的时候，属于安全型依恋的儿童仍然依赖性更小，并且在自尊心、自信心、社交技能、情绪健康的评估中得分更高。与婴儿期是不安全型依恋的孩子相比，他们交到的朋友更多，与朋友待在一起的时间更长。在分析了包括近 6 000 名受试者的 69 项研究之后，我们发现，属于不安全型依恋的孩子，尤其是混乱型的孩子，到 12 岁时出现攻击性、对立、行为不端、敌对他人等行为问题的风险要高得多。

曾属于安全型依恋的青少年更可能成为他们所在社会团体的领导者。他们的

社会政策视角

美国和其他国家的产假政策

美国许多家庭都会在宝宝降生后面临一个困境：母亲要辞职在家带孩子吗？如果是这样，少了她的这份工资，家里生活如何维系？如果她因此不能享受家庭健康保险及其他福利怎么办？以后她还能重返工作岗位，而且不会受到歧视，不会影响晋升吗？或者让父亲辞职？你可以想象，这种困境对单身母亲和夫妻工资都不高的家庭来说尤为严重。父母应该怎样做才能既照顾好新生宝宝又不危及家庭经济保障？

如果要外出工作就要给宝宝找托儿所，他们会遇到更多麻烦。在美国，针对婴儿及2岁以下学步儿的正规保育机构少之又少。如果能找到，费用要占去他们工资的一大部分。许多父母会思考，继续工作到底值不值。

几乎所有的工业化国家都认识到国家支持健康家庭的重要作用。如果婴儿受到的照顾不够好，或者家庭为了照顾自己的孩子不得不陷入贫困生活，那么这对谁都没有好处。育婴假期间带工资能够降低婴儿死亡率，而且刚做母亲的人越晚回去工作，母乳喂养的时间就越长，这些都对婴儿的健康有很多好处。欧盟国家平均为有新生宝宝的家庭提供36周的带薪育婴假。大多数欧盟国家也给领养孩子的家庭提供类似的福利。通常，母亲能获得14～16周的产假，得到全额或大部分薪资。母亲（有时候是父亲或父母双方）还能另外获得20周左右的假期，这20周的假期必须扣除一部分薪资。通常，如果他们愿意的话，父母一方或者双方还能继续申请无薪休假。休假期间，父母的工作有保障，享有全部福利。

表6.4总结了世界上经济最为发达的几个国家的家庭休假政策。这15个国家中，只有美国休假无薪。所有其他国家都提供14周的带薪假期，平均数为6周。还有其他一些国家也提供带薪假——中国有18周，印度和墨西哥有12周。美国1993年就颁发了《家庭和医疗休假法案》（简称《法案》）。《法案》规定，有50名以上雇员的雇主为因生育、领养、照顾其他患严重病症的家属的员工提供最多可至12周的无薪假期。休假期间工作受保护。然而雇佣者可以规定病假或者休假累积会抵消一部分或所有的假期。美国约有40%的劳动力不受《法案》保护，因为一些小型企业被免除了这个义务，还因为雇员在休假前的一年内必须在公司工作至少1 250个小时才有资格休假。那些工资较低的雇员享受《法案》休假资格的可能性很小。虽然与其他国家的规定相比，这一规定黯然失色，然而，这项法案的几个细节仍然遭到强烈的抵制。制定《法案》的动力始于20世纪70年代，但直至1985年才进入国会议案。国会分别在1990年和1991年对该《法案》进行了投票，但两次都被总统否决。许多雇佣者担心带薪休假会拖垮公司。

问　题

照顾初生婴儿这件事应该由自由市场经济的运作来决定吗？或者如果能带薪休育婴假，那么这部分薪金由谁来提供？是由全体纳税人平均承担，还是由雇佣者承担大部分费用？你认为怎样制定这个政策最好？

表 6.4

部分国家的家庭休假政策						
	母亲带薪休假			父亲带薪休假		
国家	是否带薪	时间（周）	薪资比例（%）	是否带薪	时间（周）	薪资比例（%）
澳大利亚	是	18	固定数额	是	18	固定数额
奥地利	是	81 ~ 146	100，固定数额	是	65 ~ 130	固定数额
加拿大	是	50	55	是	35	55
丹麦	是	50 ~ 58	88 ~ 100	是	34 ~ 42	80 ~ 100
芬兰	是	164	25 ~ 90	是	154	25 ~ 70
德国	是	66 ~ 118	33 ~ 100	是	52 ~ 104	33 ~ 67
冰岛	是	26	80	是	26	80
日本	是	58	30 ~ 60	是	44	30 ~ 40
荷兰	是	16	100	是	0.4	100
挪威	是	90 ~ 100	80 ~ 100，固定数额	是	87 ~ 97	80 ~ 100，固定数额
新加坡	是	14	100	是	2	100
瑞典	是	69*	80，固定数额	是	67*	80，固定数额
瑞士	是	14	80	否	不适用	不适用
英国	是	39	90	是	2	90
美国	否	不适用	不适用	否	不适用	不适用

* 瑞典的产假政策允许父母半休，只享受部分福利，但可延长休假时间。

恋爱关系持续时间更长，并且在恋爱关系中能够获得更大的满足。他们与父母的安全型依恋关系很明显延伸到了他们童年时期与同龄人的关系中以及之后的恋爱关系中。然而，婴儿时期属于不安全型依恋的青少年和成年人，则会经历更多的情感问题和心理问题，包括焦虑性障碍和抑郁。与父母双方的依恋关系都是不安全型依恋的婴儿出现上述风险的概率更高。

这些依恋关系是如何发挥长期作用的？有一种可能是安全型依恋起着间接作用，在孩子遇到基因风险或者环境风险时起缓冲作用保护他们。例如，在 5-HT 基因（调节大脑血清素水平的一种基因）上有一个“短”等位基因的个体，在行为、注意力、情绪调节方面出现问题的风险更高。如果有这些基因风险的孩子对看护人的依恋是不安全型，他们自我调节的能力就很差。但有着同样基因型的孩子如果属于安全型依恋，他们的自我调节能力会达到正常孩子的水平。这表明在某些方面很难带（比如冲动、自我调节能力差）的孩子比其他孩子更需要敏感热情的照顾。

另一种可能的解释是，安全型依恋的作用更加直接，能帮助孩子学会开放地交流感情，同时更好地掌握语言和社交技能。这些技能可以帮助孩子更加积极地与同龄人交往，达成更深厚的友谊。根据艾伦·苏劳菲的研究，婴儿会将生命早期形成的重要关系内化，并将这些关系作为日后建立各种关系的认知筛选器。人们会期待他人与自己交往的方式和自己早年的依恋关系一致。因此，安全型依恋的婴儿长大后从他人身上寻求和看到的是支持与积极的一面，他们的行事方式也会激发周围人身上的这些品质。然而，不安全型依恋的婴儿日后在各种关系中可能看到的是别人的敌意、摇摆不定、拒绝，并且激发这些因素。

最后，也许从小就对婴儿敏感体贴的父母往往随着孩子的成长仍然会保持这种热情和敏感。童年后期对孩子的热情抚育在保持其积极的行为方式、社交、人格方面，也许比孩子出生后第一年的依恋关系更为重要。如果父母一直很热情、给予支持，我们能发现婴儿时期的安全型依恋关系与这个孩子后来的积极态度是相关的。然而，当抚育环境和家庭环境发生改变，这种相关性就被打破了。例如，即便孩子在婴儿期曾经属于安全型依恋，父母离婚、疾病和其他负面环境因素都会对其有消极影响。相反，不安全型依恋的婴儿如果后来得到的照顾有所改善则会从中受益。虽然最初的依恋关系的质量左右孩子是否能够有个好的开始，但兰姆提醒我们，婴儿期以后，父母抚育的质量和稳定性也起着很重要的作用。

气质和情绪

婴儿与学步儿之间在情绪方面和对不同人、地方及事件的反应方面差异很大。本节，我们将讨论这些方面的研究成果。

气质类型

任何与婴儿或者学步儿相处过很长时间的人都会发现：孩子们来到这个世界，都带有自己的行为风格和倾向。有的善于交际、更加开朗爱笑。有的则更害羞、胆小，或者不愿去接触新环境。今天，研究者把儿童的行为风格，亦即对环境的主要反应模式，称作气质。

早期将气质进行分类的方法，是由亚历山大·托马斯和斯特拉·切斯提出的。1956 年，托马斯和切斯对纽约的儿童进行了大范围的跟踪研究。后来，他们又研究了波多黎各裔工人家庭的儿童，以及早产、先天性身体残疾、患有神经疾病、智力障碍的儿童。这些研究一直持续到这些儿童成年。根据对这些儿童父母的采访，托马斯和切斯识别出气质的九种维度，基本能覆盖婴儿所展现的所有行为模式，见表 6.5。每个儿童每种维度的得分有高、中、低三档。这些分数加起来就是这个儿童对环境的主要应对模式。

利用这九种维度，托马斯和切斯识别出三种比较重要的气质类型：

- **容易型气质** 表现为积极、爱笑，面对新环境比较积极、灵活，能适应变化，并且能很快形成吃饭和睡觉的规律。
- **困难型气质** 表现为孩子经常消极、容易恼怒，在新环境面前退缩，适应变

表 6.5

九种气质维度	
气质维度	定义
1. 活跃度	在洗澡、吃饭、玩耍、穿衣等日常活动中的能动性：这个婴儿有多活跃?
2. 节律性	睡觉、喂食、排便或其他事情的可预知性 / 不可预知性：这个婴儿习惯的可预知性和规律性如何?
3. 趋避性	对新刺激反应的积极度：婴儿面对一个陌生人、一个陌生环境、一个新玩具时，他的第一反应是积极的还是消极的?
4. 适应性	面对新的或者正在变化的环境，这个婴儿做出恰当调整时的轻松度：婴儿适应变化的能力怎样?
5. 反应阈	引发反应所需的刺激强度：要让婴儿行为发生改变，新环境的刺激强度需要多大?
6. 反应强度	反应的能量水平：婴儿反应的强度有多大?
7. 情绪质量	愉快或者不愉快反应的数量：婴儿的反应有多快乐或者友善?
8. 分心度	环境中的刺激对婴儿正在进行的行为的干扰度：婴儿有多容易分心?
9. 注意持续时间和持久性	婴儿在遇到阻碍时进行一项活动的持续度：婴儿持续活动的时间有多长? 持续活动过程中克服阻碍的能力怎样?

化速度慢，吃饭和睡觉时间不规律。

- **迟缓型气质** 表现为孩子对新刺激和新环境反应冷淡，但不断接触后逐渐变得平静积极。与困难型气质相比，这些孩子的情绪反应不那么强烈，吃饭和睡觉更为规律。

在托马斯和切斯最初的跟踪调查抽样中，40% 的孩子属于容易型气质，10% 属于困难型气质，15% 属于迟缓型气质，剩下的 35% 不能明确地归于任何一种类型，而是表现出自己独有的气质特征。在有些孩子身上，某种特定的维度——比如活跃度极高、分心度极高或者注意持续时间极短——会主导一个孩子的气质。

不同的气质是如何形成的？　是什么塑造了气质？托马斯和切斯提出了一个互动模型，强调先天和后天的互补作用。如我们在第 2 章所知，行为基因学家已经提出，气质和性格的遗传率估值相对偏高。例如，焦虑、社交性、活跃度、情绪性、任务取向、控制能力等特征（见第 2 章表 2.4）的遗传率估值在 0.44 ~ 0.7 之间。这意味着在整个人口中，44% ~ 70% 的特征变量都与基因相关——基因遗传作用显著。然而，我们从第 2 章中知道，这不能说明环境就不重要。有证据表明，产前压力也起到一定的作用。例如，母亲怀孕初期（13 ~ 17 周）的高度焦虑与孩子 2 岁后的消极气质（比如更易害怕、愤怒、紧张，以及反应更加消极）的形成水平是相关的。

根据本项研究及其他研究，大多数心理学家认为婴儿先天的倾向会受父母、家庭和大环境的影响，或得到强化、引导，或受到阻碍。例如，一个家庭可能会把高度活跃的孩子当成“麻烦”，而另外一个家庭则可能会认为这种孩子“有活力”。父母热情的支持性抚育能使一个活跃的孩子学会自我控制，而严苛的惩罚性的抚育则会让这种孩子变得具有攻击性。适应是双向的：父母要适应孩子的活跃度，孩子也要适应父母的期望和约束。

契合度　随着孩子成长，影响他们成长结果的关键因素就是托马斯和切斯所说的气质和环境的契合度。孩子与其所处的环境能够相互契合才会健康成长。例如，只有父母性格开朗并且注重体能活动时，活跃度高的孩子的成长状况才会更好。相反，与环境的契合度不佳则会妨碍成长。偏内敛的父母不能很好地回应极其活跃的孩子，而迟缓型的孩子则可能不能很好地适应那些倾向于草率地将他们置于新环境中的父母。如果这种不相容性很严重，这个孩子就可能出现行为失常。

然而，孩子和父母的特征并不一定要相配才能很好地契合。有时，契合双方是互补的，比如对于一个好动的孩子来说，喜欢思考、比较灵活、有耐心的父母能让他冷静，他便能在这种影响中受益。对于属于困难型气质的孩子，如果父母能提供支持，他也能受益很大。一些研究表明，如果一个孩子出生时便带有与危险行为、行为控制力差、攻击性相关的基因，但在婴儿时期得到了无微不至的照顾，那么，他就能够学会控制自己的消极情绪。高契合度能帮助孩子获得积极的社交能力。随着孩子步入青春期，进而长大成人，他们与同龄人、老师、同事、配偶的相容性变得很重要。而且，一种文化可能会认同孩子的活跃张扬，而另一种文化则会将此类孩子视为鲁莽不敬。孩子学着在这个群居世界生存，在这个学习的过程中，孩子的气质、父母的教养、背景文化之间的关系就展现了先天因素和后天教养之间的相互作用。

想了解父母怎样才能给属于困难型气质的孩子提供较高的契合度，可参考个人视角板块文章《困难型气质孩子的家长》。

认识气质的其他方法

自托马斯和切斯的早期研究以后，研究者就建立了对婴儿气质进行分类的其他方法。例如，一些学者十分强调情绪和情绪调节，而有些学者则更关注行为抑制或害羞（面对陌生人或新环境时害怕、焦虑、表现较差）。大体上，这种理论从六个维度对气质进行分析，从而归纳出三种气质类型。这六个维度是：行为抑制、易怒/沮丧、情绪积极性、活跃度、注意力/毅力，以及感觉敏感度。三种气质类型是：控制力不足型、控制力过强型、柔韧型。例如，行为抑制度高的孩子可能会对陌生人或新环境表现出害怕；情绪积极性高的孩子可能非常期待新环境并且会主动去寻找；注意力/毅力强的孩子更擅长集中精力、控制自己努力完成任务；易怒或易沮丧的孩子如果目标没有很快实现则更容易发脾气、难过，甚至发怒；活跃度高的孩子会精力充沛、坐不住；感觉敏感度高的孩子会更喜欢安静的环境，并且对光、声、触觉反应强烈。如果你将这些维度与表6.5中的各项进行比较，你能发现这个理论与托马斯和切斯的系统之间是有所重合的。神经科学研究者正在努力识别神经递质系统（如多巴胺、血清素、去甲肾上腺素系统）

个人视角

困难型气质孩子的家长

玛丽·简
缅因州波特兰市
四个孩子的母亲：玛利亚（15岁）、罗科（13岁）、约翰（9岁）、麦琪（3岁）

请描述你的孩子的基本气质（情绪、行为、人生观）。

我担心的是约翰。约翰自六七岁时就一直不听话。他很情绪化，我最担心的是他容易发怒、缺乏自信。我觉得他好像从来不觉得自己有才华或擅长某样事情。最近约翰说世上没有他可以做得来的事，他觉得生活很无聊，他讨厌这里。

你能举例描述一下约翰最近有哪些行为让你担心吗？

有一次我们全家玩扑克牌。约翰输了，他暴跳如雷，对我们拳打脚踢。如果某天的日程安排突然改变，他也很难一下子适应。即使我们说要去买冰激凌，约翰也会生气，拒绝一起去，或者如果他去了，他也不肯要冰激凌，因为没有谁问过他是否想去。约翰爱玩电脑游戏，但当我们让他停下时，他几乎总会大吵大闹、跺脚发火，然后我会叫他回房间。

你是怎么帮助约翰的？能举些具体的例子吗？

他生气时，我们会开导他，这会有些作用。让约翰说出心事的唯一方法就是等他态度缓和后进入他的房间，和他谈心（大约1个小时），向他表明我能理解他的心情有多糟。这时候，我得保证我们不受任何打扰（其他孩子不能闯进来）。最后，他会告诉我与我交谈很开心并希望还有下次，谈话就此愉快地结束。我试着每个月单独与他有一次活动——远足或者去咖啡店喝巧克力奶、吃饼干等。我真的觉得每周让他和父母或祖父母单独相处一次会很有效果。我会让他知道父母有多么爱他、关心他，会给他以支持。

问　题

对那些属于困难型气质的孩子的父母，你还有什么建议？

和与这些系统相关的特别基因，它们能够解释孩子在某些特定的气质维度方面的表现差异。

婴儿对情绪的反应

出生后不久，新生儿很快就能对周围人所展现的情绪信号做出反应。随便去拜访任何一家医院的育儿室，你都会注意到，只要一个新生儿开始哭泣，所有新生儿都会跟着哭。这种现象叫作情绪传染——一个个体所表现的情绪信号能在其他人身上产生类似信号或者情绪状态的倾向。对新生儿来说，某些类型的哭声要比另外一些更具传染性。新生儿听到其他新生儿的哭声更容易哭，听到自己哭声的录音、稍大些婴儿哭声的录音或者人工生成的哭声就不会如此。如果婴儿对情绪信号反应相对冷淡，那么他们长大后更容易出现情绪发展欠佳的现象。如果母亲在怀孕期间患有抑郁症，那么新生儿在出生前会受到某种激素的影响，从而对几种类型的社交刺激物（包括脸、声音及其他婴儿的哭声）反应冷淡。

新生儿也能模仿成年人表达各种情绪时的表情。图 6.3 的照片中，婴儿对成年人开心、难过、惊讶的表情的模仿相当到位。新生儿也能模仿成年人张嘴、移动头部、伸出舌头。在一项研究中，研究者让母亲们表现出高兴、难过、生气的面部表情和说话方式，她们 10 周大的孩子对不同的情绪表现做出了不同的反

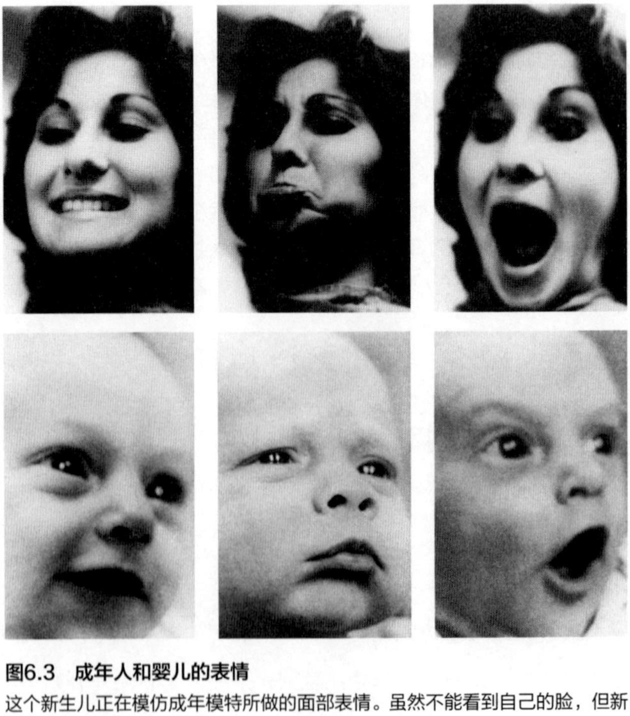

图6.3　成年人和婴儿的表情

这个新生儿正在模仿成年模特所做的面部表情。虽然不能看到自己的脸，但新生儿的面部动作也能够和其他人所做的面部动作相匹配。

应。当母亲高兴的时候，婴儿表现出更强烈的高兴和更高的关注度；母亲难过的时候，他们会做出“嘴部”动作；母亲表现出生气时，他们的关注度会下降，并且动作会减少。其他研究者发现，2 个月大的婴儿对开心的和毫无表情的面孔会有不同的反应，5 个月大的婴儿能够区分生气、难过和害怕的表情，到 7 个月大时，婴儿对害怕的表情比对开心的表情或者没有表情的面部关注时间更长。与成年人一样，他们这种偏好在行为上表现为注视的时间和眼睛的移动，在神经方面则表现为各种模式的大脑活动，生理上表现为心率的变化。虽然婴儿通过成年人面部照片就能区分出不同的情绪，但是如果成年人能够发出与面部表情相对应的表达情绪的声音，比如一张快乐的脸在说“宝宝你真可爱！”，那么他们还能表现得更好。

即便婴儿能区分不同的表情，他们能理解不同表情的含义吗？有证据表明，小至 4 个月大的婴儿就能明白面部表情所代表的基本情绪，包括感兴趣、生气、惊讶和难过。婴儿看到面部表情时，他们大脑所展现的活动模式与成人大脑的活动模式是相似的。到 1 岁时，则更为明显。试想运用第 4 章讲述过的视觉悬崖进行一项巧妙的研究。研究者将 1 岁大的婴儿放在视崖的浅侧，将有吸引力的玩具放到视崖的深侧。随着婴儿接近深侧，他们会抬头看他们的母亲，研究人员已经告诉母亲要分别表现出高兴、感兴趣、难过、生气或者害怕的表情。如图 6.4 所示，当母亲表现出害怕的表情时，没有一个婴儿穿过视觉悬崖骤降面；母亲表现出生气或者难过的表情时，有一些儿童穿过了；但母亲表现出高兴或者感兴趣时，则有更多的婴儿穿过。这些婴儿不仅仅是在区分各种面部表情，他们在利用表情获得信息来指导他们的行为。他们信任母亲，当母亲表现出积极的情绪时，他们会穿过视觉悬崖骤降面，但母亲表现出消极情绪时，则不愿意或者拒绝穿过视觉悬崖骤降面。然而，仍需记住，要准确弄清婴儿对面部表情的理解是很困难的。他们真的是在回应这些表情所代表的含义吗（比如，母亲所要表现的高兴或者害怕），还是在回应交流中的其他方面（比如母亲声音的音量）？

婴儿也可能学会使用不同信号的组合。例如，一项研究就通过研究 3 个月、6 个月、9 个月大的婴儿在看到成年人没有表情或者表现出害怕的表情时以及成

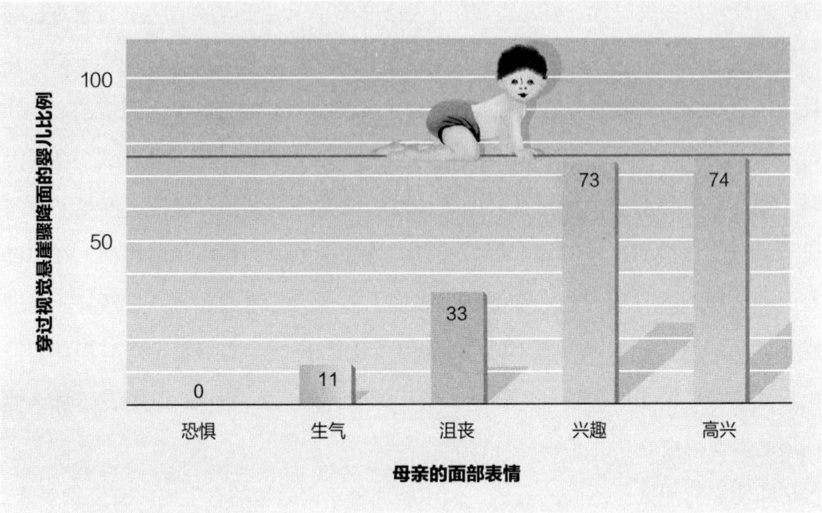

图6.4 婴儿对面部表情的解读

12 个月大的婴儿在决定是否要穿过视觉悬崖骤降面的时候，他们依据的是母亲的面部表情。当母亲表现出害怕时，婴儿不会穿过骤降面；母亲表现出生气或沮丧时，婴儿会不情愿；母亲表现出感兴趣或者高兴时，大部分婴儿都穿过了骤降面。

年人的视线朝向或者离开某个物体时的事件相关电位来观测其大脑活动。3 个月大的婴儿在任何条件下的大脑活动模式都不会表现出不同。然而，6 个月大的婴儿在成年人看向物体时，会对害怕的表情和无表情的面部表现出不同的大脑活动模式，但在成年人视线离开物体时则不会。如果成年人看向这个物体时是害怕的表情，那么，当这个物体再单独摆放在婴儿面前，婴儿仍会表现出不同的大脑活动模式。因此，似乎到 6 个月大时，根据各种信号的组合（在此例中是眼睛凝视和表情），婴儿的神经会做出不同的反应，而不是仅根据表情做出反应。

情绪能传达环境的重要信息，婴儿很早就学会在不确定的环境中以父母的情绪作为向导。研究者将这称为社会参照——婴儿或儿童从父母或者其他照顾者身上寻找情绪信号以在不确定的环境中获得信息的倾向。有些研究者认为，情绪识别与语言能力的形成相似，是经验 - 预期型发展的一个例子。这个理论认为人类大脑“从一开始就对人脸上表达的生理特征的显著信号有偏好”。这种神经倾向能让婴儿快速理解情绪，尤其是那些对生存有重要意义的情绪，比如害怕或者生气。

到 1 岁时，婴儿能够理解其他人所表达的一些情绪意义。在能够理解口头语言之前，婴儿就已经在接收情绪语言所传达的信息。

学步儿的自我意识情绪

儿童到 15 个月大的时候，自我意识情绪开始出现。这种情绪有关于人们对自己看法——他们自己的想法和行为与自己现有形象和应有形象的关系。学步儿洒了果汁会低头注视或扭头看别的地方——为自己捣的乱感到愧疚。如果他的兄弟姐妹或者其他孩子在看，他会为自己犯的错误感到尴尬。如果他经常犯错，他会感到羞耻，以为自己是个“坏孩子”。然而，如果他成功地倒出果汁，他会为自己的新成就感到自豪。到 15 个月大的时候，他会将自己的行为与他认为自己应有的表现进行比较，而且这种自我意识的比较会在他的情绪反应中表现出来。这个时候，婴儿也开始表现出同情心（对其感觉在难过或者遇到麻烦的人表示关心），同时对周围人所感受到的快乐、悲伤或者其他情绪表现出同理心。要形成自我意识情绪，学步儿首先得有自己的身份意识（我是谁）并且意识到其他人对自己有什么期望。你将在后面的章节中看到，在学龄前及之后的几年里，孩子的自我意识和他人意识会继续发展，他们的自我意识情绪也会变得更加复杂。

社会交往与游戏

如果你和大部分人一样，那你关于朋友最早的记忆可能会追溯到五六岁的时候。然而，友谊基础的初次形成很早就开始了——在你还是个小宝宝的时候。下面我们将探讨婴儿和学步儿的社会交往和玩耍形式，以此结束本章。

婴儿的社会交往和感觉运动游戏

2 个月大时，婴儿对和他们差不多大的孩子产生浓厚兴趣。如果将他们放在一处，孩子们会相互凝视——他们会专注地看着彼此，仿佛要将对面这个有趣的小伙伴完全看透似的。他们经常会挥动自己的小手或者小脚来表达兴奋。6个月大时，婴儿常常会通过互相咿呀、微笑、触摸来表达对彼此的兴趣。这些就是婴儿与父母以外的人进行的首次社交活动。

快到1岁时，婴儿会通过彼此模仿以及共享和摆弄彼此的玩具来游戏。到12个月大时，婴儿也会对其他婴儿对待玩具的反应比较敏感——如果有别的婴儿对某个玩具产生感觉（不管是喜欢还是讨厌），他们都会减少对这个玩具的使用。2岁时，婴儿所能区分的他人所表达的情绪数量进一步增加，但可能并不是你认为的那样——他们会将更多的时间花在玩其他孩子不喜欢的玩具上。也许这个年纪的孩子们正在开始产生一种独立意识，所以他们会倾向于那些具有某种“被禁”性质的玩具。他们可能还会意识到有很多原因导致别人不喜欢某个玩具，这会使他们对它产生更多好奇。

出生后的第1年中，婴儿的游戏主要围绕练习感官活动和发展新的运动技能进行。根据皮亚杰的感知运动阶段理论（参见第5章），研究者将这一阶段的游戏称为感觉运动游戏 。出生后头几个月，婴儿醒着的大部分时间都在仰面躺着东张西望。他们盯着各种物体和颜色，仔细听着周围的各种声音，似乎在接受这个新环境中的一切信息。第一个可以观察到的游戏迹象就是，婴儿发现自己的身体可以玩耍。例如，偶然把自己的拳头放进嘴巴后，婴儿会努力重复这个动作。当他成功了，这个不断重复的动作就会成为游戏，婴儿会玩上好几分钟，并为这个新发现开心地微笑并扭动身体。吐泡泡和踢脚也是类似的婴儿乐此不疲的游戏。

到3个月大时，婴儿会伸手抓握小物品。此时，婴儿的游戏便从与自己的身体玩耍扩展到与世界中的物体互动了。现在他们能够将拨浪鼓、球、布片以及其他小物品抓在手里、含在嘴里、敲打或扔掉。婴儿在形成新的运动技能、探索周围环境中的新物体的时候，会重复这些好玩的动作。

6～9个月大的时候，婴儿会有一个有趣的变化。6个月大的时候，婴儿都是以同样的方式对待所有差不多大的物品。例如，给6个月大的婴儿一把勺子，

从业人员视角

玩具公司总裁

苏珊·泰斯，文学学士
新泽西州帕西帕尼市
国际玩具有限公司公关部主任和产品经理

国际玩具有限公司是做什么的？你在公司的职位是什么？

国际玩具是北美最大的特色玩具供应商。我们生产、销售样式丰富的游戏用具、婴儿玩具、学龄前儿童玩具、玩偶、益智玩具、活动玩具等各类玩具。我是公关部主任，也是一位产品经理。我负责决定生产什么样的产品，以接受各种玩具检测、获得产品认证并向消费者宣传。我也会提出新的产品建议。我与生产商、厂家紧密合作，共同将产品创意变成实物。

玩具生产商是如何决定生产什么样的玩具的？

这涉及很多因素，而且取决于儿童的年龄。我们会考虑儿童的技能发展水平，考虑我们的产品是否具有教育意义，是否适合这个年龄段玩，以及我们的玩具与市场上已有的类似产品相比有什么独特之处。

你认为婴儿和学步儿对玩具的需求是什么？

婴儿会对那些能够刺激他们一个或者多个感官的玩具产生反应。反差鲜明的颜色能够带来感官刺激并且用作发展视力的活动焦点。不同的玩具能提供多样的刺激。叮当声、咣当声、沙沙声以及音乐能带来听觉刺激等。产品不能过多地刺激感官，但必须能够带来多样的感受。例如，婴儿会专注地观察一个玩具，然后伸手去摸，再用嘴碰，用自己的感官去了解他所能了解的一切。

我认为学步儿想要的玩具是能够“做”更多事情——能带来因果联系的玩具，让他觉得自己能控制的玩具。比如，如果玩具能播放音乐，学步儿会希望自己是那个通过必要的动作让玩具播放音乐的人。学步儿更加好动，因此喜欢玩具能跟着他们一起走，比如可以助行、可以骑、可以推的玩具。适合这个年龄段的玩具应该能让孩子通过玩耍去模仿他们每日的生活，开发他们的想象力。毛绒动物玩具或者玩具汽车这些最基本的玩具都可以满足这点要求。要强调的是，我们的产品要能够吸引孩子的初始感官。

你们设计玩具时是如何利用儿童发展研究成果的？

我们得保证该玩具适合某一年龄段的孩子才能进入设计阶段。因此，我们必须清楚儿童的发展过程——他们所拥有的基本技能是什么，哪些技能是在形成过程中的，我们的玩具如何才能促进开发这些技能。同样关键的是，我们要意识到儿童在其年龄阶段所处的环境和所接触的社会，这样，产品的主题才能适合他们。

在你们这个领域工作需要怎样的教育经历或者培训经历？

你至少需要大学毕业，如果上过市场营销课并且了解儿童发展知识（也许学习儿童心理学课程会有所帮助），那就太棒了。如果你倾向于进入公关部门，上过写作课程会是个巨大的优势。至于玩具设计，你需要与艺术部门及设计师紧密合作，他们能把你的想法变成厂家容易理解的图纸。要做这个，学习图形设计绝对是必经之路。最后，熟悉零售业也很重要，所以暑假在零售店打工实际上对你的事业也会有极大的帮助。

问　题

在阅读这个采访的过程中，你能否看出这位玩具行业经理是如何运用儿童发展知识来帮助自己工作的？如果你从事她这样的工作，你还想知道儿童发展的哪些知识？

婴儿会在桌子上敲勺子。如果你又给他一个球，他也会敲它，对一个拨浪鼓或者小玩偶也同样如此。6 个月大的时候，婴儿会将所有物品都纳入他当时喜欢的动作模式当中（比如敲打）。然而，到 9 个月大的时候，婴儿会更多地注意每一样物品的具体特征，并开始以不同的方式对待它们。他们会把勺子放到嘴里、扔球、摇拨浪鼓、抱娃娃。他们不会将所有物品强行放到同一个动作模式下，而是会调整玩耍方式以适合每件物品的具体特征。

婴儿喜欢有不同形状和质地、能发出不同声音、做出不同动作的玩具。他们尤其喜欢能对其动作做出回应的玩具。当婴儿意识到自己按某个键能产生一个刺激的声音或闪现一道光，他们脸上会绽开一种获得承认的笑容。他们发现自己能对环境产生影响而且环境会给予回应。看到婴儿形成这种早期的联系，能从中获得自信并因发现自己能够影响环境而产生一种整体的自我意识，对父母来说，是件十分令人兴奋的事。

学步儿的朋友

1 岁以后，学步儿的语言和运动技能开始形成，这使得他们能够以日益复杂的方式进行交往。他们能找出对方、跟着对方，还能通过对话来丰富他们的游戏。到 2 岁大的时候，协作模仿会变得更加频繁。学步儿在玩耍时会轮流模仿对方，而且还会出现一个新特征——他们能够意识到自己被别人模仿了。设想一下：两个学步儿——乔希和杰伦在沙盒里玩耍。乔希把沙子倒在自己的腿上，杰伦也这样做。乔希往一个玩偶身上扔沙子，杰伦也模仿他。然后杰伦向空中扔沙子，乔希也扔，两个人一直在咯咯傻笑。这两个儿童游戏的乐趣就在于两个儿童都知道自己被对方模仿了，每个动作都变成要另一个儿童来模仿的邀请。这种协作水平很少出现在 2 岁以下儿童身上。

学步儿之间的交往经常是通过重复其之前经历的或当场创造的游戏开展的。这些早期游戏的特征包括轮流玩、角色扮演以及不断重复的游戏场景。常见的游戏有垒积木，推倒积木，扔东西，接东西，把玩具放到桶里然后倒出来，要求、接受、归还某个物件，跑和追，爬爬跳跳。这些早期的交往帮助孩子学习重要的社交技能，比如学会平等玩耍，保持双方的兴趣，以及适应不同玩伴的特点。

学步儿选择玩伴主要基于方便性——谁能和他玩，谁有好玩的玩具或可玩的东西。然而，到 2 岁时，儿童开始选择互相喜欢的玩伴。也就是说，其他熟悉的同龄人虽然也能陪他玩，但他会主动选择玩伴，和选择的玩伴在一起的时间比和其他孩子在一起的时间更多。对大多数儿童来说，这是第一次在人际关系中表现出真正友谊所具有的一切品质：这种友谊是出于自愿的、相互的、亲密的，并且历久弥新。然而，大多数玩耍时间都是父母安排的，在家庭聚会、邻居家、托儿所等社交场合，看谁在就让他们一起玩，因此在学步时期，方便的玩伴仍然占主流。学步儿开始识别更喜欢的朋友，但他们还不能主动去寻找朋友。

学步儿之间的冲突和象征性的游戏

和学步儿长久相处过的人都知道，他们之间的冲突太常见了。在一项研究中，研究者让一些从未见过面的 2 岁儿童搭伴，并且让他们在几段时间里（每段持续 15 分钟）一起玩耍。在认真分析这些玩耍的录像后，研究者发现，平均每个时段会发生两次冲突，大多数（84%）冲突都是因为争抢玩具。有几对玩伴没有起冲突，但有一对在 15 分钟内发生了 14 次反抗、抵制或者报复行为。其他研究发现，社交上更开朗的孩子往往会挑起更多的冲突，而在一次冲突中失败的孩子更容易挑起另外一场冲突。这么小的婴儿就能识别冲突以及群体优势地位的某些特征，真是令人惊奇。这两点对理解社会结构以及冲突的可能结果都很重要。在一项富有创造性的研究中，研究者给婴儿展示了一个大木块和一个小木块在台面上移动的动画场景：这两个木块先是独自在台面上穿过，然后画面展示两个木块发生冲突——两个木块同时在屏幕前移过并移到台面中间。在“预料之中”的情景实验中，更小的木块向大木块鞠躬、躺下、逃离台面，让大木块继续在台面上移动。在“预料之外”的情景实验中，大木块鞠躬并逃离。仅 10 个月大的婴儿注视“预料之外”的情景实验的时间更长，表明他们认识到两个个体在实现目标中发生冲突，并且利用物体的大小来预测冲突的结果——他们预测大的木块会赢，而当大木块没有赢时，他们很惊讶。

与年幼儿童接触频繁的父母、儿童保健工作人员等人经常要帮助学步儿解决他们之间的争执。教训和讲道理通常不起作用，因为学步儿很难理解抽象的说理。“你觉得他的感受如何？”这样的问题对一般的 2 岁儿童基本上是没有意义的，他们的行为动机更多是来自亲手摸到彩色笔或者拿到一块糖这样具体的好处。要解决争执，更实际的办法就是用另外一件有意思的活动让他分心。父母和其他照顾者可以根据每个孩子的认知和情绪成熟度来慢慢跟他们讲道理，教他们化解冲突的技能。久而久之，父母可以逐渐将学步儿之间的冲突作为契机，帮助孩子学习如何协商、解决争执、体谅他人。当然，父母和学步儿之间也会起冲突，而处理这些冲突的方式经常与孩子的气质和亲子间的依恋关系相关。

如你所知，学步儿阶段的一个主要变化就是出现了象征性游戏——在脑海中再现现实世界中的物体或事件的能力。有了象征性思考的能力，就能够象征性地游戏，孩子能通过假装和假想为他们游戏中的物品和动作增色。早期的象征出现在第 12 ~ 14 个月，学步儿会假装进行日常活动，他们会躺在地板上盖上小毛毯假装睡觉，或者用玩具盘子假装吃饭。到 2 ~ 3 岁时，学步儿会把一件物品假想成别的东西：把一个木块想成汽车，勺子想成飞机，或者把家里养的猫想成是小宝宝。之后，儿童会把许多物品和动作都融进戏剧性的表演中。他们的床变成城堡，枕头是魔法盾牌，他们与末日邪恶骑士（其实只是一张椅子或者他们的妹妹）进行神秘的决斗。随着认知能力的不断增长，他们的游戏也充满了想象的色彩。观察婴儿和学步儿发现新的游戏方式会极其有趣——这是观察儿童积极发展最有成效的方式之一。

第三部分

童年早期：玩耍期（3～6岁）

第7章 童年早期儿童的身体发展

儿童的身体和大脑发育

身体发育和饮食情况

大脑的发育和发展

经验对大脑发育的影响

儿童大脑整体的发育模式

儿童的动作发展和体育活动

粗大动作和精细动作的发展

体育活动和锻炼

脑瘫

儿童的健康和安全问题

儿童的死亡和安全问题

虐待和忽视

虐待和忽视对儿童的影响

几年前，凯茜和罗德夫妇收养了六个孩子：杰丝、乔丹、乔伊、托比、罗比和苏珊娜。在孩子们还小的时候，州政府官员将他们带离了母亲身边，因为他们的母亲是一个长期酗酒者，并且一度抛弃这些孩子长达几个月。这些孩子被安置在一个收养家庭，不过那里的情况更糟，他们遭受毒打、折磨、忽视，受到严重的虐待。在收养家庭生活了5年后，终于有人拨打了虐待举报热线，警察帮助孩子们脱离了水深火热的环境，并将他们安置在凯茜和罗德家。现在他们拥有一个安全、充满关爱的家庭，但是这些孩子们要多久才能开始信任他人？他们能够走出阴影，拥有正常的童年吗？

当怀疑有孩子受到虐待或忽视时，邻居、老师、儿童看护人员和其他人员应该采取什么措施？当你怀疑有些孩子没有得到足够的关爱，或者如果他们处于危险中，你应该怎么做？你有义务向有关部门举报吗？虐待和忽视对儿童的身体和心理发展会造成怎样的影响？关于未来可能出现的情况，你对凯茜和罗德有什么建议？

学习本章后，你应该能够更好地掌握童年早期的身体发展进程，更好地了解虐待和忽视及其可能带来的严重后果。你应该能够将凯茜、罗德和他们的养子们现在面临的问题与相关概念和研究发现联系起来。

本章内容对所有关注儿童身心健康和成长发育的人都至关重要。在接下来的几章，你会发现，童年早期是一个非常精彩的时段，充满了欢乐、想象力和知识探索。不过要想享受该阶段的魔力，首先要满足孩子们的基本需求。他们需要充足的营养和锻炼、基本的医疗保障、家长和其他看护人员的关心爱护，以及安全保障。本章会讨论上述所有问题，同时也会介绍罗德家的孩子们以及成千上万被虐待和忽视的孩子们的不幸遭遇。

儿童的身体和大脑发育

孩子们的生长速度很快。作为父母，我们经常惊讶地发现，孩子们长得太快了，很快就穿不下之前的裤子和鞋子，甚至我们出差离开几天后，都会发现他们又长大了很多。在这一节中，我们将讨论童年早期儿童身高和体重的快速变化，以及充足的营养对儿童生长发育的重要作用。这一节也会涉及儿童大脑的生长和发育——这种生长从外部看起来不太明显，但是对于我们理解儿童的变化、学习和成长意义重大。

身体发育和饮食情况

在童年早期，儿童平均每年长高 5 ～ 7 厘米，体重增加 2.5 千克。图 7.1 描绘了 80% 的儿童的身高和体重的平均值，以及我们预计的成长变化。儿童 6 岁时的身高已经达到其成年身高的 70%，不过体重大约只有成年体重的 1/3。

儿童的身体比例也会发生变化。相对于身体其他部位，头部尺寸变小，上半身和腿变长，肚子更加扁平，身体也更加修长。当儿童进入一年级，他们的身体比例就会接近大孩子们的比例。就身体内部而言，儿童的骨骼变粗壮，肌肉质量提高。这一阶段，儿童发育的性别差异非常小。男孩的肌肉质量比女孩稍重，骨骼也稍粗壮，除此之外，男孩和女孩在这个年龄的体型非常相似。

充足的营养对健康成长和发育至关重要。虽然儿童摄取的食物比成年人少，

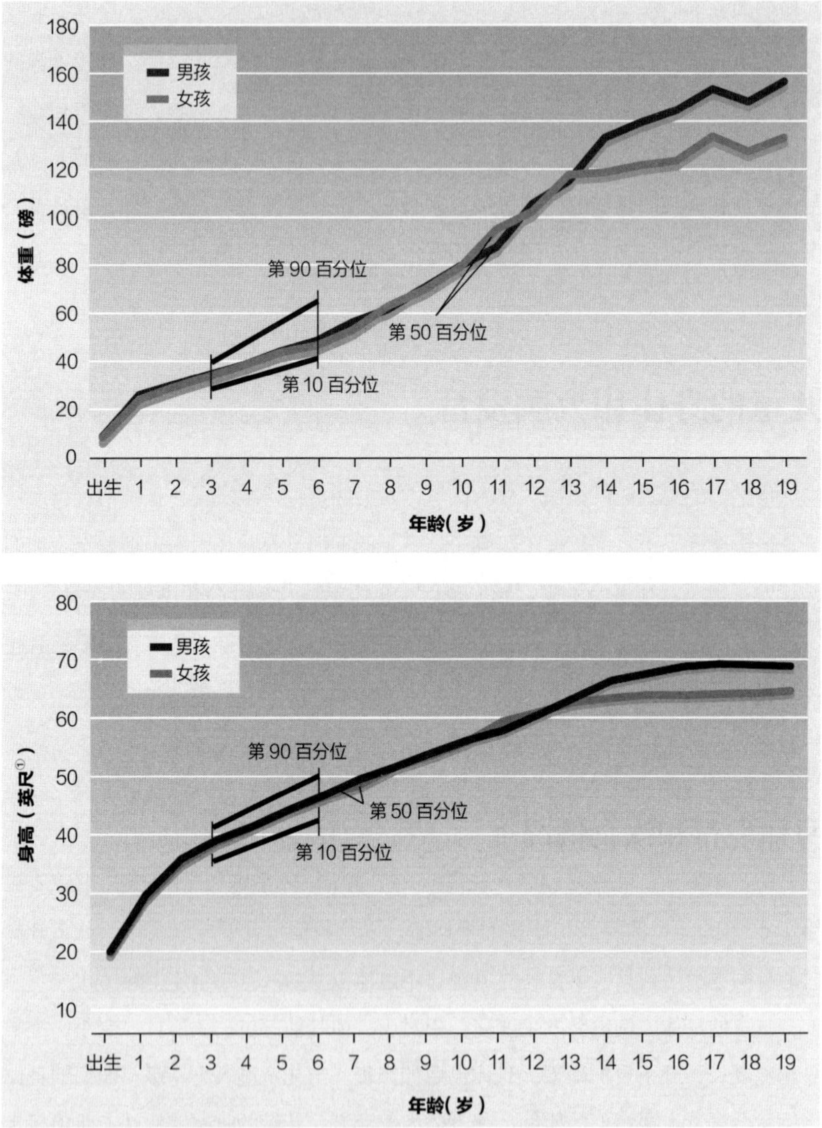

图7.1 从出生到青春期期间体重（上方的曲线）和身高（下方的曲线）的增长情况

框选的区域显示了第 90 百分位（儿童中体型最多的 10%）与第 10 百分位（儿童中体型最少的 10%）之间的差距。第 50 百分位显示了每个年龄段的中等（或平均）身高和体重。

① 1 英尺 =30.48 厘米——编者注

但是他们比成年人更需要均衡的饮食，因为他们的身体正处于发育阶段，重要组织正在形成。健康的饮食应包括配比均衡的几种主要营养物质：

蛋白质为身体提供氨基酸，它们是生长发育所需营养物质的重要“组成部分”。蛋白质非常重要，支持身体生长发育，尤其是在快速生长阶段——妊娠期的后3个月、婴儿期、青春期生长突增期。肉类、鱼类、奶制品以及豆类都含有丰富的蛋白质。

碳水化合物是身体重要的能量来源，为肌肉运动、体温维持以及大脑和神经系统大量的需求提供能量。面包、面条、米饭、水果都富含碳水化合物。

脂肪可以储备能量，体内的脂肪可以使身体免受环境温度变化的影响。植物油是多元不饱和脂肪和单元不饱和脂肪的重要来源。大部分脂肪，例如黄油，在室温下处于固体状态，含有饱和脂肪，只能适量摄取，因为饮食中的饱和脂肪会引发高血脂、心脏病和其他病症。然而，我们要知道，身体自身会产生胆固醇，用于多种身体机能，包括合成性激素（雄性激素和雌性激素），这一点非常重要。

维生素和矿物质帮助维持正常的身体生长和身体机能。例如，钙对帮助肌肉收缩、促进骨骼和牙齿的生长都非常重要，随着我们的成长，钙也能帮助我们保持骨骼健康。奶制品是钙的重要来源，蔬菜和水果则提供维生素。

大部分小孩子只喜欢吃某些食物，不愿意尝试新鲜食物。保证儿童饮食均衡通常非常具有挑战性。家长们怎样才能鼓励儿童健康饮食呢？阅读从业人员视角板块文章《家庭营养顾问》，看看一位专业营养师的建议，说不定你也会对营养师行业心生向往。

儿童摄取卡路里、蛋白质、维生素、矿物质不足时会导致营养不良。虽然因饥饿致死的现象在美国比较罕见，但是仍有许多家庭没有财力或物力为他们的孩子提供足够的食物。在美国，14.5%的家庭无法提供满足健康营养所需数量或质量的食物。1 600万儿童生活在无法解决温饱的家庭。这些家庭中大部分（70%）只有一个全职工作的成年人。全美范围内的调查结果显示，40%生活贫困的家庭和35%仅由一位女性支撑的家庭没有足够的食物，食物不足的非洲裔和西班牙裔美国家庭由几年前的20%上升到25%。

从业人员视角

家庭营养顾问

凯瑟琳·特罗博雷
伊利诺伊州内珀维尔市

你接触最多的3～6岁孩子的饮食习惯是什么样的？

我在芝加哥郊区的一个儿科医生的诊所工作，我接触最多的是吃零食过多的孩子。我会和家长讨论后确定一个计划表，即三餐加上早晚各一次零食。我也建议家长尽量少在儿童的水杯里放果汁，而是换成白开水。

家长怎样才能让孩子愿意吃更均衡健康的饮食呢？

提供种类齐全并且看起来很有趣的食物。家长和家庭杂志总会提供做零食和午餐的好点子，比如用全麦松饼做成的迷你比萨，同时饰以用小片蔬菜做成的“脸”。我一直强调，即使孩子不愿意，家长也应该继续提供不同种类的食物。此外，家长自己也应该健康饮食，为孩子做出表率。

怎样对待每天都想吃相同食物的挑食儿童呢？

提供新的食物种类和少许你知道孩子会吃的某种食物。家长一定要坚持立场，不能对儿童的每个要求都妥协。食物中要包括他们喜欢的东西，但同时一定要增加一些其他的食物种类。如果从不提供新的食物，儿童永远都不会吃。绝对不要把餐桌变成争吵的场所——保持冷静，坚持立场，如果孩子发脾气，就让他们离开餐桌。

在你们这行工作需要什么样的教育和经历？

我拥有护理学和心理学双学士学位。我觉得这种学历结合非常适合与孩子和家长打交道。只有家长愿意改变，我才能成功。饮食习惯是由家长培养的。我跟我的家人说我们不是在计算卡路里，而是在讨论食物金字塔，怎样在饮食中应用该金字塔以及怎样在日常生活中改变我们的活跃度。

问　题

你认为营养顾问还会处理其他哪些与营养相关的问题？你认为美国面临的最大营养问题是什么？

营养不良会带来什么样的短期和长期影响？营养不足会导致儿童发育迟缓。卡路里摄入不足或饮食不均衡也会导致其智力低下。营养不良的儿童常在学校表现不佳，长大成人后仍然会在体力或智力方面有所欠缺，从而限制他们的收入水平。在有些情况下，当营养水平恢复后，儿童的成长发育可以达到正常水平，但不全是如此。

发展中国家的营养不良比例更加令人担心。世界卫生组织表示，全世界 5 岁以下儿童中有 3.3 亿严重营养不良。这些儿童体重严重偏低，发育迟缓，许多都生活在南亚和中非地区。在一些国家，5 岁以下儿童中体重偏低儿童占 40%，发育迟缓儿童所占比例更高。如图 7.2 所示，世界各地都有许多人无法满足儿童基本的营养需求。

幸运的是，在一些地区，儿童的营养状况获得了显著提高。例如，在 1986—2006 年的 20 年间，巴西儿童发育迟缓的比例由 36% 降到 6%。贫困率下降、受教育机会增加、饮水卫生状况提高、卫生保健条件改善（包括产前检查）是带来这一显著变化的重要因素。以上对营养不良的讨论表明，虽然身体和大脑的成长发育从个体一出生就自然开始，但是我们需要适当的营养（后天提供）来配合身体的发育。

儿童面临的另外一个与营养相关的发育问题就是超重。超重问题在美国和其他地区已经非常普遍。我们将在第 10 章详细讨论该话题。

大脑的发育和发展

大脑的成长发育呈阶段性。第一个发育阶段的发育程度最大——婴儿期，第 3～18 个月的时候，大脑质量增加 30%。然后在 2～4 岁、6～8 岁、10～12 岁、14～16 岁的各个阶段，大脑质量各增加 10%。这些时间段与让·皮亚杰提出的认知发展阶段大体对应。回顾第 5 章，了解皮亚杰所提到的阶段和各阶段对应的年龄段。

第 4 章提到，孩子的大部分神经元都是在母亲怀孕期间（妊娠期前 20 周）形成的。在产后发育阶段，婴儿大脑的快速发育主要是靠血管容量的增加，血管容量增加为大脑发育、轴突附近的髓鞘生长（在髓鞘形成阶段）、神经胶质细胞

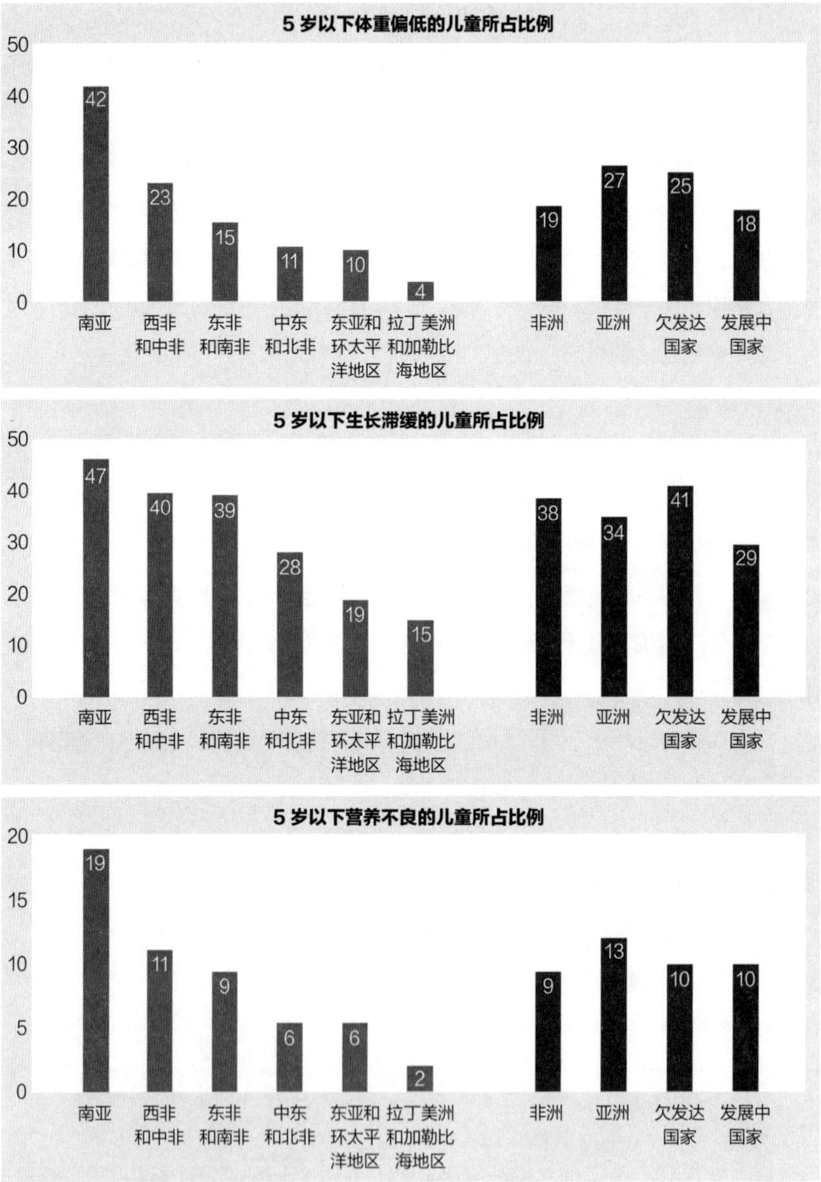

图7.2　5岁以下营养不良儿童所占比例

在世界一些地区存在儿童营养不良的情况，南亚和部分非洲地区尤为明显。轻度营养不良，例如体重偏低，对儿童发育会有什么影响？

增殖提供养分。神经胶质细胞是神经系统内以多种方式支持神经元的特化细胞。首先，它们提供结构支持，连接神经元。“胶质”这一名称指的是其将神经元“黏合”起来这一特性。此外，神经胶质细胞提供营养，排出废物，占据神经系统受损部位并生成髓鞘，隔绝轴突。发育成熟的大脑中有 1 000 万个神经胶质细胞，超过神经元的数量。

虽然大脑的质量和体积都在增加，但是从另外一种意义上说，大脑实际上在缩小。在第 4 章，我们知道突触（神经元之间的连接点）在妊娠后期以及婴儿期阶段快速生成。突触发生主要由基因控制，会导致儿童在 2 岁时突触过剩。但是从童年早期到青春期，大量的突触修剪表明，这一阶段失去的突触超过生成的数量。被环境信息或大脑活动激活的突触留下，没有用到的突触则消失或被修剪。

图 7.3 显示了突触修剪前大量突触生成的发育阶段。在童年时期，每秒可能有 10 万个突触消失！截至成年，2 岁时存在的突触中有 40% 会消失。

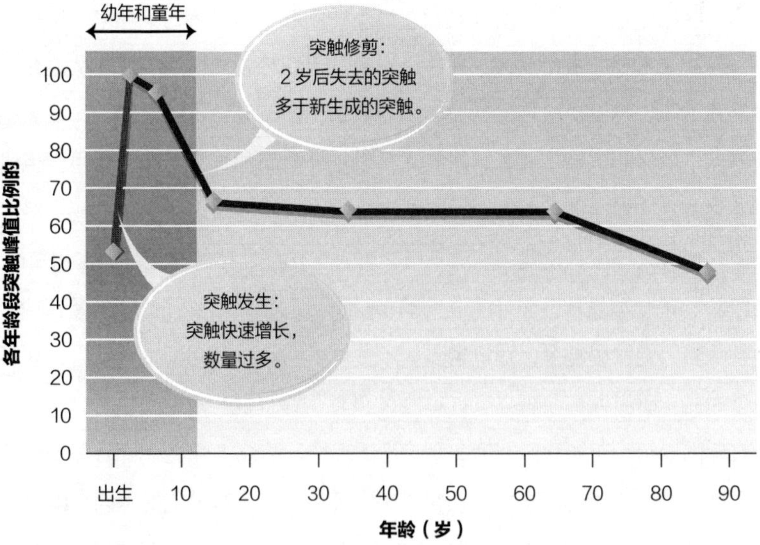

图7.3　突触发生和突触修剪

在 2 岁以前，新突触以惊人的速度生成；童年阶段，突触修剪会减少突触总量；直到生命晚期，突触密度都保持相对稳定。

经验对大脑发育的影响

研究人员描述了两种类型的大脑发育：经验－预期型以及经验－依赖型。就经验－预期型大脑发育而言，大脑逐渐发育到可以预期全人类共有的一些基本经验和活动，例如，对照顾者的依恋、识别人脸、手眼协调、用语言交流。这些经验的基础往往被固定在大脑中。它们根据我们已经讨论的模式形成：过量的突触在发育早期发生（“预期”经验），然后在童年被修剪（基于经验）。先天和后天共同作用，使基因控制突触大量增殖，再由经验决定哪些突触能留存下来。

对与各种技能相关的突触而言，其发生和修剪的周期被错开，从而形成一个重要或敏感发育阶段时间表。例如与手眼协调相关的突触的发生和修剪早于语言突触。有了经验－预期型大脑发育，每个人都能形成同一套基本技能，但是在同一技能的基础上，每个人又都各不相同。

另一方面，经验－依赖型发育与特定经验相关。例如某种语言（如葡萄牙语）的词汇、文化特有的行为（如握手），以及具体的运动技能（如骑自行车）。大脑无法预期这些特定的行为，所以必须在经验的刺激下形成新的突触来为这些经验编码。新突触对经验做出反应，在几个小时甚至几分钟内快速生成，从而允许大脑能够在一生中持续适应各种经验。随着我们不断改善自身的技能，一些突触可能被修剪。除了新突触生成外，研究人员发现一些新的神经元在一生中会生成并生长（尤其在大脑的海马体区域），以帮助我们为新的知识和记忆编码。经验－依赖型发育持续一生，让我们能够不断学习，记忆个性化的技能、事实和知识。

经验－依赖型发育会额外生成突触，从而为通过经验习得的技能和信息编码。这就意味着，突触码越多，知识越多。不过对于经验－预期型发育而言，并不一定总是如此。研究人员在研究患有脆性 X 染色体综合征儿童的大脑发育时得到了一个有趣的启示。正如我们在第 2 章讨论的那样，脆性 X 染色体综合征是导致男性智力低下的主要遗传因素之一。在该综合征中，一个有缺陷的基因会阻碍一种蛋白质（脆性 X 染色体智力低下蛋白）的正常生成，该蛋白质对突触修剪至关重要。没有脆性 X 染色体智力低下蛋白，经验－预期型发育阶段过量生成的突触就无法得到有效修剪。保留无效率的突触会给神经回路增加“噪声”，导致大脑运转效率降低和脆性 X 染色体综合征相关的智力低下。正如格里诺和布莱克所说："换言之，在成长发育过程中剔除突触是件好事儿，这对于正常的神经行为发育是非常必要的。"

家长或看护人员可以通过提供刺激性的经历来加强儿童的突触发生和突触修剪吗？试着思考这么一个实验，实验员随机把实验室老鼠置于"富裕"和"贫瘠"的环境中。置于"富裕"环境中的老鼠生活在配有许多坡道、管道、盒子和其他可供挖掘的刺激性玩具的笼子内。置于"贫瘠"环境中的老鼠生活在单调的、没有额外刺激的实验室用笼子内。增加的刺激对老鼠大脑发育有什么影响呢？这取决于老鼠的年龄。就处于成年早期的老鼠而言，富裕环境导致老鼠的神经元生成更长的树突，每个神经元的突触数量增加；对于刚断奶的老鼠而言，富裕环境却会导致突触减少。也就是说，对小老鼠而言，丰富的经验促进经验－预期型发育阶段的突触修剪，而对于大一点的老鼠而言，经验导致经验－依赖型阶段的突触增加。因此，经验对大脑的影响取决于个体的年龄及其所处的大脑发育阶段。

以上讨论表明，刺激性环境对于年幼的大脑形成复杂的神经网络至关重要。失去足够刺激的儿童无法享受经验－预期型发育阶段突触修剪的好处，同时也会失去在经验－依赖型发育阶段获得新突触的机会。在这两种情况下，他们都不能完全实现其认知潜能。但是我们要怎样做才能刺激正在发育的大脑，怎样才能创造富裕程度恰当的环境呢？我们可以在健康发育的儿童所生活的日常环境中找到答案——为儿童提供颜色绚丽、视觉图案多样的玩具和书，跟他们说话，为他们阅读、唱歌，与他们一起拥抱、挠痒、跑步、跳跃、爬行。以丰富而有意义的方式与环境互动会使发育中的大脑获得丰富的信息量，并刺激其发育。对于丧失这种刺激的儿童而言，其大脑发育迟缓或不成熟的风险更大。

儿童大脑整体的发育模式

目前，我们已经讨论了大脑内微小部位的发育，主要关注个体的神经元和突触。研究人员也跟踪了大脑整体的发育，并将其发育与对应的行为和思维发展联系起来。位于大脑后部枕叶的视觉区发育很早。该区域的突触密度在儿童出生 4

个月后达到峰值，在儿童大约 10 岁时达到成年人水平。在童年早期，随着视觉区和整个枕叶的发育，儿童能更好地加工、识别并记忆更加复杂的视觉图案。例如，对于特定面孔和面部的情绪表现的识别能力在 6 ~ 8 岁期间显著提高。同时，视觉区的可塑性降低。例如，如果一个 4 岁以下的儿童弱视（一只眼睛“偷懒”），可使用眼罩阻碍健康的那只眼睛摄取信息，从而迫使另外一只眼睛加工更多信息。但 4 岁以后，这种干预措施就不怎么有效了。

随着颞叶的发育，儿童在学习语言方面取得重大进展。3 岁以后，词汇量骤然增加，儿童也会吸收他们在周围听到的语言结构和语法。威尔尼克区（位于颞叶）和布洛卡区（位于额叶）之间更紧密的联系能帮助儿童将他们听到的语言转化成他们能自己说和运用的语言。随着顶叶的继续发育，儿童的语言能力、手眼协调和大脑内许多其他功能的协调都得到提高。儿童 2 ~ 3 岁期间，顶叶开始吸收更多的能量，也变得更加活跃。

额叶在儿童 3 ~ 6 岁期间快速发育。额叶负责行为的组织和计划，因此 3 ~ 6 岁期间，大脑这方面的发育能帮助儿童更加全面地融入群体环境，比如托班和幼儿园。随着额叶不断发育，儿童能更好地控制他们的情绪，约束他们的第一反应，协调各种策略并解决越来越复杂的问题。

大脑内的其他区域在童年早期也会发育。例如海马体，它是大脑深处的一个区域，负责记忆存储和加工。大部分人无法记住 3 ~ 4 岁以前发生的事情。童年早期遗忘是用来描述这种记忆故障的术语，据说与海马体和其他记忆相关的结构不成熟有关。随着海马体逐渐成熟，我们的记忆更加持久，也更容易恢复。

以上只是举例说明了大脑内部更大结构的发育与我们在童年早期看到的技能提高之间的联系。

儿童的动作发展和体育活动

随着蹒跚学步的幼童逐渐进入童年早期，他们不再站立不稳，身体协调性也相对提高。从出生到 2 岁，他们的活动非常有限，大部分情况下都待在婴儿床里、大人的腿上、婴儿围栏里，或其他通常固定、安全的地方。不过，到3岁时，大部分孩子在走路时协调性变好，可以上下楼梯、跑步，甚至骑三轮脚踏车。他们的世界更加开阔了！在这一节，我们将探讨3～6岁的儿童在动作发展和体育活动方面的主要变化。

粗大动作和精细动作的发展

随着粗大动作的发展不断取得进展，儿童渐渐学会使用其腿部、躯干和上臂的大肌肉来维持平衡。3岁时，儿童几乎不能单脚站立，但大部分5岁的孩子都能单脚保持平衡长达数秒。3岁时，儿童用他们的腿部肌肉骑三轮脚踏车，不过他们必须更好地控制所有大肌肉才能获得骑两轮脚踏车所需的平衡。随着儿童平衡能力增强，他们的运动技能，或者说移动技能，如走路、跑步、攀爬，也得到了提高。幼童走路时步子很小，左右摇晃，他们的腿和胳膊也很僵硬。他们4岁时，走路步幅变大，运动轻松，胳膊更加有节奏地摆动以加强平衡。5岁时，儿童跑步频率变快，可跳约0.3米高，单脚跳8～10次，并能双脚跳跃。在粗大动作方面，儿童也能通过扔、抓、踢等运动提高其控制较大物体的能力。随着儿童不断提高其平衡能力和协调能力，学会分别摆动单臂或单腿，上述技能都会相应提高。

我们要知道，儿童在运动发展方面的进步速度因人而异，这一点非常重要。身体发育和协调的速度部分由基因控制，但也受其他因素的影响，比如家长和其他人的教导和鼓励，以及儿童练习特定运动技能的机会。即使是针对同一个儿童，我们也经常会发现其在不同技能上发展不均衡。例如，某个儿童可能可以很轻松地跳跃，但是在投接物体时不够协调，而另外一个儿童可能恰恰相反。儿童选择的游戏活动可能是一个重要影响因素，喜欢跳绳的儿童和喜欢投篮的儿童发展的运动技能会有差异。要记住的是，家长、老师、看护人员应该给儿童提供各种运动的机会、活动空间、玩具；活动本身应鼓励儿童奔跑、跳跃、攀爬、高举、抓握、扔投和保持平衡，或者应帮助他们加强并协调身体的大肌肉。

精细动作是指如画画、写字、打字、做针线活、穿小珠子等要求控制手掌和手指的精细运动。年纪较小的儿童通常比较笨拙，做不好这种细活儿。在童年早期发育阶段，他们的精细动作发展落后于粗大动作发展。

还记得我们在第 3 章和第 4 章讨论的从近到远的发展模式吗？你可以在儿童从粗大动作发展过渡到精细动作发展的过程中看到该模式——儿童在学会精细控制手掌和手指的小肌肉前，会先学会协调他们躯体和肩部的大肌肉。协调过程以从近到远的模式从身体中线向外延伸到四肢。我们发现，粗大运动发展和精细运动发展也遵循从头到脚的模式，因为儿童先学会控制上半身（胳膊和手）再学会控制下半身（腿和脚）。例如，大部分儿童先学会用手滚球和抓球，之后才能很协调地用脚踢球。

到了 3 岁，儿童可以自己穿鞋，扣大纽扣，洗手洗脸，从罐子里倒水。他们可以自己用勺子吃饭，虽然经常会撒，脸上、嘴上沾满食物。到 4 岁，他们可以独立穿裤子和衬衫、刷牙、系鞋带。5 ~ 6 岁时，大部分儿童可以很好地控制精细动作，他们能自己倒饮料，自己吃饭，而且不会撒；他们可以自己系鞋带、系小扣子、拉拉链；他们可以比较准确地使用铅笔、剪刀和其他工具。

上学后，儿童需要学会使用书写工具，如蜡笔、记号笔和铅笔。图 7.4 显示了儿童学会使用铅笔和其他书写工具所经历的四个阶段。2 岁时，他们通常使用抓握方式，把笔握在手掌内，移动整个胳膊在纸上画画。随后，许多儿童学会用手指握笔，不过仍然大幅度移动胳膊作画。3 岁时，他们学会用拇指和食指更加巧妙地握笔，但是在移动笔的时候，手腕依然大幅度运动。最后，大约在 4 岁时，儿童学会三点握姿——他们把手底部置于书写平面上寻求支撑，用拇指和食指握笔，移动手腕的同时，手指也配合着做精细动作，从而更准确地使用铅笔。他们对书写和画画的控制逐渐从上臂的大肌肉转移到手掌和手指的小肌肉上。儿童学习使用剪刀和其他文具的过程也与此类似。

就精细动作发展而言，练习非常重要。我们应该鼓励儿童画画、涂色、剪纸、穿珠子、系绳子、拉拉链、扣扣子，并练习各种各样涉及精细动作的活动。通过练习，他们能够加强并学会控制对许多日常活动至关重要的小肌肉。

不要忘了经验 - 预期型和经验 - 依赖型大脑发育模式（本章之前有所讨论），

图7.4 握笔的四个阶段
（1）抓握。
（2）手指握笔。
（3）食指和拇指握笔，移动手腕。
（4）食指和拇指握笔，移动手腕和手指。

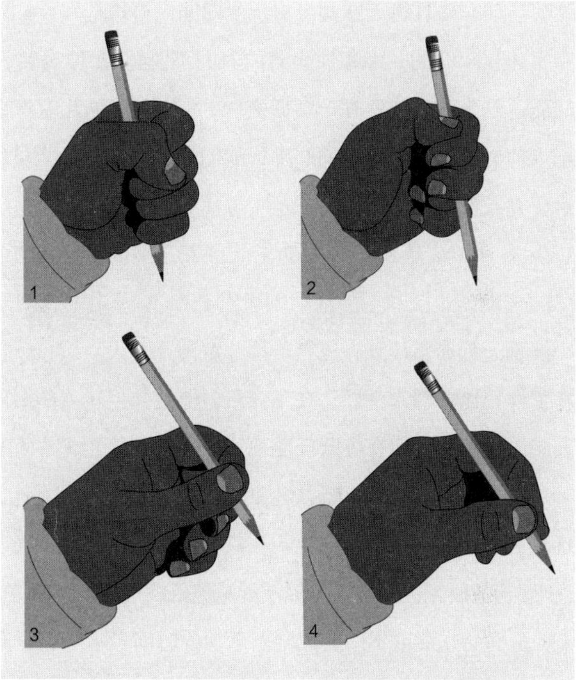

更多的练习可帮助大脑修剪掉不起作用的突触。如果运动区的突触依旧很凌乱，动作就会很笨拙。练习也可以帮助儿童生成新的突触，从而为他们学习越来越复杂的动作和技能而进行编码。没有练习，两种发育模式都不能正常进行。

体育活动和锻炼

你有没有试过跟上小孩子们的步伐？前一秒他们可能还在安静地玩玩具，可是下一秒他们就在跑圈圈、跑上跑下，或者在家具上攀爬。正如我们前面说的那样，体育活动非常重要，可以帮助儿童强化他们的大肌肉，协调平衡能力和粗大/精细动作技能。体育活动也为儿童提供加强其心血管系统（肺部和心脏）所需的锻炼。与其他人一样，小孩子要非常活跃才能保持健康，而他们在年幼时养成的习惯会伴随着他们直到成人。

美国卫生部门官员建议儿童每天花60分钟参与家长、老师或其他人组织的体育活动，并且每天在其自由玩耍期间应再进行累计 60 分钟的体育活动。此外，专家建议年幼的儿童每次坐着的时间不能超过 60 分钟。有多少小孩子的运动时间能达到上述要求？在一项研究中，3 ~ 5 岁的儿童携带一个类似手表的装置以记录他们一天内每分钟的心率，他们的父母和看护人员负责记录他们的活动。然后研究人员从收集而来的记录中寻找中度或剧烈体育运动的证据，即儿童心率为 130/ 分钟（这是 65% 以上幼童的最大心率）或更高的证据。他们发现了什么？总的来说，儿童参与的活动中大约 20% 属于中度或剧烈运动范畴。一些儿童几乎一整天都非常活跃，还有一些儿童则几乎没有进行任何中度或剧烈运动。儿童在工作日比在周末活跃，在工作日，他们外出玩耍的时间更多。家长和看护人员表示，儿童更多地在公园玩耍——荡秋千、滑滑梯、爬杆子，和其他儿童一起做奔跑追赶的游戏。总的来说，儿童 75% 的时间都待在室内，室内活动主要是看电视、玩玩具、动手做些小玩意儿。在其他国家（包括比利时、英国、新西兰和澳大利亚）展开的研究也发现了类似活动量偏低的情况。例如，在比利时进行的研究发现，4 ~ 5 岁的儿童用于中度或剧烈运动的时间只占所有时间的 5%（每天只有 34 分钟），85% 的时间用于不怎么需要运动的玩耍。

儿童在游戏中进行大部分的体育活动。儿童玩耍时常常会跑动、攀爬、追赶、投掷东西。家长及其他人员可以提供能让孩子们摇摆、攀爬、滑行的游戏设备以鼓励儿童参与活动。小孩子喜欢推玩具或骑在玩具上。3 岁的孩子喜欢把东西放在推车里到处拖着走，他们也喜欢骑三轮脚踏车，等到 5 ~ 6 岁的时候，他们通常会骑自行车、玩滑板车。沙滩玩具、桶和铁锹、球和运动装备都为儿童提供了各种机会来强化大小肌肉群、提高手眼协调能力。除此之外，它们也可让孩子们尽情享受玩耍和体育活动带来的乐趣。

儿童进入托班和幼儿园以后会进行团队活动，学习个人技能，了解按顺序轮流进行的概念。在这个时候，大部分关于体育活动的规则都融入游戏、运动和其他有趣的活动中。此时，音乐是一个很好的刺激因子。一项研究表明，在儿童的体育课中增加音乐和节律运动的活动，可以帮助他们更好地学习跳跃和平衡技巧。虽然许多儿童很多时间都待在日托中心和幼儿园，研究表明，他们大部分时间都用于比较安静或消耗体能较低的活动上。一项研究表明，3 ~ 5 岁的儿童在幼儿园 97% 的时间都是坐着或进行体能消耗较低的活动，只有 3% 的时间用于进行略微剧烈的活动。这个现象可以有多种解释，例如，家长和老师担心孩子受伤、缺乏购买操场设备的资金、强调学习知识等。不过，很多幼儿园和小学正在寻找方法，鼓励学生在学校进行更多的体育活动，例如，将体育活动融入日常活动中（蹦蹦跳跳地去拿零食而非安静地排队步行，唱歌或讲故事时加入更大的肢体动作），经常休息以便孩子们可以四处走动，设置适于较高强度体育活动的室内游戏区，培训教师如何以安全、合适、有趣的方式增加孩子的体育活动强度。

随着孩子们逐渐长大，他们在学校会有体操课，一些孩子会参加由当地公园或娱乐机构赞助的舞蹈或锻炼项目。很多孩子选择加入有组织的运动，例如，棒球、篮球和游泳。我们在第 10 章会进一步讨论有关参与有组织的体育活动的话题。

脑瘫

我们讨论了动作发展的典型进程，不过，许多儿童在运动功能方面会出现发展迟缓或失调现象，他们不遵循典型的发展模式。脑瘫（CP）是最严重的动作发展失调之一，由于大脑内控制肌肉运动和协调的某一部位或多个部位受损所致。脑瘫指的是一种失调综合征，脑瘫的症状根据大脑受损区域的不同而有所差异。症状可能包括上肢、下肢和身体其他部位的运动失控、肌肉衰弱、协调性差、痉挛性运动、肌肉紧缩、知觉障碍和癫痫等。患有脑瘫的儿童通常在走路和参与许多其他体育活动时存在障碍。他们在诸如穿衣服、上厕所等日常行为上可能需要帮助，经常连说话、吃饭，有时甚至是呼吸和吞咽都会有困难。患有脑瘫的儿童通常智力低下，有学习障碍。个人视角板块文章《与脑瘫儿一起生活》，讲述了一个脑瘫儿家庭的故事，可作为了解脑瘫儿的第一手资料。

脑瘫是一种非常严重的失调障碍，但是要记住，它并不是一种疾病，这一点非常重要。它无法治愈，但是通过使用全身降温的方法，可以有效防止早产或出生时缺氧导致儿童患脑瘫，其他预防方法的研究仍在继续。在训练和物理疗法的帮助下，脑瘫患儿可以学会更好地控制肌肉，提高肌肉功能。在美国脑瘫网站，

个人视角

与脑瘫儿一起生活

贝齐·卡罗尔
缅因州南伯威克镇
珍妮弗（脑瘫儿）的母亲

你什么时候、怎么发现你的孩子患有脑瘫的？

珍提前12周出生，出生时体重960多克。由于她是个早产儿，我们知道她可能会发育滞后，但不知道究竟会滞后多少。珍6个月大的时候，医生们说她的声音变大了，但是直到珍12个月大接受发育儿科医生检查后，他们才说珍需要进行物理治疗。我想，大约是在那之后又过了6个月，我才发现的吧。当时一位社工给了我一本名为《在家带脑瘫儿》的书，我把它带回家读了一遍。那本书很厚，紫色和橙色相间。我至今仍然恨那本书！我一路哭着回到了家。

你当时什么反应？

应该说很震惊吧。在医院生产、照顾一个生病的孩子、应对一个无法像其他孩子一样成长发育的孩子，让人不知所措。怎样做对我的孩子最好等各种问题，放大了初为人母的压力。生下孩子带来的激动和幸福伴随着恐惧和悲伤。珍出生后便被救护车带到了离家2个小时车程的另外一所医院，并在那里待了2个月。我们家离新生儿重症监护病房很远，当时又是冬天，我每个星期只能去探望三次。探望是支撑我活下来的动力。

她需要什么样的治疗和支持？

从12个月大开始，她必须接受物理疗法和专业疗法，臀部进行了一次手术，接下来的6个星期，身体都被石膏固定。她在不同的时间用过助行架、轮椅、拐杖，在很小的时候就进行视觉疗法和“婴儿刺激”。为了接受矫正和治疗，珍整个学年都有专门的教育计划。我在学校多场会议上努力呼吁，决心为她争取适当的服务。我了解了残障人士相关法律和可获得的资源。

你对其他脑瘫儿的父母有什么建议？

把他们看作普通孩子，好好享受天伦之乐！作为残障儿童的父母，你会有多重身份。除了职业治疗师、理疗师、社会技能教练外，别忘了你还是父母。这个平衡很难达到。去了解自己孩子的缺陷，去了解特殊教育，然后做你孩子的最大支持者。与其他有类似缺陷的孩子的家长联系。他们将是你遇到的最好、最体贴、最有耐心的人之一，与其他家长交流分享过程中的相互扶持和资源共享是无与伦比的体验。在你的一生中，你会遇到很多专家，但是作为父母，不要忘记，你才是最了解自己孩子的人！

问 题

患有诸如脑瘫等缺陷的儿童，其动作发展模式有什么不同？家庭和学校可以做哪些调整来帮助这些儿童？

你可以找到很多关于这种动作发展失调的其他信息，包括以下内容：

- 脑瘫于 19 世纪 60 年代由一位英国外科医生首次提出。
- 在美国，每年大约有 1 万名婴儿和儿童被确诊患上脑瘫。
- 70% 的脑瘫案例中，脑损伤发生在产前发育前段（大脑的运动区域还没有适当形成），但儿童出生几个月之后才可能出现相关症状。
- 20% 的脑瘫案例中，脑损伤发生在出生过程中，通常是由于缺氧或婴儿头部受压。
- 10% 的脑瘫案例中，脑损伤发生在儿童出生几个月或几年后，通常是由于大脑被感染或其他影响大脑的疾病、车祸或摔倒时头部受损，或者虐待导致的大脑损害。

如今，许多患有脑瘫的儿童进入公立学校接受教育，有些儿童甚至还进入了大学。美国《身心障碍者教育法》（IDEA）作为联邦法案，要求学校提供各种服务，辅助残障儿童。当婴幼儿确诊有障碍时，各州应按要求与孩子的家庭共同努力，协调各种设施，帮助孩子在学校正常学习和生活；在他们毕业之前，制订计划帮助这些青少年从高中过渡到成人阶段。帮助脑瘫儿童，需要家长、老师、儿科医生、理疗师、社会工作者和其他专家开展大量工作、不断协调。

儿童的健康和安全问题

小孩子们非常脆弱，需要我们的保护，他们靠我们寻求安全、健康成长。我们已经探讨了父母和其他人怎样为儿童正在发育的身体和大脑提供适当的营养和各种锻炼的问题。这一节将概述童年早期最常见的死亡因素，我们也会向家长提出建议，帮助其保护儿童免受疾病、意外以及其他健康和安全问题的侵扰。不幸的是，很多儿童没有得到合理的照顾和保护，我们在这一节中将用大量篇幅讨论虐待和忽视儿童的问题。

儿童的死亡和安全问题

在美国,每年有6万年轻人死亡。表7.1显示了一年内不同年龄段的年轻人(婴儿至成年人)因各种原因死亡的人数。从表中可以发现，现阶段1岁以下婴儿的死亡率最高。婴儿死亡的主要原因有遗传异常、产前问题、出生过程中出现的并发症、1岁以前遭受疾病等。这些婴儿中大部分生下来就不够健康，并且都没有活过1岁。婴儿死亡率在1岁以后显著下降,在青少年中期和成年早期又再次上升。表中显示，机动车辆事故是导致15 ~ 24岁人群死亡的主要原因，几乎占该年龄段所有死亡人数的1/4。14岁后由于其他类型的事故、他杀、自杀的死亡人数急剧上升。与这些数据相比,童年早期和中期的死亡率相对较低,我们能看到,1 ~ 14岁的14年间，死亡总人数不到1岁以下死亡人数的一半，约占15 ~ 24岁这10年间死亡人数的1/3。

表7.1

美国2010年死亡人数				
死因	1岁以下	1 ~ 4岁	5 ~ 14岁	15 ~ 24岁
疾病或医疗条件问题（包括婴儿猝死综合征）	6 098	752	1 458	3 105
产前或出生时引发的问题，包括基因和染色体缺陷	17 001	547	292	563
机动车辆事故	78	444	895	7 209
其他事故，包括摔倒、溺水、枪伤、中毒	965	923	731	4 806
他杀	291	367	254	4 651
自杀	—	—	273	4 559
其他	115	1 275	1 371	4 611
各种原因导致的死亡总人数	24 548	4 308	5 274	29 504
各年龄段每年死亡人数	24 548	1 077	527	2 905

童年早期和中期死亡的人中有 1/3 死于事故，其中排名前三的分别是机动车辆事故、溺水、火灾。虽然童年早期是人生相对比较安全的一个时间段，父母仍然需要采取预防措施保护小孩：

- 确保儿童进行适当的免疫接种以防止儿童患病。确保他们每年至少由儿科医生进行一次全面检查。当他们发高烧或表现出其他严重疾病的症状时，及时对其进行检查。
- 旅行时，确保儿童被安全固定在车座或适合其年龄和体型的增高椅上。后座是最安全的。为了自己和他人的安全，千万不要酒后驾驶。
- 绝对不能在没有人照看的情况下把孩子留在水边。几十厘米深的水就可以溺死一个儿童。当孩子们越来越频繁地在室外玩耍时，确保他们不会误入邻居的泳池或附近的池塘、小溪中。
- 把家中的火柴和打火机都收好。时刻密切注意在蜡烛、小型暖器、厨房炉灶和烤箱附近的孩子。在孩子卧室内或附近安装正常工作的烟雾报警器，提前制订发生火灾时全家人的逃脱计划。
- 把所有的枪支、毒药、家用清洁剂、药物和其他危险物品锁起来，从而避免事故。遮住电源插座。确保儿童在楼梯附近的安全。关闭房子二层以上或公寓内的窗子，以免孩子攀爬坠落。
- 虽然他杀或陌生人绑架不常发生，仍然有必要跟孩子讲解“陌生人的危险”。他们必须知道谁能信任和当陌生人靠近时应怎么做。

虐待和忽视

儿童从家长和其他看护人员那里获得健康成长所需的物理、心理和情感支持。低龄儿童尤为完全依赖家长——他们不能单独一个人。不幸的是，有些家长和看护人员没有（或不能）履行他们的义务，还有些人利用了儿童的脆弱和无力。

虐待是儿童生命中真实而又频繁发生的悲剧。专家估计，在儿童长大成人前，4% ~ 16.5% 的男孩和 12% ~ 40% 的女孩多多少少都遭受过性侵犯。全美调查显示，将近 2/3 的家长表示他们对自己 1 ~ 2 岁的孩子进行过体罚，28% 的家长则称他们拿东西打过孩子。11% 的家长表示掌掴过 1 岁以下的婴儿，13% 的家长说自己曾经摇晃过他们的幼儿。大部分青少年（80%）表示曾经受到过体罚，51% 声称被家长拿东西打过。谁知道还有多少儿童遭受其他不为人知的心理虐待？

虐待儿童是一个比较大的范畴，指家长或者负责儿童健康的人伤害儿童或忽视儿童需求。虐待有四种标准分类：

- **身体虐待** 包括殴打、掌掴、脚踢、火烧、摇晃和其他对儿童身体造成伤害的行为。大部分案例都不是蓄意而为，而是由于惩罚或体罚失控导致。
- **忽视** 指的是没有满足儿童基本的身体、教育、心理需求。忽视包括遗弃儿童、监管不足、没有给予儿童适当的营养或及时的医疗关注、没有让儿童报名上学、允许逃课、没有给予足够的关心、让儿童目睹家庭争吵、允许滥用毒品和酒精等。
- **性虐待** 包括抚摸儿童的生殖器或胸部、与儿童进行性行为、让儿童目睹猥亵行为或让儿童观看色情图像或影像。
- **心理虐待** 包括口头贬低及其他恐吓、威胁、拒绝或孤立儿童、损害儿童自尊、操控儿童思想或不允许其社交。心理虐待又称情感虐待。

在虐待案例中，这四种虐待情况往往有大量重叠。例如，每一个忽视、身体虐待、性虐待案例都有一定程度的心理虐待成分。

在美国，强制性上报法例要求：任何在工作和志愿活动中接触儿童的人，必须向儿童保护机构或警察举报任何疑似虐待儿童的案例。这一要求适用于老师、公交车司机、营地顾问、儿童保育员、保姆、医生、护士和其他任何与儿童打交道的人。他们必须上报任何关于虐待或忽视儿童的可疑行为，儿童保护机构随后会研究每一个报告，在确认信息可靠的情况下进行调查，并采取合适的措施保护儿童。

2010 年，儿童保护机构收到 330 万份疑似虐待或忽视的报告，声称 590 万名儿童遭受虐待，这些数据可以让我们感受到美国虐待问题的辐射面之大。通过这些报告，儿童保护机构调查了大约200万个案例，发现688 251名儿童遭受虐待或忽视，一些儿童不止遭受一次虐待，而这些仅仅是一年内的数据。注意，这些数据只反映了上报并经儿童保护机构证实的案例。这一年内还有多少没有上报的案例呢？

从图7.5中我们可以发现，忽视是目前最常上报的虐待儿童的形式。儿童受虐率在20世纪80年代显著上升，但从1993年开始小幅下降，目前仍在下降。我们怀疑受虐率上升很大程度上归因于80年代强制性上报法例的广泛实施，下降则是因为一些高风险家庭得到了有益的服务。此外，我们要记住，心理虐待和其他虐待形式并行发生。在图7.5中，心理虐待只占所有案例的8%，但是我们不知道还有多少没有上报的案例。一些专家认为，心理虐待是最常见的虐待儿童的形式。

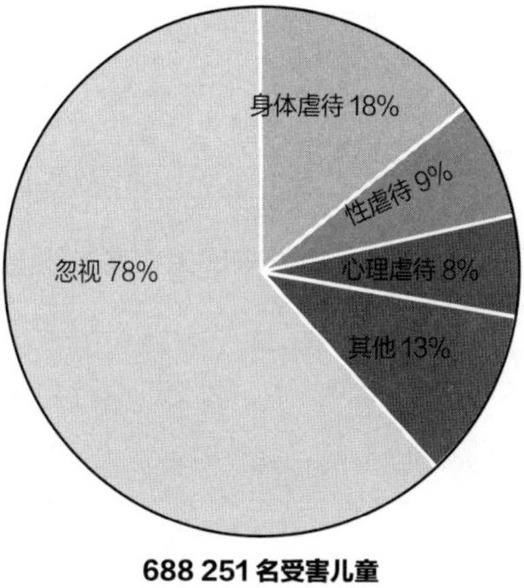

图7.5　虐待儿童的类型

在美国，儿童保护机构有证据表明：2010年，688 251名儿童遭受虐待，大约占美国所有儿童的1%。大部分案例都属于忽视或身体虐待。如果将单项百分比相加，可能会超过100%，因为每个儿童可能遭受不止一种虐待。

什么样的儿童最有可能受到虐待？你可能会非常震惊地发现，1岁以下婴儿的总体受虐率最高——受虐率高于其他年龄组的儿童和青少年的2倍。受虐待的儿童中近一半是白人儿童，不过，在图7.6中你会发现大部分少数种族和族裔的儿童受虐待和忽视的比例更高。

谁最可能虐待儿童？提到虐待时，你脑海中呈现的画面可能是一个恶毒的父亲或继母冲着儿童大叫、殴打儿童，或严厉惩罚儿童。但是你会惊奇地发现，母

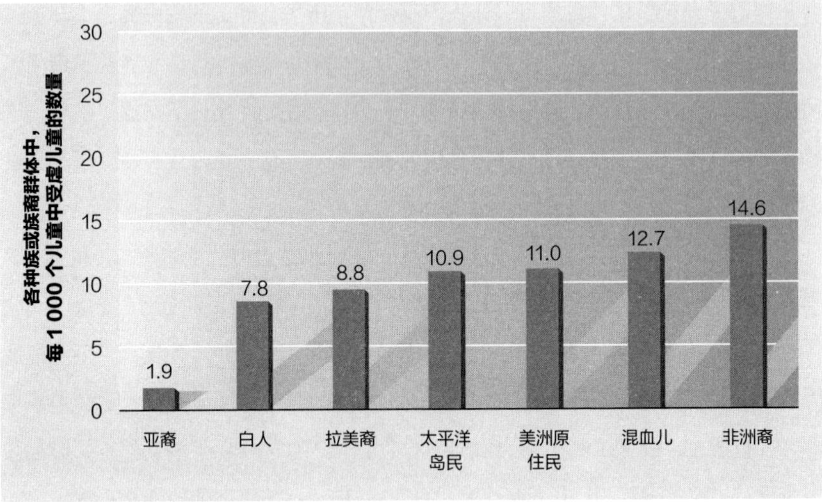

图7.6 美国各族裔和种族儿童受虐率（2010年）
不同种族和族裔的儿童受虐率也不同，该图显示了 2010 年上报给儿童保护组织的虐待案的趋势。

亲身体虐待或忽视儿童的行为超过父亲（见表 7.2），这可能是因为母亲与孩子相处的时间远远超过父亲。不过性虐待是一个例外，通常父亲和孩子生活中的其他人会性虐待儿童。80% 的虐待和忽视行为都是由父母——最应该关心孩子的人做出的，这难道不让人震惊吗？

仅 2010 年一年，虐待或忽视儿童致 1 537 人死亡，其中，因父母虐待导致的死亡占 70%。正如我们之前提到的，婴幼儿是最脆弱的，死亡婴幼儿中不到 1 岁的婴儿占 42%，约 80% 都在 4 岁以下。

虐待和忽视对儿童的影响

确定任何形式的虐待或忽视对儿童的影响非常重要。虐待案例千差万别，严重程度、持续时间、受虐儿童的年龄和其他情况各不相同。在某些情况下，好心的家长“过度保护”他们的孩子，但是使用的惩罚太过严厉。还有一些情况下，粗暴的父母一怒之下打了他们的孩子。

如果虐待情况出现得比较早，它会影响幼儿和父母之间建立牢固可靠的情感

表 7.2

美国虐待儿童案例中各种作案者所占比例（2010）	
作案者	案例比例
母亲	37%
父亲	19%
父母	19%
母亲联合其他人	6%
父亲联合其他人	1%
其他人和陌生人	19%

注："母亲""父亲""父母"包括亲生父母、养父母，以及继父、继母。

纽带（回顾第 6 章）。多项研究表明，70% ～ 100% 的受虐待儿童与照看他们的人之间没有稳固的情感纽带，这会长期影响他们与同龄人、与伴侣之间的关系。儿童被虐待时，会感到疼痛、恐惧不安，会有内疚、羞愧和尴尬的感觉。虐待会影响儿童的社会交往，因为他们想隐藏自己的家庭秘密，不让小伙伴们发现。越来越多的证据表明，童年遭受的虐待会对大脑结构造成永久的影响，而对于控制情绪、记忆、应对压力非常重要的大脑边缘系统受到的影响尤其严重。虐待似乎会打乱神经系统和应对压力的激素之间的平衡，导致儿童对环境中的压力更加敏感，所以他们患上诸如抑郁、焦虑症、创伤后应激障碍等心理疾病的风险也更大。虐待似乎改变了突触发生、突触修剪、髓鞘形成之间的平衡，导致在虐待中发育的大脑不同于未受到虐待和忽视的情况下发育的大脑。

正如前面所述，不同的虐待方式之间有重叠。这就使得确定影响更加困难。例如，当一个儿童同时经历了身体虐待和忽视时，任何负面影响都可能是身体虐待或忽视单独引起的，也可能是两种虐待方式的某种结合引起的，或是与它们相关的其他因素（如父母养育方式）引起的。此外，由于特定的基因组成，有些儿童更容易受到虐待的影响（或者对于虐待的影响的抵抗力更强）。

虽然我们不能明确说明虐待对每个儿童的具体伤害，表 7.3 总结了研究人员确定的身体虐待和忽视会带来的影响。我们在第 10 章会更详细地讨论性虐待。注意，由于心理虐待和其他类型的虐待同时发生，所以要单独列出它的影响就更加困难。

表 7.3

身体虐待和忽视的影响
身体虐待： •身体伤害和死亡。 •侵略性和敌意加强。 •对他人的同情心减少，对他人愤怒的反应增加。 •语言能力滞后，学校表现不佳，智力低下。 •恶意犯罪的风险增加。 •自尊心弱；抑郁、自毁行为以及自杀的风险增加。
忽视： •学业上缺乏激励、监管和支持。 •认知表现以及学术成绩较低。 •语言能力滞后，智力低下。 •控制力低，更加依赖老师或其他成年人。 •比其他孩子更加被动、害羞、孤僻。 •总的来说，忽视的影响比身体虐待的影响更强也更有破坏性。

与普遍认同的观点相反，大部分受虐儿童长大后并不会去虐待别人。据估计，只有 30% 遭受身体虐待或忽视的孩子长大后会虐待或忽视他们自己的子女，其余 70% 的孩子长大后则更好地掌握了为人父母的技巧。

一些遭受身体虐待的儿童呈现出一个有趣的行为模式，即强迫性顺从——通过顺从成年人的要求和希望，做出快速反应，旨在讨好他们。遭受过身体虐待的儿童有时对他们自己的行为尤其注意，努力避免做出一些引起施虐父母生气的事情。研究人员发现，这种模式在 1 ~ 3 岁的儿童身上比较明显。大部分未受过虐待的儿童在这个年龄段正是挑战父母极限的时候，经常说“不”，形成他们自己的自主意识（你听过“可怕的 2 岁”吗？）。相反，受虐待的儿童则会努力压制这些行为。强迫性顺从的长期影响目前尚不为人所知。不过你可以想象，这对儿童的幸福感、自信心和自尊心的影响。

要想区分虐待带来的直接影响同孩子和家庭周围所有其他因素造成的影响，几乎是不可能的。施虐家庭倾向于把自己与朋友和社区隔离开来，从而确保虐待行为无人知晓。他们可能经常搬家、给孩子换学校、换朋友圈。家庭冲突非常常见。所以，儿童除了遭受针对他们的虐待外，也会目睹其他暴力和不当行为。他们的家可能很拥挤，生活很混乱、难以预料。虽然大部分施虐者没有被正式诊断患有精神障碍，但一些人确实有精神障碍。而且这些家庭通常生活在贫困之中。在这些因素的共同作用下，虐待和忽视儿童会造成相当大的影响。

受虐待的儿童通常被困在所处环境之中又无力改变。正如一位研究人员所说的，"他必须找到一种方法，让自己在不值得信任的人身上找到信任感，在不安全的环境下找到安全感，在不可预见的情况下把握控制权，在无助的情况下找到力量"。受虐待的儿童运用他们还不成熟的认知和情绪技能，努力理解他们所处的环境和环境引发的复杂情绪。在指责虐待儿童的行为时，我们也要注意以下几个方面：父母不理解孩子的需求，许多父母承担的压力过大，社会无法为家庭提供足够的支持。

儿童保护机构必须确定虐待和忽视的程度有多严重，才能把孩子带离施虐的家庭，这是它们面临的最艰难的选择之一。如果想更深入了解这一棘手的问题，请阅读社会政策视角板块文章《保护儿童免受虐待和忽视》。

我们怎样才能阻止虐待儿童的行为？解决方案不易得出，因为该方案必须解决多个叠加的问题。但旨在加强社会对家庭的支持的项目，尤其是针对忽视儿童案例的项目，已经取得了成功。显著降低虐童率的一个项目是"议题一：儿童-父母中心项目"，该项目于1967年在芝加哥公立学校启动。它为低收入家庭的儿童提供学前教育和其他各种服务来支持整个家庭，例如，提供为人父母的技巧和工作相关技巧的培训。该项目鼓励父母积极参与儿童的学校教育。服务一直持续到儿童成功过渡到小学（直到二年级或三年级）为止。与其他孩子相比，参与该项目的儿童在学校表现更好，毕业率更高，犯罪率也更低。他们的父母更多地参与孩子的教育，对孩子的学习成绩也有更高的期许。最重要的是，这些家庭的虐童率明显较低——比未参与计划的同类家庭低了将近50%。

社会政策视角

保护儿童免受虐待和忽视

安娜·迪亚斯－德耶苏是康涅狄格州布里奇波特市的儿童保护办案员。她曾经办理过包括 30 多个家庭将近 150 个儿童的数量惊人的案子。今天，她拜访了玛丽亚。玛丽亚有三个孩子，住在一个脏兮兮的公寓里，没有暖气也没有食物。玛丽亚高中辍学并且吸毒，现在依靠社会救助独自抚养她的孩子。她从一个狭小的公寓搬到另一个公寓，勉强才没被赶出去。房东、邻居和亲戚都向相关机构举报，称她吸毒，不关心孩子，还和一个有猥亵儿童记录的男人同居。其中一个孩子由于没人监护摔倒了，至今在医院昏迷不醒。安娜经常给玛利亚所在的公寓送一些日用品，为她安排许多服务，包括毒品咨询、家庭暴力咨询、儿童疗法。每当安娜离开这间公寓时她都会祈祷："上帝保佑这一家人吧。"

在离布里奇波特市不远的纽约市，人们发现萨布里纳·格林由于烧伤未治、坏疽、头部受撞击于几年前去世，去世时年仅 9 岁。萨布里纳和她同父异母的姐姐同其他十个孩子住在一间小公寓里。她姐姐和姐姐的男朋友声称萨布里纳生了火，然后试图扑灭，最后导致了烧伤。不过警察却抓捕了她姐姐及其男友，指控他们过失杀人。几年后，在布朗克斯区，阿斯安尼·卡赞死于明显的营养不良。她双目失明，身体残疾，无法照顾自己。找到她的时候，她那小小的身体只有 7.7 千克重，年仅 5 岁。在威斯康星州麦迪逊市，一个 15 岁的女孩在寒冷的 2 月穿着睡衣赤脚在街上游荡。路过帮忙的好心人都以为她才 8 岁，她的体重只有 31.7 千克。法院记录表明，这个女孩被关在家里的地下室长达多年，遭受父亲和继母的殴打，经常挨饿，并被同父异母的哥哥性侵。

虐待和忽视是导致 4 岁以下儿童死亡的主要原因。卫生和公共事业部的前任秘书唐娜·沙拉拉称"儿童正在经受更多、更严重的伤害"。在上述所有案例中，有人将施虐家庭举报给儿童保护机构，有些家庭还多次遭到举报，但是这些机构并没有把任何一个孩子送去寄养。这些组织在保护儿童方面是不是应该更积极主动？诚然。最近，在纽约市，4 岁的玛塞拉·布雷特－皮尔斯在遭受毒打、下药和饥饿之后去世，其母亲、祖母以及派去调查虐待报告的办案员及其上司均被提出了诉讼。这些机构之前都是尽可能地希望保持儿童家庭完整，但现在他们再也不能给这些家庭那么多机会了。研究虐待对大脑影响的科研人员要求提早干预，防止出现潜在的长期且严重的心理健康问题。

不过其他批评家则认为儿童保护机构过于频繁地带走儿童。一位联邦法官尖刻地指出，保护机构过早地把孩子带离母亲遭受家暴的家庭。在纽约市，一群家长集体提出诉讼，指责儿童保护工作人员经常违反法律，在儿童并没有遭受真正危险的情况下把儿童带离他们的家庭。其他人指出，带走儿童并不能解决虐待儿童的一个潜在因素——贫困。

同时在布里奇波特市，安娜·迪亚斯－德耶苏继续尽最大努力为其他家庭提供支持和帮助，并会因为每一点微小的进步而振作鼓舞。这些家庭面临的问题很复杂，解决问题的答案也绝不简单。美国儿童福利联合会的副主任这样评价像安娜一样的办案员："他们从事的不是什么高难度的事，但是比高难度的事还要难。"

问　题

你认为儿童保护机构选择支持家庭或带走孩子的临界点是什么？当儿童被留在存在大量虐待事实的家庭时，我们还能怎么做以确保儿童的安全健康？

第 8 章

童年早期儿童的认知发展

4 岁的阿斯温到上学的年龄了。父母苏佳达和瑞克为了能让他上最好的学校，最近一直在考察和拜访学校的老师和领导，他们去了公立学校、蒙台梭利学校、华德福学校和特许学校等各类学校。他们考虑的首要因素是学校提供的课程要能拓展学生思维、激发学生好奇心和求知欲。另外，老师要有耐心、有爱心，并有良好的教育背景。

鉴于阿斯温现在的表现和对字母与数字的掌握，两人觉得儿子可以入学了。他们希望学校能给阿斯温提出一定挑战，但又不会太过苛刻；希望儿子能够出于自己对学习的热爱去主动学习；另外很重要的一点是，学校应该让学生有机会参与艺术类活动，并有机会与其他小朋友合作，他们认为这样的活动有助于培养孩子的创造性，让孩子能表达自己的想法，学会与别人分享，学会怎样在团队中发挥自己的作用。

苏佳达和瑞克说的都是母语泰米尔语，他们想让儿子在学习英语的同时也学习这门语言。他们不太指望当地的学校能开设泰米尔语课程，所以打算在家教阿斯温这门语言。苏佳达和瑞克希望学校的整体环境有助于儿子掌握两门语言。不过他们也希望儿子学习两门语言不会影响到他在

皮亚杰儿童认知发展阶段理论第二阶段：前运算阶段

丰富的心理表征

直觉思维的出现

守恒问题

皮亚杰与教育

维果茨基对认知发展的社会文化观点

维果茨基的成长环境：新理论诞生的社会文化背景

言语和语言的作用

认知中介

最近发展区

脚手架与合作学习

信息加工理论

什么是信息加工法

基本认知过程的发展

元认知和儿童发展心智理论

语言能力发展

日益扩展的词汇

学习语法和言语的社会规则

双语儿童：学习两门语言

早期儿童教育和幼儿园入园准备

早期儿童教育

幼儿园入园准备

学校的学习和对英语的掌握。他们还期待儿子在学校能学习其他语言。

那么苏佳达和瑞克在走访学校和老师的时候，最应该注意什么呢？什么样的课堂活动和教学方法能最好地促进孩子的认知发展呢？学习两门语言会妨碍阿斯温在学校的学习吗？还是会让他在认知发展方面更有优势呢？

看完本章后，你就可以了解苏佳达和瑞克最应该考虑的几个重要因素，还会明白什么样的教育哲学和教学实践能够最好地支持和激励阿斯温的认知发展。你还能弄清楚儿童早期语言能力发展的重要方面，包括学习两门语言对儿童的影响。读完本章后，你可以列出跟苏佳达和瑞克的问题有关的至少 12 个重要概念，并试着跟他们解释该怎么运用这些概念去为儿子找到最好的教育环境。

苏佳达和瑞克遇到的问题其实很普遍，所有要与儿童相处的工作人员都应对儿童的认知发展有一定了解，只有这样，才能更好地支持儿童的发展，注意到儿童的优势和缺陷，并为他们提供有助于认知发展的学术和知识环境。本章中，我们会回顾让·皮亚杰的理论，看他如何描述儿童早期的认知发展。我们还会介绍与皮亚杰同时代的苏联心理学家维果茨基，介绍他对于儿童如何塑造自己对这个世界的认知和见解有哪些不同的观点。我们还会介绍一些当代信息加工理论的观点。本章最后会探讨儿童早期的语言能力发展，并讨论早期儿童教育以及儿童在何种情况下才能算准备好上幼儿园了。

皮亚杰儿童认知发展阶段理论第二阶段：前运算阶段

我们在第 5 章中讲过，瑞士心理学家让·皮亚杰很大程度上影响了我们如何认知儿童的思维。刚开始学走路的儿童处于皮亚杰儿童认知发展阶段理论的第一阶段（感知运动阶段），这时候儿童刚刚开始在思维中创造心理表征，代指他们在现实世界中看到的具体事物或事件。3 ～ 6 岁的儿童处于第二阶段（前运算阶段），这一阶段的儿童能够借助表象符号联想到现实生活中的事物或事件，即使是他们没有亲身看过、听过或触摸过的事物。根据皮亚杰的理论，3 个月大的婴儿在他没有抓、摇或用嘴咬一个玩具的时候，是无法想到这个玩具的。抓、摇或者用嘴咬的动作，都是处于感知运动阶段的婴儿的思维方式。而 3 岁大的孩子就可以内化他对玩具的理解，并在玩具不在身边的时候依然可以想起这个玩具。他们能记起昨天玩的玩具，能想象用以前没玩过的方式玩这个玩具，甚至不用把玩具放在嘴里就能想象出玩具的味道。处于前运算阶段儿童的心理表征极大地丰富了起来。皮亚杰还认为，这一阶段的儿童在思考时使用的是直觉逻辑。我们将在下一部分中说明儿童的这些趋势。

不过你也能发现，处于第二阶段的儿童在思考时还没有完整的逻辑思维。根据皮亚杰的理论，运算指的是可逆的逻辑过程。比如，如果你将液体倒入其他容器中，根据逻辑也可以将其倒回到本来的容器中。这种逻辑对于成年人来说显而易见，但皮亚杰认为，儿童直到第三阶段才学会这一逻辑。处于第二阶段的儿童思考时没有运算，所以皮亚杰将这一阶段称为前运算阶段。

丰富的心理表征

处于前运算阶段的儿童能练习心理表征能力，甚至会因为觉得好玩而故意夸大自己新获得的能力。让我们看看孩子们在语言、艺术和游戏中使用的表征或象征符号吧。

语言中的象征符号 跟一个快 2 岁的孩子说话，你会发现对话很简单，而且只局限于身边的事物或事件。但跟一个 4 岁的孩子说话就完全不一样了，你会觉得像是真正的对话。因为孩子在 2 岁之后，语言能力会飞快提升，本章后面的部分会进一步阐述这一点。孩子的语言技巧为什么会迅速提升呢？皮亚杰认为，儿童的语言发展基于他们的心理表征能力，即他们用一个象征符号（比如一个单词）代表现实世界中的事物的能力。即使一个物品不在儿童身边，这种能力也能够让儿童谈论该物品。

艺术中的象征符号 处于前运算阶段的儿童使用心理表征的能力日益增强，这一点在他们创造的艺术作品中表现尤为明显。我女儿3岁的时候，在纸上画了两条线，上面是一条浓黑色横线，下面是一条亮红色横线。她嚷着："看，妈妈，我给你画了张像。这是你的头，上面是头发，这是你最喜欢的红衬衫。"有哪个父母不曾欣赏过自己孩子这样创造心理表征的表现呢？要创作出这样的艺术形象，孩子必须有心理表征，不仅代表妈妈的脸和头发，还代表她最喜欢的红衬衫。尽管一个3岁孩子最初的涂涂画画在成年人眼里可能什么也不像，但这恰恰证明了孩子已经开始创造心理表征。图8.1展示了不同年龄段孩子的绘画作品，这些图画能让你追踪到孩子成长过程中创造的更准确、更复杂的心理表征。

游戏中的象征符号 孩子们玩游戏的时候，也明显运用了很多象征符号。在象征符号游戏中，孩子们用一件物品代替生活中的另一件物品，比如假装一条毯子是魔毯，用香蕉代替电话等。18个月大的孩子很少玩这种游戏，比如他们只有在手里有个电话玩具模型的时候，才会玩假装自己在讲电话的游戏。到2岁的时候，孩子们就会用跟实物不太相像的物品做替代，比如用香蕉代替电话。5岁的孩子则能把几乎所有物品假装成电话。他们创造心理表征的能力已经发展到这种程度——使用的象征符号可以与实物没有任何相似之处。处于前运算阶段的儿童会经常玩假装游戏，运用大量想象力。关于儿童的游戏，我们在第9章中会继续探讨。

直觉思维的出现

前运算阶段儿童的另一个发展就是出现了直觉思维，即他们的推理是基于个人经验或直觉逻辑，而非形式逻辑体系。儿童的推理依据就是他们自己对于事物或事件的经验，觉得这个东西"看起来像"某个其他东西。举个例子，在我儿子大概3岁半的时候，有次大雾天我和他去幼儿园，他说："打开灯吧，外面很青蛙。"我问他是什么意思的时候，他说每次我们经过池塘的时候，他都能看见很多这种雾蒙蒙的东西。他说："我知道水里住着青蛙，所以青蛙呼气的时候，天气就变青

图8.1　绘画作品展示了孩子使用心理表征的能力

2 岁孩子只是胡乱涂涂画画；4 岁孩子画的人就已经有脑袋、胳膊和腿了，脸上表情很开心；6 岁孩子画的身体已经比较完整了，有脖子等。看到这些图画，你能理解孩子们心理表征的发展吗？

蛙了。”尽管儿子的尝试值得欣赏，但这种直觉解释是无法通过真正逻辑的客观检验的。前运算阶段儿童思维的几个特点，都能够体现他们的直觉思维，包括自我中心主义、泛灵论和人为主义。

皮亚杰的理论中，“自我中心主义”这个术语指的是儿童不能从别人的角度看问题。儿童觉得自己是宇宙的中心，所有人思考问题的方式都应该跟自己一样。处于前运算阶段的儿童无法理解别人会有跟自己不同的角度。自我中心主义的经典案例就是三山实验。如图 8.2，实验者在儿童面前放三座山的模型，每座山上都有地标。儿童坐在一个方位，让玩具娃娃坐在另一个不同的方位。实验者会要求儿童描述娃娃从它的方位看到的场景。上幼儿园的儿童大多描述的都是从自己方位看到的场景。如果再给儿童几张从不同角度拍摄的照片，儿童还是会选择从自己的方位而不是娃娃的方位看到的场景。换句话说，儿童选择的场景都是基于自己对于场景的个人和直觉经验。他们不会考虑到其他人在不同的方位可能会有不同的角度。

泛灵论是处于前运算阶段的孩子的一个典型特征，即孩子觉得一些没有生命的事物是有意识、有生命、有感觉的。比如孩子会说太阳很亮，因为“它很开心”；

图8.2 三山实验

玩具娃娃会看到什么呢？儿童能否描述出娃娃所在方位的视角呢？

他们会把铅笔放下，因为“铅笔累了”。人为主义是指自然事件或事物（比如太阳、月亮、雨、飓风）都受人类或者超人形象的控制。儿童可能会说，太阳下山了是因为有人把开关关掉了，月亮不亮了是因为有人吹灭了。但儿童的认知结构会遇到越来越多用泛灵论和人为主义无法解释的事件，这时，他们才开始从直觉思维的模式中走出来，逐渐转变为基于事实来解释事件，拥有更客观的逻辑。

守恒问题

儿童对于皮亚杰守恒问题的回答是其前运算阶段思维最著名的案例。皮亚杰用守恒的概念，指某事物的基本属性（比如数量、质量和重量）不因形状的改变而改变。

例如，图 8.3 中的液体守恒问题。左图中，实验者在两个完全一样的烧杯中倒入同样多的液体，并问孩子“两个杯子中的液体是不是一样多”，儿童回答是“一样多”。然后，实验者让儿童看着自己将一个杯子中的液体倒入另一个更高更细的杯子，再问儿童，这时儿童的回答大多是“更高的烧杯里的液体更多”。问他们为什么时，他们通常指着更高杯子里液体的高度说：“看，这个更高，所以更多。”儿童的前运算思维无法理解虽然容器形状变了，但液体的体积是守恒（一直一样）的。对于个数和质量的实验，儿童的回答也大都如此（见图 8.3）。

看图 8.3，就能明白为什么处于前运算阶段的儿童习惯用直觉思维并且容易被误导。一眼看上去，确实“看起来像”高的杯子里液体更多。不过皮亚杰进一步研究了儿童的回答，并指出前运算思维对儿童的几大限制。

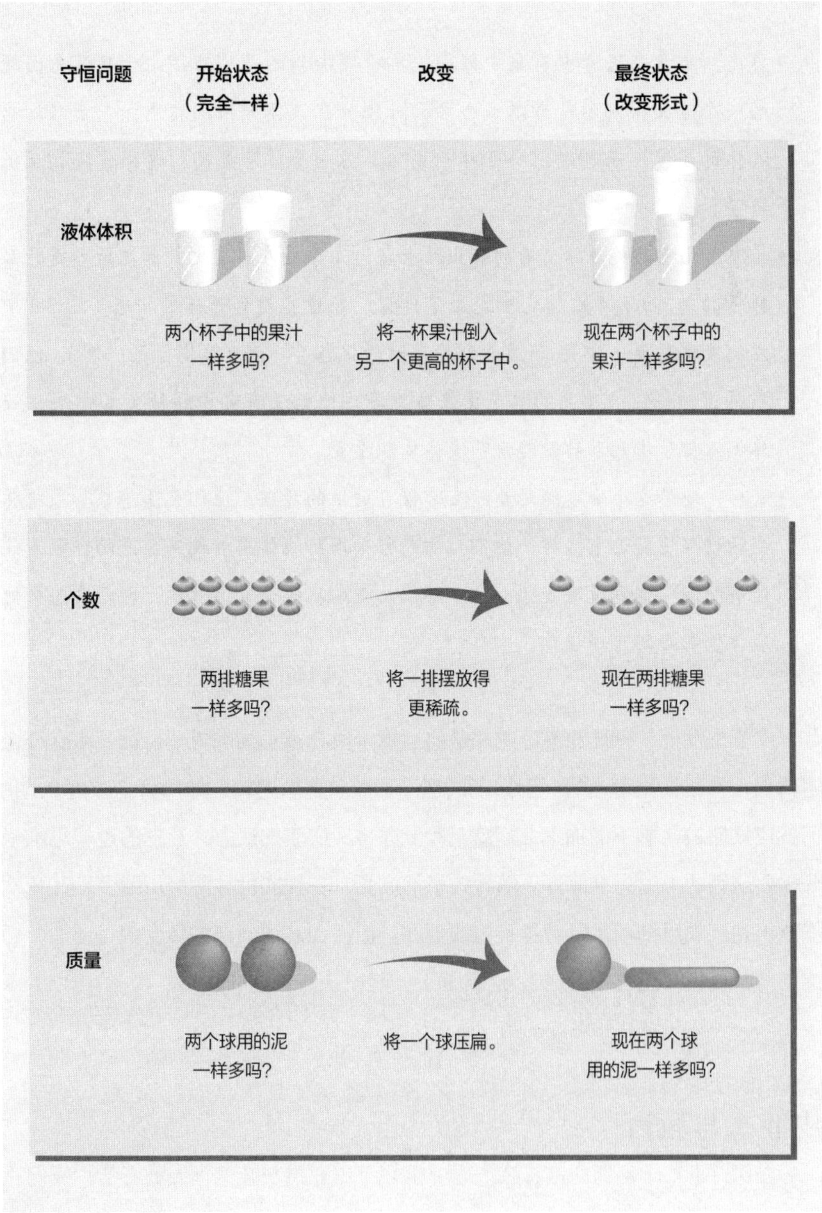

图8.3 守恒问题

三个著名的守恒问题实验，包括液体体积（上图）、个数（中图）和质量（下图）。

- 首先，儿童在思考中有集中倾向。集中倾向指的是儿童倾向于只注意问题的一个方面，而不是考虑多个方面。比如在液体守恒问题中，儿童只注意液体的高度，而不考虑一个杯子更粗，另一个杯子更高，这样其实相互抵消了。
- 其次，儿童只关注转变后的静止结束状态（事物在转变之前和之后各是什么样子的），而不考虑转变中发生了什么。儿童先看到开始的状态（图 8.3 中左侧液体高度一样），然后看到结束时的状态（一侧液体高于另一侧），他们就得出结论说液体高的杯子中液体更多。他们没有考虑到转变本身——液体倒入杯子中的动作就能说明液体体积没变。
- 最后，处于这个阶段的儿童没有掌握可逆性的原理。他们无法想象如果将转变的过程逆转会怎么样，他们无法想象如果将液体重新倒回原先的容器，就能说明液体体积没有变化。这个阶段儿童的思维是前运算的，即无法想象把液体倒回去的可逆操作。

皮亚杰发现，思维的不可逆性是前运算阶段儿童思维的重要特征。完全符合逻辑的认知结构是可逆的。例如，试想一下数学题的逻辑，如果将 4 减去 2，我们就应该明白，剩下的加上 2 后就又得到了 4。皮亚杰认为，真正的逻辑思维十分需要这种动态的思维运算。随着孩子的成长，在现实世界的经历增多，儿童就能意识到直觉思维不足以解释身边的事件。他们会意识到许多转变的可逆性，思维结构就变得可运算（可逆）。这就是下一阶段认知发展的开始，在本书第 11 章中我们会介绍儿童认知发展的第三阶段。

皮亚杰与教育

在探讨下一个话题之前，我们想评价一下皮亚杰在教育领域的影响，我们总结了以下几点：

- 第一，皮亚杰关于儿童是积极的、充满好奇心的群体的概念启发了人们，学校和其他儿童早期环境中开始有互动性较强和需要动手的课程。这些活动鼓励儿童从自己天生的好奇心出发，去探索科学、数学和其他领域。
- 第二，皮亚杰认为，儿童的神经系统在生物学意义上发展成熟、认知发展完备之前，必须从一个阶段发展到另一个阶段，而不能直接跳过某个阶段。皮亚杰的阶段论指导了很多学校该何时向学生教授什么样的知识。
- 第三，教育者已经学会使用皮亚杰的图式、同化、顺应、失衡、反省抽象和相关话题（第5章）等概念。教育者故意给儿童展示一些难题、矛盾的观点，在儿童面前辩论，有意识地挑战儿童现有的认知结构，鼓励儿童加深理解。教育者鼓励儿童思考他们现有认知结构的含义、有效性和局限。

要了解更多关于教师如何在教学中使用皮亚杰的理论来帮助学生学习，请看从业人员视角板块文章《建构主义教师》。

维果茨基对认知发展的社会文化观点

当然，并不是所有人都满意皮亚杰的认知发展理论。一些理论家和实践者一直觉得皮亚杰的理论并没有充分考虑一个重要因素对于认知发展的影响，即儿童所处的社会环境。理论家利维·维果茨基的儿童认知发展理论则充分考虑了社会干预和文化的重要影响。

维果茨基的成长环境：新理论诞生的社会文化背景

维果茨基与皮亚杰同年生，于1896年生于白俄罗斯的犹太人家庭。虽然犹太人与当地人有同样丰富的文化背景，但他们经历了很多偏见、歧视，并受到当地政府的严格限制。维果茨基儿时接受的教育是苏格拉底对话式的私人教师教育。这种教学方法是，老师提出问题，帮助学生通过推理自己找到答案，而不是直接告诉学生一些事实和信息。维果茨基于1917年毕业于莫斯科大学，当年的俄国

从业人员视角

建构主义教师

史黛西·安德森
俄亥俄州丹尼斯维尔镇
丹尼斯维尔小学一年级教师

你怎样在教学中使用皮亚杰理论里的概念？

首先，很重要的是，要意识到孩子对某个话题或某个技巧领域已经有了自己的认识，我都是基于此来确定如何引入一堂课的。接下来，我会观察在引入一个新的概念或者一个概念的新一层含义时孩子们的思考过程。我会思考怎样才能让新知识适合（融入）他们已有的知识。我会通过问孩子们问题、让孩子们评估自己的思考和其他人的回答来看新信息怎样才能适合他们已有的知识。

你会让孩子们参加什么样的活动来帮助他们建构知识？

我认为，让孩子们动手的活动对于一年级和其他年级的学生都很重要。教孩子们几何形状的时候，我让孩子们对方形、圆形和三角形进行分类，并列出他们知道的每种形状的知识（正方形有四条边、四个角等）。然后给他们展示一个长方形并问他们："它有几条边，几个角？""它是长方形吗？"一些孩子会回答："是。"再观察的时候，他们会发现不同的边长度不同，这样他们就明白了正方形四条边长度相等，长方形则有两种长度的边。然后，我们会继续介绍平行四边形、菱形和不规则四边形。我让孩子们一边数数，一边用相同大小的立方体搭不同的塔来代替不同的数字（1 ~ 10）。他们一边观察一边说："这像楼梯！""每个塔都比前一个更高。"他们能看出来每座塔都比前一座高一个立方体，这样就很自然地引入了"加一"的概念。

你怎样运用皮亚杰的认知发展阶段理论来指导你的课程或班级活动？

在地区层面上，我们会对重要的技巧领域制定成功的基准和指数。然而根据我的经验，老师要知道孩子会展现不同的行为，这些行为表明他们处于皮亚杰理论中的不同阶段。不过一年级的孩子确实思维更加具体，很难考虑到除了他们的家、亲人和朋友之外的事情。要让一个 6 岁的孩子解决抽象的国家大事是不现实的！

你的工作岗位需要怎样的教育背景和培训？

要成为一名有执照的教师，首先要有与教育相关的学位，或者修过相关课程，还要做一年的实习教师。每个州的要求是不一样的，大多数州要求要获得永久教师证书，必须拿到硕士学位。其他州要求三年级以上教师必须获得本科学位。大多数州都要求必须通过实践考试。

问　题

你认为史黛西在教学中使用了皮亚杰理论中的哪些概念？解释一下为什么她的教学方法会被称为建构主义教学。

革命推翻了统治了几个世纪之久的沙皇，列宁执掌了新的马克思主义政府。新的苏联政府似乎代表着种族和宗教歧视的结束，新政府宣称，所有国民都是平等的苏联公民。维果茨基是坚定的马克思主义者，他尤其相信马克思理论提到的社会历史对于人类行为和发展有重要影响这一观点。

1924 年，维果茨基到了莫斯科著名的心理研究所工作，协助研究所进行重组并发展马克思主义心理学。此后 10 年间，被誉为“心理学界的莫扎特”的维果茨基吸引了许多苏联高级学者成为他的学生或同事，协助他发展并测试理论。遗憾的是，1934 年，38 岁的维果茨基死于肺结核。尽管英年早逝，维果茨基当时已经撰写了几部重要著作和文章，他的智慧也得到了身边所有同事的肯定。

言语和语言的作用

维果茨基理论的核心论点就是：儿童认知结构的发展来源于他们与自身所处文化环境和所处社会环境的互动作用——主要是通过听周围的人说话。社会化言语指的是我们听到的周围的人说的话或其他人对我们说的话。维果茨基认为，儿童能够采用社会化言语中的重要部分，将其变成自己的个人化言语——儿童自己对自己说出声的话。是语言（言语）让孩子们理解了概念、发展自己的认知结构，这些概念后来成为儿童将来会使用的“心理工具”。

想象一下教一个小孩子画圆圈的场景。开始，孩子完全不知道什么是圆圈，大人在整个过程中用社会化言语跟他交流：“开始画一段弧线，像这样展示一段弧线，然后继续画，直到把另一端接起来。”孩子自己画圆圈的时候，就会自己跟自己重复大人刚刚说过的指示：“我这样画，‘圆’，像这样，然后我继续画‘圆’，直到两端接起来。”这样圆圈的概念就从社会化言语（成年人对儿童的指示）变为儿童自己的个人化言语。

几乎所有的儿童都会用个人化言语。儿童学习新的概念，或接受有难度的任务时，经常依赖个人化言语的支持，而使用个人化言语最多的儿童，通常是在完成任务时表现最好的。内化的过程是将外部的活动和言语变成内在的，并能用思维去执行。儿童掌握一个概念后，他们就会越来越不需要个人化言语。最终，他们完全将其内化，成为无须出声的内部言语。然而，个人化言语并不是简单地消失了。你有没有发现，自己在做一些复杂或艰难的事情时，会喃喃自语或说出声来？个人化言语能帮助我们集中注意力、调节策略，并制定解决问题的方案。

认知中介

根据维果茨基的理论，与成年人或者语言更有技巧的同龄人的人际互动，能够进一步完善或调解在更大文化背景下形成的认知结构。“中介”是向儿童介绍概念、知识、技能和策略的过程。作为中介的成年人，中介的过程包括选择介绍给儿童何种认知结构，何时以何种方式介绍给他们，并帮助儿童理解这些认知结构的有效性。例如，试想教一个孩子玩拼图游戏。许多成年人采用具体的拼图策略，比如从角落开始，先拼边上的色块，或者寻找线索（例如，匹配颜色、匹配形状等）。另外，成年人还经常帮儿童思考一些更普遍的技巧，比如在匹配形状和颜色时要谨慎，在尝试把一个色块放在不同地方的时候要有计划性。不过，大部分成年人不会一次就把这些技巧都教给儿童，他们会通过选择并重点强调具体的几个策略来传达给孩子。他们会帮助儿童学习一部分技巧，然后在儿童拼图技术有所长进后再教他们其他技巧。儿童会逐渐内化所有的技巧和每个技巧对应的语言标签。最后，儿童能将这些信息结构化地运用，实现独立玩拼图游戏。

中介多发生在有结构的环境（例如正规教育过程）或不正式的每日活动中（例如，父母在倒垃圾和可回收物的时候跟孩子讲生态学）。中介要发挥作用的关键就是“量身定做”。向儿童介绍的认知结构既不能太简单，是儿童已经内化过的，也不能太难，让儿童难以理解。最佳的难度等级应处在维果茨基所谓的儿童的最近发展区内。

最近发展区

维果茨基认为，儿童的发展有两种水平：现有发展水平，即儿童独立解决问题时能达到的发展水平；潜在发展水平，即儿童在成年人或有能力的同龄人的帮助下能达到的发展水平。最近发展区（ZPD）指的是两者之间的范围。如图 8.4 所示，最近发展区的下限包括儿童已经能独立解决的一些最有挑战性的难题，上限则是儿童即使得到其他人的大量支持也无法解决的问题——这些问题需要的心理机能是儿童尚未开始内化的，所以再多的外部帮助都无济于事。处于最近发展区内的问题所需要的心理机能，是儿童已经开始内化但尚未发展完全的。

要注意的一个重点是，最近发展区是动态的——随着儿童内化越来越多的心理机能，它的上限和下限都是不断变化的（见图 8.4）。最近发展区内的有效中介自然会使最近发展区的边界上移。成年人与儿童互动，给儿童提出几个有挑战性的问题。成年人会帮助儿童一起解决问题，有时候可能一开始要给儿童提供大量帮助。儿童逐渐学会了怎样解决这些问题。这些问题有些原本是处于最近发展区的，现在都低于最近发展区的下限了。

另外，对于儿童的教导有个重要技巧——根据维果茨基的理论，最有效的教导是给儿童挑战性的素材，并帮助儿童掌握这些素材。尽管儿童开始可能需要很多帮助，维果茨基认为，只要这些问题没有超出儿童最近发展区的上限，就能帮助儿童实现认知发展。对于儿童的评估或测试也有个技巧，就是最能反映问题的测试不是让儿童独立完成某个任务，而是给予儿童一些帮助，让他完成某个任务。这样的测试“不仅考察儿童已经发展完成的成熟处理方法”，也考虑到“将要形成、正在成熟、正在发展的处理方法”。

脚手架与合作学习

既然最近发展区内的中介如此重要，成年人和其他想帮助儿童的人该怎么做呢？从维果茨基理论中发展出的“脚手架”概念会帮助我们解决这个问题。脚手架指的是当儿童正在发展一项认知功能，或正学着完成一个具体任务时，给予他们的支持性帮助。想象一栋正在建造的建筑，建筑工人在建造过程中搭起脚手架，

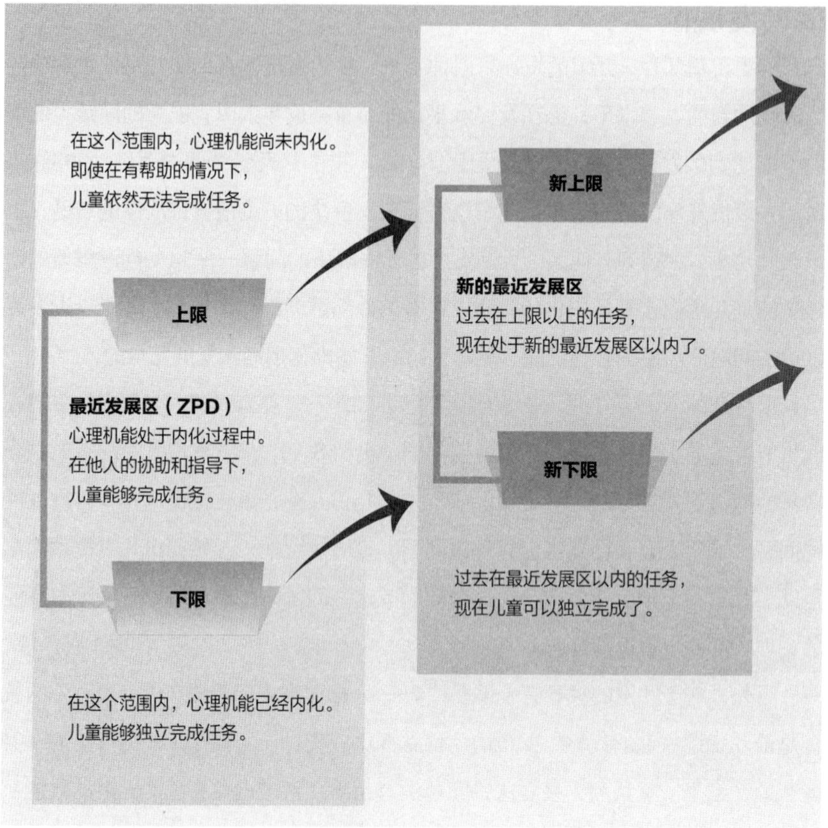

图8.4 最近发展区

最近发展区是儿童在他人帮助和指导的前提下能完成的任务范围，其下限是儿童已经能独立完成的任务，上限是儿童在有帮助的情况下还不能完成的任务。随着儿童的发展，这一区域会不断变化，随着儿童内化的心理机能越来越多，上限和下限都会随之上移。原先处于上限之上的一些任务可能会处在最近发展区内，原先处于最近发展区内的任务则可能对儿童来说变得很简单，而处于下限之下。

它们能够在建造过程中作为工人的支撑物。认知脚手架的原理也是这样，它在儿童为完成某项任务发展认知能力（建筑）的过程中为儿童（建筑工人）提供支持。脚手架的搭建是在中介过程中实现的。它以多种方式呈现，比如：为儿童完成任务的一部分，简化任务的艰难环节；在儿童完成任务的过程中与儿童讲话或给些提示。这些行动都能帮助儿童完成任务，进而帮助他们完成必经的步骤。就像建筑的脚手架一样，认知的脚手架也不是永久的，而只是暂时的支撑结构，会在儿童的认知功能成熟后逐渐拆除。

儿童也可以从同龄人那里获得认知脚手架和中介。合作学习是维果茨基理论的一个分支。通过合作学习，儿童能够一起努力，帮助彼此解决问题，分享彼此的知识和技巧，讨论大家的策略和知识。维果茨基一直强调社会环境会驱动儿童的认知发展，而更有能力的同龄人可能会成为儿童有效的中介。正努力接受一个新概念的孩子，如果与已经接受这个概念的孩子沟通，可能会受益良多。不过和其他形式的中介一样，合作学习也只有发生在儿童的最近发展区内才会有效。

维果茨基如果知道他的观点已经影响到我们对认知发展的看法，一定很欣慰。我们要知道，他生活的时代充满动荡和骚乱，经历了社会和知识界的巨变。他亲眼见证了文化和社会的巨大变化，也深信这样的变化对于人的认知发展必然有深刻的影响。当我们对比维果茨基和皮亚杰的时候，我们也能看到这种影响。皮亚杰生长在瑞士，一个以自治和独立而自豪的国家。他的理论认为儿童在适应环境的过程中建构起自己的认知结构。对于皮亚杰来说，儿童自己的经历是最主要的。对于维果茨基来说，社会化言语是最主要的。维果茨基认为，儿童是通过采用周围重要人物和更大社区的认知结构来进行学习的。

信息加工理论

让·皮亚杰的理论是过去几十年来认知发展领域最主流的观点。但是20世纪六七十年代，研究人员开始质疑皮亚杰的几个主要设想，尤其是他关于认知发展经过几个大概阶段的观点。同时，计算机和信息技术的发展给发展心理学家们提供了另一个可选的模型——人类处理信息的方式和计算机大致相同。这种信息加工观点促成了自20世纪70年代早期以来认知发展方面的主要研究。

什么是信息加工法

“信息加工”这一术语来源于计算机科学，指的是计算机将信息编码为计算机符号和分类、存储、提取、使用这些符号的方式。信息加工心理学家经常通过将人与计算机类比，来理解人如何思考和记忆信息。总的来说，计算机和人都将信息编码为某种符号系统，即把原先的刺激变为机器和人脑能运算的格式。计算机和人都会处理已经编码后的信息，对其进行某种改变后储存或输出。换句话说，计算机和人都是运算符号的系统。最近的信息加工心理学家已经不再用计算机做类比，而是越来越多地强调人如何创造和使用心理表征。

信息加工理论的一大设想就是，人类处理信息的能力是受限制的。换句话说，你一次只能做这么多。每个人的上限都不同，但每个人都有一个上限。一旦达到我们个人的上限，我们就开始犯错或遗忘。认知发展很大部分指的是发展可以让我们最大限度地使用我们有限的能力的策略。我们使用策略，尽可能高效地学习、记忆和使用信息，好留出一部分能力来处理新信息和考虑新问题。

基本认知过程的发展

认知发展方面的一个基本事实就是，年纪大的儿童比年幼的儿童能更快、更多地处理信息，能更好地控制自己的注意力。现在让我们看看，随着儿童的成长，基本认知过程的发展变化是怎样让孩子有更好的认知表现的。

信息处理能力的变化 信息处理能力指的是一个人一次能记忆或考虑的信息量。研究人员经常通过快速展示一系列信息看一个人能够按顺序记住多少信息，以此计算这个人的信息处理能力。如图 8.5，在孩子从童年期到成年早期的过程中，他们的信息处理能力会连续而有规律地增长。

信息处理能力的变化能够帮我们解释在完成各种认知任务时，不同年龄儿童表现出来的差异。例如，你还记得本章前面我们探讨过的皮亚杰的守恒问题吗？液体从一个矮杯子倒入一个又高又细的杯子时，小孩子觉得高杯子里液体更多。皮亚杰称，年龄较小的孩子会将注意力只放在问题的一个方面（液体的高度），而考虑不到其他因素（杯子的直径）。皮亚杰认为，这是儿童无法理解守恒的逻辑结构的表现，不过，也有可能是年纪小的孩子处理能力有限，无法同时考虑到高度和直径。或许年纪小的孩子可以将注意力从一方面放到另一方面，但却无法

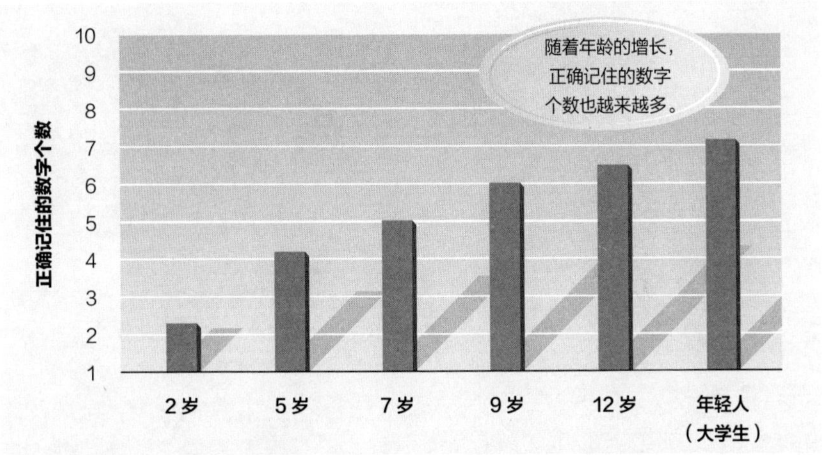

图8.5　与年龄有关：记忆范围的变化
按顺序记数字的时候，成年人比2岁儿童记住的多2倍。对于单词和字母的记忆也有相同的趋势。

同时考虑两个方面。随着孩子长大，能力有所提高，他们就有能力同时考虑几个信息源，认知处理也就变得更加灵活、有效。

信息处理效率的变化　信息处理能力真的会随着儿童的成长有所提高吗，还是年纪大的儿童能更高效地使用自己的能力？一些理论家更关注处理效率的变化，即儿童处理信息的速度和准确度。信息加工理论的主要设想是：在给定的一个时间段内，一个人处理信息的能力是有限的。信息处理能力的一部分用于运算空间，即真正处理信息的地方；剩余的是存储空间，即储存和记忆我们正在运算的信息的地方。如图8.6，儿童处理信息的速度越快，使用的运算空间越少。因为运算空间是有限的，这样就能省出一部分运算空间做其他事情，如储存更多信息。结果就是，年纪更大的儿童能够记忆更多信息。儿童还可以使用剩余的运算空间做一些难度较大的处理工作，比如同时考虑问题的几个方面，将当前的信息和其他信息联系起来，记忆一些信息等。

认知能力的自动性对于提高处理效率也很重要。自动性是用很少努力或没有意识到努力的情况下使用某种技能的能力。自动性可以解放更多认知能力用来完

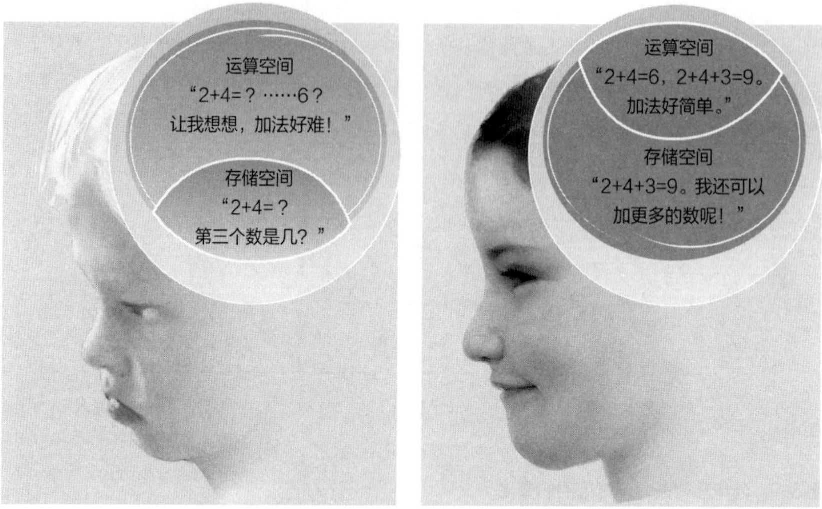

图8.6　工作记忆中的存储空间和运算空间

2+4+3=？较小的孩子会觉得这种问题很难，因为他们要用大部分处理空间计算前两个数字相加的和，剩余用来储存和记忆其他信息的能力就达到了最小限度。较大的孩子会觉得很简单，因为他们有更多的剩余能力用来储存和处理其他工作。

成其他任务。例如，小孩子学习阅读的时候，一开始非常费力，一个字母一个字母地看，试图拼出它们的发音来解码词汇。经过练习后，他们就能很快地认出字母、发音和常用的字母组合，几乎没有意识到自己做出了任何努力——这个过程已经是自动的了。这时认知能力就可以用来完成其他任务，比如有感情地朗读、观察理解、试想接下来会发生什么。最后，这些高层次的过程都会变成自动的行为。这让儿童可以在阅读的时候考虑到其他方面，例如对比正在读的文章和曾经读过的文章。这样，认知能力的自动性就能让儿童实现更复杂的思维方式，这也是促进儿童认知发展的机制之一。

注意力的变化　注意力是关注某个特定的刺激（某条信息）而不被其他刺激分心的能力。随着儿童长大，他们能够更好地、长时间地集中注意力，还能提高自己忽视其他可能会让人分心的信息的能力。儿童逐渐学会了一些策略来帮助自己监测并分配自己的注意力，这又能让儿童更深入、准确地处理信息。他们还可以更快地将注意力从一件事转移到另一件事（这让他们能够处理不同来源的信息，并在重要信息出现时做出反应），更好地抑制自己的反应（可以避免他们反应过快或者对于分散注意力的信息做出反应）。对于成年人的神经科学研究已经确定了与注意力相关的脑部区域（带状前回、侧前额叶、如基底前脑等的皮质下区域），这些区域涉及对刺激保持警觉、专注于某个特定刺激和监测自己的注意力。儿童控制自己的注意力时使用的也是这些区域，有迹象表明，7 个月大的孩子就开始用这些区域控制自己的注意力。正在进行的纵向研究追溯了儿童这些大脑区域的发展和其注意力的关系，表明从婴儿期到童年早期，儿童从把注意力大部分放在环境中新出现的事物变得能够控制注意力，即使有其他事物分心也能只关注一项具体的事物。人们还找出了能够控制注意力的具体基因，尤其是那些能控制神经递质多巴胺和乙酰胆碱水平的基因。对于家庭的研究还发现，儿童体内的这些基因有一些会与教养水平相互作用，共同影响儿童的活跃度和冲动程度。

元认知和儿童发展心智理论

你曾经考虑过自己的思维吗？你曾经想过怎样才能记住一套复杂的信息（比如本章一整章的内容！），或是记住你刚刚看到的人名和电话号码吗？如果是的话，你就经历过被心理学家称作元认知的过程。元认知指的是人类对于自己的思维过程和记忆以及对这些过程的控制所拥有的理解和知识，是对认知的认知。儿童计划、评估和控制自己认知过程的能力越来越强，不过这些控制过程的发展能够一直持续到青少年晚期，那时大脑额叶才会发育完全。

儿童早期元认知能力很差，但 5 岁之后就得到了迅速提升。较小的孩子对于自己的记忆力有很夸张的自信：他们总是高估自己记东西的能力。不过他们在估计别人在同一个任务中能记住多少的时候就很准确。例如，如果问 4 岁的雷切尔，在一个有 20 个单词的单词表中她能记住多少个，她很可能说："我都能记住，我记忆力可好了！"但如果问她觉得双胞胎姐姐能记住多少个，她可能说："啊，可能 5 个吧，都记住太难了。"不过对于小孩子来说，他们这种"妄想"有时也是好事，因为这能让他们不停尝试。如果小孩子能很准确地预测出自己记忆力很差，他们可能会因此觉得沮丧，放弃努力。这就减少了他们去发现并练习记忆策略、掌握元认知知识的机会。

心智理论 最近几十年，对于元认知的研究主要关注的是儿童如何形成自己的心智理论。心智理论是对于心理是什么、心理如何起作用、为什么会起这样的作用的一套连贯、完整的概念框架。儿童心智理论的研究主要关注儿童大体上对思维知道些什么和儿童能何种程度上理解他人的思维。

即使年纪较小的孩子也对思维这种精神活动有一点儿了解，明白它与物体和行为是不同的。例如，3 岁大的孩子就知道存在于思维中的物体和真正的物体是不一样的；他们知道想象出来的冰激凌蛋卷和真正的冰激凌蛋卷是不一样的；他们还知道在想象中可以完成现实生活中无法实现的任务，例如，坐在纸板盒里飞上月球。3 岁的孩子还能理解梦境并不是真正的现实，尽管许多小孩子认为不同的人做的梦都是一样的。

不过，儿童对于思维活动的理解在很多重要方面有所局限，随着儿童长大，他们的理解也会取得长足发展。例如，小孩子经常无法理解一个物体看上去的样子和它本质之间的区别。这就是所谓的外表与实质的区别，它能很好地反映心智理论。如果儿童无法分辨出外表和实质的区别，就意味着他们无法辨别他们认为这个物体是怎样的（基于物体的外表）和这个物体实质是怎样的之间的区别。例如，在一项经典研究中，研究人员给儿童展示了一只名为梅内德的猫，然后研究人员给猫戴上了狗的面具，虽然猫的身体和尾巴都没有变化，孩子也看到了整个戴面具的过程,但 3 岁的孩子还是说梅内德现在是条狗。对他们来说，外表的变化就意味着实质的变化,但 5 ～ 6 岁的儿童就可以理解,尽管外表变了，梅内德还是只猫。

儿童能理解他人的信念和欲望吗？要想理解他人的信念和欲望，儿童首先必须理解他人的思想和自己的思想是不一样的。如果儿童无法区别他人和自己的思想，那他们就更不能理解他人有自己的信仰和欲望，就更不会试着了解他人在想什么。现在还不清楚小孩子是否理解自己知道的和他人知道的并不同。几项研究发现，3 岁的孩子很难做出这种区别，一些跨文化研究也证明了这一结果。

儿童经过几大步骤后才发展完全自己的心智理论，包括理解不同人对同一件事有不同的欲望和信念；理解有些人可能不知道一件事是真的，或者不相信这件事是真的；理解人可能表现出来的情绪和他真正的情绪不一样。不同文化背景下的儿童理解这些内容的速度相仿，基本都是在 6 岁左右实现完全掌握，但掌握各项内容的次序却由他们身处的文化环境决定。

在儿童心智理论的发展中，语言扮演着重要角色。在儿童年纪尚小的时候就与其谈论跟心理状态有关的话题，比如欲望、情绪、思维、认知、记忆和理解等，有助于帮助他们形成自己的心智理论。儿童在不同的心智理论任务中的表现与他们使用语言和周围人沟通的经历也有关系。那些没有典型语言经历的儿童（比如失聪儿童），在心智理论的形成上会比一般儿童延迟数年。

最近，关于神经科学的研究证明，可能有一种神经基础至少作用于心智理论的几个方面，这种神经基础就是镜像神经元。镜像神经元指的是，个体在执行某一行为或观察到其他个体执行某一行为时释放神经冲动的神经元；个体的神经元能够“镜像”反映其他个体的行为并像自己也在进行这一行为一样产生相同的神经冲动模式。通过在自己的神经元中模仿他人的行为，研究人员假设人能够感受并理解他人。镜像神经元被认为在连接认知和行动、通过模仿进行学习、掌握语言、发展同理心、理解他人的行动和意图等方面非常重要。镜像神经元系统如果出现功能障碍就会导致自闭症谱系障碍，尤其容易导致这类障碍中最常出现的社会互动缺失现象。最近有证据证明，基本的镜像神经元系统在儿童出生时就存在，但这些系统随着儿童的成长会有很大发展。

语言能力发展

几年前，我的朋友带着他们 4 岁的女儿凯莉来我家吃晚饭。凯莉要第二份意大利面的时候说：“这是我吃过的最最超级棒、最最特别好吃的晚饭！”凯利有趣的语法结构把我们都逗乐了，但我们都能听懂她的意思。

像凯莉一样，许多孩子能够很快学会通过语言表达自己的思想、欲望和感情。

他们学习新词汇的速度相当快。大多数人成年许久都还在为复杂的语法规则头疼，相较之下，小孩子对于语言复杂规则的掌握堪称神速。这一节中，我们将探讨儿童如何学习新单词和语法规则，以及如何学习使用语言与他人进行有效沟通。我们还会关注掌握两门语言——同时学多门语言的儿童。

日益扩展的词汇

你享受学习新单词的过程吗？你每周能学会多少新单词呢？看看下面这组让人震惊的数据：平均年龄为 2 岁的儿童能说 200 个单词，而典型的 6 岁儿童能说近 1 万个单词。这意味着儿童每周能学会 47 个单词，每天 7 个新单词！再加上儿童能理解的词汇显然比他们能表达的词汇量要大，我们就更会对儿童早期的这种惊人发展表示赞叹了。

为什么儿童学习新单词的速度如此之快呢？正如第 5 章中讲的那样，儿童在接触一个新单词一到两次之后，就会使用快速映射来学习这个单词。他们还会模仿听到的单词的发音，父母则会塑造并强化新的单词表达方式。然而只有模仿和强化是不够的。儿童还会分析语言，思考他们观察到的不同情况下的语言模式。他们会用他们所知道的句子的语法结构（比如词序和词尾）来判断新单词的意思。这种使用句法来判断单词意思的过程叫作“句法自助”。例如，如果听到一句话“Will is pidding his cereal”，新单词 pidding 的词尾是“-ing”，就可以推断出 pid 这个单词是指动作而非物体；相反，如果句子结构是“Will threw his pid”，就可以推断出 pid 是个物体，而非动作。同样地，儿童还会利用自己对单词和词义日益增长的知识来帮助自己学习新单词。例如，如果一个孩子听到一个新单词（例如“公共汽车”）的时候看到三个物体（轿车、自行车和公共汽车），并且已经知道轿车和自行车怎么说，他就会把新单词与新出现的物体相联系。换句话说，他会利用自己现有的知识帮助自己判断哪个单词代表哪个物体。核磁共振成像研究证明，大脑的成熟对词汇学习的增长起着重要作用。一项从儿童出生到 3 岁的跟踪观察显示，儿童 18 个月后，词汇量出现快速增长，这就是在大脑的语言区域髓鞘快速形成后发生的。

学习语法和言语的社会规则

在学习一门语言时，最大的挑战就是要学会所有正确组词和组句的规则。儿童是逐渐学会这些语法规则的。例如,他们开始说疑问句(问“是谁”“是什么”“在哪里”“在什么时候”“为什么”）的时候，就是把疑问词放在名词前面，比如“在哪里小猫？”。后来他们开始学着用辅助动词，但词序还是不对，问的问题是:“在哪里小猫是？”最后，他们说出了正确的语序:“小猫是在哪里？”3岁儿童的语法知识足够他们说出复杂的句子。例如，他们会用连词（例如:“并且”）连接简单句，用从句修饰名词（例如:“刚丢了狗的那个男孩在外面。”），还能说出内嵌句（句子里面嵌套句子）。6岁的时候，儿童就能造出语法正确的复杂句了。

到3岁的时候，大部分儿童已经会添加词尾了，比如 -s、-ing、-ed（在英语中分别代表复数、进行时和过去时）。儿童学习这些规则后，有时会错误地使用这些规则，造出一些形式不对的词句来。这种现象就是过度概化，过度概化经常导致儿童在学习语法规则之前能正确拼出词汇，学习规则之后却会拼错。例如，一个3岁的孩子可能会说“I saw fish in the pond”，但到4岁时他可能说成了“I seed fishes”(saw是see正确的过去式,seed是在see后直接加了 -ed词尾）。这种错误的发生是因为儿童想不起来单词正确的不规则形式，就直接使用新学的语法规则造词来表达自己的意思。过度概化的出现导致一些家长怀疑自己的孩子有语言问题，其实家长对此不必担心。尽管这种现象在多种语言中都存在，但发生的概率很小，儿童使用不规则词形的时候只有8%的情况会发生这种错误。事实上，过度概化反映了儿童语法知识的进步，代表儿童尝试使用这种语言的语法知识进行沟通。表8.1给父母提供了一些建议，来帮助儿童学习语言。

言语的社会规则是指说某种语言的人在与他人用这门语言对话的时候遵守的全部规范。儿童学会的最早的社会规则是轮流——有意识地让一个人先开始对话，然后另一个人再开始说话，循环往复，一直到对话结束。父母在孩子还是婴儿的时候，就要在孩子导向的言语和每日繁多的活动中示范这项规则。儿童一直到童年晚期才学会其他的社会规则。例如，5岁左右的儿童才能学会明显答案规则。

表 8.1

强化语言发展：对父母的建议
做一个积极的倾听者，与孩子进行他 / 她想要的对话 1. 让孩子来主导； 2. 多问开放式问题（“跟我说说”）； 3. 鼓励你的孩子详细描述一个对他 / 她很重要的话题。
做个好榜样 1. 如果孩子发错了某个音，示范正确的音； 2. 不要让孩子重复对他 / 她有困难的单词或发音； 3. 纠正孩子的时候说：“你是不是要汤？”而不是说：“是汤，不是桑。”
跟孩子谈论他们生活中发生的事 1. 用有趣的方式跟孩子谈论他们生活中发生的事情； 2. 语速不要太快！
提供一个支持性的环境 1. 确保孩子跟你沟通的时候感觉很舒服； 2. 多示范好的话语和语言； 3. 多鼓励，多支持。
给孩子读文章 1. 从孩子刚出生、学步、上幼儿园到以后，都要给孩子读文章； 2. 指着一个单词，描述画面； 3. 跟孩子讲押韵的单词、不同的字母和发音。
随时有可用的书写工具 1. 身边有很多粉笔、记号铅笔和纸给孩子用； 2. 鼓励孩子使用这些工具进行沟通。
玩发音和字母游戏 1.“我想去商店”这句话里有多少个字？ 2.“宝贝”这个词有几个音节？我们按音节拍拍手； 3. 我们来玩单词游戏。我想到了 glasses（英文中有“眼镜”和“杯子”两个意思），既可以指我们戴的东西，也可以指我们用来喝水的容器。你能想到有两个意思的单词吗？
如果孩子说话不流畅（有困难） 1. 让孩子自己说完每句话，不要替他说完； 2. 示范简单、语速较慢、不太复杂的话语； 3. 要有耐心！

这项规则是指当把语境和说话者结合起来后问题的答案已经很明显的时候，听者不应再把这当作一个问题，而应当作一个请求（甚至要求）。其他的言语社会规则包含更复杂的知识，直到儿童上学后才能掌握。这包括说与正在讨论的话题相关的言语，说与对话中刚提到的事物相关的言语，不重复已经在对话中说过的事物等规则。

很重要的一点是，言语的社会规则有很大的文化差异。例如，答案是否“明显”取决于某种特定的文化。例如，非洲裔美国人就不如美国白人用要求式问句用得多，所以非洲裔美国人的孩子经常把父母对于他在床上蹦跳的疑问当作获取信息所用的问句，而非一种要求。轮流说话的规则也有不同。许多非洲裔美国儿童在家的时候学的是，他们必须主动说话，控制听众的注意力，而不是等待其他人说完再说。

双语儿童：学习两门语言

你能说多门语言吗？在美国，超过600万儿童都是双语儿童，或者能流畅使用两门语言。在添加性双语能力中，人掌握第二门语言后，第一门语言的水平没有降低；在削减性双语能力中，人掌握第二门语言后，对第一语言使用的流畅度降低了。不同的社会和文化背景通常会伴随这两种双语能力。如果家庭和所处的大社区将第二语言习得当作有价值的资本并对两种语言都很重视的话，儿童更有可能表现出添加性双语能力；相反，如果周围的人将第二门语言的位置放得比第一门语言高的话，儿童就更有可能“削减”他们的第一语言。如果儿童发现学校和媒体上没有人用第一语言，与同龄人沟通或进行其他的社会性沟通时别人不懂第一语言，就会对第一语言有负面印象。

儿童可以同时或顺序掌握两门语言。“同时双语能力”指的是儿童从婴儿期开始同时学习两种语言。这种情况只有儿童的父母说不同语言时才会发生。“顺序双语能力”指的是儿童先学会一门语言，再学另一门。如果儿童在3岁左右开始学第二语言，第二语言和第一语言就会同等流畅。如果在童年晚期或成年早期才开始学习第二语言，则虽然能有效使用第二语言进行沟通，但通常不会实现完全的流畅度，第二语言的口音问题会很大。很多学习较晚的学习者始终没能掌握地道的英语发音。尽管没有地道的发音和高度的流畅度，年龄较大的学习者对词汇和语法规则的掌握比年幼的儿童要快。

研究发现，儿童同时学习两门语言时是分开学习两门语言的词汇和语法的。双语者和单语者在处理语言时使用的大脑结构是一样的，但大脑区域中的神经活动的模式和顺序不同。另外，神经科学家还发现，19 个月大的孩子在听到占主导地位和不占主导地位语言的单词的时候，神经模式也有所不同。在早期学前教育中，双语儿童就意识到两种语言有各自独立的体系。一开始，他们只在某种特定场景下使用一种语言，例如，在家只说西班牙语，在外只说英语。入学后，双语儿童开始能自动并适当地在各种场景下转换两种语言。要了解双语家庭的经历，可阅读个人视角板块文章《双语家庭》。

学习两门语言对儿童来说并不困难。双语儿童学习语言的速度稍慢，但他们对两种复杂、抽象体系的学习能让他们在认知上有许多优势。研究发现，双语儿童有些时候在概念形成、控制注意力、忽视让人分心的信息、认知灵活度、语言意识、纠正不符合语法规则的句子、口头和非口头的创造力、逻辑思维等方面都表现得更好。双语儿童甚至在某些问题上也占优势，例如本章前面讨论过的外表-实质问题。因为双语儿童必须不断检验和思考他们正在使用的语言以及何种语境使用什么语言更合适，他们会很早意识到语言体系的象征性。这就会鼓励双语儿童对语言有更多反思，开始考虑语言是怎样用于沟通和思考的。

两种语言在某种程度上都很活跃，所以双语儿童必须不断检验自己的语言，关注在给定语境下最适合使用的语言，而不用不合适的那门语言。这种“双重任务情境”使双语儿童能大量练习监测和控制自己的注意力，所以双语儿童在转移注意力焦点和忽略干扰信息方面的表现要好很多，而这些技能在很多认知任务中都至关重要。一些研究发现，婴儿在只有 7 个月大时就显现出了作为双语儿童的优势。

个人视角

双语家庭

5岁的双语儿童帕特里克和爸爸戴维、妈妈洛丽·格伦
得克萨斯州

帕特里克是什么时候开始学习第二语言西班牙语的呢？他学习的情况怎么样？

帕特里克从出生起，周围就有人说英语和西班牙语。祖母和外祖母都只跟他说西班牙语。妈妈洛丽大部分时间用西班牙语跟他说话，给他读文章。他最喜欢看的书是西班牙语书籍《你喜欢兔子》。他的祖母会用西班牙语给他唱和背诵儿歌，并当着他的面看西班牙语电视节目。

帕特里克的祖父和爸爸（我，戴维）总跟他说英语。祖父只要跟他在一起，就重复“祖父”这个词，帕特里克4个月大时说出的第一个单词就是“祖父”。等他2岁9个月大去日托时，洛丽就不再跟他说西班牙语了——为了让他更好地理解英语。不过他的祖母每天下午都跟他待在一起，所以他身边还是有人说西班牙语，他的日托老师和父母则更强调英语。帕特里克英语进步很快，但一直缺乏西班牙语的语言技能。

你们采取过何种行动帮助他学习一门或两门语言？

我们跟他说话或给他读书的时候使用两种语言。另外，我们有亲戚住在墨西哥奇瓦瓦州，大家在一起的时候，他们就当着他的面说西班牙语，并用西班牙语跟他说话。好玩的是，我们鼓励他跟他的兄弟姐妹说西班牙语，而我们的亲戚鼓励他的兄弟姐妹跟他练习英语。有人建议我们将他放在有双语课程的当地精英中学，我们还讨论过送他去奇瓦瓦上一学期的可能性。

你们的儿子对于学习两种语言感觉如何？

帕特里克能很好地理解西班牙语，但只能说几个单词。他有自己想象出来的西班牙语，大部分是胡言乱语，听起来就像在跟别人说话。他总希望用他自己按照语音编造出来的词汇跟别人用西班牙语对话。所以我们知道他想交流，但是词汇量不够。我们认为，这是因为他所在的学校主要用英语交流。

他11岁的哥哥赫拉多就很像个哥哥的样子。赫拉多表达能力很强，说西班牙语又很好听，所以帕特里克很喜欢模仿他。另外，赫拉多说西班牙语的时候很酷，就像他自己说的那样，“Es bien padre”（西班牙语，意思是“太棒了”）。

问　题

你认为怎样才能帮助孩子学习多门语言？你建议学校怎样对待双语儿童？

早期儿童教育和幼儿园入园准备

大部分儿童从 3 岁开始上幼儿园，不过很多孩子在上幼儿园之前会上托班或入保育学校。这些地方提供一定的教学内容，在学校的环境中教儿童认识颜色、形状、字母表，学习算术，学习与老师或其他孩子合作与相处的规则。一些活动专为入学后有可能跟不上学习进度的儿童设计。生活在贫穷和落后地区的儿童，尤其是少数族裔儿童，在学校表现不好或在高年级毕业之前辍学的风险要高于平均水平。这些学前经历能够帮助儿童，为他们提供有力的教育和情感支持。在美国，大多数州都出资支持一些为 4 岁或者更小的儿童设计的教育项目，初期结果显示，这些项目能够帮助儿童提升他们在学校的学习成绩和其他表现。

本章的最后一节，我们将探讨专为弱势儿童设计的早期儿童教育项目，还会继续探讨关于做好幼儿园入园准备的话题。

早期儿童教育

本书的一大主题就是，儿童的早期经验能够为后期的积极发展打下坚实基础。遗憾的是，一些儿童的早期环境并没能为儿童打下良好的基础，这些儿童有在学习和社会层面犯错误的风险。许多儿童在入幼儿园或上一年级的时候就已经落后了。早期儿童教育项目就是为帮助儿童准备好入园，准备好接受正式学校教育，提高他们在学校成功的概率，提升他们的生活质量。我们都知道良好的早期儿童教育项目对儿童有积极的影响，尤其当其与早期基础学校的高质量教育结合的时候更是如此。但执行并保证高质量的干预并非易事。目前常见的教育项目有哪些？它们的成果又怎么样呢？

现在有两大方法很流行，即蒙台梭利教育法和瑞吉欧教学法。蒙台梭利学校强调几大基本原则，包括行为与思想是密切相关的，儿童在可以自由追求喜欢做的事情的时候会有更好的发展，以及适当的环境能让儿童的学习效果更好。对于蒙台梭利教育的研究表明，这种教育方法有很多积极效果，但也有很多问题，例如缺少随机分配、参与的学生很少。最近的一项报告发现，参加经典蒙台梭利项目（与不使用或只使用部分蒙台梭利教育法的项目相比）的 2.5 ~ 5 岁的儿童一学年之中在阅读、数学、词汇、社会问题的解决和执行能力（例如，工作记忆、集中注意力、忽略干扰信息的能力）上进步更大，参加该项目的儿童与未参加项目的儿童在学年开始没有区别。瑞吉欧教学法强调对儿童天生的好奇心、智慧和能力的尊重。学习是在支持性良好的环境中由儿童控制的过程，包含积极的探索和长期的项目，儿童被鼓励使用语言、艺术和音乐来象征性地代表他们的观点。这种方法在儿童学习遇到困难时很有效果，在项目中犯的错误或一开始的不成功并不代表失败，而是学习中有教育意义的重要过程。现在对这种方法的研究还很少，然而蒙台梭利教育法和瑞吉欧教学法使用的很多主要原则都与很多发展研究和理论一致。

先行计划开始于 1965 年，是美国林登·约翰逊总统“向贫穷宣战”改革的一部分，由联邦政府出资，是为 3 ~ 5 岁儿童提升学习成绩和机会而设计的综合项目。参与的儿童不但会接受健康服务和社会服务，还会接受教育支持；他们的家长也是项目的重要组成部分。有趣的是，尤里·布朗芬布伦纳（第 1 章中讲述了他的生态系统理论）就是这个项目设计委员会的成员之一。可以想见，他是这种综合方法的坚定支持者。先行计划在数年间有多次变化，从一个非全日制项目变成一个全日制项目。覆盖的儿童年龄范围也有所扩展：1994 年国会通过先行计划，只帮助新生儿和 3 岁以下的儿童。2009 年，先行计划已经覆盖了超过 90.4 万名儿童，为每位儿童花费 7 600 美元。其中 51% 为 4 岁儿童，6.6 万名为新生儿及 3 岁以下儿童。从项目实施开始，先行计划帮助了超过 2 700 万的儿童。

在先行计划扩展、能满足更多儿童的需要之前，美国还有初学者项目。这一项目专为评价从婴儿期开始的长期高质量干预的效果而设计，主要为生活在贫困中的非洲裔美国儿童服务。容易出现认知发展问题的儿童在 4 个月半时被纳入该项目，服务至少持续到其 5 岁。另外一个著名的早期干预项目是密歇根州伊普西兰蒂的高瞻远瞩佩里学前教育项目。这个项目为生活在贫困中的 3 ~ 5 岁的非洲裔美国儿童服务，在他们上学期间每天提供 2.5 小时的高质量干预（10 月到次年 5 月）。该项目强调儿童应积极地指导自己的学习，还会每周派人拜访老师，教他们怎样支持学生的在校学习。芝加哥纵向研究是第三个著名项目（第 7 章中我们介绍过这个项目在减少虐待儿童现象方面的成效）。该项目开始于 1985 年，为从托班升学接受基础教育期间有可能落后的 6 岁以下儿童服务。该项目设计得比其他项目花费少，与公立学校支持的托班合作，一直到儿童三年级都在持续支持儿童和他们的家庭。

早期教育项目的效果　早期教育项目对于儿童发展有何影响呢？研究发现影响如下：

- 与未参与该项目的儿童相比，参与早期干预的儿童智商很快提高了大约 8 分，不过很多案例中，到基础教育期间这种优势“逐渐消失”了。这种成绩差异的逐渐消失在非洲裔美国儿童和低收入家庭儿童中尤为明显。但初学者计划除外，参与该计划的儿童一直到 21 岁（测试的最晚年龄）都保持着智商优势，如表 8.7 所示。
- 参与项目的儿童在阅读和数学测试中成绩更高。关于先行计划的研究发现，这些优势逐渐消失，但其他项目中儿童的优势一直持续到青少年或成年早期（见图 8.7）。
- 参与项目的儿童在其他衡量学业的标准中也表现更好，比如更少有学生进入特殊教育班，高中毕业率更高，见图 8.8。参与过初学者项目的儿童与对照组儿童相比，更有可能上大学或从大学毕业（入学率分别为 37% 和 14%，毕业率分别为 23% 和 6%）。一项分析发现了一个有趣的现象，尽管非洲裔美国儿童和经济上处于劣势的儿童开始时的测试成绩优势慢慢消失，但这些儿童在其他方面表现非常好，比如更少留级、更少被诊断为有学习障碍，以及有更高的高中毕业率。一些研究发现，先行计划对儿童控制自己的注意力和忽略干扰事物的能力有积极影响。
- 参与项目的儿童在其他社会和健康方面也受益良多。例如，成年后，高瞻远瞩佩里学前教育项目的参与者更不太可能被逮捕或靠福利金度日，男性更有可能有一份待遇好的工作，女性更有可能获得工作机会，他们都更有可能组

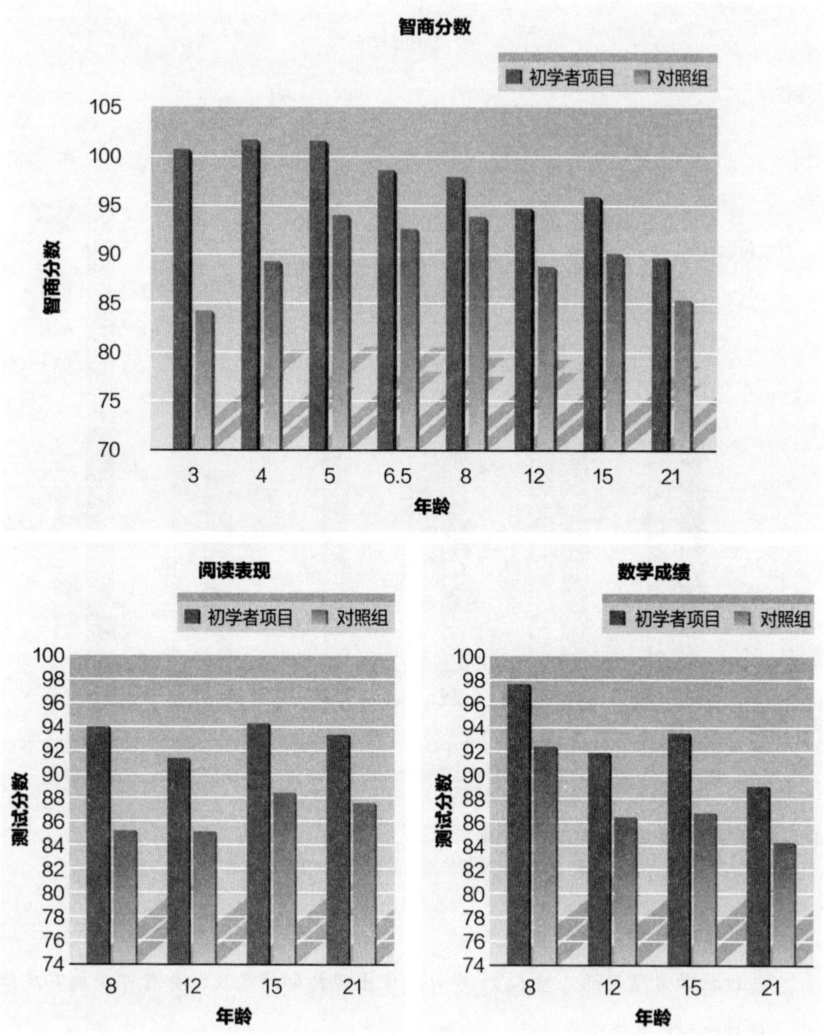

图8.7 初学者项目中儿童的智商、阅读和数学成绩

参与初学者项目的儿童在项目结束多年后仍然比别人成绩更高。

建自己的家庭（见图 8.8）。参与过芝加哥纵向研究的儿童中也有相同的效果。参与过先行计划的儿童整体的健康水平、免疫率和营养水平都比未参与过的儿童较高，参与过全日制项目的儿童还会减少日后肥胖的可能性。此外，参

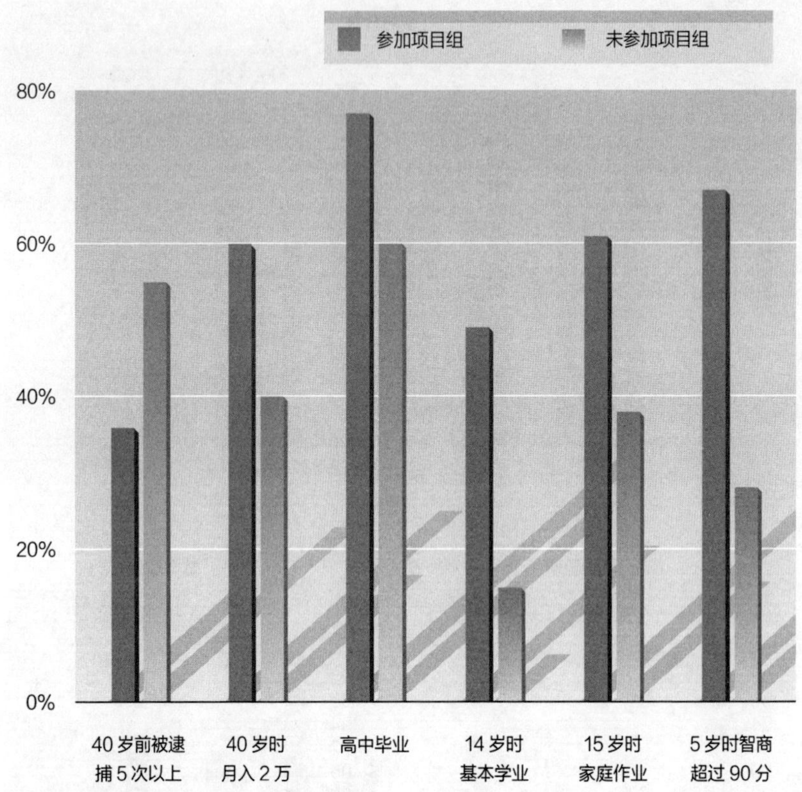

图8.8 高瞻远瞩佩里学前教育项目结果
参与该计划的儿童在学业进步和社会福利衡量标准方面表现出长期受益。

与过初学者项目的儿童在 21 岁时更少出现抑郁的症状，更有可能拥有规律运动的积极生活方式。

总的来说，高瞻远瞩佩里学前教育项目和初学者项目比先行计划的效果更大更持久。原因是什么呢？以下几个因素可能是部分原因。包括指导项目的质量、项目的时间长度、老师的培训和付出、参与项目的儿童人数、面临的困难程度和经费不同。然而，最近对长期效益的分析发现，先行计划的长期影响大概是高瞻远瞩和初学者计划的 80%。另外，对先行计划的评估结果也很好。与未参与过先行计划的弱势儿童相比，参与计划的 3 岁儿童在认知和语言技巧方面表现更好，更能保持注意力，更不具有侵略性。该计划对父母的教养技巧和行为也有积极效果——父母在感情上变得更支持孩子，更多地为孩子阅读文章，鼓励孩子学习，减少对孩子的体罚。

但对于什么是最有效的早期干预项目，社会上仍有很大争议。最好的例子就是尽管先行计划已经启动 40 年了，现在周围还有很多讨论的声音。要对先行计划有更多了解，请阅读社会政策视角板块文章《先行计划：前路在何方？》。

幼儿园入园准备

尽管教育者对于如何培养儿童在入幼儿园前做好准备很感兴趣，但如何判断“准备好”并不像人们想象得那么简单。学校经常根据年龄判断儿童是否够资格入园，但几项研究发现，年龄并不能预测儿童在学业上的成功。全美调查曾经询问过家长和幼儿园教师，什么才能反映出儿童为入园做好了准备。家长和教师都强调儿童的综合身体健康、口语沟通技巧和热情。老师还强调儿童要有社交技巧，能够遵守课堂的规则和上课程序。家长还认为有学科知识（比如熟悉字母表和有算数能力）也是很重要的前提，但大部分老师没提到这一点。其他教育者认为儿童要准备好入园，就要能控制自己的行为和情绪，能够集中注意力、控制冲动。许多学区使用标准的测试来评估儿童是否准备好入园，但这些测试的有效性很低或一般，换句话说，这些测试经常错误判断一些儿童，认为他们还没有准备好上幼儿园。对于诸如抵抗诱惑或干扰的事物（而不是对行为和情绪的自我控制）、工作记忆、注意力、精细运动能力和认知灵活度（有能力适应变化）等认知过程中的自控能力的研究，都说明这些是预测儿童后期学校表现的指标——可以通过比如高质量和成熟的学前项目得以提高。对美国、加拿大、英国等国开展的六个大规模纵向研究的一项分析证明，早期数学和阅读技巧、控制注意力的能力都能很好地预测儿童后来的数学和阅读表现。

美国的儿童准备到何种程度了呢？在全美调查中，幼儿园老师就调查评估的五大入园准备特征为儿童评分，其中 65% 的儿童被评为已准备好入园。这五项

社会政策视角

先行计划：前路在何方？

现行先行计划和早期先行计划为低收入家庭儿童提供从出生到入学阶段的综合性的健康、营养、教育和社会服务。联邦政府的先行计划资金主要拨给实施该计划的机构（多为公立学校和社区机构）。每个计划实施点都要达到计划的标准，但每个点在如何达到标准方面有一定的自由。先行计划对儿童发展有积极影响，而且连续参加该计划两年比只参加一年效果要好。大多数报告发现，先行计划的效果与其他项目相比不够显著和持久，但也有报告则发现了其更多积极的长期效果。早期先行计划的效果一直很好，但长期影响还在评估中。

对于先行计划，社会一直争议不断。一些人质疑先行计划带来的效果是否值得其巨大的投入(2009 年约为 71 亿美元)。很少有人反对为有需要的学龄前儿童提供服务，但很多人认为，将婴儿纳入计划不但大幅提升了资金开支，效果也有限。还有些很严肃的问题被提出来，例如限制弱势学前教育者的早期教育选择是否符合伦理。如果不在一个政府控制计划中花费数 10 亿美元，政府还可以给低收入家长教育券，他们可以自由选择早期教育或儿童保育机构，包括先行计划中心。心理学家桑德拉·斯卡尔称“先行计划就像恐龙，是上个时代‘政府最明白’观念的残骸”“应当在市场中竞争”。对于先行计划，社会争议很大。一些政策制定者认为，先行计划应当是州政府而非联邦政府的责任。资金应当整笔拨给社区，州政府负责管理资金，制定计划实施的政策，监督计划实施质量，将先行计划与州的其他项目相结合。这一观点的支持者认为，州政府能够更好地判断本州儿童的需要，协调各种服务来满足儿童需要，反对者则认为，这样的话先行计划综合服务、社区和家长参与的特点就有可能丢失。评论家还认为，许多州政府没有做好承担这个责任的准备。尽管一些州在为贫困儿童提供早期儿童干预方面做得很好，其他州则很少或几乎没有这样的项目。调查发现，先行计划的实施质量与其效果密切相关，不管儿童是刚出生就参加还是后来才参加该计划的。从先行计划毕业后的学校教育质量也很重要——入学高质量基础教育学校的儿童有更好的长期学业发展。

问　题

早期干预是否值得？干预应该在多早开始，应该针对什么样的儿童？教育券制度会更公平和有效吗？谁应该控制先行计划和为其买单？你会就此提出什么社会政策建议呢？

分别为：精力充沛，能够清楚地进行口语沟通，有热情、有兴趣，懂得轮流和分享，坐得住。一项研究评估了从全美抽样的 22 000 名儿童，发现大部分儿童有基本的字母和数字知识，有良好的亲社会技能，在完成任务时坚持不懈，渴望学习，并能集中注意力。然而，几乎所有的衡量标准都因为涉及因素的不同而表现出差异，包括年龄（年龄稍大的入园儿童分数较高）、家庭类型（单亲家庭儿童分数较低）、母亲的教育背景（母亲受教育程度越高，儿童分数越高）、种族/族裔（非拉美裔白人和亚洲裔儿童得分比非洲裔和拉美裔儿童高，尤其在老师对于行为的打分上）、社会经济地位（高收入家庭儿童得分较高）。根据另一项全美调查中父母的报告，85%的5～6岁儿童能够从1数到20，59%的儿童认识全部字母。然而，另一项研究引入了其他因素，参加过学前教育的儿童掌握这些早期数学和阅读技巧的概率要高1倍；家庭贫困的儿童展现这些技巧的概率要小1.5倍；拉美裔儿童比白人或非洲裔美国儿童小1.5（阅读）到2.5倍（数学）。所以，尽管大部分儿童看起来都准备好入园了，他们仍然有很大的提升空间。

年龄足够上学但被认为还没准备好的儿童，让家长和教育者进退两难。是该冒险前进，还是该保守停步，让这些儿童在家里多待一年或者再接受学前教育一年，或者把他们放到过渡班级（上幼儿园前或幼儿园后小学一年级前），还是让他们在幼儿园多待一年？所有这些方法对于帮助儿童跟上正常入学的同龄人来说都不奏效。不过，这些方法对于生活在贫困中或入学后有可能出现很多问题的儿童有效果。然而，有其他研究发现，一些虽然被建议推迟入学、参加过渡班或留级幼儿园但仍然入学小学（可能在家长的坚持下）的儿童，其学习成绩和同学们一样好。

对于这些相互矛盾的研究发现，我们该怎样看待呢？一些教育者认为我们需要重新思考入学准备这个概念。他们认为，该做好准备的是学校，而非儿童。这些教育者引用维果茨基的认知发展理论，认为因为儿童没有准备好就不让儿童适龄入学，剥夺了儿童“需要的文化和学习环境”。另外，让儿童推迟入学实际就是让儿童继续留在无法让他们准备好的环境中。这一观点呼吁学校根据儿童现有能力水平安排教学，搭建可以帮助儿童获得认知能力的学习经历。在美国文化中，认知能力对于学业表现和学术成就至关重要。让儿童推迟入学只会产生更深远的学业问题，甚至会伤害到儿童的积极性和自尊。现在有很多文献研究何为高质量的学前教育，但最难的部分却是如何在构成多样、数量较大的学龄前儿童中一刀切地实施这些观点。

第9章
童年早期儿童的社会情绪发展

社会自我与情绪自我

自我、自我调节与情绪

性别观念的形成

道德发展

儿童教养模式

教养的维度

教养模式

管教：父母应该怎么做

朋友与游戏

性别隔离

游戏类型

朱莉与丈夫汤姆共育有3个活泼好动的儿子，常常忙得不可开交。罗科，3岁，精力充沛，独立、有主见；乔治，6岁，渴望受到关注，喜欢逗人开心；查利，8岁，家中长子。乔治虽然和大哥查利年龄相仿，但很多方面都不及大哥，这使他感到十分苦恼。小弟弟罗科受到更多关爱，这也让他倍感沮丧。他不时挑起兄弟间的矛盾。查利相比之下责任感更强，自控力更好。他希望家里和学校一切顺利。

孩子们一起玩耍，有时会发生冲突。有时一个孩子请朋友过来玩，乔治为了吸引注意就会捣乱，还和其他孩子吵架。这时，朱莉就会与三个儿子沟通，希望平息矛盾。结果往往不尽如人意，过不了多久，孩子们又开始吵架。朱莉发现，她提高嗓门时，孩子们才会回应。虽然她并不喜欢这样，但这似乎是快速解决问题的唯一办法。

孩子们喜欢运动和户外游戏。虽然有时也和女孩一起玩耍，但是更多还是和同龄的男孩一起。和女孩一起玩的时候，他们似乎安静一些。

朱莉和汤姆非常清楚，孩子必须在错误中学习、成长，但他们也要适当教导孩子如何正确行事。他们一方面希望孩子对自己充满信心，另一方面也教孩子学会尊重他人。现在家里一切都很顺利，但两人希望学习更多相关知识，以便在孩子再大一些时，也能掌控孩子的行为。为鼓励孩子在家里、学校里有良好表现，并与朋友融洽相处，夫妇两人还能做些什么呢？通过本章的学习，你可以灵活运用至少 12 个相关概念和研究成果，帮他们解决问题。

很多父母与朱莉、汤姆一样，有很多问题和担忧。大多数父母面临的一大问题是，如何教会子女端正行为，从错误中学习、成长。童年早期，儿童开始认识自己，学习如何与其他儿童相处，如何适应更广阔的世界。本章中，我们会重点解决这些问题，希望你可以从中得出有用的建议，帮助类似朱莉和汤姆这样的父母、教养儿童的其他人，以及和儿童打交道的工作人员。

社会自我与情绪自我

毋庸置疑，你一直都认识自己，但是你有没有想过，你到底从什么时候开始认识自己的呢？你第一次看照片，意识到“哦，这就是我！”是什么时候呢？幼儿需要经历发现自己的过程，并学习如何正确与他人相处，这一过程十分有趣。儿童开始与伙伴玩耍、与他人互动时，必须学会自控，处理自己的情绪，并保证自身行为合理，符合道德、伦理标准。本章第一节将介绍自我发现的相关问题。

自我、自我调节与情绪

自我 心理学家以威廉·詹姆斯的开创性研究为基础，将自我（或人们的特征、情绪、信仰）区分为两个方面。第一方面是主我——意识到自身作为单独、独特的个人存在。主我包括自我意识，即认识到自身具有独立的思想、感知、情绪、经验和行为，且自身存在于一定的时空范围。主我还包括个人能动性，即认识到个人的行为与情绪可以影响环境，包括他人的行为和情绪。自我的第二个方面是客我，即个人对自我的认识。客我包括人们自我定义的范畴（如性别、年龄等），以及人们对于自身性格、生理与认知特征的客观知识。

大多数心理学家认为，自我意识并不是人们与生俱来的。相反，主流观点认为主我和客我是儿童在发展认知能力的过程中构建出来的。幼儿构建自我工作模型，即日益复杂的自我认知表征。随着儿童与越来越多的人接触，阅历越加丰富，工作模型会随之变化。不断发展的认知能力使得儿童能够认识并融合自身性格特征，与他人比较，并处理冲突信息。例如，一个男孩自认为性格友善，同时意识到自己也有不想分享玩具以满足别人要求的时候。随着认知能力增强，他就会懂得有时候不分享也没关系，除了分享还有其他与人为善的方式。即使他不能时时满足别人的要求，他还是可以认为自己是个友善的人。

客我大概在 2 岁左右形成。起先，儿童对于自我的理解非常具体："我长着棕色的头发""我住在黄色的房子里"。幼儿提到事物时往往给出具体的例子，比如背诵字母表、快速奔跑等。他们认为概念仍与具体行为联系紧密。而且，幼儿的描述通常不太连贯，这表明他们的自我表征还没有融入完整的自我概念。不过，童年早期，儿童的自我描述会越来越抽象化，越来越涉及抽象特征，如责任感、勤奋等。儿童对于自我两个方面的区分更加明显，在评价自身能力时也更加现实。例如，5 岁的孩子可能认识到，他擅长骑自行车，却在数学或拼写方面缺乏天赋。

可以看出，自我表征由具体到抽象的变化模式符合皮亚杰的认知发展理论。自我表征是儿童在学着了解自我的过程中构建的概念，这一过程随着认知发展而发展。社会交往对于儿童增进自我了解也发挥着重要作用。有些理论家提出"镜中自我"的概念，认为社交场合中儿童将他人的反应与评价作为"一面社会镜子，从中得到他人对自我的反馈"。

研究人员也在研究此领域与遗传学、生物学之间的联系，并已发现自我概念与自尊的遗传率估值较高。由于衡量方式与时间的差异，该遗传率在 0.30 ~ 0.60 之间波动。调节催产素（影响应激反应、积极情绪、社交能力的一种激素）的基因也会影响自尊。神经科学家利用核磁共振成像设备扫描儿童的大脑，发现自我表征的出现伴随着颞叶与顶叶交接区域的成熟。当儿童被叫到自己的名字时，这一区域也最为活跃。还有研究表明，大脑在处理与自我相关的信息时，部分区域（如内侧前额叶皮质）特别活跃，高于处理一般信息时的活跃度。而且，个人在接受正念冥想训练时，这些区域活跃度下降，而这一类训练的目的恰恰在于减少与自我有关的想法。可见大脑在处理自我信息、个人所属社会团体的相关信息、一般信息时的活跃度呈现不同模式。

自我调节　儿童发展的一大重要能力就是控制自我的能力。自我调节，即控制自身想法、行为、情绪，将其导向某个目标，并根据环境的要求进行调整的能力。自我调节包括抑制第一反应，排除无关刺激的干扰，并在毫无兴趣的情况下坚持完成相关任务的能力。

成熟的自我调节需要多种复杂的认知能力。这些认知能力包括：理解特定环境的要求；持续监测自身行为、想法和策略；考虑自身是否达到环境的要求；为适应环境或实现某一目标对自身情况做出调整。自我调节可以让儿童和青少年在多个方面有所提升，包括：学业表现、解决问题的能力、阅读理解更加优秀；与同龄人交流更加顺畅；内在动机、自我价值、能力知觉、自我效能、道德认知与道德行为等方面得到提升；行为问题减少；抑郁症等心理疾病的患病概率下降。

儿童如何发展自我调节能力呢？ 3 ~ 7 岁期间，儿童慢慢学会抑制第一反应。假如你要藏东西，告诫儿童“不许偷看”，两三岁的儿童很难抑制偷看的冲动，而稍大一些的儿童更能抑制第一反应，因而不会偷看。如果被要求停止玩耍，他们会收起玩具。他们还可以控制自身其他行为。自我调节受多种因素影响。研究人员已经证明，气质（见第 6 章）的某些方面，如行为抑制、努力控制、恐惧等，会影响某些自我调节行为，包括情绪调节、欺骗、服从大人的要求以及遵从规定。神经科学研究表明，自我调节与大脑部分区域的成熟发展有关，特别是额叶以及大脑深处的某些通路。例如，儿童时期某种神经元（纺锤体神经元）得以发展，并促进与自我调节相关大脑区域的交流。这些神经元只出现在影响自我调节的大脑区域（如前扣带），且仅出现在人类及高级灵长类动物中。该种神经元数量在儿童时期持续增长，“能为持续控制提供快速有效的连接，并说明成人自我调节远远超过其他有机体的原因”。额叶要经历两个阶段的快速发展，第一阶段在婴儿时期，第二阶段在 4 ~ 7 岁。这两个阶段与上述自我调节发展的趋势是一致的。自我调节与遗传学也有关系——研究人员已经鉴别出某些基因可以影响儿童控制自身注意力与行为的能力。

但是，自我调节与生物学的关系并不意味着自我调节完全是天生的。儿童周围的环境也对自我调节有重要影响。事实上，大多数心理学家认为，自我调节以生理因素和大脑成熟为基础，同时有赖于这些因素与社会因素的相互作用。例如，儿童通过模仿学习控制行为与情绪的某些技能，即模仿、实践、内化他人行为的过程。儿童常常使用私语，即个人化言语（参考第 8 章维果茨基理论的相关讨论），引导自己解决问题，调节行为、认知策略及情绪。

成人引导儿童行为与情绪的方式，似乎也影响儿童自我调节能力的发展。例如，当儿童认可特定要求时，更容易改变自己的行为。在这种情况下，儿童更容易将特定要求视为自己的想法，至少也会认可其合理性，相信特定要求不会影响个人独立性。这样，儿童顺从要求，最终会提高自我调节能力。若儿童不认可特定要求，却被迫服从，儿童就会对父母教导的内容内化得较少，而父母则倾向于采取权力型（而非理性）控制策略。儿童不顺从时，父母变得更加消极、苛求，从而导致家庭权力与控制问题的恶性循环。同时，不能忘记，儿童对不同的教养行为反应不同。例如，要有效鼓励儿童专注某一特定物体或事件，或反过来转移其注意力，必须考虑儿童自身气质。有些儿童对环境中的事物反应更为强烈（如较为害羞或冲动的儿童），因而与其他儿童相比，从注意力导向中获益更多。

思考一下这意味着什么。儿童不可能总是完全认可父母的要求、规则、决定，但是利用权力与控制强迫儿童顺从，会适得其反！促进社会标准内化的策略，如解释指定规则的原因、让孩子参与目标与规则制定的过程等，要求看护人付出更多时间与努力，但同时也更容易让儿童自行发展自我调节能力。还有些儿童需要更多直接的引导。本章接下来会介绍教养模式，包括父母权力的使用及其对于儿童认知、社会、情绪发展的影响。

情绪 婴儿不能完全理解自己独立于他人，还无法将自己视为单独的个体。因此，婴儿常常效仿看护人或其他人的情绪状态，如哭泣感染（仅因听到其他婴儿的哭声就哭起来）和模仿面部表情。然后，随着儿童学会自我表征，他们开始理解自身情绪是他们个人面对周围的状况与事件的反应。例如，儿童知道，他们可能喜欢某个玩具或电视节目而朋友对其毫无兴趣，也可能自己比兄弟姐妹或朋友更加害怕雷雨。

2 岁时，儿童会自发谈论自己和他人的感受。儿童也开始意识到，自身的情绪反应可以不同于他人。心智理论（见第 8 章）的发展帮助儿童理解个人情绪的差异。2 ~ 3 岁时，儿童认识到情绪与个人对于自身需求、喜好的心理评价相关。到了 5 岁，儿童会形成更为动态的理解——他们知道和个人信仰与期待相关的事件也会触发情绪。如果儿童认为他们“应该”得到某物，愿望达成会令他们高兴、满意。如果儿童意外地收到某物，他们也会理解这会引起惊讶或惊喜，但是，事与愿违则会让人生气难过。因为信念、期望、喜好和其他心理评价各不相同，人们对各种事件的情绪反应也因人而异。童年中期，儿童会理解反应的个人差异，也在控制情绪与调节自身情绪反应方面继续进步。他们还进一步认识到，文化对于情绪表达、表达强度和时间方面有特定的社会规则。例如，儿童即使收到不怎么喜欢的礼物，也会表现出开心的样子，避免让送礼人尴尬，特别是在强调社会和谐、尊重他人感受的文化环境里，尤其如此。与自我调节的其他方面相似，情绪控制受遗传因素影响较大——同卵双胞胎调节情绪的方式比异卵双胞胎的更相似。情绪还会受到大脑若干区域（例如杏仁核、前扣带回皮质、前额叶皮质）及其相互连接方式的变化、激素和神经递质的水平等影响。

随着儿童逐渐理解情绪的个人化特征，他们会倾向于注意并反馈自身的积极情绪而非消极情绪，即表现出积极情绪偏向。例如，如果你描述一个假设的情境，6 岁儿童会预测自己的情绪反应比其他儿童更为积极；5 岁儿童较 7 岁儿童更少反馈悲伤的情绪，成人可能因为过分强调快乐对于儿童的重要性，从而导致儿童忍受社会压力，放大积极情绪，弱化或否定悲伤等消极情绪。男孩尤其如此，他们被暗示要隐藏悲伤。随着他们慢慢成熟，男孩能熟练地掩饰各种情绪。不过，愤怒的情绪在男孩中更为常见。

性别观念的形成

理解自我的一个重要方面就是理解性别。某些方面的性别知识出现得非常早。2 岁时，儿童就可以正确地运用性别标签（如男孩、女孩、妈妈、爸爸），但年幼的儿童倾向于用发型、服装等表面特征来确定性别。例如，5 岁的雷切尔被问到她是男孩还是女孩及其原因时，她指着自己齐肩的长发，有点犹豫地说："我是个女孩，因为我是长头发，有时候还穿裙子。"而当她被问到："如果你变成短发呢？你还是女孩吗？"雷切尔生气地回答："我才不会剪短发，我是女孩！"

在充分理解自身性别之前，儿童就已经开始显露出性别偏好。例如，12 个月大的儿童在选择玩具时就已经产生性别偏好（例如，女孩喜欢娃娃，男孩喜欢汽车）。男孩早在 2 ~ 3 岁就有排斥"女孩的玩具"的倾向。到了 3 岁，儿童选择玩伴时已经开始显现性别隔离的特征——倾向于与同一性别的伙伴玩耍、交往。青春期之前，性别隔离倾向不断增强，并表现得十分明显（本章稍后有更多性别隔离的相关介绍）。儿童 5 岁时，在活动、玩具、行为，甚至性格特征方面的性别偏好都已经发展完备。

还记得第 5 章和第 8 章中提到的让·皮亚杰的认知发展理论吗？劳伦斯·科尔伯格应用该理论，提出性别知识与性别相关行为会构成一种认知范畴，并且这一过程与其他认知范畴的知识的发展方式相同，即通过与现存认知结构过滤后的世界进行互动来发展。根据科尔伯格的理论，儿童在 7 岁左右达到皮亚杰理论中的具体运算阶段后，才会形成成熟的性别观念。为了理解性别，儿童需要理解一个关键概念——性别恒常性，即认识到，尽管外在形象或行为（如发型、服装、习性）发生了改变，但个人性别保持不变。你可能已经注意到了，这一观点与第 8 章中提到的皮亚杰守恒观点相同，只不过换了表达形式。

研究人员利用科尔伯格的理论划分出性别认知发展的三个阶段：

- **性别认同**（2.5 岁之前）：儿童正确认识自身及他人性别的能力。
- **性别稳定性**（4 ~ 5 岁）：认识到性别是一个稳定特征，不随时间改变而改变——男孩还是男孩，女孩还是女孩。
- **性别恒常性**（也叫性别一致性，6 ~ 7 岁）：认识到性别稳固不变，不随发型、服装等外部形象变化而变化。

科尔伯格认为，所有儿童都会依次经历以上三个阶段，这一发展顺序得到了若干不同文化的研究成果的佐证。

道德发展

儿童学会自我调节、了解自我情绪之后，也开始形成内在的道德观，即儿童的是非观。3 ~ 4 岁期间，儿童已经内化了很多规则，会因自己的错误行为感到内疚，因其他儿童或成人被冤枉而产生同情。这些感受表明儿童正在形成良心与道德感，并可能成为儿童发展十分重要的积极方面。道德是指明辨是非并在生活中践行的意识。道德推理是指人们看待是非问题的各种方法。前面已经提到，科尔伯格将皮亚杰的理论应用于儿童性别发展研究，科尔伯格还将皮亚杰的理论应用于道德研究。为了研究道德，科尔伯格向儿童讲述包含道德两难的故事。儿童如何应对道德两难问题？

假设你很亲近的人病得非常严重，如果不接受治疗马上就会死去。有一种新药可能有效，但是制药师却开出天价，远高于其制药成本。你付不起高昂药费，而且制药师不同意降低价钱或延期支付。你感到绝望，开始考虑偷药。你应该这样做吗，为什么？

此类道德两难问题体现了两种价值（如救人性命与遵守法律）的冲突。科尔伯格认为，道德发展有赖于个人的认知发展水平。一个人如果没有较高的整体认知发展水平，就无法全面地思考道德问题。换位思考，即理解他人心理角度、动机、需求的能力，也很重要。要理解一个人的行动意图和理由，必须设身处地地站在他的角度看待问题。

但是仅有认知发展和换位思考能力是不够的。儿童也必须直接经历并思考道德问题与道德两难问题，才能认识到他们当前的道德推理水平是不够的。你可能还记得，皮亚杰将经历与现有理解水平的不平衡称为失衡。与皮亚杰相同，科尔伯格认为，道德发展要求我们感受到一定程度上的失衡，不安于当前的想法，只有这样，才能刺激认知水平提升，对更为错综复杂的道德问题进行推理。

科尔伯格理论认为，儿童道德发展会经历三种水平，每种水平分为两个具体阶段，见表 9.1。他认为这些阶段具有普遍性与恒常性，即所有的儿童以相同的顺序经历相同的阶段。然而，发展速度与最终到达哪个发展阶段还有赖于个人具体的道德经历、认知成熟度和换位思考能力。

思考“习俗”一词的含义，你就会理解科尔伯格理论的各个水平为何如此命名（见表 9.1）。习俗是指社会团体成员在行为、选择、决定方面同意遵守的规则或惯例。科尔伯格理论中，处于第一水平的儿童还未认识到规则是社会习俗，因此这一水平称为前习俗水平。在这一水平，儿童服从于强大的他人制定的规则，不考虑规则的来源，规则是否固定，某些条件下是否可以改变规则。第一阶段，儿童不管意图如何，而是根据惩罚奖励情况判断什么是“道德的”。拿块饼干（或偷药）是“错误的”吗？如果被发现并受到惩罚，你的行为就是错误的；如果没被发现、惩罚，你的行为就不是错误的！第二阶段，儿童开始理解他人有各自不同的角度，但是他们还不能从他人的角度看待事情。这一阶段，儿童的道德推理基于个人需求的满足——符合自我利益的就是“好的”。在童年早期，大多数儿童利用第一阶段推理模式考虑道德问题，少数利用第二阶段的推理模式。大一些的儿童和青少年则会利用其他阶段的推理模式，接下来的几个章节会对这些阶段进行讨论。

你可以看到，童年早期是自我发现的时期。儿童慢慢了解自己是谁、自己是什么样的。尽管发展之路还很长，他们已经开始学习处理自身情绪反应，思考分辨是非之别。儿童发展受教养模式和父母使用的教养方式的影响极大，并且儿童会在社会团体游戏、与其他儿童形成亲密关系的过程中，不断发现自我。我们会在后面的章节中探讨这些问题。

儿童教养模式

本节中，我们将讨论哪些教养模式有助于培养快乐和适应力强的儿童。教养儿童绝非易事，但以下信息应该对父母与儿童工作人员有所帮助。

表 9.1

科尔伯格道德发展阶段理论	
水平 I： 前习俗水平	阶段 1：以惩罚与服从为导向
	儿童凭行为受到惩罚还是奖赏来判断是非，但不考虑其他人的利益。他们服从成人，仅仅因为成人更加强大。
	阶段 2：个人主义、功利目的与交换
	如果规则符合个人需要或利益，儿童就会遵守。他们意识到他人也有利益，而且有可能与自身利益相冲突。
水平 II： 习俗水平	阶段 3：人际交往相互期待、关系、人际和谐
	儿童努力满足他人期望。“表现好”很重要，意味着儿童要有善意，关心他人，忠诚并值得信任。
	阶段 4：社会系统与良心
	儿童以自己同意执行的责任为标准判断是非。除了少数极端情况外，他们遵纪守法。道德行为即社会认为正确的行为。
水平 III： 后习俗水平	阶段 5：社会契约或功用、个人权利
	价值与规则是相对的，随着特定群体而变。规则的目的在于保护所有人的权利和福利。生命与自由等部分价值是绝对的，不管社会规则如何，都必须保护。
	阶段 6：普遍道德原则
	人们形成并遵循自己选择的道德原则，这些原则来自成熟的完整价值体系。如果社会法律与个人原则不符，个人的行为仍遵循个人道德原则。

教养的维度

研究教养特点时，研究人员认为两大维度尤其重要：关爱与约束。父母关爱是指父母对于孩子的接受度、回应度，以及产生同情心的程度。关爱度高的父母对孩子十分支持，精心培养，充满关爱。他们密切关注孩子的需求，教养模式更多以孩子为中心（关注孩子的需求，而非满足自己的要求或便利）。研究人员研究得出，关爱度波动幅度很大，关爱度由高到低甚至几乎为零的父母都存在。关爱度较低的父母忽视孩子，拒绝满足孩子的需求，更以自己为中心。这种冷漠的教养模式对儿童发展有害。大量研究表明，接受冷漠教养的儿童更具攻击性，不受欢迎，在学校表现也差。相反，父母关爱度高的儿童则会表现出更为优秀的社交与学习能力，且更加爱戴、尊重父母和他人。

父母约束是指父母限制孩子的行为、执行规则、维持纪律的程度。约束度高的父母严格限制孩子的行为，并严格执行规则。他们参与孩子的生活，利用纪律规范孩子的行为。约束度低的父母则管教松懈，纵容孩子，与孩子关系疏远。和父母关爱一样，父母约束也在一定范围内波动：有些父母约束度高，有些适度，有些则基本对孩子不管不顾。

考察父母关爱与父母约束时，我们应该注意二者的联合效应。例如，关爱度高的父母采用严格约束时，往往以孩子为中心，教养符合孩子的年龄，并产生积极效果。而冷漠抗拒的父母采用严格约束时，则会发生过分严厉的惩罚，甚至虐待孩子。关爱与约束二者单独来看，都不足以说明教养对于儿童发展结果的作用。

还必须牢记，教养及其效果不是独立发生作用的，在这一过程中，儿童是主动方。和父母一样，孩子有独特的气质，对于周围各种行为的接受度不同。他们对于事件、父母反应的理解也不尽相同，有时会轻易接受限制或机会，有时却会产生误解甚至抗拒情绪。而且孩子的行为和反应也会反过来影响父母的行为、信仰、价值观。为了达到积极的教养效果，父母必须认可这种相互影响，同时逐渐实现父母与子女双方适度的独立，适当地引导孩子并给予期望，关爱、照顾孩子，给予孩子真诚的爱与关注。

教养模式

20 世纪 60 年代中期，黛安娜·鲍姆林德开展了一项纵向研究，旨在调查不同教养模式的作用。她的后续研究和其他研究人员进行的相似研究，极大地影响了父母与相关从业人员对于教养的看法。这项研究提出四种不同的教养模式，分别代表高低父母关爱与高低父母约束之间的排列组合。图 9.1 用关爱与约束矩阵表现了这四种教养模式。了解每种教养模式的同时，请思考，如果发现 4 岁儿童欺负妹妹，父母会怎么做？也请问问自己，你（或你的父母）在这种情况下会怎么做？

权威型的父母关爱孩子，实行严格约束。这类父母严格监控孩子，对于孩子的行为有明确标准和较高期望。他们倾向于使用管教而非惩罚的方式。父母与子女之间进行清晰且双向的沟通。权威型父母会认真倾听孩子的想法，管教时也会考虑孩子年龄，适当听取孩子的意见。如果他们 4 岁的孩子欺负其他小

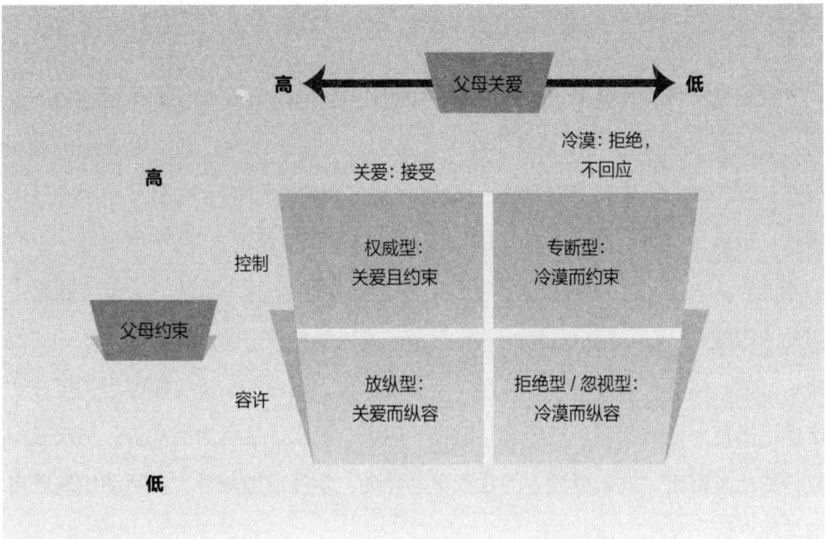

图9.1　父母关爱与约束矩阵

教养的两个维度（父母关爱与父母约束）形成四种教养模式：权威型、专断型、放纵型、拒绝型 / 忽视型。已有研究表明，四种教养模式会造成不同的发展结果。

孩，他们首先会和孩子坐下来讨论这件事。“你为什么打他？”权威型父母理解并支持孩子（“我们知道你难过，你生气”），但同时也会为孩子设限，一旦孩子越界，适当采取措施（“你知道的，‘不许打人’是家规，所以罚你不许看电视”）。重点在于，权威型父母管教孩子时，保持理性，前后一致，并以孩子为中心。

权威型父母希望孩子在长大的过程中发展控制自身行为的能力。与其他儿童相比，权威型父母教养的儿童学业表现好，更加友善，受人欢迎，自尊较高，活动中独立性强、目的明确，到了青少年时期，更能准确理解父母的价值观。

专断型父母也实行严格约束，但是实行的方式是拒绝或不回应孩子的需求。他们可能会大喊：“不许打人！”“你想什么呢，又搞成这样？！”专断型父母严格设定规则，并希望子女服从。他们的管教方式往往十分严格，多用惩罚。他们往往不顾及孩子的想法，选择快速平息事件，而非理性地讨论事件。专断型环境下成长起来的儿童感到困扰和愤怒，却不敢反抗父母。与权威型父母教养的儿童相比，专断型父母教养的儿童学业表现较差，对人不友善，攻击性强，与同伴关系较差，依赖性也更强。

放纵型父母关爱孩子，极少约束。他们往往不能为孩子设定或执行适当的规则。放纵型父母避免与孩子发生冲突。这类父母过于纵容，并不要求孩子表现成熟，承担责任。有时，放纵型父母辩称他们更愿意和孩子做朋友，而不是做家长。放纵型父母可能只对孩子的错误行为进行轻度否定（“现在你知道了，我们不能打人，所以不能再有下次了”）。某些极端情况下，放纵型父母可能到了溺爱的程度，不仅允许孩子行为不端，甚至鼓励或培养孩子做出错误行为——“他要是打你，你就打回去！”随着青少年慢慢长大，溺爱的父母可能容忍甚至鼓励诸多不当行为，如逃课、破坏公共财物、酗酒、吸毒、性行为混乱等。与权威型教养的儿童相比，放纵型教养的儿童更易冲动，学业成绩较差，在活动中缺乏自信与独立性。

拒绝型/忽视型父母不设定规则，不回应孩子的需求。这种教养模式还可以细分为两类：拒绝型父母和忽视型父母。前者十分严格并主动拒绝孩子；后者无视孩子，不履行父母的责任。这类父母没有合理地监管孩子，可能无法注意到孩子的不当行为。拒绝型/忽视型父母可能由于压力过大而无法给予孩子适当的教养，可能不愿意教养孩子，也可能患有抑郁症，或者无法与孩子进行心理上、情绪上的沟通。拒绝型/忽视型父母教养的儿童情况最为糟糕。与其他儿童相比，遭到拒绝或忽视的儿童长大后更容易犯罪、酗酒、吸毒、较早发生性行为。他们学业表现更差，在同伴交往和认知发展方面也有诸多问题。

鲍姆林德在后来的作品中将教养模式增加到七种：权威型、民主型、非指导型、专制指导型、非专制指导型、疏离型、良好型。她还在父母关爱和父母约束的基础上新增了两大维度，即成熟需求和平等沟通。成熟需求是指父母期望孩子能做出符合年龄的行为，自立自强，自我约束。平等沟通是指父母询问、考虑孩子感受和想法的程度。你可能已经知道,以上两种维度越高,教养越有效。这一领域的研究还强调了介入的问题，即父母通过心理上操控、抑制儿童来实施约束。研究结果表明，介入程度越高，青少年和儿童发展结果越差。研究人员已经证明这一发现适用于若干不同文化，而疏离型父母教养的儿童情况似乎仍旧最差。

教养质量是所有与儿童相关的人员都十分感兴趣并且关注的议题，但是如何提高教养质量还没有定论。一种看法认为，人们必须拿到许可证才能当父母。想了解这个复杂议题的更多相关讨论，请看社会政策视角板块文章《为人父母需要许可证吗？》。

管教：父母应该怎么做

大多数父母面临的最重要的问题在于，如何为孩子提供适当的管教。心理学家使用“管教”一词指代父母和看护人教育儿童行为得当的方式。

谨慎惩罚　不幸的是，大多数人听到管教马上想到惩罚和其他减少或消除不当行为的方式。除非受过教养或儿童发展方面的专业训练，否则人们在管教儿童的过程中往往会过分使用惩罚。更多情况下，父母大喊大叫，打孩子屁股，甚至对孩子拳打脚踢。大多数父母并不愿意对孩子过分严厉，但是时间一长就会失去

社会政策视角

为人父母需要许可证吗?

我们已经了解了不少关于不同教养模式及其发展结果的知识。不过,判断哪种方式“最好”似乎并不总是那么容易。不同家庭背景、文化、环境、气质需要不同的教养行为。但是你有没有因为看到极差的教养行为，而想到“为人父母需要有许可证”呢?

有些人非常认可这种观点。他们认为教养儿童是一种特权和责任，而非权利。要求父母获得许可证传达出的信息是，教养儿童与所有其他需要许可证的活动一样重要，如结婚、驾驶、投票等。支持者还指出，目前领养孩子必须得到官方许可，只有抚养亲生子女才不需要许可证。支持者认为，经许可才能成为父母，这样可以:

- 在儿童受到伤害之前提供一种鉴定父母教养能力的方法，而非受伤之后。
- 使百万儿童免受忽视与虐待之苦。
- 减少社会上无数苦痛，节约资金。支持者认为，无能的父母导致儿童无法融入社会，是犯罪和暴力的主因。
- 建立最低教养标准，例如父母双方相爱而结合，两人成熟自立，无犯罪史，无精神疾病。
- 要求有领养需求的人(如未婚女性、离异个人、同性恋伴侣)必须获得家事法庭法官的许可。

你可能已经预料到，这一提议争议很大。人人都同意，忽视型或有虐待倾向的父母不好，但是父母许可证的具体要求又严重违反了美国宪法。另外，支持者青睐父母双全的家庭，认为应该由生身父母二人组成家庭，尽力抚养儿童。尽管单亲家庭出现问题少年的概率高于双亲家庭，反对者认为两者的差别尚在正常范围，不能因此剥夺单亲获得父母许可证的权利。还有人指出，除了教养之外，儿童所处邻里文化的特点、家庭收入、歧视等因素也对儿童发展结果有重大影响。反对者还认为，素质两极化的父母，才会造成两极化的发展后果。“较好的父母教养的儿童不会比普通父母或较差的父母教养得更好”，而且“非常非常差的父母”已经由(尽管不太完善的)社会福利机构和儿童保护组织应对处理。批评者最难以接受的可能是整个计划散发出浓浓的社会工程气息。低收入父母能否得到许可?如果不能，那么少数族裔将因严重的贫穷问题受到重大打击。这样一个项目不会严重限制某些族群的生育权利，导致社会不公吗?

目前为止，还没有国家实行教养许可政策。不过，针对特定教养行为的法律法规已经存在——例如，数十个国家的法律已禁止父母打孩子屁股。

问　题

你怎么看待教养许可?教养许可有助于减少忽视、虐待儿童的现象和暴力犯罪吗?如何调整这一计划才能避免歧视低收入人群、少数族裔、单身人士、同性恋伴侣和教育水平较低的人?应该由谁实施该计划?相关政策如何执行?如果父母失去许可，负责机关会将孩子转移吗?教养许可问题看起来简单，实际上却复杂得多。

耐心。孩子吵闹、打架、闯祸，父母只觉问题无穷无尽。对幼儿来说，65% 的亲子交流都是父母告诫孩子不许做某事——“别碰那个！”“下来！”“不许这样！”

研究表明，2/3 的父母在孩子 3 岁时打过孩子屁股。尽管打屁股不分家庭类型，但年轻父母、非洲裔族群、单亲和低收入家庭压力较大，孩子发展迟缓或问题较多，打屁股的发生概率较高。专家回顾该领域研究时指出，从出生到五年级，80% 的孩子曾经被父母打屁股、殴打、扇耳光，一半的孩子被父母用皮带或其他工具打过。一份范围较广的国际性研究表明，大多数父母认为教养孩子不必体罚，但是一半的父母都曾实施过体罚。

长期来看，打屁股并非管教的有效方式。孩子被打屁股后，最终还是会重拾恶习，或者用其他不当行为替代。殴打孩子可能会导致孩子惧怕父母。如果孩子试图逃跑、回击或反驳父母，殴打只会更加严重。尽管法律认定大多数体罚并不算身体虐待，但身体虐待大多从体罚开始，体罚过度就是身体虐待。

另外，我们还需考虑打屁股传达给儿童什么信息。我们希望他们学到的是“武力即正义”呢，还是强者可以用武力强迫弱者服从呢？讽刺的是，父母利用打屁股惩罚孩子所做的不当行为，而打孩子正是最常见的不当行为。当父母一边扇孩子耳光、打孩子屁股，一边说“不许打人！”时，孩子能学到什么呢？

研究表明，与其他儿童相比，受体罚较多的儿童更加暴力、攻击性更强、攻击兄弟姐妹的可能性更高、道德标准和自尊更低、更容易抑郁，他们长大后更容易偷盗财物、攻击他人、做其他犯法行为。格肖夫分析了 88 项不同的研究之后，发现体罚导致儿童的攻击性行为、违法行为、反社会行为增加，儿童虐待增加，亲子关系变差。遭受父母体罚的儿童较难内化道德观念，长大后更容易出现低自尊、抑郁、酗酒等精神健康问题。这些儿童长大成人后，更容易攻击他人、犯罪，甚至虐待子女和配偶。

研究人员研究了泰国、菲律宾、意大利、印度、肯尼亚等国的家庭，发现在这些国家，体罚与儿童攻击性增强、焦虑感加重相关。孩子在遭受父母严厉对待时，感到脆弱，没有安全感。他们开始从中读出敌意，因受挫的心情和积压的怒火而表现出攻击性。针对西非儿童的一项研究表明，在学校环境下进行体罚与下列行为具有相关性：不诚信行为增加，儿童更加坚持撒谎以掩饰其不当行为。大多数社会都对此类行为持否定态度。

当然，以上体罚研究均为相关性研究。也有可能是儿童和青少年因较严重的暴力倾向和不当行为而受到更严重的体罚。一项研究表明，儿童因攻击和叛逆而受体罚严重，遗传因素也发挥了一定的作用。但研究人员也发现，体罚频次的差异主要由父母的问题而非儿童的遗传基因造成。公平起见，我们还需指出研究表明体罚带来的负面影响主要由教养模式而非体罚本身造成。可以想见，与采用积极管教形式的父母相比，常常诉诸体罚的父母往往较少关爱孩子，较少融入孩子的生活，教养模式也较少有一致性。

积极管教 那么，问题又来了，父母到底怎么进行管教呢？很多书都涉及这一问题，社区大学和社会福利机构也能提供优秀的父母教育项目，讲授有效管教的方法。我们根据美国儿科学会和大多数教养专家提供的指导意见，制定了一个基本的积极管教项目。首先，记住“管教”一词是指教育儿童行为得当的方式，其重点在于教育而非惩罚。还需注意的是，没有哪一种方式放之四海而皆准。父母必须保持耐心，冷静而积极地利用管教，设定严格的规则，帮助儿童学会控制自身行为，达到自身年龄的要求。我们建议父母尝试以下措施：

1. 掌控局面。父母应该时刻关注孩子的情况，并试着掌控局面，减少不当行为的诱惑力。首先，请注意家庭防护措施，为孩子创造安全的家庭环境。如果有些东西你不想孩子碰到、摔坏，把这些东西放到孩子够不到的地方。注意孩子在家里还有哪些不当行为，适当调整环境，让孩子不那么容易犯错。确保孩子可以进行各种各样的积极活动，找到各种安全物品。很多时候，在父母安排的环境下搞破坏，成了最有趣的事情。这种情况可以避免。

2. 设定明确的规则和底线。父母必须明确告诉孩子哪些事该做，哪些事不该做。规则尽量简短，否则你们和孩子都难以遵守。根据孩子的年龄，决定哪些事最重要。对年幼的儿童，你可能关注安全问题，相关规则包括“待在院子里，别出去”“别碰炉子”。孩子长大一些后，重点规则应有关家庭作业，做多少家务活，骑自行车、滑滑板要戴头盔之类的安全问题。试着将规则用积极的说法表述出来，以便孩子知道自己应该怎么做（说“请慢走”，而不说“不许跑”）。

3. 表扬积极行为。你听过一个口号叫“发现他们的闪光点”吗？让孩子知道他们什么时候表现得当非常重要，要多强化孩子的积极行为。“我看到你今天和弟弟分享了——真棒！”孩子的行为若得到强化或奖励，便会倾向于重复该行为。而当孩子一心规范自己的行为时，不当行为也就少了。奖励良好的行为还有助于父母坚持积极管教。

4. 解释和说服。当孩子行为不当时，父母必须解释规则和服从规则的理由。父母可以通过冷静、理性地讨论问题，表达对孩子的关爱和理解，展示解决冲突的积极方法。孩子也可以因此获得表达想法的机会。

5. 如果采取惩罚手段，试试剥夺特权或计时隔离。如果以上各项措施你都采取了，不当行为仍然存在，你可能需要实施适当的惩罚。记住，惩罚是为了减少孩子的不当行为，并不一定要大喊大叫、拳打脚踢。惩罚最好与不当行为紧密相关。如果儿童因为视频游戏发生争执，可以罚他们当天不能再玩游戏。进行此类管教行为，应该考虑孩子的年龄，并尽量采取温和的形式。对于学步儿来说，几分钟不能玩最爱的玩具，效果就很显著；而对7岁孩子，就必须将时间延长到几个小时甚至一天，才能达到目的。另一种方法是短时隔离。让孩子远离诱发不当行为的环境和事物，将他放在安全、安静的新环境中。短时隔离（随儿童年龄而定，1岁大概1分钟）让儿童可以冷静几分钟，思考自己的所作所为。同时你也可以冷静思考，避免过于愤怒而言行不当，让自己后悔。但是，请注意，年幼的儿童可能认为计时隔离就是一种惩罚，并在隔离过程中产生孤独、被嫌弃和忽视的感觉。他们可能根本不记得为什么要进行计时隔离，因此，之后也不太可能改善自身行为。和其他管教手段一样，计时隔离应该用于教会儿童哪些事应该做/哪些事不该做。短时隔离之后，再试试解释和说服。孩子行为改善时，一定要表扬他们。

你可能觉得以上措施不足以解决问题。你可能认为孩子应该为不当行为“付出代价”。但是，请记住，重点在于教育孩子要行为得当。研究表明，如果父母花费时间进行积极教养，为孩子提供好玩的玩具和学习材料，带孩子进行趣味游览，孩子会较少出现不当行为。当然，父母可能会因为孩子行为不当感到愤怒，特别是有些孩子十分调皮，有些父母还要面对工作和家庭的诸多压力。大多数父母希望与孩子发展积极的关系，但是面对一直捣乱的孩子，父母需要时间、努力和极强的情绪控制力才能维持关爱的态度。相比之下，对孩子发火、喊叫、大打出手简单得多。如果你发现自己处于这种情况，我们希望你可以花点时间反思自己的行为，并考虑可能造成的负面影响。

想了解更多父母面对不同年纪的儿童时如何处理日常问题的相关信息，请看本章个人视角板块文章《胡萝卜还是大棒？》。

朋友与游戏

本节将介绍有关儿童的朋友与游戏的三个问题：儿童产生同性友谊的倾向、童年早期游戏的基本类型、文化对游戏的影响。

第 6 章中已经提到，幼童交友多因便利——方便在一起玩的就是朋友。童年早期交友主要靠机会和相似性。儿童必须能凑在一起玩耍或进行其他活动，才可能成为朋友。只要长时间一起玩耍、分享玩具、玩相同的游戏和活动，儿童就可以成为好友。与邻居、亲戚、同学相处时间更长，因此更容易成为朋友。入学之后，儿童的社会交往急剧增加。在学校里，儿童会遇到更多同伴，一起玩耍时也较少受到成人监管。从学步期到上学期，儿童与同伴的相处时间增加了 2 倍。而且，与成人一样，儿童也会被相似的人吸引。儿童在年龄、性别、种族、看法、信仰、游戏方式等特点相似的情况下，更容易建立友谊。

性别隔离

儿童友谊的一个显著特点是性别隔离，即儿童倾向于和同性交往。我们对学

个人视角

胡萝卜还是大棒?

你经常使用哪些管教方式，有效吗？哪些方式是你尝试过却发现无效的？

拉美裔家庭：艾丽斯·马托斯和曼努埃尔·马托斯

我们喜欢和孩子们讨论他们哪些地方做错了。这样他们才能知道我们的想法，知道他们做得怎么样。我们连续5分钟大喊大叫，他们都没反应。打屁股也没用。小孩想起爸爸妈妈，应该是安全、舒适、信任和引导的美好感觉。体罚会让孩子们产生恐惧，也就不会形成我们现在的和谐关系了。对我们来说，最有效的方式就是和孩子沟通。

法裔家庭：克里斯廷·彼得拉卢奇和马克·彼得拉卢奇（两个儿子，分别是2岁和4岁）

我们使用计时隔离。计时隔离其实不太有效，因为我们每天会用计时隔离好几次（对大儿子）。实在没办法了，我们就会打屁股，但好像也没什么用。我觉得可能孩子们个性太强。

亚裔家庭：莎伦·布埃纳文图拉（三个儿子，分别1岁、9岁和12岁）

我根据孩子的性格采取不同的管教方式。大儿子迈克尔适合“长子”模式。我很少对他进行管教，即使有，也多半是讨论、列举他应该改正的原因。迈克尔非常愿意讨论，听了原因解释之后，会心甘情愿地改正错误行为。二儿子尼基适合计时隔离和剥夺特权（如足球训练）。讨论对尼基没用。他更加自由散漫，不爱遵守规则。克里斯蒂安还很小，我还没找到最适合他的管教方式。现在，他有时想要碰一些不该碰的东西，我只用告诉他“看可以，别碰”就行了。

这些年，我发现了一个规律，“尖叫”“怒吼”对我这几个儿子来说绝对是最无效的方式。这种时候，他们往往直接无视我，根本不会听我说的话。

非洲裔家庭：金·米勒（两个女儿，分别11岁和14岁）

14岁的大女儿历史考试成绩很差，因为她把时间都花在跟朋友发短信上了，没有好好复习。我限制她发短信和自由使用电脑的权利，直到下次考试取得好成绩为止。实施惩罚最重要的是不能动摇，而她的情况就是3个多星期不准发短信。为了鼓励她们准时上床睡觉，我规定她们超过规定时间1分钟就要罚款1美元。罚款放在柜子抽屉里，她们只要按时睡觉还能把钱赢回去（也就是说，连续5晚按时上床睡觉可以赢回5美元）。

问 题

你认为哪种管教方式最有效？这些家庭所用方法和本章介绍的积极教养建议方法相比，孰优孰劣？

前班 4 岁儿童进行了测试，以下是测试情况：户外活动结束后，孩子们回到教室，新来的男孩挑座位坐下，马上就冲过来几个男孩，大声叫道："起来，这是女孩坐的位置！"新来的男孩听到后，急忙跳起来，气急败坏地拍打裤子。他以为椅子上有什么呢，虱子吗？

毫无疑问，性别隔离的确存在。事实上，这种现象几乎普遍存在于各种文化环境中，儿童选择社会群体时就会出现。但是这种现象怎么出现的？为什么会出现？目前还没有明确答案。但是通过研究性别隔离在儿童时期的发展过程，我们可以了解更多。

2 ~ 3 岁时，儿童开始明显表现出与同性玩耍的偏好。这个年纪的儿童与同性朋友玩耍时，互动性和社会性较强。和异性儿童相处时，则往往在旁观望，即使一起玩耍，也不直接互动。3 岁之后性别隔离变得非常明显。

为什么会产生性别隔离呢？表 9.2 总结了若干著名理论。这种现象很有可能与生物学有关。例如，产前接触雄性激素（如睾酮）可能导致儿童偏好男性游戏和玩具，不管儿童生理性别是男是女。而且，非人类灵长类动物在玩具和游戏偏好方面也有性别差异，这似乎表明，性别偏好并不仅受社会和认知因素的影响。

不管性别隔离原因如何，其后果之一是男孩女孩在不同的性别文化下成长，而性别文化是基于男女朋友之间的性别差异而形成的不同社会影响圈，并导致男女形成不同的信仰和期望。男孩更愿意打闹、追逐，喜欢围圈传球游戏、超级英雄战士游戏和竞技体育运动。男孩的游戏多体现身体攻击、独立性和主导权。女孩的游戏则强调亲密的社交关系和细腻敏感的特质，如玩娃娃和过家家，两者都涉及角色扮演、轮流交换、抚育等内容，这些可以丰富感情。另外一点区别在于，男孩游戏圈子较大，女孩圈子较小，关系更为亲密。于是，女孩可以学习如何交流彼此的想法和感受，练习如何在亲密关系中做良好的倾听者。男孩则认为亲密分享是一种示弱的表现，会导致他们在男孩主导权竞争中占据下风。男女在青少年和成人时期交往增加，可能会因性别文化差异产生矛盾。男女性别文化不同，可能难以理解对方的想法。

成年人需要做些什么才能减少童年时期性别隔离可能产生的负面影响呢？利

表 9.2

性别隔离理论	
游戏相容	•儿童寻找与自身游戏风格匹配或互补的同伴。 •最早进行性别隔离的男孩往往是最活跃、最具破坏性的，女孩则往往是社交敏感度最高的。 •两种儿童都愿意与相似的人玩耍。
认知图式	•儿童发展了有关男孩女孩的典型形象的图式（观点或想法）。 •图式多是夸张的刻板印象，如“男孩皮糙肉厚，喜欢打打闹闹和玩卡车”“女孩很乖，喜欢说话和玩娃娃”。 •儿童利用这些认知图式评价自己、观察其他儿童。 •儿童学会性别图式后，对游戏和玩伴的性别偏好更加严重。
操作性条件反射	•奖励和惩罚会加重性别隔离。 •男孩跨越性别界限和女孩玩耍时，会受到严厉批评。 •尽管有些女孩喜欢做“假小子”，但有些女孩对于参与典型男性活动还是心存矛盾。 •父母、老师、同伴、媒体和其他人对儿童的两性典型行为的强化，加重了性别的隔离。
精神分析理论	•弗洛伊德理论认为，儿童在发展的潜伏期压抑性感受而产生性别隔离。 •儿童避免与异性交流，是为了避免因性感受而产生的负罪感。

珀提供了若干实用的建议。例如，父母在家里平等相处，为孩子树立榜样，创造更多机会让孩子与异性朋友玩耍、合作。如果孩子在游戏的过程中打破了刻板的性别差异，那么父母应支持并强化孩子的这种行为。育儿工作者和教师可以组织男生、女生参加合作性的活动，在安排座位和列队时可以避免按性别划分，还可以避免对儿童使用性别称谓，例如不应该说：“男生，坐好，不许讲话！”除非所有男生都在哄闹。当然，消除所有性别差异是不明智的，也是不可能的。但是，帮助儿童丰富与异性交往的期望、提高与异性交往的能力，对儿童有所裨益。从业人员视角板块文章《幼教中心主任》就介绍了一位专家对于游戏偏好和性别隔离的看法和意见。

从业人员视角

幼教中心主任

德博拉·科尚斯基，博士
华盛顿哥伦比亚特区光明地平线儿童中心

请描述一下你所在的儿童中心的孩子。中心共有多少位护理人员？

华盛顿哥伦比亚特区光明地平线儿童中心是光明地平线幼教中心为一个国际金融机构组织设置的幼教项目，我是中心主任。我们共接收了91名儿童，最小的3个月，最大的5岁。一共28名护理人员。中心的孩子来自许多国家，大多数都不是美国的。

你是否经常在中心看到男孩和女孩游戏的性别差异？

我们中心的男孩和女孩游戏偏好确实存在差异。这种现象通常从3岁就开始出现。低于幼儿园入园年龄的群体最明显，较大的儿童则有所减弱。每个年龄段儿童的行为都是一个连续体。有些女孩和男孩一样喜欢打打闹闹、建筑游戏和剧烈运动。也有一些男孩喜欢戏剧表演、艺术和写作，而这些活动在女孩中更加受欢迎。如果一个异性小孩加入游戏，孩子们基本上可以容忍和接受。

你认为这个年纪的孩子为什么更爱和同性一起玩？

尽管我们也愿意相信男孩女孩都一样，在相同的鼓励下，不会产生性别差异。但我认为，男孩和女孩对某些活动确实存在天生的偏好。据我的经验来看，男孩更愿意参加积极的体育活动，如超级英雄游戏、积木游戏和剧烈运动，而女孩更喜欢戏剧表演、艺术、写作和精细运动。因此，他们会自主选择和同性伙伴开展活动。在我们中心，排斥行为（如“女孩不得入内”“男孩不应该穿戏服”）并不常见。我认为排斥行为不是天生的，而是后天习得的，可能是大人的想法影响了孩子。

你会鼓励孩子跨越性别界限一起玩耍吗，这种方法有效吗？

我们没有明确鼓励孩子跨越性别界限进行游戏，但是会监测游戏中是否出现排斥现象。一旦发现一个团体排斥某个异性小孩，我们就会和那群孩子沟通：“苏茜怎么才能参加抓恐龙的游戏呢？”“汉克可以在你家扮演什么角色呢？”有时候，这种问题和性别无关，只是性格不合而已。如果确实出现性别隔离，我认为应该鼓励孩子们跨越性别进行游戏。我希望悄无声息地鼓励，而不是公开对孩子们提出要求。我们可以把孩子分为混合性别小组进行特定活动。同时，这些小组也可以自由进行游戏。我觉得，刚分组时，部分孩子希望成功进行合作性活动，这会让孩子们玩耍时更重规则。随着彼此越来越熟悉，其他时候他们也会一起玩耍。

儿童看护工作人员和主任需要哪些教育背景或培训才能在这一领域工作？

我们中心得到美国国家幼儿教育协会认证，因此，我们必须满足幼教机构评估标准和认证指标（NAEYC）规定的教师资格标准。目前，所有老师必须至少持有儿童发展学位证书。为了达到更高的新标准，他们正为获得幼儿教育专业的副学士学位而努力。

问　题

鼓励男孩和女孩一起玩是否适当，是否重要？为什么？你会采取什么鼓励方式？

游戏类型

发展心理学家将游戏定义为一种自发自愿积极参与、主要不为完成特定任务、常含有非文字因素的愉快活动。简单来说，游戏是儿童（和成人）为了快乐而自主选择进行的。游戏是为了游戏本身的乐趣，而非外在奖励或应对外在压力。

儿童通过游戏可以超越现实世界的边界。儿童根据自身游戏目的，利用想象、幻想和创造，改造现实世界中的人和物。通过游戏，儿童有机会锻炼肌肉协调性、社会交往技能、逻辑推理和解决问题的能力、思考世界现状和未来的能力。

帕滕的经典游戏研究　在一个经典游戏研究中，米尔德丽德·帕滕对自由游戏中的学龄前儿童进行了广泛的观察。此项研究中的儿童年龄多在1～5岁，帕滕在约8个月的时间内重复观察这些儿童。她对儿童游戏的社会性特别感兴趣，她按照社会参与度从低到高的顺序将游戏分为六个层次：

1. 非游戏行为。儿童没有玩耍，没有注视任何人或事物。有时可能摆弄自己的身体，闲逛，跟随老师，或只是一个人坐着。例如，科迪一个人坐在秋千旁边，看起来没有注视任何人，也没有和任何人玩耍。
2. 旁观游戏。儿童大多数时间在旁看着其他儿童玩耍。他和玩耍的儿童说话、问问题，但是他个人并不参与游戏。他关注某个或某群儿童如何玩游戏，并接近他们，以便倾听和观察。例，萨姆玩沙箱时，科迪一直跟在他身后，科迪问萨姆问题，和他讲话，但是却不直接和萨姆一起玩耍。
3. 独立游戏。儿童独自玩耍，个人的游戏与周围其他儿童的游戏没有明确联系。尽管他可能离其他儿童不远，他也不会与其他儿童互动。例如，科迪在沙箱里玩，萨姆在附近玩耍，但是科迪不和他讲话，不和他分享，也不看他。
4. 平行游戏。儿童单独玩玩具，所用的玩具和周围其他儿童的相似。他和其他儿童玩的游戏可能相似，但是他并不加入其他儿童的游戏，而只在他们附近玩耍。例如，科迪将沙倒入桶内再倒掉，科迪坐在萨姆身边，萨姆也在装沙倒沙，但是两人没有一起玩耍。

5. 联合游戏。儿童和其他儿童一起玩耍，但是他没有完全融入大家的游戏。他可能与其他儿童交流、分享玩具和材料，但还是相对独立于其他人。儿童的主要兴趣在于与其他儿童交流而非参与游戏活动。例如，科迪和萨姆一起在沙箱里玩耍，两人交谈，交换沙桶，传递沙土，但还是各自独立装沙倒沙。

6. 合作游戏。儿童与其他儿童一起游戏，完全融入其中。此类游戏往往是一群儿童共同创造某个物品，为竞争性目标而努力，扮演大人，或者进行正式的竞赛。此类游戏有劳动分工：儿童扮演不同角色，个人努力带来整体的成功。例如，几个小孩在一起建造沙堡。科迪铲沙进桶，萨姆倒沙建堡顶，萨拉小心拍打造型。几人合力建造了一座雄伟的城堡。

帕滕发现，游戏类型与儿童年龄有关。她观察到，年龄较小的儿童玩的游戏层次较低。1岁和2岁儿童大多数时间玩前三个层次的游戏——非游戏行为、旁观游戏、独立游戏;3 ~ 5岁的儿童玩后三个层次的游戏——平行游戏、联合游戏、合作游戏，时间分配均匀。在另一项针对美国幼儿的研究中，幼儿有机会与玩伴合作，完成有趣的游戏。该研究发现，2岁以下的儿童彼此几乎不合作，合作只在极少数偶然的情况下发生。但是，大多数3岁儿童可以成功地互相合作。3岁儿童善于将关注点投放在重要的事情上，而且由于2 ~ 3岁期间语言能力快速发展，儿童善于使用语言协调游戏，倾听大人的意见，和他们沟通。儿童可以互相交谈、一起合作的话，游戏会好玩很多。

帕滕的观察结果证明了游戏的社会性。儿童年龄较小时，缺乏社交技能，常常独自玩耍或在其他儿童旁边玩耍，几乎不会与同伴合作游戏或在较大的集体里游戏。儿童社交技能提高之后，更倾向于协作性游戏——与其他儿童一起玩耍，并最终学会协调各自在游戏中的角色，完成集体性的较大目标。如果儿童没有学会社会性游戏，他们有可能受到同伴拒绝或排挤。例如，焦虑或胆怯的儿童可能会独立进行游戏，错失与其他儿童进行成熟的社会交往的机会，这样可能导致恶性循环。这些儿童会越来越害怕社会性游戏，而独立游戏只会让他们遭到拒绝或孤立的情况更为严重。但是，儿童的个人性格差异也有影响：内向孤独但好相处的儿童比激进主动寻求关注的儿童更容易交到朋友。父母、学前老师和其他成人帮助儿童与其他儿童建立健康的社会联系是非常重要的。

我们还需谨记，年龄较大的儿童虽然也会独立玩耍，但是相较于年幼的儿童，他们的认知发展水平有所提高。例如，5岁儿童可能独自用乐高积木搭建城镇，用棍子代表道路，用绳子代表线路设施，还制定了居民在镇上活动的规则。2岁儿童独自玩耍，可能只是碰撞积木，听发出的声音，或试图将积木塞入某个空间，看是否合适（如插入影碟播放机）。两种游戏都是独立游戏，且游戏方式符合各自年龄。

社会戏剧游戏　儿童到3岁时，常见的另一种游戏叫社会戏剧游戏——扮演不同的社会角色和人物。社会戏剧游戏可能紧贴现实生活（"我来当爸爸，你来当孩子"），也可能包含幻想成分（"我是帝国的王后，看我的城堡！"）。社会戏剧游戏对幼儿有以下功能：

- 模仿大人。儿童可以扮演看到的大人角色，例如父母、教师、厨师、服务员、医生、牙医或兽医。幼儿通过在游戏中扮演此类角色，探索更大的世界里人们的活动。
- 重现家庭关系。儿童常常重现家庭生活中的场景。社会戏剧游戏往往包括简单的日常活动，如"妈妈要上班去啦，跟妈妈说再见"。但是，有时儿童也利用社会戏剧游戏表现影响更大、伤害更大的事件，如"爸爸妈妈不爱彼此了，所以现在我们要搬家"。
- 表达需求。社会戏剧游戏让儿童可以表达未被满足的需求。例如，一个独生子女可能假装自己有兄弟，或者失去父亲的孩子假装和父亲一起打球。
- 释放受抑制的冲动。社会戏剧游戏为儿童提供一个更加安全的出口，探索现实生活中可能不合适的角色和活动。儿童可以假装攻击性极强（"等着瞧，我要把你家砸个粉碎！"），还可以表现爱、婚姻、性别相关的内容。
- 交换角色。最后，常常感到无助的儿童可以在社会戏剧游戏中扮演强悍的角色，如父母、教师、超级英雄。他们可以教训玩具或同伴（“表现不好，现在去思过！”），或者对学前班同学发号施令（“孩子们，现在是午休时间”）。这种游戏让儿童体验到更为强大的人的视角，并帮助他们应对在现实生活中处于弱势的焦虑。

当然，儿童参与社会戏剧游戏，常常只是为了享受和同伴扮演角色的单纯快乐。有时“你当妈妈，我当小孩”的游戏只是有趣而已，并不一定有什么深刻的含义。

第四部分

童年中期：学龄期（7～11岁）

第 10 章
童年中期儿童的身体发育

大学生布拉德几个夏天都在基督教青年会夏令营做儿童工作。他特别喜欢和孩子们一起进行体育运动和其他户外活动。他注意到，体育运动中，年纪较小的儿童（7 岁左右）更加关注怎样才好玩，而这要求所有人都可以平等地参与和竞争。较年长的儿童（11 岁以上）则更好竞争——他们更多关注怎样超过他人、赢得比赛。布拉德可以看出，孩子在年龄增长的过程中，力量、协调性、运动能力变化很大——几年就能产生非常大的变化！

夏令营中的大多数儿童都有典型的能力，但其中有很多"小胖子"，有些儿童还有生理缺陷，这些都限制了他们的活动参与度。还有一些儿童在学习、专注、阅读，甚至静坐方面有明显障碍。布拉德喜欢接触各种各样的儿童，他计划大学毕业之后当一名教师。他清楚将来他的学生有可能患有注意力缺陷多动障碍、学习障碍、自闭症等问题或障碍。他也知道，有些儿童甚至会遭遇家人虐待。他想知道为了有效应对所有这些问题还需要哪些知识。

你能给布拉德哪些建议？关于童年中期发育和发展的特殊和常见模式，他应该了解些什么？

儿童的身体和大脑发育

身体发育和超重问题

大脑的发育和成熟

儿童的运动发展和体育活动

运动发展

体育活动和锻炼

有组织的运动

儿童的健康和安全问题

童年伤害和安全问题

儿童性虐待

特殊儿童

发展心理病理学是什么

注意力缺陷多动障碍

交流与学习障碍

自闭症谱系障碍

他可能面对哪些障碍、疾病和问题？学习本章后，你应该可以使用至少一些概念和研究成果帮助布拉德，让他更加了解未来的工作内容。

处于 7 ~ 11 岁的童年中期的儿童身体发育不如童年早期明显，但他们在某些方面还是有很快的发展。大脑持续发生重要变化，儿童能更好地控制和协调自身身体。处于这一阶段的儿童基本上都很健康，但对健康和安全的威胁仍然存在。由于学校要求提高，一些儿童受自身缺陷的限制愈加明显，问题愈加严重。很多成人像布拉德一样，想要帮助这个年纪的儿童形成良好的体育活动习惯，并保护他们免受伤害和虐待。本章中，我们将讨论童年中期身体和大脑发育的典型模式、运动能力的典型发展、有组织运动的优势和潜在问题，以及儿童面临的危险和挑战的影响。

儿童的身体和大脑发育

童年中期刚开始时，儿童身体发育缓慢，但他们仍在发生重要变化。不幸的是，越来越多的儿童面临超重问题，这可能导致直接和长期的健康问题。童年中期身体和大脑发育的典型模式是什么？为了保证儿童童年中期的健康发育，我们可以做些什么呢？本节将解答这些问题。

身体发育和超重问题

7 岁儿童平均身高大约为 1.21 米，体重约 25 千克。到了 11 岁，儿童约长高 23 厘米，增重 16 千克。童年时期儿童平均身高体重变化详见表 7.1。

9 岁时，女孩平均身高、体重和男孩基本一样。但，过了 10 岁之后，身体发育速度开始显露出性别差异。女孩青春期生长突增比男孩稍微早一点儿。11 岁时，女孩比男孩平均高 3.81 厘米，更重 3.63 千克。随后，男孩发育速度更快，到 14 岁时，身高和体重都会超过女孩。第 13 章中，我们还会介绍更多关于青春期生长突增和相关问题的信息。

第 7 章中，我们介绍了儿童基本营养要求，也谈到了儿童营养不良的话题。

本节中，我们讨论完全相反的营养问题——超重儿童。美国最常见的营养问题是肥胖。肥胖被定义为身体质量指数在同年龄同性别儿童中位于第 95 百分位及以上。身体质量指数（BMI）是一种基于体重和身高衡量体脂肪的指标，因此如果一个小孩身体质量指数等于或高于全美 95% 同年龄同性别儿童的身体质量指数，那么这个小孩就被认为肥胖。身体质量指数位于第 85 ~ 94 百分位的儿童则被认为超重。如图 10.1 所示，美国肥胖儿童所占比例增加了 3 倍多，从 4% 到 18.8%。成人肥胖问题更加严重：2007—2010 年期间，20 岁以上成人的肥胖比例（35%）高于健康体重比例（仅 30%）。儿童肥胖问题在某些少数族裔中尤为严重。例如，在 6 ~ 11 岁年龄组里，24% 的墨西哥裔男孩和 24.5% 的非洲裔女孩肥胖。儿童早期就已经存在族裔差别。例如，针对印度裔学龄前儿童的大规模研究显示其肥胖率为 37% ~ 50% 以上。

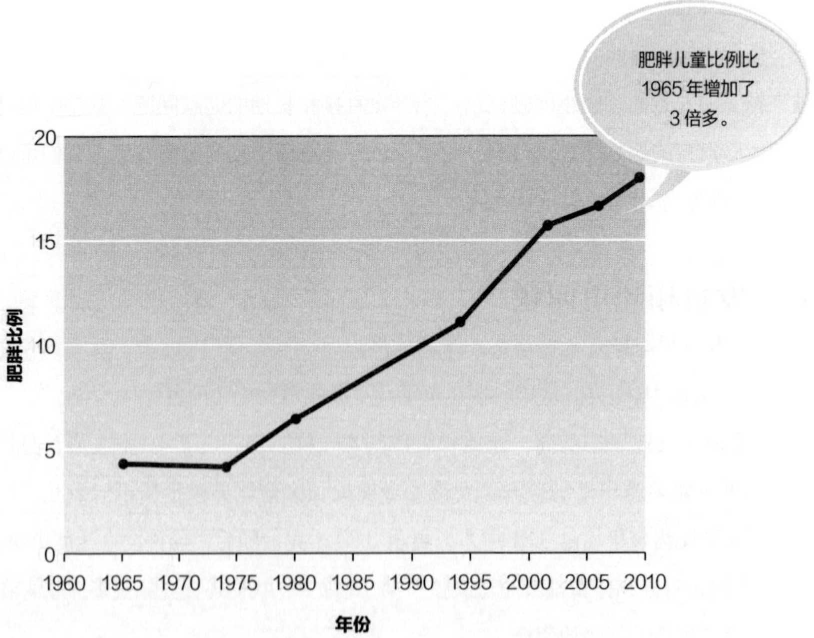

图10.1 1965—2010年间，6 ~ 11岁肥胖儿童的变化趋势

家庭越来越依赖快餐和加工食品，而这些食物使儿童卡路里和饱和脂肪摄入量增加。儿童运动量也不够。与几十年前相比，现在的儿童在学校参加的体育活动减少，较少走路上学，最爱看电视、玩电子游戏、玩电脑等。现在由于美国 2/3 的成人超重，儿童在健康方面的正面榜样也比几十年前少得多。全球范围内肥胖人数不断增加，但是专家估计众多发达国家中美国的肥胖问题最为普遍。

遗传因素和环境因素（先天和后天）共同引发了超重问题。如果儿童初生时较重，或母亲患有糖尿病，或其他家庭成员超重，儿童就更容易超重。如果父母中有一人超重，子女超重的风险增加 3 倍。如果父母两人都超重，那么儿童超重风险增加 10 倍。生活在贫困线以下的儿童比其他儿童更容易超重，但族裔和性别不同，情况也不尽相同。例如，贫穷的白人少女肥胖率高于社会经济地位高的白人少女，社会经济地位高的非洲裔少女肥胖人数大于社会经济地位低的非洲裔少女肥胖人数。不过一般来说，贫穷家庭的儿童较少吃水果蔬菜，摄入较多脂肪含量高的食品，而且进行户外游戏和体育活动的安全场所也相对较少。

童年时期与成年时期一样，超重可能导致一系列严重的健康问题，包括心脏病、糖尿病、哮喘、睡眠呼吸暂停、抑郁和低自尊。一项针对全美范围 3 000 多名 12 ~ 19 岁青少年的大型研究表明，20% 的研究对象的胆固醇或甘油三酯（血液中的物质，公认为导致心脏病的危险因素）异常，43% 的肥胖青少年以上指标异常。美国卫生局局长指出，肥胖是公共健康的最大威胁，每年造成的死亡人数超过艾滋病、癌症、意外事故致死人数的总和。为了对抗肥胖问题，专家提出以下建议：

- 每天吃 5 种水果和蔬菜。
- 在家做饭，全家人一起吃饭。
- 每天吃早餐。
- 少吃快餐和外卖，少到外面去吃。
- 每天至少进行 1 小时体育活动。
- 每天对着屏幕时间不超过 2 小时。

大脑的发育和成熟

到了6岁,儿童的大脑体积已经达到成人大脑体积的95%。神经科学研究证明,大脑对于人体多数功能至关重要,而且在发展过程中领先一步。之前,我们已经介绍过大脑经历发育和成熟两个阶段:首先大脑形成过量突触(突触发生),然后去掉无用的回路并留下有效的回路(突触修剪)。儿童的经历使得某些回路相对更为活跃,因此在适者生存的大脑发展阶段,无用的回路被修剪,个人经历发挥重要作用。这也体现了天性和教养之间的相互关系。

从童年中期到青少年时期,大脑某些部分继续发育,某些部分有所缩减。儿童10岁时,大脑皮质大部分区域仍在发育,增加质量。这主要是因为遍布大脑的血管增加,在大脑各区域增殖并支持神经元发挥功能的胶质细胞数量增加,构成大脑回路的轴突持续生成髓鞘。之前提到,在髓鞘化过程中,脂肪组织(髓磷脂)增长,覆盖轴突,而轴突负责在神经元之间传递神经冲动。髓磷脂在轴突周围形成后,会隔离神经冲动,使神经冲动的移动速度加快100多倍,还会影响神经元之间放电模式的协调性。大脑回路在髓鞘化之后效率提高。

10岁以后,儿童大脑某些部分有所缩减。尽管大脑胶质细胞和髓磷脂仍在增加,增加速度开始放缓,低于新一轮突触修剪的速度。修剪无用回路可以降低系统的"噪声",所以这种缩减实际上是大脑成熟过程中的重要环节。大脑某些部分发生缩减的时候,被相应区域控制的功能也有所提高。图10.2显示了不同大脑区域发展的"升降"模式。第一批通过修剪而成熟的大脑区域控制人体基本的感官功能和运动功能。例如,位于脑后部的枕叶控制视觉信号,是最早修剪成熟的区域之一。成熟较早的有运动皮质和感觉皮质,还有额叶中控制嗅觉和味觉的区域;接着成熟的区域是顶叶和颞叶的联合区域。这些区域整合信息,控制语言,使儿童开始进行更加高级的思想行为。儿童7～11岁期间,修剪导致控制精细运动的大脑回路减少一半。儿童在这一年龄阶段通过进行某些体育运动或弹奏乐器开始学会具体的运动技能。前额叶皮质是最晚成熟的大脑区域之一,位于额叶深处,负责抽象推理和解决复杂问题。这个区域直到青春期结束或成年期初期才能完成修剪及成熟的过程。

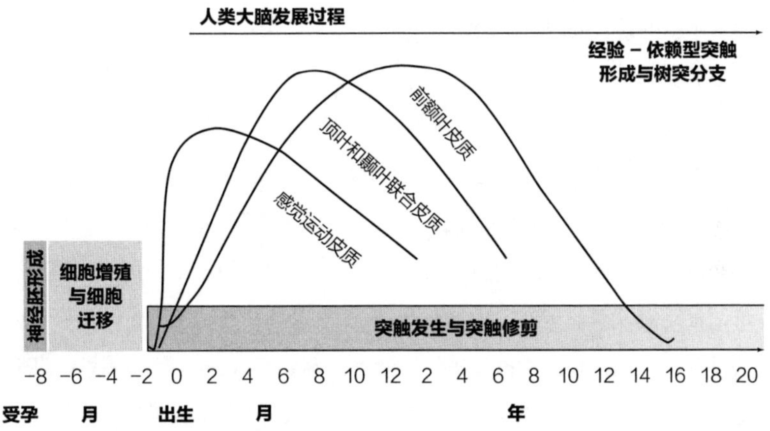

图10.2 人脑发展过程中的发育和变化模式

注意突触数量因突触发生而急剧增加，然后又因突触修剪而减少。不同年龄不同脑部区域都发生了这一变化。

学习以上发展阶段时，须记住大脑成熟有助于我们进行重要的精神活动、发挥其功能，而精神和体育锻炼刺激大脑修剪无用回路。这是个相互作用的过程。刺激、教育、锻炼、挑战都有助于大脑成熟。而大脑效率提高，我们的思考能力、记忆力、协调信息的能力，以及移动的能力都会随之提高。我们需要天性和教养两方面的共同作用才能实现成熟。

经验 - 预期型发展阶段出现在生命早期（见第 7 章），使发展中的大脑具备中性可塑性。可塑性是指突触发生过程结束之前，突触经过修剪进而锁定特定功能之前，大脑一定程度上保持灵活性、可变性的倾向。假设一名成年人遭遇汽车事故，导致头部创伤和左半脑损伤。由于大多数人左半脑负责语言处理，这个人有可能失去一部分语言功能。如果康复方案非常好，那么有些语言功能可能恢复，但是这位患者很有可能落下终身毛病，如说话含糊不清、无法听清复杂的语句等。但是，如果幼儿的左半脑出现类似问题，则不会导致这么严重的终身缺憾。由于大脑具有中性可塑性，儿童右半脑的对应区域（或其他大脑区域）会接手语言功能,弥补左半脑的损伤。如无意外,本应被修剪或分配其他功能的突触和神经回路,也因为右半脑的语言处理功能被保留下来。

儿童 2 岁以前，新的突触不断增殖，修剪也还未开始，因此可塑性最强。2 岁直到青春期，可塑性逐渐变弱。随着可塑性慢慢变弱，敏感期慢慢结束，机会窗口也开始关闭。婴儿出生后数月内，眼睛和大脑视觉区域必须接收感官信息，否则相应的神经回路就会很快退化。大脑其他区域可塑性持续时间较长。例如，语言中心可塑性持续到 12 岁左右。12 岁之前，儿童学习第二外语，其语言能力可与母语使用者无异。但是，如果儿童在 12 岁之后才开始学习新的语言，词汇和句法没什么问题，但是掌握母语使用者的语调和细微的语音差别就比较困难。大脑里学习新语言的能力已经被“修剪”了。人的一生中，大脑始终保持一定程度的可塑性，从而赋予人们康复能力和适应能力。不过，一般来说，青春期过后，神经回路灵活度下降，因意外、中风及其他疾病导致的脑损伤会产生更多永久性影响。

儿童的运动发展和体育活动

第 4 章和第 7 章已经介绍了儿童出生 6 年内身体发生的诸多变化。童年中期运动发展的速度相比童年早期有所放缓，但是改变也很重大。这个年龄阶段的儿童能力提高，可以进行各种复杂的体育活动。其间很多儿童参与有组织的运动，既能活跃参与、享受运动，又能锻炼一系列运动技能。儿童在童年中期可以发展哪些技能？大多数儿童活跃程度如何？本节中，我们将介绍儿童运动发展、锻炼和参与有组织的运动的相关知识。

运动发展

童年中期期间，儿童控制和协调粗大运动和精细运动的能力不断提高。例如，6 岁儿童可以接住球——在球相对较大、投掷用力不大且十分精准的情况下。但到了 11 岁，大多数儿童可以轻易接住各种类型的球，还能根据球的大小有效调整姿势。棒球运动中，儿童可以控制自身动作，跑向地滚球，理性并较为准确地判断球的落地点，协调双手接球——同时根据跑垒员位置，决定击球力度和地点，努力将跑垒员淘汰出局！你可能觉得，运动技能与运动和其他体育活动最为相关，但实际上它在其他很多方面也很重要。例如，写作、手工制作、弹奏乐器，甚至玩电子游戏等方面的快速提升都离不开运动技能的发展。

童年中期整体体能提升——儿童跑得更快，跳得更高更远，投掷力度也更大。男孩的体能往往优于女孩。男孩在童年中期和青春期体能继续提升，而女孩的体能提升到青春期早期便趋于稳定。男孩女孩平衡感都有所提升。这个年纪的儿童比年长的儿童柔韧性更强，他们四肢的活动度更大。男孩的柔韧性大概 10 岁开始下降，女孩大概 12 岁开始下降。童年中期期间，女孩的柔韧性都优于男孩。

童年中期，儿童逐渐能更好地控制自身行动。例如：抛球接球时能更好地调整姿势；踢球更加精确，并能控制踢球方向和力度。精细运动技能方面也有所提升。小学生手指可以更加灵活地握住铅笔，手书水平得以提高。书写时能更有效使用手指和手腕，而不是移动整只胳膊。回看图 8.1，你会发现儿童在手工创作的精确度和细节方面发生了惊人变化。儿童使用钢笔、铅笔、画笔更加得心应手，因此在填色和描绘细节方面更为精确。这一阶段的儿童在诸多兴趣爱好中都体现了更好的精细运动控制，例如，准确按压掌上电子游戏机的小按钮，拼图游戏、艺术创作和手工制作时使用更小更精细的部件。

最后，童年中期粗大运动和精细运动技能最为显著的发展，体现在儿童各种协调能力的提高。花点时间看 7 岁儿童怎么打棒球，接着看看 11 岁儿童。较大的儿童挥棒时不仅能更好地协调四肢，而且可以更准确地预测球到达的时间，并整合这些信息，最终挥棒——因此准确击球的次数更多！儿童学习新的泳姿时，可以协调四肢动作，从而顺利地完成游泳动作。协调性的提高部分归功于前文提到的大脑发育。髓鞘化增多，神经冲动传导速度加快，反应时间缩短，更容易整合信息。长期锻炼可以重复激活与运动技能相关的各种神经元。最终，这些神经通路生出更多突触，感受器敏感度提高，并开始更高效率的合作——这也是第 7 章中介绍的经验 - 预期型学习的一个例子。

体育活动和锻炼

第 7 章已经介绍过，卫生官员认为目前大多数儿童活动量不够，并建议儿童应该增加每日体育活动的量。一项针对全美范围 9 ~ 13 岁儿童的代表性研究发现，60% 以上的儿童在调查前一周内未参与任何有组织的体育活动（教练、老师、队长等引导的活动）。虽然大多数调查对象（77%）声称闲暇时间有参与体育活动的经历，但是研究无法显示活动时长。女孩闲暇时间参与的体育活动远少于男孩。闲时活动没有族裔差别，但如图 10.3 所示，非洲裔和西班牙裔儿童参与的有组织活动比白人儿童少。针对高中学生的一项近期调查显示，近 50% 的学生一周 5 天积极参与体育活动共 60 分钟（30% 的儿童每天 60 分钟）。定期锻炼有助于身体健康，如控制体重、保持肺功能和心血管健康等，同时也有助于儿童情绪健康、学习进步；定期锻炼的儿童往往自我感觉更加良好、自尊更高、负面情绪较少。体育活动也与较强的注意控制能力和较好的学习表现相关。

尽管多数儿童声称参与了体育活动，专家仍对现状感到忧虑。儿童在青春期期间锻炼逐渐减少，部分研究表明十二年级学生[①]中只有 45% 定期进行锻炼，而

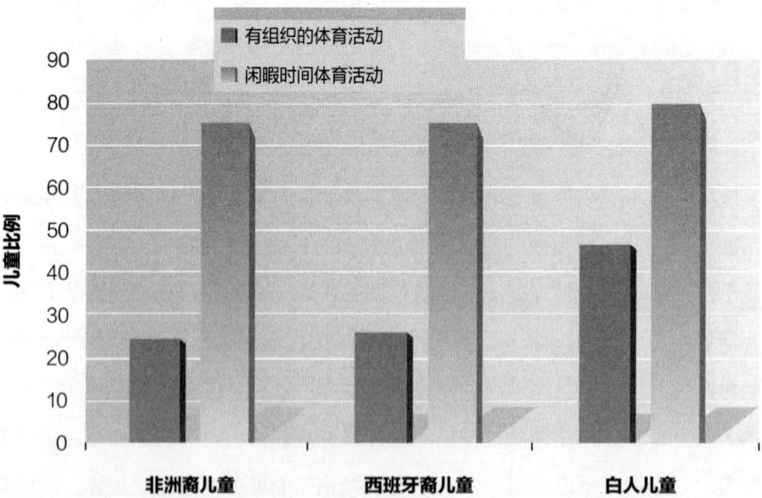

图10.3　不同族裔儿童参与体育活动的比例（2002）

① 相当于我国的高三年级。——编者注

只有 25% 的学生每日锻炼。对于本不够活跃的儿童来说，这就意味着青春期和成年早期有出现严重健康问题的风险。不幸的是，尽管多数州规定各年级必须上体育课，但只有 1/3 的州具体规定了每周最低时长。几乎没有州规定学校每天上体育课，只有 18% 规定小学必须保证每日休息时间。与 2010 年一样，只有 5 个州规定十二年级必须上体育课。

孩子们为什么不增加锻炼？部分原因在于儿童在看电视、玩电子游戏等静坐活动上花费的时间增多，但也有其他原因。如图 10.4 所示，对于很多家庭，特别是少数族裔家庭和低收入家庭来说，参与体育活动开销太大、交通不便等都是严重问题。缺少机会和邻里治安问题使得一些儿童更难积极参与体育活动。而将更多体育活动纳入日常活动，也并不简单。例如，很多儿童因为离学校太远不能步行上学，而其他儿童离学校较近，又因担心交通安全问题，不会选择步行上学。不出所料，帮助儿童更加积极参与体育活动的一大因素就是父母对于体育活动的支持，不管是和孩子一起参与，还是支持孩子参加有组织的活动，抑或是保证孩子参与体育活动的时间。

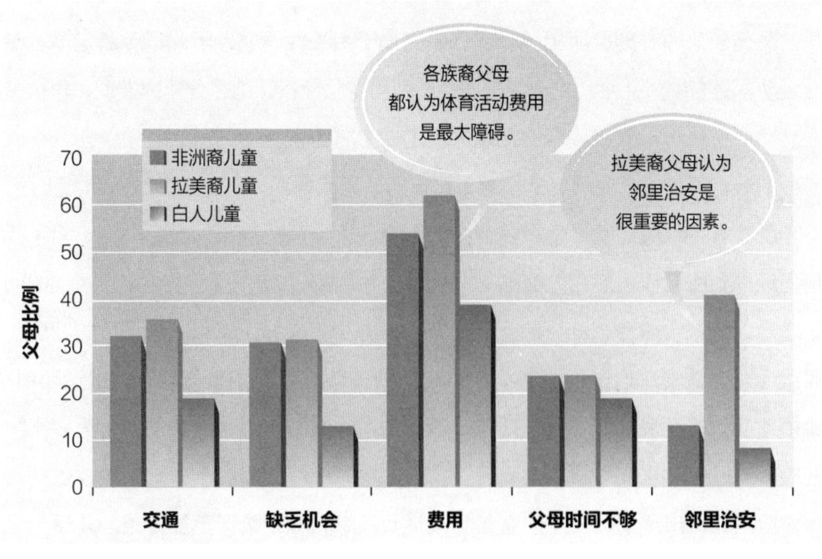

图10.4　体育活动的限制因素（2002）

有组织的运动

毋庸置疑，越来越多的孩子参与有组织的运动，即由成人组织、辅导或监管的运动。每年上百万儿童参与足球、棒球、垒球、篮球、网球、游泳、高尔夫球、空手道、跳舞、橄榄球、击剑、曲棍球等运动，选择多样，令人眼花缭乱。参与有组织的运动有助于强身健体、培养社交技能和疏导情绪。有组织的运动可以提高肌肉力量、耐力、心肺功能、速度、灵活度、平衡感和协调性，还可以提高手眼协调性、听觉感知技巧和身体意识（意识到身体所处的空间和协调左右两边身体完成体力任务时的感觉）。当然，并不是所有运动都可以影响以上各种技能，但是参与各种活动确实有助于增加体能全面提升的概率。参与运动还能提供学习各种社交技能的机会，例如，团队合作、轮流交换、面对失败、认识到遵守规则的重要性，以及优秀的运动员精神。有组织的运动还能带来情绪和认知上的有利影响。例如，运动为儿童提供了一种可接受的处理沮丧或攻击性等负面情绪的方式，一个释放过剩精力的出口，并让儿童从技能提升中得到自我满足。研究表明，参与有组织的运动与以下各项相关：更好的测试成绩和学校表现、较少的青少年犯罪、较少抽烟和使用毒品。对于女孩而言，参与有组织的运动与高自尊、少抑郁、更积极的身体形象和心理健康相关。部分研究属于相关性研究，因此很难断定是否参与运动本身有助于儿童建立积极关系；但利用实验性设计的部分研究发现，积极参与运动会带来积极效果。帮助儿童养成定期参与体育活动的习惯有助于儿童在成年早期参与更多体育运动，从而避免严重的健康问题，如肥胖、糖尿病和心脏病。

既然有组织的运动好处多多，为什么有些家长没让小孩积极参与呢？除了我们已经提到的金钱、时间、交通、邻里治安等因素，运动伤害也是家长担忧的问题之一。每年大约有 350 万起运动伤害，但青少年参与无组织的运动（如社区篮球或棒球对抗赛）时受伤概率高于有组织的运动。青少年参与的有组织运动中，橄榄球受伤概率最高，伤害最严重。幸运的是，有组织运动造成的伤害大多比较轻微，而且近年来受伤概率也有所下降。其中一部分原因在于新规则对攻击动作和危险动作做出限制，安全装备得到改良，教练和裁判培训更加充足。几乎一半的运动伤害属于过劳损伤，这大多是由训练不当或旧伤未愈而再次运动造成的；

部分损伤与炎热相关。各个年龄段的运动人员都必须保持充足水分，特别是在炎热天气下进行训练或参加比赛时尤为如此。脑震荡，又叫轻度创伤性脑损伤，是运动伤害的一种。脑震荡是指因脑部或身体受到外力打击而导致头部快速前后移动的一种脑损伤，会影响大脑功能。大约 9% 的高中运动员受到脑震荡伤害，橄榄球受伤概率最高，女子足球次之。脑震荡可能导致身体、认知、情绪及睡眠问题，患者个人症状有所不同，大致包括：头痛、恶心呕吐、视觉障碍、对光或声音比平常更敏感;记忆和注意力出现问题，困惑并难以回答问题;感觉伤心、紧张、愤怒; 睡得比平常多（或少）。上述症状有时受伤后马上出现，有时几天或几周后才出现。儿童和青少年消除上述明显症状一般只需一周，但认知功能完全恢复可能需要更长时间。

有组织的运动中成人的行为和态度也越来越引人关注。随着运动越来越受欢迎，有些父母和教练对儿童施加更大压力，要求儿童参与他们可能还不具备能力参与的运动，超负荷运动、训练，甚至带伤比赛。有些父母和教练过度看重体育运动的竞争性和比赛的输赢。过分强调输赢使得儿童受到的压力过多，无法发展体能，无法产生自我满足和享受运动的感觉，反而会出现焦虑情绪和挫败感，甚至完全放弃体育运动。现在美国有若干全国性的运动组织提供了一些指导原则，向组织者、教练、家长强调儿童身体、社会、情绪技能的积极健康发展，而非竞争和比赛输赢。

儿童的健康和安全问题

回看表 7.1，你会发现童年中期是一段相对安全的时期。各种各样致命的疾病和意外多发生在儿童出生第一年和 14 岁之后。不过,这段时间仍然有大量意外、严重疾病和死亡发生，而其中不少是可以避免的。不幸的是，儿童健康安全的最大威胁之一也在童年中期开始增多，如性虐待。本节中，我们会探讨童年中期儿童和家长面对的最严重的健康和安全问题，同时提供具体建议以保护这个年龄段的儿童的健康安全。

童年伤害和安全问题

美国每年约有 800 万 14 岁以下儿童在医院急诊室接受治疗。受伤最常见的原因包括摔倒、被物体击中、用力过度、割伤、自行车事故、昆虫叮咬伤害、汽车事故和其他交通意外，以及狗咬。童年中期最常见的意外死亡原因是汽车事故、溺亡、火灾、烧伤。童年中期，儿童开始脱离父母和其他成人的直接监管。他们无人监管独自在家的时间更多，有时自己解决吃饭问题、使用家电等。他们步行或骑车去朋友家，有些孩子还会步行往返学校。尽管独立性日渐增强，儿童可能仍然缺乏保护自身安全的技能。例如，儿童过马路时，常会错判来往车辆的速度和距离。他们可能被较高的灌木或停泊的车辆挡住视线，同时过往司机同样看不到他们。他们可能还没有成熟的认知技能，无法认识到真正的危险，也无法提前计划避开危险。这个年纪的儿童可能非常活跃、充满好奇心，甚至勇敢无畏，但是他们还不成熟，很多情况下会低估风险。

成人和其他看护人员需要提醒儿童如何保证自身安全，并尽量减少儿童生活、游戏区域附近的危险因素。很多育儿书籍就童年安全方面提供了很好的建议，医疗服务提供者也常常发放免费宣传册，提供有关保护儿童安全的有用信息。以下是几条有用的建议：

- 家庭安全。在美国，55% 的儿童意外死亡和 50% 的儿童意外伤害都发生在家里或附近区域。父母和看护人员可以采取很多措施创造更为安全的家庭环境。将枪支、火柴、药物和家用毒药等危险物品移除或放好。收拾房子要考虑到儿童一个人待在家的时间较长，会满屋子找东西玩。家里装上烟雾探测器和一氧化碳检测仪，预演火灾发生时家庭应急逃生方案。热水器温度保持在 50 摄氏度及以下，避免烫伤。孩子一个人在家的时候，将所有门窗锁好，确保安全。教孩子家庭安全、急救、不让陌生人进门等安全知识。
- 汽车安全。汽车事故是这一年龄阶段儿童意外死亡的主因。注意，大多数死于交通意外的人都没有系安全带。每次旅行，请确保所有孩子安全坐在安全座椅内，或系好合适的安全带，最好坐在后座。专家建议对 8 岁以下或身高达到 1.4 ~ 1.5 米之前的儿童使用安全座椅。儿童不能坐在有安全气囊的前座；大部分交通事故中后座都是最安全的地方。开车要小心。绝不要醉酒驾驶，32% 的交通事故死亡与饮酒有关，此类交通事故中死亡的儿童有一半都是由于司机酒驾。

- 行路安全。多数 10 岁以下的儿童并不了解交通安全的概念，也不知道交通信号和红绿灯是什么。儿童过马路时，成人必须在旁监护，直到儿童掌握了保护自身安全的技能和判断力。教育儿童走人行道，在路口过马路，注意车辆倒车。告诫他们不许为了捡球或其他原因横穿马路。如果你自己开车，倒车前一定要仔细检查，在儿童游戏场所附近要减速。
- 骑车安全。美国每年有 254 000 多儿童骑车受伤；127 人死于骑车相关意外。大多数自行车意外事故都与非机动滑板车有关，滑板相关事故也很常见。每年死于自行车相关意外的儿童超过 90% 没有戴头盔。佩戴头盔可以将儿童受到严重头部和脑部损伤的概率降低 85%。目前大约一半儿童佩戴头盔，比前几年显著增加，但是青少年佩戴头盔的比例仍较低。随着美国越来越多的州和城市立法规定使用头盔，数据显示自行车相关意外死亡率有降低趋势。儿童抱怨不断，认为戴头盔不"帅"，朋友也没戴，戴了太热又不舒服，而且根本不觉得骑车会受伤。针对这种心态，父母和其他成人可以戴头盔给孩子树立榜样，并告诉孩子安全骑车的交通规则。如果你自己开车，一定要记得在路上为自行车预留空间，孩子多的地方要减速。儿童不太注意交通情况，有时可能突然转向或冲到马路中。很多儿童协调性和运动技能发展不够充分，无法很好地控制自行车，有危险靠近时也不能及时刹车。不能让儿童在黑暗环境中骑车，应该鼓励他们利用社区提供的安全骑车设施。
- 戏水安全。溺水是儿童意外死亡的另一大原因。童年中期，儿童在水边玩耍仍旧需要严密监护。所有儿童都应该具备一定的游泳技能，但是请记住，即使游泳再好，这个年龄的儿童由于认知发展不够成熟，无法准确判断离岸距离、水流和疲劳的影响。千万不要让孩子单独待在水边，也不要让孩子独自游泳。划船或参与水上运动时，一定要保证儿童穿戴合适的救生设备。潜水意外也会造成严重伤害。告诫孩子在浅水区或未获安全潜水认证的水域千万不能头朝下潜水。

儿科医师是专门治疗儿童和青少年的医生。这类医师常常是家庭获取健康安全知识的主要来源。请阅读从业人员视角板块文章《儿科医师》，了解儿科医师就童年中期健康安全问题给出的建议。

儿童性虐待

第 7 章已经提到，许许多多儿童遭受某种形式的虐待。2010 年，全美约 69 万儿童遭到忽视和虐待，其中 7% 受到性虐待。第 7 章中，我们将儿童性虐待定义为抚摸儿童生殖器或乳房，与儿童性交或发生其他性行为，对儿童做出猥亵行为，或利用儿童制作色情作品。美国儿童中，每 5 个女孩中就有 1 个遭受过某种形式的性虐待，男孩中这一比例为 1/9。不幸的是，大多数受害者不会说出受侵犯的经历。

哪些儿童会遭受伤害？ 儿童性虐待不分族裔、地域和经济水平。令人伤心的是，遭受性虐待的儿童也有可能遭受其他形式的虐待。不同于大多数其他形式的儿童虐待，儿童性虐待在童年中期和青春期更为普遍，婴儿时期和童年早期较少。性虐待更多是熟人作案，而且犯案人往往与受害者家庭保持长久联系。很多人以为只有男性会实施性虐待，事实并非如此。一项针对曾遭遇性虐待的成人的研究表明，约 40% 受访男性和 6% 受访女性声称受到来自女性的虐待。性虐待平均持续 4 年时间。超过 1/3 的案件系青少年作案。其他危险因素如下：

- 不健康的家庭环境。如果家庭成员之间存在不正当或不和谐的关系、缺乏健康的依恋关系、没有父母或父母不关心子女、家庭矛盾和家庭暴力较多、儿童不与亲生父母生活在一起等，儿童遭受性虐待的概率就会增加。
- 婚姻破裂。夫妻分居或离婚的家庭和再婚家庭出现儿童性虐待概率更高。

从业人员视角

儿科医师

哈伦·R. 格普哈特，医学博士，华盛顿州伍丁维尔市
美国儿科学会会员

你认为 7 ~ 11 岁儿童面临的最大健康安全问题是什么？

要回答这个问题，可以先看看死亡统计数据。5 ~ 9 岁儿童主要死亡原因（从高到低排列）包括意外伤害、恶性肿瘤（身体细胞的癌变）、先天异常（出生时就存在的问题）、他杀和心脏病。10 ~ 14 岁年龄阶段，自杀排第 3 位，其后是他杀和先天异常。让人难过的是，他杀数量上升，最近上榜了！约 15% ~ 18% 的儿童患有持续性健康问题，影响身体机能。最常见的疾病包括哮喘、复发性中耳炎、青春期抑郁、注意力缺陷多动障碍和发育障碍。所有这些健康问题都会延续到成年时期，并影响公民发挥个人作用，为社会做贡献。显而易见，有些问题还会缩短患者寿命。

哪些儿童最容易出现健康和安全问题？为什么？怎么才能降低风险？

健康问题与社会经济地位、种族、族裔等因素有直接联系。离婚率升高，单亲家庭增多，导致很多儿童社会经济地位下降，并引发一系列问题，感染增多、住房不足、营养不够，而且接触的环境毒素增加，与医生联系减少，预防措施也不够。还有很多具体情况也会增加患病风险。例如，少女怀孕往往伴随产前护理不足、产前问题、早产、儿童虐待和忽视等。同时，各种具体健康问题也会带来一系列风险。例如，注意力缺陷多动障碍如未能确诊并及时治疗，会导致学习障碍和社交障碍更加严重、滥用药物，甚至交通意外。

解决这些问题非常困难，专家对于具体情况的最佳解决方案也无法统一意见。但是专家们似乎都同意早点发现问题并实施干预措施可以改善最终结果，这一结论已有数据支撑。美国儿科学会关于治疗注意力缺陷多动障碍、自闭症、听力障碍、视力障碍等儿科疾病的指导原则重点强调了这一理念，并为儿科医师提供了筛选检查和干预设施。

成为儿科医师需要哪些教育背景和培训？

要成为美国儿科委员会认证的“合格”儿科医师，至少需要 4 年制大学学历（偏重理工科知识）和 4 年医学院学习，最后还需 3 年儿科住院医师培训计划的专业培训。约 25% 的儿科医师还进行过 3 年儿科附属专业培训，包括心脏病学、新生儿学、过敏学等。儿科医师必须对儿童和青少年发展有充分的了解——儿童并非“小大人”。由于儿童处于发展发育的阶段，同样的疾病对儿童的影响可能完全不同于对大人的影响。立志于从事儿科专业工作的学生，一定要准备好进行多年辛苦的研究，真切关爱儿童，即使自身工作在儿童家庭日常生活中的作用十分微小，仍不放弃，继续坚持。幽默感和求知欲也很重要，其中，求知欲会让人审视自己的工作，叩问自己“我的工作真的有意义吗”“我怎么才能做得更好”。我行医 42 年，回顾过去，可以说儿科医师是我最好的职业选择。

问　题

为减少与你交往的儿童的健康安全风险，你可以做些什么？你认为还有哪些儿童健康问题比较重要？如果有，如何应对这些问题？

- 个人因素。性格孤僻、朋友较少的儿童更易遭受性虐待，外表靓丽的儿童和较早进入青春期的儿童也易受性虐待。同性恋青少年也更易成为性虐待的受害者。

儿童遭遇性虐待之后出现不同的症状，表 10.1 列出了常见表现。

性虐待对儿童有什么负面影响？ 和其他形式的虐待一样，性虐待后果的严重程度取决于虐待的频率以及持续的时间。如果性虐待对象年纪幼小、频率高、

表 10.1

儿童遭遇性虐待的可能表现
儿童 •主动报告遭到虐待 •怀孕或患上性传播疾病，特别是 14 岁以下儿童 •生殖器区域出现红肿或皮疹；患上尿道感染 •担心自己的生殖器是否出现问题 •变得抑郁、内向，或者不信任大人 •出现行为问题，表现出愤怒、叛逆、攻击性行为 •逃跑 •出现自杀行为 •表现出怪异、诱惑性、成熟或异常的性知识或性行为 •做噩梦或尿床 •行走或端坐有困难 •出现焦虑症状，如慢性头痛或胃痛 •胃口突变 •突然拒绝参加体育活动 •突然拒绝换衣服上体育课 •行为“过于完美” 请注意有些孩子完全不会显露任何迹象！
父母或看护人 •过分保护儿童 •严格限制儿童与其他儿童接触，特别是异性儿童 •偷偷摸摸，独来独往 •嫉妒家庭成员，控制欲强

使用暴力、发生性侵入行为、施害人为父亲或养父等近亲，儿童性虐待会带来更严重的负面影响。如果家庭内父母关系相对稳定，受虐待儿童与母亲关系亲密，那么性虐待后果相对较轻。而当母亲表现出愤怒、嫉妒、冷漠等情绪时，只会加重负面影响。

研究人员越来越关注性虐待等创伤经历对于大脑结构和功能的影响。持续性虐待对身体造成多重伤害，并形成慢性压力，导致牛皮质醇等压力激素过高。通过一系列复杂反应，过高的牛皮质醇水平会破坏大脑内部负责记忆处理与储存的部分，如海马体。核磁共振成像结果显示，幼时遭受性虐待并患有创伤后应激障碍（PTSD）的女性海马体远小于未患病或未遭虐待的女性；正电子发射型计算机断层显像表明，这些女性大脑执行记忆任务时海马区活跃度较低。创伤后应激障碍患者往往出现失忆症状、注意力不集中、无法学习新知识、过去记忆不断闪现，这些症状可能与负责记忆处理的海马体和其他脑区有关。牛皮质醇还可能破坏负责调解情绪反应的脑区。研究人员对上述女性的这些区域进行正电子发射型计算机断层显像检查，发现其前额叶皮质、前扣带回皮质、杏仁核等区域血流量较少。由于调解情绪的能力出现问题，创伤后应激障碍患者面对负面刺激可能反应过激，有时甚至感到极度恐惧和害怕。伤害的强度与性虐待的严重程度和持续时间相关。

确定虐待发生和持续的时间对于鉴定脑部伤害十分关键，因为相关大脑区域在突触发生、突触修剪和神经元髓鞘化的过程中持续发育。特别是前额叶皮质，该区域神经元髓鞘化一直持续到青春期早期；如果过程中断，会造成注意力控制和其他认知问题。胼胝体（连接左右半脑的神经纤维）体积缩小也与儿童虐待有关，可能由于该区域神经元髓鞘化受到干扰，影响脑内信息整合。但是请记住，创伤对不同儿童的影响方式不同，影响程度也有轻重。多种多样的影响因素相互作用，导致儿童做出不同反应，其中包括可以左右压力激素影响强度的遗传因素。还要注意，通过人类实验研究创伤影响是不可能的，因此只能基于相关性研究和动物实验得出结论。

抑郁是受性虐待儿童和青少年最常见的症状。部分研究表明，女性受害者中有2/3出现抑郁症状，42%在受虐待之后产生自杀想法。受虐待儿童的另一个常见表现是性行为增加。一项针对受虐待学龄前儿童的研究发现，与其他儿童相比，受性虐待儿童会更多地进行带性意味的亲吻，使用更多性相关词汇。儿童性虐待与青春期性行为增加、少女怀孕和卖淫成相关性。滥用药品和酗酒的概率也会增加，女性受害者比正常女性滥用药品的概率高 3 倍。约有一半受虐待儿童出现创伤后应激障碍症状，受害者还很有可能出现其他问题，例如，感到内疚和羞耻、焦虑、低自尊、饮食紊乱、离家出走等。这些儿童长大成人之后，在亲密关系和性活动中出现问题的风险更高。

尽管性虐待有诸多负面影响，儿童和青少年受到性虐待后还是可以走出阴影，学会面对。让儿童脱离受虐待的环境是关键性的第一步，因为虐待时间越长，后果越严重。还应该让儿童与充满关爱、备受信赖的成人建立积极健康的关系，并尽早找经验丰富的医师对其进行专业治疗。家庭和学校的支持、学校活动、乐观积极的心态，以及较高的社会经济地位，也有助于儿童快速恢复。个人视角板块文章《挺过性虐待：幸存者的故事》是关于性虐待和个人面对创伤的第一手叙述，感人至深。这个故事读起来并不容易，而当事人讲出自己的故事需要更大的勇气。访谈中的主人公希望大家明白，性虐待受害者可以得到帮助，你们现在学习的这门课程让她了解了正确教养模式和积极家庭关系等知识，而这些都是她成长过程中从来没有得到的东西。受害者学习相关知识，接受专业治疗，就可以走出阴影——称职的父母和好的朋友可以打破虐待的恶性循环。如果你有访谈中提到的类似经历，这篇文章可能让你感到不安或不适。这种情况下，我们强烈建议你联系学校咨询中心、个人导师或当地福利机构，寻求帮助。

特殊儿童

在美国，5 个儿童中就有 1 个有精神疾病，或其他严重的发展、情绪、行为问题。特殊儿童比一般儿童需要更多帮助。特殊儿童患有疾病，或有身体、情绪、发展问题。这些问题有时造成认知障碍，干扰儿童正常学习，但有时这些问题又是由儿童行为障碍、身体残疾、因病离校造成的。专家对儿童在童年时期出现的

个人视角

挺过性虐待：幸存者的故事

唐
美国中西部一个小镇

唐遭遇性虐待，并成功地挺过来了。她忍受了数年的非人待遇，施害者竟是本应该保护她的人。但她最想传达的信息是希望。她希望性虐待受害者明白有人可以帮助他们停止受到侵害，并处理遗留下来的身体和情绪伤疤。虽然这一过程艰难又漫长，但是走出阴影是完全可能的。下面就是她的故事。

我关于虐待最早的记忆就是酒鬼爸爸打妈妈和我。我还记得他打当时还只是婴儿的弟弟，因为弟弟一直在哭——我当时只有 4 岁。父母离婚以后，继父开始对我实施严重的性虐待，这种情况一直持续好几年。他会和我玩一些体力游戏，看起来很正常，而且大多是在妈妈上班的时间。游戏很快变成强奸，一周几次。继父也很暴力，经常打人，所以我怕说出去后他真的会伤害我们。三年级的时候，我在姑妈家住了一段时间，她家在另一个州。我的表哥是一个问题少年，每天姑妈上班的时候，他就负责照顾孩子。他很快开始强奸我，我觉得很痛，还患上了肾脏感染。我几乎每天都会尿床，姑妈姑父经常因为这事让我难堪。直到 13 岁，我才把这件事告诉妈妈。她骂我，赶我走，即使继父已经承认性虐待。从那时起，我就和朋友待在一起，或者睡在外面。刚过 18 岁，我就结婚了。

为什么没有人帮我？妈妈生气的时候也喜欢动手，所以可能她觉得继父的暴力尚可接受。我们生活的地方是一个小镇，大家都不喜欢小题大做、惹是生非，虐待几乎是习以为常的事了。我曾经对挚友的妈妈说过这事，她生气极了，说我撒谎，所以我再也没有提过这件事。我的继父在社区里备受尊重。他来自镇上最大的家庭，在主日学校教书，还是童子军领队。

性虐待的影响太深了。有人跟我说“挺过去”，但说起来容易做起来难。这种伤害渗入一个人灵魂的每个角落，改变每个细胞每个想法，直到没有一丝正常的东西留下，但是表面上可能并不明显。成年后，我被确诊为重度抑郁症、强迫症、创伤后应激障碍和广泛性焦虑症。这些病症，还有饮食紊乱症和体重问题，都与过去的受侵害经历有关。我和别人进行交往也有问题，特别是很难信任别人。但是我失去的最珍贵的东西是真正的自我。我不知道自己小时候喜欢什么、讨厌什么。我不知道自己最喜欢的颜色是什么，也不知道自己有没有最喜欢的卡通人物。现在我 37 岁了，每天还在认识自己。虐待经历把我挖空了，只留下自我怀疑、愧疚、羞耻和否定自我价值这些负面情绪。

要想继续生活，必须寻求专业人士的帮助。我接受治疗很多年了。我知道我还必须时不时治疗一下。我也冥想、阅读、做很多其他的事情来面对虐待经历。我给自己最大的礼物大概就是坚持认识自己。

大人必须认识到，即使小时候受到过侵害，也可以打破虐待的恶性循环。关于教养的好书成千上万，而且几乎每个社区都提供专门的课程。什么都不做，虐待的恶性循环就不会停止；必须主动地出击，努力贡献自己的力量，而这些都是可以做到的。我觉得大声说出儿时经历很重要，我希望更多受害者也会像我一样，这样人们才会更加清楚地了解儿童虐待的广泛影响。我们必须达成共识、共同努力，才能防止更多纯真的儿童受到伤害。

问　题

老师、亲人、邻居和其他大人可以做些什么避免她的悲剧？他们可以根据哪些表现判断她是否遭受虐待？

问题或疾病已经进行了一定研究，本节中，我们将讨论专家在研究中所采取的一般方法。儿童面临的问题数不胜数，本章只会介绍其中一小部分，包括注意力缺陷多动障碍、交流与学习障碍、自闭症谱系障碍。第12、13章会讨论其他问题（如品行障碍、违抗性障碍、抑郁、饮食紊乱症等）。

发展心理病理学是什么

在讨论具体问题之前，我们应该清楚地认识到每个问题都无法找到单一原因。绝大多数情况下，多重原因和多种疾病共同作用才导致儿童出现某一种问题。现在，多数专家都采取发展心理病理学视角来看待童年时期的问题。这种研究视角强调影响典型和特殊发展路径的因素是多种多样的。这些因素包括遗传因素，儿童与父母、家庭之间的相互作用，教育质量，同伴，以及社会文化环境中的其他因素。我们在讨论天性-教养因素时，已经涵盖以上各种因素。每一名儿童的发展结果由以上各因素相互作用决定。例如，一个孩子虽然天生有抑郁症倾向，但根据其与环境相互作用的不同，最终可能患上严重抑郁症，或表现轻微抑郁症状，甚至完全没有症状。天生没有抑郁症倾向的儿童如果遭遇严重的虐待和创伤，也有可能患上严重抑郁症。有些孩子面对天大的困难，也可以成功渡过难关。重点在于我们无法找出某一种原因，用来解释每个儿童的不同问题。不过，我们还是可以介绍研究人员发现的一般倾向——每种问题或障碍的可能原因，及其典型的影响或发展结果。

患病儿童很有可能同时患有其他障碍，这种情况被称为共病。例如，80%的注意力缺陷多动障碍患儿也有抑郁症或焦虑、情绪、行为等方面的障碍；18%的儿童除了注意力缺陷多动障碍之外还患有3种及以上障碍。患儿往往要面对1种以上的问题和障碍，这令人难过。

注意力缺陷多动障碍

蒂姆是一名学龄前儿童，总是精力充沛。他不是在家具上爬爬跳跳、晃椅子、跑来跑去、摔玩具，就是大喊大叫，似乎他的马达总在高效运转。上幼儿园以后，他总是给其他小朋友捣乱，排队就很难受，坐不了多久就要起身。他的父母和老师都认为充满活力是好事，但是教他端正坐姿、集中注意力、耐心排队等候时，总是令人疲惫不堪。

多数儿童喜欢到处活动，他们更愿意通过移动和行动而非静坐听讲来学习，但如果儿童的活跃程度远远超过他们年龄的正常范围，就是患上了注意力缺陷多动障碍（多动症）。多动症患儿过度活跃，很难集中注意力和控制冲动，其表现与其发展水平不符。多动症症状出现得很早，一般在 7 岁之前，并一直贯穿整个童年时期，常延续至青春期和成年时期。可以想见，多动与注意力缺陷两种症状联合，非常麻烦。儿童进入童年中期，多动症状逐渐减少，但是注意力问题仍然存在。现在，临床医生将多动症分为以下 4 类：

1. 主要问题是注意力不集中
2. 主要问题是多动
3. 两者都有
4. 无明显特征

根据家长和老师的描述，多达一半的儿童“过度活跃”，其中只有 4% ~ 8% 确实达到多动症的临床条件，男孩患多动症的概率比女孩高 3 倍。多动症的原因尚无法确定，但多数研究结果都指向遗传因素和大脑额叶区域存在的问题，额叶区域控制注意力、组织，以及行为的抑制与管理。研究人员推测多动症的遗传率估值高达 0.89。同卵双胞胎出现的相同多动症症状多于异卵双胞胎，儿童与亲生父母身上出现的相同多动症症状多于养父母。分子遗传学研究表明，控制大脑多巴胺和血清素水平的若干基因也对多动症有较小的影响。不知为何，虽然多动症在社会经济地位较低的群体中比较普遍，但是研究人员发现，在各个经济水平的国家都有多动症存在。部分疑似原因在仔细研究中遭到否定，其中包括糖过量、食物过敏、教养不当、学校环境不佳、城市生活、看电视过多——科学研究无法提供证据证明以上各种因素是造成多动症的原因。

多动症儿童所处家庭普遍存在家庭冲突。多动症儿童比正常儿童更加健谈叛逆，也更难满足，而父母（特别是母亲）往往反应消极，较少积极回应。父亲似乎与多动症儿童之间相处问题较少，可能由于父亲与孩子相处时间更短，或父亲往往带孩子打打闹闹，更适合过度活跃的孩子。如果子女患有多动症，父母更易产生婚姻矛盾，分居率、离婚率更高，饮酒更多，母亲更容易抑郁。目前尚不清楚到底是这些家庭问题造成了多动症，还是父母面对多动症儿童压力过大进而产生家庭问题，但是证据似乎倾向于后者。

多动症儿童不仅有家庭问题，在学校也不顺利。到青少年时期，约 40% 的多动症儿童已经接受某种形式的特殊教育。患多动症的学生中，25% 被学校开除，35% 留级至少 1 年，辍学人数高达 30%。大多数没有继续上大学。临床医生认为约 50% 的多动症儿童直到成年之后仍表现多动症症状，并因此在工作和社会关系中出现严重问题。还需指出，很多患病的青少年和成人都找到了解决多动症的方法，很多人也上了大学，事业有成，很有可能你身边的同学中就有一些多动症患者。

多动症无法治愈，但存在有效的治疗方法。讽刺的是，最常用也最有效的治疗方法是使用精神兴奋药物。利他林等兴奋药物可以激活大脑部分区域，帮助儿童控制冲动，集中注意力。使用药物后，80% 的儿童在集中注意力、运动控制、与人合作、专注任务的能力等方面明显好转。如果同时进行父母培训和学校干预，父母和学校对儿童与人合作、专注任务的行为予以奖励，对儿童错误行为予以剥夺特权或计时隔离等惩罚，治疗就会取得更好的效果。如果父母和老师分别在家里和学校执行行为管理计划，彼此保持一致，治疗效果最好。美国儿科学会建议针对患多动症的学龄前儿童应优先采用行为疗法，对小学儿童应该结合采用行为疗法和药物疗法。

最近数十年，美国儿童使用的兴奋药物数量增加了 2 倍，引发了儿童过度用药的争议。成人是否在利用药物“控制”没有明显问题的儿童？实情难以判断，但是尽管 8% 的儿童患有多动症，只有 4% 定期服用兴奋药物。一方面，有些儿童不需要药物治疗，却在接受药物治疗，另一方面，只有一半患病儿童得到了所需的药物。为什么？这是因为，父母、老师、看护人员和其他成人在判断儿童注意力和活跃程度时往往无法统一意见。一个人眼里的“不听管教”到了另一个人那里就变成了“精力十足”。重点在于使用多方的信息和清晰的诊断标准，保证儿童可以得到正确诊断和治疗，同时减少误诊量。

交流与学习障碍

假设你是一个二年级的小孩。你的智商超过平均水平，充满学习的动力。但是，当你试着阅读印刷文本时，却不知道纸上的字词和句子是什么意思。纸上写着“帕姆看小狗玩”，但你把“帕姆”里的“姆”看成了“拇”，把“看”看成了“着”，还漏掉了“玩”里的“王”。你看到的句子就变成了“帕拇着小狗元”。这是什么意思？努力了几天，你开始放弃。其他孩子读书的时候，你就坐着，四处张望。因为学校里很多信息和教学都与阅读有关，所以大多数科目你都落在后面。老师觉得你有注意力缺陷，同学嘲笑你，父母以为你没有努力。你内心深处觉得他们错了，但是你也不知道自己为什么会这样。其实，这些都是阅读障碍的表现——但要得到确诊并改变学校表现可能还需很长时间。

除非你本人患有交流或学习障碍，否则难以想象交流和学习障碍儿童在学校有多么沮丧。他们和其他儿童一样聪明，学习也很快，但是在某些特定领域有明显的语言障碍或学习障碍。他们在学校表现不好，可能受到同学排挤，自尊严重受损。很多儿童选择逃避，出现抑郁或焦虑症状，甚至在学校表现出格。

表 10.2 介绍了主要几种交流和学习障碍。交流障碍儿童在发声、使用口语交流、理解他人话语方面有明显障碍。学习障碍（常被称为学习无能）包括阅读、数学、书写等具体技能的障碍。两种障碍儿童的智商往往达到甚至超过平均水平。他们在学校学得很快，但受身体障碍限制，表现不太好。交流障碍和学习障碍有很强的联系（共病）。

交流和学习障碍有时被认为是童年时期的“隐藏”问题——常常没有得到诊断和治疗。约 5% 的美国学生被确诊为学习障碍，但是专家推测仅阅读障碍这项病症的患者中就有至少 20% 是儿童。学校提供的特殊教育服务有一半是面向交流和学习障碍儿童，还有更多儿童可以受益于这些项目。

交流和学习障碍受遗传因素影响很大。如果父母一方患有交流障碍，约一半的子女也会出现交流障碍，同卵双胞胎出现阅读障碍的概率比异卵双胞胎高得多。阅读障碍的遗传分析表明第 6 号和第 15 号染色体上的基因与阅读障碍有关。环境因素也有影响。例如，研究发现表达性语言障碍与复发性耳炎有关，炎症可能导致失聪，减少对发展中大脑的信息输入。产前大脑发育出现的问题也可能导致多种交流和学习障碍。轻微的缺陷就可以改变大脑整理、组织、整合特定脑区信息的方式；这些变化反过来破坏儿童诠释和理解信息的能力。

针对大脑活跃度的研究表明，交流和学习障碍也与大脑功能失常相关。语音障碍（见表 10.2）儿童大脑左颞区的活跃度低于正常水平，左颞区与语言功能有紧密联系。与正常儿童相比，阅读障碍儿童处理书面文本时，大脑活跃度呈现不同的模式，枕叶和顶叶活跃度更低，而额叶部分区域活跃度更高。这种活跃模式表明大脑试图利用处理困难问题的额叶来应对文本的视觉和听觉联系。一项针对 5 岁儿童的研究十分有趣，研究考察了听到不同声音时儿童大脑的活跃度。其中一半的儿童有阅读障碍家族史（一半没有），所有儿童都还不会阅读。有阅读障碍家族史的儿童与年龄较大的阅读障碍儿童一样，在阅读障碍相关脑区（枕叶、颞叶、顶叶部分区域）表现出较低的活跃度。两组儿童额叶的活跃度没有差别。这表明儿童开始阅读之前大脑活跃度就存在差异，而非阅读障碍导致活跃度差异，而对于声音处理障碍的应对措施后来才出现。

在多数情况下，交流和学习障碍会自我修正，儿童还会采用其他方法弥补缺陷。例如，口吃和表现性语言障碍一般在儿童六七岁时即可自愈。口吃的儿童可以学着放慢速度，说话之前深呼吸。言语治疗师可以训练语音障碍儿童构音，帮助他们学会正确发音。阅读、数学、书写方面有障碍的儿童通常接受学校的特殊教育。接受直接指导、进行训练实践、学习分解问题和任务的能力都对儿童有所帮助。咨询和治疗也可以帮助儿童提升自尊，正确处理同伴拒斥，并学会记录和控制自身学习和思考的过程。在多方支援下，家庭可以为交流和学习障碍儿童提供更有效的帮助。令人欣喜的是，大多数患者都找到了弥补方法，过上了正常的生活。

表 10.2

交流与学习障碍	
障碍类型	症状与行为
交流障碍	
语音障碍	发音障碍。最常见问题包括 l 、r、s、z、th 等音（例如，“cry”说成“cwy”）。发音障碍超过发展正常范围，影响学校表现和社会活动。大约 10% 的学龄前儿童有轻度语音问题。到 7 岁时，2% ~ 3% 的儿童出现语音障碍。
表达性语言障碍	使用语言表达想法、欲望和感受方面存在问题。语言表达能力明显落后于语言理解能力（接受性语言）。说话开始较晚，且发展缓慢。语言特点包括词汇量有限、句子短小、语法结构简单。2% ~ 3% 的儿童受到影响。
语言接收与表达障碍	语言表达与语言理解存在问题。难以理解语音、字词、句子。患病儿童少于 3%。
口吃	重复或延长语音（例如“g……g……g……go”或“Mo……ah……ah……ah……mmy”）。口吃儿童难以完整流畅地发出语音、字词；可能找到某些方法避免或弥补问题发音。口吃通常在 2 ~ 7 岁之间出现。1% 的儿童受到影响，男性患者是女性的 3 倍。通常可以自愈。80% 的 5 岁口吃儿童到了一年级就不再口吃。
学习障碍	
阅读障碍	阅读能力远低于儿童年龄、智力、教育相应水平。难以识别基本字词；一般错误包括字母颠倒（b/d，p/q）、换置（top/pot）、字母倒置（m/w，u/n）、省略（将“palace”看成“place”）；难以将拼写与读音联系起来（分解字词语音）；阅读理解、拼写、书写方面有障碍。高达 20% 的儿童有明显的阅读障碍。
数学障碍	数学能力明显低于儿童年龄、智力、教育相应水平。难以识别数字和符号、记忆基本数学知识（例如乘法表）、排列数字和理解抽象概念（例如位值与分数）。数学障碍儿童还可能在视觉空间能力方面有所欠缺。一般在二、三年级开始正式数学学习的时候，才会注意到儿童是否患有数学障碍。约 1% 的儿童得到确诊，但 6% 的儿童在标准数学测试中得分较低，被认为患有数学障碍。
书写障碍	书写能力明显低于儿童年龄、智力、教育相应水平。在书写、画画、临摹图形、手眼协调等精细运动技能方面有障碍。粗大运动技能（如跑步、投掷、攀爬）正常。写出文章枯燥乏味，结构混乱；句子短小；多拼写、标点和语法错误。受书写障碍影响的儿童高达 10%。

自闭症谱系障碍

丹尼尔 9 岁了，还是不会说话和读写。别人说的话他好像能大概理解，但是他基本靠指方向、咕哝、发出无意义的声音来与人交流。他的叔叔送给他一个磁带录音机作为生日礼物，随后，丹尼尔开始用录音机记录周围的各种对话。晚上躺在床上的时候，他会播放白天录下来的片段，一直重复几十遍。丹尼尔通过这些录音慢慢学会说话。学会双向交流之后，丹尼尔迷上了出生日期。如果第一次见到你，他马上就会问你生日是哪天，你的宠物叫什么名字，宠物的生日是哪天。不消一秒，他就会告诉你宠物的确切年龄，具体到多少天！丹尼尔慢慢发展这项技能，进而熟练掌握日历（随便给他一个日期，他就可以算出这一天是星期几），并具备了在脑内进行乘除运算的惊人能力。不过，丹尼尔仍旧避免和他人的眼神交流，无法对人类情绪做出恰当的反应，对家庭成员缺少依恋，而且没有双向关系的朋友。

自闭症谱系障碍（自闭症）是指 5 种严重发展障碍，典型特征是社会互动和交往方面存在障碍。表 10.3 列出了部分常见表现。作为一种谱系障碍，自闭症表现形式有轻（如阿斯伯格综合征）有重（如孤独症）。雷特综合征和儿童瓦解性精神障碍是两种罕见的自闭症谱系障碍，患病儿童正常发展数月至数年不等，随后，语言、社交和体育技能开始衰退。除了丹尼尔表现出来的症状以外，自闭症谱系障碍患者常常重复身体动作或自我刺激活动，如晃动身体、手指在眼前摆动等。他们每天都有严格流程，不容改变，一旦出现变化，如睡觉时间变化、家具摆放位置改变或带他们去一家新店购物等，都会让他们感到难过。自闭症谱系障碍儿童智力测验（用于诊断精神发育迟滞）得分低，但是少数患者在某些方面具有特殊能力，也称为“碎片能力”，如丹尼尔擅长计算日期和数字。其他“碎片能力”包括超常的音乐记忆力和快速拼图能力。患者语言能力发展可能严重迟缓。很多儿童会重复听过的字词和短语（这种行为称为模仿语言），却似乎并不理解字词的意思。这些儿童还可能出现其他健康问题，包括：对声音、气味、接触等过度反应或反应不足；睡眠问题；痉挛；良性肿瘤；消化问题；其他心理问题，如焦虑障碍、注意力缺陷多动障碍和抑郁症。

美国每 88 ~ 110 名儿童中就有 1 位受到自闭症谱系障碍影响，全球受影响

表 10.3

自闭症谱系障碍的表现	
言语能力和语言能力	• 语言和言语能力发展缓慢 • 1 岁前不会做有意义的手势或发出声音 • 16 个月大前不会讲话 • 2 岁前不会使用 2 个字的词语 • 语言能力看似正常，但语言使用和其他交流方面能力不足 • 被叫到名字没有反应 • 不听从教导 • 常无法解释自己想要什么 • 听力似乎有时不好，有时正常
社会互动	• 与他人互动时极少有眼神交流 • 面对微笑不会报以微笑 • 不会挥手告别 • 会暴怒 • 更愿意一个人待着，不喜欢和其他儿童互动 • 似乎常常沉浸在自己的世界里 • 社会互动表现正常，但社交能力缺乏
行为	• 对某个玩具或物品表现出异常依恋 • 对活动顺序表现出异常执着（例如，通常都是先戴帽子，突然被要求先戴手套，就会感到沮丧） • 花费过多时间按特定顺序进行排列 • 常常重复相同的行为，似乎无法转移注意力做其他的事 • 似乎过度活跃，对于要求不予配合甚至抗拒 • 常常用脚趾走路 • 某些行为领先于同伴，似乎非常独立

儿童比例约 1∶150。男孩患自闭症谱系障碍的概率是女孩的 4 倍，只有雷特综合征的患者几乎全是女性。最近几年，自闭症谱系障碍确诊儿童人数增加，这可能由于诊断标准发生变化，以及公众对于自闭症的认识有所提升。自闭症受遗传因素影响极大，同卵双胞胎同时患病的概率远高于异卵双胞胎。同卵双胞胎共病率（双胞胎两人患有同一病症的比例）为 90%，异卵双胞胎为 10%，这表明自闭症谱系障碍受遗传因素影响极大。雷特综合征是一种性连锁遗传病，由 X 染色体异变导致，其他种类的自闭症与特定基因之间的联系还有待调查。环境因素对于自

闭症的影响尚不明确。例如，很多父母怀疑童年时期注射疫苗（多为麻疹、腮腺炎、风疹三联疫苗和内含硫柳汞的其他疫苗，硫柳汞为含汞疫苗防腐剂）与自闭症有关，但是科学研究并未证明二者之间的联系。

关于自闭症谱系障碍大脑机制的早期研究表明，患者的若干重要脑区可能出现问题或尚未成熟，包括小脑、边缘系统、海马区、额叶和颞叶。这些区域控制注意力、语言、情绪感知，以及计划与思考过程。自闭症儿童面对熟悉和不熟悉的玩具时事件相关电位表现不同，而面对熟悉和陌生的人时则没有变化。发展正常的儿童面对熟悉和陌生的人和玩具时，都会表现出不同的事件相关电位。研究人员还发现，自闭症儿童出生时大脑体积小于未患病儿童，但是出生最初几年发育异常快速，特别是额叶和颞叶区域，而后发育速度异常缓慢。大脑内部连接模式也发展异常，部分区域连接密度很高（可能导致“碎片能力”），其他大脑结构连接密度较低。自闭症儿童处理人脸和他人行为信息的脑区活跃度低于正常水平。这样的活跃度模式与男性典型模式相仿，但是更为极端。部分研究人员因此指出自闭症儿童拥有“极端男性大脑”，可能与胚胎发育时期睾酮的异常高水平有关。但请记住，即使将来我们可以通过研究证明该假说的正确性，还是无法知道导致激素异常的原因是什么，以及各种遗传因素如何发挥作用。

自闭症谱系障碍的治疗效果因每个儿童患病的严重程度而有所不同。治疗自闭症相关疾病，如多动症、行为问题、攻击性、焦虑、抑郁等，可以使用多种药物。治疗严重的自闭症，主要教儿童照顾自己，帮助儿童尽量独立生活。终身照料和监护仍旧十分必要。如果是轻度或中度自闭症，尽早开始进行高强度一对一训练和治疗，时长最好每周 20 ~ 40 小时，效果会更加明显。治疗主要包括提升语言能力，教授社交技能，帮助儿童学会上学前班和小学必需的技能和行为。通过这种训练和治疗，自闭症谱系障碍儿童可能取得明显进步，尽管大多数患儿仍与正常儿童有一定差距。

大多数自闭症儿童和其他障碍儿童在学校接受特殊教育服务，其中很多也进入普通班级学习。要想了解更多关于学校提供特殊教育帮助儿童所带来的有利影响和遇到的困难，请阅读社会政策视角板块文章《特殊儿童教育的相关社会政策》。

社会政策视角

特殊儿童教育的相关社会政策

卡伦 · 辛格的儿子 2 岁时还不会说话，不与他人进行眼神交流，无法遵守在椅子上坐好这种简单的要求。他被诊断为自闭症谱系障碍。经过行为治疗师 3 年每周 40 小时的远程治疗，她的儿子学会了基本的交流和学习技能，可以进入正常的幼儿园班级。由于行为疗法取得巨大成功，越来越多自闭症儿童和有交流问题、生理缺陷、感官障碍、认知缺陷等障碍的儿童进入普通的教室学习。

现在，法律规定所有儿童都有权接受免费和恰当的公共教育。20 世纪 70 年代，美国国会通过了《身心障碍者教育法》（IDEA）。这一法案后经修订，规定“各州必须制定法律，最大限度保障障碍儿童与正常儿童一起接受教育的权利，并保证只有当障碍特殊性或严重程度导致在普通班级中使用额外辅助与服务时也无法达到满意的教育时，才能实施特殊教育、单独教学，或采取其他方式让障碍儿童退出普通班级”。《身心障碍者教育法》已经成功让各种障碍儿童融入主流社会。障碍儿童与正常儿童一起生活学习，而不用进入不同的学校或被迫参加全日制特殊教育课程。所有的儿童都能够从中获益。障碍儿童有机会和正常儿童交朋友，并向他们学习，来自普通班级的挑战可以刺激他们进步。正常儿童借此不仅可以了解多种多样的人生，还能检验自己是否可以适应不同的生活，并和不同的孩子建立真挚友谊。

不幸的是，完全融入正常教育环境并不适用于所有障碍儿童。公立学校强调学业能力，但是极少帮助儿童学习与不同个体互动的社交技能。卡伦·辛格的儿子各科表现都很好，但是进入中学之后，他开始无法适应正常的学校环境。他和同学之间没有共同的兴趣爱好，在小事上十分固执，比如完成某个项目应该用哪种颜色的墨水等，而且有时还会蹦出几句不当的话，例如：“你真傻！”几年过去了，他越来越被孤立，有时甚至跑到学校厕所里偷偷地哭。苦恼的辛格夫妇只能把儿子转到一所专门面向障碍儿童的私立学校，目前为止他似乎比较喜欢这个地方。

自从《身心障碍者教育法》立法通过之后，公立学校对教室做出很大的改进，以便满足各种特殊需求。不过，我们还要做出很多努力，才能实现所有学生的平等，让他们在学业领域受到挑战、得到支持，同时在社会领域获得认可、轻松自在。

问　题

你认为学校还可以做什么来满足所有儿童的要求？关于完全融入正常教育环境这一问题，还有哪些利弊？

第11章

童年中期儿童的认知发展

皮亚杰认知发展阶段理论第三阶段：具体运算阶段

具体运算思维

类包含、序列化和传递性推理

信息加工：记忆力的发展

两种记忆模式：存储库和网络

工作记忆

长期记忆

记忆发展的其他特征

信息加工：知识、策略和新方法

知识储备

策略发展

理解认知发展的新方法

信息加工研究方法的利弊

学习交流：童年中期儿童语言能力的发展

熟练掌握基本语言

从幼儿园开始，詹卢卡就有阅读障碍。但是他的母亲琳达一直没有注意到这个问题。后来，詹卢卡的幼儿园老师把这一情况告诉了琳达。詹卢卡在课上有阅读困难症，主要体现在两个方面：一是阅读时注意力分散，二是对自己读过的东西不理解。教室里的声音很容易干扰到他。教室里只要有一点点声音，他的注意力就被转移了。詹卢卡读书时似乎也不会断句，他会一直读，不会在逗号和句号处停顿。虽然读完一段话后，他可以记住一些细节，但这些细节乱成一团，他很难把其中的逻辑结构理顺。詹卢卡在区分不同字母时也会遇到困难（像字母B和D，M和N）。甚至是在记忆一些基本词汇方面，比如"谁的""那些""那个""什么"，詹卢卡也会遇到困难。琳达为詹卢卡找了阅读专家来帮助他提高阅读能力。同时，琳达自己也会想办法帮助詹卢卡阅读。对于詹卢卡认为有困难的字母和词语，他们会反复练习。他们也用很多方法帮助詹卢卡集中注意力，比如，在课上阅读时把他和其他同学分开来。琳达也尝试了一些新奇的方法，比如，琳达在机场工作，为了保护耳朵，她会用到专门的耳塞。她给了詹卢卡两个机场专用耳塞，这样，詹卢卡就

元语言意识与语言使用方式的变化
语言发展的连接模型
情景认知
数学能力的发展
阅读能力的发展
写作能力的发展

可以把教室里的杂音挡在外面，可以保持注意力，这种方法奏效了。因为其他孩子认为这种耳塞非常酷，所以詹卢卡也乐意戴这样的耳塞。琳达和老师还会用厨房定时器，催促詹卢卡按时完成任务。詹卢卡很喜欢这种"游戏"，这样他在阅读时，就会集中注意力。他们还会让詹卢卡阅读他自己特别感兴趣的内容，比如《内裤超人》系列漫画书。

虽然很不容易，但是在过去的几年里，在琳达的帮助下，詹卢卡已经取得了很大的进步。詹卢卡现在 10 岁，仍然有专门的阅读老师和数学老师帮助。但是琳达认为，詹卢卡在阅读方面越来越流利。学习完本章后，你应该会了解关于詹卢卡阅读困难的几种解释，以及琳达应该给予詹卢卡哪些方面的帮助。你认为有什么好的方法可以帮助詹卢卡继续取得进步？

从幼儿园开始，詹卢卡就遇到了阅读问题，他的家人一直在寻求好的方法来帮助他学习。我们几乎每天都会发现自己的认知被推到了极限。7 ~ 11 岁孩子的认知极限是什么？他们会用什么样的方法去思考复杂的问题？当接触到大量的信息时，他们如何将注意力集中在最重要的信息上？作为大学生，要处理和记忆课堂上和书本上的大量信息，你一定还在不断总结和学习有效的处理和记忆方法。尽管你这么多年来一直在学习，但还是会遇到困难。小学生每天都会遇到新的复杂问题。一些事情，比如阅读、常识理解、语言表达，对我们而言可能很简单，但是对于儿童来讲可能会很难，就如你感到物理和微积分很难一样。那么处于童年中期的孩子的思维能力、记忆能力、语言能力可以达到什么样的水平？

我们在本章中将会探索这些问题。首先，我们会讲到皮亚杰关于童年中期认知发展的理论，然后会从信息加工研究角度探讨儿童记忆力、知识、解决问题能力的发展。我们还会提到童年中期的一般语言能力，也会向你介绍理解语言发展的最新方法。最后，我们会讲到儿童在三个重要学科领域的发展：数学、阅读和写作。

皮亚杰认知发展阶段理论第三阶段：具体运算阶段

我们在第 8 章里讲到，在前运算阶段（大概是 2 ～ 7 岁），儿童表征思维形成，在说话、写字、画画和游戏中都可以使用符号。并且我们知道儿童早期的思维是直觉式的（依据个人经验而不是逻辑思考），具有自我中心主义、泛灵论和人为主义等特点。由于认知体系尚不可逆（不可“运算”），年幼的儿童不能理解守恒问题。他们思考问题时只思考一个维度，并且只考虑结果，不考虑问题变化的过程。但是在进入童年中期后，儿童的认知能力会得到新的发展。

具体运算思维

皮亚杰认为，儿童会有认知不平衡的问题，并且会进行抽象的反思。经历了这样的过程后，儿童会逐渐调整自己的认知结构并重建自己对世界的理解。如果有足够的经历，儿童可以在 7 岁左右达到皮亚杰认知理论的第三阶段。该阶段的孩子基本可以正确理解图 8.3 中容器的守恒问题。在问到这个问题时，一个正常的 10 岁小孩会说：“它们的体积当然还是一样的，不过是把原来的液体倒在了另一个容器中罢了。如果你把高瓶子中的液体再次倒回矮的烧杯中，你会发现液体的多少没有发生变化。”或者他们会说：“当然，高瓶子里的水位看着会高一点儿，但是因为瓶子细，所以其实是一样多的。”在认知理论的第三阶段，即具体运算阶段，孩子的思维和较年幼儿童的思维是截然不同的。该阶段孩子的思维是多维的，可以多角度考虑问题（明白瓶子的高度和宽度都会影响到液体的形态）。他们会关注这个问题中的动态转变过程（意识到倾倒液体的过程才是解答问题的关键）。更重要的是，他们的大脑运算开始呈现反向性（明白如果将液体重新倒回去，液体的体积是不会发生变化的）。在认知思维的第三阶段，儿童的认知结构是可运算的，所以皮亚杰称之为具体运算思维。发展到该阶段后，儿童会用客观的逻辑来思考这个世界，从而摆脱了直觉思维下错误观念的困扰。

类包含、序列化和传递性推理

具体运算阶段的儿童已经具有归类能力。比如，把 5 个洋娃娃和 3 个泰迪熊玩具放在一个孩子面前，问他："洋娃娃多还是玩具多？" 处于前运算思维阶段的儿童往往会说："洋娃娃多。" 这是因为他们只看到洋娃娃和泰迪熊是不同的物体，却忽略了洋娃娃和泰迪熊都属于玩具这个事实。但是大多数处于具体运算思维阶段的孩子明白洋娃娃和泰迪熊都是玩具。他们甚至认为问这个问题很没有意义，当然是玩具比洋娃娃多了。也就是说，大一点的孩子明白类包含——可以用不同的方式、从不同的层次对物体进行归类。但是年幼一点的孩子不理解这一点。我们的小儿子在 4 岁的时候，听到别人称呼我"医生"，他立刻大声说道："她不是医生，她是我妈妈。" 但我们的大儿子则只是无奈地对小儿子翻了一下白眼。对于年幼的孩子来讲，祖母不可能有妈妈的身份，消防员不能有爸爸的身份。

在具体运算阶段，儿童发展出排序的能力，可以根据数量维度，比如大小、重量、长度来排列一套物品。有了排序能力后，儿童又会发展到具体运算阶段的另一个里程碑——传递性推理。传递性推理是指大脑在比较事物之间的关系之后，进行推理的过程。举个例子，休比琼高，琼比莱克西高，那休和莱克西谁高？通过比较休和琼的身高关系与琼和莱克西的身高关系，我们可以推理出休比莱克西高。在前运算阶段，孩子很难进行递推。他们可能会说自己不知道休和莱克西谁高（因为他们只有在看到这两个人站在一起的时候，才能比较出谁高！），或者只会猜一下谁高。但是，到了具体运算阶段，孩子有了真正的运算逻辑，可以通过厘清逻辑关系给出正确答案。各种推理研究，包括传递性推理研究和类包含问题研究，都表明皮亚杰的理论——较小的儿童推理能力较简单——是成立的。但是，儿童可以进行正确推理的年龄不是固定的，会受到推理物体本身的性质和提问方式的影响。皮亚杰认为传递性推理要用到逻辑思维，但是一些研究人员认为，传递性推理活动（和其他一些认知活动一样）除了用到逻辑思维外，用更直观的方法也可以达到目的。有研究表明，弄明白守恒原理的能力主要受到孩子的成熟度和社会经验影响，而类包含、序列化、递推能力则主要受到学校教育的影响。

到 7 岁时，孩子的逻辑思维结构更加客观，而且具有反向逻辑思维能力，可以解决类包含和递推问题。然而，他们的思维仍然有一个主要的局限：心理运算仍然局限于具体的物质和情境。一旦这种物质变成无形抽象的物体，儿童就不能计算出具体的答案了。所以这个阶段被称为具体运算阶段。

信息加工：记忆力的发展

在第 8 章中，我们讲到了信息加工的基本要素，包括加工能力、效率和注意力。记忆力会受这些基本要素的影响。记忆力是信息加工领域重要的研究课题之一。即使你处理新信息的能力很强，也很容易集中注意力，但是如果不能及时储存处理后的信息，便于以后调取，还是不会对以后的认知活动带来多大好处。在本节中，我们会回顾记忆力发展方面的一些重要研究。

两种记忆模式：存储库和网络

几十年来，关于记忆存储模式的各种理论，指导着记忆力发展方面的研究。这种模式（见图 11.1）认为，信息在一系列存储位置中切换。信息是从感觉存储库出发，进入认知系统。在感觉存储库里，大量的信息都是以原始形态存在的（比如视觉信息、语言、声音），并且存在的时间很短（几乎是半秒钟的时间）。感觉信息存储库里的部分信息会被选中，进入短期存储库。短期存储库里的信息是你当前意识到的信息，而且存储量非常有限。早期研究认为，短期存储库里可以容得下 5 ~ 9“组块”信息，但是最近的研究表明，它只有 4“组块”的容量。组块是指记忆中的独立元素组成的较大信息组。信息块越大，意味着短期存储库里可以储存的信息越多。信息块的大小差别悬殊。对于学习字母 ABC 的孩子来讲，一个信息块可能就只有一个字母；但对于一个有经验的读者来讲，一个信息块可能是一篇文章的一节内容。如果经常调用，短期存储库的信息可以储存很长时间；但是如果长时间不用，这些信息就会很快模糊并消失。如果信息要储存更久的时间，必须进入长期存储库。长期存储库的容量是无限的，而且即使我们不经常调用，这些信息也不会消失。

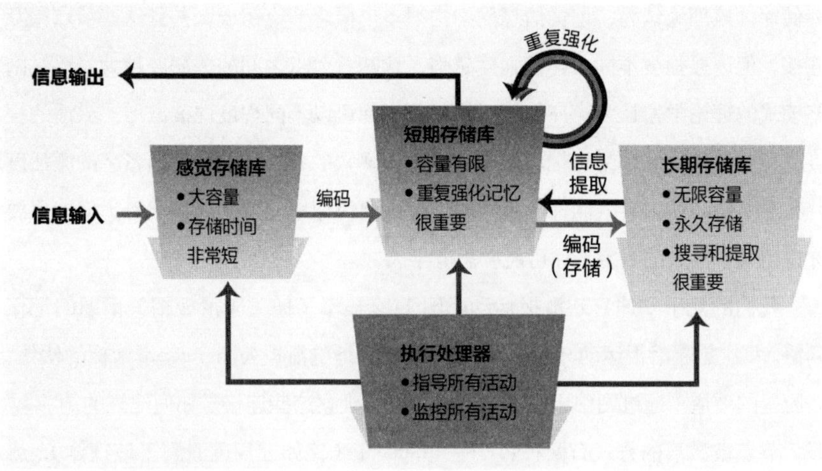

图11.1 记忆的信息处理模式

这张图展示了记忆的存储模式。该模式认为，信息在一系列存储位置中切换，包括感觉存储库、短期存储库、长期存储库。执行处理器指导并监控所有活动。

为了更好地理解长期存储库和短期存储库的区别，我们可以举这样一个例子。比如你要回答这样一个简单的问题："你姓什么？" 如果当时你正在想自己姓什么并自言自语，那么这个信息就储存在短期存储库里。但是如果在看到这个问题之前，你并没有去想自己姓什么，那么这个信息就在长期存储库里。长期存储库里可以储存我们当前没有想但是后来会用到的信息。存储库模式认为，这三种存储库和它们之间的信息传输是由一个统一的执行处理器控制。该处理器决定哪块信息要处理，并且随时对存储库的有限容量进行管理。执行处理器功能的发展，受到了元认知研究、自我调节研究和最近的意识控制研究等领域的关注。比如，有研究通过分析事件相关电位来评估儿童额叶的电波活动。研究中，要求 7 ~ 16 岁的儿童完成一系列活动，活动中儿童需要有意识地进行认知控制。研究发现，额叶活跃的具体位置和该位置的激活模式都会受到活动类型、儿童年龄、儿童在活动中的表现的影响。

近几年，记忆网络模型基本上取代了存储库模型。网络模型有几个理论分支，但是总的来讲，该模型认为记忆是相关信息的互联网，而不是一系列独立的大脑存储库。该理论认为，记忆信息网络由很多个概念节点组成，并且这些节点相互连接，但连接强度不同。连接强度越强，意味着节点之间的关联度越大。记忆网络模式的理论学家认为，在任何时候，信息都可以不同程度地被激活。激活的程度高意味着该信息容易记忆。比如，相比于熟人的名字，你自己的名字的激活度往往会更高。如果有人问你的名字，你可以更快速地调取并做出回答。但如果要你说出某个熟人的名字，你可能要思考半天。

我们的儿子安迪喜欢滑板运动。图 11.2 显示了他关于滑板相关话题的记忆网络。每次想起滑板运动，他都会快速地想起当地的滑板公园、一起滑滑板的伙伴、公园里的坡道。通过图中记忆网络的节点可以观察这些连接是如何建立的。

节点被激活的方式有两种：一是外部因素（比如在周围看到了该物体），或者是内部因素（比如想到了该物体）。一旦激活，活性就会像池塘里的涟漪一样，沿着相互连接的网络向周边扩散，各个节点的活跃度就会增加。距离第一个激活的节点越远，激活度就越弱，直至最终消失。随着儿童的成长，记忆网络会得到很大的发展。儿童记忆的节点和链条会增加，同时连接强度也会增强。

工作记忆

在网络模型中，工作记忆是指当前活跃于记忆系统中并且可以随时应用于脑力作业的信息。在所有激活的信息“池”（储存的信息）中，一个人往往只重点关注某一块信息，并对其进行更详细的加工，但是所有被激活的信息都可以算作是工作记忆。工作记忆与存储记忆模式下的短期存储库相似，都是指在某个特定时刻，一个人正在有意识处理的信息。但是和短期存储库不同的是，工作信息并不会从一个存储库转移到另外一个存储库。只能说这些信息当前处于可用状态，就像你打开书本，可以对上面的信息进行阅读。短期记忆存储库和工作记忆的另外一个不同点是，工作记忆由几个不同的部分组成。其中一部分主要用来处理语言信息，另一部分用来处理听觉信息，其他部分用来分配和监控认知资源，比如注意力、信息的复述和临时存储。在 6 岁时，儿童工作记忆的基本组成部分形成。但是只有在经过在校学习后，儿童才能更好地运用这些信息。

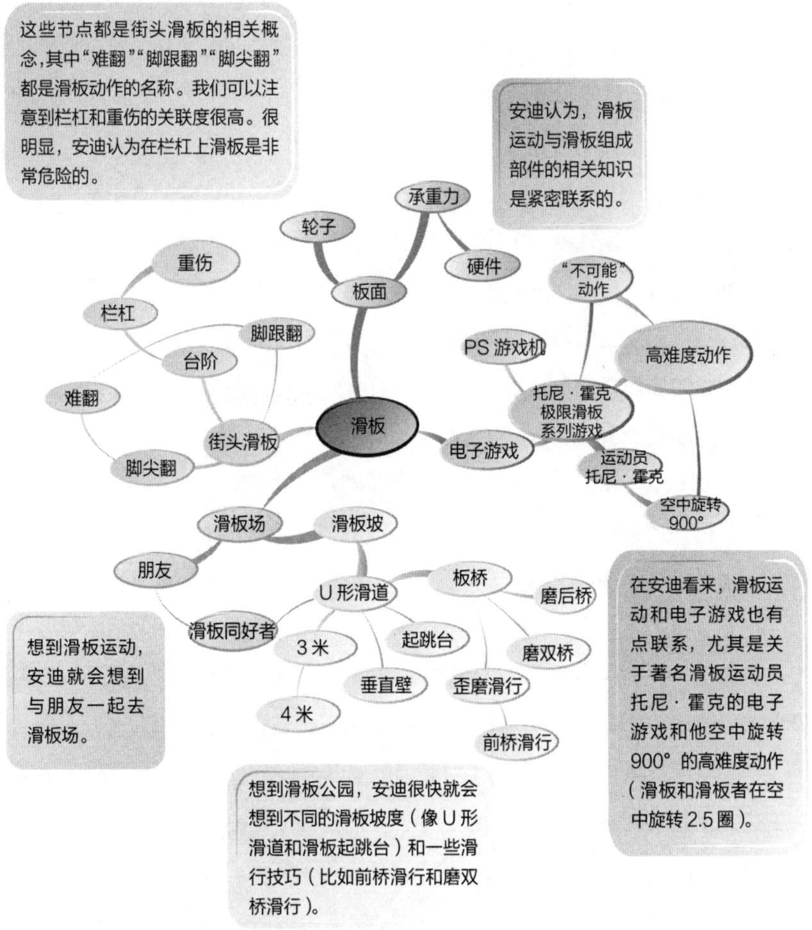

图11.2 12岁的安迪关于滑板运动的部分记忆网络

记忆网络模型认为，记忆是一个互相连接的网络，信息作为节点储存起来，节点之间有连接。在本图中，粗线表明这两个节点连接度强，细线表明这两个节点之间的联系很弱。

和记忆短期存储库类似，工作记忆有两个重要特点。首先，工作记忆容量有限。其次，工作记忆里的信息随着时间推移会逐渐消退。也就是说并不是所有信息都是随时可以激活的。如果隔一段时间不对信息进行激活，该信息就可能会消退，就不能在以后的大脑活动中随时调取。这些信息可能会永久丢失，或者再次激活时要费更大的劲儿。很多理论学家一致认为，工作记忆里可以被激活的信息是有限的，但对于具体限度仍然没有达成一致的意见。有理论学家认为，开始时，大量信息可以同时在工作记忆中活跃，但是几秒钟之后，人们会将注意力集中在 3 ~ 4 件事情上，也就是说会有意识地保护这些信息，使这些信息不受干扰、不会消退。有理论学家认为，工作记忆中活跃但不受关注的信息会被置于情景缓冲器中，帮助连接工作记忆里的各要素、连接工作记忆和长期记忆。如果我们不采取措施，工作记忆里的信息保持活跃的时间会很短。但是，我们可以通过一遍遍重复要记忆的信息，或者将这些信息与工作记忆里的其他信息建立联系，从而使这些信息持续处于激活状态，方便在较长的时间里随时调用。

在第 8 章中，我们讨论了信息加工的基本程序。随着年龄的增长，儿童处理工作记忆的能力会增强，但是尚不清楚这是因为儿童工作记忆的实际容量增加，还是儿童对于有限容量的利用效率提高。但我们发现孩子分配注意力的方式对工作记忆有重要的影响。有意识地强化一些信息可以使这些信息保持活跃状态并可以随时调用，并且这些信息有可能会被永久地储存在记忆网络中。此外，如果活跃的信息越多，儿童同时考虑多个事件的能力就会越强。以阅读为例。如果儿童的工作记忆里活跃着 2 个字——“日”和“尧”，这 2 个字正好是“晓”的部首和偏旁，于是儿童把这 2 个字组成一个“整块”，即“晓”，那么他的工作记忆就可以腾出空间来容纳其他信息块，信息块就会逐渐变大，比如扩展为“春眠不觉晓”。这时，他可以将精力用来处理该信息块中个别词语的特征，比如他会注意到“晓”和“鸟”押韵，他甚至会在工作记忆里搜寻其他和这 2 个字押韵的汉字。将多个事件储存在工作记忆中后，儿童的注意力可能需要在这些事件中频繁切换，每切换一次，就需要重新激活一次。年龄大一点的孩子在切换注意力时效率更高，因此也可以更加有效地利用工作记忆。

不难理解的是，工作记忆事实上会影响儿童其他认知活动。如果儿童不能激活和调用信息，他们就不能利用这些信息来解决问题、回答考试题目或者完成其他任务。因此，短期记忆测试分数或工作记忆分数与其他认知能力测试分数相关，比如语言、智力、阅读、数学、理解力、自我调节等。在任何情况下，儿童的短期记忆和自我调节能力越强，认知能力得分就会越高。

长期记忆

长期记忆是指在记忆中储存了较长时间的信息和事件。从图 11.1 中可以看出，记忆存储库模式认为，长期记忆也是一个独立的存储库，即长期存储库。但是记忆网络模式则有不同的理解（见图 11.2），该模式认为，长期记忆是整体记忆网络中未被激活的那一部分。但是，虽然不同派别的理论学家对于长期记忆结构的理解不同，但是他们对于长期记忆的几个基本特征已经达成了一致意见。第一个特征就是长期记忆是永久的。信息一旦储存在长期记忆里，就永远不会衰退，也永远不会被彻底忘记。第二个特征是长期记忆的容量是无限的。这就是说，从理论上讲，你可以在长期记忆里储存无限多的信息。但是当我们花费很大力气想记住一些信息时，却不一定能记住。比如昨天老师在课堂上讲了一个概念的定义，你在今天回忆时发现很费劲。

尽管长期记忆不会像工作记忆那样，遇到信息消失和存储空间不足的困扰，但还是会在以下方面遇到困难：首先是对信息的编码（形成对事物的表征），然后是储存信息（将信息放入长期存储库里或者记忆网络中），之后是搜寻信息（在需要的时候搜寻对应的信息），最后是提取信息（激活这些信息，使这些信息成为工作记忆的一部分，或者是进入短期存储库里，从而可以使用）。举个例子，你有没有遇到过这样一种情况：你碰到一个认识的人，但是却想不起这个人的名字？这可能有以下几个原因：一是你可能根本就没有给这个名字编码，因此这个名字没有形成大脑映射，也就意味着你永远不可能想起这个名字；二是你可能为该信息进行了编码，但是没有储存该信息，也就是说这个信息从来没有进入记忆网络，你也不可能想起，因为你的记忆里根本就不存在该信息；三是你可能对这个信息做了错误的编码，比如你把“埃伦”记成了“海伦”；四是你对该信息的编码没错，但是你当时找不到对应的信息。这种现象也常常发生，比如我们认识一个人的脸（也“知道”我们知道这个人的名字），但在记忆里却找不到这个人的名字，因此也不能调用。最后，你也许可以在记忆里找到这个信息，但是提取线索（大脑或环境中使你想起该信息的刺激因素）不足，用记忆网络模式的术语来讲，就是促使你激活该信息的线索不足。我们可以看出，很难区分我们想不起某个事物的原因是不能搜寻该信息还是不能提取该信息。搜寻信息和提取信息往往是相互联系的，但它们是不同的。这里有一个可以搜寻信息但不能提取信息的例子——“话到嘴边”，也就是你确信自己知道这件事，但是你当时就是想不起来。

长期记忆会有哪些变化？显然，随着年龄的增长，长期记忆里的知识量会大幅增加，年龄大一点的孩子长期记忆里储存的信息更多。除此之外，记忆的信息结构也会发生变化。随着儿童对概念之间关系的理解加深，这些信息之间的连接度也会加强。年龄大一点的孩子会在概念之间建立更多不同类型的联系，比如图 11.3 中显示了年龄较小的孩子如何在动物（比如狗）与动物属性之间建立联系。这些属性实际上就是狗的表面特征（有毛、4 条腿、有颜色等）。最终，孩子会根据自己的理解添加其他连接点，比如狗的属类（动物、恒温动物等）。概念间联

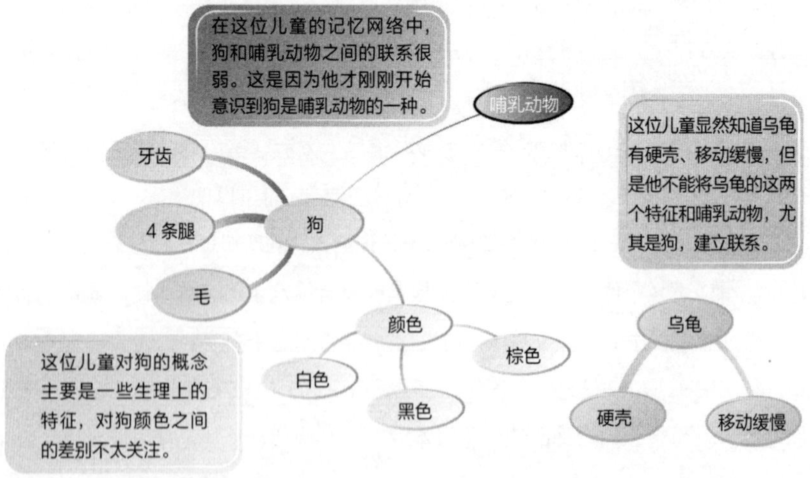

图11.3 长期记忆网络的发展变化

上图显示的是这位儿童最初对狗的记忆网络。本页中也讲到，随着儿童不断学习和成长，关于狗的网络会更加复杂。图中粗线条表示连接紧密，细线条表示连接较弱。

系的强度也会变化。其中有些连接会加强，比如当孩子明白鸭嘴兽是哺乳动物时，“哺乳动物”和“鸭嘴兽”的联系会加强。而其他一些连接则会变弱，比如“哺乳动物”和“乌龟”。随着存储信息之间联系的数量、类型和强度的变化，长期记忆的结构也会发生变化。

多年来，长期记忆的很多研究都涉及语义记忆，或者说是对词语和概念的知识。开始时，孩子并没有语义记忆，语义记忆网络是随着孩子年龄的增长逐步形成的。而情景记忆则是指对日常生活中经历的事情和发生的情景的记忆。

记忆发展的其他特征

重构记忆 很多人认为记忆是信息和事件在大脑里的副本，你是不是也这样认为？但其实记忆完全不仅仅是现实的“副本”。记忆是可以重构的。也就是说，储存在记忆里的只是事件和事情的某个方面或者是信息的部分模块。当一个人在回忆信息和事件时，其实是搜寻并提取其中的部分信息，然后去推理其他信息。也就是说，重构记忆理论认为，人们往往根据实际储存在记忆里的一些信息碎片和大脑或外界的相关线索来拼接出之前发生的事情。我们对经历和知识的记忆会受到已有知识、其他的记忆以及回忆时的环境影响。所以，这种记忆和实际情况可能会有些许不同，也可能会有很大不同。

很多研究表明，记忆会极大地受到人们已有知识的影响，也会受到别人询问方式的影响。举个例子，有两种不同的提问方式，一种是“车撞在房子上时开多快”，另一种是“请你估计一下发生交通事故时车子的速度”。被提问者给出的答案完全不同。你可以试着猜测一下用哪种方式提问，回答者预估的车速会更高，并解释一下原因。和自发性回忆（比如回答“请给我描述一下你对这件事的记忆”）相比，诱发性回忆（比如“车撞在房子上时开多快”和“请你估计一下发生交通事故时车子的速度”）给出的答案会更具体，但也更容易失真。重构记忆同样会受到我们与相关人物、事件的关系以及我们对这些人事所持有的情感的影响。举个例子，相比于非安全型依恋的青少年，对父母安全型依恋的青少年在回忆与父母的冲突时更倾向于积极正面。观察者通过评估比较发现，随着时间的推移，安全型依恋孩子的评价会越来越积极，而非安全型依恋孩子的评价则会越来越消极。对于失真的重构记忆（错误记忆）和相对准确的记忆，大脑的处理方式是一样的。因此，尽管当初接触错误信息的时间可能就只有几秒钟，但这种错误记忆可能会保持很多年。

为什么我们会在意记忆是复制的还是重构的？在有些情况下，记忆是否重构无关紧要，比如你能逐字逐句地记住电视节目的一段对话，还是只能记住主旨大意，这并不重要。但是在另一些情况下，记忆重构与否则非常重要，社会政策视角板块文章《儿童目击者证词：真相还是谎言？》中叙述的故事就是一个很好的案例。

自传式记忆 我在 8 岁的时候遇到了一次自行车事故。每当我想到这件事，我都会感到自己的膝盖很痛，似乎又看到鲜红的血液，甚至可以回忆起我当时心里想的话："赶紧回家，赶紧回家，爸爸会帮助我的。"我记得没有见到爸爸之前，我还是很镇定的，但是见到爸爸之后，我开始放声大哭。你有没有类似生动的记忆？

这种关于个人经历的长期记忆被称为自传式记忆。自传式记忆是情景记忆的一种类型。不同的是自传式记忆指的是"发生在'我'身上的事情"，而情景记忆指的是"发生了的事情"。自传式记忆的内容是个人的重要经历。这些对个人意义重大的回忆构成了儿童"人生故事"的核心。不难想象的是，自传式记忆往往是生动具体的，有时甚至包括情绪、视觉和声音元素。孩子在小时候就开始形成自传式记忆，到 2 岁大的时候，就可以描述这些过去发生的事情。3 ~ 6 岁的时候，儿童对过去事件的描述会更加具体和有条理。在童年中期时，儿童的回忆里会加入更多的背景信息和事件发生时的情境，比如事件发生时他们在哪里、他们当时的想法和感受、在场的其他人等。在与成年人交流的过程中，儿童学着用讲故事的方式来描述自传式的记忆。成年人会帮助儿童将故事更加具体化，比如通过提问题来澄清细节或者是引出更多的信息。在这个过程中，成年人教会孩子一种讲述自己经历的文化范式。比如，大人经常会问孩子："你二年级时经历了一场自行车事故，你还记得吗？你还记得事故的原因吗？是不是

社会政策视角

儿童目击者证词：真相还是谎言？

1989 年的冬天，北卡罗来纳州“小淘气托儿所”的所有者之一，以性骚扰托儿所儿童罪名被指控。在接下来的几年里，有十几个成年人受到指控，指控理由为对 90 多个孩子进行性骚扰。开始时很少有孩子进行控告，但是在父母和警察反复盘问并接受了几个月的治疗后，几十个孩子提出了控诉。七个成年人因此被捕，两个成年人被判罪，还有两个表示对控告无异议。但是后来这些定罪被平反，最后原告撤销了所有控诉。

司法机关有时会传唤孩子在法律案件中提供证词。这些案件往往会涉及严重犯罪，比如虐待儿童和蓄意杀人罪。而目击者有时只有 4 岁大。在这种情况下，孩子会提供可靠和合理的信息吗？他们会陈述事实真相而没有任何谎报吗？治疗专家、警察、律师的反复盘问会对孩子的记忆造成什么影响？

针对这些问题已经有了大量的相关研究。即使学前教育的孩子也可以准确地汇报信息，虽然这些信息没有年龄大一点的孩子或成年人汇报的那么具体，并且随着时间的流逝，儿童更容易忘记信息。通过不断盘问，确实可以增加儿童和成年人回忆的信息量，但是这些新增的信息不一定符合事实。如果询问人对口供持肯定态度，那么不管是孩子还是大人，都会对自己的记忆更自信，即使这些记忆是错误的！相比于成年人，学前教育的儿童更难记住信息源和信息细节。所以孩子更容易相信别人的话，甚至将自己想象的事情认为是发生在自己身上的事。小孩子的记忆也更容易受到提问方式、提问题人的态度和身份、访问情境等细节的影响。如果问题具有误导性，年幼的孩子更容易将自己的答案改成错的。他们甚至会扩展这种误导信息，“高效地运用这些提示来重构甚至曲解事实”。错误的信息会融入记忆里，成为记忆中固定的一部分。所以以后每次被问到这件事时，受访者都会把这部分错误的信息作为事实重复。也就是说，儿童比成年人更容易将错误信息误认为是正确信息。但是，令人迷惑的是，近期的研究显示，在特定情况下，年龄较大的儿童和成年人的错误记忆会比年龄较小的儿童更多，尤其是当他们对所回忆的事件有负面情绪时。专家往往不能确定孩子对事件的描述是否属实。

但值得欣慰的是，在儿童记忆理论的指导下，已经制定了部分儿童访谈规则，这将有利于降低儿童记忆扭曲的可能性，使他们讲述更加真实的故事细节。研究人员发现，要想通过反复盘问，使儿童的陈述更加完整和准确，就需要满足以下几个条件：（1）提问方式不具有误导性；（2）不对儿童进行恐吓和苛责，允许孩子说“不知道”。事实上，在满足上述条件的情况下对儿童反复盘问，有利于儿童对该事件的记忆保持更长时间。有证据显示，如果当事人是在事件发生很久以后才受到误导性信息的影响，并且当事人对该事件记忆深刻（比如事件中有人受伤，而且在急诊中治疗），那么这些误导信息反而会使当事人的回忆更加准确。在盘问过程中运用一些道具（比如符合解剖学原理的洋娃娃）虽然会有一些好处，但是也存在着一些弊端。但是鼓励孩子画图并用语言描述所绘图画的方式来更深入地思考，可以增加孩子记忆的信息量。

问　题

如果在“小淘气托儿所”案件中，你扮演了社工、检察官、陪审团成员或者律师的角色，你会怎么去审理该案件？你会用哪些方法来保证孩子的证词尽量准确？关于审问和治疗过程，你想知道哪些细节？

你当时想要一个动作？”通过这样的互动，孩子可以学会讲述记忆的一种范式，这样也可以帮助孩子回忆起更多已经忘记了的细节。也就是说，这样的对话可以强化那些原本在记忆中可能找不到的信息，从而促使孩子后来可以更好地回忆这些内容。互动方式与文化倾向不同会影响儿童最早形成记忆的年龄和儿童叙述细节的多少。互动方式包括母亲向儿童讲述过去发生的事情的方式，比如有的母亲会帮助孩子填充细节，然后对事情做出评价；而有的母亲则几乎不做阐释与评价。文化倾向有两种：一种是仅仅将讲故事作为一种娱乐方式，另一种是将讲故事作为一种道德说教。

自传式记忆很有趣，因为它不同于我们对于事实和分类信息的记忆。自传式记忆对于帮助儿童形成自我认同也非常重要，这一点我们将在第 15 章讲解。现在还尚不清楚神经层面对自传式记忆和语义记忆的处理过程是否相同。有研究表明，处理自传式记忆和处理其他记忆用到的大脑结构不同。也有研究表明处理自传式记忆时，要用到大脑的不同区域，包括处理事实、情绪、视觉信息的区域。根据对记忆重构性质的已有了解，你能看出自传式记忆的一些潜在问题吗？一个人可能很难辨别自传式记忆中有多少受到了其他人影响，又有多少是凭空想象出来的，尤其是像严重事故或虐待这样的创伤性事件。有研究表明，关于此类创伤性事件的记忆很容易受到社会因素的影响，比如在听到另外一个人对同一事件的讲述后，一个人可能会怀疑自己的判断和记忆。如果要了解临床心理学家是如何处理病人自传式记忆问题的，可以阅读从业人员视角板块文章《儿童和家庭治疗专家》。

从业人员视角

儿童和家庭治疗专家

安妮 · 厄普德格罗夫博士
执证临床心理学家，芝加哥洛约拉大学教员
伊利诺伊州芝加哥市

在治疗过程中，自传式和重构式记忆的研究成果会对你有什么样的帮助?

因为治疗专家需要依赖儿童的报告来展开工作，所以了解影响儿童自传式记忆以及情景记忆的因素非常重要。通过运用相关研究成果，临床专家可以对该领域有一个宏观的了解，因而可以更加客观地评估儿童的记忆，而不仅仅是凭借自己的经验办事。

根据你的经验，相比于成年人，儿童在重构记忆时是不是更容易犯错?

我并不认为他们更容易犯错，只是他们记忆的内容与受提问方式影响的程度与成年人不同。儿童的记忆往往更简单具体，往往包含一些不相关的奇怪细节。比如在一次重创事故中，受到伤害的儿童可能会记住一个丢失了的动物标本或者是施虐人身上的味道。此外，与成年人相比，儿童更容易受到提问方式的影响，他们往往会揣测提问人希望得到的答案，并据此给出答案。孩子年龄越小，这一点越明显。

你如何帮助孩子准确回忆过去发生的事情，而不是给他们错误的暗示?

这很难。我们希望帮助当事人回忆尽可能多的信息细节，同时不对他们形成误导。因此，我们采取了一些措施。第一，治疗专家必须取得儿童的信任，能够让儿童感受到治疗专家是同情他们的，而不会去指责他们。第二，应该提问开放式的问题。比如，治疗专家可以说“请给我详细描述一下这件事情的经过”，这样就不容易对儿童造成误导。此外，临床人员应该接受良好的评估和访谈训练，以此来学习正确的提问方式。比如，临床专家在问题的措辞上，应该尽量使用当事人的原话，尽量避免加入自己观点。第三，请当事人用自己的话讲述故事也是一种很有效的方式。如果儿童在讲述记忆时，措辞似乎是经过特别准备的，或者用一些超出他们这个年龄阶段能力范围的词汇，那么该记忆的可靠性就值得怀疑。同样，如果儿童在描述一段经历时，里面包含了孩子不应该知道的细节（比如性行为），就应该怀疑该记忆的准确性。

儿童和家庭治疗专家需要什么样的教育和训练?

大多数的治疗专家需要获得临床心理学、咨询或临床社会工作专业的硕士或博士学位。需要修的课程包括儿童发展学、家庭动力学、评估和理疗，并且要有在导师指导下展开的治疗实践经验。很多州都需要参加资格考试。

问 题

哪些记忆研究可以为治疗专家的临床工作带来帮助？你已经学习了一些关于记忆方面的知识，包括记忆信息处理、记忆特征等，在治疗过程中，你会如何利用这些知识来帮助当事人准确回忆信息？

信息加工：知识、策略和新方法

有一次，我 9 岁和 5 岁的儿子请我和他们一起玩“宠物小精灵”纸牌游戏。每张卡片上都有一个宠物小精灵角色的图片。不同的角色初始值不同，打败对手使用的“招数”也不同。游戏目标就是打败对方的小精灵角色，并赢回对方卡片。我儿子给了我一些纸牌，然后宣布游戏开始。短短的几分钟之内，我就输光了自己所有的卡片。我的两个孩子可以很快决定先用哪张牌、使用哪些“招数”，并且快速判断损失了多少力量、谁会赢等。而我则要花费好大工夫来弄清楚哪张牌的初始值最大。

为什么我儿子在玩宠物小精灵游戏时明显比我强？这不全是智力因素。我当然希望这是因为我两个儿子都很聪明，但是我也不笨。也不会是因为他们记忆力好，不信你问问他们有没有做作业、有没有刷牙，他们就像彻底“失忆”了一样。所以答案应该在于知识储备（一个人对于某个领域掌握的信息量）和策略（我们为提升自己表现而有意识、有目的地采用的可控制的计划）。

这时你也许已经意识到了信息加工方法关注的是人们获取和使用知识的方式。本节中，我们会讨论知识储备和策略的发展，同时会回顾一下近期基于信息加工理论的认知发展研究。我们也会说明信息加工方法的一些利弊。

知识储备

尽管还没有人研究小精灵纸牌游戏专家，但是已有人研究知识储备对于生活其他领域的影响。不难理解的是，你对一个领域了解得越多，你对它的记忆就更多。但是这不是知识储备的唯一影响。如果你对某一个领域已经有了较深刻的了解，那么在获取新知识时，你会更加关注细节和它们之间的联系，但是对这一领域不了解的人则做不到这一点。此外，你会对这些信息进行有效归类以更好地利用它们。我儿子擅长把小精灵纸牌归类，分类的依据是纸牌的类型和能力值的大小（在纸牌游戏中这是一种很有效的归类法）。但我只能根据纸牌的颜色和大小分类（这在纸牌游戏中是没有多大作用的）。也就是说一个人的知识储备可以让他用不同的方式来为新的信息编码，更有效地储存信息。实际上，他会更好地将旧的信息和新的信息结合在一起，这样在他需要时，就可以更好地搜寻并调取这些信息。最后，相比于不了解该领域的人，他会更快地处理这些信息。我们讲过，你处理信息的速度越快，占用的信息加工容量就越少。这样，有限的加工容量就可以分配给其他的加工任务。所以相比对该领域并不了解的人，你不但会记住更多的新信息，而且可以更快地想起来，思考的角度也会更有高度。因此，也难怪我儿子在小精灵纸牌游戏中可以这么快地打败我。

通过对专家（对特定领域有深入了解的人）和新手（对特定领域了解很少的人）的对比研究，可以发现知识储备的影响很大。一些早期知名的专家 - 新手区别研究以棋手为研究对象。有一项著名的研究，研究对象是只有 10 岁大的象棋高手和研究生象棋新手。棋子在棋盘中的布局与真实象棋游戏相同，研究者让两组受试者（高手和新手）观看这种布局 1 秒钟。随后，研究者请受试者根据刚才对棋盘中棋子位置的记忆，在一个新的棋盘中原样摆放这些棋子。结果如图 11.4 所示。由于儿童对象棋更了解，他们的表现明显比研究生好。但这并不能表明儿童的记忆力更好——当研究者请受试者随机记忆一串数字时，研究生的表现明显比儿童好。也就是说，之前对象棋了解得越多，记忆力就会越好，但这种记忆力方面的优势仅仅限于象棋领域。在很多领域，专家和新手在记忆力和解决问题能力方面的差距都非常明显，包括学业领域（比如数学、物理、信息查找和评估）、体育运动（比如足球和棒球），甚至是爱好和娱乐活动（比如恐龙游戏、文字游戏、超人和蜘蛛侠类的卡通人物游戏，以及星球大战等）。

专家不仅了解更多的信息，他们对这些信息的组织也与新手不同，这也许是有关专家 - 新手区别研究的最有趣的发现。新手会单独记忆每一个棋子的信息，但是专家记忆整个棋盘的布局（由很多单个的棋子组成）。他们会把所有的信息作为一个单独的信息库储存在大脑里。他们有时甚至把棋子一般走法的套路作为一整个信息库储存在记忆里。也就是说，对于象棋专家来讲，有常规走法的几十个棋子就是一个信息块。与此不同，新手一次只能储存和提取几个棋子的信息。除此之外，专家不会根据肤浅的表面特征来对信息进行归类，而是会根据一般规

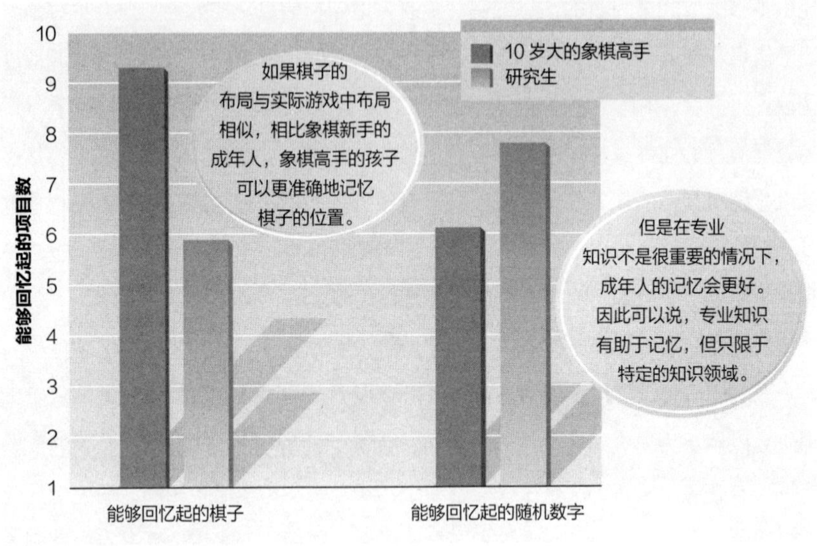

图11.4 专家–新手棋盘布局记忆差别

相比象棋新手的研究生，精通象棋的儿童对棋子位置的记忆更准确，但是在随机记忆一串数字时则不如研究生。

则进行分类。

知识储备会影响记忆和知识组织，如何用知识储备来解释认知发展？年幼的儿童从本质上讲是“多领域新手”。他们了解的领域比年龄大一点的儿童少，对于了解的领域掌握的信息不多。由于了解的信息少，年幼的儿童储备的信息之间的关联度较低。并且，他们倾向于根据表面特征来组织这些信息，而不是根据深层次的原则。因此，年幼的孩子记忆力较差，而且认知加工效率较低。信息加工心理学家认为由年龄差异引起的信息储备差异在解释认知发展过程中有很大意义。事实上，有一些研究人员认为，知识储备是造成成年人认知力比儿童好的最主要原因。可见，这一理论与皮亚杰的观点有很大差别。

有没有这样一种情况：专家即使在自己的领域里也不能很好地完成任务？确实有这种情况。关于指导说明的研究一致表明：如果让专家根据详细清晰的说明步骤去解决一个复杂的难题，他们的表现往往会大打折扣。而那些对该领域了解不多的人表现得反而更好（虽然仍然不如专家，但是比没有指导说明表现好）。这种现象被称为专业知识逆转效应，在多个领域都发现有这种问题的存在。这种详细清晰、分步骤的指导说明对于新手来讲非常有用，但反而会影响专家进行信息处理。专家不需要这些详细的信息，但是一旦有了这些信息，他们反而不得不花费精力去加工这些信息，并且会分散部分注意力。而且，由于专家进行信息加工时相对是自动的，有了这些详细的说明后，他们反而不得不"分解"自己的信息块。老师或者其他教授不同层次孩子的从业人员要明白的是，适合新手的指导说明可能会对已经有很好知识储备的孩子造成困扰，影响他们的正常表现。

既然庞大的知识储备非常重要，儿童如何才能获得那么多的知识储备？一些纵向研究发现，大量的练习是必要的，这一点你也许也想到了。在对象棋和网球专家的研究中发现，练习和诸如兴趣与投入这样的激励因素比天赋更重要。儿童要发生知识结构的变化和认知表现的提升，显然需要很大的知识储备量。

策略发展

10 岁的威尔有一次在读一本新书的时候，碰到了"设施"这个单词。他停了下来，认真地看着这页上的图片，但还是不明白这个词的意思。于是，他又把这个单词的每个字母都念了出来，但还是不能理解这个单词的意思。最后，威尔指着这个单词向他的老师求助。威尔为理解这本书所做出的努力就是策略，即为了提高信息加工的效率，人们有目的、有意识地采取的可控制的计划。可以看到，威尔尝试了三种不同的方法来解码这个单词：利用图片、读出每个字母、向老师求助。他还可能会运用其他策略来理解，也可以先记忆这个故事，过一段时间后再回过来理解这个单词。信息加工心理学家对儿童认知策略发展给予了极大关注，因为他们相信这些策略对于儿童思考、记忆和解决问题都有着重要影响。

有研究深入地探讨了几种具体的记忆策略的发展。其中一种策略就是重复，即重复你想要记住的信息。重复是一种很有用的记忆策略，因为它会增加信息储存在记忆里的可能性。不难理解的是，重复的次数非常重要，也就是说重复的次数越多，记忆得往往越牢，但是重复的方式可能更重要。年长的儿童更倾向于使用累加（或积极）的重复模式。他们会把要记的几项内容放在一起整体重复。但是年幼的儿童会使用更消极的记忆模式，他们只会重复要记忆的各项内容的最后一项。消极重复不利于记忆其他项内容，而且也不利于在各项内容之间建立联系。我们也可以训练年幼的儿童使用累加重复，这样有助于提升他们的记忆力。但是年幼的儿童往往在训练过后，不能坚持使用这种重复方法。

还有另外两个有用的记忆策略，它们分别是组织和描述。组织是指通过在物体间建立联系来提升记忆，而描述则是指我们通过视觉和语言联想来记忆物体。这三种记忆策略的使用会随着儿童年龄的增长发生相似的变化。

- 和学龄儿童相比，学龄前儿童不太可能自发地使用这些记忆策略。但是年幼的儿童经过训练可以很容易地掌握这些策略。如果使用得当，他们的记忆力会得到提升。
- 即使经过训练，年幼的儿童也往往不能像年长的儿童那样有效或持续地使用这些策略。即使经过训练，年幼的儿童可以自发地使用这些策略，他们的记忆力也不一定能够得到提升。
- 这三种策略往往出现在不同的年龄阶段。学前教育的儿童可以进行简单的重复，到了小学，组织策略才比较常见，而自发地使用描述方法则需要儿童到青少年之后。

儿童往往在记忆熟悉的事物和有趣、有意义的活动时可以有效地运用这些策略。

我们要明白一点：儿童不会单独使用某个策略。也就是说，儿童在记忆时可能会同时采取多种策略。同时，所用策略在难易程度的过渡上也不会有明显的界限。事实上，在解决问题时，他们往往会使用一系列不同的策略。比如，10 岁的威尔用不同的策略来弄明白“设施”这个单词的意思。在解决一个问题时，运用不同的策略可以提高记忆力。可以将儿童记忆策略的发展想象成千层浪，也就是说儿童会使用一系列不同的策略，而且这些策略有的简单、有的复杂。而使用频率最高的策略则会随着年龄的增长，逐渐从简单到复杂。当儿童可以更加有效地运用更加复杂的策略后，就会出现这种转变。也就是说这时儿童可以用较小的认知容量，获取较大的记忆力提升。

理解认知发展的新方法

图11.1中显示的存储库模式最早是在20世纪60年代提出的，和今天各种新的信息加工理论相比非常简单。在最后一部分，我们会介绍几种信息加工理论的新研究方法。

思维的计算机模式　一些信息加工研究人员希望准确绘制出人们在解决问题或进行其他认知活动时的思维步骤。为了检验他们的假设理论，研究人员会用到可以模仿人类思维过程的计算机程序。通过计算机程序设计和检验的认知理论就是计算机模式。在早期的信息加工理论中，研究人员就开始开发可以检验成年人认知的计算机模式。我们在这里把它归为新方法，是因为这种方法是最近才应用到儿童认知发展领域的。计算机模式可以分为两大类：生产系统和连接模式。

生产系统是计算机程序化了的“如果……就……”（if-then）的陈述或生产过程，也就是在特定情况下，一个人会采取的具体行动。比如，我们在第8章讨论了皮亚杰的液体守恒问题，表11.1中则显示了解决液体守恒的假设性结论的产生过程。每一个结论都必须有一个条件假设（这就是“如果”部分），而采取的具体措施就是“就”部分。通过仔细观察表11.1，很容易看出生产系统很快就会变得非常复杂，因为需要考虑各种可能的情况，以及在这些情况下会采取的具体措施。该系统还必须有一个决定规则，用来决定在条件同时满足的情况下优先选择哪种结论，并处理其他各种复杂情况，比如在指定的条件下没有可用结论时。

研究人员用生产系统来阐释、检验儿童发展方面的假设理论。研究中会明确必须符合的条件、会产生的结果、必须输入的信息。然后研究人员将计算机产生的结果与儿童在遇到类似问题时实际的解决方案进行比较。这样，就可以找出模型中不正确或模糊的部分。早期的生产系统研究强调的是使计算机模拟结果符合不同年龄阶段儿童的真实表现。最近，研究人员开始研发可以自我调节的生产程

表 11.1

皮亚杰液体守恒任务中可能出现的“如果……就……”陈述

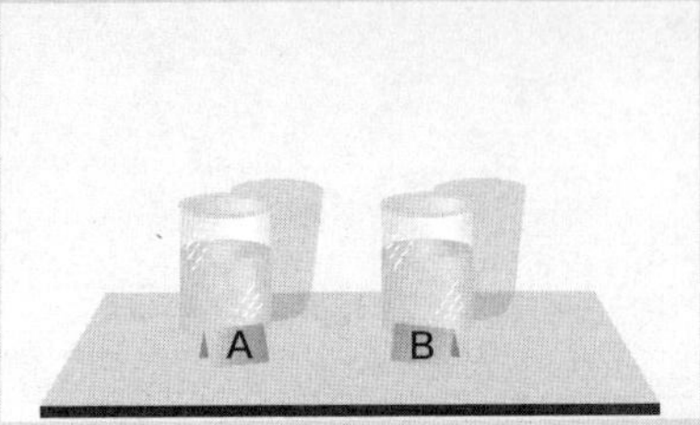

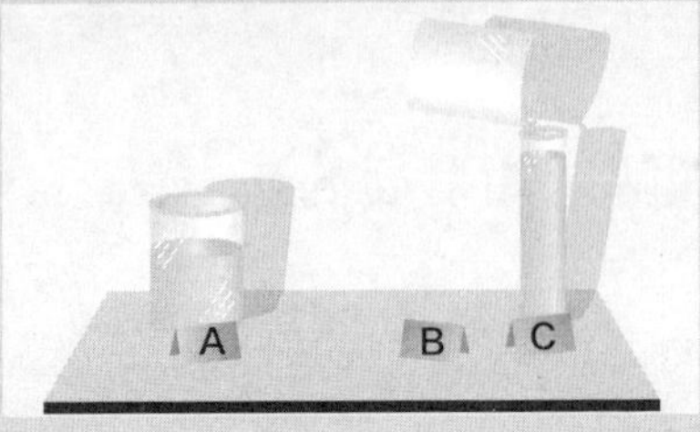

这个液体守恒问题与我们在第 8 章讨论的一样。开始时，容器 A 和容器 B 里放置体积相同的液体。然后，容器 B 里的液体被倒入容器 C，容器 C 高度大于容器 B，但宽度小于容器 B。最后，让儿童来辨别容器 A 和容器 C 里液体的量是否相同。

下面的假设性生产系统提出了孩子解决这个问题的四种可能方式。如果用计算机程序运行这种模式，研究人员就可以比较计算机的输出和孩子实际的表现，从而观察生产系统和孩子表现的匹配度。

模型 1	
只考虑每个容器里液体的高度	陈述 1：如果高度相同，就说“相同” 陈述 2：如果容器 C 更高，就说“容器 C 更多”
模型 2	
既考虑每个容器里液体的高度，又考虑容器的宽度（直径），但需要有一个量（高度或宽度）相同	陈述 1：如果高度相同，就说“相同” 陈述 2：如果容器 C 更高，就说“容器 C 更多” 陈述 3:如果高度相同、容器 C 更宽,就说“容器 C 更多”
模型 3	
既考虑宽度又考虑高度，但如果高度和宽度都不相同，则不知道如何比较液体体积	陈述 1：如果高度相同，就说“相同” 陈述 2：如果容器 C 更高，就说“容器 C 更多” 陈述 3:如果高度相同、容器 C 更宽,就说“容器 C 更多” 陈述 4：如果容器 C 更高、更细，就随意赋值 陈述 5：如果容器 C 更高、更宽，就说“容器 C 更多”
模型 4	
既考虑高度又考虑宽度，通过估计体积的大小进行比较	陈述 1：如果高度相同，就说“相同” 陈述 2：如果容器 C 更高，就说“容器 C 更多” 陈述 3：如果高度相同、容器 C 更宽，就说“容器 C 更多” 陈述 4：如果容器 C 更高、更细，就随意赋值 陈述 5：如果容器 C 更高、更宽，就说“容器 C 更多” 陈述 6：如果体积相同，就说“相同” 陈述 7：如果容器 C 体积更大，就说“容器 C 更多”

序，也就是不断自我学习的计算机系统，这样就可以模拟儿童的认知发展过程、犯错误的模式变化，以及对学习过程中遇到随机事件的处理。

和生产系统类似，连接模式也是计算机模拟模式，关注认知过程。然而，和很多其他认知理论不同的是，连接模式认为知识不是储存起来的，而是通过不同的方式激活无数相互连接的模块而重构的，所以这种模式有时又被称为平行分布加工模式。这个模式反映了神经系统的运作原理，所以又被称为“受神经科学启发的理论”。图 11.5 显示了一个简单的连接模式。最基本的元素是单元，这些单元组合形成不同的模式。每个单元都有特定的激活水平，即可以随时被激活的程度。这些独立的单元由链条连接起来。链条的强度和权重不同。链条的强度越大，越容易在两个单元之间传递激活信号。通过观察图 11.5 可以看出，输入层代表的是最初进入网络中的信号，输出层则代表网络做出的决定。中间的隐藏层负责在输入层和输出层之间建立连接。

研究人员会“训练”这些连接模式，也就是说，他们会将计算机程序输出与人们的实际表现做比较，然后据此调整计算机程序以更好地匹配人的实际表现。关键是要使计算机模型与人类实际的认知发展变化保持一致，也就是说计算机的学习模式要匹配人类的学习模式，包括对新问题的总结归纳。“学习”是通过单元之间链条的权重（连接强度）变化引起的。可以在计算机程序中设置不同的学习规则，每一个规则都会对网络产生不同的影响。这些不同的学习规则对应的是各种学习的假设理论，而不同的连接模式则代表着不同的知识水平。通过找出和人类学习模式最接近的学习规则和连接模式，我们就可以理解人类学习的变化过程。

可能和你预期的一样，创作连接模式非常复杂，需要大量时间，并且每个模式都只适用于一个单独的领域。目前，通过连接模式来研究儿童学习过程的方法已经应用于多个领域，包括第二外语习得、词汇量扩充、词义学习、物体永久性原理掌握、物体重量比较、因果推理和归类、错误观念形成，甚至情感依恋形成等。

最近又出现了另外一种理论。该理论认为，在发展过程中，儿童会不断地用证据来检验假设，并不断地对自己的假设进行合理的修正。这种理论被称为“理论的理论”。支持该理论的研究者认为，儿童是概率学习者，也就是说儿童“先

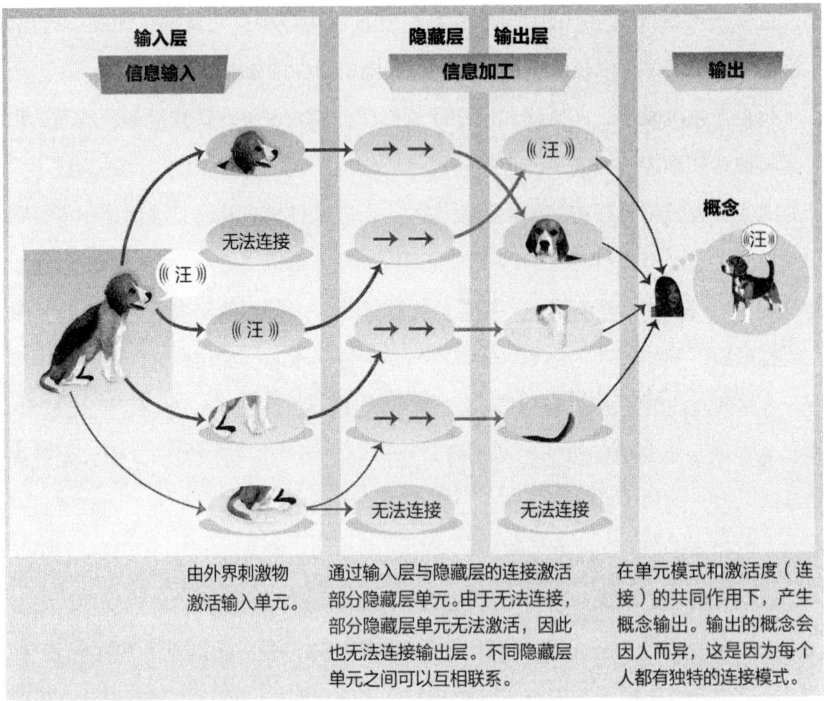

图11.5　简单的连接模式

图中的椭圆代表该模式下独立的单元。有三层：输入层、隐藏层、输出层。带箭头的线条代表独立单元之间的联系，线条的宽度代表连接的强度。从图中可以看出，输入单元和输出单元非直接联系，而是由中间隐藏单元协调。

思考多种假设，然后通过实验对这些假设进行比较，最后给出解释”。该理论认为，即使很小的孩子也会凭直觉形成自己的理论，这种理论又被称为“最佳猜测理论”，这种凭借直觉产生的个人理论会影响儿童的期望并指导他们的行为。但是通过现实生活中的经历，儿童会不断推翻或强化自己之前的假设；“儿童的学习过程就像是科学理论的演变过程”。理论的理论认为认知是一个自上而下的过程，是儿童检验假设的过程。这和连接模式理论不同，连接模式理论认为，认知是自下而上的过程，儿童需要先辨认不同的单元或神经机制，然后将这些单元和机制组合起来，形成思维。

模糊痕迹理论　回想一下你昨天做的事情，然后尝试着回忆多年前发生的一件趣事。你可以完完整整地回忆起所有细节吗？还是你只能想起一个大概的轮廓，然后你用这些轮廓来重构细节？模糊痕迹理论的核心思想就是记忆可以分为几个不同的级别：一字不差的完整记忆、拿不准的大概记忆、基于主旨的“模糊”记忆。该理论认为，人们往往不会基于准确完整的记忆来进行逻辑推理，而更倾向于利用大概意思进行直觉推理。和完整的记忆痕迹相比，模糊痕迹不够详细，但更容易融入我们的固有知识。融合度高意味着有很多线索可以帮助我们搜寻和提取这些信息。因此，相比于完整记忆，模糊记忆有以下优点:（1）持续时间长;（2）更容易搜寻;（3）不必花费很大精力去提取;（4）不容易受到干扰，也不容易遗忘。

年幼的儿童有能力提取主旨大意，储存模糊记忆痕迹。但是与学龄儿童和成年人相比，他们更倾向于使用完整记忆，因此年幼的儿童的记忆力较差。尚不清楚年幼的儿童为什么倾向于完整记忆，这并不是因为他们不会进行主旨概括或模糊痕迹记忆。有研究证明年幼的儿童具有这种能力，而且在小学阶段，儿童的记忆方式会不断向主旨大意记忆过渡。这可能与儿童知识储备相对有限有关。我们知道，只有当儿童知道什么是重要信息以后，才能提取出主要信息，而如果儿童之前没有类似经历，就不可能知道什么是相关重要信息。但是随着儿童遇到更多类似的事件，他们就有了一个知识储备，然后才可以借此找出事物的主要方面和重要特征。随着知识储备的发展，儿童可以准确地找出主旨，并将主旨储存为模糊痕迹。这样就提高了记忆力——至少在“正确”记忆的评判标准包含在相同事件间建立关联并据此回忆意义时，记忆力确有提升。最近有研究发现，在某些情况下，年长的儿童和成年人比年幼的儿童更容易有错误的记忆。因为有较大的知识储备和较好的综合能力，年长的儿童和成年人可以提取事件的主旨，但也因此，更容易记错细节信息，尤其是在基于不完整的记忆提取信息主旨，并尝试演绎出信息含义时。

我们可以看出，该理论和其他理论（包括皮亚杰的理论）有很大不同。该理论认为，思维的主要特征是直觉推理，而不是成熟的逻辑分析，而直觉推理的依据为信息的主旨大意。信息加工理论认为思维和记忆会随着年龄的增长越来越复杂，越来越注重细节（除非是为了减轻记忆负担不得已对信息做出简化），但是模糊痕迹理论认为“成年人一般情况下倾向于借助于最简单的主旨大意进行推理、做出决定”。成年人有能力进行更复杂、具体、有逻辑的分析，但却更倾向于使用基于主旨大意的直觉推理。

该研究对记忆发展的意义是什么？答案很明显，从“小淘气托儿所”案例中，我们可以清楚地看到儿童记忆特征产生的影响。年幼的儿童更倾向于存储完整的记忆痕迹，所以可以更好地记忆事物的细节。但是因为完整记忆更容易衰退，不久之后就很难在记忆中找到。除非尽早地盘问，不然这些细节就会从完整记忆中丢失。如果提问方式有误导性，就更容易出现错误回忆，这是因为这种完整记忆更容易受到干扰。但是，年长的儿童更多的是模糊记忆。模糊记忆痕迹维持的时间会更久，更容易找回，也不容易受到干扰，所以不会因为盘问方式而改变。但是，近来有研究显示，随着年龄的增长，反而更容易将信息记错，这也就为该理论提出了新的研究课题。很多研究表明，对日常生活的细节记忆很容易出现错误，但也有研究发现带有消极情绪的记忆信息更容易出错——比如法庭上的证词。

信息加工研究方法的利弊

从 20 世纪 60 年代以来，信息加工理论已经成为理解认知发展的重要方法。信息加工理论将思维比作信息加工，注重对认知过程的具体分析。该理论已经大大提高了我们对认知发展变化的理解。

这种方法也有缺陷。第一，尽管它提供了很多具体信息，但与皮亚杰理论不同的是，该理论没有一个全面的系统来解释认知发展。我们据其了解了许多具体的认知发展领域和一些有助于我们理解现实生活中具体认知发展的模拟方法。但是它还没有一个综合的理论体系来研究整个认知发展领域，无法说明认知发展与儿童其他方面发展的联系。第二，信息加工理论被认为是“冷”认知，这是因为该理论强调思维的逻辑推理，而没有考虑到社会互动、情绪反应、激励和其他在现实生活中影响认知的重要因素。并且，只有最新的连接模型尝试纳入认知发展的生物因素，早期的信息加工理论很少这么做。第三，有批评者指出，大多信息加工模式都有一个不可或缺的概念——执行处理器（用来统筹加工过程、分配认知资源、制定策略等），但是没有说明它具体怎么运作。模糊痕迹理论和连接模型有效反驳了这种批评，其中连接模型在解释认知发展过程中没有用到执行处理器概念。过去，关于认知发展的研究将人的思维比作计算机，现在则更倾向于建立计算机模型与概率模型。

学习交流：童年中期儿童语言能力的发展

童年早期儿童语言能力的发展非常快，但这种发展还没有成熟。童年中期儿童语言能力会在多方面得到发展。

熟练掌握基本语言

在童年中期，随着年龄的增长，语义知识，即对词语意思的掌握，会大量增加。2 岁儿童一般有 200 字的词汇量，6 岁儿童一般有 10 000 字的词汇量，10 岁儿童的词汇量大约 40 000 字，到高中时，他们的词汇量会增加到 80 000 字。年龄大一点的儿童学到的大多是一些比较抽象的词语，比如“讽刺”或“公正”，这是因为他们可以更好地理解这些抽象概念。儿童语音方面的知识也在继续加强（可以了解基本的发音）。儿童在进入小学后，开始掌握更加复杂的音素，比如 j 或 th。在童年中期时，儿童对用语音语调来改变句子的意思有了更深刻的理解。比如有这样一句话：“雷切尔从妈妈那里拿了一个玩具后，她又从莉莉那里拿了一个玩具。”在这句话中，重音放在“又”和放在“她”上是不同的。

学龄儿童也可以更好地掌握语法和句法（将词语组成句子）。比如，以英语为母语的学龄前儿童在讲话时很少会用到被动式，听别人讲被动式时，也不能完全理解。比如这样两句话：“狗被小女孩轻拍”和“唐纳德被古菲喜欢”。对于这两句话，年幼的儿童很可能会理解为“狗轻拍小女孩”和“唐纳德喜欢古菲”。在 8 ~ 9 岁期间，儿童才开始讲完整的被动句，但对于某些形式的被动句，童年中期的儿童一直都掌握不好。儿童先学会主动句再学会被动句这一规律并不是所有语言都通用的。在部分语言中，被动态非常常用，也非常重要，比如南非语言塞索托语。以塞索托语为母语的儿童可以更早地理解并使用被动句（2 ~ 4 岁期间）。在 9 ~ 11 岁期间，儿童开始可以对听到和读到的信息进行推理，找出隐含意思。推理能力对于儿童理解和掌握语言的微妙使用有很大帮助，比如讽刺、幽默、隐喻。

在童年中期，儿童“实用语言”（用于和别人有效交流的语言）的技巧继续提高。从童年早期开始，指称型交流能力就不断发展，到童年中期时，儿童已经可以自觉地发现别人讲话中模糊的地方，也能够采取有效措施纠正自己讲话中模糊的地方。此外，童年中期的儿童可以更加熟练地掌握社会交谈规则。听听 10 岁的孩子在电话上和朋友讲话，就知道他们已经知道怎么和别人进行交谈了。

元语言意识与语言使用方式的变化

童年中期语言发展的一个重要特征就是元语言意识的增强，或者说明确了解语言自身的特征和语言的使用规则。元语言意识建立在大量使用语言以及认知能力发展的基础上，同时又可以提高语言的多方面能力。举个例子，明白一词多义就是元语言意识的一个方面。有了元语言意识，儿童可以更加灵活地运用语言，而且既能够幽默地讲话，也能够欣赏别人的幽默。有了元语言认知，儿童也可以检测和纠正自己说的话，以及校正听到的话，这样他们就可以更有效地交流。最后，明确了解社会谈话规则后，儿童可以更有效、更符合社会规范地和别人交流。不难理解的是，小时候元语言意识越高，上学时的阅读能力也会越好。

在童年中期，儿童对语言的理解会更加完整明确，使用语言的方式也开始发生变化。学龄前儿童“玩”语言，会制造一些押韵但没有意义的词语，或者在词尾加一些字母或音节制造一些新词，表达强烈的情绪，包括“吃咿”。学龄儿童会继续这样造字，而且对谜语和其他语言类幽默很感兴趣。这种语言游戏要求对语言规则有更高级的了解，尤其是要明白对于语义和句法的理解可以是多重的。

孩子年龄大一点后，可以借助语言来描述和理解自己。个人叙事就是描述自己的经历，也就是用语言向别人介绍自己，并借助语言来更好地了解自己。2 岁大的孩子就可以进行简单的陈述，但直到童年中期时，儿童才会使用连贯的陈述来完整地描述和评价自己的亲身经历。比如，在 4 岁大的时候，叙述事件时使用“青蛙跳”的结构，即从一个主题跳到另外一个主题，不能完整地描述已经发生的事情以及自己的感受。在 4 ~ 8 岁时，孩子可以以时间顺序来描述一系列发生的事情，但是不会描述细节，也不会对事件做出评价。在 8 ~ 9 岁的时候，孩子会使用经典叙述结构，故事中会有一个主要事件（也就是故事高潮），并会叙述当时的感受，最后，还会讲述事件的结果。

个人叙事的风格与儿童所处的文化有关。个人叙事不仅可以帮助儿童更好地了解自己，也会逐渐了解到自己所处的整体文化。举个例子，拉美裔的孩子在讲故事时，更加强调家庭关系，日本孩子在讲故事时，不会以时间、地点、家庭成员为线索来讲述，而是会以主题为中心来讲。北美中产阶级的白人孩子讲故事时，往往只有一个主题，而工薪阶层非洲裔美国孩子讲的个人故事篇幅往往会长一些，围绕着一个主题，讲述几个不同的人物和事件。不同的叙事风格反映了儿童所处文化的价值观和文化结构，因此也可以以个人方式帮助儿童理解自己文化的核心。

语言发展的连接模型

在第 5 章中，我们讲到了语言发展的几个重要理论，包括学习理论（主要是指斯金纳的操作性条件反射理论，认为语言是一项后天习得的技能）、先天理论（以乔姆斯基为代表，认为语言是人类生理机制具有的技能）和互动理论（其中，皮亚杰强调认知因素的影响，还有一些理论学家强调社会互动的作用）。

在上一节中，我们讲到了认知的连接模型，该模型形成了最新语言发展理论的基础。回忆一下，连接模型是类似于神经网络的模型，由不同强度的链条连接各个简单的单元要素。应用到语言发展中，连接模型认为语言习得是连接单元链条强度发生变化的过程，而这些变化是由语言适应外部标准的过程引起的。举个例子，有个小男孩看到了一只动物，这只动物看着很像他见过的狗。视觉输入（狗）的特点所对应的单元激活了这个孩子业已形成的相关链接模式。因此他说：“看，狗。”而他爸爸说：“哇，看那只郊狼，就在我们的院子里。”即使爸爸没有明确纠正儿子的话，但他用另外一个具体的词语代替了儿子用的词语，因此起到了示范作用。之后，孩子不断地遇到这个动物（可以是实实在在地见到了这种动物，或者是看到了这种动物的图片，或是和别人谈到了这种动物，甚至是忽然想起这种动物），并且多次听到别人叫它郊狼，于是在男孩的认知网络中，这些特征与狗连接的链条强度会逐步变弱，而与郊狼连接的链条则逐步增强。最终，这个小男孩会称这种动物为郊狼。语言发展的连接模型和其他模型不同（尤其不同于我们在第5章讲到的先天理论），这是因为连接模型不用设置特别的规则，也没有生理条件的限制。事实上，语言（人思想的反映）是许多类似神经元的单元互动的结果。

计算机模拟很大程度地支持了连接模型。研究人员让计算机接触一些动词，接触的频率和孩子在日常语言环境中遇到这些动词的频率是一样的。尽管没有给计算机一些明确的语言规则指令，但是计算机可以逐渐掌握规则动词和不规则动词的过去式，习得模式和儿童的习得模式相似。在计算机模拟中，计算机在“学习”语言过程中出现的错误类型和孩子出现的错误类型相似。连接模型还准确预测到儿童在学习具体语言时会最先掌握的语法规则（比如词尾和词序）。有一些“受损”连接模型甚至可以成功模拟出儿童在大脑损伤后语言能力恢复的模式，这是计算机对发展弹性领域的有趣模拟。但批评者指出，语言发展连接模型认为语言发展是连接各单元链条连接强度变化的过程，这应该需要较长时间，而儿童在现实生活中，并不需要这么长的时间。还有批评者指出，儿童往往在第一次见到某些词语后，就可以掌握这些词语。这些模型很难解释这种一次性习得现象。

情景认知

本章的第一节讨论了儿童在童年中期认知能力的发展。儿童童年中期生活中还有一个非常重要的部分就是学校学习。儿童是如何利用认知能力来完成学习任务的？本节中，我们将会讨论儿童数学、阅读和写作能力的发展。首先，我们会讲婴儿期间和童年早期打下的语言基础，然后会讲童年中期时这些能力的进一步发展。我们之所以在本章中讲到了这么广的年龄范围，是因为在校学习能力在童年中期非常重要。

数学能力的发展

奠定数学基础　有研究发现，新生儿就有基本的数学能力，这听起来不可思议，但却是事实。人类似乎“天生就有数量概念”。举个例子，研究人员把一张上面有 2 个黑点的卡片放到新生儿（不到 1 周大！）的眼前。新生儿看了一会儿后，就将视线移到了别的地方，这说明婴儿厌烦了这个图案。在第 5 章中，我们将这种现象称为习惯化，但是当研究人员换了一张卡片，卡片上有 3 个点，新生儿又开始产生兴趣，重新开始看这些点，也就是说他们去习惯化了，这一习惯化 - 去习惯化的过程说明新生儿能够区分 2 点和 3 点的区别。

婴儿怎么会有这种能力？他们显然还不会数数。他们没有接触过数字系统，也没有表达数字的语言能力。研究人员提出，婴儿估计少量物体的数量时应用的是数感能力，我们都会运用这种能力来快速地估计出少量物体的数量。为了更清楚地讲解数感的运作方式，我们可以进行这样一个实验。你闭上眼睛，你的朋友在桌上扔了 3 ~ 4 个硬币。然后你睁开眼睛，快速说出桌上有几个硬币。多数人在没有数的情况下，一眼就能看出有 3 个或 4 个硬币。你的视觉陈列方式会立刻告诉你桌上有几个硬币。

上了幼儿园后，儿童开始学着数数。大约 2 岁时，儿童可以将母语中的数字语言和物体数量对应起来。在大约 4 岁的时候，他们不再依赖于数感，而是可以通过数数来解决简单的算术问题。这说明他们的数学能力有了很大的提高：他们可以说出大量物体的数量，而且即使没有实物的情况下也可以数数，这相对于数感（只能辨别出少量物体的数量）来讲是一种很大的进步。很快，儿童开始使用多种不同的计数策略，即数数的方法。举个例子，儿童先数到 2，然后继续数 3 和 4，这样就得出了 2+2=4。幼儿园的儿童会学着去解决一些简单的数学问题，有的情况下，他们可以看到物体的数量变化过程，但有时是看不到这一变化过程的，甚至根本就看不到物体本身。渐渐地，通过学前教育和小学教育的学习，儿童计数策略的复杂性和巧妙性都会增加。

小学期间数学能力的发展 在小学的时候，儿童用来解决加减算术问题的计数策略会进一步发展。表 11.2 中列出了其中的一些策略。小孩子在做加减法时更倾向于运用数数的方法。这种方法比较笨拙，容易出错，但可以降低他们工作记忆的负担。随着不断练习，他们会使用更复杂的计数方法，这些方法可以缩短运算时间，但同时也需要更大的记忆空间。渐渐地，儿童可以将一些基本的数学事实储存在记忆里，随时调取，而不用再去数数了。儿童在记住了一个数学事实后，可能会用这个事实来推演出其他不存在自己记忆中的数学事实。比如，让孩子计算 5+8 等于多少，如果他知道 5+5=10，他就可能用这个已知事实来推理：8 比 5 大 3，所以会在 10 的基础上加 3，因此答案是 13。早期简单的算术能力可以用于预测儿童在小学时的数学表现。

小学生怎么记忆和提取数学事实？其中一种解释就是策略选择模型。在这种模式下，儿童会选择他们可以最快给出最准确答案的方法。如果运用可以快速给出答案的策略，问题和答案同时储存在工作记忆的可能性就比较大，因此会加强问题和答案之间的联系。而运用最准确的策略则可以保证问题和正确答案之间建立联系。正确答案 7 和数学问题 3+4 之间的联系出现的频率越高，儿童在以后调取这一联系的可能性也就越大。如果问题和答案之间的联系度不强，儿童会用备选策略，比如数数、猜测、根据已有知识推演。策略选择模型认为，不让孩子使用备选策略（比如数手指）可能会阻碍儿童记忆基本的数学事实，你知道这是为什么吗？

尽管儿童会逐渐放弃使用低效率策略，但他们不会只用一种方法来解决数学问题，事实上，他们往往会采用一系列方法来解决算数问题。策略选择模型可以解释这一现象。可用的策略越多，孩子得出正确答案的可能性就会越大。这有助于孩子成功解决问题，并且可以帮助他们在问题和正确答案之间建立联系。研究人员发现，不同年龄阶段、不同水平和不同国籍的学生都有个共同特点，就是在数学运算中使用多种策略。

表 11.2

常见的加法计数策略		
策略	例题	具体方法
数教具	2+5	儿童先数 2 个教具（比如积木、硬币和糖果），然后再数 5 个教具，一共数到 7。
数手指	2+5	儿童一只手伸出 2 个手指，另外一只手伸出 5 个手指，然后一起数 7 个手指，每数完一个手指，就放下该手指。
从头数到尾	2+5	儿童大声数 1、2 这两个数字，然后继续数 3、4、5、6、7 这五个数字，然后得出答案为 7。
在第一个数的基础上数	2+5	孩子会先说 2，然后开始数 3、4、5、6、7，最后得出答案为 7。
在大数字的基础上数起（也被称为“最小化策略”）	2+5	儿童先说最大的那个数字，不管这个数字是不是排在第一位。在这个例题中，儿童会先说 5，然后继续数两个数 6、7，最后得出答案为 7。
分解法（推演出答案）	7+6	儿童将 6 分解为 3+3，然后 7 加 3 得到 10，10 再加 3 为 13，所以给出答案 13（他也可能将 7 分解为 4+3，然后 4+6=10，再加上 3 得到答案 13）。
调取记忆信息	2+5	儿童会从长期记忆中调取信息，直接回答 7。
重组	16+23	儿童分别将两个数字都分解为十位数和一位数的和（16=10+6；23=20+3），然后先将十位数相加（10+20=30；6+3=9），然后把两个和加起来（30+9=39），得到答案为 39。

小学生不管成绩好坏，都需要在数学文字问题上花费大量精力。数学文字问题就是指用语言来描述数学情景的问题。回忆一下你自己的经历，即使你数学成绩非常好，你也可能会为文字问题苦恼。造成数学文字问题中难点的因素包括：题目中文字的多少、算术运算的多少、数学名词的多少。题目设置的情景也非常重要。有些问题很难，是因为问题的内容并不吸引孩子，或者是措辞模糊，或者是设置的情景是孩子所不熟悉的。有这样一个研究，在街边小摊卖过东西的巴西

小孩可以更好地解决有“销售”情景的数学题，即使题目中需要销售的物体和他们自己实际销售过的物体不同。但是如果题目中的情景不再是销售，这些孩子的表现就会大不如前，即使这两道数学题需要的运算式是一样的。不熟悉的细节和情景可能不会给孩子提供有效线索，以帮助他们获取和使用相关知识，或者可能会增加他们工作记忆的负担。在熟悉的情境下，孩子更有可能会理解题目中描述的情景、明白问题是什么，就更有动力去解决这个问题。但是研究发现，在一些更复杂的代数题目中，熟悉情景对解题没有很大帮助。

通过课堂学习，儿童对于基本数学原理的掌握会不断提高，但是有一些数学原理的学习需要的时间可能会较长。有时，因为对基本数学原理理解有误，会产生漏洞，即孩子在解题步骤中出现的系统性错误。在所有算术运算中，解题步骤错误的现象非常普遍，即使到了儿童小学快毕业的时候，这种现象依然存在。在童年中期后半部分，儿童开始学习更加复杂的数学问题，比如分数、几何、代数。在学习这些更加复杂的数学问题时，他们不断尝试借助已有知识来理解新知识，这有时会使他们对新的数学原理造成误解，但是当他们意识到自己的错误后，就会弥补自己数学知识的漏洞，明白正确的解题步骤。借助儿童原有知识来引导儿童理解新数学概念是非常有效的。此外，如果在教学中，只关注记忆数学事实和规则，不给孩子解决程序漏洞的机会，他们就会需要较长时间来纠正错误。

阅读能力的发展

阅读也许是学业能力中最重要的一项技能。西方文化往往是基于阅读和写作的，所以我们的知识和信息大多来源于书籍、杂志、报纸、教材、网络、电视，以及其他一些印刷材料。阅读发展研究专家珍妮·乔尔认为，文字的学习和使用是智力的最高表现形式之一；和其他形式相比，文字的学习主要依赖于教学和实践。乔尔提出了用来描述儿童阅读学习的六个发展阶段，具体见表 11.3。乔尔认为很多成年人即使大学毕业，也可能永远都达不到阅读的最成熟阶段。

事实上，很多人甚至都很难达到乔尔的第四个阶段，即理解式阅读。研究人员估计，在美国，25% 的人阅读能力较差，33% 的四年级学生阅读能力低于正常水平。如果想了解志愿者可以如何帮助儿童和成人提高阅读能力，可以阅读个人视角板块文章《阅读志愿者》。

有两个因素可以用于预测儿童的早期阅读能力：对字母的熟悉程度以及语音意识。如果在学前教育的时候，儿童对字母非常熟悉，那么在小学阶段的阅读能力往往会更好。但是，如果在学前阶段对字母不熟悉，儿童往往会在后来的阅读中遇到困难。孩子的母语如果不是英语，对字母就不熟悉，所以在学校学习英语时的困难会更大。阅读障碍真正出现的时候是儿童不能把字母组合成完整的单词的时候。

语音意识是指明白词语是由小的声音单位（音素）组成。有了这种意识后，才可以将字母与它们的发音对应起来。儿童的语音意识往往在接受正式教育的第一年开始形成，因为这时儿童开始学习发单个字母音，以及字母组合音。语音意识在很大程度上可以用于预测儿童在以后的阅读中遇到的困难多少，甚至预测儿童整体的智商。阅读困难的一个主要问题就是不会将单词解码（分解）成独立的发音单位。强调语音意识的教学有助于提高阅读能力。即使在幼儿园阶段，字母游戏和字母发音游戏对儿童也很有益。一些广受欢迎的电视节目，比如《芝麻街》，会教孩子如何识别字母发音、如何拼读发音（比如，教你 toy、tiger 和 teddy 的首字母 t）。

儿童掌握语音意识后，通过识别整个单词来提高阅读速度对他们来说非常重要，也就是说他们需要自动地对词语进行辨认。好的读者可以很快就学会认词，提高阅读流利度。莱斯曼对一些二年级学生做了调查，有的同学属于正常阅读水平，有的同学低于正常阅读水平。优秀的阅读者在对不熟悉的词语重复阅读几次和分解几次后，再次遇到这些词语后就可以快速辨认。而能力稍欠的阅读者在重复了几遍之后，仍然不能很快认出这些词语。如果儿童不能自动认词，他们就必须不断地拼读单个字母来分解单词。这种分解过程会占用大量的大脑加工精力，所以有阅读障碍的人用来理解意思的精力就会减少，也就不会从阅读中获取足够的信息。这种分解和自动化障碍在有阅读障碍的儿童中比较常见。

总之，在阅读这件事上，优秀的读者会变得更优秀。有很强分解能力和语音

表 11.3

乔尔阅读的六个发展阶段	
阶段和年龄范围	活动和技能的描述
前阅读阶段： 出生到幼儿园期间	家长会指着书中的物体和颜色，“读”这些物体和颜色的名称给婴儿和学步儿听，或者是给他们读一些简单的小故事。很多 3 岁大的小孩已经可以扮出一副阅读相了：乱翻着书页，复述记住的故事，还可以指着词语和图片编出一段自己的小故事。在进入幼儿园之前，大部分孩子已经可以背诵字母表，看到字母表中的字母也可以说出是什么，还可以写自己的名字。这些都是前阅读能力，会为他们之后阅读能力的发展打下很好的基础。
阅读（解码）：一至二年级	儿童学习字母发音，他们通过拼读法来学习单词发音，然后解码拼读出来的整个单词。孩子通过情景、图片和单词的形状来识别单词。该阶段的儿童往往会关注独立的单词和词组，但不能理解整个故事的意思。
流利阅读：二至三年级	该阶段，儿童认字和理解字的意思都比较容易了。他们在阅读熟悉的书和熟悉的故事（或者对故事类型比较熟悉）时，阅读速度、流利程度和自信心都会有所提高。乔尔指出：儿童通过在单词和自己所熟知的故事之间建立联系来学习阅读。
理解式阅读：四至八年级	随着孩子对单词的熟悉度提高，他们可以去阅读一些自己不熟悉的材料。因为他们花费在认字上的精力少了，就可以花费更多的精力来理解材料的意思，也因此可以借助阅读来获取新的信息。在四年级的时候，儿童一般都可以开始通过课本和纸质材料来学习一些课程，比如自然科学、历史和地理。在此阶段，儿童通过阅读获取的主要是一些常识性的信息。
多维度阅读：高中	青少年已经不满足于学习基本的事实了。他们开始学习表达不同观点和理论的信息。比如：历史课本可能会从不同的角度来描述历史事件;生物可能会从多个层次展开讨论，包括细胞、有机体、生态学。通过课程作业和课外阅读一些更加成熟的虚构和非虚构作品，儿童的阅读能力进一步提高。
构建和重构：大学和成人	成熟的阅读者可以通过阅读不同渠道得来的各种观点信息，形成自己的理解。他们是带着目的去阅读的，可以是为了拓展知识、娱乐，或者是了解其他人的观点。他们会选择阅读的速度和深度，包括做注释、浏览和细节阅读。他们知道应该去阅读什么样的材料才能达到自己的目的。

意识的人更容易拼读单词。多次见到某个单词之后，他们就会自动识别这个单词。这样他们阅读起来就会更轻松，结果是他们的阅读面就更宽。而读得越多，儿童的阅读能力就会越高，了解的知识和信息范围也就越广，这样，他们的认知能力发展也会更好。想想阅读对于我们学习的重要性，你就会明白儿童早期阅读阶段的重要性。

在近几年，大量关于阅读的神经科学研究涌现出来。开始的时候，关注的是描述熟练阅读的神经基础，找出熟练读者和有阅读障碍读者之间的区别。现在，研究人员则开始关注随着阅读能力的提高，神经处理会发生哪些变化。目前为止，该领域的研究发现：词语的视觉和听觉特点是由大脑中不同区域负责加工的，但是当读者既接收到词语的视觉信息又接收到词语的听觉信息时，就会在枕叶和颞叶之间形成特殊的神经回路。在阅读能力加强以后，激活模式转移到了左脑特定区域的较大范围内。有失读症（一种阅读障碍）的成年人在这些连接区域的激活度不高。有研究发现，通过有效的阅读干预，有失读症的读者可以形成和正常读者相似的激活模式。在加工不同国家的语言时，用到的大脑区域是不同的，这与不同文字的视觉特点有关。举个例子，和英语相比，在阅读汉语的时候，负责加工视觉空间信息的区域活跃度更高。这是因为汉语的发音是由汉字的形态决定的，而英语的发音则是和组成单词的字母有关。更有趣的是，有研究发现，有失语症的中国人在处理汉语的大脑区域里活跃度不够，但是在处理英语的区域活跃度却很高。于是人们就产生了这样一个疑问：一种语言的失语症患者是否可以正常阅读另外一种语言。有一些研究者用神经科学来预测孩子未来的阅读能力，这种方法卓有成效。比如，和标准阅读测试以及其他一些行为方法测试相比，失语症儿童大脑的活动和连接模式能够更好地预测孩子在两年半以后的阅读水平。

写作能力的发展

结合自身的经验，你应该会知道读写能力是密切相关的。对字母表的掌握、对单词的熟练分解、对单词自动识别的能力可以为儿童后来拼写等写作能力打下很好的基础。并且，那些能从多角度阅读理解文章的孩子写作能力也更强，

个人视角

阅读志愿者

维维安·多布林斯基
马萨诸塞州波士顿市
“助力读写项目”志愿者

你能不能简单地向我们介绍一下“助力读写项目”和你们服务的儿童类型？

“助力读写项目”的目标就是帮助小孩子提高读写、语言、社交和创新能力。我们的组织是由一些积极进取的大学生组成，这些学生也就是服务团的团员。我们会为学龄前儿童上一学年的课，每2周上一次课，每次课上2个小时。在一对一的阅读环节，儿童选一本自己想读的书，由服务团团员阅读，或者是儿童自己阅读。我们会使用新颖的方法来帮助孩子辩证地思考自己阅读的材料，激发他们的阅读兴趣，引导他们注意书页上的各种阅读元素，比如字母和单词。我们还有“多人互动”环节，这时团员和孩子们会一起唱歌、读书，或者一起做小游戏。其中还有“选择”时间，这时候会给儿童四个准备好的选项。通过这些环节，团员可以帮助儿童建立自信心、创造力，提升读写能力，以及解决问题的能力。

你为什么要参加这个项目？

开始加入“助力读写项目”时，我想这会让我的简历看着好一点，而且还会给我一些教学经验。但是，当我对“助力读写项目”有了进一步的了解后，我意识到能和孩子一对一地交流、能够对他们的一生产生重要影响是一个非常有意义的事情。同时，我也意识到，早期干预非常重要，而且让孩子明白所学知识的重要性和自身的重要性是非常重要的。我非常赞同项目的理念，我们不会逼着孩子做什么，也不会什么事情都帮着孩子做。所有的活动都由孩子自发组织，并注重儿童的学习和成长过程，而不是结果。我们用的教学策略会考虑到孩子的独特性，并且让他们以自己的节奏取得进步。团员的教学目标就是帮助儿童培养独立精神和自信人格，促进全面发展。帮助孩子学习重要的能力，比如阅读和解决问题的能力，是一个非常好的经历。教会孩子这些技能，就是为他们以后的人生打下基础，为他们的成功提供武器。没有这些基本能力，孩子很难成长，也很难自信。

你采取了哪些方法来帮助孩子进行阅读？

首先就是要和孩子一起阅读，建立一个愉快的阅读环境。儿童要对阅读产生兴趣，要明白阅读的目的。我们尝试着给孩子读他们感兴趣的材料。我们会用有趣的声音和道具（比如木偶和故事板）来给孩子讲故事。我也常常请孩子读材料给我听。通过浏览书本上的图片，孩子们会对书本有个概念，这就为他们以后读文字打下基础。我也常常和孩子们一起写故事，当孩子们可以写自己的故事时，他们会有一种成就感，也就开始对周围的书本产生兴趣。在孩子们抄写单词或者写自己名字的时候，我常常会在旁边读出他们正在写的字母。这样，孩子们就会意识到每个字母的发音。这样孩子就明白了如何将字母组合起来形成单词，以及这些字母的发音如何组合起来形成单词的发音。这样有助于儿童提高阅读能力，也会对他们写作和发音有帮助。项目使用对话式的阅读技巧，我也学了几种具体方法，比如PEER——提示、评价、扩展和回忆，CROWD——补充、重复、开放式问题、5个“何”（何事、何时、何地、何因、何人）问题，以及不过多干预。成年人通过采取这些策略，可以让儿童参与到阅读体验中。而这些阅读体验可以帮助儿童拓展词汇量，提高语言和读写能力，并且可以帮助成年人理解儿童的思维过程。

对于其他那些对“助力读写项目”感兴趣的人，你有没有什么好的建议？

对任何可能出现的情况都要有心理准备。你教的这个孩子可能开始时对书本没有兴趣，但是通过你的努力和创造性的方法，孩子对书本的态度可能会发生改变。同时，应该找一些有趣的方法来让孩子有兴趣参与到阅读中，比如可以使用一些用心准备的开放式问题，用木偶来表演出故事情节等。教学过程中注意按照儿童的进度进行，明白重要的是过程，而不是结果。目的不是教会儿童阅读，而是要激发儿童阅读的兴趣和开发出他们将来读写能力的潜质。儿童一旦有了动力，在之后的学习中就会顺利很多。如果儿童只对一本书的某一页感兴趣，想花15分钟阅读这一页，团员应该支持孩子这么做。

问 题

像这样的项目对小孩子的读写能力会产生什么样的影响？你认为这样的项目会让儿童变得更“聪明”吗？解释你这么回答的理由。

这是因为他们能够在写作的时候从读者的角度考虑问题。而且，阅读和写作的发展过程相似，也就是说儿童最开始先要掌握字母表，然后建立在语言词汇方面的自信，能够对文章有更高层次的理解，然后才能为了达到具体的目的进行读写活动。

创造性拼写 在写作的前期阶段，孩子学习拼写很困难。在记住常规的单词拼写方法之前，儿童往往会发明创造自己的拼法，我们将这一过程称为创造性拼写。举个例子，刚开始学写字的孩子可能会将 two 写成 to，或者把 sometimes 写成 sumtyms。我们都非常清楚，也非常痛苦地知道英语中存在大量复杂的语言现象，有复杂的字母组合，也有很多不规则拼写。如今，学校开始接受和鼓励儿童进行创造性拼写，让儿童将更多的精力放在理解词语或文章的意思上，而不是机械的拼写规则上。研究表明：创造性拼写并不会影响儿童后来对单词正确拼写方式的掌握。而且，孩子通过创造性的拼写，可以练习英语中字母的发音规则和字母的组合规则，这会进一步提高他们的语音意识。因此，创造性拼写对儿童后来的规范拼写、词语识别和阅读的熟练程度都大有裨益。

写作机制和中级写作 在小学时，儿童渐渐可以按照规范拼写出正确的单词，开始组织越来越复杂的句子结构。低年级学生的精力大多花在写作的技术要求上：拼写、大小写、标点符号和句子的完整结构。这时，儿童的写作往往是以自我为中心的——他们很难考虑到读者的需求。而且他们的写作是没有组织架构的。低年级学生在写作时往往是讲述知识，也就是说儿童往往是想到什么写什么。事实上，即使到了高中和大学，有的学生的写作还是讲述知识式的。正规教育体制下，给儿童布置的作业往往都只是让孩子就某一主题，把自己知道的一股脑儿都写下来，很少要求学生创造性地写作，所以在中级写作阶段，儿童往往会利用基本的模式化的结构进行写作。在儿童对写作过程有了更多的接触和了解之后（包括写作目的、读者需求、写作类型、故事和文章结构），他们会将写作内容限制在与本次写作任务相关的范围内，进入知识改编阶段。

写作规划和后期修改 低年级学生往往不清楚什么时候应该修改自己的文章，以及有哪些地方需要修改，但是当有人指出他们的问题后，他们确实可以对大多数的错误进行修改。当学生的写作能力变得更加成熟后，他们花在写作规划和修改的时间会增多。对于成熟的作者来说，在动笔之前都会花费一些时间来收集事实、信息源，并组织他们的观点。一稿往往不是终稿。他们意识到好的写作是一个循环修改的动态过程。也就是说，在规划和写作之后，他们会重新评估自己的计划，重写数次。在前几次修改的过程中，好的作家最关注的是意思和主旨的传递。他们往往会把技术性的错误，如拼写、语法和标点符号，放在后面的修改中进行。好的作者非常擅长从读者的角度来修改自己的材料。他们甚至会大声朗读自己的作品，多次修改，以达到写作目标。但是，令人惋惜的是，最近一项对高中老师的全美调查显示，学校并不经常要求学生写很长的文章，也并不要求他们去解释自己的文章信息。

在本章中，我们讨论了 7 ~ 11 岁处于童年中期的孩子的认知发展。同时，基于皮亚杰理论探讨了该年龄段儿童具有的能力和存在的局限。我们也具体探讨了该年龄段儿童在记忆、知识储备、策略、语言技巧等方面的重要发展。为了了解儿童如何将认知能力应用到一个重要的环境，即在校学习中，我们也探讨了儿童在三项重要的学习能力方面的发展。希望你能够借此清楚地了解到：该年龄阶段的儿童在很多方面体现出了很强的认知能力，而这些能力是建立在他们婴儿期、学步儿期和童年早期时的认知发展的基础上的。虽然在童年中期，儿童的各方面能力还有很大欠缺，但任何与这一年龄阶段的儿童打交道的人都会对他们中的大多数所拥有的技能数量和技能水平称奇。

第 12 章
童年中期儿童的社会情绪发展

社会自我与情绪自我

自我评价

情绪发展

性别差异

道德与亲社会道德判断

攻击性行为、欺凌行为与适应力强的儿童

家庭结构

父母离异与儿童成长中出现的问题

未婚生子家庭与继亲家庭

游戏、朋友和同龄人受欢迎程度

游戏与“最好的朋友”

同龄人受欢迎程度

儿童回应信息的社会认知模型

学校和媒体

学校：信念与期待

儿童与媒体

儿童与电视

电子游戏、电脑和网络

劳雷尔是个外向快乐的孩子，今年 9 岁。她人缘很好，同龄人都喜欢她。在学校，她的交友范围很广，而且她有个特别要好的朋友。劳雷尔和班里一个男生关系也很好，但他搬家了。他们仍然互通电子邮件（她妈妈说这很可爱）。劳雷尔喜欢学校，她有点完美主义倾向。她总是会拿自己与同龄人比较，而且她对自己很苛刻。她老是对着镜子看自己，然后说自己又胖了。她妈妈帕姆提醒她专注于“做最好的自己”。劳雷尔喜欢看真人秀电视节目、警匪片，要不就和同龄人一样使用电子邮件、发短信、上典型的社交网站。

劳雷尔的父母在她 4 岁时分居，现在已经离婚了。她爸爸搬到了别的州，他们之间没有多少联系。劳雷尔感觉爸爸把她抛弃了。劳雷尔和妈妈感情很好，妈妈在谈恋爱，需要自己的时间，这个她很难接受。即使到了 9 岁，劳雷尔仍然和妈妈睡在一块。帕姆试过一些行为矫正方法，连给劳雷尔买新手机、在她卧室放电视这样的收买手段都试过，但劳雷尔仍然不想在自己的房间睡。虽然劳雷尔真心喜欢上学，喜欢和朋友在一起，但如果和妈妈分开时间稍长一点儿，她就会很不安。

劳雷尔的经历和问题与其他童年中期的儿童相比如何呢？为帮助劳雷尔克服分离焦虑，你会向她妈妈提些什么建议呢？她父母离婚是个问题吗？在这个年龄段，劳雷尔的完美主义倾向会成为一个问题吗？在这个年龄段，劳雷尔的友情、学校经历，以及对技术和媒体的使用会发生怎样的改变？学习完本章后，你应该能运用一些概念和研究成果来理解劳雷尔的境况。你会给出怎样的建议？

许多孩子有着和劳雷尔一样的问题。童年中期是孩子社交和情绪发展的重要时期。这一时期，孩子会注意到自己的才能与同龄人的异同，一些孩子受欢迎，而另外一些孩子则不那么受欢迎；有些孩子喜欢挑战和刺激，而另外一些孩子则会退缩，更容易感到无助。对这个年龄段的许多孩子来说，离婚、再婚以及继亲家庭都已是事实，随着他们长大，儿童会从电视、电影、音乐及网络接触到更多的信息。家庭、朋友、媒体，儿童的生活会受到很多社会力量的影响。本章所讲述的概念及研究成果应该能够帮助你理解孩子的一部分自我是如何在与周围重要的人的交往中发展的。首先让我们来看一下儿童是如何理解自己和自己的情绪反应的。

社会自我与情绪自我

在第 9 章中我们讨论了儿童在童年早期是如何形成自我意识的。在儿童建立自我形象的模型过程中，“主我”与“客我”的意识在童年早期出现。随着孩子继续成长，他们的自我意识变得更加抽象、更为复杂。小学阶段是形成社会比较观念的重要时期。在确立自我的过程中，这个年龄的孩子会特别注重自己与同龄人比较的状况。他们会观察同学和其他同龄人，并且问：“我和他们长得一样高、跑得一样快、头脑一样聪明吗？”“他们也像喜欢其他孩子一样喜欢我吗？”通过拿自己与同龄人做比较，儿童更加了解自己，也更清楚自己的优点和缺点。童年中期也是儿童学习控制自己的情绪反应、帮助他人、控制自己的攻击性行为的重要时期。儿童不断认识自我、认识自己在社会群体中的角色的过程中有很多重要的话题，以上只是其中的几个。

自我评价

自我表述是指人们描述自己的方式，也叫自我概念，它所包含的特征与事实组成了我们在第 9 章中所讲的客我。自我评价是指人们对自己的评判，这些评判形成了自我尊严感，或者人们对自己的感觉。举个例子，一个孩子可能会有这样的自我表述（描述）:“我很高，跑得快。”那他的自我评价（判断）可能就是“长得高、跑得快是好事”，这会使他形成一种因长得高、跑得快而自豪的自尊感（情感）。在这个例子中，你能看到描述引发评价然后引发情感。从心理上说，儿童准确地理解自我并且悦纳自我是很重要的。儿童应该有合理的自尊心，他们的自尊要建立在准确符合实际的评判和自我表述的基础上。

在童年早期，由于大多数孩子会高估自己的能力，因此自我评价往往会过于乐观、不符实际（“我跑得超快”“我的阅读能力是最好的”）。在童年中期，儿童与同龄人做比较后对自己的相对能力有了更加准确的认识，因此自我评价会变得更加符合实际。到 8 岁时，儿童对自己形成了总体认识，或者全面的自我评价。

儿童开始区分真正的自我和理想的自我——自己实际的表现和品质与他们希望拥有的表现与品质。这一比较过程中，有两个方面很重要：一是在孩子认为重要的方面，实际情况与理想的差距；二是孩子从父母和同龄人身上获得的社会支持的程度。例如，一个女孩想成为足球明星（理想的自我），但长得并不结实（实际的自我），理想和现实差距就很大。如果这个女孩不看重体育运动，那么即便是很大的差距也不会影响她的自我评价。相反，如果这个孩子看重体能技巧和体育运动，她在这方面的自我评价可能就会受到影响。然而，如果这个女孩的父母和同龄人很支持她踢足球，关注她的进步并赞扬她付出的努力，那么她的自我评价就不会那么消极，她自我评价的某些方面甚至会变得很积极（比如“我很勤奋”“我不怕学习新事物”）。最糟糕的情况可能就是孩子觉得获得支持与否取决于自己的表现。换句话说，如果一个长得不是很结实的孩子认为只有自己球踢得好才能获得支持与接受，那么她就必须为克服弱势、赢得支持而努力，因此可能会形成消极的自我评价和自尊感不足。

在童年中期，儿童会在很多领域对自己做出判断，包括运动、学习、社交能力、体貌。在研究者研究过的这些自我评价的领域中，对自己体貌的认识与整体自尊心之间的相关性一直最大，相关度从 0.52 到 0.80 不等。从童年早期到成年，无论男女还是各种人群（比如有学习障碍的人、有天赋的学生、行为紊乱的青少年、不同种族的人，以及包括爱尔兰、澳大利亚、希腊、日本和美国等不同国家的人），都反映出这种紧密的联系。对体貌的关注似乎对女孩的害处尤其大，从四年级开始，一直持续到成年，女孩子对自己的体貌表现出的不满比男孩子的要大得多。那些将自我评价标准建立在体貌基础上的女孩子往往自尊心偏低，这并不奇怪。

如何才能帮助孩子形成更加积极的自我评价？表 12.1 中介绍了一些有益的建议。

表 12.1

培养积极的自我评价	
早期的看护会促进安全型依恋	• 学会理解您孩子发出的信号。予以回应并且观察他们的需求是否得到满足。 • 观察并且倾听。在可行的情况下让婴儿主动。不要总是急着开始互动。 • 孩子所在的环境要对孩子的气质比较敏感。如果孩子不情愿，不要过于强硬或者行动过急，也不要束缚活跃的孩子过久。 • 让孩子有许多机会玩耍并且与其他人互动，包括与您互动。 • 对您孩子早期的成绩表达出愉悦；即便其他孩子都做了同样的事，可对这个孩子来说，是新的成绩！ • 如果孩子向您寻求安慰，要安慰他。用语言交流。运用面部表情和身体动作，组织一些活动让孩子明白他们很优秀、可爱、能干。
给予积极的支持和鼓励。结果固然重要，也要看重努力和进步	• 对好的结果要赞扬（比如："画儿太美了！入选展览，我为你自豪！"），但也要强调过程和付出的努力（比如："上这些色很好玩吧？我看你花了不少工夫在上面呢！"）。 • 对所付出的努力给予支持，对过程表示认可。 • 帮助孩子设立切合实际的大目标和小目标，这样他真实的自我和理想的自我之间的差距就不会很大。 • 提醒孩子不必事事优秀，有些事情只是为了好玩！

表 12.1（续）

给孩子指导和引导，帮助他进步	• 抽时间带领孩子学习做力所能及的事。 • 与其他人（比如老师、教练、朋友）携手，为孩子树立学习新知识和技能的好榜样。 • 思维要有创造性，利用孩子的优点去改善弱点（比如，一个孩子阅读能力不是很好，但很善于社交，她应该会喜欢给家人、朋友或动物玩偶声情并茂地朗读故事）。 • 尽量快乐地进行教学互动（比如，发明一些纸牌游戏或者钱币游戏，训练孩子的计算能力；玩顺口溜，以训练语音）。
反馈要坦诚	• 不要撒谎或者夸大其词，尤其是当孩子上小学的时候。通常他们都清楚自己哪里做得不好，你撒谎只会让他们不信任你。要坦诚，但要用温和友善的方式。 • 和孩子谈他们能改进的具体的事情，并且给予帮助。花时间帮助孩子培养技巧，并给予指导，和孩子一块做一件事等。方法因人而异。 • 反馈要平衡，既指出好的方面，也指出不好的方面。 • 以自己、其他家庭成员和孩子的朋友为例，指出强项和弱势，让他们知道人无完人。
教给他们设立目标的技巧	• 帮助孩子设立具体合理的目标。 • 孩子渐渐长大，示范他们如何设立明确的长远目标和眼前的小目标，以及如何制订计划达到目标。 • 帮助孩子记录进步（比如制作图标、日历或者进度记录），对进步给予评价。
强调优点	• 所有的孩子都会在某方面做得很好。 • 以具体的例子，告诉孩子已具备的优点。

情绪发展

在童年早期，儿童发现情绪能代表他们自己对情境和事件做出的反应，而且不同儿童的情绪反应会不一样。童年中期是儿童学会控制和调节自己情绪反应并且提高自己准确理解他人情绪能力的时期。

从父母身上学会积极的情绪技巧的孩子，交友似乎更成功。如果母亲情绪表达能力强，孩子往往能赢得同龄人的认可。一项有趣的跟踪研究发现，成年人的同理心（理解他人情绪的能力）水平与童年的经历有关。这项研究发现，富有同理心的成年人在儿童期从父亲得到的看护比同龄人多，他们的母亲对依赖性行为能更加容忍，对他们的攻击性行为会加以更多的限制，并且更加满足于当母亲。你可以想到，符合这些特征的父母往往会给孩子示范积极的情绪控制。

当然，反之亦成立。例如，如果母亲长期情绪低落，孩子就容易产生愧疚感、无助感，情绪低落。虽然他们努力想让母亲高兴，但总是不能成功，而且他们常常觉得是自己的错。在不能直接表达情绪的环境里成长起来的孩子更容易出现行为和情绪问题，即便通过大脑活动测量可能会发现他们某些类型的大脑活动水平更高。这种环境下孩子获得的情绪信息更少，因此他们必须更加努力才能识别出情绪。情绪中的细微差别也会影响到孩子——对双胞胎的研究发现，受到母亲比较消极冷淡对待的孩子比受到比较热情对待的孩子更容易出现行为问题。

准确解读情绪是一项重要的社交能力。善于解读情绪的孩子往往更受同龄人的欢迎。他们知道何时自己能让朋友开心，如果朋友受挫，他们会为朋友适时留出空间，朋友难过或者沮丧时知道安慰朋友。在第 9 章中，我们提到儿童偏好积极的情绪，以及他们往往更喜欢快乐且知道如何控制自己情绪的孩子。正如有研究人员坦言“感觉很好……这会让孩子更容易走进同龄人的世界”“会让社会交往更加顺畅”。相反，有情绪控制障碍的孩子更容易生气或者心情低落，而且可能在交友或保持友谊方面存在困难。

性别差异

如前所述，儿童在社会活动和游戏中会表现出强烈的性别隔离。到童年中期，儿童对自己的性别以及男孩女孩之间的区别已经有了明确认识。西方文化中主流的性别形象是：男孩活跃并且富有攻击性，女孩则更加情绪化并且乐于助人。研究结果能部分支持这些形象，但并非全部。从平均水平上来看，男孩比女孩活跃度更高，他们更喜欢户外游戏、大大咧咧地玩闹以及大范围移动的活动；女孩则在需要灵活性和细致的机动协调能力的任务中表现更好。这些差异随着年龄增长会更加明显。

从很早开始，男孩就比女孩表现出更多的攻击性，如打击或者踢东西，而且这种差异从童年一直持续到成年。男孩也比女孩表现出更高的张扬度，虽然这类差异不如在身体攻击性方面的差异大。须知攻击性会以不同的形式表现出来，这一点也很重要。关系攻击行为是指通过中断友谊或者破坏社会关系来伤害他人，比如威胁要中断友谊（“我不再是你最好的朋友了！”）、社交排挤（“你不能加入我们组！”）、传播恶意的谣言（“她说她不喜欢你了！”）。女孩表现出关系攻击行为的可能性比男孩要大得多。孩子到 5 岁时，已经能够理解这些差异——他们能够理解男孩更富身体攻击性，而女孩会有更多的关系攻击行为。

研究者还未发现助人行为和情绪的性别差异规律。女孩们通常从他人身上获得评价，会把自己评价为更加乐于助人、善于合作、富有同情心，但她们的实际行为与男孩的行为之间并没有一贯的差异。然而，女孩寻求帮助并获得帮助的可能性比男孩更大，而且一些研究表明女孩比男孩更容易受外界影响。如果要对他人施加影响，男孩更可能使用威胁和暴力。而女孩往往用口头说服的方法，或者如果不奏效，干脆就放弃努力。

道德与亲社会道德判断

道德判断 回顾第 9 章，复习劳伦斯・科尔伯格的道德发展阶段理论，到 10 岁时，大部分儿童仍然处于道德观发展的第一阶段或第二阶段。然而随着渐渐明白规则是社会的传统，并且能够从他人角度理解失误，有些儿童开始表现出传统的道德观念。在传统这一层面，儿童遵守规则是因为他们认为维持个人的社会地位或者整个社会的秩序很重要。他们逐渐开始观察别人如何看待自己的行为，并且知道自己的行为会影响其他人。到了第三阶段，儿童遵守规则主要是为了获得父母、家人、老师和朋友的认可。

亲社会道德判断 道德判断的另一个重要方面就是亲社会道德判断（儿童决

定自己是否帮助某人的思维过程）。南希·艾森伯格让一些从学龄前到十二年级不等的儿童处于亲社会困境中——在这些情境中，帮助别人时需要个人做出一些牺牲。例如，有个情境是一个女孩要去参加生日宴会，但她被要求去帮助另外一个受伤的小孩。停下来帮助别人意味着会吃不到冰激凌、蛋糕，赶不上游戏。这个女孩应该帮助别人吗？如果应该，为什么？

艾森伯格根据孩子的回答提出，亲社会道德判断会在不同的层次上发展，如表 12.2 所示。很容易看出亲社会道德判断的各个层次与科恩伯格道德判断各个层次之间的对应性：随着儿童年龄增长，他们会从只考虑自己的需求，发展到关注社会的认可，最后到以更为广大的原则为基础判断。和科恩伯格的理论一样，艾森伯格的理论认为，儿童整体的认知发展、换位思考能力与亲社会道德判断的发展同样重要。然而，艾森伯格的理论并没有说亲社会道德判断的各个层次是普遍适用的。根据艾森伯格的理论，环境和情感因素，比如父母的养育和个人的同理心，都会影响亲社会道德判断的发展和运用。

几个不同国家的研究都证明了艾森伯格提出的层次排列。然而，帮助请求的类型也会影响孩子判断是否要伸出援手。如果帮助请求很简单，且不需要多少努力或者是举手之劳，儿童对自己应该做什么似乎不会考虑太多——他们会直接给予帮助。社会环境同样会影响亲社会道德判断。例如，一个以色列集体农场的人们注重集体价值和平等，那里的儿童对以需求为导向的判断程度会更低，而以内在价值为导向的判断程度会更高。另外，亲社会道德判断会受到父母关系的影响。感情上热情的父母在教育中，会传达出对孩子成熟行为的期望，而且也会向他们解释、鼓励更高层次的亲社会道德判断。如果家庭注重亲社会道德判断，并且父母以身作则，公开支持或者讨论相关观点，他们的孩子形成这种判断的可能性就会更大。孩子在电影和电子游戏中接触暴力，则会降低帮助他人的可能性，这在他们是否会注意到别人何时需要帮助、花费多少精力去帮助方面都有体现。情绪理解能力更强的孩子会表现出更高层次的亲社会行为。另外，对男孩和女孩的接受度都较高的社会中，儿童的亲社会层次也较高。

表 12.2

亲社会道德判断的发展层次		
层次	年龄	特征描述
享乐主义导向	学龄前到上小学之初	• 孩子只关心自己的需求和对自己造成的后果。 • 只有当下或未来对自己有利，或者自己喜欢这个人，才帮助别人。 • 例如：我会帮助他，是因为他会让我骑他的新自行车。
以他人需求为导向	一些学龄前儿童；许多上小学的儿童	• 孩子关心别人的需求，即便和自己的需求有冲突。 • 对另外一个人没有表现出很多的同情，或者不会因为没有帮助而感到愧疚。 • 例如：我帮助他，是因为他受伤了需要帮助。
以获得赞同和符合传统形象为导向	小学到初中	• 孩子关心自己得到他人的认可并获得赞同。 • 帮助与否，通常是基于什么是“好人”或“坏人”的传统观念。 • 例如：我会帮助他，是因为这样我爸爸会为我自豪。
以同情心为导向	小学高年级到初中	• 孩子对他人表现出同情心。 • 不帮助他，孩子会表现出愧疚；帮助了，则有积极的情绪。 • 有时会提高内在的价值观或者责任感。 • 例如：我会帮助他，是因为他一定很难过。帮助他，会让他好受一些，而且我自己也会因此感觉很好。
以内化的强烈价值观为导向	初中学生中的一小部分	• 孩子关注的是遵守自己内在的价值观、规范、信念或者职责。 • 违背内在的标准会让他觉得丧失自我尊严感。 • 例如：帮助受伤的人很重要。如果我们一直这样做，我们的世界就会变得更加美好。

攻击性行为、欺凌行为与适应力强的儿童

攻击性行为 所有的儿童都会有表现出攻击性的时候，尤其是在童年早期，儿童因抢占东西而起的冲突最多。攻击性是相对比较稳定的特征。图 12.1 所示为连续 22 年对攻击性行为进行评估的跟踪性研究。如图所示，8 岁时被评估为攻击性强的孩子，在未来犯罪乃至重罪的可能性要大得多，他们成年后对配偶或者孩子施行暴力的可能性也更大。其他研究中也发现了贯穿童年早期、中期直至成年的类似规律。同类研究表明，基因特征、出生前某些特殊条件（比如出生前接触到酒精或尼古丁）、婴儿早期的经历（比如母亲的抑郁、营养不良、铅中毒），也会加大攻击性行为的倾向。很明显，有些孩子出现攻击性行为的可能性就是比其他孩子大。

如我们讲亲社会情感和行为的发展时所说，家庭环境对孩子的攻击性行为也会产生重要影响。一个攻击性强、易失控的孩子，可能生活在高压强制的家庭环境中。在这样的家庭中，强制的管教方式，以及用大喊大叫、威胁、命令、体罚等方式来解决矛盾，是家常便饭。父母和孩子都会频繁出现攻击性行为，怒气和敌意都很多。父母很少认可或支持亲社会行为，反而更多地关注孩子犯的错误。

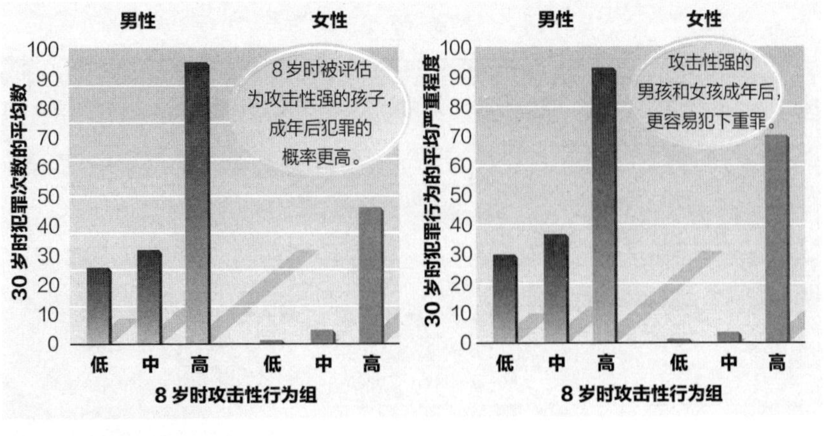

图12.1 攻击性行为的持续性

一项跟踪研究发现，8 岁时被评估为攻击性强的孩子，在之后的 20 多年里持续表现出攻击性行为。

另外，高压的父母往往会消极地理解模棱两可的事情，想当然地认为会有潜在的危险。即使父母不是直接采取高压，如果没有监管好孩子的活动和社会关系，或者未对孩子的行为加以适当的限制，也会间接地鼓动攻击性行为。

最后，文化环境也会鼓动攻击性行为。在美国，一些亚文化的攻击性明显强于另外一些。然而，贫穷是一个重要的因素。居住在大城区的男性攻击性要更强，而且非洲裔美国男性尤其强。出身贫穷的白人儿童的攻击性行为与非洲裔儿童一样多，但白人儿童出身贫穷的比例要更小。与较低社会经济地位有关的许多因素，都能解释为何攻击性行为率更高，包括整体压力水平偏高、教育质量较差、一些会示范攻击性行为的管教方式、家长监督不力，以及和好斗的同龄人交往。受社区、家庭和同龄人暴力氛围的影响，儿童攻击性行为的可能性也会提高，而且这种影响覆盖了所有年龄段的儿童。

欺凌行为 是指对特定的受害者施加持续的言辞或身体攻击行为，且双方力量不平衡。这种行为既可以是直接的（如辱骂、取笑、殴打）、社会关系方面的（造谣或排挤），也可以是发生在网络上的（网络欺凌，如发布篡改过的照片、辱骂性的信息、个人信息，或在聊天室里骚扰别人）。美国全国调查发现，多达 1/3 的美国学生要么欺凌过别人，要么受到过别人的欺凌，或者两者兼有。表 12.3

表 12.3

欺凌行为的常见结果			
受欺凌者	•社会地位低 •边缘化 •自卑 •孤立	•情绪障碍 •精神病 •自杀	成年后： •抑郁 •虐待 •身体状况差
欺凌者	到 25 岁左右时犯罪行为提高 4 倍	•辍学的比例更高 •携带危险品 •打架 •被同龄人边缘化	•更多的人吸毒 •对上学持消极态度 •更容易抑郁、心理烦恼（如果他们自己能辨认出来）
欺凌－受欺凌兼有者	•与同龄人相处问题最多	•更多暴力行为端倪	•抑郁症、孤独症、物质使用障碍、精神病的发生率最高

是欺凌行为导致的一些常见后果。

欺凌者不善于换位思考，不能感受受害者的痛苦和情感，而且往往很冲动。欺凌者对攻击性行为有较高的容忍度，认为这样解决问题或获得回报是可以接受的。他们通常都来自我们上一节所讲的强制高压的家庭环境，这种家庭的特征是管教方式反复无常且严苛，并伴有高度的怒气和敌意。欺凌者并非缺乏安全感或自尊心低下，焦虑度也不会比别人高。事实上，欺凌者常常自我感觉良好（部分原因可能是他们欺负的对象不怎么反抗），通过欺凌别人获得他们想要的东西。他们会吹嘘自己交朋友没有困难，有时他们的朋友就是其他人不喜欢的孩子，其中部分也有攻击倾向。但有些欺凌者确实很受同龄人欢迎（也就是说，他们地位很高）。然而，欺凌行为是要付出代价的。学校欺凌者比其他孩子更容易出现行为问题、滥用药物，而且出现严重的反社会行为乃至犯罪行为的概率要高得多。神经科学研究发现，欺凌者的大脑情感处理和调控区活动规律不正常，有些人面对他人的不幸遭遇时，大脑活跃度更低；有些人面对观察到的威胁时，大脑活跃度会比正常水平高。

那么受欺凌者又怎样呢？约 10% 的学生说，他们会定期受一个欺凌者的欺负。受欺凌者一般孤立无友，可能缺乏社交技巧。他们一般更加忧郁、孤独，而且看起来更加弱小。还有的受欺凌者本身就有攻击倾向，让他人认为会捣乱、感觉讨厌，因此成为受欺负的对象。受欺凌者一般会感到悲伤和被嫌弃、不敢上学、高焦虑度，出现抑郁症、自杀和自虐行为的可能性更大。那些既是欺凌者又是受欺凌者的儿童结局最差。

现在，为预防欺凌行为而开展的项目越来越多，尤其是在学校。如果这些项目集中提高学生的意识并改变学生对欺凌行为的态度，创建一个不能接受欺凌行为的校园文化，那么这些项目就能达到目标。除了贯彻反对欺凌行为和其他攻击性行为的校规，对学生进行适当的监管也很有必要。对受欺凌者给予支持和保护也很重要，包括设法促进他们融入学校，并鼓励其他学生接纳他们一起活动。

适应力强的儿童 一些孩子在成长中面临诸多不利条件——成长环境贫穷、

经常目睹暴力事件、就读低等学校、父母管教严苛甚至会虐待——然而他们最后都生存了下来，甚至走向成功。这些就是适应力强的儿童——即便在不利的环境下成长，仍能成功、有所成就，或有美好的未来。适应力强的儿童，是儿童发展理论的研究中最有意思的一些案例。儿童心理学家埃米·沃纳对适应力强的儿童进行了一项经典的研究，他对夏威夷考艾岛 1955 年出生的儿童的人生轨迹进行了跟踪记录。沃纳将近 10% 的儿童归入适应力强的行列。虽然这些孩子出身贫穷，母亲没有受过什么教育，家里有人酗酒或者患有精神疾病，而且家境极其困苦，但这些孩子长大后都能力强、懂得照顾人、生活快乐。沃纳和其他研究者一样，发现了一些让这些儿童最终没有朝不利结局发展的因素。这些儿童个性都很随和，智力在平均水平以上，并且他们与某位家人或学校/教堂里的一位重要的成年人保持着积极的关系，同时他们一般都积极乐观——所有这些因素都使得这些儿童避免了一些困难，抵制住了诱惑，而他们的同龄人则不幸陷入其中。通过研究适应力强的儿童，你就能明白有些孩子为什么可以最终摆脱生活中的消极影响，而这些经验也许能帮助我们去援助其他境遇不好的孩子。

家庭结构

在第 9 章中，我们主要讲述了父母的教养模式和家庭的管教方式——这两个话题对任何年龄段的儿童都很重要。本章我们主要讲现代美国家庭的结构。过去半个世纪，同双亲生活在一起的美国儿童数量在不断减少，而与单亲一起生活的儿童的比例则增加了 1 倍。如图 12.2 所示，你可以对白人、非洲裔、拉美裔儿童的趋势进行比较。你会发现大多数非洲裔美国儿童生活在单亲家庭中。各种各样的家庭结构对儿童有什么影响呢？在儿童的经历中，家庭结构本身是最重要的因素吗，还是有其他更重要的因素？本节我们将对离婚家庭、单亲家庭、继亲家庭进行探讨，并思考这些家庭结构与儿童社会情绪发展的关系。

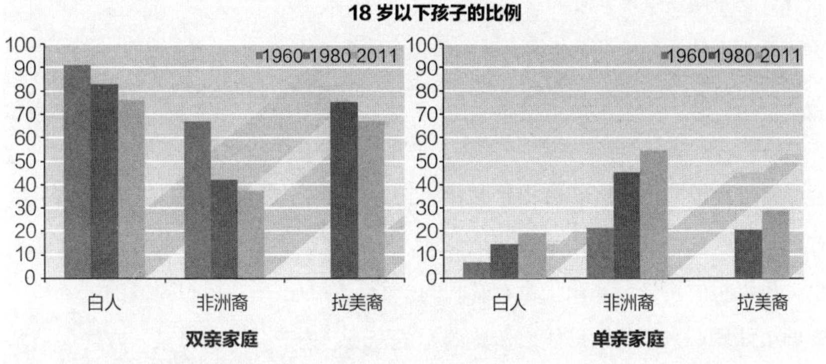

图12.2　双亲家庭和单亲家庭的孩子比例

自 1960 年起，18 岁以下生活在双亲家庭的孩子的比例持续下降，与父母一方生活的比例提高了，还有小部分孩子不与父母任何一方一起生活。2011 年，55% 的非洲裔美国孩子生活在单亲家庭中，只有 38% 的孩子生活在双亲家庭里。（1960 年拉美裔美国人的数据缺失。）

父母离异与儿童成长中出现的问题

你的家人是否经历过离婚？即便你没有经历过，你大概也认识几个经历过的人。在美国，45% 的婚姻最终以离婚收场，其中非洲裔美国人和受教育水平低于大学程度的人离婚率更高。美国有近一半人在 18 岁以前会经历父母离婚。鉴于这些数据，父母、老师、儿童护理工作人员、儿童发展心理学家、临床医师和法律专家必须理解离婚对儿童产生的影响。我们这些与儿童打交道的人要学会如何帮助儿童应对这些变化和控制他们随父母离婚而来的情绪。

如果与父母未离婚的儿童做比较，父母离异的儿童会表现出更多的问题，包括：

- 容易抑郁、难受、悲痛、生气，感到焦虑、耻辱，害怕被抛弃，并且觉得父母离婚是因为自己。
- 更容易出现叛逆、攻击性行为、反社会行为、犯罪行为，缺乏自我控制能力。
- 在学校成绩差，出勤率低，到初中时辍学率更高。
- 上大学的比例低，成年后年收入偏低。

- 青少年期怀孕率较高。
- 结婚率较低，同居率较高，结婚后更容易离婚。

这些差异通常不大，但在跨越几十年的研究中，这些差异一直存在。

父母离婚的孩子经常会由于父母离异而倍感压力，觉得要快点儿长大。这种感受的产生，部分是由亲职化造成的，在这种角色倒错中，儿童承担起通常由父母承担的责任。亲职化也有有利的一面，因为孩子会承担更多的家务和照顾弟弟妹妹。亲职化也可能以情感的方式表现，孩子会给父母某一方提供情感支持或扮演他们的劝慰者或知心人。适度的亲职化对男孩女孩都有积极影响，然而高度的亲职化则与诸如抑郁、焦虑、强迫性照顾、生气、易怒等问题有关，尤其是对女孩来说。女孩比男孩受到来自父母亲这样的对待更多，但对于由父亲促成的情感性亲职化，男孩应付起来似乎尤为困难，会造成焦虑、抑郁、叛逆、抵抗、回避家人等问题。亲职化不仅出现在离婚家庭，母亲抑郁或存在家暴也会造成亲职化。

自然，对大多数儿童来说最艰难的时期就是离婚后第 2 ~ 4 年。然而一些研究表明，也许要等孩子到了青春期或成年初期并且开始建立稳定的亲密关系时，父母离婚所造成的一些更为微妙的影响才会显现出来。有时候这被称为离婚的睡眠者效应，这一发现表明儿童在每个发展阶段都要面对因父母离婚而产生的问题。表 12.4 所示为父母离异但在大学里表现良好的学生和父母一直没有离过婚的学生对各种描述回答“同意”的状况。如你所见，学生们对父母离婚似乎仍然耿耿于怀，尽管超过 80% 的人认为离婚对他们家来说是正确的选择。与父母一直没有离过婚的学生相比，父母离过婚的孩子在其中 10 项调查问题中表现出痛苦的比例要高得多。

父母离异对孩子的影响　离婚之所以对孩子产生影响，一大部分原因是父母照顾孩子的时间少了，也没有以前好了。即便养育孩子能力很强的人也可能会承受不了离婚带来的情感压力。当日常习惯、居住的地方和规则发生改变，许多孩子也会变得更难照顾。父母往往变得独断、不能尽职，或者对孩子放任不管。如

表 12.4

在大学适应状态良好的离异家庭大学生的心理困扰		
测试条目	同意或者积极陈述的年轻人所占比例	
	父母离婚	父母从未离婚
我父亲是家庭问题的最主要引发者。	60	19*
我觉得如果我与父亲 / 母亲相处时间更多的话，我会是一个不一样的人。	51	20*
如果我父母双方都来参加像毕业典礼或婚礼这些大事，我会感到担心。	50	10*
我的童年比大多数人艰难。	48	14*
我希望自己能有更多的时间陪爸爸 / 妈妈。	47	19*
我的童年突然中断了。	34	17*
我一直没有原谅爸爸。	30	6*
我一直没有原谅妈妈。	7	4
我有时会怀疑父亲是否爱过我。	29	10*
我感觉自己的婚姻关系注定会重蹈。	18	15
我父亲仍然爱我母亲。	14	78*
我母亲仍然爱我父亲。	11	82*
父母离婚仍会让我内心挣扎。	49	不适用
父母分开后，父亲就不在我身边了，我真的觉得难过。	48	不适用
虽然父母离婚让我很难接受，但对他们来说这是正确的选择。	81	不适用
如果父母没有离婚，我大概会是个不一样的人。	73	不适用

* 不同家庭背景的孩子，在该项数据上差异明显。

果负责监护的父母能够保持良好的养育方式、密切的亲子关系，能够回应孩子的需求，他们孩子的结局就会好很多。

专家一致认为，无论最后是离婚还是继续维持婚姻，父母之间公开的争吵都十分有害，尤其是冲突夹杂着愤怒或暴力，或者将孩子夹在中间。有一项研究记录了这样一个恶性循环：父母越是因为孩子捣乱而争吵，孩子就越捣乱，这反过来又会引起父母更多的争吵。不幸的是，离婚后父母还会因孩子归属问题、钱财、家产和其他问题而争吵，因此离婚后孩子经历的冲突可能比离婚前更多。

父母分开，家庭收入更少了，要想办法维持收支平衡，许多家庭离婚后经济上会感到拮据。这时候经常要搬家，孩子会失去熟悉的家、朋友、学校和邻居，孩子们也会有压力。在离婚过渡期，社区服务和社会工作网络会很有帮助，但搬家后要保持社会关系还是很具挑战性的。

专家一致认为，要把离婚看成一个过程，而不是一个孤立的事件。这个过程往往在父母真正分开前就开始了，而且在婚姻正式结束很久以后仍在继续。从离婚 - 压力 - 调整视角来看，整个离婚过程会引发许多让父母和孩子都倍感压力的事情。正是这些压力源提高了父母和孩子得到消极结果的可能性。如图 12.3 所示，根据这一模型，离婚的整体影响取决于几项因素，诸如经济来源减少、失去监护权、父母发生冲突等，这些压力源都会对孩子的情感和行为产生影响。每个孩子特定的弱点，如脾气固执或者携带容易导致诸如抑郁症等心理疾病的基因，可能会使孩子应对这些压力源时遇到更多困难。然而，保护性因素的存在，比如社会支持或良好的应对能力，则会让过渡期相对轻松。综合上述，孩子的情况是压力源、特定的弱点、保护性因素的综合结果。

一些研究者认为，离婚本身不会给孩子带来许多的消极后果。根据淘汰模型，父母的某些特征，如反社会的人格特征或很差的养育能力，导致了离婚和孩子的问题。这种视角之所以被称为淘汰模型，是因为消极个性导致父母的婚姻被“淘汰”，而且对他们的孩子造成了消极影响。例如，一个会施暴的父亲对他的孩子会造成消极影响，而且他妻子与他离婚的可能性更大。如果孩子在父母离婚后表现出消极的行为（例如攻击性行为或学校表现不佳），这种情况可能更多的是父亲施暴造成的，而不是离婚本身造成的。不管父母是否离婚，这种情况都会存在。当然，可以同时运用两种模型进行解释。有些问题可能是由父母方面的

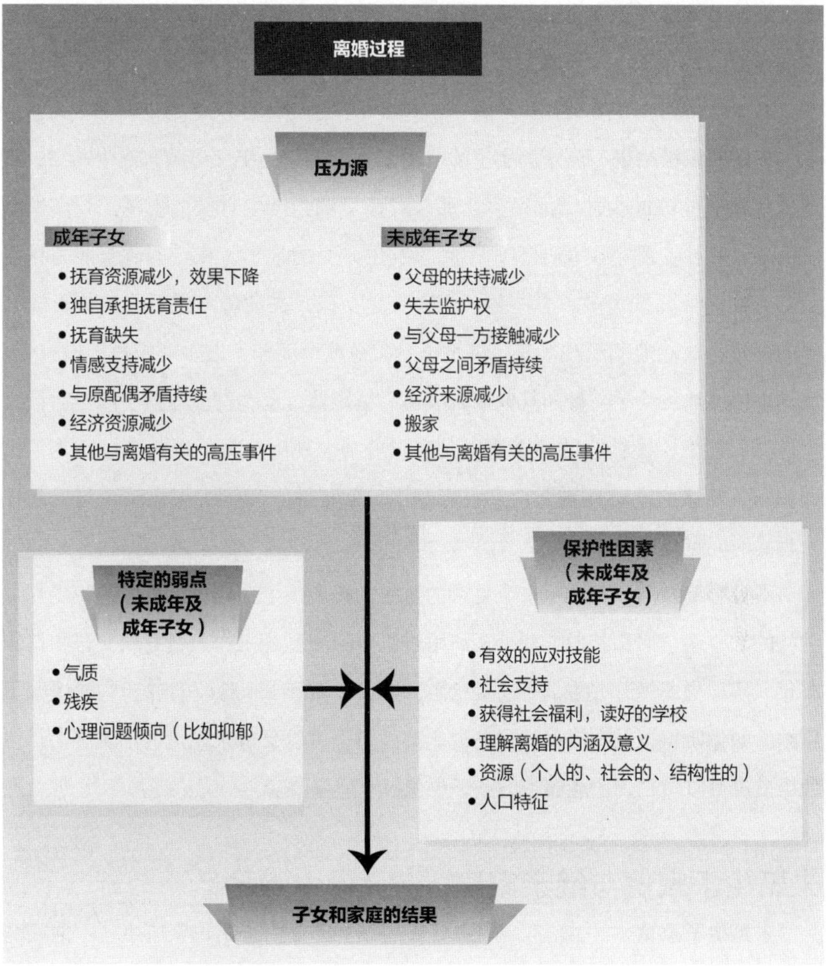

图12.3　离婚–压力–调整视角

离婚 – 压力 – 调整视角将离婚视为一个受压力源、特定的弱点及保护性因素影响的一个过程。所有这些因素都相互作用，并且会影响一个孩子的发展结果。

因素造成（淘汰模型），而有些则是由离婚本身造成（离婚 - 压力 - 调整视角）。摆在研究者面前的是家庭生活这样一个复杂的系统，因此很难将这些因素分离开来。

离婚的积极结果 离婚确实也能产生积极结果。如果父母频繁发生冲突，只要结束婚姻能够减少冲突的发生，那么对孩子都会产生有益的影响。与离婚家庭的孩子相比，那些父母未离婚但频繁发生冲突的孩子，在心理调节能力和自信心方面得分要低得多。有些孩子，尤其是女孩，在父母离婚后与母亲形成亲密的关系，这让他们受益很多。离婚以后，适度（而非过度）要求孩子做家务、照顾弟弟妹妹、给予父母和其他家庭成员感情慰藉，这些都能使孩子成年后社会责任感、能力、同情心增强。如果父亲或母亲表现出很强的反社会性行为，比如攻击、情绪冲动、挥霍无度、吸毒酗酒、强制性管教等，那么孩子与父母在一起的时间越少则结果越好。

不管影响如何，离婚是一个复杂的过程，每个孩子在这个过程中的感受都是独特的。心理学家和其他处理处于离婚过程中的家庭的工作人员发现父母和其他成年人可以做一些事情帮助孩子应对父母离异。表 12.5 对他们的一些建议做了总结。如你所见，其中有些建议对处于离婚过程中的父母来说是很难实施的，但如果父母可以做到，便能够帮助孩子更积极地适应改变。

未婚生子家庭与继亲家庭

未婚生子家庭 2010 年，美国 41% 的孩子都是由未婚母亲所生。不同族裔之间未婚生子的情况差异很大。例如，2010 年非洲裔母亲（73%）和印度裔母亲（66%）的未婚生子比例，就高于拉美裔母亲（53%）或者非拉美裔白人母亲（29%）。离婚给儿童所造成的大部分影响同样也会发生在那些父母从未结婚的儿童身上。事实上，在某些情况下，非婚生儿童受到的危害会更大，使得一些研究者将这类家庭视为“脆弱家庭”。经济保障是一个尤其重要的因素。大部分未婚生子家庭是由单身女性挑梁。未婚母亲往往收入相对较低，而且与离婚的母亲相比，她们从孩子的父亲那里获得孩子养育方面的支持的可能性更小。和离婚的单

表 12.5

帮助孩子应对离婚

- **在离婚中和离婚后父母应尽量减少冲突**。在协商监护权、财务、上学等问题的过程中要将孩子的需要放在首位。不要让你的孩子轻视你的配偶。双方争执不要将孩子夹在中间，也不要叫（或者暗示他们应该）和谁站在一边。
- **尽量不要让孩子一次面对诸多变故**。尽可能不搬家，或者少搬家。协助孩子与熟悉的朋友、老师、学校和社区的其他人保持联系。如果可能，让他们逐渐适应不可避免的变化。
- **不要让孩子成为家庭的守护者**。加入一个离婚人士的团体，去亲友家串门，从而获得情感和实际的依靠，不要让孩子承担成年人的责任。
- **形成一种有效的养育风格，并保持下去**。对孩子的爱护要全身心投入，并确保方向正确、行之有效。
- **寻求帮助与支持**。向朋友和家人求助，也可向受过儿童教育专业训练的人士咨询。尝试以家庭和父母为基础，改善养育孩子的技能，并改善亲子关系。
- **树立一贯的行为和期望准则**。理想的情况下，父母双方都要采取同样的准则并相互支持。在对孩子的期待和管教、每天的例行工作等方面，父母双方应达成一致。
- **协助孩子与父母双方保持稳定的联系**。定期让孩子与非监护方见面，并根据孩子的需要和兴趣调整。定期打电话、发电子邮件或者写信，尤其是父母一方住得很远，不能经常见面时。记住孩子的生日或节假日等一些特殊的时间。要对孩子的活动表示感兴趣，给予支持，参加孩子的朗诵会、运动会和类似的活动，至少偶尔要参加。
- **要为处于痛苦或者悲伤中的孩子寻求专业帮助**。试试寻求一些学校团体的帮助，缓解孩子的悲伤，或者改变孩子对离婚的看法。如果孩子可能有更严重的问题，比如行为障碍或者抑郁，要寻求单独的治疗。教孩子一些主动的应对技巧，例如，解决问题的方法和寻求他人的帮助，帮助他们树立自己能够解决压力的信念。在离婚之前和之后，都要树立积极主动、有效解决问题的榜样。
- **帮助孩子培养积极的人际交往能力**。设法培养建立和保持亲密关系所必要的一些技能，然后用自己健康的人际关系给孩子做示范。咨询师和医疗专家可以将人际交往技能纳入孩子的疗程，父母可以要求解决这些问题。
- **将经济收入下降控制在合理范围内**。寻找为过渡期家庭提供支持的法律或者社会项目（比如，有的项目会帮助父母获得儿童扶持金、找房子、找工作、得到教育培训）。
- **不要轻易离婚**。如果可能，要学习用积极的方法解决矛盾，解决或者最小化家庭与其他责任（如工作需求）之间的冲突，挽救婚姻。

身父母一样，未婚单身父母养育孩子的资源往往较少，于是对孩子的养育就更不得力。他们往往会更频繁地搬家，因此所获得的来自社区关系圈的支持就减少了。针对由父亲挑梁的未婚家庭的研究较少，我们对单身父亲家庭的了解大多来源于离婚后的家庭。有些研究表明，虽然单身父亲往往经济来源比单身母亲好，但两者家庭中的孩子的状况都是相似的。单身父亲对青春期时期的孩子的监督指导较少，并且如果这位父亲与另外一位新的伴侣同居，那么这方面的投入则会更少。也有研究发现与单身父亲生活的孩子心理困惑更多，而且到了青春期，他们滥用药物、做出暴力或危险行为的风险更大。当然，也有可能这些孩子出现的问题是导致孩子与父亲一起生活的原因，而不是与父亲一起生活造成的结果。

继亲家庭　如果父母离婚后再婚，对孩子会产生什么影响呢？和离婚家庭及未婚家庭一样，情况很复杂。母亲再婚后家庭的经济状况会有所改善，从而孩子所获得的服务的质量和受教育情况都有了提高。然而，有些孩子在再婚家庭中受益会比其他孩子更大。例如，男孩与继父一起生活，他完成高中学业、上大学并且大学毕业、最后找到相对应的就业机会的可能性会提高。如果继亲家庭关系能保持多年稳定并且为孩子提供得当的看护，那么孩子成年后建立亲密关系的时候就会受到积极的影响。如果孩子能与亲生父母和继亲都保持良好的关系，那么他们所获得的父母的看护比那些与亲生父母一直生活在一起的孩子会更多。

但继亲家庭也会面临特别的挑战。在许多案例中，孩子会经历两次过渡（离婚后再婚），而且研究表明随着过渡的次数增加，孩子所感受到的压力和调整的困难度都会更大。虽然再婚可能会让经济更有保障，但也有可能会让孩子的家庭经济状况更糟。有些专家指出，再婚父母，尤其是再婚父亲会觉得自己应该优先抚养新配偶之前所生的孩子或者是自己与新配偶的亲生孩子，因此，这些父母对自己之前婚姻中所生的孩子的经济和/或情感支持就会减少。另外，虽然这不是必然会发生的，但再婚家庭的抚育质量经常会比单身母亲家庭的更差。规则发生了改变，家庭成员扮演不同的角色，要厘清各种事情并树立起新的日常惯例和责任是需要时间的。孩子与继父可能会争相占有母亲的时间和关注，这样母亲就没有先前那么多的时间来得力地抚育孩子了。这样的竞争对女孩产生的压力会比男孩更大，尤其当女孩在母亲离婚后一直像朋友一样提供亲密的情感支持的时候。继父往往不如一直未离婚的亲生父亲那样投入或者能提供情感支持，而且他们的管教和指导也更少。总而言之，即便继父母有可能会对继子女产生积极的影响，再婚家庭的孩子的行为和心理状况通常不会比单身父母家庭的孩子更好，有时甚至会更糟。

游戏、朋友和同龄人受欢迎程度

儿童在童年早期总喜欢幻想，喜欢玩类似“过家家”的游戏，这是他们在练习自己新发现的表征思维能力。到了中期，儿童的思维变得更有逻辑，他们玩的游戏也随之变化。童年中期还是建立友谊的重要阶段，儿童会与个别同龄人和玩伴成为“最好的朋友”。儿童在上学或者玩耍的时候，与自己的同龄人有了更频繁的接触，一些儿童会变得很受欢迎，而另一些则没有那么受欢迎，甚至被同龄人排斥。在这一部分，我们来看看研究人员对于儿童的游戏、朋友和同龄人受欢迎程度的调查结果。

游戏与“最好的朋友”

我们在第 11 章中曾经说过，大部分儿童在 7 岁的时候，都已经进入了皮亚杰理论中的具体运算阶段。他们的思维过程变得更加有逻辑、更加现实，幻想和假装慢慢变少，他们由此开始看清真实的世界。儿童在这个阶段参加的活动或玩的游戏多具有严格的规则。棋盘游戏中有规可循，像“数土豆”之类的数数游戏也基于严密的逻辑，电子游戏的规则和策略能让一些儿童一玩就是几个小时。尽管幻想的因素可能还很好玩，但现在真正吸引儿童的是游戏的逻辑。而这阶段儿童喜欢收集各类物品，更反映出他们对于逻辑、规则和组织的感觉。这个年龄的儿童多收集游戏卡、人偶、玩偶和其他玩具，不仅是为了玩这些东西，更是因为在获取并组织整理这些物品中感受到了乐趣。为了收集这些物品，儿童和小伙伴进行谈判交易并制定自己的策略，这些都是逻辑思维的重要练习。

在童年中期，游戏通常还意味着获取并提升身体技能。需要身体技能的游戏最常见的有打棒球、跳绳、爬树、骑自行车和玩滑板。掌握身体技能对于儿童来说很重要，他们经常挑战身体极限，通过表演“绝技”展现他们对身体技能的掌握，这些“绝技”总是越来越复杂和危险。站在滑板上跳过一个斜坡，或腿勾在树枝上“倒挂金钩”，这些都让父母胆战心惊，但儿童却觉得有成就感，能给同龄人留下深刻印象。在上小学的时候，儿童为了建立自己在同龄人中的地位而展现这些技能。我们在第 10 章中也说过，许多儿童还参与组织良好的体育项目。如果儿童的主要动机就是参与的乐趣，那参与体育项目与玩游戏差别不大。但是，如果儿童参与体育项目是因为来自家长或教练的压力，或者只是为了取胜，那他们的活动就不再属于游戏的范畴。

“最好的朋友”是一类很特殊的朋友。儿童与自己最好的朋友的关系，要比大部分儿童与偶然认识的所谓“朋友”的关系亲密得多，也更加排外。儿童拥有最好的朋友的数量在他们 11 岁之前一直在增加，过了这个年龄就会更加精挑细选自己最好的朋友。比奇洛曾采访加拿大和苏格兰的学龄儿童，问他们希望自己最好的（同性）朋友是什么样的，这一调查结果后来被很多人引用。大部分一年级儿童说最好的朋友要跟他们玩一样的游戏，八年级的儿童则认为好的性格是最重要的，然后依次是要能参与一样的活动、容忍度高、对朋友忠诚和信守承诺。只有五年级以上的女孩将潜在的亲密度（能分享个人的想法和情绪）列为最好朋友的重要特征。儿童很少将外表的吸引力作为自己最好朋友的重要特征，也很少提到共有的个人特质（比如两个人都很害羞）。其他研究发现，忠诚、诚实和大方定义了童年中期的亲密友谊。这一阶段儿童对于自己最好的朋友的描述通常是“他把他最好的东西分给我”“其他人欺负我的时候，她站在我这边”“她有其他朋友在身边时也没忘了我”。要了解更多两个最好的朋友是怎样描述彼此间友谊的，请阅读个人视角板块文章《我们是最好的朋友》。

个人视角

我们是最好的朋友

索菲亚·马丁（7岁）
和玛丽安娜·赫特尔（8岁）
马里兰州埃利科特市

为什么你们是最好的朋友？

索菲亚：玛丽安娜是我最好的朋友，因为她总能让我笑。

玛丽安娜：因为我们有很多一样的地方。

你们是怎么成为最好的朋友的？

索菲亚：因为我们有很多一样的地方。

玛丽安娜：我们是最好的朋友，因为我们喜欢一起玩。

为什么你们最喜欢对方？

索菲亚：因为我觉得玛丽安娜人很好。

你们成为朋友多久了？

索菲亚和玛丽安娜：4年了。

你们怎么认识的？

索菲亚：玛丽安娜跟我说，“你能做我的朋友吗？”

玛丽安娜：我们在“小房间”（日托中心）认识的。

你们最喜欢一起做什么？

索菲亚：在学校下棋。

玛丽安娜：我们喜欢一起下棋。

问　题

比较这些处于童年中期的女孩彼此成为好朋友的原因和研究者们调查出的原因，两个女孩给出的原因是否是童年中期的典型表现？

同龄人受欢迎程度

想象自己是个三年级学生，一名调查员走进教室，问全班同学是怎样挑选自己的朋友的。她先给每个孩子一份全班同学的名单，然后让你在名单中选出你“最喜欢”和“最不喜欢”的人。你会选谁呢？

你可以想象得到，等调查员把名单收回统计后就会发现，一些名字得到很多积极的提名（很多小朋友将他们选为“最喜欢”的人），但也有一些儿童收到了很多消极的提名（很多小朋友将他们选为“最不喜欢”的人）。其他儿童则既有积极的，也有消极的提名，还有未得到提名的。调查人员经常使用这种同龄人提名法来衡量儿童阶段的社会地位。采用这种相对简单的投票法，研究人员找到了区别最受欢迎和最不受欢迎儿童的几大特质。在这一部分，我们会描述最受欢迎和最不受欢迎儿童的区别，还会探讨儿童在被同伴排斥后产生的几个比较严重的后果。

图12.4显示了研究人员采用同龄人提名法后对于儿童的典型分类。如图所示，经过提名后儿童大体分为5类：受欢迎的、被排斥的、有争议的、一般的和被忽视的。

受欢迎的儿童指的是那些得到很多“最喜欢”提名的孩子。他们很受小伙伴喜爱。一般来说，受欢迎的儿童大多友好、愿意合作、善于交际，并能敏感地意

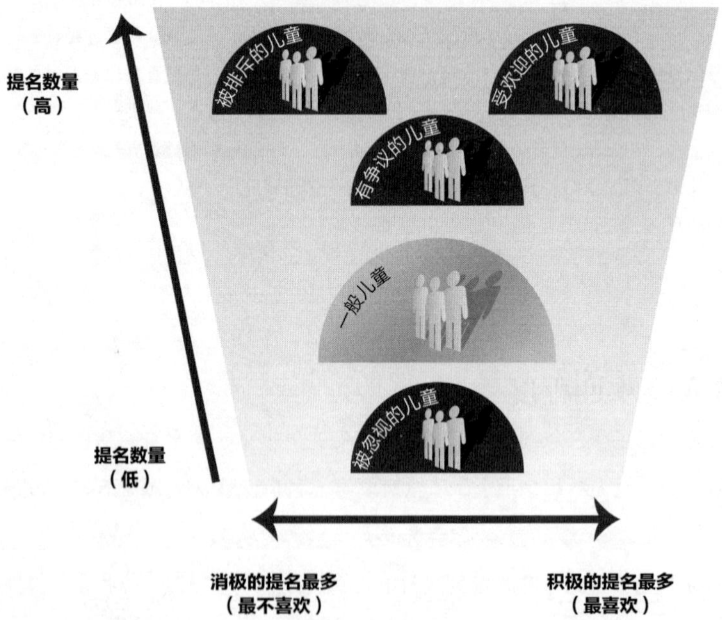

图12.4　同龄人提名分类

根据同龄人提名法，研究人员会询问儿童他们“最喜欢”和“最不喜欢”的同学，提名的数量和类型（积极和消极）将决定最后的分类。例如，“被排斥”的儿童是那些得到很多“最不喜欢”提名的孩子，“被忽视”的儿童则是那些得到提名很少的孩子。

识到其他人的需要。他们喜欢和其他小伙伴互动。受欢迎的儿童大多有良好的沟通能力：他们说话清晰，并善于倾听。尽管他们也可能会有独断的一面，但受欢迎的儿童即使有争强好胜的时候，也不会妨碍其他儿童的快乐。

研究人员发现，受欢迎的儿童有一个特质，就是他们在参加活动或加入一群新的小朋友时，态度随和，尽量不打扰别人。如果孩子们在休息时间到了操场，看到其他孩子已经开始踢球，受欢迎的儿童通常能找到一种轻松、友好的方式加入他们。他们一开始在等着踢球的孩子周围徘徊，等到其他孩子也接受他们了，才逐渐加入到游戏中。他们对于其他儿童的态度很敏感，一旦看到其他人因为他们的到来心生不悦，他们就会离开。受欢迎的儿童在刚开始参加活动的时候并不高调，而是尽量不吸引很多注意。他们在不打扰其他儿童的前提下，逐渐加入活动，然后在被其他儿童接受之后，他们开始扮演领导角色或逐渐成为大家关注的焦点。

被排斥的儿童也得到了很多提名，但他们都是同学“最不喜欢”的。小伙伴们都很不喜欢这些孩子。这个分类下有两个典型却截然不同的分支。研究人员发现，一种是近乎一半的被排斥的儿童都是被排斥 - 攻击型。这类儿童在身体上具有攻击性（他们经常打、推或欺负其他同学），另外在语言上也具有攻击性（他们通常威胁或戏弄其他同学）。比如，想一起踢球的时候，他们会抓住球，声称：“该我踢了！”对他们不服气的同学都会被他们用暴力威胁。这类儿童还经常打扰其他人玩游戏，而开始自己的游戏：“来嘛，玩这个太不爷们了，跟我去玩真正的足球吧。”这类儿童中的女孩与男孩相比，直接进行身体攻击或言语攻击的比例较小，相反，她们使用更多的关系攻击（收回友谊、威胁、破坏其他的社会关系）。例如，被排斥的女孩经常为了和其他小朋友一起玩游戏，就说：“你不让我玩的话，我就再也不做你最好的朋友了。”

另外大约 20% 被排斥的儿童多内向、胆小，他们属于被排斥 - 内向型。但并不是所有内向的儿童都被排斥，在一个班最内向的儿童中，只有大约 1/4 得到了“最不喜欢”的提名。在儿童较小的时候，他们还不太可能不喜欢内向的同学。到了年龄偏大的时候，儿童开始排斥或鄙视内向的同伴。大部分情况下，这类儿童通常有些地方让其他儿童心烦或惹他们生气。例如，他们可能打扮或行为怪异，可能会直接拒绝小伙伴一起玩或一起合作的邀请。班级或学校的气氛也有关系，内向胆小的儿童在无序、混乱或有敌意的班级中表现会更糟。

除了这两个分支外，其他被排斥的儿童都是介于这两者之间。尽管同学“最不喜欢”他们，但还不清楚这些儿童和那些被认为只是有些“害羞”的儿童之间有何区别。

有争议的儿童是一个很有意思的群体。这些儿童同时收到了很多积极和消极的提名:很多孩子选他们为“最喜欢”的同学,但也有很多选他们为“最不喜欢”的。在大部分儿童中，这一分类比例较小，研究人员还没有做详细研究。然而在一项研究中显示，这类儿童中的男孩比一般儿童更具攻击性和破坏性、更活跃、更容易生气，但他们同时也比一般儿童更对小伙伴有帮助、更愿意合作，并有更多领导力。

一般儿童得到的“最喜欢”和“最不喜欢”提名都处在中等数量。与有争议的儿童不同，一般儿童没有得到很多或积极或消极的提名。这类儿童通常有良好的社交技巧，但其中一些比受欢迎的儿童更具攻击性，另一些则更内向。

被忽视的儿童得到的“最喜欢”和“最不喜欢”的提名都很少。这类儿童好像在很大程度上被其他儿童忽视了。可想而知，被忽视的儿童并不经常跟其他儿童互动，他们与一般儿童相比更不好社交，但他们也比一般儿童消极的程度低，更不具破坏性和攻击性。他们总是主动避免有攻击性的对抗。大部分被忽视的儿童并没有严重的社会性焦虑，面对其他儿童的时候也并不是小心翼翼。要记得如果儿童的不合群到了一定程度，那就会得到足够的“最不喜欢”提名，让他们成为被排斥的儿童。不过被忽视的儿童也并不总是同一些孩子。当调查员们几个月后再进行同龄人提名调查时，他们发现之前一些被忽视的儿童成为其他类别了。最后，要注意被忽视的儿童和被排斥的儿童有何区别。被忽视的儿童几乎没得到任何提名,他们是最被忽视的一类,而被排斥的儿童则是得到了大量的“最不喜欢”提名，他们是最不被小伙伴喜欢的一类。

同龄人提名法清晰地显示出受欢迎度和某些个性特征之间的关系。受欢迎的儿童大多善于社交、十分友好并能轻松地融入一个群体。不那么受欢迎的儿童则更具攻击性，或者更内向。通过这项研究，你可以推断出善于社交和友好的性格会让儿童受到同伴欢迎，而具有攻击性或性格内向会让儿童不那么受欢迎。但我们必须注意，这种关系只表示相关度，我们并不清楚何为因、何为果。已经很受欢迎的儿童通常能更轻松地与其他儿童友好相处。相反，在年龄还小的时候就被排斥的儿童会变得更有敌意和攻击性。尽管我们推测儿童的社会特征至少部分导致了他们的同龄人提名分类，但也只是推测，尚不能确定。在逻辑上也有可能是儿童的受欢迎度为原因，他们的社会特征（如友好或攻击性）为结果。

还要注意的是，我们在本章中用“受欢迎”这个词，指的是被其他同龄人喜爱的儿童。这个词还有其他含义，人们也经常用它代指那些在同龄人中有较高社会地位的儿童（其他同伴都崇拜或很尊重他们）。使用这个词的不同含义会导致研究结果不同。例如，受同伴喜爱的青少年通常会比其他人更不具攻击性，在学校表现也很好。但有一些具有攻击性的儿童仍有较高的社会地位（若采用“受欢迎”的另一种含义，在学校中他们也很“受欢迎”），但他们在学校可能表现不好。在一些情况中，他们在学校的成绩和表现越差，反而越受小伙伴欢迎。这些具有攻击性的孩子可能不被其他小伙伴喜爱，但小伙伴认为他们作为特定儿童小团体的领导人，还是很受欢迎的。有攻击性的儿童在上学早期通常并不受欢迎，但随着年级增高，他们变得更具攻击性，也越来越受欢迎。

同龄人提名法还被用来研究班级内的种族歧视，例如，在非洲裔美国儿童较少的班级，非洲裔美国儿童会得到更多的消极提名（例如被选为“最不喜欢”的同学）。当他们因为自己的种族数量较少而感到被孤立的时候，他们就会害怕班级内占多数的种族。不过随着他们在班级人数中的比例上升，非洲裔美国儿童开始与其他同学有更多的互动和积极的接触，因此也得到更多“最喜欢”或其他积极类型的同龄人提名。这不仅是因为种族不同，因为当研究人员人为地将班内同学分为红队和蓝队之后，不同队的儿童倾向于认为自己的队员更友好，对另一队的队员有消极的心理预设。教师、家长和其他人能够通过鼓励儿童与来自不同种族、族裔、宗教信仰和其他类型的群体一起玩游戏、交朋友，来帮助儿童减少心里的成见。研究发现，当儿童有更多机会与来自不同群体的伙伴接触的时候，他们的种族偏见就更少。

儿童回应信息的社会认知模型

儿童在社会情境中表现各异，一些儿童更加友好、大方、愿意合作，另一些则更具攻击性或更内向。通过观察儿童在社会环境中处理信息的方法，能够帮助我们理解这些差异。基于信息加工理论和认知心理学，肯·道奇与他的同事们构建了一种社会认知模型来解释儿童在社会环境中感知、解读、回应信息的重要不同。根据道奇的社会认知模型，儿童对于信息的回应取决于他们在以下几个步骤中如何处理社会事件：

- 感知信息：这件事看起来、听起来是怎样的？儿童是否注意到了事件中的所有细节？
- 解读信息：儿童对于他们看到和听到的有何感想？他们的解读是积极的、消极的，还是怀疑的？
- 思考潜在的回应并进行回应：儿童用他们自己的感知和解读来决定如何回应。他们可能会实行哪种潜在的回应取决于他们对事件的解读。

现在想想这个模型与同龄人受欢迎程度有何关系。调查显示，受欢迎的儿童在处理社会信息时有积极的倾向，他们倾向于将社会情境感知并解读为舒适、友好的环境。当消极的事情发生时，这些儿童也很可能解读为无心的事件。然而，被排斥的儿童大多有消极倾向，并由此产生对事件消极的解读。被排斥 - 攻击型儿童多把无心的事件看作威胁。例如，在走廊上有人不小心碰到他们一下，他们就会认为这是打架之前的挑衅。他们消极的解读便导致攻击性的回应，比如报复、攻击或自卫。这类儿童因为过度消极和具有攻击性而被同学排斥。许多被排斥 - 内向型的儿童则是难以做出社会反应。尽管他们知道怎样回应最合适，他们也不想冒这个风险。但这样，其他儿童就会将他们的内向误解为不关心或蔑视。因为消极地解读事件，或者因为无法做出积极的反应，一些儿童就会社交失败。他们的社会认知不利于适应环境，因此让他们在同伴中变得不受欢迎，而不受欢迎又反过来验证了他们的想法，产生“串联”效果，导致这种消极的恶性循环。

不幸的是，一些儿童小时候经历过的消极社会体验会一直伴随他们长大。与受欢迎的儿童相比，被排斥的儿童在学校中不及格的概率是他们的 7 倍，在十年级之前退学的概率是他们的 4 倍。不太被同学接受的儿童学习成绩更低，老师评价他们的时候通常觉得他们更紧张、害怕和沮丧。另外，同伴排斥与少年犯罪、逮捕、暴力行为、药物滥用的高比例也有关系。上学早期有行为问题的儿童在以后的学校生活中会更被同学排斥，朋友也更少，他们自己也说感觉更孤独和沮丧。回顾这个领域的研究，两个研究人员这样总结道：“儿时的同龄人关系能够最有力地预测儿童儿时和以后的心理健康问题，包括精神障碍的形成。”

被同伴排斥会给儿童的生活带来强大的影响，尤其是当儿童不仅被排斥，还被嘲笑、骚扰或欺负的时候。幸运的是，一些干预项目显示，我们可以帮助儿童获得同龄人的接受。学校的心理学家、辅导老师和其他专业人员现在可以利用播放录像带，采用成人或同龄人辅导，进行角色扮演，或者直接进行指导，帮助被排斥和忽视的儿童发展他们需要的社交技能。儿童在成功交到朋友并维持友谊后，就会逐渐避免失望和失望带来的破坏性影响。

学校和媒体

儿童在学校的时间较多，在家的时间多花在看电视、玩电子游戏、上网或使用其他媒体娱乐上。父母和同龄人确实会影响儿童，但学校和媒体会让儿童接触到更宽广的社会世界。在本章的最后一节，我们将讨论儿童对待学校的态度，他们在老师面前和课堂中是怎样受到影响的，以及儿童是怎样与电视、电子游戏、电脑和其他媒体形式互动的。

学校：信念与期待

儿童的信念 成就动机指的是一个人愿意参与并不断尝试完成具有挑战性任务的程度。儿童的成就动机是一系列因素间复杂的相互作用，这些因素是：对于自己为什么完成或完不成某项任务抱有的信念、对于该任务的重要性的认识，以及在完成心理目标之后期待的收益。心理学家将儿童对于为什么成功或失败的信念称为归因。归因主要包括以下5个因素：能力、努力、运气、任务难度和采用的策略。注意这其中有些是内部归因（能力、努力、采用的策略），而另一些是外部归因（运气、任务难度）；一些是稳定的，另一些是不稳定的（例如运气、任务难度、能力）；一些是可控的（例如努力和采用的策略），另一些是不可控的（例如运气）。

儿童对于自己表现的归因对他们的行为和成就动机有重要影响。例如，一些儿童形成了掌握取向，总把自己的成功归因为内部的、可控的因素，将失败归因为他们可以控制（如努力和采用的策略）或可以改变（如任务难度）的因素。这些儿童倾向于认为自己的能力是可以提高的。他们专注于学习目标，总想尝试更难的任务，因为这会帮助他们获取新的技能，提升他们的综合能力。这些孩子的成就动机总是很高，因为成功挑战新的任务，就会验证他们认为自己有能力、很努力的信念。他们认为，失败只是意味着需要更努力，或者尝试一种不同的策略。

然而另一些儿童形成的是无助取向。这些儿童总是将失败归因为自己缺乏基本的能力，而将成功归因为外部或不可控的因素，例如运气。他们总是避免接受有挑战性的任务，因为失败会让他们觉得自己能力不足。遇到困难的任务，他们也不会坚持努力，因为不停地尝试意味着他们会不停地提醒自己能力不足。这些儿童认为，如果他们有能力的话，不用太努力，继续努力也不能帮他们提升自己的能力，所以为什么要继续尝试呢？相反，这些儿童专注于表现目标，只接受他们确定自己能做好的任务。遗憾的是，这种取向会让儿童陷入恶性循环，他们拒绝的任务，其实正可以帮他们培养重要的新技能。

父母和老师的反馈能在很大程度上影响儿童的观念，尤其是看成人在一些方面，比如智商（儿童无法改变的因素）和努力（儿童可以改变的因素）方面，给予了多少重视。文化也扮演着重要角色。一个很有意思的跨文化研究显示，中国儿童倾向于将学习和个人品质（如勤奋、毅力和专注）联系起来，缺少这些个人品质的儿童常被认为是不负责任的，甚至是不道德的，因为他们没有努力变好。然而美国儿童倾向于把学习看作一项待解决的任务，他们重视学习者的能力和完成任务时使用的策略。对美国人来说，学习是一项要完成的实践任务。

老师的期待　毫不意外，老师在儿童的成长中也起着重要作用。正如我们刚刚提到的，老师通过给学生反馈，可以跟学生沟通他们对于自己能力的信念。老师的信念也反映在他们给学生制定的一系列目标（包括学习、班级活动、团队活动、所获回报）。另外，老师对于学习和教学的信念能够塑造整个班级的实践和互动。例如，对学习持有建构主义观点（在第5章和第8章中提到过，基于皮亚杰和维果茨基理论的观点）的老师，比持有行为主义理论观点的老师更有可能将自己作为学习的引领者。持建构主义观点的老师多鼓励学生进行探索、提出问题，他们重视学生的观点，为适合学生的需要主动调整课程，重视思考的过程而非最终的答案。更有趣的是，老师对于自己教学效率的信心与学生的成绩也是相关的。相信自己可以教好最难教的学生的老师，总是努力达成目标，儿童也因此获益。

一个经典研究显示出老师的期望所蕴含的潜在力量。在这项研究中，研究人员告诉老师，一些学生的智力将在一年内得到极大的提高。事实上，研究人员只是随便挑选了几个学生作为“智力晚成儿”。但到年末时，这些被选中的孩子智力提高的幅度真的比班级中其他孩子大。这种变化是一种自证预言——当有人认为事情会如预言所说的那样发生的时候，事情就真的会发生。可以想见，这说明自证预言能提升学生在学校的表现。该研究结果刚公布的时候，引起了社会的广泛关注。但是批评家指出，这种效果并不像开始表现得那么明显，只有在一二年级才会有显著差异，而这种差异之所以会发生，只是因为这几名儿童智商的大幅提高。批评家们还指出这项研究的设计和分析中存在的几个问题。更深入的研究发现，老师的期望产生的影响还取决于老师的表现是不是也发生了变化，是否基于自己对学生能力的信念而改变了自己对待学生的方式。

重要的是，儿童入学之前做好学习准备，以在入学之初取得一些成绩，为以后的学习打下坚实的基础，并认识到所付出的努力和坚持终会得到回报。每个儿童都应感受到学校是自己生活的一部分，有着重要意义，学校的老师和其他教学人员非常关注自己。这些目标都很有挑战性，需要人们积极参与，参与者必须既关心儿童的学习，也关心他们的生活。如果儿童来自移民家庭或第一语言非英语的家庭，让儿童感觉到别人对他们的欢迎和重视将更加困难。要了解更多帮助儿童掌握双语能力的项目，请阅读社会政策视角板块文章《学校中的双语教育》。

儿童与媒体

与以前相比，现在的儿童可以接触到更多的媒体形式。电视、电影、收音机、书刊、电子游戏、电脑游戏、MP3、手机和互联网都在争夺儿童的注意力。许多儿童基本上从很小的时候就可以无限制地接触到各种媒体形式。一项调查发现，几乎 2/3 的婴儿和学步儿平均每天看 1 ~ 2 个小时的电视或视频。几乎所有（93%）12 ~ 17 岁的儿童都会上网，经常上社交网站（65%）或看视频（57%）。大部分（97%）儿童还玩电子游戏。电视仍然是最常见的媒体形式，儿童和青少年平均每天看电视的时间超过 4.5 个小时（美国儿科协会建议 2 岁以下儿童不应看电视，其他儿童每天看电视时间不应超过 2 个小时）。儿童和青少年平均每天使用各类媒体总计超过 7 个小时（如果儿童卧室里有电视，就会超过 11 个小时）。美国非洲裔和拉美裔儿童每天使用各种媒体的时间（大约 13 小时）要远远多于白人儿童（大约 8.5 小时），尤其是看电视和听歌的时间。儿童和青少年使用媒体的形式也有变化，大约 60% 的儿童说自己会同时使用多种媒体，大约 1/3 的儿童做家庭作业时会同时做别的事。

儿童与电视

电视与攻击性行为 电视节目中有大量的暴力因素。研究人员估计，美国儿童在小学毕业前，平均在电视上看过 800 起谋杀和 10 万次各类暴力行为（这还

社会政策视角

学校中的双语教育

2002 年，马萨诸塞州投票决定结束正在实施的双语教育，加利福尼亚州和亚利桑那州也通过了同样的投票表决，但科罗拉多州和俄勒冈州的选民反对这样的举措。双语教育究竟是什么呢？又为什么会引起如此大的争议？

在这个语境下，双语教育指的是几个不同类型的教育项目，它们的最终目标是帮助不说英语的儿童学习英语。讽刺的是，这些项目很少能帮助学生成为真正的双语儿童，即能熟练掌握两门语言听说读写的儿童。目前主要有两类项目，一种为过渡性双语教育（TBE），其教学主要使用学生的母语，偶尔使用英文，随着儿童英语能力的提高增加对英文的使用；另一种为结构式英语沉浸（SEI），这种教育从学生低年级时就开始使用英语教学，只有在必要时才使用儿童的母语。

那些反对 TBE 双语教育的人认为，TBE 项目的作用微乎其微。这种教育模式下培养多年的学生，其成绩不如 SEI 教育模式下的学生好。批评家还认为 TBE 项目基本只招收使用西班牙语和克里奥尔语的儿童，而这等于将他们隔离在主流教育之外。那些支持改革的人举出全美（如加利福尼亚州、得克萨斯州、弗吉尼亚州和马里兰州）SEI 项目的例子，指出加利福尼亚州 SEI 教育模式下的学生成绩，说明 SEI 比 TBE 效果更好、更快。他们指出 SEI 是学生在班级和人才市场竞争所需要的模式。

反对这种改革措施的人认为，证明 SEI 比 TBE 更好的研究综述存在问题，因为它只包含了少量研究。另外，批评家们也误读了加利福尼亚州学生成绩的变化。事实上，反对者们声称，SEI 教育模式下学生成绩提高得更慢，成绩的提高更多是因为其他方面的变化（如小班授课）。另外他们还指出，学生的某些成绩不但没有提高，反而降低。还有一些人认为用法律结束 TBE 是不公平的，是将学校的不作为等同于双语教育，将语言的差异等同于学生认知能力的不足。他们还认为最近强制执行的 SEI 项目采用的模式并不合适。早期的研究是在加拿大进行的，当时目标很明确，就是让学生真正掌握双语能力，他们聘用双语教师，培养的学生是来自中产阶级家庭、已经掌握一门语言的听说读写的儿童。最终，研究总结认为，SEI 或许能够帮助学生保持现有水平，但很难让其水平有所提高。马萨诸塞州的法律实行几年之后，一项研究发现，一些学校已经形成针对英语语言学习者的项目，但也有很多学校没有。

问　题

你对双语教育有什么看法？这种辩论与课堂气氛、学校效率有什么关系？你看好哪种双语教育方式？

只是网络电视，没有包含有线电视和 DVD 电影）。周日早上的卡通动画、傍晚的电视节目，都是在儿童最有可能看电视的时候播放，而这些节目中的暴力行为最多。另外，电视中的暴力与现实大相径庭，经常美化暴力行为，将其描述为不会造成任何恶劣结果或者痛苦和伤害的行为，甚至有时很滑稽。

但即使儿童能够正确认识电视中的暴力，电视上的暴力行为对儿童就没有影响了吗？许多研究分析调查了这一问题，并得出结论，电视暴力对儿童的行为有中等程度的负面影响。这种影响对于男性和女性是相似的，但对儿童比成人要大得多。神经科学研究也证明，观看含有暴力情节的电视节目与观看没有暴力情节的节目相比，儿童大脑中活跃的区域是不同的；暴力情节让儿童负责处理情景记忆、情绪、注意力和动作程序的大脑区域比较活跃。尽管其对儿童行为的影响还不甚明确，但这类大脑区域的活跃会加强儿童储存和快速提取攻击性信息的能力，可能会让儿童倾向于做出更具攻击性的行为。

一项很著名的研究跟踪调查了一组男孩和女孩，调查一直持续了 22 年。研究人员观察了儿童观看暴力情节的数量和程度与他们成年后攻击性行为的关系。图 12.5 显示了男孩们的学习成绩。对于男孩来说，8 岁时观看含有暴力情节的电视节目能很好地预测他们 18 岁时的攻击性行为，8 岁时观看含有暴力情节的电视最多的孩子，30 岁前最有可能参与暴力犯罪行为。但会不会是有攻击性趋势的儿童主动选择看更多的暴力电视节目，并参与到更暴力的行动中，电视上的暴力节目并不是诱发因素呢？事实上，在 8 岁时已经具有攻击性的儿童确实看电视更多；但就是在一组具有攻击性的儿童之中，看电视更多的儿童也更有可能在 30 岁之前实施更严重的刑事犯罪。这种影响看起来是双向的：更具有攻击性的儿童会看更多的暴力电视节目，但电视节目中的暴力情节又会让儿童的攻击性更加严重。后来的研究还发现，即使研究人员在数据分析时控制了早期儿童攻击性、智力水平和社会阶级的影响，在一些国家中（尽管不是全部国家），女性观看暴力电视节目和她们日后的攻击性也存在类似关系。

虽然观看暴力电视节目与攻击性行为呈现出强相关的关系，但这也不能代表两者之间有因果关系，还需要进一步的实验性研究。有很多实验性研究测试观看

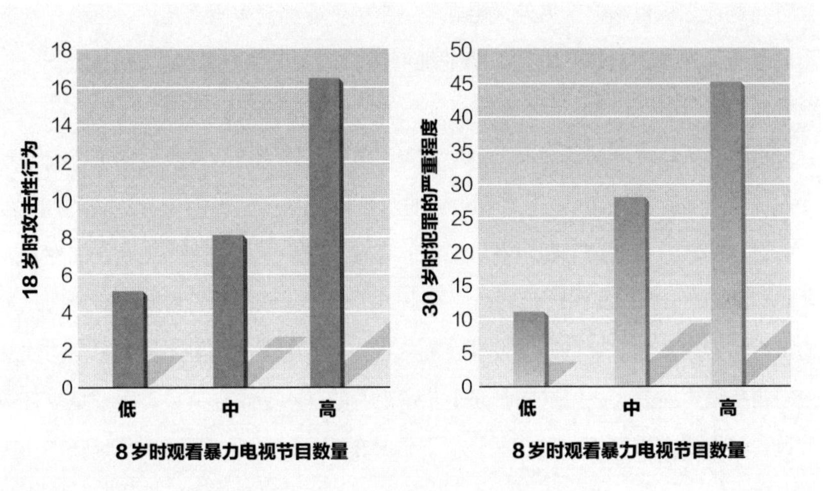

图12.5　观看电视与攻击性行为

儿时观看暴力电视节目能够预示儿童到青少年时的攻击性行为和成年时暴力犯罪的数量。表中数据均为男性样本，但对女性的调查结果也类似。

暴力电视节目对儿童攻击性行为的短期影响。最著名的实验就是由阿尔伯特·班杜拉（第 1 章中社会学习理论的创始者）实施的。班杜拉随机挑选了几名儿童，让他们观看带有或者不带有暴力情节的电视节目，然后观察他们一起玩耍或玩玩具时的表现。看过暴力节目的儿童不管是对人还是对物，都更具攻击性。班杜拉发现这种现象在不同性别、不同种族的人中都会出现，不管儿童之前是否有攻击性。观看暴力电视节目似乎会在短期内让儿童变得具有攻击性，而证明这种影响会长期存在的证据也越来越多。

电视的积极影响　研究发现，观看教育类节目，如《罗杰斯先生的邻居》《芝麻街》《蓝色斑点狗》，与儿童中积极的行为，如帮助、分享、交流感情、坚持完成任务、发挥想象力、捐赠、安慰他人、合作等，存在正向关联。这种积极影响对某些儿童影响较大，包括年纪较小的儿童（峰值出现在 7 岁）、来自中高收入家庭的儿童，以及和父母一起观看电视节目或在看完后得到加强训练的儿童。

有关教育类节目的研究表明，节目中对少数族裔和女性积极、真实的描绘，会对儿童产生积极影响。另外，电视节目中出现非洲裔美国人角色，也会提升非洲裔美国儿童的自尊感。然而，当非洲裔美国儿童观看更多的体育或音乐节目，或者他们想与白人角色一样的时候，他们的自尊感又变得比较低。

美国儿科学会不推荐 2 岁以下的儿童看电视，因为这会减少他们进行社会互动或玩游戏的时间，而社会互动和玩游戏对培养语言、感知和社交技能非常重要。一些专家还认为，儿童早期观看电视可能导致儿童后期的注意力问题，如注意力缺陷多动障碍（ADHD）；而另一些专家则认为，越来越多的刺激能够帮助儿童的学习和脑力发展。一些研究发现，3 岁之前儿童观看电视与几年后出现的注意力问题有重要相关度，但这些研究中儿童观看的基本是娱乐节目，而不是教育类节目。其他研究未发现这种相关性。要注意的是，这些研究呈现的都是相关度，不能决定因果关系，也无法排除其他因素的影响。最终，研究发现儿童早期能够从视频节目中学到东西，但对于儿童来说，从社会互动中学习会更加简单。一项研究综述曾这样总结：现在“责怪”还是“赞扬”年纪较小的儿童看电视都为时尚早。

电子游戏、电脑和网络

电子游戏 电子游戏（如 Xbox 和 PlayStation 游戏机）在 8 ~ 12 岁的男孩中最受欢迎，尽管玩掌上游戏的女孩和男孩一样多。儿童平均每天玩电子游戏的时间稍多于 1 个小时，11 ~ 14 岁男孩的平均时间要更多，约为每天 1.5 个小时。你应该知道，大多数电子游戏节奏都很快，需要人盯着屏幕，必须高度集中注意力和快速反应。短期内这类游戏能够锻炼儿童的一系列技能，包括空间感（期待并预计目标会出现在屏幕的什么地方）、理解画面和图表等视觉影像的能力、看到目标后快速反应的能力，以及追踪同时在屏幕不同地方发生的事情的能力。现在还不清楚电子游戏对儿童是否有长期的影响，以及儿童获取的这些能力能否用于其他方面。一些针对相关性的研究证明，儿童玩电子游戏的时间越长，学习成绩和 SAT 分数会越低，但没有能证明其存在因果关系的实验性研究。

遗憾的是，大部分电子游戏中都有攻击和暴力的因素。尽管早期的电子游戏还没有这些，但随着每一次游戏升级，里面的攻击（尤其是对人的直接攻击）内容变得越来越多，也越来越严重。实验性研究证明，即使只玩很短时间的暴力电子游戏，儿童的思想和行为也会变得更有攻击性。元分析显示，电子游戏的暴力对玩家攻击性的行为、思想、情感和心理冲动有相当强度的影响。这种影响在男性和女性、儿童和成人、相关性和实验性研究中都很相似。

神经科学家对长期接触暴力电子游戏的人进行了研究，发现当受到暴力刺激时，大脑中与评估情绪信息和控制自我有关的区域活动减少，生理唤醒（以心率和皮肤电传导来衡量）降低。这些研究结果表明，玩暴力电子游戏的经历，与对暴力刺激不敏感、自制力不强有关。然而需要注意的是，这些研究是相关性研究——不能确定暴露在暴力游戏中是否导致了检测出的大脑模式。此外，并不是每个人都认同玩暴力电子游戏和攻击性行为之间存在显著的关联。一些研究人员指出了诸多方法上的缺陷，比如衡量攻击性的方法有问题，比如对发现玩暴力电子游戏导致攻击性出现显著差异的研究存在发表性偏倚。

电脑游戏和互联网 计算机软件游戏通常比视频游戏更具教育性，需要玩家具备更多的抽象思维能力、逻辑能力和认知策略能力，而不是快速的身体反应。这类程序甚至可以成功地吸引很小的孩子。它们可以帮助孩子理解阅读和数学的基本概念，还可以培养孩子的发散思维能力、自信心，增强使用计算机的乐趣。此外，计算机软件游戏还可推动学生思考自身认知策略，思考如何组织思维和充分利用反馈。

儿童上网人数正以惊人的速度增长，但我们对上网之于儿童的影响的研究才刚刚起步。在 12 ~ 18 岁的青少年中，超过 80% 的人上网，70% 的人每天都上网。许多人利用互联网来完成学业，但最常见的登录动机是通过即时通讯、电子邮件、脸书和推特等社交网站、聊天室，与朋友（既有老朋友，也有在网上“认识”的新朋友）交流。在一项研究中，近一半的幼儿园和一年级学生表示，他们会在网上与他人互动，而网络游戏（通常包括多人联机游戏）越来越受到各个年龄段的欢迎，甚至包括幼儿园的孩子。根据年轻人使用互联网的方式，在线工作肯定会影响认知能力，如解决问题的能力和信息搜索的能力，至于如何影响，研究尚处于起步阶段。

具有讽刺意味的是，一些早期的研究发现，青少年过多使用互联网，减少面对面的社会参与，更容易导致孤独感和抑郁症。社会代偿假说认为，那些一开始就感到孤独、几乎没有朋友的青少年，更有可能选择网络而不是面对面交流，用网络活动代替社会互动。但最近的研究发现，绝大多数青少年在网上与已经认识的人或朋友交流,从而增进友谊,这被称为“富者越富假说”。近一半的受访者表示，他们也在网上结交新朋友。一项研究发现，网上交流越频繁，友谊质量越高（尽管对与父母的关系不会有这种积极影响）；适度上网的人，比频繁上网或从不上网的人，有更积极的学术态度。显然，青少年与谁互动、访问哪些网站很重要。例如，有潜在问题行为的青少年，如自残、厌食或赌博，可以很容易找到相关的网站和聊天室，在那里他们可以与其他有相同倾向的人交往。这些网络关系为问题行为提供了社会支持，也可以为脆弱的青少年介绍参与这些行为的新路径，一些人甚至明确鼓励这些问题行为。

当我们还小的时候，父母生怕重金属摇滚乐和科幻电影（如《星球大战》）对我们造成恶劣影响。在我们父母那一代，“猫王”埃尔维斯·普雷斯利被认为是邪恶的。对于今天的父母来说，他们担心的则是暴力电子游戏和互联网。然而，在每一代人当中，大多数孩子都是健康的。毫无疑问，媒体是有影响力的，不然公司为什么一直花钱在媒体上宣传他们的产品呢？但是，正如儿童发展理论指出的，媒体只是影响儿童成长的几个重要影响因素之一。父母养育、文化氛围、儿童个体因素，以及儿童经常面对的媒体类型和传播内容，几个方面相互作用，共同影响儿童阅读、攻击、偏见、利他等复杂的行为。家长和其他成年人监督孩子使用媒体的数量和内容是有道理的。成年人必须认真考虑儿童所受到的影响，并根据儿童的实际情况做出理智的判断。媒体本身并没有正面或负面的影响，影响来自它描绘的内容和家庭应对的方式——“媒体不是信息。信息就是信息！”想要进一步了解媒体人如何积极应用儿童发展方面的知识，请阅读从业人员视角板块文章《销售主管》。

从业人员视角

销售主管

简·克雷奇·辛格
马萨诸塞州水城
大蓝点公司总裁兼合伙人

你做的是什么样的工作呢？

我们客户的目标群包括从刚学会走路的儿童到青少年。我们提供的服务主要是视频设计、网站设计、标识设计、打印、包装和品牌塑造。我们公司员工有美术设计、制作人、品牌策略师和儿童发展专家，大家齐心协力，专注于儿童的世界。这样的人才库让我们能够为关心儿童的公司提供新奇、聪明、有趣并适合儿童年龄的行业解决方案。我们工作的重点是要理解儿童是如何学习、思考、感受世界的。每次解决完一个设计难题，我们对儿童在各个发展阶段需要什么和我们的客户如何接触从幼儿到青少年的孩子就有了更深的理解。

你在儿童发展方面接受过培训吗？你学到的知识对你的工作有用吗？

我的专业背景主要是电视营销、促销和节目制作。直到有了自己的孩子，并有机会为探索频道和教育频道制作了节目，我才意识到我最喜欢做的事就是为孩子制作有教育意义或好玩的东西。我花了几年时间在家全职陪我的儿子和女儿，然后决定去读硕士，去看孩子们真正在学习什么。现在我已经拿到了哈佛大学儿童发展方面的教育学硕士。我成立了一家公司，好让我在一个富有创意的环境中释放对孩子的尊重与爱。我很开心我能创建大蓝点。

你所处的行业中，是否有很多人有儿童发展领域的知识或培训经历？这样的知识是怎样影响到你的工作的，能否举个具体的例子呢？

我们客户的首要目标群体就是孩子。客户来找我们，是希望借助我们在接触孩子方面的知识与经验。很多大规模的娱乐公司都有专门的儿童发展专家，帮助他们更好地理解要吸引的儿童群体。最近我们与丝华芙公司（Suave）合作，策划为 8 ~ 12 岁儿童生产个人护理产品的新产品线。尽管他们雇用我们，看重的是我们掌握的儿童知识，但我们做的第一件事是通过一个文档向他们解释 8 ~ 12 岁儿童的世界。这样我们的客户在生产过程中就有据可依。文档中解释了这个年龄段儿童的特点，例如，对不同性别儿童的社会认知、密友圈的发展、关心自己的样貌、寻找社会认同、知道规则并开始挑战规则的极限。我们还清楚，产品必须同时吸引男孩和女孩，所以我们想找一个男女孩都喜欢的主题。我们为丝华芙公司提供了几套解决方案，都充分考虑了儿童对于音乐、舞蹈、冒险、运动、生态与环境、神学与魔法的兴趣与态度。

对那些对儿童发展有兴趣、希望进入这一行业的学生，你有什么建议？

我建议学生们思考这一行业的巨大前景，不要忘记对儿童市场担负起独一无二的责任。如果你爱孩子，你应该喜欢思考、研究他们，喜欢每天为他们设计和创造产品。如果你真的爱孩子，你应该运用自己对他们的理解帮助公司给孩子带去值得尊敬、满怀诚意、好玩又有教育意义的产品。

问　题

你看到市场营销从业者是如何运用自己的知识帮助了儿童吗？本书各章节的概念能被运用到营销行业吗？

第五部分

青春期（12 岁以上）

第 13 章
青春期青少年的身体发育

青春期的身体发育和大脑发育

青春期特征

早熟与晚熟

大脑发育

青春期性行为

青春期性行为方式

青春期期间的避孕措施

性知识与性教育

对青少年性行为的特殊考量

性传播疾病

少女怀孕

强迫性行为

青少年健康问题

营养与锻炼

药物的使用和滥用

其他健康问题

16 岁的乔希看起来比实际年龄要大。去年他还是个高一新生，但是大家都误认为他已经上高二了！他承认看起来年龄大可以获得学生和老师的尊敬，这一点很好，他也知道要想看起来比你的朋友小，一点也不容易。与其他同龄男生一样，乔希很多时间都花在想女生上面。他知道班里有些同学已经有过性行为，但是许多同学至今没有尝试过——虽然许多人都说他们有过性行为，但他不确定大家说的是不是实话。他很多朋友都觉得上生理健康课很尴尬，所以每当要上这堂课的时候，大部分都选择逃课。乔希认识一个去年怀孕的女生，所以他非常清楚使用保护措施的重要性，但是手头上随时都准备避孕套似乎又有点准备过头了。他和他的朋友们都觉得 16 岁就开始发生性行为还太小，但是其他人则认为进入 16 岁就应该可以进行性行为了，因为 16 岁已经“够大了”。虽然他们都知道发生性行为可能会染上性传播疾病，但是大家都认为这种事儿不会发生在自己身上。幸运的是，乔希参与了父母与他年长哥哥们之间的对话，他清楚地知道这些选择的重要性——并且他也知道他可以和父母讨论这些问题和其他重要决定。乔希也清楚地知道要想获得酒精和大麻非常容易，只要他想要，不用一天他就可以拿到任何他想要的东西。他估计班里大约有一半的同学在高一就开始吸毒并且 / 或者饮酒——他觉得这个人数实在是太多了。许多同学尝试这些东西是为了和高年级的学生们混在一起或者是为了反抗父母。乔希发现自己很多朋友因为酗酒 / 吸毒而陷入恶性循环。他知道自己不愿意拿自己的成绩、自己的音乐才华和自己的未来去冒险。

乔希考虑的问题具有代表性吗？大部分青少年会遇到什么样的身体问题，老师和家长又能怎样帮助他们呢？有多少青少年有过性行为，又有多少青少年接触过毒品和酒精？学完此章以后，你应该能够找出一些研究发现或概念，帮助乔希解决他思考的这些问题。

青春期的身体发育和大脑发育

青春期是童年与成年之间的一个过渡阶段，这一阶段充满大量的身体、认知、社会情绪的发育。儿童进入这一阶段时看起来还是个孩子，但是短短几年之后，他们就成长发育为年轻人。许多青少年都像乔希一样担心他们的身体发育是否赶上或超前于同龄人。虽然青春期的许多身体变化都显而易见，但是有些最重要的变化却隐匿不可见——大脑内正在发生重要的变化，这些变化可以让青少年更好地管理自己的行为、思想、情绪。在这一章，我们将会讨论青春期发生的正常身体变化。我们也会讨论一些重要的健康和安全问题，包括性行为、营养与锻炼、睡眠、药物使用、抑郁与自杀、青少年驾车等。

青春期特征

青少年发育最明显的标志就是青春期，青春期是身体向能够进行生殖繁衍的方向发展的身体成熟过程。在青春期期间，身高、体重、力量都会快速增长，身体内肌肉与脂肪的数量和配比也会发生变化。第一性征（生殖器官）成熟并开始产生卵子和精子。第二性征（性器官除外的性成熟生理指标）也会发育。表 13.1 总结了这些改变。

表 13.1

青春期发生的身体变化	
女性	男性
第一阶段：8 ~ 12 岁	第一阶段：9 ~ 14 岁
•无明显身体发育迹象 •卵巢发育 •激素分泌开始	•无明显身体发育迹象 •激素分泌开始
第二阶段：8 ~ 14 岁	第二阶段：11 ~ 13 岁
•身高和体重快速增加 •阴部和腋下开始长毛 •胸部开始发育 •汗腺和脂腺更加活跃	•身高和体重快速增加 •睾丸发育 •阴囊颜色变重 •阴部、腿部、腋下开始长毛
第三阶段：9 ~ 15 岁	第三阶段：12 ~ 14 岁
•胸部发育继续 •臀部开始变宽 •阴道分泌开始 •身高和体重继续增加	•阴茎、阴囊、睾丸发育 •体毛和阴毛继续增长 •肌肉变大，肩部变宽 •汗腺和脂腺更加活跃 •身高和体重继续增加
第四阶段：10 ~ 16 岁	第四阶段：13 ~ 16 岁
•体毛、阴毛继续增长 •胸部继续发育 •开始排卵 •出现月经初潮，但是经期可能不规律	•开始产生精子 •嗓音开始变得嘶哑低沉 •身高和体重继续增加 •阴茎和睾丸继续发育 •体毛和阴毛继续增长
第五阶段：12 ~ 19 岁	第五阶段：14 ~ 18 岁
•达到成年身高 •胸部发育完全 •体毛颜色和质感与成年人相同 •月经初潮和经期通常规律	•达到成年身高 •面部和胸部开始长毛 •阴茎、睾丸达到成年人尺寸 •体毛颜色、质感、分布与成年人相同

控制青春期开始时间的主要因素是基因和两种性激素——雄性激素（男性激素）和雌性激素（女性激素）。在青春期，身体内分泌系统的多个腺体以及产生、分泌和调节各种身体激素（由分泌系统分泌，影响其他细胞运转的化学物质）的器官都参与工作。该生理过程如图 13.1 所示。瘦蛋白，一种由脂肪细胞分泌的蛋白质，在启动女性青春期方面扮演重要作用。瘦蛋白水平上升表明有足够的体脂可以支持月经和怀孕。瘦蛋白刺激下丘脑产生更多被称为释放因子的多种激素，这些释放因子又刺激脑垂体产生更多的其他激素。无论对男性还是女性而言，脑垂体产生的激素水平上升表明性腺（女性是卵巢，男性是睾丸）开始分泌性激素。性激素刺激生殖系统和第二性征的发育成熟，并向下丘脑反馈当前性激素水平。该反馈经由下丘脑到脑垂体到性腺然后再回到下丘脑，形成一个回环，即所谓的 HPG 轴，调节性激素水平。HPG 轴早期比较有用，但是它所维持的激素水平在儿童晚期和青春期早期会因为遗传因素以及其他因素的影响（如瘦蛋白水平）而慢慢改变。

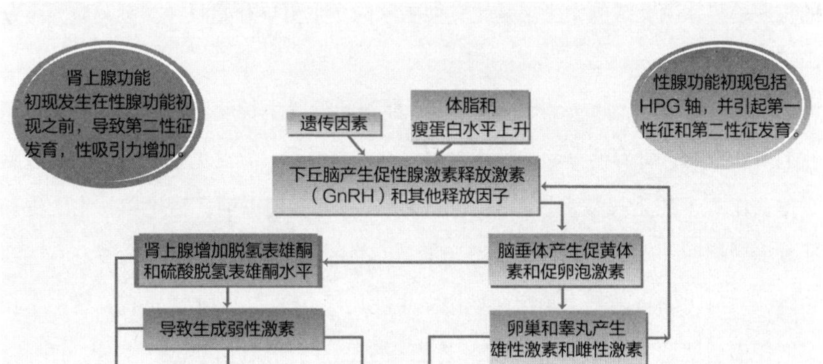

图 13.1 青春期的生理过程

性腺功能初现，如图右侧所示，包括形成 HPG 轴并导致第一性征发育。肾上腺功能初现，如图左侧所示，引起性吸引力增加，并促进第二性征发育。肾上腺功能初现发生在 7 ~ 10 岁期间，比性腺功能初现早两年。

大部分人认为 HPG 轴就是青春期，但实际上它只是青春期的一部分——性腺功能初现。脑垂体也刺激肾上腺分泌激素，促进第二性征发育，增加个体性吸引力。这一过程被称为肾上腺功能初现。该过程比性腺功能初现早两年发生，这就意味着性吸引力增加和第二性征的些微变化远比人们以为的发生得更早——男性和女性大约都在 7 岁。

女生一般比男生较早达到性成熟阶段。许多女生在 10 岁或 11 岁的时候就有明显变化，但是大部分男生要晚一年或两年才进入青春期。对大部分女生而言，月经初潮（第一个经期）发生在 12 岁或 13 岁，不过非洲裔美籍女生通常比其他种族的女生早来月经。然而，月经初潮的平均年龄一直在下降。例如，在美国，月经初潮的平均年龄从 1920 年的 13.8 岁下降到 1960 年的 12.8 岁，目前估计的平均年龄为 12.4 岁。在过去的一百年里，儿童比前面几代人长得更高大结实，成熟得也更快。营养条件和整体健康状况的改善大大促进了这一被称为“长期趋势”的长期现象。体重增加与月经初潮有关——也许营养和健康状况改善会导致体重早早增加，促使女性身体进入生殖阶段。虽然在其他发达国家也会出现类似的长期趋势，但美国的女生总是比其他国家的女生更早开始月经初潮，原因至今尚不明确。

“青少年的生长突增”指的是在青春期开始阶段生长速度加速的现象。正如我们所看到的，青春期分泌的性激素引发性成熟过程。分泌的性激素也会刺激脑垂体分泌更多的生长激素。如图 13.2 所示，在青春期以前，男生和女生的生长速度大致相同。然后就到了生长突增期，女生的生长速度通常在 12 岁左右达到顶峰，对男生而言，其生长突增期比女生晚几年，通常在 14 岁左右。男生生长突增期滞后就意味着在 11 岁到 14 岁之间的短暂时间段内，女生平均比男生高。不过男生的生长突增期持续时间更长。等他们 18 岁的时候，男性平均比女性要高出 12.7 厘米。男性和女性此时都基本达到成年身高。

早熟与晚熟

当然，这些只是与青春期和性成熟有关的身体变化——心理影响有哪些呢？研究人员投入了大量的精力研究青少年不断变化的身体形象，即个体对自己身体的看法和别人对它的看法。

对于早熟的孩子而言，其青春期身体变化比大多数同龄儿童都要早。对于晚熟的孩子而言，直到大多数同龄人都发生了身体变化后，其身体才开始发生变化。早熟和晚熟都会有重要的心理影响。例如，在苏格兰，对 5 000 名女生进行的研究表明早熟的女生认为自己的身体“太胖”，许多晚熟的女生又觉得自己的身体“太瘦”。对自己的身体形象有这两种负面认知的女生自尊心都会比较弱。早熟的女生通常会结交年龄比自己大的朋友，参与更多的不法行为，在学校问题更多，比其他女生更早开始谈恋爱，并且更有可能遇到抑郁、药物使用等问题。你可以想

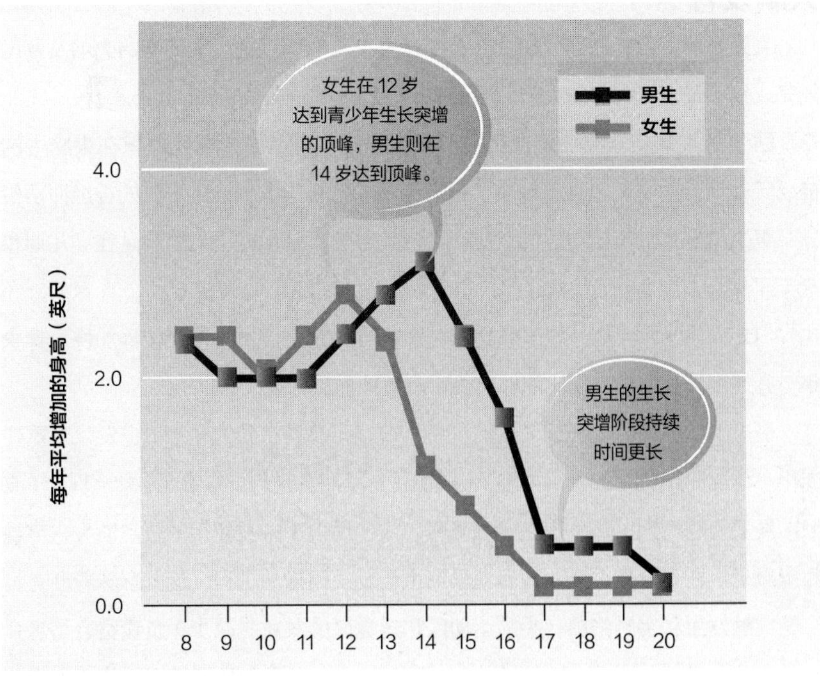

图13.2 男生和女生的身高曲线

这些曲线显示了男生和女生从童年到青春期期间每年平均增加的身高。

象社会环境会给早熟的女生增加多少额外的压力——他们受到男生更多的关注，并且可能觉得自己与同龄发育较慢的女生之间有隔阂。欲更多了解该问题，请阅读个人视角板块文章《解读青少年》。

不过对于男生，早熟可以提高个人的自我形象。他们的体型和力量使他们在运动方面很有优势。此外，同龄人会觉得他们更加发达的肌肉组织、面部毛发、低沉的嗓音更有吸引力。晚熟的男生通常在拿自己和发育更好的同龄人相比时会觉得很不舒服。不过，早熟也有负面影响：早熟的男生通常比晚熟的男生参与更多的不法行为，更加有敌对性，烦恼也更多。这些男生比同龄人体型大，也更加强壮，他们经常结交比他们大的青少年。他们可能会遇到无法解决的情况，最后陷入麻烦。

大脑发育

直到目前为止，大部分研究人员都认为在青春期以前，大部分的大脑发育已经完成。不过，青少年的大脑似乎仍在以多种形式进行发育。

回顾第 4 章，你会记得在髓鞘形成过程中，高脂肪的髓鞘堆积在大脑中的神经元轴突上。髓鞘包裹着轴突，越来越多的髓鞘形成会产生更快的神经冲动传导、更快的信息加工、更快的反应。虽然大部分大脑通路中的髓鞘是在婴儿期和童年早期形成，但一些区域（如前额皮质）的髓鞘形成则贯穿整个青春期，在 10 ~ 12 岁期间，大脑一些区域的髓鞘形成增加 92%。由于神经传导加快，青少年与其他年龄小的孩子相比能够更快更高效地加工信息。

最近的一项研究发现，大脑的灰质（神经元及其之间的连接）也发生了重要变化。再次回顾第 4 章所讲内容，大脑在儿童早期会进行突触发生，神经节点（突触）数量快速增加，接下来是突触修剪，或者说由于未被使用的节点消失，突触数量减少。在青春期之前和青春期早期也会发生同样的进程。这就意味着会有第二轮突触发生和突触修剪。大脑运动区和感觉区的灰质先减少，负责整合信息并与其他信息进行关联的大脑区域的灰质随后减少。与前面所述的成熟模式和青春期规律相同，女生的灰质减少发生在男生之前。突触修剪强调经验对青少年的重

个人视角

解读青少年

汉娜·李·维斯塔尔
田纳西州布里斯托尔市
15 岁，讨论青春期身体变化的影响

你和你的朋友发现的最明显的身体变化是什么？早熟和晚熟的孩子之间有什么不同？

我在我自己和其他人身上发现了许多身体变化。我注意到了头发、着装、身体、指甲等很多很多方面的变化。但是，不知道为什么，我发现我自己总是在挑毛病，我对它们的关注太多了。我觉得发育较好的女生在看到发育不良的女生时希望自己能像她们一样，反过来也是如此！我看到一些晚熟的孩子们非常有自知之明，她们会限制自己的着装方式，因为她们发育不完全。不过我也发现有些晚熟的孩子对自己和自己的身材自我感觉良好。所以她们更愿意穿特别的衣服。一些早熟的孩子（就像我）更愿意把自己包裹得严严实实，来隐藏自己已经发育这一事实。不过我也发现有些早熟的孩子完全接受自己发育的事实。她们有的时候会穿低胸衬衫或抹胸上衣，我觉得某种意义上讲还挺好看的。她们也因为自己能穿这些衣服而自我感觉良好。

你认为青春期最刺激、最尴尬、最令人紧张的地方在哪里？

谈恋爱、交友、吸毒。谈恋爱很难，因为如果你不恋爱，你就觉得自己很丑，没人喜欢你。恋爱会让你对自己要求变高。它会让你想要改变自己，主要是自己的外貌。恋爱以后，你可能因为要做一些没准备好的事情而感到压力巨大。朋友也会给人带来很多压力。高中就像一个长篇肥皂剧，你哪一集都不能错过。诸如谁在跟谁恋爱、“他说，她说”等等这些小剧集非常恼人，也很幼稚。不过来自朋友的压力不像电视剧或政客们表现得那么糟糕，至少在我的学校不是如此。青少年不能把自己所有乱七八糟的生活都归咎于压力，因为压力根本就没有成年人想象中的那么多。主要还是归咎于个人。

就青少年在青春期的态度，你对成年人有什么建议？

我觉得父母应该对孩子们坦诚相见，尤其是在这个年龄段。如果你告诉自己的孩子你的相关经历，他们从中学到的东西远比从看电影或书中学到的东西要多。如果你告诉自己的孩子，你的经历怎样或好或坏地改变了你的人生，他们会尊敬这一经历。他们会更多与你分享自己的事情，也更加相信你。我知道我可以跟我母亲分享任何事情。她不会对我大吼大叫，相反她会静静地听我说，告诉我她的感受、她的经历和这些经历对她的影响。

问 题

到目前为止，你从这本书中学到的什么可以帮助青少年成功应对青春期的“肥皂剧”情结？

要性，因为被修剪的突触是没有使用过的突触。考虑到青少年相对于婴儿能更多地控制自己的时间，实际上，从某种意义上讲，青少年在这些关键时段通过选择的活动可以控制他们大脑的发育。

在青少年大脑的前额皮质，髓鞘形成、突触发生和突触修剪尤其明显。该区域（额叶的一大部分，位于前额后部）在计划、判断决策、阻止冲动反应等方面尤其重要。与我们之前的认知相反，有证据表明在青春期和成年期时，新的神经元会在某些区域形成，如海马体处，海马体参与存储有关事实的记忆并记忆地点和事件之间的关系。

前额皮质成熟较晚对自律有多方面的影响。例如，众所周知，青少年遇事经常反应迅速，感情用事。对此的传统解释就是激素在作祟。不过，大脑结构相关功能不同也可能与此有关。一项研究比较了青少年和成年人对面部表情反应出的情感线索的理解。与成年人相比，青少年在识别情感方面准确率更低，他们的杏仁核——颞叶的一部分，在处理情感刺激、区分不同情感方面很重要——有更多活动。相反，成年人额叶——与理性思考、目标导向行为、组织冲动反应有关的大脑区域——进行的活动更多。其他研究表明前额皮质和加工情感的大脑区域（例如，杏仁核、基底核）之间突触的持续发育也可能参与该过程。所以青少年典型的感情用事可能与额叶某些区域相对不成熟有关。

最后，在青少年大脑的前额皮质和边缘系统，多种不同神经递质（谷氨酸、γ-氨基丁酸、多巴胺、血清素）的水平也会发生变化。边缘系统（包括前面提到的杏仁核）在加工以及应对情感和压力刺激方面至关重要。大脑中的多巴胺水平对压力非常敏感；在评估刺激因子的刺激价值方面，多巴胺也扮演重要角色。在青春期，前额皮质和边缘系统发生的变化与大脑这些区域中多巴胺水平发生的变化共同加重了情绪化程度以及对压力的反应。但是，这些改变也让青少年对奖励没有过多反应。结果，青少年可能会采取更多有风险的行为，以此来寻找更加新颖、更具吸引的刺激。此外，负责评估风险及威胁的大脑区域发育尚不完全，这就意味着青少年的大脑结构和功能无法准确评估风险、奖励、威胁——这就难怪为什么他们的选择在成年人看来不够明智！

在这一章，你稍后会了解到青少年健康和幸福的主要威胁包括冲动的举止、冒险，以及在性行为、药物使用、驾车等方面做出的错误决定，等等。青少年可以控制他们的冲动和行为，但前额皮质的不成熟、该区域与边缘系统之间较弱的连接，以及不断变化的神经递质水平，都使得这种控制比成年人想象的更难。此外,我们才刚刚开始了解这些冲动举止对正在发育的大脑的潜在长期影响。例如，由于青少年和成年人的大脑结构和功能不同，大量饮酒对青少年的负面影响远远超过对成年人的影响。对处于青春期的老鼠进行的研究表明，持续暴露在高剂量的酒精环境中（对于老鼠而言相当于纵酒）会干扰海马体区域的新细胞形成，打乱血清素水平，而且处于青春期的老鼠对酒精的破坏性影响不及成年期老鼠对酒精的影响敏感。

青春期性行为

青春期身体发育的一个标志就是对性的兴趣更加浓厚。许多青少年会变得性活跃，但是至于他们什么时候、为什么变得性活跃，个体之间有很大的差异。大部分有关青春期性行为的研究文献都集中在性行为可能引发的负面影响上；很少有相关信息用来指导青少年和父母什么年龄适合发生性行为。大部分青少年什么时候开始发生性行为，他们发生或不发生性行为的理由有哪些？由于社会变化和严重疾病的长期影响，在过去的几十年内，性行为现象发生了巨大的变化。青少年对这些问题有什么了解，他们如何始终如一地利用这些知识进行更安全的性行为？

青春期性行为方式

大部分美国学生在高中毕业前都有过性行为。图 13.3 显示了声称有过性行为的青少年所占的比例。对高中生进行的全美调查数据显示，截止到九年级，1/3 的青少年有过性行为，截止到十二年级，将近 2/3 的青少年都有过性行为。相对于拉美裔美籍、非拉美裔美籍白人而言，非洲裔美籍青少年更有可能发生性行为。

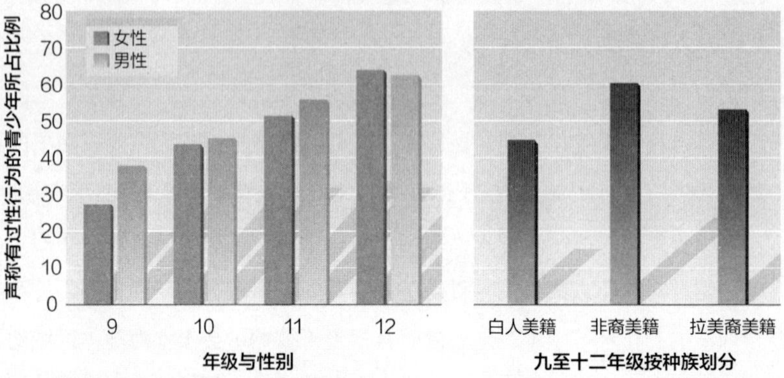

图13.3 发生过性行为的高中生所占比例

该图表显示了在全美调查中声称发生过性行为的男性和女性高中生所占的比例。右边的条形图显示了各种族发生过性行为的青少年所占比例。

该调查的其他数据显示，21% 的非洲裔美籍男性表明他们在 13 岁以前有过性行为。相反，在所有的高中生中（包括非洲裔美籍学生），9% 的男生和 3% 的女生表明他们在 13 岁以前有过性行为，不过一些研究表明大部分年龄很小的青少年之间发生的性行为并非双方自愿。口交的比例超过性交。根据样本数据，研究发现 29% ~ 60% 的 15 ~ 19 岁的青少年和 9% ~ 18% 的 12 ~ 15 岁的青少年表示，他们至少进行过一次口交。从 1995 年起，选择不发生性行为的女生所占比例大幅上升，非洲裔美籍和拉美裔美籍女生比例上升尤其明显（非洲裔美籍女生上升 34%，拉美裔美籍女生上升 29%）。

为什么有些青少年在年龄较小的时候就性活跃，而其他人则会等到年龄较大时才发生性行为？原因各异，不过确实存在一些普遍的趋势，总结如表 13.2 所示。总的来说，较早发生性行为的青少年很有可能在学校表现不佳、智力测试分数较低、缺乏明确的教育目标、住在单亲家庭、与父母缺乏沟通、缺乏父母支持、更加冲动、饮酒吸毒、纵酒狂欢。青少年给出的最多原因有同龄人压力、好奇心、“大家都这么做”的想法。女生也把来自男生的压力视为主要原因，因早熟而看起来年龄较大的女生比晚熟的女生更有可能性活跃。避免性行为的青少年中，65% 的

表 13.2

青少年较早和较晚发生性行为的原因	
较早发生性行为	较晚发生性行为
•贫穷 •性侵史 •家庭暴力 •同龄人压力（感知到的压力和实际压力）	•收入较高 •家长对其期望更大
个人因素	
•较早进入青春期 •宗教信仰弱 •冲动控制力差 •找刺激、爱冒险的性格	•强烈的宗教信仰 •冲动控制力较强
父母因素	
•与父母关系不好 •缺乏父母支持 •缺乏父母监督 •单亲家庭	•与父母关系好 •父母良好的监督 •父母良好的养育技能 •双亲家庭 •父母反对较早进行性行为
认知和教育因素	
•缺乏学业和职业目标 •学校表现不佳 •智商较低	•明确的学业和职业目标 •学校表现较好

青少年告诉研究人员他们这样做是因为害怕性传播疾病，62% 的青少年害怕怀孕，50% 的青少年害怕父母，还有 29% 的青少年害怕他们会因此在朋友之间名誉扫地。其他调查发现许多青少年避免性行为是因为在这个年龄段进行性行为违背他们的信仰或道德规范，或者他们还没找到合适的对象。

缺乏父母监管也是青少年进行性行为的重要因素。一项研究表明父母监管越严格，孩子发生性行为的概率会越低，孩子的性伴侣也会越少，患性传播疾病的概率也会降低，对于男生而言尤其如此。大多数高中生表示他们最常发生性行为的场所就是自己的家（74% 的男生，87% 的女生），一半以上的学生说他们放学后在家里发生性行为——当父母不在家时。监管青少年对父母而言非常困难，对于在外工作的父母尤其困难。不幸的是，相对于年龄更小的孩子而言，初中生和高中生受监管的课后活动较少。某种意义上讲，父母确实应该“放开缰绳”，给青少年更多自由空间。问题就是应该给青少年多少自由活动的时间，多久给他们一次自由活动的时间，在什么情况下给他们自由活动的时间——这些问题都很难回答。

同龄人的压力和“大家都这样做”的认知所带来的影响远比表面上看起来要复杂。青少年认为他们同龄人正在做的事情似乎比他们同龄人实际的行为更重要。有时，青少年误解了他们的同龄人并且认为有很多人都发生了性行为，但实际上并非如此——结果他们就顺应了一个并不真实的“同龄人压力”，并且发生他们认为并不合适的性行为。不过，值得注意的是感知到的同龄人压力也会影响青少年，让他们避免性行为。对 1 000 个 9 ~ 12 岁的非洲裔美籍青少年进行的研究表明，那些认为自己的同龄人没有发生性行为的青少年，自己也不太可能变得性活跃。这一点对于调查中的男生和女生都一样。在与青少年讨论性行为时，当他们高估了同龄人发生性行为的比例时，有必要对其进行帮助，以免他们受这些错觉的影响，从而影响自己的行为。

青春期期间的避孕措施

不出所料，许多成年人非常关心青少年是否始终正确地使用避孕法，即防止怀孕和患性传播疾病的方法。与几年前相比，更多的青少年开始采取避孕措施（尤其是避孕套以及避孕药）。但是在这方面，青少年仍然不能持续采取措施。例如，你可以从图 13.4 中发现，在一项调查中，45% 的 16 岁以下的女生在第一次性交时没有采取任何避孕措施。认为自己性活跃的青少年中，在上一次性交时采取措施的人更多——83% 的女生和 91% 的男生都采取了某些措施。其他研究表明从 1988 年起，15 ~ 19 岁期间采取避孕措施的青少年数量有所上升，84% 的女生和 93% 的男生声称他们在上一次性交时采取了某种避孕措施（1988 年的数据分别为 80% 和 84%）。但是从这些调查中很难发现那些性活跃的青少年是否总是采取并正确使用某种形式的避孕措施；一些研究表明他们并没有做到。

为什么青少年不能坚持采取避孕措施？许多青少年似乎不能或不愿承认自己性活跃或打算变得性活跃。持续使用避孕方法，尤其是服用避孕药之类的激素避孕方法，需要青少年承认他们性活跃并且在发生性行为前有所准备——许多青少年认为性行为是自发的，这样做则与他们的观点相悖。不出所料，愿意与其性伴侣讨论避孕措施并打算采取避孕措施的青少年很可能会采取避孕措施。但是正如我们刚刚所了解到的，许多青少年在显示这种成熟程度、在计划并做出有关性的理智决策方面通常都有困难。一些青少年不使用避孕用具是因为害怕他们的父母发现他们性活跃。其他人则表示他们不知道去哪里买到这些避孕用具或者这些东西不容易买到。令人吃惊的是，虽然大部分青少年都接受了好几年的性教育，但仍然有部分青少年对性行为和怀孕有误解或者对使用避孕用具的必要性和如何使用它们有误解。例如，有些青少年认为如果他们不经常发生性行为，他们就不必

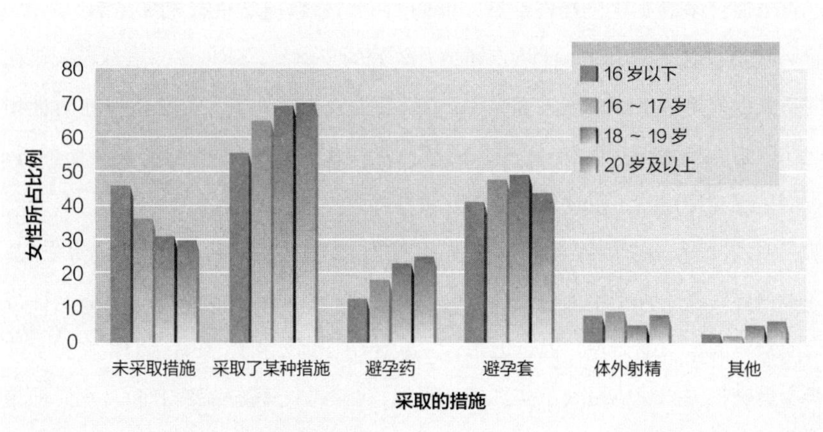

图13.4 第一次性交时女性采取的避孕措施

该图显示了第一次性交时采取和未采取避孕措施的女性所占的比例。对于声称采取避孕措施的人而言，各种避孕措施所占比例也一一列在图中。年龄较小的青少年使用任何形式的避孕措施的可能性更低。避孕套是各年龄段最常使用的保护措施。注意：任何措施包括调查中的女性汇报的各种方法，包括绝育手术、激素避孕方法、屏障避孕法、化学避孕法、宫内节育器、安全期避孕法、体外射精以及其他方法。

使用避孕用具，或者认为在进行性行为之前或之后服用一片避孕药就可以保护他们。还有一些青少年只是想当然地不相信怀孕或染上性传播疾病这种事情会发生在他们身上。认为自己很特别，所向无敌——这种观点被称为“个人神话观念”，与青春期期间的认知发展有关。最后，对一些青少年而言，不使用避孕用具也是冒险行为和冲动的一种表现。

性知识与性教育

几乎所有的公立学校都会开设性教育项目。大部分青少年不愿与父母公开讨论“性”这个话题，并且他们也不能单独接触自己的医疗或医疗保险。没有学校和社区的项目，他们从哪里获取可靠的信息呢？几乎每个人都认为学校应该开设性教育，但是至于在性教育课堂上应该教授什么内容这一点一直备受争议。阅读社会政策视角板块文章《性教育之争》，了解唯禁欲和全面性教育之争。

考虑到提供的所有教学努力，现在的青少年对性、性欲、怀孕、性传播疾病、避孕措施有什么认识？例如，在一项对高中生的性知识进行评估的早期调查中，尽管当时许多高中生已经性活跃，他们的平均分数仍然只有 42%。幸运的是，后期研究发现青少年对怎样防止怀孕有较好的了解。总的来说，虽然青少年在性活跃以前不总是参与性教育课程，但是通过参加性教育课程，青少年对性和避孕措施的了解有所增加。不过，还是有许多青少年不了解什么是性传播疾病，它们是怎样传播的，以及怎样预防这些疾病，这一点匪夷所思。例如，在一项研究中,只有 1/3 的青少年知道衣原体疾病是一种性传播疾病。另一项研究发现，许多抽样调查的青少年认为避孕套会引起性传播疾病。相关知识只是影响性行为的众多因素中的一种，但是近来，少女怀孕率降低可能表明青少年将所学的避孕措施相关知识应用到了实践中。当然，在控制性传播疾病方面，我们仍需要更多努力。

社会政策视角

性教育之争

2001年，美国的卫生局局长戴维·萨彻发布了一个关于美国学校性教育的报告。在回顾了数百个有关少女怀孕、青少年患性传播疾病的比例、青少年性行为的科学研究之后，萨彻建议，性教育项目一方面要告诉青少年避免性行为的重要性，另一方面也要教授性活跃的青少年怎样防止性传播疾病以及意外怀孕。

自从20世纪80年代联邦政府介入性教育后，关于教授青少年怎样使用避孕套或其他避孕方式来防止怀孕或感染疾病的话题一直备受争议。1981年，议会通过了《青少年家庭生活法案》（AFLA），成立了一个联邦资助的项目，通过在学校教授禁欲和自律来防止怀孕。之后，1966年通过的福利改革法和2000年通过的妇幼健康津贴开始额外提供联邦资金，推动学校的唯禁欲项目。唯禁欲项目谴责所有婚外性行为（针对任何年龄任何人），并且它们完全禁止任何有关避孕的正面讨论。唯禁欲项目可能会讨论避孕药以及其他的避孕措施，但目的仅仅是为了说明它们有多经常无法防止少女怀孕或感染性传播疾病。2009年的防止少女怀孕协会提供了1.14亿美元用于发展基于研究和证据的项目（除了禁欲和有关性传播疾病的教导外还包括避孕措施），但是同年，联邦预算修订案提供了2.5亿美元用于强制性唯禁欲项目。

从20世纪80年代开始，美国学校整体转向唯禁欲的方向，不再向青少年详细介绍怎样使用避孕套以及其他避孕措施。保守党立法人员和一些宗教团体担心教儿童和青少年怎样使用避孕套和其他避孕措施可能会传递错误信息——婚前性行为是可接受的。萨彻认为，事实是大部分青少年都性活跃，他们需要准确地了解怎样保护自己。大部分青少年表示他们在18岁时接受过正规的性教育，不过至于在接受教育之前有多少人已经有过性行为不得而知。女生更有可能了解计划生育的措施和“怎样拒绝性交”的信息，其中有2/3的女生表示她们与父母讨论过这些问题或者在学校受过相关教育。其他调查表明81%的父母希望孩子的学校能够提供全面的性教育，包括禁欲、使用避孕套、计划生育、流产、防止疾病。约一半的青少年表示他们想要了解更多关于这些以及其他性相关话题的信息。

研究发现全面的教育可以推迟青少年发生性行为的时间，减少性行为的频率和性伴侣的数量，让更多性活跃的青少年使用避孕措施。对唯禁欲项目的效果进行的分析发现其普遍呈现出负面结果——“在国家法律和政策中越强调禁欲，少女怀孕和生孩子的平均概率越高”。少女怀孕率在20世纪90年代下降，但是很难确定原因。许多专家将其归因于越来越多的青少年使用避孕措施，但是近几年选择禁欲的青少年数量也在上升。有些人认为是时候放下对“唯禁欲更好”还是“全面性教育更好”的争论，应该转向“性自主”的教育方式——培养青少年的性自主精神（意识到性感觉、性欲、性快感、风险和压力）；鼓励青少年与父母沟通交流，建立良好的情感关系；消除导致青少年感觉失控和缺乏机会的不平等现象。有关学校性教育的争论涉及有关政府监管、宗教道德、家庭和个人观点、青少年性行为事实的互相矛盾的观点。考虑到我们国家（指美国）较高的少女怀孕率、艾滋病以及其他性传播疾病带来的严重后果，性教育问题还任重道远。

问 题

学校应该怎么做？联邦政府应该扮演什么角色？你认为在性教育课堂上应该教授什么信息和价值观？

对青少年性行为的特殊考量

大部分成年人认同青春期的一个重要部分就是了解性需求并以一种成熟的方式来满足这种性需求。由此引起的三个重要问题就是防止性传播疾病、防止少女怀孕、保护青少年免受性骚扰。针对这些问题，谁有风险？这些问题会带来什么样的结果？怎样避免这些结果？

性传播疾病

青少年性行为引人担忧的主要问题之一就是性传播疾病，它们也确实有让人担心的必要。每年，新感染性传播疾病的案例中大约有一半是 15 ~ 24 岁的青少年和年轻人，而他们只占性活跃人群总数的 25%。最近的一项全美调查发现 1/4 的女生患有一种性传播疾病——约一半的非洲裔美籍少女患有性传播疾病。图 13.5 显示了衣原体疾病和淋病的患病率，这两种疾病是青少年最容易感染的两种性传播疾病。

衣原体疾病由细菌引起，是美国最常上报的疾病之一。它经常被称为“无声的”疾病，因为它通常没有任何症状。该疾病通过阴道性交、口交、肛交传播，患者多为女性。虽然短期内不会有严重影响，但如果不进行治疗，衣原体疾病会导致不育。患衣原体疾病的产妇生出的孩子有早产、眼部和呼吸道感染、患肺炎的风险。

淋病也是通过阴道性交、口交、肛交传播的细菌引起的。其症状通常很温和，经常被误认为是肾炎或膀胱炎，症状包括排尿时感觉刺痛或灼烧、白带异常、阴道出血或者嗓子疼。淋病会引起男性和女性不育、大出血或者关节问题。受感染的母亲在分娩时可能把该病传染给孩子，导致婴儿失明、关节感染或者严重血液感染。抗生素可以轻易治疗衣原体疾病和淋病，但是治疗不能扭转治疗前导致的损害。现在已经出现了抗药性淋病，这就使得这种疾病更难医治。

从图 13.5 中你可以发现，不同种族感染性传播疾病的比例也不同，就大部分性传播疾病而言，少数族裔染上的比例更高。例如，在 2010 年，69% 的淋病案例都发生在非洲裔美国人身上。要注意的是少数族裔身份经常与较高性传播疾病感染率有关的其他因素相混淆，如贫困、缺乏医疗保健、生活在性传播疾病感染率更高的社区中。

与成年人相比，青少年更有可能随意发生性关系，并且正如我们在上一节所了解的那样，他们也不大可能采取避孕措施。由于这两个原因，性活跃的青少年患性传播疾病的风险更高。此外，由于少女子宫颈发育不完全，其患这些疾病的风险也增高。这些疾病中许多症状都不明确或者根本没有什么症状，所以青少年通常不知道自己感染了这些疾病。不幸的是，这些疾病会给他们带来更多的健康隐患。患有性传播疾病的人，无论其年龄多大，都更可能感染其他疾病，如艾滋病。患有某种性传播疾病的人更有可能把艾滋病传染给别人——同时患有淋病和艾滋

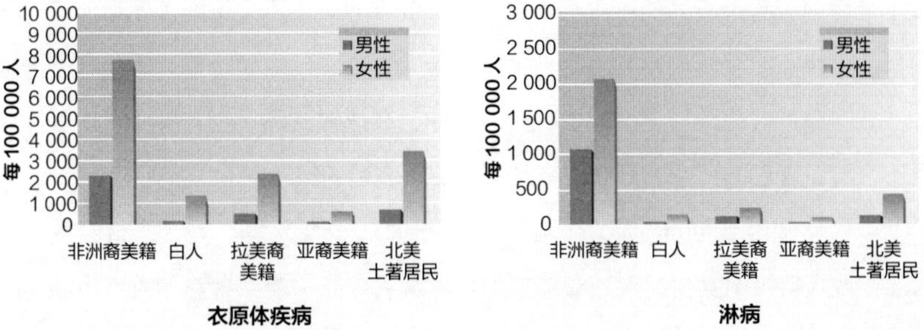

图13.5　各种族15～19岁青少年中患衣原体疾病和淋病的比例

该图显示了感染衣原体疾病和淋病这两种最常见的性传播疾病的青少年比例。这些图表显示女生，尤其是非洲裔美籍女生患这两种病的风险很高。

病的男性精液中的艾滋病病毒浓度比仅患有艾滋病的男性高 10 倍。患有性传播疾病的女性患盆腔炎（PID）的风险也有所增加。盆腔炎是一种会导致不育或子宫（输卵管）外孕的生殖器官感染疾病，通常与上述两种青少年常见的性传播疾病——衣原体疾病和淋病有关。越来越多的青少年开始使用避孕套，但是我们仍需采取更有效的措施以减少患性传播疾病的青少年数量。

少女怀孕

在美国每年大约有 75 万少女怀孕。30% 的美国女性在 20 岁以前至少怀孕过一次。每年少女怀孕人数约占总怀孕人数的 12%，产妇中有 10% 是少女。在过去的 20 年里，更多的人使用避孕用具和发生性行为的年龄推迟都推动少女怀孕率大大下降。尤其值得注意的是，在过去的几年内，非洲裔美籍和拉美裔美籍少女怀孕率显著下降，不过她们的怀孕率仍然比白人少女怀孕率高 2 ~ 3 倍。美国的少女怀孕率仍然远远高于其他发达国家。从图 13.6 中你可以发现非洲裔美国人怀孕率更高，大部分少女都能安全分娩，产下婴儿。

少女怀孕有哪些风险？ 大部分专家认为生活贫困是少女怀孕的最大风险因素。不过，如你所想，并不是缺钱增加了这一风险。贫困与导致少女怀孕的许多因素有关，包括糟糕的教育体系、缺乏教育和工作机会、家庭不稳定、父母监管不足、小小年龄就开始性交等。年龄较小就开始性交会增加怀孕的风险，很大程度上是因为与年龄较大的青少年相比，年龄较小的少女不大可能正确地使用避孕用具。小小年纪就开始性行为也与家庭和个人有关，比如父母监管不足和个人强烈的冒险精神。生活在单亲家庭、学业不佳、有认知缺陷、童年时期有攻击性并且不合群、青春期早期酗酒吸毒都会增加少女怀孕的风险。

个人认知因素也有一定的影响。一项研究从一个大型全美数据组中挑选了 2 000 名八年级的女生，对其心理控制点、自我效能（前二者都与对产出和能力的控制感有关）、教育和职业预期进行评估。四年之后，该研究对在十二年级以前怀孕的女生和同种族同年龄的其他女生进行比较。怀孕的少女在其八年级时的心理控制点、自我效能、对自己整体学习成绩的预期明显较低。实际上，这些青少年似乎遭受了“内部贫困”，即认为自己不能实现这些目标，他们的人生由别人而非自己掌控。对生活选择的预期也与少女怀孕有关，对生活选择有或多或少负面认知的少女怀孕的风险也更大。对于这些少女而言，怀孕并不意味着未来潜力的大大丧失，因为在她们看来，一开始她们就没有多少正面选择。因此，她们认为怀孕不会给自己的人生带来太大干扰，这样一来她们也就不怎么注意持续使用避孕用具了。一些少女把怀孕视作为生命提供目标和意义的正面选择，当学业不佳限制她们的机会时尤其如此。

目前对未成年人变为人父的风险因素了解甚少。只有 7% 的青少年升级为人父，其中大部分家庭贫困，在学校表现不佳（许多高中辍学），并且比没有升级为人父的青少年更可能吸毒、参与犯罪活动。他们中许多人都来自单亲低收入家庭，或者所在家庭的父母采取我们在第 12 章中讲的高压家庭采取的不合理惩罚

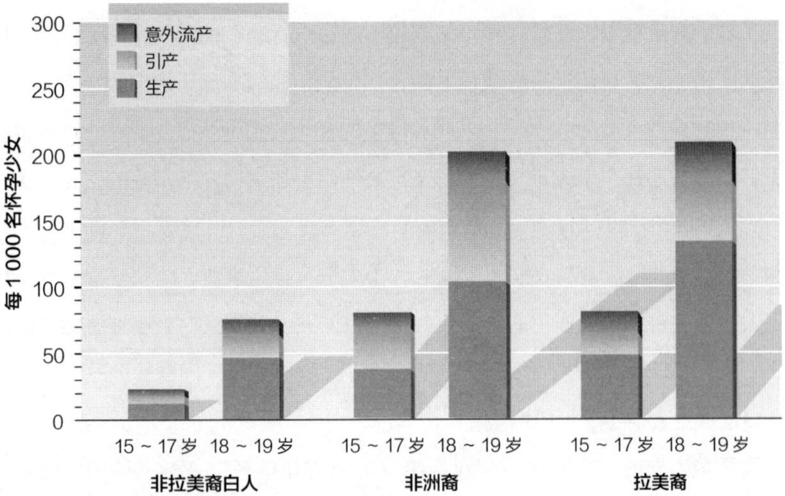

图13.6 少女怀孕率

怀孕率与妊娠结局之间的关系在 15 ~ 19 岁的不同年龄和不同种族的美国人之间是不同的。这里的数据来自 2008 年的一项调查。

手段。与未成年母亲类似，未成年父亲也会呈现代际规律——未成年父亲的儿子有可能自身也变成未成年父亲。未成年父亲与未成年母亲有相同的认知缺陷，如缺乏规划技能、童年表现出攻击性。药物滥用、加入离经叛道的同龄人团体都与青少年升级为父母有关，这些都表明他们的冲动控制力普遍较弱。最后，少女怀孕的一个重要风险因素就是已经有了一个孩子。2009 年，18.5% 的少女生产时并非第一胎，这些少女至少已经生过一个孩子。白人少女生二胎的比例为 18%，北美原住民少女生二胎的比例则为 21%。

未成年父母的影响 意外怀孕会给青少年带来巨大压力。通常怀孕的少女在身体上和情感上都没做好生养孩子的准备。青少年升级为父母有许多负面影响，包括学习成绩不佳、经济不稳定（无论短期还是长期）、情绪发展问题（如同一性发展问题）。

未成年父母所生的孩子远没有成年父母所生的孩子发育状况好。在婴儿期，他们很可能会早产、出生时体重偏轻、遭遇分娩期并发症或夭折；未成年母亲的二胎死亡率更高。这可能一部分是因为年轻的母亲不太可能进行持续的产前保健，她们了解的知识有限，在妊娠期不知道也不愿意进行有益的活动，或避免不健康的活动。未成年父母还没有形成良好的育儿技能，他们的孩子出事故、生病、遭受虐待和忽视的风险大大上升。未成年母亲的育儿方式可能很冷淡，对孩子也会有不切实际的期许。未成年父亲和母亲都会使用更加负面、指示性的、身体上的管教方式——很像我们在第 12 章讲的高压家庭育儿方式。这些年轻的父母不太能与孩子产生共鸣，对待孩子不够耐心，不太进行言语表达，给孩子提供的环境也不太能起促进发展的作用。未成年父母生育的孩子在长大后会遇到更糟糕的问题，对男生而言尤其如此。他们遭遇教育、行为、情感和经济问题的风险更大——包括自己成为青少年父母的风险。

很显然，未成年人升级为父母会给父母双方和孩子带来一系列的问题。不过，这些问题多大程度上是未成年父母带来的后果而非未成年人升级为父母的原因，这一点尚不清楚。例如，在成为母亲之前，未成年母亲与稍晚升级为母亲的少女的学习成绩之间就存在差距，只不过前者的学习成绩在生产后变得更差了。未成年父母养育的孩子会表现出许多行为问题，如小小年龄就表现出攻击性、冲动控制能力较差，这些行为问题与一开始导致其父母未成年就升级为父母的行为类似。这些教育和行为问题是因为年幼就升级为父母本身，还是因为年轻父母缺乏有效的育儿技能，抑或是因为父母和孩子共有的遗传相关的倾向？相关研究才刚刚开始。最后，贫困作为导致少女怀孕的诱因和未成年父母的结果，其影响无处不在，给未成年父母和他们的孩子带来的影响超过未成年为人父母本身。

未成年父母和他们的孩子的结局因人而异。许多未成年父母最后都有了稳定的生活，尤其是那些能够继续接受教育、推迟生二胎的父母。稳定的婚姻关系会带来更好的后果，但是不稳定的关系也会导致更糟的结果。虽然未成年父母明显并非最佳选择，但是这也不一定就会给父母和孩子带来糟糕的结果。培养青少年自尊心和自我胜任感，让他们对未来充满希望并进行规划，帮助他们继续读书的预防性计划可以减少少女怀孕发生率。

强迫性行为

不幸的是，许多青少年反映他们曾被迫发生性行为。强奸是指在武力或精神压迫下发生的性交，性侵犯是指由于武力或精神压迫发生的性接触，不一定发生性交。性骚扰是指任何违背意愿的与性相关的行为，包括令人不悦的性要求、性谣言、性笑话、羞辱或导致敌对或反感氛围的其他行为。

与其他年龄段的人群相比，青少年遭遇强奸和遭受其他性侵犯的风险更高。有关强迫性行为发生率的估测千差万别。有些研究表明，大约有 11% 的女生和 5% 的男生曾经历强迫性行为，他们中很多人会在 12 岁以前遭遇这些。其他研究估测高达 68% 的青少年会遭遇熟人强奸或约会强奸（受害者认识作案者或与作案者是约会关系）。研究表明 26% 的 18 ～ 22 岁的男生报告说曾试图进行熟人强奸或约会强奸。性骚扰的发生率更高——一项研究表明，83% 的女生和 79% 的男生表示自己经历过性骚扰，25% 的青少年表示他们经常遭遇这种情况。

为什么青少年遭受性侵的风险更高？他们比年龄小些的孩子有更多的自由，

可以决定去哪里、与谁交往，他们通常想要尝试新的行为，因此乐意比其他年龄段的人承受更多的风险，他们可能还不太能识别一些暗示危险的信号，而且在学生时代他们与其他青少年联系密切，大部分时间都待在一起。

哪些青少年最有可能遭受性侵？不幸的是，童年遭受性侵是青春期遭遇性侵的最好预警因子之一。我们在第 10 章已经学过，童年遭受性虐待的影响深远，对许多青少年而言，虐待并没有停止。青春期遭受性侵的其他预警因子包括小小年纪就开始约会、发生性行为，这两点把青少年置于更可能发生性胁迫和强奸的环境中。吸毒和饮酒也与青少年遭受性侵有关。对于性暴力作案者而言，吸毒和饮酒会增加其误解受害者发出性邀请的风险。此外，如果作案者喝醉后作案，其他人可能不会要求作案者对自己的行为负责；讽刺的是，大家通常会更加责备醉酒的受害者。

对于受害者而言，酒精和毒品使得其更难应对或逃脱面临的情形。正如你所预料的那样，强迫性行为有许多负面影响。受害者表示自己感到害怕、焦虑、悲伤、绝望。无论是男性还是女性都会感到抑郁，如果他们认识作案者，这些受害者的状态会更糟糕。受害者也有可能学习成绩不佳、发生性行为、吸毒饮酒频繁，患创伤后应激障碍的风险也会增加。毫无疑问，侵犯越严重，持续时间越长，受害者遭遇的情感、心理和身体问题也越多。一些预防课程有效地改变了男性和女性对性侵的态度和与性侵相关的行为，提高其避免遭受强奸的策略技巧。有关性骚扰和性侵犯的认识已经得到提高，学校也可从已出版的指南中寻找帮助，制定政策，防止并上报违背意愿的性行为。然而，考虑到青少年遭遇性侵和性骚扰的数据，仍然有必要改善扩大这些课程。

青少年健康问题

就身体疾病和慢性健康问题而言，青少年比其他年龄层的人健康。成年人致死的主要原因，如心脏病、癌症、中风等，在青少年人群中并不普遍。不过，专家们越来越担心青少年的健康问题，其中一个原因就是长久的行为模式在青春期开始形成。如果能鼓励青少年培养积极的健康习惯，他们可能会避免成年期的各种问题。专家们也认识到威胁青少年健康的主要问题完全可以避免。例如，目前青少年死亡的主要因素是意外伤害，尤其是机动车辆事故。每年许多青少年滥用酒精和毒品，损害自己的身体；还有一些青少年则患有抑郁症，甚至可能自杀。很显然，鼓励青少年培养积极健康的行为习惯、避免负面行为会降低其遭遇健康问题和受伤的风险。

营养与锻炼

你可能很清楚现在的青少年饮食习惯一般都不好。但是青少年的营养状况到底有多好（多糟）呢？最近的研究发现只有 15% 的高中生每天根据建议至少吃 3 顿蔬菜——除非你把炸薯条和炸薯片算在内。实际上，在美国农业部食物金字塔（谷物、蔬菜、水果、肉类和豆类、牛奶）中列的所有食物种类中，调查中不到一半的青少年摄取量达到推荐水平。2/3 的青少年脂肪摄取量超过推荐标准，大约 75% 的青少年摄取过多的饱和脂肪——这种脂肪会引起许多健康问题。与其他年龄群相比，青少年更有可能饮食习惯不固定。某一顿不吃是常见现象，约 60% 的青少年至少偶尔不吃早餐；50% 不吃午餐；12% 的青少年则表示他们为了减肥一整天都不吃饭。不吃饭通常会导致青少年吃更多的零食，并且他们做出的零食选择比吃饭选择更糟。现在，青少年可以更容易地获得各种食物，但是快餐在青少年的食物选项中扮演尤其重要的角色。食物分量加大使得许多人过量摄取不健康食物。家庭饮食习惯也非常重要——与过去相比，更多家庭在外就餐，父母为孩子提供的食物选择也更少。

青少年的锻炼情况又如何呢？青少年在锻炼这方面做得比在营养方面好，但是仍然还有很大的提升空间。例如，大约有一半的青少年进行日常的剧烈体育运动，不过，在学校每天都上体育课的青少年不到 1/3。一半以上的青少年每周花 3 天或更多时间进行某种肌肉强化运动。不过，青少年在体育运动方面没有年龄更小的孩子们积极，和男生相比，女生更不愿意进行日常体育锻炼。积极参加锻炼的青少年认为自己更健康，身体形象更加积极，整体生活方式也更健康。男生和女生都表示如果有朋友陪着他们一起锻炼，或者他们喜欢自己参加的活动，或者他们认为朋友们都在锻炼时，他们更愿意进行日常锻炼。少数族裔女生进行体育锻炼的比例低于白人女生，但是她们也知道体育锻炼的好处（例如，保持体形）和坏处（例如，受伤、流汗、必须面对进攻性较强的运动员，还有尴尬）。父母和同龄人的更多支持和父母更多地进行体育锻炼会影响青少年参与更多的日常体育锻炼。尝试让青少年和儿童参与更多的体育锻炼时，有时会忽略一个重要因素：邻里安全。所住区域不太安全的青少年进行体育锻炼的可能性也较小。

饮食失调症　儿童和青少年都追求过于消瘦的身形，对于女性而言尤其如此，这一点你自己可能也经历过。神经性厌食是一种非常严重的情况，患者对身体形象认识扭曲，非常害怕体重增加，拒绝保持至少算是健康的体重。神经性厌食患者对自己的身体看法不够理性。客观来说，他们已经很瘦了，但是他们仍然觉得自己很胖，没有吸引力。他们不断决心要变得更瘦。神经性厌食患者非常控制饮食，他们通过剧烈锻炼、自我诱发呕吐或错误使用泻药或灌肠剂以清除食物，从而减掉额外体重。神经性贪食指的是暴饮暴食（摄取大量食物）之后，通过排出食物、禁食或者大量运动弥补自己的过量饮食。神经性贪食患者在暴饮暴食阶段会饮食失控——他们知道自己吃得太多，但是他们无力停止。之后他们又觉得非常愧疚。与神经性厌食患者摄取少量食物之后排出食物不同，神经性贪食患者在暴饮暴食之后排出食物。

这两种饮食失调症在女性身上最常见。大约每 100 个女性中有 1 个厌食患者和 2 ~ 3 个贪食患者。在过去，很少有男性患饮食失调症，不过现在男性中对自己体型不满意、患有饮食失调症的人数可能也有所增加，他们服用合成代谢类固醇和其他未经测试的补充品增加肌肉质量。神经性厌食通常发生在 14 ~ 18 岁期间，神经性贪食则在青春期后期出现。饮食失调症与遗传有一定的联系，经常在家族中代代相传。同卵双胞胎患有同种饮食失调症的可能性是异卵双胞胎的 3 ~ 5 倍。研究人员认为青少年可能会遗传导致其容易患饮食失调症的情感倾向。这些对饮食失调症的弱抵抗性通常会与自卑、家庭压力、“瘦即为美”的强烈的社会信息共同作用，导致饮食失调症。不幸的是，饮食失调症的死亡率高于其他精神障碍。

我们都知道社会过多地推崇瘦削身形。大众媒体充斥着比一般人瘦很多的魅力女性。实际上，许多模特都太瘦了，她们都不健康。青春期的女生很少有人能达到那种不合理的体形标准。大部分处于青春期的女生对自己的身体形象都不满意——60% 以上的女生通过节食控制体重，还有 5% 的女生采取不健康的方法减肥，如吃减肥药和泻药、催吐等。对于少数族裔的青少年而言，试图融入主流文化会给他们带来更多压力。为了能变瘦，许多处于青春期的女生陷入了厌食或贪食的恶性循环。对于许多厌食者而言，他们唯一能控制的就是食物。对于贪食者而言，暴饮暴食和清除食物也表明他们无法控制自己的生活。心理疗法和药物在治疗青少年饮食失调症方面有一定的成效。最近出现了一些将针对身体形象、文化理想、自尊的学校预防项目与针对饮食失调症高风险学生的家庭项目结合在一起的方法。在一些较严重的案例中，可能必须对患者进行住院治疗，迫使其增加体重或治疗如自杀行为或慢性抑郁症等其他症状。研究脑电图模式的神经科学研究在饮食失调症患者的额叶、颞叶和负责情感处理的大脑区域发现了异常活动模式。经过治疗和增重后，有些异常模式能恢复正常，有些则不能。欲了解更多有关饮食失调症的信息、它们对青少年及其家庭的影响，以及怎样治疗饮食失调症，请阅读从业人员视角板块文章《饮食失调症顾问》。

药物的使用和滥用

药物使用和滥用是影响青少年健康的一个主要威胁。很难对药物使用进行界定，不过通常，它指的是经常摄取改变心理机能的合法或非法药物。药物滥用指过度使用药物（合法或非法）以至于对日常生活造成困难。药物使用和滥用普遍吗？对美国高中生进行的大型调查表明大约有 2/3 的九年级学生喝过酒，38% 的学生吸过烟，大约有 1/3 的学生尝试过吸食大麻。不少学生表示在 13 岁以前尝试过这些东西（8% 尝试过大麻，10% 吸完一整根烟，21% 不止喝过几口酒）。如图 13.7 所示，九年级学生中尝试可卡因和其他毒品的人数较少。吸食吸入剂（胶

从业人员视角

饮食失调症顾问

道格拉斯·邦内尔，博士
康涅狄格州威尔顿镇
专攻饮食失调症的治疗，全国饮食失调协会前任会长

青少年常见的饮食失调症有哪些？什么原因导致饮食失调？

大部分患有饮食失调症的青少年通过控制食物摄入量进行节食，一些人进而发展为彻头彻尾的神经性厌食症，但是大部分无法持续控制饮食，他们会呈现暴饮暴食等症状。这通常会导致他们觉得愧疚，担心体重增加，进而促使他们过度锻炼、服用泻药、催吐。饮食失调症并非由单一因素引起。毫无疑问，强调瘦的重要性的文化信息会给青少年（包括男生和女生）带来巨大的苦恼，这是形成饮食失调症的普通风险因素。有其他风险因素（如易感基因、焦虑或抑郁）的青少年最有可能发展为严重饮食失调症患者。

患有饮食失调症的青少年及其家庭会有什么症状和影响？

饮食失调症是一种严重疾病，对患病个体和认识他、爱他的人都有巨大的影响。患有饮食失调症的青少年经常觉得焦虑和抑郁。许多人觉得没有什么成就能让自己得到满足，所以他们不断地过分要求自己，直到觉得“足够好”。他们的心脏、骨头、牙齿可能都会出严重的问题，他们的家人也会很痛苦。

有哪些治疗方法？父母和青少年怎样才能防止饮食失调症？

饮食失调症是一种非常复杂的疾病。治疗方法应该也同样复杂，但是可能很难找到，可能花费高昂，可能过程持续时间很长。大部分患者都有私人医生或家庭医生帮其寻找方法，处理自己的感情。通常，家庭疗法是最有效的治疗方法。患者可能会跟营养师共同努力，安排饮食，处理饮食失调行为。精神药物治疗可能也非常有用——对于这类治疗而言，医生是每个患者治疗团队中的重要组成部分。许多患者可以作为门诊病人接受治疗，但是更多患者需要在家或住院进行项目治疗。这些项目的结构和监督机制可更有效地帮助患者消除症状。教儿童学会揣摩身体形象的文化信息可以帮助他们抵抗不顾一切也要变瘦的压力。识别饮食失调症的早期征兆，如因身体形象苦恼、在没必要减肥的情况下进行节食、仪式化的饮食习惯、清肠道的迹象等，可帮助患者在症状恶化以前就开始接受治疗。

你对考虑从事该领域的学生有哪些建议？

临床医师需要完全了解青春期相关的心理、人际交往和生理问题，因为饮食失调症患者主要是青少年。无论对该领域有意向的学生的专业是药学、心理学、营养学或者社会工作，他们都需要全方面整合信息。饮食失调症患者可能拒绝接受帮助。临床医师要设身处地为患者着想，丰富自己的学识，创造机会与患者建立联系。从事该领域的最好背景就是广泛了解文学、艺术、科学的相关知识。治疗这些失调症绝非易事，医生必须能够接受各种复杂模糊的状况，在礼貌体贴的同时还要有一定的坚持。

问　题

家人和社区应该怎样帮助儿童和青少年面对减肥相关的文化信息？

毒、强力黏胶或气溶胶）是最近才流行起来的现象——尝试吸食毒品的九年级学生多于十二年级学生。从 2003 年开始,服用摇头丸(又称亚甲二氧基甲基苯丙胺）和冰毒的高中生数量有所下降（2003 年服用摇头丸的高中生占 11%，2011 年只占 8%；2003 年服用冰毒的高中生占 8%，2011 年占 4%）。不过，未经授权服用处方药（如奥施康丁和阿得拉）的人数较多——十二年级的学生中，1/4 的学生表示自己这样做过。

表 13.3 显示了同一全美调查中不同种族人群药物使用的差异。饮酒，吸烟，吸食可卡因，未经授权服用处方药，吸食吸入剂，服用迷幻药、摇头丸、冰毒，

表 13.3

各种族高中生饮酒吸毒比例			
	非拉美裔白人	非洲裔美国人	拉美裔美国人
服用酒精	40	31	42
服用烟草（香烟）	20	11	18
服用烟草（无烟）	9	3	6
服用大麻	38	43	42
服用可卡因	3	1	5
服用处方药	23	15	19
尝试吸入剂	11	9	14
尝试迷幻药	9	3	9
尝试摇头丸	8	6	11
尝试冰毒	4	3	5
尝试类固醇	3	3	4
尝试海洛因	3	3	3
酗酒	24	12	24

注意:“服用”指在进行调查的前 30 天内至少饮酒或吸毒一次。“尝试”指的是曾经少量服用过某种毒品。“处方药”指未经医生开处方服用处方药品（如奥施康丁、维柯丁、可待因、阿得拉、利他林、阿普唑仑）。

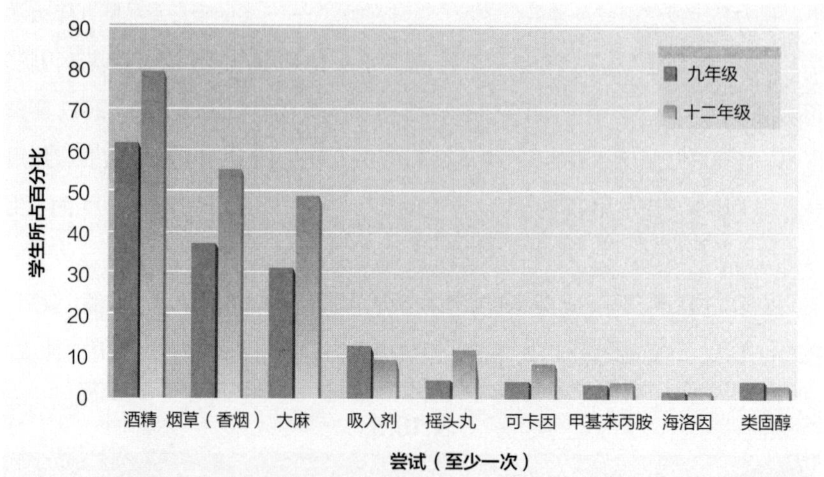

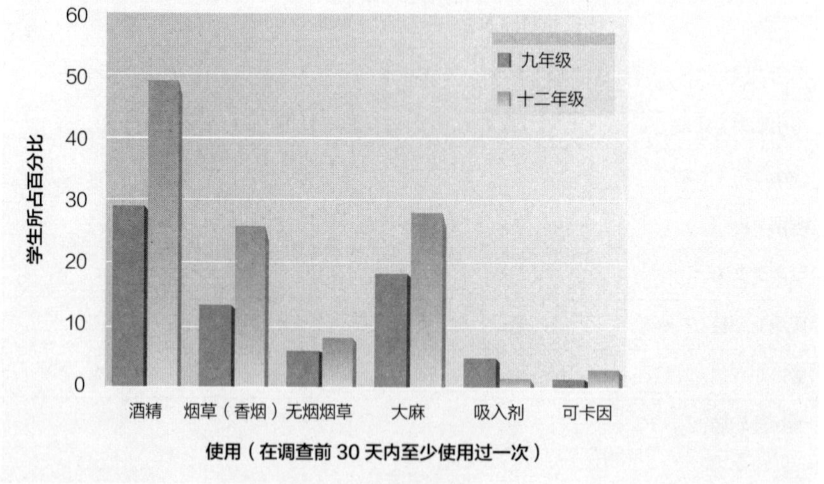

图13.7 九年级和十二年级学生酒精和毒品的使用情况

表中数据来自对高中生进行的全美调查。比较尝试和使用酒精和毒品的九年级和十二年级学生所占比例。注意：“尝试”指的是至少有过一次经历；“使用”指在进行调查的前 30 天内至少饮酒吸毒一次。可卡因包括粉状可卡因、“霹雳可卡因”和“游离盐基可卡因”；“吸入剂”包括胶毒、气溶胶、强力黏胶、喷雾剂；海洛因包括“白粉”“海洛因”“芬太尼”；“处方药”指未经医生开处方服用处方药品（例如，奥施康丁、氨酚羟考酮片、维柯丁、可待因、阿得拉、利他林、阿普唑仑）。

纵酒的非洲裔美国人群人数少于非拉美裔美籍白人或拉美裔美国人群。拉美裔美国人是使用酒精、可卡因、吸入剂、摇头丸、冰毒和激素最多的人群。其他大规模调查表明近年来服用非法药物的青少年比例有所下降，在十二年级学生中下降了 10%。但是吸食吸入剂、服用镇静剂、服用令人上瘾的处方药（如奥施康丁）的青少年比例则有所上升。

青少年饮酒、吸烟、吸食大麻的比例引人担忧。通过阅读你会发现，大部分青少年在上高中以前至少都喝过一次酒，许多经常饮酒。大部分人从家里获得酒精。纵酒，指一次喝 5 杯以上，在高中生之间也比较常见，14% 的九年级学生和 32% 的十二年级学生表示在最近 30 天内，他们至少纵酒一次。青少年饮酒会导致许多问题行为，造成不良后果，包括交通事故、过早发生性行为、强奸、学校表现不佳、心理不健康等。很难区分哪些因素是导致饮酒的，哪些因素是由饮酒引起的，但是青少年饮酒明显会导致许多问题。从 20 世纪 90 年代中期开始，吸烟人数明显下降。青少年对吸烟及其带来的健康风险所持态度比几年前更加负面，针对青少年的香烟广告减少，反对吸烟的广告增加。香烟价格飙升也许也是导致吸烟人数减少的一个因素。最后，大麻是目前青少年和成人最常非法吸食的药品。现在定期吸食大麻的青少年比例与吸烟的青少年比例相当（在过去的 30 年里，30% 的青少年表示自己吸食大麻；23% 表示他们吸食某种烟草）。

药物使用通常在青春期以使用对成人合法的酒精和烟草开始。如果继续发展下去，接下来使用的通常就是大麻，然后是其他非法毒品。酒精、烟草、大麻通常被称为诱导性毒品，因为大部分服用其他硬性毒品的人首先服用的就是这三种。纵观多个研究，非法服用毒品的人中，9% 的人首先服用大麻，吸烟或饮酒的人吸食大麻的风险比不吸烟饮酒的人高 65 倍。开始服用诱导性毒品的时间越早并且服用的频率越高，使用其他硬性非法毒品的概率也更大。诱导性毒品理论并没有说，服用的人必然或很可能继续服用硬性毒品——实际上，大部分使用酒精、烟草和大麻的人不会继续服用硬性毒品。但是家长还是有必要监督孩子是否服用这些药品，因为服用这些药品预示他们可能会出现问题，在青少年表现出药品滥用的其他风险因素时尤其如此。

药物使用的风险因素 青少年药物使用的一个风险因素就是处于青春期。与其他年龄群相比，青少年更有可能饮酒吸毒。但是饮酒吸毒对所有尝试过的青少年造成的问题或带来的长期负面影响并不相同。许多初次尝试或偶尔使用药物的青少年不会受长期影响——只要他们能避免短期影响（如事故和性行为）。你可以设想，过早使用药物（例如，在 14 岁以前饮酒或 15 岁以前服用非法药物）会导致青少年随着时间的流逝更多地使用药物，其患上酒精失调症和毒品失调症的风险也会增加。但是在开始使用药物前，家长可以提防哪些风险因素呢？

个体的性格与药物使用有关。有药物使用问题的青少年更有可能追求轰动，挑衅好斗，冲动并且行为控制能力较差——许多特点在 3 ~ 5 岁期间就会体现出来。与自我管理（如规划、组织、选择性注意）有关的认知技能出现问题也会增加药物使用的风险。反社会行为经历，包括挑衅好斗和行为问题，也是一个风险因素。

青少年的信仰、价值观、经历也决定他是否会饮酒吸毒。认为酒精和毒品对其健康和未来目标构成威胁的青少年不太可能会饮酒吸毒；认为药物使用没太大危险并且会带来乐趣的青少年使用药物的风险更高。宗教信仰虔诚的青少年不太可能饮酒或吸毒。压力较大的青少年使用药物的风险也会更高。童年经历身体虐待或性虐待、目睹家庭或邻里暴力会增加青少年使用药物的风险。对于青少年而言，使用药物可能只是想尝试解决令其不知所措的情况。

家庭因素在预测药物使用问题方面非常重要。有药物使用家族史的青少年使用药物的风险较高，原因可能有多个。家庭成员可能对药物使用和依赖有易感基因，饮酒吸毒的父母也给孩子们使用药物树立了不良“榜样”。产前接触酒精或毒品可能会增加儿童大脑处的感受器对药物的敏感性或者导致儿童行为和自控问题。有药物使用家族史的家庭里也更容易获取酒精和毒品。

父母教养孩子的行为也非常重要。严厉、反复无常或者纵容的管教方法都会导致药物使用。不出所料，缺乏父母监督也会增加药物使用的风险，因为这些父母不太清楚他们的孩子都在做些什么事情、与谁在一起。父母教养模式越有权威（充满温暖和感情，但又有适当的期望和纪律），药物使用率越低。与父母关系密切会降低药物使用的可能性，这可能是因为这些父母更加密切地监督自己的孩子并且在孩子交友方面有更大的影响力。父母也通过自己的行为、与孩子的探讨来传达自己关于药物使用的看法，他们也能加强孩子与同龄人、社团、教堂，以及其他有助降低药物使用风险的组织的积极联系。

与饮酒吸毒的人交朋友一直都是青少年药物使用最强有力的预测因子之一。使用药物的朋友为药物使用提供了范例和机会，提供了获得药物的机会并相互鼓励继续用药。当然，要想确切知道怎样阐释这种关系很难。药物使用可能性较大的青少年会选择也有可能使用药物的人做朋友吗？或者不太可能使用药物的青少年会被其朋友影响进而开始使用药物吗？我们可以料想，要通过研究厘清这些可能性很难，但是择友和社交似乎都有很重要的影响。不过，父母对孩子进行监督，了解他们经常与谁待在一起，了解孩子的朋友，都是不错的主意。

你可以发现，脾气越差、认知困难越多、行为和感情控制能力越差的青少年使用药物的风险也越高。这些个体自身的弱点与父母的高压或放纵教养行为共同作用，导致青少年学业困难，难以融入积极的同龄人群体。这些青少年可能会更多地与离经叛道的同龄人混在一起，后者为其使用药物提供范例和机会——这些因素以同样的方式导致行为问题、好斗和犯罪行为。

其他健康问题

青少年需要更多睡眠 你可能毫不惊讶地发现大部分青少年都睡眠不足。一项大型研究发现在有课的日子里只有 20% 的高中生平均能睡 9 个小时以上，几乎一半的学生只能睡 8 个小时或者更少。大部分学生都知道自己睡眠不足，不过他们的父母则认为他们的孩子每星期至少有几个晚上睡眠充足。但是青少年和年轻人与较小的孩子一样需要同样多的睡眠才能在一天内保持清醒、表现良好——所需睡眠时间大约 9 个小时。缺乏睡眠会导致抑郁和焦虑、学校表现不佳、精神涣散、认知及运动反应较慢、判断错误、任务表现不佳、动力减少、事故风险增加。难以控制感情和注意力可能是因为前额皮质缺乏睡眠。我们在这一章前面了解到大脑的这一区域在青春期仍然在进行重要的发育变化，缺乏睡眠可能会以我们不知道的方式影响这一发育。要注意的是，与缺乏睡眠相关的问题都是基于推论联系，所以我们不能确定是缺乏睡眠造成这些问题，还是这些问题造成睡眠问题，或者其他因素，如容易焦虑的性格，导致以上两方面的问题。

为什么青少年睡眠不足呢？父母对青少年睡觉时间的监督不如对较小的孩子严厉，并且青少年在睡觉前需要更多的时间完成各种任务，如作业、工作、志愿者活动、运动锻炼、音乐课、社团活动等。看电视、发短信、网聊，以及其他科技产物的使用，也会导致他们较晚入睡。不过睡觉时间较晚可能也有生理原因。随着青少年逐渐进入青春期，调节许多人体系统（包括睡眠和清醒周期）的昼夜节律出现睡眠时间延迟——所以青少年较晚才能睡着。

抑郁 我们一般用“抑郁”这个词来指我们生活中间歇性出现的悲伤和无力。临床上的抑郁，即临床抑郁症，指的却是一系列的症状，如悲伤、对各种活动丧失兴趣、一无是处的感觉、睡眠问题、食欲变化。这些症状持续时间较长，超过正常的悲伤或失落的时间段。不过，失去所爱之人后持续多个月感觉极度悲伤是正常的。但是如果这些症状持续时间过长，就说明可能患有临床抑郁症。抑郁本身引起的症状也会带来极大的痛苦，影响患者学习、工作、社交的能力。

患有抑郁症的青少年一般比较自卑，他们对自己和周围的事物都持消极的看法，在同龄人中不太受欢迎，很有可能有自己被排斥或孤立的感觉。他们在学校表现不佳，很可能不交作业、逃学、留级。在他们长大以后，他们出现婚姻问题、失业、滥用药物、犯罪的风险都会增加。

抑郁症在学龄前儿童中的患病率较低（少于 1%），从小学开始上升（2%），在青春期再次上升（大约 2% ~ 8%）。有证据表明，在童年，男孩患抑郁症的现象比女孩更加常见。不过，到了青春期，女生患抑郁症的比例是男生的 5 倍。男生在生气的时候，通常会通过身体——有时以进攻的方式——发泄自己的情感，但是女生从小就学会把这些感情隐藏在心里。患抑郁症的男生和女生会更多地进行危险行为，如饮酒和驾车，尤其是当他们感到绝望的时候。研究人员认为还有更多的儿童和青少年有严重的抑郁症症状，虽然他们不完全满足临床抑郁症的全部标准。患抑郁症的比例似乎在显著提高。最严重的抑郁症类型在家族中代代相传。抑郁症的遗传指数高达 0.60，同卵双胞胎比异卵双胞胎更有可能有相同的抑郁症症状。不过轻度抑郁症与基因没有必然的联系。抑郁症会导致错误的认知过程（悲观负面的思维模式）、习得行为和充满压力的生活。

患有抑郁症的儿童和青少年在接受心理治疗之后有明显的改善。针对减少负面和有害的认知过程、提高自信心、加强社会技能、帮助放松，以及处理焦虑的疗法尤其有效。对青少年进行的研究表明，虽然青少年在治疗抑郁症之后可能复发，但认知行为疗法和抗抑郁药共同作用比单独使用任何一种方法更有效。有关治疗可能带来的负面影响（如儿童、青少年、青年人存有自杀想法和自杀行为的风险增加）仍然引人担忧，在治疗的前几个月尤其如此。不幸的是，许多患抑郁症的青少年没有接受任何形式的治疗。由于患抑郁症的青少年比较孤僻，其症状也都没有外露，所以他们经常被忽视。家长、老师和其他人都认为青少年喜怒无常、小题大做，他们有时把抑郁的相关症状误认为“不久就会消失的阶段性现象”。

死亡原因 导致青少年死亡的主要原因是机动车辆事故造成的意外伤害。事实上，一项全美调查发现，意外伤害不是主要致死原因的唯一青少年群体是 15 ~ 19 岁的非洲裔美籍男生——该群体的主要致死原因是凶杀。凶杀和自杀包括在青少年七大致死原因里面，对各种族群体都是如此。

青少年驾驶 青少年驾驶的数据相当惊人。16 ~ 19 岁的青少年驾车，每行驶 1.6 千米，发生车祸的可能性比 25 ~ 29 岁的驾驶人员高 4 倍。虽然在所有具有驾照的驾驶员中青少年只占 5%，但是 12% 的致命交通意外都是由青少年驾驶造成，他们在获得驾照后的 6 个月内驾驶、晚上（晚上 9 点到早上 6 点）驾驶、车内载人、酒后驾驶时尤其容易发生事故。青少年与成人相比不太可能系安全带，当发生事故时，他们严重受伤的可能性也会增加。青少年更愿意冒险是事故发生率上升的部分原因，不过驾驶经验不足也是一个主要原因。

美国许多州都制定了渐进式驾照法（GDL 法）以减少青少年驾车出现交通事故的频率。渐进式驾照法通常要求青少年在受监督的情况下驾驶 6 个月，然后中间有一个阶段，青少年可在低风险的情况下（例如，白天，乘客数量有限）独自驾车，最后方可完全获得驾照。自从颁布渐进式驾照法以来，各州都表示青少年驾车的事故发生率有所下降，下降幅度从 5% 到 60% 不等。从 2004 年到 2008 年，在全美范围内，16 ~ 17 岁青少年发生致命交通意外的比例下降了 38%，在这一时间段，许多州都在施行渐进式驾照法——由此可见，渐进式驾照法具有一定的效果。各州对渐进式驾照法的执行力度不同，不过在执行渐进式驾照法的州内，青少年驾驶的事故发生率仍然高于年龄大一些的驾驶员。专家指出“家长仍然真正决定青少年的驾驶权利，因为家长可以决定他们能否使用汽车”。家长应紧密监督孩子的驾驶技能，控制孩子开车的频率和允许其开车的条件并根据孩子的驾驶行为设定限制条件。

自杀　自杀是青少年死亡的主要原因之一。据估测，3% ~ 11% 的青少年都曾经尝试过自杀。在一组研究中，研究人员从俄勒冈州抽选了一大批具有代表性的青少年对其进行采访。一年之后对这批青少年再次进行采访，其中 26 人（总共 1 508 人）表示从第一次采访到第二次采访的这段时间内，他们曾经试图自杀。这就意味着仅仅一年以内就有 1.7% 的青少年试图自杀。

这 26 位青少年与其他没有试图自杀的青少年有什么区别呢？符合以下几种情况的青少年更可能试图自杀：其母亲是少女；患有抑郁症或其他精神障碍；他（她）在第一次采访时就有自杀想法；他（她）最近有朋友试图自杀或者自卑。同样的证据表明生活在单亲家庭、父母没有接受太多教育、缺乏家庭和朋友支持、胃口不好的青少年更有可能试图自杀。此外，女性自杀的概率是男性的 4 倍，但是男性由于自己的自杀企图而丧命的概率却比女性高 4 倍以上。研究人员仍然在收集一系列的风险因素，找出哪些青少年尤其可能试图自杀，不过从以上讨论中你也会发现，许多青少年表现出一个或多个风险因素，因此很难鉴别哪些青少年会真的试图自杀。

自 1960 年以来，美国总体人口的自杀率一直保持稳定，但是年轻人的自杀率却直线上升。在 1960 年，每 10 万个 15 ~ 24 岁的人中有 5 人自杀。截止到 2005 年，该数据上升到每 10 万个人中有 10 个人自杀。年幼的儿童实际自杀的现象比较少见，但是表示自己严肃考虑过自杀的儿童所占比例高达 20%。这些数据有理由让我们停下来思考最近几十年内儿童生活发生的变化。研究人员尚未确定自杀率上升的具体原因，但是可以推测原因主要集中在家庭结构变化、生活节奏加快、丧失家庭支持系统等。降低自杀率的一个方法就是确保早早识别抑郁症（以及其他精神障碍）的症状并尽早治疗。

虽然斯坦利·霍尔和其他理论家都把青春期描述为一个“狂飙期”，但大部分青少年都能较平和地完成青春期的过渡。在该章，我们描述了向成年期过渡期间青少年身体发生的许多变化以及他们在健康和安全方面面临的主要挑战。与父母保持良好的关系可以让这些过渡过程更加简单，与积极的同龄人结交会影响青少年采取积极合适的应对措施。我们知道在年龄较小的时候，身体变化对认知和社会情绪发展有着重要影响，但是青少年的健康和安全也明显受认知和社会情绪发展的影响。我们将在接下来的两章讨论这些领域的发展。

第 14 章

青春期青少年的认知发展

皮亚杰认知发展阶段理论第四阶段：形式运算阶段

什么是形式运算阶段

青少年的自我中心主义

对皮亚杰理论的评价

维果茨基的认知发展观

情境认知

引导青少年参与实践

思维是一种社会共有的认知

智力

智力理论

智力评估

智力的两种极端：智力障碍与智力超群

族裔差异和文化偏见问题

青少年使用的语言

青少年语域

社会和文化方言

利奥是一个 16 岁的拉美裔女孩，现在上高二。她在学校非常努力，保持自己与同学们齐步前进。对她而言，英语和历史一直都很有趣，相对也比较容易，数学和化学则困难许多。她觉得数学和化学很复杂，枯燥无味，与生活没太大联系。她喜欢和朋友们成立学习小组一起学习，但后来发现这样有时帮助不大，甚至会分散注意力。利奥在 7 岁的时候被诊断为患有注意力缺陷障碍，直到最近她才采取药物治疗，虽然有一定的帮助，但对利奥来说，完成学业依然很困难。

利奥非常想找一份兼职工作，这样她整个夏天就有零花钱了。她考虑过边上学边打工，但是她的父母担心这会影响她的学业和她在戏剧社的工作——这两个都是她爱做的事情。她花了很多时间思考高中毕业之后自己要做什么，她一直都想上大学，父母对此也很支持，但是她最近在学习上有些吃力，这让她有点儿担心。她一直都觉得自己还是很聪明的，相信重要的是有效地运用自己所学的知识。她喜欢写作，尤其是短篇小说。她也喜欢表演，但是她知道这是一个有风险的职业道路——失业演员可多了！

利奥的认知技能和智力是令人担心的理由

吗？她应该制订一个更加确定的毕业后计划吗？边学习边工作好吗？学完此章以后，你应该能够鉴别造成利奥困难的原因，并提出建议帮助她。你有什么建议呢？

情景认知：做决策的青少年
青少年的决策能力如何
职业选择
从学校向职场的过渡

利奥现在正面临多个重要问题，很快就要为自己的将来做出重要决定。与她同龄的其他青少年一样，学校在抽象概念方面似乎对他们有更高的思维要求。她不知道什么职业能激励她获得成功。对于这个年龄段的青少年而言，典型的认知技能是什么？他们怎样运用这些技能？在这一章，我们将讨论青少年认知发展理论和不同的智力理论。最后，我们将讨论青少年必须学会的应用自己认知技能的一种重要方法——决策。

皮亚杰认知发展阶段理论第四阶段：形式运算阶段

在前几章，我们学习了皮亚杰对儿童从婴儿期到 11 岁再到具体运算阶段结束期间的认知技能和认知限制的看法。截止到童年中期，儿童已经形成了很好的推理能力。他们的逻辑思维结构越来越客观，思维也更加具有可逆性，他们可以解决包括类包含和递推的相关问题。进入青春期以后，他们的思维开始变得抽象——他们再也不必直接体验和接触具体物质就可进行逻辑推理。根据皮亚杰的理论，最高级别的认知发展有什么特点？

什么是形式运算阶段

皮亚杰认为，认知发展在青春期达到最大潜能——形式运算阶段。形式运算阶段的特点就是有五个更高水平的认知能力：假说 - 演绎推理、逻辑推理抽象概念、区分事实与可能性、考虑所有符合逻辑的可能组合、思考自己的思维。不过，它们仍然受青少年自我中心主义的限制，在青春期早期尤其如此。

假说-演绎推理 皮亚杰认为认知发展最重要的成就之一就是假说-演绎推理能力。假说-演绎推理就是使用演绎推理（由一般原则推理出具体结论）系统地控制多个变量，系统地测试假说的影响并获得正确的结论。皮亚杰使用多个任务来测试青少年假说-演绎推理能力的发展，许多任务都涉及物理或化学知识。在其著名的钟摆实验中，不同年龄的儿童和青少年都拿到一组砝码和不同长度的绳子。从图 14.1 中可以看到，砝码可以挂在绳子上像钟摆一样摇摆。调查人员让儿童和青少年确定造成钟摆不同摇摆频率的原因。摇摆频率是由绳子长短、砝码数量或者被释放前砝码所处高度决定的吗？处于具体运算阶段的儿童不擅长系统地测试所有因素；他们倾向于做几个实验之后就给出似乎正确的答案。然而，处于形式运算阶段的青少年首先会考虑所有的变量和所有变量的可能组合，并推断任何一个因素都有可能影响钟摆的摇摆频率。然后他们就开始系统地一次测试一个因素，并保持其他因素不变，直到得出正确结论。青少年表现出假说-演绎推理或形式科学推理——组织系统的测试来探索多个变量的能力。

抽象思维 形式运算阶段的第二个主要发展就是青少年进行抽象思维的能力不断加强。抽象思维是指思考非具体或无形事情（如一般概念或想法）的能力。

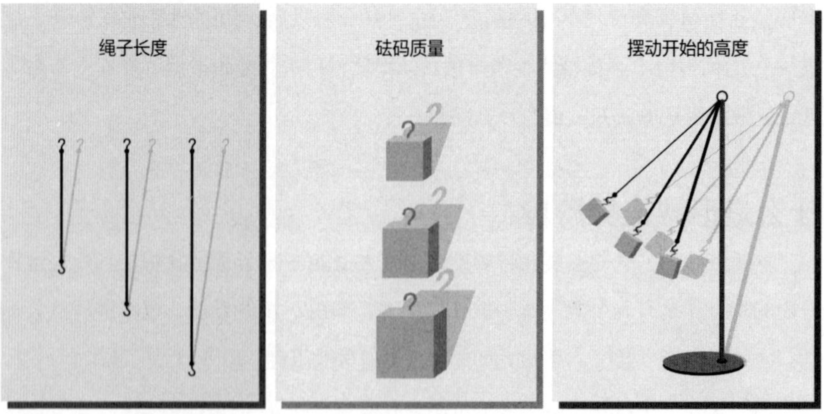

图14.1 皮亚杰的钟摆问题

钟摆问题要求我们弄明白导致钟摆摆动频率变化的原因。是由绳子长度、绳子末端的砝码质量或者砝码被放下时所处的高度决定的吗？你可以怎样进行实验排除相关因素？

在形式运算阶段，青少年学会逻辑思考诸如真理、正义、公平、道德等抽象概念。"也许以前青少年会喜欢自己的母亲或讨厌某个小伙伴，但现在他会喜欢自由或讨厌剥削"。这些概念是全世界面临的主要社会、政治、道德问题。青少年不仅开始理解这些概念，他们也能够灵活地对这些概念进行推理并理解它们的相对性。例如，青少年渐渐能够理解不同的人对正义有不同的理解，这取决于环境以及行为意图。他们知道如果不了解这些复杂因素，很难评估某一行为是否公正。童年对事物"非黑即白"的看法已经被成年的"灰色"看法取代。

区分事实与可能性 青少年越来越能够区分事实与可能性，这也与青少年的抽象思维能力发展有关。你可以在钟摆问题中找到相关例子。在解决这个问题时，青少年首先列出所有可能的解决方案，这使得他们能够高效地找出准确答案。皮亚杰认为在形式运算阶段，有关事实和可能性的思考方向是颠倒的：可能性并不是现有情况的延伸，相反，事实被当作众多可能结果中的一个。你可以想象，能够预想事情的可能发展路径令人非常兴奋、感到解放——青少年不再受现实的束缚，他们可以试想各种不同情形，从钟摆的摆动到正义的本质再到他们可能选择的职业道路。结果，青少年可能会对他们的生活、对环境，或者对世界各地遭遇困难和不公平待遇的人做出理想化的可能性设想。当他们比较自己或他人正在经历的事实和理想化的幻想时，他们有时会觉得沮丧。预想多种可能性的能力也会导致青少年花过多的时间猜测本来很简单的行为可能造成的各种结果——就像他们花 4 个小时的时间讨论到底是穿这件衣服还是那件去参加一个学校的社交活动。虽然这些行为可能会让父母抓狂，但它们确实表明认知能力在不断成熟！

组合逻辑 图 14.1 中的钟摆问题也体现了组合逻辑的使用，即青少年形成并系统考虑一组元素所有可能组合的能力。让儿童解决钟摆问题时，他们可能会单个测试这些因素（砝码、绳子长度、高度），有些可能会随意地组合这些因素。而青少年对这三个因素进行各种组合并实施系统测试的可能性更大。你可以想到，结合组合逻辑和假说 - 演绎逻辑的能力是解决化学、物理和其他学术领域问题的关键。当然，在考虑社会和个人问题方面，这种能力也很有帮助。例如，设想一个少女在思考她可能选择的职业道路。她可能意识到自己有许多兴趣、技能、目标等，如写作、旅行、帮助他人、设计新产品，以及与朋友和家人待在一起。运用组合思维可以帮助她厘清结合这些元素的不同方法，最后顺利的话她将达成自己的目标。

反思性思维　由于我们之前讨论的许多能力在青春期都得到了发展，青少年能够思考自己的思维，皮亚杰把这种能力称为反思性思维。他们能够批判地分析自己的思维、观点、信仰，建立自己的理论，了解自己的思维怎样发展、变化，并与他人的思维进行对比。在第 8 章我们学过，信息加工心理学家把这种分析自己思维的能力称为元认知，同皮亚杰一样，他们认为这种能力在成熟思维中扮演重要角色。

青少年的自我中心主义

虽然青少年的思维能力有了很大的发展，但皮亚杰发现他们仍然不够成熟。他把青少年的自我中心主义定义为年轻人无法区分他 / 她自己和他人的抽象推理和思维。青少年的自我中心主义有两种特殊形式。第一种是假想观众，即青少年认为别人像自己一样关心自己的行为、感觉、想法、外貌。这种情况有时会导致青少年的自我意识程度过高，令其苦恼。许多青少年觉得自己“站在舞台上”，好像其他人都在注视着自己的每个尴尬举动。青少年的自我中心主义的另一种形式就是个人神话，即青少年对于自身想法、影响力、风险的错误看法。青少年通常会认为自己和自己最近的抽象思维与众不同——从来没有人像他们那样思考问题，没有人（尤其是父母）能够理解他们的感受。个人神话的另外一方面就是觉得自己无坚不摧——“放心，那种事不会发生在我身上。”我们通常认为正是这些感觉导致青少年相信他们可以进行非常冒险的行为——如不采取任何保护措施的性行为或酒驾——而不会造成有害结果。不过新的研究质疑了这一说法。虽然有些青少年会形成个人神话，但不是所有人都如此。总的来说，自我中心主义仍然是进入成年前思维的一部分。我们之前讨论过，青少年采取冒险行为与大脑前额皮质（该区域与冲动控制和执行功能有关）不成熟有关，此外，对大脑情感中心加工处理的信赖程度高于对风险的认知也是原因之一。负责评估威胁的大脑区域不成熟也与此有关。我们稍后将在该章讨论青少年决策的其他方面。

获得上述认知技能后，年轻人渐渐地就获得了皮亚杰所谓的成熟认知。他们能够对任何事情——真实的或想象的——进行推理，并且能够运用科学推理解决复杂问题。但这并不是说认知不会再进一步发生变化。相反，皮亚杰认为我们永远都不会达到永久的平衡状态。他认为我们一直都在改变和调整我们的认知结构，努力“获得更好的平衡”。不过皮亚杰并没有设想认知结构会进一步发生重大重组或者形成更加成熟或不同的思维。其他人则不同意这种看法，他们认为年龄稍大的青少年和成人会表现出后形式化推理，主要特点是。

- 更加强调在一定环境下什么是可行的；
- 接受世界上各种矛盾的能力变强；
- 相对性推理，理解知识是主观的，依赖于个体的经历和视角；
- 有关什么是“好好生活”的知识和看法不断增加，并基于此做出判断和决策，这种智慧包括理解怎样平衡自己和他人的健康幸福、同情他人、有良好的判断、持容忍和开放的态度、理解知识是有限的、理解不确定性是生活固有的一部分。

对皮亚杰理论的评价

皮亚杰有关认知发展的许多重要理论都有研究支持。总的来说，儿童的自我中心主义思想似乎越来越弱。他们也能够更加系统逻辑地进行推理。过去许多年来，在按照皮亚杰的方式进行的实验研究中，许多都重现了皮亚杰在恒常和守恒方面的实验结果。最后，在不同国家进行的研究发现，儿童似乎按照同样的顺序经历皮亚杰的四个阶段——不过每个阶段所处的年龄段在不同国家有所不同。此外，儿童是否能达到形式运算阶段取决于多个不同因素，包括教育水平和所处文化重视的认知技能。

不过调查研究也指出了皮亚杰理论的两个重大缺陷，首先，正如我们在第5章讨论的那样，皮亚杰低估了儿童的能力，尤其是婴儿期儿童的能力。同时，皮亚杰似乎高估了大部分青少年和成年人的能力。研究人员认为发达国家中只有50% ~ 60% 的 18 ~ 20 岁的人会使用形式运算，该比例在发展中国家更低。研究也对青少年自我中心主义的持续性提出了质疑。研究表明这可能更多地暗示青少年试图形成自己的身份，并在心理上与自己的家人进行区分，而非简单的认知不成熟。正如我们注意到的，许多研究人员在青春期以后发现了思维种类变化的证据。

第二个批评主要集中在发展阶段的概念上。皮亚杰的理论暗示随着儿童重组自己的认知结构，他们的逻辑思维与原来相比有质的不同，思维能力也变强。据推测，一旦获得新的结构和组织，它们很可能在所有情况下都能适用。但是，在实际生活中，是否如此并不确定。让我们拿守恒问题为例。研究表明大部分儿童在 6 ~ 7 岁的时候通过数字守恒问题的相关测试，9 ~ 10 岁时通过质量守恒问题的测试，但是他们直到 11 ~ 12 岁时才通过体积守恒的测试。如果儿童理解数字问题中的守恒概念（体现出可逆思维），他们为什么几年之后才将这一理解转移到质量和体积问题上去呢？我们怎样标记从前运算阶段到具体运算阶段的过渡？它是发生在儿童通过数字守恒问题之时还是直到儿童理解所有形式的守恒之时？不仅是定义这些过渡很难，而且经常有证据显示儿童同时处于两个或多个阶段。在一些任务上有发展逆转的证据，即成年人的表现比儿童差。一些研究人员提出了双过程模型来解释这一现象，在这种模型下儿童和成年人都使用直观分析型的推理方式——没有从一个阶段向另一个阶段的转移。因为这些原因以及一些其他原因，许多现代研究人员都排斥广泛认知发展阶段这一概念。有关该问题的争论仍在继续，皮亚杰认知阶段的支持者认为研究人员没有准确定义概念，误解了皮亚杰的主张并仅仅依赖一种数据（例如，看时间）就得出关于婴儿能力有争议的结论，并未考虑阶段过渡与大脑成熟相关知识之间的关系。

皮亚杰对认知的建构主义看法受到的评判最少。儿童似乎确实积极参与自己的学习和发育过程，将新知识同化到他们已有的认知结构，必要时调整或重组认知结构以融入新知识。皮亚杰在海洋软体动物身上观察到的顺应过程似乎与儿童认知不断成熟时的顺应过程相似。

维果茨基的认知发展观

在第 8 章，我们学习了研究认知发展的另外一种方法，列夫·维果茨基的社会文化观。维果茨基的理论是近年来多个认知发展观的基础。这些观点强调社会交往和更大的文化语境对认知发展的重要影响，并且它们也揭示了维果茨基的理论是怎样激发研究人员以新的方式思考认知发展的。

情境认知

“如果你是卖糖果的，每个糖果卖 200 克鲁赛罗[①]获利多，还是 3 个糖果卖 500 克鲁赛罗获利多？”当杰弗里·萨克斯问巴西小学生这类问题时，他发现大部分学生都不能给出正确答案。但是当他走进巴西的城市街道，问没有上学的儿童时，他却得到了正确答案。为什么会这样呢？他在街上采访的儿童是卖东西养活自己和家人的摊贩。虽然他们没有通过接受正规的教育来学习数学，但是他们已经形成了自己的解决复杂问题的策略。这些摊贩很可能数学考试不及格，因为这些考试测试的问题都非常抽象，没有具体的语境。但是，摊贩们在自己熟悉的环境下却能发挥得游刃有余。在其他国家的文化背景（如贝鲁特）中，也发现过类似结果。这些数学技能都针对具体情境——这就是情境认知的一个例子。

认知发展的情境认知观点认为思维总是在特定的环境下发生，总是与特定的问题、环境或互动有关。这种观点认为，除非你仔细研究思维发生的环境，否则你无法真正理解思维或它的质量或水平。例如，假设你对一个六年级的学生说：“从 6x=750 这个算式中找出 x 的值。”她可能很难得出答案，也许她会说她“还没上代数课”。但是如果你告诉她说她和她的朋友获得了 750 块钱用于组办音乐营，这笔钱必须在 6 个女孩之间平均分配，你会发现她很快就计算出每个女孩会拿到多少钱。把问题放置在具体有意义的情境下可以帮助人们解决他们本来无法理解的问题。情境认知观点强调，不同文化特有的思维是该文化成员为了适应自

① 克鲁赛罗：巴西的货币单位。——编者注

己所处情境进行调整所致。主要因素是人们经常遇到的问题和他们认为有效的认知结构。总之，这一看法提醒我们要想准确理解认知发展，我们也应该考虑其社会和文化背景。许多教育学家按照这一观点，试图在一定环境背景下教授认知技能——借用学生所处文化比较重要的情境类型。

引导青少年参与实践

最近另外一种社会文化观点强调在实践社区中进行参与引导。实践社区是一个比较宽泛的术语，指的是一群共同努力学习以求实现目标的人群、他们进行的活动和他们之间发生的社会互动。这里的主要观点就是，发展意味着个体参与社会文化活动的程度越来越高——而周围人群给予的引导和支持则越来越少。例如，拿一个学汽车修理（实践社区）的高中生（参与者）为例。起初，他不懂发动机正时、压缩、扭矩的概念，所以他的参与非常边缘化。但是他是一个“合格的周边参与者”，这就意味着他已经尽了自己最大的努力参与该活动。他可以清理工具、查看轮胎内的气压、帮忙换油。随着他了解的知识越来越多，他的参与度也会增加，参与性质发生了变化。现在他能进行基本的发动机调整、换火花塞、排空水箱，甚至更换排气系统等操作——但是在没有帮助的情况下，他仍然无法诊断复杂问题，在进行比较复杂的维修时仍需指导。他的参与情况不断发生变化，直到他渐渐变成一个核心参与者，能够自己做很多工作，甚至教授非核心参与者一些基本技能。

这种引导参与观点与维果茨基的观点类似，它们都认为最开始比较核心的参与者引导活动，然后学员渐渐承担更多的责任。不过维果茨基强调学员怎样内化其文化中体现的心理工具，引导参与观点则强调随着个体的发展，个体的社会角色或者与他人共有的互动是怎样变化的。维果茨基倾向于关注某一文化的语言或数字系统等内化的过程，引导参与观点则强调参与更加常规、日常的活动。

思维是一种社会共有的认知

维果茨基认为即便在儿童内化认知结构以后，思维仍然是一个社会现象，因为它的根源在于社会交往。其他研究人员也强调这一点，把认知描述为社会活动而非个人活动。这种观点认为认知不仅仅包括单个个体的活动，或者个体对某一社会交往所做的贡献。这种观点认为思维远远超过个体，它包括一群人的思维。诸如“这是谁的想法”这种问题没有任何意义，因为思维发生在很多人之间——它是一种社会共有的认知。该理论并不否认个体可以独立思考，但它认为即便是“独立”思维，也是许多其他人观点的集合。思维存在于群体内个体之间的动态交往中，而不仅仅是在任何个体的大脑内。

我们这里总结的三个观点都从不同方面借鉴了维果茨基的理论。这些现代社会文化认知观仍然处于形成阶段。但关键是如今许多社会文化认知观的理论家不再认为思维是在个人大脑里进行的，并且包括适用于不同问题和情形的抽象技能。相反，他们认为认知非常复杂。他们认为认知利用具体的特点和背景，包括个体共同出谋划策并以个人无法独自完成的方式进行思考。简而言之，他们认为认知是一个动态的社会交往过程。

智力

皮亚杰的认知发展理论、维果茨基的社会文化理论、信息加工论、社会文化观点——这些观点都在试图解释认知技能发展。在许多重要方面，它们中的任何一个理论都可以被视为在解释智力发展。但是智力可以有多种定义。大部分针对智力的心理研究都是以欧洲国家、美国等西方发达国家的视角进行。这种视角下的理论家通常把智力定义为学习、逻辑思考抽象概念、适应环境的能力——非常类似皮亚杰的形式运算思维。然而，即便是在这种西方视角下，有关如何定义和理解人类智力仍然存有分歧，在怎样公平测量智力方面存有更大的分歧。在这一节，我们将介绍三种研究智力的方法：心理测量方法、斯腾伯格的三元理论、加德纳的多元智能理论。我们也会讨论一些经常使用的智力测验和在使用这些评估时体现的文化偏见。

智力理论

心理测量方法 指在使用心理测量方法研究智力时，研究人员使用纸笔测试和/或者物理测量来试图量化人们的心理技能和能力。最具影响力的心理测量理论家之一是查尔斯·斯皮尔曼，他在英国的一个乡村收集小学生的相关信息。斯皮尔曼研究了儿童的身体和感知特点，以及儿童的聪明程度、常识、在各领域的考试成绩。斯皮尔曼发现，在他所有的测量中，存在着很强的正相关，并提出了智力双因素理论来解释他的结果。他把第一个因素称为一般智力（g）。一般智力是一种比较宽泛的、某种程度上可运用于所有智力任务的能力——从本质而言，它是识别事物之间相关性的能力。斯皮尔曼认为一般能力是基于神经系统的能力，是大部分智力成就背后的推动力量。斯皮尔曼把第二个因素称为特殊智力（s），指人们在特殊领域拥有的能力，例如阅读能力、口头能力、空间能力等。

不同的心理测量理论中最大的争论点在于多少能力属于"智力"的范畴。例如，路易斯·瑟斯顿区别了七种不同于一般智力的心理能力。吉尔福德则指出150多种在定义智力方面非常重要的能力。约翰·霍恩和雷蒙德·B. 卡特尔提出了两个广义因素，流体智力和晶体智力，还有多个其他特殊能力。流体智力与斯皮尔曼的一般智力非常相似，是一种基于生物学的思考能力。它主要包括感知各元素之间联系的能力，在18岁时该能力达到顶峰。相对地，晶体智力包括人们在某一文化中获取的知识和技能。晶体智力包括数字能力、机械能力、词汇能力，并且在成年期会不断增加。

关于这些后来的智力心理测量理论，有一点非常重要，需要注意：它们开始质疑之前类似斯皮尔曼的一般智力理论足够解释个体智力表现差异的观点。这一争议提醒我们，有关是否每个人都有决定所有任务表现的"一般"智力这一点上一直存有分歧。现代认知心理学家认为心理测量理论过于强调智力的静态指标（如事实和词汇），忽视了智力思考的认知过程。这些批评促进了新的智力理论，它们更多地考虑认知和神经心理学观点。

斯腾伯格的智力三元理论 19世纪80年代早期，耶鲁大学的心理学家罗伯特·斯腾伯格提出了一个智力三元理论。斯腾伯格的理论包括我们在前面章节读到的信息加工概念。它描述了思考时涉及的心理过程以及智力相关的经验和环境背景。这个理论被称为“三元”理论是因为它包括三个相互联系的亚理论，如图 14.2 所示。这个理论又被称作成功智力理论，强调利用自己的能力成功适应环境和挑战的重要性。

智力成分亚理论描述心理过程怎样共同努力赋予我们智力思维。在该理论中，“成分”是一个收集信息或处理信息的心理过程（如计划、阅读、记忆）。斯腾伯格描述了三种成分（他非常喜欢把事情分为三类！）。知识获得成分选择性地编码，整合并比较信息，从而使我们获得新的知识。操作成分执行诸如分类、记忆、加工信息等任务。元成分则“监督”并评估其他两种成分的运作。

例如，斯腾伯格描述了写论文时这三种成分是怎样一起工作的。我们使用元成分来定义话题，选择组织结构，监督写作过程，并评估最后的结果。多亏了操作成分，我们可以从记忆中检索合适的措辞，记忆怎样在我们的电脑上使用文字加工系统，或者记忆语法规则。知识获得成分可在研究过程中给予我们帮助，使

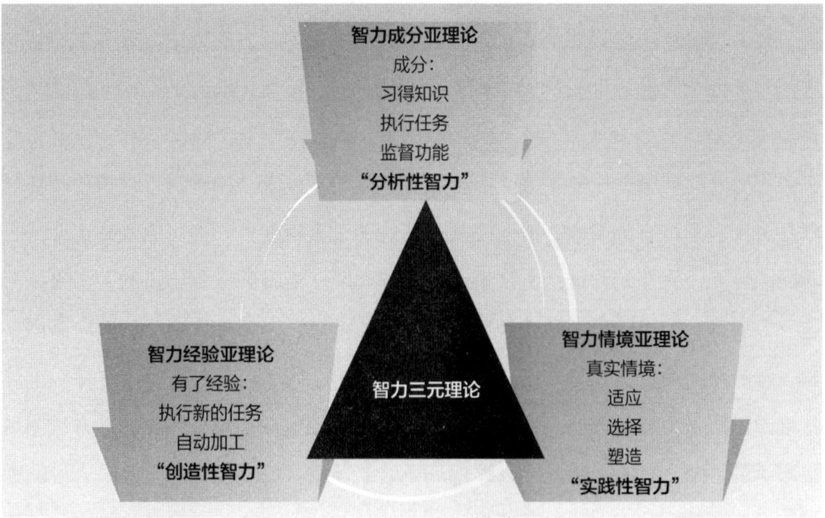

图14.2　斯腾伯格的智力三元理论

在斯腾伯格的理论中，分析性智力、经验、真实情境共同作用产生智力思维和行为。

得我们能够对大量信息进行筛选，选出有用信息放在文章之中。因为这些心理成分使我们能够分析信息，它们有时也被称为分析性智力。我们经常在典型的纸笔测试中测量分析性智力。

智力经验亚理论阐释了经验与智力的关系。根据这一理论，当我们掌握新的任务时，我们能变得更加聪明，并学会怎样更加自动地处理任务。以青少年学习驾车为例。刚开始的时候，转动方向盘、刹车、加速都是新技能，所以新手都要仔细考虑每个技能。随着经验的累计，他们开始越来越自动地执行这些操作。最后这些操作过程进行得更加顺利、相互配合，他们也能够轻易控制车的速度和方向。现在青少年可以开始处理驾驶时其他方面的问题了——在十字路口看前方、注意其他司机的行为、注意不同天气状况的影响。与驾车类似，大部分复杂任务在一开始的时候都很难执行，但是随着经验的累计，它们就变得自然而然。这样就留出了更多的脑力空间用于关注任务的其他方面。你可以发现，斯腾伯格这部分的理论用到了我们在第 8 章讨论过的自动性概念。智力经验亚理论与我们常说的“创造性智力”紧密相关，也就是说有些人能够很快掌握新的任务——他们很容易看出新的规律，并创造新的方法解决问题。

智力情境亚理论描述个人在真实情境下展示智力行为的能力。斯腾伯格认为大部分其他智力理论都没有包含智力的这一方面。它包括适应、选择、塑造真实情境（是的，又是分成三类）。当人们被置于新的环境下，他们通常首先努力适应自己所处的环境——他们努力在不明显改变自己和环境的情况下让自己和环境相互适应。不过有的时候，他们必须提高这种适应程度。一种可能就是选择一个不同的环境，另外一种就是尝试塑造现有的环境。斯腾伯格用结婚的例子来阐释这三个过程。如果一段婚姻在某些方面不尽如人意，个体首先会尝试适应这段婚姻，忽略婚姻的负面因素，集中关注其正面因素。如果这样做没有用，那么个体就会通过结束婚姻来选择一个不同的环境——或通过改变不如人意的地方试图重塑原有的婚姻。有些人特别会处理他们所处的环境。情境智力与大部分人说的常识、街头智慧或实践性智力有关。

斯腾伯格的理论试图解释智力行为的不同层面，其全面的解释是这个理论的一大优势。另外一个优势就是实证研究已经调查了每一个亚理论并为其中许多观点提供了一定程度的支持。不过，批评人士指责称，虽然该理论比较全面，但是三个亚理论之间是怎样相互联系的，这一点尚不清楚。同样，为什么一些元素被包括在内，其他可能的元素则没有被包括，这一点也不是很清楚。最后，斯腾伯格没有将这些成分和过程与智力的生物学或者说是大脑运作的相关知识联系起来。

加德纳的多元智能理论　1983 年，哈佛大学的心理学家霍华德·加德纳提出了多元智能理论。该理论将智能描述为“加工在一定文化背景下有用的信息，以解决问题或创造具有文化价值的产品的身心潜能”。该定义有几点比较重要，值得注意。首先，加德纳不是在定义普遍的智能，而是一种智能。这是他整个理论的核心。加德纳认为智能既不是一个统一的一般智能因素，也不是由多个子成分或特殊能力组成的广义因素。相反，他认为有多个不同种类的智能，每一个都相对独立于其他智能。个体的整体运作能力是由他在与某一具体的文化设定互动时自己在各不同智能方面的强项或弱项决定。第二个关键点就是智能是一种身心潜能，这就意味着有一个潜在的生物的——很有可能是基因的成分。虽然它与基因有关，但这并不意味着它不会受环境影响。某一特定的身心潜能也有可能不完全实现，这取决于环境因素。文化价值观、机会、个人选择都会影响智能发育。以一个出生时即有很强的逻辑－数学潜能的女孩为例。如果她在一个不允许女孩接受教育的环境下长大，这个女孩实现该潜能的可能性就很小。在其他国家，女孩可能可以上学，但是文化可能将她们导向更加“家长里短的”话题，远离高等的数学。最后，即使文化鼓励其接受数学教育，女孩自己也可能决定不学数学。这样，她的数学潜能也不会完全实现。

加德纳提出了八种智能，如表 14.1 所示。很明显，他不是第一个提出这些智能的人——我们之前讨论的理论家都至少指出了两种因素，有时可能会指出更多因素。不过，加德纳的方法与其他方法不同，因为他的分析不完全依赖于对纸笔测试进行数据分析。相反，他提出一套具体标准来决定某一技能是否能被称为智能。这些标准不仅包括心理测量结果，也包括大脑受损导致的孤僻可能（这就

表 14.1

加德纳提出的八种智能和涉及每种智能类型的职位例子	
智能类型	描述及例子
语言智能	•对口头和书面语言都非常敏感，包括学习语言和有效使用语言实现特定目标的能力 •例子：律师、演说家、作家、诗人
逻辑－数理智能	•识别并使用抽象关系来逻辑分析问题，进行数学运算和科学调查问题 •加德纳认为皮亚杰的认知发展理论大部分是在描述该智能的发展 •例子：数学家、电脑程序设计员、会计、工程师、科学家
音乐智能	•对声音各方面（如音调、音高、节奏）比较敏感，用声音和音乐模式进行创造和交流 •例子：作曲家、指挥、音响工程师、声学家
身体－运动智能	•用整个身体或身体的某些部位解决问题或制作产品的能力，包括对精细运动和粗大运动的高度控制 •例子：舞蹈家、运动员、外科医生、工匠、演员、修理工
空间智能	•理解、改变、重新创造大型项目或小型项目空间信息的能力 •例子：水手、飞行员、工程师、外科医生、雕塑家、画家
人际智能	•理解他人并与他人高效合作的能力，包括理解他人的动机、意图、欲望 •例子：成功的售货员、政客、老师、临床医师、宗教首领
内省智能	•理解并调节自己感情的能力，包括对自身欲望、恐惧、意图、能力的敏感度和理解程度 •加德纳认为内省智能可以让人们对自己建立准确的“心理模型”，并运用这些模型做出良好的个人决定 •例子：作家、治疗师、社区的“睿智长者”
自然探索智能	•识别并区分植物和动物的能力，包括区分各物种和物种之间关系图的能力 •例子：生物学家、环境学家、猎人、渔民、农民、园丁、厨师

为该技能提供了生物学支撑）、进化历史（解释为什么智能会进化）、可识别核心操作（明确指出智能中包含的技能），以及特殊人群的存在（包括在某一种智能方面有优势和劣势的人）。因此，加德纳的分析需要除了心理测量成绩外的其他支撑。

加德纳强调，从某种程度上来讲，每个人都有这八种智能，因为智能是人类的一部分。不过，每个人的智能结构不同——不同的优势和劣势组合。加德纳认为，父母和教育人员应该识别每个儿童的优势和劣势，并为每个儿童提供足够的机会来激发自己的优势领域。例如在看学校课表时，我们必须知道一个课表不可能适合所有学生。除了涵盖阅读、数学、自然科学等领域外，我们还必须提供艺术、音乐、体育、技术训练等课程。探索这些选择可以让学生们激发自己独特的潜能或强化各自的智能结构。

加德纳的理论增加了我们对智力组成成分的认识。不过，他还是受到了一些人的批评。其中一种抱怨就是加德纳对智力的区分并没有加深我们对智力概念的理解。他们认为该理论使智力和其他非智力的人类特点之间的区别变得模糊。批评人士还指出加德纳测量时经常将各种智力相互联系起来，这样就弱化了各种智力相互独立的观点。加德纳回应称这种相互联系会出现是由传统可用的测试类型导致的。他表示如果每种智力都有更加合适的测量方法，我们就能更加公平地测试它们的独立性。最后，我们尚不清楚是什么协调各种智力完成某一特定任务的。加德纳说内省智能可能扮演该角色；但是批评人士则认为这种协调必然指的是一般智力因素——这也是加德纳反对的那个概念。

智力评估

正如你前面所了解到的，专家在如何定义智力方面从来没有达成过共识。即便如此，为了实用性的目的，如选择有可能在各种培训项目中表现出色的人选，或者辨别哪些人在学习方面可能需要额外帮助，试图评估智力的尝试仍然有许多。第一个实用智力量表是由阿尔弗雷德·比奈和西奥多·西蒙在 1905 年提出，用于帮助法国学校预测哪些学生在正常教育环境下表现较好，哪些学生从特殊教育中获益更多。对比奈 - 西蒙原始量表进行修改后的新版本普及了智商（IQ）这一术语，智商等于智力年龄（MA）除以实际年龄（CA）。后来，计算智商的方式普遍在之前的公式基础之上乘以 100 以消除小数点，后来公式就变为（MA/CA）×100。根据该公式，经测试获得的智力年龄为 12、实际年龄为 15 的儿童，其智商值为 80[（12/15）×100=80]。该测量系统认为，一定年龄的儿童的平均智商为 100。如果分值低于 100，就表明其表现低于正常水平，分值高于 100 则表明其表现高于正常水平。

如今，心理学家和其他心理健康专家经常使用智力测试来帮助诊断或治疗儿童和青少年遇到的各种问题，包括认知缺陷、学习无能、注意力缺陷、某些具体能力（如阅读、空间推理或记忆）缺陷、情绪困扰、大脑功能紊乱、严重心理疾病。医生仅仅依赖这些智商分数无法做出诊断。不过，结合（对儿童、家长、老师进行的）临床访谈、体检，以及其他心理测试和观察的结果，智商分数可以发挥重要的作用。

新的评估方法 传统的智力测试是一个非常有用的工具，但是批评人士认为这些“静态”测试主要关注过去的学习情况和独立性能，而非儿童将来学习的潜能。动态评估（DA）方法试图通过使用测试 – 教学 – 测试的方法来评估学习潜能，测量儿童在接受指导后，其表现发生了怎样的变化。动态评估基于维果茨基的最近发展区理论（见第 5 章）。动态评估方法有多个变量，不仅仅试图找出儿童独立能完成的任务（或者发展区域的底部，也是传统智力测试评估的内容），同时也试图找出当给予帮助后，儿童能获得的成就（或者说是发展区域的顶部）。儿童解决更加复杂问题所需的帮助越少，从指导中获益的速度越快，儿童的学习潜能也就越大。

动态评估强调儿童在接受指导后随时间发生的变化，这一点在学校评估中非常明显。例如，基于课程的评估（CBA）和基于课程的测量（CBM）都评估了儿童在达到课程目标方面的进步。在儿童接受指导时，研究人员重复使用基于课程本身的测试，然后跟踪学生随着时间发生的变化，获取进一步的相关信息用于提高对每个学生的指导（CBA），并评估某一教育干预措施（CBM）是否成功。此外，越来越多的人开始使用基于课程的方法来更准确地识别学习无能的儿童，将他们与有学习能力但是学习成绩差的学生区分开来。学生的进步和对指导的反应（RTI）都得到了评估。与动态评估相似，对指导无太大反应被视为有学习困难，必须进一步进行测试并 / 或者提供特殊教育服务。

欲了解在从业背景下使用智力测试的例子，参看从业人员板块文章《学校心理医生》。

智力的两种极端：智力障碍与智力超群

目前大部分评估智力的工具都来自我们在该章前面讨论的心理测量方法。这些测试将人们的测试分值与其他同样实际年龄的人的平均分值进行对比，所以大部分人的智商分数都比较正常。但是那些智商分数远远低于或高于平均值的人们会怎么样呢？

智力障碍 患有智力障碍（又称精神发育迟钝或认知障碍）的儿童学习速度比其他孩子要慢，解决问题更加困难，并表现出语言和交流障碍。结果，他们在学校表现不佳，很难与他人交朋友或融入社会活动。特殊服务和支持可以帮助轻度和中度智力障碍水平的儿童适应生活中的许多正常挑战。他们可以去常规学校上课，学会照顾自己，与同龄人建立友谊。患有严重智力障碍的儿童在进行日常活动，如刷牙和穿衣方面，可能需要大量的支持。大约2%～3%的美国人群患有智力障碍。智力障碍的正式定义包括三点：

1. 智力功能低于正常水平（通常表现为智商分数低于70或75）。
2. 适应性行为有缺陷，适应性行为即个人和社交独立所需的日常行为（如向他人表达需求、吃饭、穿衣、梳洗、如厕、遵守规则、与他人工作玩耍）。
3. 早年发病（18岁以前）。

实际上，许多生理和环境因素都可能造成智力障碍。最严重的智力障碍是由遗传障碍引起的。智力障碍也可能是由于大脑和神经系统在产前受到酒精或毒品的毒害引起。我们在第3章学习过，在美国，产前接触酒精是智力障碍已知的首要诱因。婴儿在出生过程中缺氧，或遭遇其他创伤，或早产，也会导致智力障碍。

儿童出生以后，环境中有许多因素会影响智力发育。导致智力障碍最为人熟知的环境因素包括接触铅和其他有毒物质、营养不良、缺乏激励、父母本身是文盲

从业人员视角

学校心理医生

桑迪·罗兰博士
学校心理学特许专家
理查森私立校区
得克萨斯州达拉斯市和理查森市

在你行医治疗过程中，什么情况下智力测试比较有用？

在考虑哪些策略可能帮助儿童在学习上取得进步时，我们会运用智力测试来了解儿童能力的大致情况。我们主要运用智力测试来确定儿童是否患有智力障碍或学习障碍。智力测试有时也能帮助我们评估儿童是否患有注意力缺陷多动障碍。

你怎样决定使用哪种测试？

在选择智力测试时，儿童的年龄、发展水平、特殊需求和背景都是重要的考虑因素。首先，测试一定要有符合儿童年龄的规范。其次，要考虑儿童的发展水平，以及他是否有特殊需求，如身体残疾或者语言障碍。最后，还要考虑儿童的背景，包括文化差异以及社会经济挑战。可供我们选择的测试很多，包括发育筛查、神经心理学成套测验、非语言测试、典型的韦氏智力测验。

智力测试分值能告诉我们哪些信息？

测试分值通常可以为我们提供许多有用信息，但是有的时候在测试环节通过观察获得的信息比分值更加有用。大部分测试至少会产生一个合成分数，通常是一个用来描述儿童个体整体认知能力的分数。许多测试会有子测试分值，这些分值可提供额外信息帮助我们了解该儿童的优势劣势组合。认知加工以及解决问题的能力也会得到测量。在测试期间，观察儿童的受挫水平也是测试环境的一个重要结果。

在阐释和使用这些分值时，你需要注意什么？

确保给予儿童最合适的测试这一点非常重要，如果没有最合适的测试，那么在使用相对合适的测试时要小心。如果儿童的受挫水平太高并且他在测试环节中“封闭自己”，这一点一定要注意到。如果必须不断将儿童的注意力引向手头上的测试，如果语言问题使得测试环节非常困难，或者如果需要考虑语言或文化差异，那么在阐释这些分数时需要小心。

请描述一下成为学校心理医生的教育和培训要求。

在得克萨斯州，我们需要获得 LSSP（学校心理学特许专家）证书。这是一个硕士证书。在独立工作前需要上实习课，进行实习，实习期过后还要接受一年的实习后监督才可开始工作。许多学校的心理医生也有博士学位。

问　题

你认为教育人员应该使用智力测试来决定哪些学生有资格接受服务或测量学生的进步吗？为什么？这些资格和进步情况该如何判定呢？

或患有智力障碍。生活贫困的儿童、少数族裔儿童、男孩这三类群体患智力障碍的比例较高。心理健康研究人员经常把由于缺乏教育机会和激励引起的智力障碍称为文化 - 家族型智力障碍。智力障碍也有多个诱因。例如，孩子可能从父母那里继承了低智商，他们可能营养不良，他们的父母可能无法为其提供一个刺激型的学习环境。父母双方都患有智力障碍时，孩子患智力障碍的概率超过 40%。当父母只有一方患有智力障碍时，该概率下降到 20%。当父母双方都没有智力障碍时，该概率下降到 10% 以下。

家庭成员和其他人可以做一些事情来帮助患有智力障碍的儿童提高生活质量。他们可以鼓励患有智力障碍的儿童探索环境，这样儿童就可以学习和收集信息，他们也可以与其共同努力使其获得基本学习技能，如标记、分类和比较事物。患有智力障碍的儿童需要有责任心的成人——他们可以信赖和依赖的人的持续关爱。照看人员也可以通过表扬患有智力障碍的儿童取得的成就和发展里程碑给予帮助，保护他们免受恶意戏弄、惩罚和批评。这些措施都不能抹除他们患有障碍的事实，但是可以帮助这些儿童过上更加幸福满足的生活。

天才儿童　天才儿童在一个或多个领域里的表现超出平均水平——通常在语言、数学、音乐、艺术、运动方面。有些儿童是全才，他们在各个领域都表现出非凡才能。还有些儿童是偏才，他们在一个或两个领域表现优异，但在其他领域只处在平均水平。虽然高智商可能是天才的一个指标，但它却不是唯一的指标。有些才能领域并没有包括在智力测试中，并且在将这些测试视为天赋的指标时，并没有考虑儿童的文化背景。温纳描述了天才儿童典型的三个特点。

1. 天才儿童比较早熟。他们很早就开始学习，并且比别人进步更快。
2. 天才儿童自学成才。他们不需要太多帮助就可以掌握自己最喜爱的领域的信息。他们通常自学，有自己的学习方式和组织分类信息的独特方式，而且他们不遵照学校传统的学习方法。
3. 天才儿童有很强的求知欲——对信息的强烈渴望和对弄清楚自己最喜爱的领域的热切要求。他们如饥似渴地获取信息，花费大量的时间了解自己选

> 择的话题，很少有其他追求。家长不会敦促他们取得一定的成就；相反，他们会向父母索取更多的材料和激励。

神经科学研究刚开始研究天才儿童和普通儿童的神经处理过程。一项研究发现在数学方面比较有天赋的男孩在完成心理旋转任务时会激活不同的大脑区域（双侧激活顶叶皮质和额叶皮质，以及前扣带回皮质，而非在普通儿童中发现的激活大脑右半球顶叶皮质）。另外一项研究发现专业钢琴家在即兴创作音乐时和重新演奏之前创作的音乐时会调动激活多个不同的大脑区域。需要更多的研究才能理解脑区激活是怎样、何时进行的，它们与天才的特殊技能有什么联系。

刘易斯·特曼在 1921 年开始了历史上最宏大的纵向研究之一，主要是研究极有才能的个体的发育情况。与通常固有的观点相反，特曼发现天才并不是神经过敏、脆弱、怪异或情绪敏感的个体。相反，他们比其他孩子体型更大，更加健康，通常适应能力也更强。总的来说，他们比大部分人活的时间更长，身体更加健康，离婚率较低，并且更加幸福。最近的研究发现天才青少年在学校时注意力更加集中，大部分时间都花在自己的天赋领域，与“普通”同龄人相比，独处的时间更多。他们的家长一般接受教育程度较高，家庭收入更高，并且他们拥有相互支持、更加正面的家庭环境。例如，大部分天才青少年认为自己的家庭互动比其他学生的更加有感情、和谐、灵活，也更加幸福。如果其他人也有这些优势，还有多少青少年也会展现出非凡天赋呢？

族裔差异和文化偏见问题

想象一下 20 世纪初刚到美国的许多移民遇到的各种挑战。在拥挤的船上度过漫长路程后，他们通常营养不良、筋疲力尽、健康状况很差，就这样踏上了埃利斯岛。他们迫切地想要找到自己的亲属，探索他们的新国家，他们知道首先他们必须进行几个测试。其中一个就是智力测试——也许是斯坦福 - 比奈智力量表，这是一个翻译成英文的法语测试。如果这些移民不讲英文，那么他们会想要一个翻译成他们本土语言的版本。然后，测试管理员会将他们的得分与对在更加舒适的环境下接受测试的美国本土居民制定的标准进行对比。移民的分数较低会不会让人觉得吃惊呢？此外，法国和美国测试中的问题可以测量在匈牙利、意大利、非洲国家或世界其他地方生长的人们的一般智力吗？这些问题对来自其他文化的人有意义吗？换句话说，这些测试从文化角度上说公平吗？

自 20 世纪 60 年代起进行的众多研究记录了美国不同族裔群体智商分数的差异。一般情况下，非拉美裔白人的合成分数大约为 100。亚洲人的得分稍微高一点，非洲裔美国人要低 15 分，拉美裔美国人的得分在白人和非洲裔美国人之间。你必须要记住，这是群体差异，群体内部得分差异比群体之间得分差异更大。根据个人的族裔身份预测其得分是不可能的。不过，这些群体差异还是导致了有关群体身份的激烈争论。欲了解更多智商分数带来的社会影响，参看社会政策视角板块文章《族裔与智商》。

由于智力测试有文化偏见的倾向，一些批评人士认为不应对来自少数族裔的学生使用这些测试。反对测试最常见的观点如下。

- 智力测试有文化偏见。大部分测试是由中产阶级白人设计，在设计过程中他们会加入自己的经验。如果他们对其他文化了解甚少，他们可能会不经意设计出有偏见的测试手段。一些测试项目需要了解中产阶级白人文化。文化偏见会使来自少数文化的测试参加者处于弱势地位。
- 少数族裔的测试技能和经验不足。少数族裔群体更倾向于口语技能，所以纸笔测试可能不太适合他们的学习方式。来自其他群体的孩子在参加标准测试方面可能练习也不够。由于这些测试反映的是占主导地位的大部分群体的价值观和行为准则，这些孩子可能不太容易受到激励进而表现出自己的最高水平，或者不理解做好测试的重要性和影响。
- 大部分考官是白人。白人考官和少数族裔孩子之间的交流与关系可能不是最佳状态，这也可能导致分数降低。例如，评估人员有时不熟悉他们正在测试的孩子的方言，这会导致误解或对孩子的期待值降低。
- 测试结果会导致学习设置不充分或较差。由于测试成绩低，学校经常会不合

社会政策视角

族裔与智商

怎样才能研究出一个真正文化平等的智力测试?

智力与学校表现，求职，对如贫困、失业、犯罪以及糟糕的教养能力等社会问题的解释有什么重要联系？为什么不同族裔群体的平均智商之间一直存有差异？这些问题已经被讨论了十几年，对于有关问题的答案及其对社会政策的影响，人们现在还在进行激烈讨论。

主要争议在于《弧形曲线》，此书将智力视为一种一般特征，认为该特征明显受基因影响并且可由智力测试准确测出。作者认为智力差异与社会面临的许多恼人问题有重大联系，如贫困、失业、犯罪、教育、糟糕的家庭环境，而且“呈现出主导国家社会政策议程的行为和问题的人认知能力都有限”。

最大的争议在于有关各族裔智商测试成绩差异的讨论。虽然大部分专家一致认为不同族裔群体的平均智商之间一直存有差异。但是在有关差异的原因上存有很大的分歧。赫恩斯坦和默里认为差异不是由贫困、教育或测试偏见引起的，而是因为认知能力存有真正的差异。他们承认环境毫无疑问对智力发展有影响，群体内部的智力差异大于群体之间的差异，但是他们认为提高智力很困难。最后，他们敦促要考虑出台相关政策，承认智力的中心角色。例如，他们主张要继续强调对天才学生进行素质教育，因为这些学生比智力水平较差的学生能更好地从良好的教育中获益。他们也倡议重新审查针对后进个体的教育和就业政策扶持行动，只有在后进个体的资格与非后进个体资格非常相似的情况下，才能给予优先待遇。“群体之间没有本质差异的设想贯穿美国的社会政策。这种设想是错误的。”而且有必要开展对话讨论这些差异。一些作者认为提供同样的环境而非缩短智商差距才能真正提高智商。同样的环境可以排除任何环境因素引起的差异，最后唯一可能引起差异的原因就是遗传。

大家对《弧形曲线》的反应非常迅速、激烈，并且大多是负面的。批评人士认为此书没有描述用于支撑自己观点的数据中的问题，其依赖的理论和数据已被更新的智力论和认知加工论替代，提出的社会政策建议“没有根据，既非来自分析，也不合理”。其他人认为作者过快排除了贫困、歧视和测试偏见的影响，并过度强调定义狭窄的智力观点来解释复杂的社会问题。

问　题

你认为智力在我们现在面临的社会问题中扮演什么角色？将智力视作严重受基因影响、难以改变的一般因素对社会政策有什么影响？如果你正在制定解决诸如贫困、犯罪、教育和就业机会公平等问题的社会政策时，智力的群体差异对你会有什么影响？

> 比例地将少数族裔的孩子放在特殊教育课堂，那里的课程和支持可能达不到其他孩子接受的水平。特殊教育设置也会让学生和其他学校人员对学生产生负面期待——甚至少数族裔学生自己会这样。在这种恶性循环（也称“刻板印象威胁”）中，儿童开始接受负面看法和期待，这会导致更差的智力表现。

考虑到这些争论，进行心理测试的考官要对文化差异非常敏感。他们在解释测试结果时一定要很小心，绝对不能因为一个测试就将孩子放置在特殊教育环境中或做出诊断。有些人认为我们上面讨论的新的评估方法可能在评估认知技能方面更加公平（动态评估和对指导的反应）。不过，也有必要从客观研究数据的角度来评估对文化偏见的批评。例如，口头智力测试方式，包括词汇、事实性知识、文本理解（例如，定义“混淆”这一词）等方面的测试，比非口头智力测试，包括完成图片、实物组合、积木设计（例如，用积木模仿一个设计）等方面的测试，能反映更多的文化偏见。不过，泰勒和理查德兹对该问题进行了研究并发现非洲裔美籍儿童在 WISC-R（修订的韦氏儿童智力量表）口头测试中的得分比在非口头测试中的高。此外，当人们认为有些测试项目有文化偏见时，这些项目的测试数据和整个测试的数据都表现出相同的族裔差异。有的时候，“有偏见的”测试项目的结果其实有利于少数族裔。

与智商分数有明显联系的另外一个因素是社会经济地位。在社会经济地位以及其他生活条件相同的情况下，非拉美裔白人和非洲裔美国人之间的智商差异要小很多——在一些研究中少于 5 分。总的来说，美国贫困家庭中，少数族裔群体占据非常高的比例。生活贫困的学生接受教育的学校较差，教育机会也较少，这二者都会导致学生智商分数较低。

杰尔姆·萨特勒，童年评估领域的研究人员和专家，总结了支持对少数族裔学生进行智力测试的论点。

- 测试可有效评估当前的情况。智力测试量表可以帮助教育人员了解学生的认知长处和短处。有些量表结果可能反映大脑损伤或认知困难，之后可进行更加具体的测试来跟进可能的问题。智商分数大幅下降可能表明需要后续研究。

- 测试帮助学生接触特殊项目。测试分数若得到合理使用，可帮助证明有必要为一些儿童提供特殊教育项目和其他服务——他们有权利合法享有的服务。
- 测试帮助家庭、教育人员和社区评估项目。通过记录得失，智商分数可帮助就让儿童受益的问题向学校和有关项目问责。当测试结果显示族裔群体之间存有显著差异时，这些结果可以激励人们采取干预措施，解决这些不平等。我们可以将测试视作识别现存系统中所存偏见的工具而不是认为测试被偏见影响。
- 最后，测试可有效预测将来的情况。比奈最开始设计量表是为了预测未来的学习成绩，这仍然是现在智力测试最重要的用途之一。智商分数的确与学业成就和学业表现相关。

智力测试中存在的偏见反映了主流文化中的价值观和设想。事实是，教育机会以及学业和工作成功的可能性也反映了主流文化。童年智商分数可证明该影响。它们证明了实现真正多民族多元化社会，让来自各个文化的学生享有获得成功、成就、幸福的平等机会是何其重要。

青少年使用的语言

我们在第 5 章了解到，儿童的语言发展非常显著，但是他们进入青春期时，其语言发展还远远没有完成。在青春期，青少年语言的多个重要方面都有发展。一些发展似乎是故意设计成为了让家长和其他成年人无法理解青少年在讲什么，有些方面的发展则是由青少年成长的社会文化环境决定的。

青少年语域

在青春期，孩子们使用语言来识别同龄人群体，排除非同龄人。青少年语域是青少年使用的一种特殊说话形式，用于鉴定自己属于某一特定的社会、文化或年代的群体。如果你无意中听到一群青少年在互相聊天，你会发现他们的语言形式有多个显著特点，包括他们使用的音素和句法都与使用同一语言的其他年龄群体有显著区别。尤其特别的是青少年语域的词汇非常有趣，包括许多新颖的俚语。回想几十年前的电影或讲述几十年前故事的电影——你还记得青少年使用的那些听起来很奇怪的词汇和短语吗？ 20 世纪 60 年代我们说“时髦”，20 世纪 70 年代我们说“酷”，20 世纪 90 年代我们说“洋气”，21 世纪初我们说“高级”，现在我们说“赞”；过去我们说“小题大作”，现在我们说“情绪化”。虽然青少年语域在各个社会、地区和族裔的群体中都存在，具体的术语、句法、音素却有很大的不同。此外，由于青少年语域的目的是帮助将青少年归于某一特定的年代、地区和群体，所以语域变化非常快。随着青少年进入成人阶段，他们群体特有的说话方式和术语要么会消失，要么就成为整个文化的一部分。

社会和文化方言

虽然来自同一个国家不同地理位置和文化环境的人可能都讲同一种语言，但是他们的语言在词汇、语法 / 句法、使用方法、语言互动形式方面都有差别。方言是某一小群体的人使用的一种语言的持续系统变体。相反，口音指单词发音方式的特点或差异，是方言的一个组成部分。某一特定语言通常有多个方言，某些与特定的地理位置有关（如波士顿英语、美国南部方言），还有些方言与族裔和文化群体有关，不过不是该族裔所有的人都会讲某种方言——该族裔的人也不是唯一会讲这种方言的人，方言会因为社会文化的环境而发展，而不是根据种族来变化，虽然这些因素通常都会相辅相成。

标准美语中经常研究的社会方言是非洲裔美语或黑人英语（Black English）。非洲裔美语是一种独特的英语方言，有自己完整的语言学规则和词汇，而非一种简单的不完整标准美语。西班牙英语、亚洲英语、美国本土英语也是常见的方言。与非洲裔美语一样，不是所有的拉美裔、亚裔、美国本土孩子都会使用方言。此外，美国的拉美裔和亚裔人群拥有不同的西班牙和亚洲语言背景，美国本土语言也多种多样——所以这些方言会有很大的不同。所有这些方言与标准美语在词汇、音位、语法规则等方面都有不同。

不同的方言两两都不相同，没有哪种方言在本质上比其他方言更好或更差。

虽然方言在体系上有所不同，它们也有很多相同点。不过，人们经常会对讲不同于自己方言的人做出负面评价。人们经常认为讲方言的人能力、专业、智力、抱负、教育、成功、财富的水平较低——即便评分人自己也讲方言。这些评价通常会影响在学校和工作场所讲不同方言的人的待遇。人们通常倾向于认为这个人的能力不足，不够聪明。在教育场所和工作环境中讲方言通常会遭到责备甚至批评。也许将社会方言视为有独立规则系统的语言的做法和随着文化社会的环境而发展的理解方式能够减少这些负面不公平的评价。

情景认知：做决策的青少年

随着青少年的发展，他们越来越多地被要求以各种不同方式发挥他们的智力。他们有更多的自由来决定日常事务和严重而深远的问题。要修什么课，投入多少努力学习，高中毕业后是否继续接受教育，参加哪些课外活动，什么时候可以进行性行为，是否尝试吸毒和饮酒——大多数青少年面临的抉择远不止于此。青少年的决策能力如何呢？在本节中，我们将简要回顾关于青少年决策的研究，然后更详细地讨论青少年的职业选择。

青少年的决策能力如何

决策是一个复杂过程，要协调许多认知技能，包括：意识到要做出决定，想出其他可能的决定和每个决定可能带来的问题或偏见，客观评估备选方案产生自己预期效果的可能性和产生或不产生预期效果的可能结果，在决策过程的每一步都考虑社会、个人和情感背景。它通常也包括阻止一个人在特定环境下的第一冲动，并自知是否足够了解情况到可以相信自己的第一反应。这所有的一切都有一定的不确定因素，因为在做出决定以前，我们永远不确定某个决定是否是“正确”的。青少年经常很快就会做出决定——相对于成年人，他们更有可能在受情感影响的环境中对不确定的信息快速做出决定。

回到我们有关形式运算的讨论和前几章信息加工和大脑发育的研究，我们就很容易理解为什么我们觉得青少年做出正确决定的能力比儿童要好。例如，要想出其他可能决策必须思考抽象的可能性、运用组合逻辑，而评估可能性需要系统逻辑思维的辅助。决定部分依赖于对逻辑结论和抽象概念的推理和反思。信息加工心理学家指出，青少年在做决定时有更多的知识和策略储备。他们的认知加工更快也更高效，这部分归因于大脑髓鞘形成加快——这使得他们能够立刻记住多个观点，并允许他们比较可能的行动路径。

该领域的研究支持青少年比儿童更擅长做出“好的”或反映出仔细考虑过其他选项的决定这一结论。在 14 岁时，青少年能够评估各个选项并为自己的决定进行辩护。你可以想象，年龄较大的青少年（14 岁以上）在许多决策技能方面的表现都比年龄较小的青少年好。年龄较小的青少年使用的信息比较少，鉴别可能的威胁和负面影响的能力较差，决定信息来源是否可信的能力也较差。年龄较小的青少年在决策过程中也更容易受到同龄人压力的影响，可能会更加看重成人认为不太重要的因素（例如，外貌或者得到朋友的正面认可）。

不过，很显然决策技能在青春期期间继续提高，直到进入成年期。例如，一项研究要求年龄在 11 ~ 17 岁的青少年和 23 岁的成年人帮助一个青少年分析一个决定（例如，是否要进行整容手术，或者在父母离婚之后是跟妈妈住还是跟爸爸住）。与青少年相比，年轻的成年人更有可能考虑决定的风险与益处，并建议青少年从客观的专家那里寻求帮助。有一点很重要，值得注意，那就是大部分比较青少年和成年人决策过程的研究都涉及在实验室背景下的假定抉择，并有充分的时间来考虑各种选项和评估可用信息。有人表示在情感真实的环境中，当决定涉及私人相关问题时，决策差异会很大。最近的研究表明在做决定时可能包括两个过程——一个分析性的理性决策过程，一个更加快的感性决策过程。分析性的理性决策过程会仔细考虑不同可能的决定带来的风险和益处以及相关的已知信息。虽然青少年衡量利弊的方式与成年人不同，也没有太多的相关信息，但他们在青春期中后期就能很好地使用这种决策过程。第二个过程是更快的感性决策过程——决定都依赖于经验、情感和在当时采取某种行为是否感觉“良好”。感性决策过程更快，需要的认知努力较少，也更加自发。你可能会惊奇地发现随着我们渐渐长大，我们会越来越多地依赖感性决策。成年人在感性决策过程中优于青少年，因为他们的感性有更多的经验基础。在必要的时候，他们也能更好地跨越这一感性系统。这一点部分是因为大脑不断成熟。正如我们在第 13 章学到的那样，前额皮质的灰质和白质以及它与大脑的情感中心之间的连接处在青春期都会发育，这就意味着成年人的冲动控制能力加强，情绪反应下降——这二者都有利于更好地控制决策过程。

青少年决策问题在现实世界会有严重影响，尤其是在考虑到诸如法律权利、责任、冒险行为等问题时。个体在多大年龄的时候可以不需要父母的允许即可合法求医？如果青少年的分析性和感性决策过程与成年人类似，为什么他们会给人们留下进行可能有严重后果的风险行为的印象呢？大脑发育、感知的成本和收益、分析性决策过程对比感性决策过程、先前知识，它们有什么相对影响力——项目开发人员可以怎样利用这些信息，鼓励青少年为以后的幸福做出更加正面的决定？在社会做出这些决定，并想要理解这些青少年行为时，对决策和青少年的整个认知发展进行的相关研究非常重要，值得考虑。

职业选择

青少年必须面对的最大问题之一就是选择什么样的职业。你可能会很吃惊地发现有关职业生涯的相关决定在进入青春期以前就已经开始了，因为即便是小孩子,也已经开始意识到并发展自己的才能、态度和需求。职业发展是一个发展过程，个体会首先观察思考他们周围所能见到的职业，然后自己的选择也会更加具体和现实。在青春期早期和中期，认知技能的增加会让青少年更加现实地思考自己的技能和兴趣，以及不同的职业有什么要求。

哪些因素会影响个体做出具体职业的选择？多种因素都会产生影响，包括个人的兴趣、对想从工作中获得的回报的看法，以及社会环境的多个方面——社会经济地位、父母、同龄人、工作市场、性别、种族。约翰·霍兰德提出了有关职业选择的一个非常重要的理论，该理论重点强调个性，特别是个人的兴趣在职业选择中扮演的角色。霍兰德认为成功的职业选择包括很好地结合自己的兴趣和职业环境的要求。霍兰德认为兴趣可以被分成六大类，如图 14.3 所示，不同的职业环境适合不同的性格。例如，探究型性格的人可能更加适合，也更加满意科学或技术领域，而非文职或销售行业。霍兰德认为合适的安排会增加获得职业满足、成功、稳定、总体幸福感的可能性。总的来说，这些关系都有相关研究支持，有些研究发现它们之间的关系更加密切。此外，预测一个人的职业生涯是否能取得成功比根据性格为其找到合适的工作更加复杂，对于少数族裔群体尤其如此。这些个体可能有自己的兴趣、欲望和天赋，能够在某一特定领域获得成功，但是他们在教育或工作机会上可能会遇到歧视或其他障碍。

其他研究人员在解释职业选择时强调工作价值，或者个体想从工作中获得的回报，而非兴趣本身。例如，有些人在进行职业选择时会受到金钱的激励，其他人可能会追求工作稳定、发挥创造性的机会、权力、帮助他人或者是有更多的休息时间。在这方面青少年可能不够现实。例如，青少年认为多种回报都很重要，并且相信自己能够找到满足所有回报的工作。随着他们在工作领域的经验不断增加，他们的工作价值观也会发生变化。对高薪资、帮助他人、良好的同事关系等的要求都会减少，工作稳定、有机会进行创新等要求依旧很重要。

这个研究提醒我们在跟青少年讨论职业选择时，依赖基于兴趣的模型和基于工作价值的模型的主要困难之一：这些都会发生变化。有些 18 岁的青少年非常确定自己的身份、兴趣、价值观，有些人则不然。在这个年龄的时候，他们可能已经大致了解自己的兴趣和才能，但是仍然还在探索尝试其他可能性。与十几年前相比，现在的青少年和年轻的成年人做职业选择的时间较晚，工作环境本身对兴趣和价值观的发展也有重大影响。许多青少年在选定一个职业生涯前，会多次开始或结束全职工作，大部分学生从高中毕业后就开始一直做兼职。与发展的许多方面类似，其中内含的因素有双向影响。

还有一点值得注意的就是，职业选择不仅仅依赖于个人的性格。这些选择也深受社会环境的影响。例如，整体的社会经济地位会影响许多工作相关的因素，包括青少年接触的工作模型、工作机会、受到的教育和培训类型、工作价值观、接受到的和受鼓励的职业教育程度和类型、家庭关系等等。青少年也会受他们的

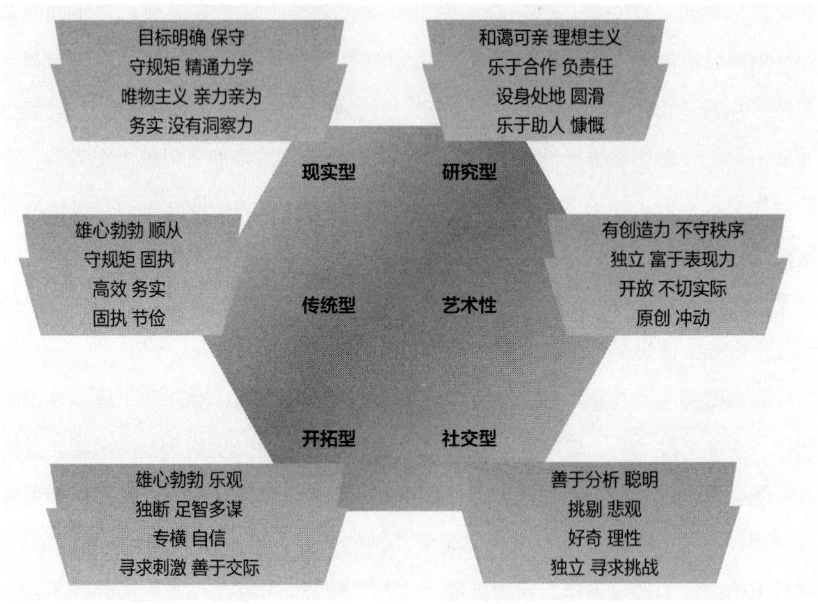

图13.4 霍兰德的六个职业分类

霍兰德的理论认为，个体的兴趣模式可分为六个职业分类，如图中所示。兴趣与职业要求越契合，个体就会越成功满意。

家庭和所处文化的影响。有关适合女性的工作的定式思维和文化对妇女必须平衡家庭和工作的预期都会影响年轻女性对工作的看法。有关团体联系和社区责任的文化价值观要求来自少数族裔的青少年和年轻的成年人平衡这些价值观和可能与之截然不同的工作环境的关系。由于职业选择非常复杂，所以要花很多年才能做出职业选择这一点并不奇怪。

从学校向职场的过渡

在考虑职业选择时，大家主要关注的是上大学（指授予学位、持续 2 ~ 4 年的项目）的青少年们的职业选择。在 20 世纪 80 年代，一项报告表明大约有一半的青少年在高中毕业后没有继续上大学接受教育——没有上大学的青少年高中毕业后受到的支持、培训和帮助都很少。实际上，该报告认为高中在帮助青少年为毕业后直接就业做准备方面所做甚少，在鼓励学生进行更高层次的思维或教授工作相关的行业技能方面都没有太多帮助。最近的数据显示越来越多的学生开始上大学（所以有了“被遗忘的第三种人群”），但是没有上大学的第三种人群的经济前景比之前更差，工资更低，失业率也更高。虽然上大学的学生越来越多，毕业率却只有小幅的上升，获得学士学位的年轻成年人比例从 1971 年的 22% 上升到 2008 年的 29%。高中毕业后的教育有明显的种族差异，从大学毕业的学生中白人占 33%，非洲裔美国人占 20%，拉美裔美国人占 13%。没有完成高中学业的青少年的经济前景非常暗淡，对少数族裔群体而言尤其如此。

帮助改善没有进入大学或完成大学学业的青少年的经济前景对每个人都有利。许多经济、社会、健康状况都与稳定高薪资的工作呈正相关。幸运的是，提高学校向工作场所的过渡受到了越来越多的关注。例如，学校和工作环境开始提供越来越多的选择：

- 合作办学项目。学校工作场所通力合作给学生提供有偿工作的经验，并确定具体的技能目标作为学生学业的一部分。这些项目通常是作为学校职业教育课程的一部分。
- 实习。实习生在学年期间或暑假被安置在一个工作环境中。学生、工作主管和学业主管共同协调工作时间、责任、补助。
- 青年学徒项目。正式的有组织的系统项目，具有明确的目标，教授某一特定行业的技能。
- 服务 - 学习体验。这些体验可以让学生在为他人服务的同时学习技能。这些体验可能没有报酬，是短期活动，但可能是学校社区服务要求的部分。

要想让学校 - 工作经历成功有效，必须考虑学生接受的指导。指导指的是工作或学习环境中的成年人负责教授和建议学生，确保所做的工作有利于学生的学习。学校 - 工作项目中良好的指导可帮助青少年学会学习技能，掌握工作所需的知识，了解个人在工作相关行为中的责任，获得根据职业要求举止表现和交流的技能和自主性，以及在学校高效学习、良好表现的技能和自主性。良好的指导也可帮助学生建立重要的社交网络,这可以帮他们在毕业以后找到全职工作。学校－工作的指导项目如果得到有效执行，对社交、学业、职业方面都会产生积极影响，虽然影响的范围相对比较小。欲更多了解被遗忘的第三种人群，参看个人视角板块文章《我毕业了——接下来该做什么？》。

最后，在青春期仅仅为了钱而工作——而不是作为学校－工作项目的一部分，又会有什么影响？大部分青少年都有兼职，通常在零售或服务业担任收银员、厨师、仓库管理员或快餐服务员。在学年期间每周工作时间超过20小时会导致学习成绩下降、负面行为增加。这些负面影响可能部分出于个人选择（工作时间较长的学生可能一开始就对学校没太大兴趣，学业也不成功）。不过，总的来说，能够平衡工作、学校、课外活动（每周带薪工作时间不超过20小时）的学生在高中和以后的学习中都是最成功的。你可以想象得到，在考虑青少年就业的影响时，工作时间不是唯一的重要因素。鼓励学校－就业联系，并提供学习新的工作相关技能的机会会减少出现学习问题、酗酒吸毒、犯罪行为的机会。学校－工作过渡项目努力提倡的这些工作环境也有许多积极影响，如帮助学生学会更加独立、自信、有责任心，也能帮助他们形成有助于他们在成年人工作场所取得成功的工作价值观和信仰。有关年龄较小的青少年（16岁以下）是否也是如此的证据并不一致。有些研究发现在学年期间做兼职对学习成绩没有负面影响，也许是因为父母更可能会限制青少年的工作时间，青少年从事的工作（草坪护理、保姆）也不太可能与学校产生冲突。不过，另外一项对5 000名五年级学生进行的研究发现每周工作好几个小时的青少年吸毒、有侵略性行为和家庭问题的比例更大。这些研究是相关性研究——在阐释这些结果的时候，你必须要注意哪些问题？

在该章，我们讨论了青春期发生的重要认知变化以及考虑和评估智力的多个方法。我们也描述了青少年可以怎样运用这些技能决定他们日常生活的方方面面和将来的职业。当我们回顾认知发展的过程时，很显然青少年在推理方面的能力有很大的飞跃，也能够做出重要决定。在其一生中，他们的认知技能在很多方面还会继续发展，不过青少年的推理能力确实令人印象深刻！

个人视角

我毕业了，接下来该做什么？

唐娜·罗兰
宾夕法尼亚州匹兹堡市

高中毕业之后你为什么决定不再继续自己的学业？

这更像一个设想而非一个决定。我生活在一个蓝领家庭。我现在的家人从来没有讨论过或想过要去上大学。我有些朋友的确是上了大学，我会非常吃惊好奇地看待他们。为什么他们去上了大学，而我被留下来，在没有任何知识的情况下开始自己的未来？我的决定没有让我很痛苦，但是我确实会幻想如果我去上了大学，我又会在哪里，我的生活又会是什么样子。

我想要应聘秘书的岗位，并不知道自己必须从级别较低的文件档案管理员做起。我很容易就能找到一个当售货员或收银员的工作，但是那些都不是我想要做的工作。我的第一份工作是在一个大百货公司的信贷办公室处理付款支票。这听起来没什么意思，但这是我首次进入商圈。在此过程结交的好朋友和我们共同策划周末行程的场景都历历在目。

学校系统可以怎么样让过渡过程更加容易？

我在高中学的是学术课程，所以在某些方面我没有那些专攻打字和速记技巧的人高效——是的，我说的就是速记。如果我的学校有实习项目的话，那将会非常有益。这可以帮助不上大学的人为进入社会做准备。而且项目本身可能说服许多人继续深造。

回顾过去，你愿意对你的决策过程、你的选择或者你高中毕业后对生活所做的准备做出改变吗？

这个问题很难回答。我对自己的生活很满意，但有的时候我会想我还可能会怎么做。我喜欢艺术，并花了很长的时间画画。这种才能也许会引导我当一个艺术课老师。我喜欢孩子，如果有人可以告诉我怎样将二者结合起来，我可能会想当一个小学艺术课老师。

问　题

你会设计一个怎样的学校－工作项目让从学校向工作的过渡更加简单，帮助学生更加了解自己的选择和真实的工作环境？哪些元素看起来最重要，为什么？

第 15 章
青春期的社会情绪发展

卡米拉刚满 16 岁，与父母关系融洽，一家人相亲相爱，但最近他们似乎对所有事情都争论不休：做家务、写作业、打电话、她的朋友、衣服、学校——任何你能想到的方面！最让卡米拉感到烦恼的是，在她认为应该自己做决定的事情上，父母总是提出意见并与她产生分歧。卡米拉想在身体上再穿个孔，父母为什么不同意呢？身体是她的，她应该是那个对身体负责的人。她的父母总是告诉她要有责任感，但他们却不让她插手做任何事，不让她对任何事负责，她怎么会有责任感呢？如果父母同意，卡米拉想立即参加驾驶执照考试。她迫不及待地希望享受到驾车带来的自由，但她非常确信的是父母不会让她这么做。她家刚刚搬到一个非常僻静（太过僻静）的郊区，她很想自己开车回到城市的老家。但未来很长一段时间，卡米拉可能都无法有一辆车，因为目前她的父母都失业了，没有多余的钱去买车。

卡米拉知道现在是时候认真思考自己的未来了。她想成为一名兽医或者一名治疗师，但仍然不确定。卡米拉对于未来感到十分迷茫，所以她尽量不去思考这个问题。现在她只是享受和朋友们出去玩、去市区或购物中心、读一本好书，或

青少年的自我认知

认同

性取向

道德观

社会关系：家庭

青少年发展自主性：与父母产生矛盾

家庭结构

社会关系：同龄人

青春期的朋友和同龄人

派系和群体

同龄人的压力、违法行为和攻击行为

环境影响

学校中的青少年

学习成绩差异

文化背景差异

者打她酷爱的电子游戏。自中学以来，卡米拉结交了很多好朋友，并且与他们保持着非常密切的联系。卡米拉知道，大多数孩子都会尝试毒品和酒精。不幸的是，她的一些朋友陷得太深并患上了严重的疾病。在很多方面，她感觉与朋友的关系比家人更近，有时这也让她感到很困惑。毕竟，排在首位的不该是家人吗？

在这个年龄，卡米拉对未来、家庭和朋友所表现出的担心和情感正常吗？学习完本章，你就能辨别出造成她焦虑的几种潜在原因了，同时你也许还能为她提出一些有帮助的建议。

像卡米拉一样，很多青少年对体验成年人的活动感到兴奋、焦虑、迫切，同时又会担心不能承担起成年人的责任，有时这些想法会在几分钟内同时出现！青少年在他们社会情绪发展中遇到的三个核心发展任务是：认同、自主性和亲密性。这时，青少年开始对他们的技能、兴趣、个人和职业目标有一个更清晰的认识。在这几年中，他们通常会建立亲密的友谊，感受爱情和性吸引。家庭对青少年的态度和行为仍然会产生很大的影响，但是随着青少年的独立性逐渐增强，同龄人之间产生的影响大大增强。在本章中出现的概念和研究发现将帮助你理解青少年在社会情绪发展的很多方面。同样重要的是，尽管这些发展任务通常被视为社会情绪任务，但是这三方面都会直接受到在第 13 和 14 章讲到的身体和认知发展的影响。

青少年的自我认知

在第 1 章，爱利克·埃里克森指出，青少年社会情绪发展的核心任务是对自我认同有清楚的认识。认同是指人对自我的定义，其中包括对构成独一无二的自我的技能、兴趣和性格的综合认识和理解。本节我们将阐述认同在几个不同方面的发展，比如同一性状态、性取向和道德。

认同

青少年在努力发展自我个性的过程中，自我表现是一个重要问题。你可能想到了爱利克·埃里克森提出的著名的心理社会发展理论。埃里克森认为，青少年在自我认同与角色混乱阶段纠结不已。由于认知能力不断增强，他们能够思考自身的抽象品质，对比“真正的自我”和“完美的自我”，并思考“其他的自我”。同时，在这一时期，青少年的社会需求也会迅速增加——他们在工作、宗教、政治、两性关系等领域承担起不同的角色和责任。埃里克森提出青少年必须逐渐弄清楚他们是谁、相信什么。换言之，他们必须以某种方式对自我表现的很多方面进行整合，并形成自我认同感。如果青少年没有解决认同危机，模糊的自我意识会使处理成年时出现的危机（比如：亲密性、繁衍感、自我整合）变得更加棘手。

同一性状态 如图 15.1，詹姆斯·马西娅对埃里克森的理论做出了著名而详尽的阐述。马西娅提出了青少年认同发展的两个组成部分。第一部分为危机（有时也称为探索）。在危机下，我们提出疑问并思考我们都了解自己些什么，所有这些是如何协调一致的，同时，这与我们理想中的自己又有哪些差距。第二，在一段时间的疑惑和思考后，我们可能对一种同一性做出承诺，对我们自己得出某个结论或做出某种决定。如图 15.1，马西娅对青春期可能出现的四种同一性状态进行了描述：

1. 同一性达成是指青少年已经经历并解决了危机，同时还做出了承诺的状态。
2. 同一性拒斥是指青少年很少经历危机，但基于他人对他的认识和期许做出承诺的状态。这类青少年在没有自我反省或质疑的基础上接纳一种同一性。
3. 同一性分散是指可能经历或没有经历过危机，但现在没有处于危机的状态。处于同一性分散状态的青少年可能停止追求兑现承诺，也可能由于某种原因仍然没有兑现承诺，很明显缺少承诺。
4. 同一性延缓是指青少年仍然处于解决危机的状态。危机的水平较高，但承诺较低。

你可能已经想到了，在做承诺前经历过危机时期的青少年比处于同一性拒斥状态、没有经历过探索时期的青少年在自我认识方面更为复杂。青少年和成年早期的人逐步进入同一性达成状态，那些承诺更高的人往往较少出现心理问题并且幸福感更高。

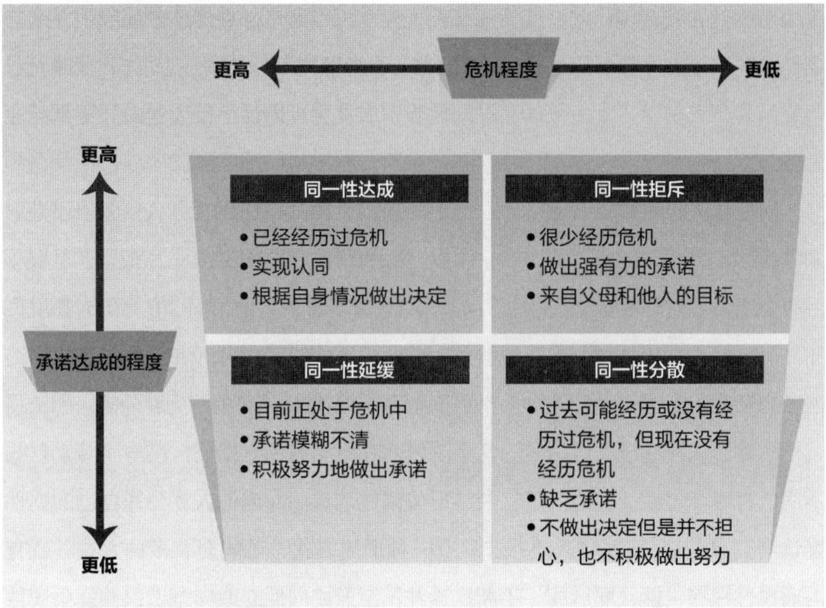

图15.1 詹姆斯·马西娅提出的四种认同状态

马西娅提出的每一个认同状态都反映了所经历的危机程度和承诺达成的程度。

性取向

在青春期，性取向问题作为自我认识的一个方面变得日益突出。在儿童后期和青春期早期，大多数孩子开始感受到来自异性的吸引。性取向是指被同性（同性恋取向）、异性（异性恋取向）或双性（双性恋取向）吸引的趋势。你可能早已意识到了个人形成某一性别取向备受争议的原因。这也是我们一直讨论的、贯穿整本教材的基本问题：先天（基因和生物）和后天（孩子发展的环境）的相互影响有哪些？二者之间是如何相互作用的？

在探讨性取向问题时，我们必须区分性吸引、性行为和性认同几个概念。同性恋认同是指个人主要被同性所吸引的性认同——本人也承认他 / 她是同性恋。同性恋包括男同性恋和女同性恋。双性恋是指被两性都吸引的性认同。然而，同性恋行为是指与同性发生性关系的行为，同性吸引是指对同性产生的性欲。当青少年对性行为进行体验时，他们在某种程度上可能有过同性恋体验或吸引。这些同性之间进行的体验可能是探索性的，并不会导致成年后的同性恋取向。实际上，研究结果一致表明，大多数体验过同性吸引或发生过同性性行为的人并不是同性恋者。

同性恋认同的形成 研究者估计，在美国有 1% ~ 3% 的成年人认为自己是男同性恋、女同性恋或者双性恋。在高中生中做的调查结果与该估计值相似，但高达 5% 的高中生表示还不确定自己的性取向。同性恋和异性恋者的不同，在童年时期就很明显。比如，据报道，同性恋的男性和女性比异性恋者对性别反串更感兴趣，同性恋者的家庭影片显示出他们在童年时期就有更多与性别不符的行为和外表。

同性恋认同的形成过程分为几个阶段：在童年时期意识到自己与同龄人有些不同，青春期对性认同的困惑，最终形成同性恋认同并向他人“公开自己的同性恋认同”。然而，同性恋认同并非只有一种形成方式，可能会有多种方式。所有的形成过程都包括认同形成（不断探索并不断形成同性恋取向意识，并发生同性性行为）和认同整合（接受并确定性认同）。然而，这些关键阶段和形成同性恋认同的年龄所出现的顺序以及形成并整合性认同需要的时间，可能取决于很多因素，其中包括正在形成的特别的性取向、性别、过去的经验（比如性暴力）和社会环境（比如有良好的社会关系）等。阶段模式可能过分强调了性认同的稳定性。尤其对于女性来说，会有更多流动的性认同，其中包括“基本是异性恋”“基本是同性恋”，以及除了同性恋、异性恋和双性恋之外的“未标记的”情况。一项研究表明，在 10 年内，2/3 的女同性恋和双性恋女性改变了她们对性认同的划分。这些发现使研究者认为性认同可能最好分为对异性或同性吸引程度的多少，而不是定性的区分和稳定的取向。

性取向产生的原因 对同性恋者和异性恋者童年时期特征的不同描述非常有趣，这些描述表明性取向可能在生命早期就已经形成——但这并没有解释为什么孩子们会产生这些特征。这些特征可能会受到基因的影响——对双胞胎的研究发现，同卵双胞胎都出现同性恋的可能高于异卵双胞胎。神经学研究证实了同性恋者和异性恋者在胼胝体和大脑结构上的不同很大程度上受到基因的影响。产前的激素水平也起到了一定的作用。比如，非正常的激素水平与后期的行为、个性特征和性取向也有一定的关系。产前接触了更多雄性激素的女孩趋于表现出更多男性典型的特征和喜好，同时，产前接触雄性激素较少的男孩趋于表现出更多女性典型的特征和喜好。尸体解剖研究发现，男同性恋者的大脑部分区域与女异性恋者的接近程度比男异性恋者的接近程度更高。然而，请记住，大脑结构差异是由于生物因素或体验差异引起的。

同性恋的经历　尽管在当今文化中，同性恋得到了更广泛的认可，男同性恋者和女同性恋者仍然承受着来自同龄人和家庭的巨大歧视和苛刻的待遇。大多数同性恋者都强烈地体会到异性恋者视他们的同性吸引为“不同”或“异类”。据报道，大多数青少年女同性恋者和男同性恋者认为他们在同龄人中被隔离，在情感上被孤立。在一项全美调查中，85% 的同性恋青少年在学校招致骂名或遭受威胁，40% 被推挤过，20% 在学校被殴打过。网络欺凌非常普遍——据报道，53% 的这些青少年在网上被骚扰或威胁过。很多人遭受了严重的人身攻击，你可能会很吃惊，大多数攻击来自青少年自己的家庭成员。很多同性恋者受到了来自同龄人、父母和其他人的辱骂和身体虐待，这对他们的自我价值和心理健康造成了伤害。与异性恋的同龄人相比，年轻的同性恋者更有可能出现留级、旷课、辍学、离家出走、被赶出家门、吸毒和卖淫。自杀仍然是人们关注的重点，因为青少年同性恋者的自杀率比异性恋者的自杀率高出 2 ~ 3 倍。在试图结束自己生命的青少年男同性恋和女同性恋者中，家庭冲突往往是最主要原因。

个人价值观、自我接受程度、对自己性取向的积极看法这三项构成的整体感知对青少年健康发展尤为重要。家庭的大力支持也非常重要——这一支持可以让青少年所接受的来自学校及其他地方的残酷待遇得到缓解和安慰。据报道，很多同性恋者如果有一些理解并欣赏他们性取向的好朋友会感到莫大的安慰。

道德观

自我认识的另一方面是，青少年常常试图想拥有一套可以指导自己行为的个人价值观和道德观。你可能还记得在第 9 章，劳伦斯·科尔伯格描述了道德推理的三个水平。尽管在科尔伯格的前两个水平中，大多数青少年仍在考虑道德问题（前习俗水平和习俗水平），有些青少年将向第三个水平发展。

科尔伯格的水平 III 科尔伯格理论中的最高水平是后习俗水平，在这一水平中，他们把超越社会习俗作为道德推理的基础，不再质疑也不再遵守社会规则。他们理解其他人可以有不同于他们的观点，并且这些不同的观点可能都同样“正确”。在第五阶段中，他们遵守法律法规，因为法律法规可以保护个人权利。然而，法律（惯例）可以从更公平的角度进行阐释或调整。在第六阶段中，人们以自行选择的、可以运用到整个人类和社会系统的抽象道德准则为基础，对更多道德问题做出推理。在这个阶段，人们可能会为了遵循自身的道德原则而选择违背他们认为不道德的法律法规。他们甘心接受打破规则导致的法律或社会结果。青少年当然会与道德问题做斗争，有些人可能已经进入后习俗水平，但如果达到该水平的话，通常已经成年了。科尔伯格强调，决定道德推理水平的是人们推理问题的方式而非个人做出的具体选择。

对科尔伯格理论的后期工作和研究 科尔伯格对他的理论进行了多次修改。他在后期的工作中提出，道德发展的某些方面（推理的水平）是普遍存在的，然而其他方面（形成特定道德价值和做出的选择）取决于孩子成长所依赖的具体社会条件。科尔伯格也承认，第六阶段在现实生活中并不多见，这种情况可能更多的是一个理论极值而非现实中很多人可以达到的阶段。然而，他还推测，可能在后习俗水平之外还有第七阶段。第七阶段将呈现一个“由存在主义或宗教经验和观点引起，而非仅仅由道德经验引起的道德取向”。

科尔伯格理论的几个方面得到了调查研究的论证，比如，图 15.2 显示了一项以科尔伯格原始样本为对象的长达 20 年的著名研究结果。受试者表现出的结果与预期的从第一阶段到第五阶段的发展顺序一致，并且当他们达到一个更高水平后，都无一例外地不会跨越某个阶段或退回到较低阶段。在道德发展过程中，年龄和所处阶段之间的相关性为 0.78，这呈现出一种很强的正相关。其他研究在几个不同的文化中证实了所预测的顺序。科尔伯格对认知发展、换位思考能力和道德发展之间的关系的理论也得到了强有力的论证。

其他的道德导向和道德领域 然而，人们对科尔伯格的模型也提出过很多重要批评。跨文化研究支持他所提出的阶段顺序，但他们发现，处于技术欠发达、农村文化较为盛行的地区的人与那些处于技术先进和城市文化盛行地区的人相比，通过所有阶段的速度较慢，并且在每个阶段达到的水平较低。这些发现对科尔伯格的理论来说未必是个问题。不同文化在一定程度上对道德问题有不同的经验，理论也应该考虑到这些差异。然而，这些结果是由一个更大的问题导致的——这些文化的道德取向与科尔伯格理论所反映的导向之间的基本差异。批评者认为，科尔伯格的阶段划分以道德的司法取向为基础。也就是说，科尔伯格的理论道德包括司法、个人责任和个人权利保障。然而，在一些文化中，做道德判断时，司法并非人们强调的因素。比如，一些文化强调基于社会道德，其中社会秩序、地位和对他人的责任都很重要。其他文化强调神灵，其中包括对罪恶行为的克制，

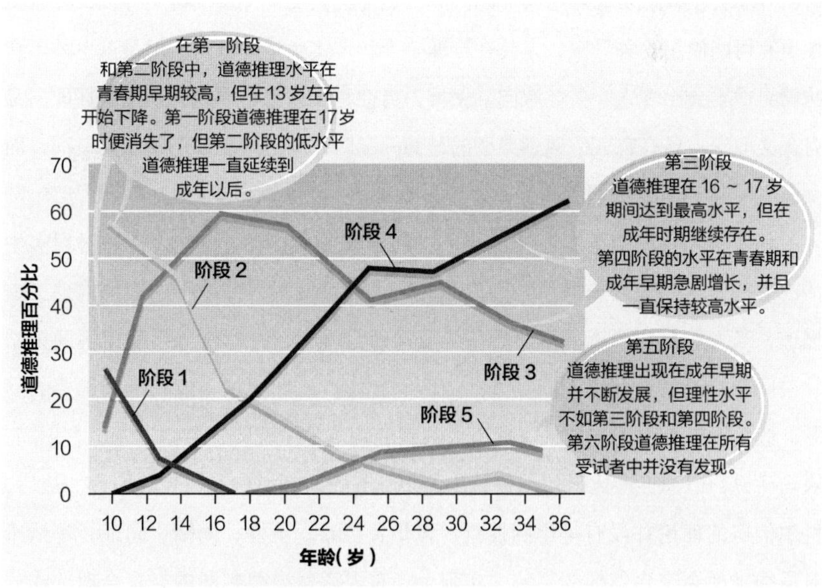

图15.2 对科尔伯格有关道德发展理论的后续研究

对劳伦斯 · 科尔伯格原始样本进行的为期 20 年的后续研究证实了科尔伯格在他的道德推理发展理论中提出的阶段顺序。道德推理的年龄和阶段呈现出密切的关系。

对上帝的责任，人民、物体或地方的神圣。还有些人，比如科尔伯格，强调自治并致力于正义、对人权的保护、对公平的维护。科尔伯格的理论（用困境来检验）反映出一种可能与其他文化不相关的取向。因此，他的理论可能在这些文化中仅适用于道德发展的一小部分或不重要的部分。如果是这样，那么有关道德推理的水平或道德发展的普遍性结论将会不完整，或者甚至是无效的。

人们在科尔伯格模型对女性的有效性方面做出了相似的批评。1982 年，卡罗尔·吉利根提出，女性的道德推理来自关怀伦理，即强调关心他人、维护人际关系、尽义务照顾他人。吉利根提到科尔伯格的理论强调自主、司法和公正公平，这种观点更符合传统的男性视角。她认为科尔伯格的理论并没有完全考虑到对女性道德推理极为重要的元素。她的批评是否有研究做支撑呢？答案既是肯定又是否定的。在那些使用了科尔伯格的研究材料和阶段理论的研究中并没有很多关于性别差异的系统性证据。也就是说，当受试者给出他们关心他人的原因时，这些材料并不会在较低层面为所给原因打分。然而，人文关怀取向确实存在，并且女性更有可能使用这种导向，尤其在推理个人和现实生活问题时。但是这也并不意味着男性不会出现人文关怀取向。相反，男性和女性都可以既有人文关怀取向又有正义取向。只有在人们遇到典型的道德问题时，男性才更倾向于正义取向，而女性更倾向于人文关怀取向。

其他研究对道德推理适应不同环境的程度提出质疑，比如，在面对现实生活的道德两难处境而非假想中的处境时，人们会使用较低水平的道德推理。据报道，当人们想到两难处境时感情会变得非常强烈，并常常想要使用不同策略解决问题。道德推理在不同类型的道德问题上，比如保护人权和个人选择的问题，似乎就有所不同，并且根据个人遇到的两难处境背景，道德推理也有不同。换句话说，道德推理比科尔伯格认为的更具有特定领域性和特定环境性。最后，科尔伯格的理论并没有考虑到愧疚、害怕、担心、羞愧、同情、同理心等情感对道德推理会产生怎样的影响。实际上，有人质疑道德判断中究竟合理的成分有多少，认为我们更可能快速和本能地做出回应，而不是经过深思熟虑和理性的过程再做判断。

总体来说，随着皮亚杰认知理论的发展，道德推理的水平似乎极大地受到环境特征的影响，并且比科尔伯格的观点更加具有特定地域性。另外，到目前为止，你应该已经从本章、第 9 章和第 12 章的讨论中得出，道德发展是多方面的，并且包括推理、情感和行为的很多方面——能推理某一特定情况下什么是合乎道德的，并不能保证一定会做出道德的行为。

社会关系：家庭

青少年面对的第二个主要发展任务是发展情感和行为的自主性，即独立思考和行动的能力。自主性还包括能够控制冲动和对自己的行为负责。自主性的发展会成为青少年和父母冲突的起源，尤其在青少年早期和中期。我们在前面几章中讲过，教养类型和家庭结构对孩子的发展会产生影响。本节我们将讨论青春期产生冲突的本质和作用，并研究三种还未涉及的家庭结构特征：收养家庭、同性恋者家庭和少数族裔家庭。

青少年发展自主性：与父母产生矛盾

青少年和父母之间的矛盾　G. 斯坦利 · 霍尔常常被誉为“青少年发展研究之父”，他认为，青春期充满了风暴和压力，这一时期，青少年和父母之间发生频繁而剧烈的冲突在所难免。实际上，有种流行多年的观点是，如果这一时期没有矛盾，那才是有问题 。矛盾意味着青少年正在形成一种独特的认知，并且在精神上和行为上变得独立。小矛盾表明青少年并不想和父母分开，或者父母不允许他们这么做。确实，在早期的研究中，青少年和父母的关系经常是以产生激烈的冲突为特点。

然而，深入的研究表明，青少年和父母的关系似乎更加复杂——幸运的是，这一阶段的关系也更加积极。近期研究表明，父母和青少年之间暴风骤雨般充满压力的关系并不是一种常态。多数早期研究是以寻找精神健康服务的家庭为基础的。在针对非临床的调查中，75% 的青少年表示与父母的关系积极健康，表示与父母关系不和谐的青少年大多数早在步入青春期前就有家庭问题的经历。然而，说这一时期的发展不存在矛盾并不准确。青少年和他们的父母确实会产生分歧，但是他们通常会为生活中的琐事而非教育的重要性、宗教价值、性行为、吸毒等大事争论。青少年和父母常常会为衣服、音乐、保持卧室卫生、做家务、适合约会的年龄、休闲活动的选择产生争执。青少年是否会对父母的规定产生异议取决于青少年如何看待所涉及的事情。比如,当青少年认为某个问题属于个人选择（比如穿什么衣服或者如何保持房间整洁）时，他们会更倾向于反对父母的规定，但在他们认为父母有权管理的问题上，比如道德或安全问题（比如了解青少年何时会回家或他们是否饮酒），他们不会过于反对父母的规定。 一旦青少年或父母的期望没有达成时，就有可能发生冲突。

总的来说，随着青少年从早期到中期到晚期的成长，青少年和父母之间产生矛盾的频率越来越少，部分原因可能是因为他们在一起的时间越来越少。然而，青少年早期到中期期间，矛盾的感情强度越来越大，因为处在这一时期的青少年正经历着新的社会环境和身体变化，但是，与此同时，他们试图获得更多自主性。他们还常常做出强烈的情绪反应，部分原因是由于大脑发展，这点我们在第 13 和 14 章已经讨论过。

有效解决青少年与父母之间的矛盾　如果矛盾不可避免，那么父母该如何处理矛盾呢？首先请记住，尽管矛盾不是什么好事，但它可以产生一定的积极影响，比如，提高推理和解决矛盾的技巧、增进对他人的理解、加强同一性的发展。实际上，与父母产生过适度矛盾的青少年与那些与父母矛盾过于剧烈或没有矛盾的青少年相比，在学校的表现更优秀，并且更容易进行综合调整。而且，青少年经常与父母争吵并不意味着他们整体的关系并不融洽。确实，在父母和青少年有着健康可靠关系的家庭中，矛盾在帮助家庭讨论需要注意的问题、调整期望值、重新商量规则以允许青少年在适当可变的范围内增加自主性等方面发挥了积极的作用。这种相互作用实际上会对改善整体关系产生积极影响。

要有效解决矛盾并取得富有成效的积极结果，关键在于权威型的家庭教养，这一点我们已经在第 9 章讨论过。你可能还记得，这种家庭教养方式包括发展适宜的期望，并在温暖、参与性和支持的环境中设定严格一致的限制。在青春期，第三维度似乎也变得很重要：给予心理自主性，即鼓励青少年发展自我观点和信仰。这种类型的家庭教养方式与很多积极的社会、认知、行为结果以及积极的认同发展相关。

家庭结构

被收养的青少年 数百万青少年在收养家庭长大，无论是被亲戚、继父母、没有血缘关系的成年人，还是不同国家或种族的成年人收养。被收养的青少年在心理、教育、社交和情感等方面都比那些在寄宿机构、长期寄养家庭或从寄养家庭回到无力抚养或不愿进行有效抚养的父母身边的青少年表现更加优秀。在收养家庭，充裕的经济资源、更高的稳定性、更好的家教、父母更高的积极性、父母重大的情感投入和支持，以及一个明确而长期的父母承诺都有助于被收养的青少年发展更强烈的认同感并利用可使用的经济和社区资源。不同种族收养（父母的种族与孩子的种族不同）环境下长大的孩子与在同种族收养环境的孩子在种族同一性、整体适应性、自尊心方面没有差异。

大多被收养的青少年都可以很好地适应现状，也可以表现得很正常。然而，与养父母的直系后代相比，他们确实面临着一些特殊挑战，并且更有可能产生一些消极的后果，尤其在面临的问题更加严重时。与其他人相比，被收养的儿童和青少年更有可能被推介去接受心理治疗，更有可能表现出攻击性和犯罪行为，更有可能出现学习障碍、吸毒、学校适应问题。总的来说，被收养的青少年在收养期年龄稍大一些时（比如 5 岁以上），会表现出更多问题，这可能更多是由于早期的消极经历，而非收养问题所致。被收养的男孩似乎比女孩遇到的困难多。有时，问题不会在婴儿期和童年早期出现，但似乎在童年中期到青春期期间开始出现。然而，被收养的青少年在参与学术俱乐部、利他行为、社会问题、自我回避方面都表现得更出色。据报道，多数被收养的青少年对他们的被收养状态感到满意，并且对他们的养父母在情感上非常依恋。

同性恋父母的家庭 研究者估计，美国有 100 万到 1 400 万名儿童和青少年生活在同性恋父母家庭。大多数青少年在他们的亲生父母处于异性婚姻时出生，但越来越多的同性恋夫妇正准备生孩子或收养孩子。夏洛特·帕特森在进行了大量的文献研究后总结："二十多年的研究并没有揭示出由同性伴侣抚养的儿童和青少年与由异性伴侣抚养的儿童和青少年在调整和发展方面的重要区别。"和女同性恋父母生活在一起的青少年适应性非常好，并且和父母的关系也很积极。他们与由异性伴侣抚养长大的孩子在活动倾向、兴趣爱好、受欢迎程度、社交技巧、职业目标、社交能力、活动过度、情感困难、行为问题、道德成熟度、智力高低上并无区别。

帕特森在综述中发现，由同性恋父母抚养的儿童和青少年在性别认同上并没有受到干扰。与由异性恋父母抚养长大的孩子相比，他们很高兴接受自己的性别并且并没有成为异性的意愿，性取向也没有不同。由同性恋父母抚养的孩子本身并没有成为同性恋者的倾向。这些青少年从他们的异性恋父母身上遗传了很重要的基因，并在由同性家长创造的环境中长大，从这个事实角度来看，以上的发现显得格外有趣。

种族多元化的家庭 如表 15.2 所示，在美国人口中，少数族裔家庭的人口增长速度最快。在 10 年前，大多数对家庭种族的研究侧重于研究消极因素和结果。毫无疑问，正如你所意识到的，贫穷、犯罪、杀人、监禁和其他类似问题在少数族裔中出现的比例要比在白人欧洲后裔中出现的高。研究者将种族多元的家庭与白人家庭进行了对比，并且对在少数族裔家庭中出现的"问题"进行了强调。这种文化逆差视角认为这些消极结果是因为少数族裔家庭的生活方式"不符合"大多数家庭的方式。

然而，最近研究者发现，很多少数族裔家庭产生的消极后果部分是出于少数文化本身，但更大一部分原因是贫穷及其生活环境困难。现在出现了对少数族裔家庭较为积极的看法，即坚强而坚韧的视角。研究者正在研究少数族裔在历史上一贯存在的种族主义、偏见和不平等中存活下来的方式。

少数族裔家庭有哪些特点帮助其形成了坚强而坚韧的品质？表 15.3 总结了研究者已证实的一些少数族裔的部分特征。一个重要的因素似乎就是家庭，尤其是大家庭，发挥着关键的作用。

比如，拉美裔的父母教育孩子们，使他们认识到他们的个人认同与更大的家庭认同不可分割。在很多少数族裔中，人们更看重家庭和种族合作而非竞争和个人成就。研究者注意到，非洲裔美国人家庭往往表现出更强的家庭感和家庭责任感，家庭的界限流动多变（很愿意亲戚们出入自己的家庭），与亲戚间的交往频繁，经常举办庆祝节日和特殊场合的大家庭聚会。同时，家庭成员之间有着很强的互帮互助、相互扶持的体系。亚裔美国家庭教育孩子们要顺从、忠于父母，并且家庭需要高于个人需要。大家庭体系在帮助印第安人共同应对种族歧视和其他各种

表 15.2

美国族裔多样性的增长 1900—2010（数以百万计）					
种族	1990 年	2000 年	2010 年	自 1990 年以来近期增长	增长率对白人增长率相比
白人（非拉美裔）*	188.9	194.6	196.8	4	—
拉美裔（任何种族）*	22.4	35.3	50.5	125	快 31 倍
非洲裔美国人	30.4	34.7	38.9	28	快 7 倍
亚裔美国人	7.3	10.2	14.7	101	快 25 倍
印第安人和阿拉斯加原住民	2.0	2.5	2.9	45	快 9 倍
夏威夷原住民和其他太平洋岛民	—	0.4	0.5	35	快 11 倍
其他种族	9.8	15.4	19.1	95	快 24 倍
多种族	暂无数据	6.8	9.0	32**	快 8 倍

*2010 年美国总人口达 3.87 亿。美国人口普查局把族裔与拉美裔血统区分开来。2000 年的人口普查第一次把调查范围扩大为不只一个族裔（比如白人和亚裔）。

** 自 2000 年后有所改变；目前的数据为 1990 年。

形式的困境时至关重要。即使生活在城市地区，印第安人也常常组织周围一些亲戚聚会，这种形式就像公共村落聚会一样。

重视严格的纪律也是很多少数族裔的特征。工人阶层的非洲裔美国父母和拉美家庭往往依靠体罚、权力声张和要求孩子顺从来控制孩子。然而，这种惩戒方式更与贫穷和危险的社区环境而非种族划分相关——低收入的白人也倾向于专制管教，不过，中产阶级非洲裔美国人的父母则更倾向于权威型管教方式。当周围环境比较危险时，低收入家庭的父母可能会通过体罚来保护孩子，并强调在学校好好表现的重要性。

华裔的母亲比欧洲裔的母亲对孩子的限制和控制更多。随着华裔美国人逐渐适应美国，他们慢慢开始采取不太极端的管教方式。赵在她的跨文化研究中指出，中国父母使用的严格管制与美国专制父母使用的严厉的惩罚方式并不相同。中国人例行着教训（意味着“训练”或“教育”）和管教（“管制”或“关心或爱护”）。他们为孩子们树立模范的行为规范，并带着极大的关怀和爱对孩子进行严格管教。严厉和体罚型（专断型）的管教方式与欧洲裔美国学生在学校较差的学习成绩有关。而在亚洲裔美国父母所使用的严格教训和管教下成长的孩子们学习成绩都非常优异。这种跨文化的研究提醒我们，不能一直以欧洲裔美国人的研究样本的角度来观察其他文化。

族裔自豪感可以帮助少数族裔的孩子缓解他们经常遇到的一些困难。很多非洲裔和墨西哥裔美国家庭通过给孩子们强化族裔自豪感和对本族文化价值的信仰来帮助他们应对以后将在美国社会中遇到的歧视问题。在一项针对非洲裔美国家庭的全美研究中，那些最终更加成功并向社会更高层流动的人都是那些父母曾经强调过族裔自豪感、自我发展的重要性和准备面对种族壁垒问题的意识的孩子们。相类似的是，印第安人正逐渐致力于建设孩子们的族裔自豪感，一方面重新推崇他们的文化，另一方面支持孩子们的发展。认识到各种文化和少数族裔所展现的独一无二的优势，使我们受益匪浅。

表 15.3

少数族裔坚强而坚韧的源泉			
少数族裔	所指对象	家庭因素	文化传统
拉美裔美国人	主要是指来自墨西哥、中南美洲、波多黎各、古巴和西班牙探险家后裔的移民	与家庭认同相关的个人认同 强调大家庭体系 移民后的前几年通常和大家庭的家庭成员一起生活	合作 群体和谐 尊重 服从和尊重长辈 传统的性别角色
非洲裔美国人	主要来自西非部落的奴隶的后裔	强调大家庭体系 强烈的家庭感和家庭责任感 与亲戚的互动频繁 祖母在道德和宗教核心问题上发挥着重要的作用，并让人感到一种家庭团结感 强调严格的纪律，尤其在工人阶级和贫困家庭	信仰灵性、和谐和自治主义的西非文化传统强调族裔自豪感
亚裔美国人	来自远东和东南亚，包括印度、中国、菲律宾、越南、柬埔寨、老挝、日本、韩国、巴基斯坦、泰国、赫蒙族等 28 个国家和少数族裔的移民	父亲占主导地位，但在感情上较为疏远 在一些种族中强调严格的教训和管制	尊重长辈、家庭和谐的宗教传统 遵从并忠于父母 家庭需要高于个人需要 传统的性别角色
印第安人和阿拉斯加原住民	包括 450 个不同部落、100 种不同语言的众多族裔，如切罗基族人、纳瓦霍人、奇帕瓦族人、苏族人、普韦布洛人、阿留申人、爱斯基摩人	强调大家庭体系、社区村庄结构 祖父母起着重要的统领和象征作用 之前的政府政策破坏了家庭结构，造成文化和家庭角色模型的缺失	合作 合伙关系 尊敬长辈 越来越强调族裔自豪感

社会关系：同龄人

对青少年来说，第三个重要的发展任务就是发展亲密性。亲密性既指友谊关系又指恋爱关系。亲密性是指对他人的情感依恋，包括分享重要的个人信息、相信他人可以保守秘密、彼此间相互支持。之前我们讲了性取向的发展，但是青少年如何学习发展并保持亲密关系的技巧呢？同龄人对青少年的行为会产生怎样的影响呢？什么时候青少年准备好从非恋爱的朋友圈转向约会的情侣呢？在本节我们将探讨青春期友谊和约会的本质。

青春期的朋友和同龄人

亲密的朋友会分享他们最隐私的想法和感受。他们相互信任，相互保守秘密，把对方当作可以探讨一些他们可能不会和其他人讨论的问题的安全基地，其他人包括父母、老师和亲密的兄弟姐妹。在青春期，亲密程度和自我表达程度把最好的朋友和普通朋友区分开来。女孩间的亲密性出现在青春期早期，男孩间的亲密性出现在青春期晚期。青少年和朋友在一起的时间是和父母、兄弟姐妹、其他成年人在一起的时间的 2 倍。正如萨文 - 威廉斯和伯恩特所指出的：

> 与其他人相比，青少年表示他们通常更喜欢和朋友们一起活动。和朋友们在一起时，他们感到别人可以理解他们，并且他们可以完全做自己。和朋友们在一起时，他们会谈谈他们自己、其他青少年或者发生在这个大千世界的事情。他们一起放松、开玩笑、看电视或视频、做运动。这些欢乐的瞬间和陪伴有助于他们与自己尊重和喜欢的朋友形成同一代的归属感。

在他们所做的关于青少年友谊和同龄人关系的文献综述中，萨文 - 威廉斯和伯恩特发现，建立了亲密和支持性的友谊的青少年往往有着较高的自尊心，更能理解他人的感情，并且在同龄人中更受欢迎。在学校，他们表现得更出色，成绩更好，并且在智商测试中得分更高。没有建立亲密友谊的青少年，表现得不太好。

然而，请记住，这些发现是相关性研究的发现。换句话说，我们不知道友谊和青少年发展两者之间谁是因，谁是果。是亲密且支持性的友谊促进社交和成绩的进步，还是社交性强、学习成绩好的青少年会吸引更多亲密的朋友呢?

青少年该如何发展所需要的技巧来建立并维护亲密的友谊，并且之后如何展开恋爱呢? 一种观点是基于第 6 章讲到的依恋研究。从艾伦·苏劳菲和他的同事们的观点来看，青少年会内化他们早期建立的重要关系，并以这些早期经验为基础来理解建立一种亲密关系的意义。另一种观点认为，同龄人起着更为重要的作用。哈里·斯塔克·沙利文指出，青少年在童年晚期和青少年早期会结交密友，或建立一种亲密的非恋爱关系。也正是通过和密友的相处，青少年学习了可以建立亲密关系的技巧，比如忠诚、信任、诚实和支持。在这些技巧发展到一定程度后，青少年开始把亲密性的焦点转到恋爱关系中。密友在非浪漫吸引的前提下允许青少年“练习”如何亲密相处。或许童年早期的依恋关系为发展亲密性做好了准备，并为早期非恋爱关系打好了基础，而密友关系则调整了青少年对亲密性的理解并帮助他们发展某项具体的关系技巧。

在青春期结交朋友仍然需要彼此拥有很多共性。成为亲密朋友的青少年往往有着相似的人生态度、教育愿望、宗教和政治取向，以及相似的饮酒、吸烟和犯罪模式。正如之前我们提到过的，共同的亲密性是青少年友谊的重要特征。当密友之间分享个人故事并帮助解决对方问题时，双方关系便会大大加深。尽管在青少年从初中过渡到高中再到大学或工作后的期间维持这段友谊很难，但是仍然有很多终身朋友就是在青春期结下友谊的。

派系和群体

青少年同龄人关系的另一方面就是派系和群体的出现。派系是指小团体，通常包括 3 ~ 9 个经常自发出来玩的朋友。派系的朋友们几乎都是同一个性别和种族。但到 11 岁时，据研究，大多数孩子都表示自己是某个派系中的一员，并且这一个派系就是他们的社交圈。大多数派系都是封闭的小圈子——内部成员常常捉弄或排挤他们派系之外的人，尽管他们都知道有时排挤同龄人是不对的并且会伤害到他人。在 11 ~ 18 岁期间，这些个体派系之间的关系变得松散，与此同时，青少年开始与其他几个变得松散的派系的人交往。

群体是指由所获声誉相似、志同道合的个体组成的较大的群体。当青少年被问到他们学校有哪些不同群体的学生，他们通常会分出以下群体：运动员、有头脑的人、书呆子、吸毒者、野蛮人、受欢迎的人、普通人、无名小卒和孤独者。不同的地域和学校对群体的具体命名形式也不相同，但是他们往往分为这些大类。通常，学生个体不能选择加入他们喜欢的群体。相反，他们根据在学校划分的固有的看法而获得某一群体的“组员证”。你的指定群体必须与别人对你的看法、组员对你的看法相一致。

研究表明，自尊心和隶属的特殊群体之间有一定的关系。在美国中西部的一个社区中，初中生和高中生列出了学校里的 5 类群体。令多数人羡慕的是运动员，接下来（按顺序）是受欢迎的人、普通人、吸毒者 / 恶棍和无名小卒。因此，学生中自尊心得分最高的是运动员和受欢迎的人，得分中等的是普通人和吸毒者 / 恶棍，得分最低的是无名小卒，这样的结果并不出人意料。对于局外人（与这些群体没有关系的学生）来说，自尊心取决于他们在乎成为群体的一员的程度。那些不在乎是否是群体成员的局外学生的自尊心相对较高，那些想加入但没有能够加入某个群体的学生的自尊心较低。

正如青少年与派系成员的关系到青春期中期便开始变得松散一样，群体联盟在高中后期也开始变得松散。研究者评论，凝聚力通常出现在高中毕业班学生中。毕业后，当不同群体的成员一起回顾过往、憧憬未来时，他们之间的不同和敌意似乎渐渐退去。

从性别隔离到约会 虽然在青春期早期，大部分群体都由同性组成，但在青春期中期，青少年之间的很多关系确实发生在两性之间。对从性别隔离过渡到约会的经典研究案例是由德克斯特·邓菲在澳大利亚悉尼进行的一项自然的现场研究。邓菲观察到，年轻的青少年（大约 13 岁）和同一性别的 3 ~ 9 个好朋友聚集在一起。然后在男性和女性派系中，组对组的相互联系开始出现。你也可以回想一下自己的青春期，这些联系常常以追逐打闹开始，然而最终会发展为更加亲密合作的关系。在下一个阶段，每个派系地位较高的组员开始同异性进行约会。这样，随着更多组员开始约会，派系之间的界限开始逐渐消失。现在最受认可的社会团体就是群体了，在群体中，有些成员有约会，有些却没有。到青春期后期（18 ~ 21 岁），邓菲指出，随着更多情侣成对离去约会，群体的界限也开始消失。这一类型与我们之前描述的相类似，派系的界限在青春期早期逐渐变得模糊，群体之间在高中毕业前已经开始融合。

同龄人的压力、违法行为和攻击行为

在青春期早期适应同龄人的压力最为困难，在 14 岁左右达到极限。父母常常担心孩子会受同龄人的影响去做一些他们不应该做的事情，比如饮酒或吸毒。毕竟，正如我们在第 13 章讲过的，孩子们饮酒和吸毒的最好预兆是身边有饮酒和吸毒的朋友。另一个令人担心的问题是，一些青少年群体会对同龄人施加压力，强迫其参与暴力或攻击行为。一份来自美国卫生局的报告表明，身边有反社会或有违法行为的同龄人是青少年暴力的最强风险因素之一。然而，出现犯罪行为就应该归咎于同龄人的压力吗？或许有犯罪行为倾向的青少年更有可能选择那些有不良行为的同龄人，这一过程被称为选择，而这些倾向通过被选择的同龄人群体得以强化（或社会化）。在青春期参与违法行为相对比较普遍（尤其对男孩子来说），并且大部分违法行为，如偷盗、擅自侵入，都是由处于青春期中期的男孩团伙所为。另外，与同龄人相比，有主见的男孩参与违法行为的可能性较小，因此可以看出，同龄人压力确实发挥着作用。

幸运的是，大多数在青春期有过违法行为的青少年并不会继续出现违法行为。然而，有些青少年表现出一种惯性犯罪模式。在这种模式下，他们从童年直到成年都参与反社会和违法行为。同龄人的压力对这些青少年的行为来说并不是主要原因。他们自小就面临负面因子，包括不易相处的性情、微小的认知障碍、较差的冲动控制能力、不良的家庭教养、冲突高发的家庭环境（比如第 12 章中提到的强制性家庭环境），以及危险的社区环境。以上这些因素会致使青少年学习成绩较差、行为问题频发。最危险的是那些惹是生非又不受欢迎的青少年。这些青少年往往遭到遵规守矩的同龄人的拒绝，于是，他们常常与惹是生非并遭受拒绝的青少年为伍，有时会组成一些团体，进而助长了暴力和侵略——这一过程被称为偏差行为强化。大多数违法和攻击行为的研究都集中在男孩上，但少数有关女孩违法行为的研究发现，她们违法的因素与男孩很相似。青少年犯罪是一个很棘手的问题，没有简单的答案。在过去十几年中，青少年，尤其是女孩，犯罪的数量大大增加。如欲了解更多关于司法体系如何帮助青少年，请阅读从业人员视角板块文章《青少年缓刑犯监督官》。

偏差行为得以强化的一个明显的例子就是青少年黑帮的形成。黑帮是由同龄人组成的持久组织，这些青少年参与偏差行为，并通过名字、纹身、“颜色”、手势等常用符号进行互相识别。拉美裔和非洲裔美国黑帮青少年远远超过其他少数族裔或白人黑帮青少年。越来越多的黑帮活动与不断上升的暴力和犯罪（多数犯罪与毒品有关）相关。

为什么儿童和青少年会加入黑帮组织呢？治安不良、充满暴力的生活环境，缺少交流的家庭，紧张的父母子女关系，辍学，有在黑帮组织的朋友——这些都是风险因素。但是黑帮成员中很少有人说自己是被积极“招募”进来或者被迫加入组织的，很多人说他们可以拒绝加入并且拒绝也不会招致不良后果。多数成员加入黑帮是为了得到社会认可和友谊，或是因为他们的哥哥姐姐或堂表哥堂表姐也加入了黑帮，或者是为了寻求保护（这种保护并不是非常有效，因为黑帮成员成为暴力犯罪受害者的可能性要比普通人大得多）。有些人加入黑帮，部分是为了寻求一种认同或提高自尊心。并不常见的原因是为了赚钱、贩卖毒品或实现其他具体的目标。

显然，长期身处黑帮会造成导致诸多不良结果的风险增加，其中包括各种类型的反社会行为（比如，吸毒、高危险性行为）、心理压力、接触暴力、严重受伤、辍学和过早成为父母。青少年加入黑帮短短几年就会造成成年后的许多持续问题，如家庭和经济问题、继续参与犯罪活动等。或许即使只是短期加入也会打乱他们为进入成年做准备的进程——完成教育、学习成年人的社交和工作技能（这些技能都是组建一个幸福家庭和找到一份成功工作所必需的）。一旦错过积极的发展

从业人员视角

青少年缓刑犯监督官

南希·马高恩
宾夕法尼亚州费城市
一名工作在美国民事法院家事法庭特别罪犯监区的青少年缓刑犯监督官

在特殊犯罪机构接受监管的青少年最常见的犯罪有哪些？

特殊犯罪机构监管的青少年被安置在住院治疗部接受心理治疗。他们的犯罪行为包括攻击、盗窃、抢劫、汽车偷窃、入室行窃、受管制药品犯罪、同谋罪、性侵罪（包括强奸、猥亵罪、猥亵露体罪和非自愿性交）。

缓刑犯监督官通过什么方法帮助青少年避免将来犯罪？

当青少年完成治疗，并得到推荐出狱时，我们会制订一个缓刑监督计划。这个计划要求青少年对他/她的行为负责、给予受害者补偿，保护社区安全并且发展自身能力。我负责跟进他们的进步和成功，并常常为他们联系以社区为基础的提供教育或职业培训、戒毒治疗、个人或家庭治疗、就业服务的支持性组织。我们为每一个青少年制订计划，以符合他们的需求。

你认为在青少年中防止出现行为问题、暴力和犯罪问题最重要的是什么？

防止青少年犯罪是一项正在推进的艰巨任务。家庭的破裂似乎影响了很多青少年。家庭的支持、引导和鼓励是青少年培养积极适当的社会技巧和自尊心从而适应青春期和生活中挑战的关键。家长、学校和支持性组织之间的交流对持续鼓励青少年在社会中不断努力、走向成功至关重要。让青少年接受教育并强调他们的优势将会帮助降低青少年的犯罪率。

你的工作需要哪些教育和培训？

我从宾夕法尼亚州立大学司法行政专业获得学士学位后，又在现在工作的法院进行了实习，我大部分的训练都来自工作。每年法院都会提供并且要求进行额外的训练和教育（40 多个小时）。我在教育方面唯一的遗憾就是没有拿到双学位。

问　题

哪些行为是家长应该注意到的可能成为违法行为预兆的行为？家长和社区在防止违法行为并鼓励青少年集中参与积极活动方面可以做些什么？

机会，便很再难弥补回来。

幸运的是，大多数青少年说他们加入黑帮的时间并不长（通常一年或更短），他们离开时也不会遇到太大的麻烦，尤其是那些加入黑帮时间不长并处于边缘的成员。但那些加入黑帮时间较长又处于中心地位的成员如果要离开黑帮，就会遇到大麻烦，尤其当黑帮的组织性较高，并且组织由更高地位的成员所控制时。黑帮个体对组织成员关系的依赖性越强，他们可选择的生活方式越少，离开黑帮组织也就越困难。

关于青少年面临同龄人压力的好消息是，对大部分青少年来说，实际上，最大的压力往往都是积极的。许多青少年宣称，他们所经历的最大的同龄人压力是与他人和睦相处、取得好成绩、从高中毕业并进入大学。尽管有些学生确实有违法行为，表现得非常具有攻击性，但很多其他学生并非如此。青少年和成年人一样，都担心来自同龄人的攻击——毕竟青少年还是违法和攻击行为最经常的受害者。自科罗拉多州哥伦拜恩中学发生的校园枪击惨案后，全美许多其他地方的社区和学校已经开始全力应对攻击事件和校园安全了。所有人都同意，必须要做些什么，但对采取什么措施并没有达成一致。如欲了解更多校园安全问题，请阅读社会政策视角板块文章《如何应对具有攻击性的学生？》。

环境影响

青少年在面对形成自我认同、发展亲密友谊并获得自我决策权等发展任务时并非处于真空环境。他们的努力强烈地受到了社会环境各方面的影响。特别重要的两种环境是学校环境和他们发展所处的整个文化环境。在本节，我们将探讨这些环境对青少年发展产生的影响。

学校中的青少年

学校氛围和结构　正如教室氛围可以刺激某些目标、活动、信念、情感和行为一样，学校的氛围也会影响学生和老师。学校惯例，比如学校表彰大会、公开

社会政策视角

如何应对具有攻击性的学生?

威斯康星州伯灵顿市（1998 年 11 月）。5 名青少年因计划杀死学校教师被警方逮捕，并被校方开除。这件事由 12 个男孩向警方报案得以解决。男孩们认罪了，3 名接受缓刑，2 名接受精神病治疗。还有一起发生在威斯康星州的格林湾的类似案件，也是因朋友报案而得到了阻止。

科罗拉多州利特尔顿市（1999 年 4 月）。埃里克·哈里斯和迪伦·克莱博尔德带着两把猎枪、一把步枪、一把手枪和很多炸弹进入哥伦拜恩中学。他们在自杀之前杀了 12 名学生和 1 名老师，并导致 23 人严重受伤。

内布拉斯加州奥马哈市（2011 年 1 月）。高一学生小罗伯特·巴特勒在开枪自杀前开枪杀死了他的副校长薇姬·卡斯帕博士，并使校长柯蒂斯·凯斯受到枪伤。据报道，巴特勒由于担心自己把车停在学校足球场而被勒令休学因此做出这件事。

得克萨斯州贝德福德市（2002 年 3 月）。一名高一学生因保安在他的车厢里发现了一把长 25.4 厘米的面包刀而被学校开除。这位学生说刀子是从装有他奶奶的物品的盒子中掉下来的，这些物品准备送往旧货商店。

近 10 年中，类似这样的报道已经不足为奇，学校暴力似乎已经成为一种流行趋势。然而，在儿童和青少年中，暴力行为出现的频率究竟是多少呢？实际上，儿童不在学校时更容易成为受害者。自 20 世纪 90 年代以来，多类校园严重暴力犯罪的犯罪率已经开始下降。但是入侵学校的案件仍有很多。一项全美调查发现，5% 的高中生逃学有时是出于安全考虑，8% 的学生受过威胁或伤害，甚至更令人担忧的是，6% 的学生曾经把武器带到过学校。最近一年暴力犯罪的受害者数量高达 60 多万，其中有 17 名 5 ~ 18 岁的青少年在学校暴力事件中丧生。尽管像“哥伦拜恩残杀”这样的恐怖事件并不常有，但这样的悲剧发生过一次也就够了。

社区和学校该如何应对具有攻击性的孩子呢？美国大多数公立学校对枪支、暴力、酒精和毒品采取零容忍政策。这些政策对特定违规行为强制执行特定的惩罚（通常是开除）。不幸的是，批评家提出，实际上，无论是处理严重还是琐碎的事情，这些善意的政策都以停课和开除作为惩罚方式。不同的学校对这些政策的落实并不一致，这样便不成比例地影响了少数族裔的学生，黑人学生遭到停课的可能是白人学生的 2 ~ 3 倍，黑人学生即使犯罪较轻，惩罚也相对较重。其他少数族裔的学生把这些政策视为种族歧视和学校环境不友好的证据。总之，批评家认为，很少有证据表明这些零容忍政策在减少学生攻击行为方面有效地发挥了作用，相反，这些政策可能实际上增加了学生辍学和参与违法行为的可能。其他办法提倡预防，侧重于尽早发现旷课、欺凌、愤怒和攻击等行为，并为青少年提供以学校为基础的团体治疗，治疗团队均为受过专业训练的心理学家或咨询师。学校和地区的政策、以解决矛盾的技巧为重点的教工培训、有效的纪律组织策略和社交能力培训为一些学校提供了更为亲社会的环境。很多专家指出，攻击行为和校园暴力有很多原因，学校、父母和整个社会必须共同努力，协调资源，以便更有效地解决这些问题。

问　题

哪些政策可以最好地应对具有攻击性的学生和校园暴力？学校应如何平衡学生的需要和权利与识别和处理潜在问题的紧迫性以预防暴力发生呢？你对社会政策有哪些建议？

张贴光荣榜、在成绩单上标注班级排名、永久保存档案，促使全校重视能力、竞争和社会比较。相比之下，认可学生的努力和进步并对其掌握知识提供指导，可以产生一种全校范围的学习导向。

当学生过渡到中学或初中时，学校结构会对其产生重要的影响。这时，学校通常会加强对竞争、成绩、教师控制和社会比较的重视。与此同时，教师对个体学生的注意力和支持有所减少，并且学生维持亲密人际网络的机会也有所减少。这样一来就会出现学生自尊心、动机和成就感长期下降，尤其对于那些学习成绩不好或心理脆弱的学生。学校结构和青少年发展需求的不协调就是一个糟糕的阶段环境适应的例子，即环境和发展特殊阶段的认知、社会、情感需求不协调。学校可以通过以下调整以使其结构更符合青少年的发展需求：鼓励树立以学习为导向的目标（而非以成绩为导向的目标），利用合作学习技巧，把注意力从荣誉和奖项转移到积极性、努力和提高上，在班级和学校决策方面给学生更多权利，安排定期咨询会议以便老师了解学生并及早发现潜在问题。

学习成绩差异

与其他国家的学生相比，美国学生的学习成绩如何呢？一项最新的针对数学和科学两门学科的国际测评表明：在参与测评的 64 个国家中，美国 15 岁学生的数学成绩排在第 24 名，科学成绩排在第 19 名。这一成绩与排名前列的国家成绩相比有很大差距。类似这样的结果令人感到失望，尤其是在过去几十年人们过于重视教育进步的情况下。

研究者仔细研究了美国、日本、中国大陆地区和中国台湾地区的教学模式，发现亚洲国家和地区（常常在数学和科学学科得分最高）与美国的教学模式差异非常有趣。这些差异明显表现在对努力和能力的认知程度、积极参与学习活动的程度、父母的期待和参与度、师生分配学习时间的方式上。有人提议把亚洲国家和地区所用的教学模式完全照搬到美国，但这种提议并不切实际，因为彼此间的文化体系相差甚远。比如，一项研究表明，把学年延长 30 天会使学生在某些科目中取得更好的成绩。有趣的是，很多长期被教育研究者和发展心理学家热捧的教学模式在亚洲国家和地区中很普遍，比如积极学习、强调努力而非能力、重视解决问题的能力和理性知识。你可能已经意识到，很多美国学校为提高教育已经做出了一些改变，但是要看到这些改变带来的效果还需要几年。

美国学生中不同种族之间有什么差别呢？如图 15.3 所示，2011 年，美国国家教育进展评估发现，在数学成绩方面，种族群体存在着较大差异，并且在所有测试的学科中都有类似发现。虽然自 1971 年开始，这些差异已大大缩小，然而，大部分差异从 1990 年起只是略有缩小或没有变化。尽管在 20 世纪 80 年代到 90 年代，所有种族的辍学率都有所下降，族裔差异仍然存在。比如，拉美裔学生的辍学率（18%）是非拉美裔白人学生（5%）的 3.5 倍；美国印第安学生的辍学率（13%）是白人学生的 2.5 倍多；非洲裔美国学生的辍学率（9%）几乎是白人学生的 2 倍。

为什么尽管美国政府多年以来一直对各族裔给予关心和照顾，但各族裔之间的差距依然那么大呢？贫困及其影响是一个重要的因素。少数族裔的学生与白人学生相比更容易生活在贫困中。贫困影响了周围学校的质量，还限制了用以买教学设备和丰富各类活动的资金、家长的能力和提供帮助的机会，以及学生整体的健康等因素。文化差异也很重要，尤其是学校与学生本族文化兼容的程度和学生本族文化对在学校所学技能的重视程度。文化不兼容的一个重要结果是：学生可能不太在乎他们的表现，不会更加努力或寻求帮助。那些对学生文化敏感并试图使父母参与其中的学校对学生的学习成绩起到了积极的作用。

很多人似乎都认为男生的数学比女生要好，事实是这样吗？这取决于学生的年龄和被评估的数学的某个特定领域。在小学发现的唯一不变的差异都有利于女生，她们在计算和数学成绩方面都更优秀。之后，女生在数学方面得分仍然更高，但从 15 岁之后，她们卓越的计算能力开始消失。有利于男生的性别差异出现于青春期，并在高中时不断显现，但是这种优势仅局限于解决数学问题的能力或空间想象能力。自 20 世纪 70 年代后期，男生在学习能力测验（SAT）的数学部分得分一直高出女生 10%。然而，一项对四年级、八年级和十二年级学生所做的全美测评表明，从 20 世纪 80 年代开始，性别差异已经开始下降，最近的全美测

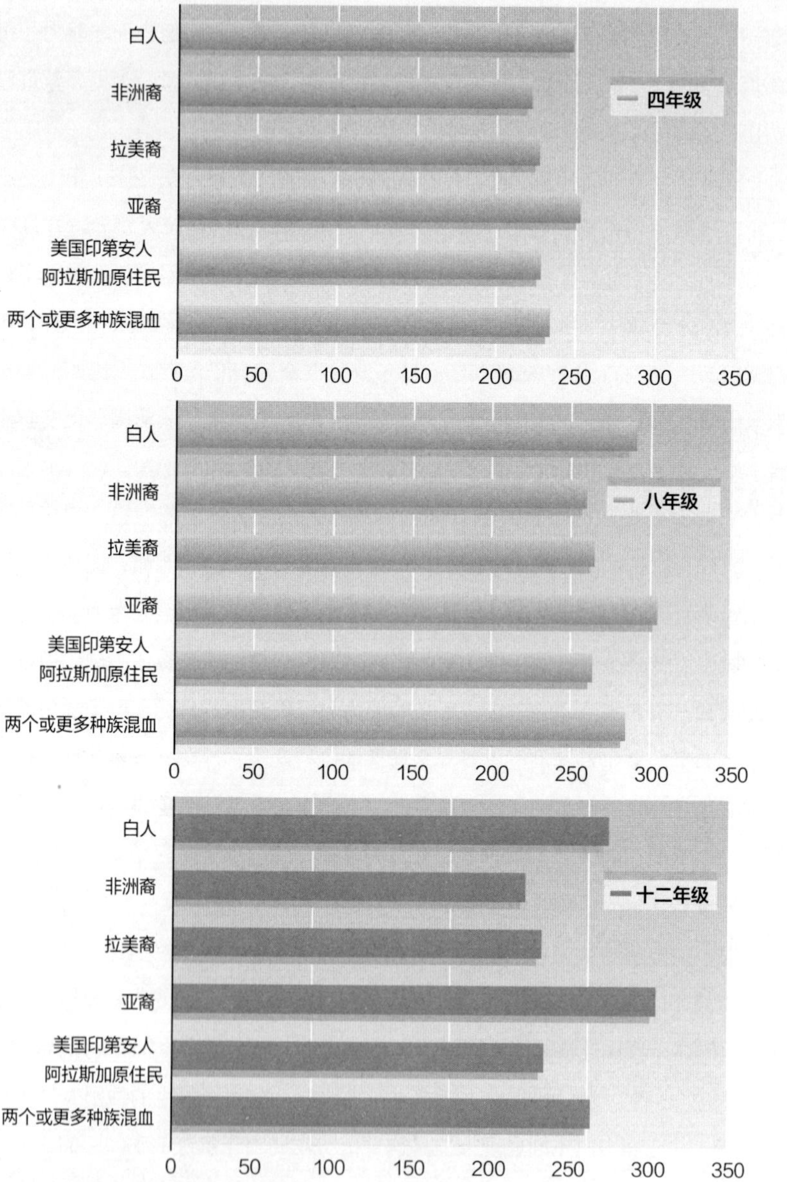

图15.3 不同种族的成绩差异

图片表明不同种族在数学中的差异。不同种族的成绩在所有已测评的科目中都不相同。最高分在四年级和八年级可能达 500 分，在十二年级达 300 分。注意：四年级和八年级的数据来自 2011 年，十二年级年级的数据来自 2009 年（没有提供 2011 年的数据）。

评显示已经没有显著的差异了。一些研究发现，女生逐渐对数学缺少积极的态度，对数学的兴趣也随之减弱，并且越来越没有信心参加与数学相关的活动。学校为解决这个问题已经进行了多年的努力，目前已取得了一些进展，但男生的数学比女生要好的定式思维仍然存在。

在更普通的认知技能中，最大且最一致的性别差异表现在言语技能、语言能力和空间推理能力。在学龄阶段，女生在言语技能方面更有优势，她们与男生在言语技能的最大差异在于拼写、对语言的整体把握和写作。在青春期，部分差异逐渐缩小，然而其他方面的差异（比如，写作）仍然存在。男生在空间想象技能方面如（心理旋转，即一种把物体从不同角度视觉化观察的能力）的差异会在 9 ~ 13 岁出现，这种差异会贯穿整个青春期并在此期间不断变大。

在学校教育过程中应如何预防问题出现？　为预防学校教育中会出现的问题，我们可以做些什么？你可能想立即给予帮助，可能想在健康和社会服务机构、早期儿童教育机构、学校、政府或私人机构工作。你可能也有自己的孩子。表 15.4 为从幼儿园到高中所有参与儿童工作的工作人员提出了建议。极其重要的是，每位学生在开始上学时要做好学习的准备。早期的学习可以为日后打下坚实的基础，并且让学生懂得，努力和坚持会带来不同。每个孩子必须感到学校与他的生活息息相关并至关重要。达成这些目标并不容易，这要求所有关心学生学习成果和生活质量的工作人员都积极参与。

文化背景差异

在这本书中，我们解释为什么孩子会以某些方式行动、思考或感受时，经常提到文化的影响，并且我们在每一章中还提到了不同文化之间的差异。但是，什么是文化，文化对发展会产生怎样的影响呢？本节我们将讨论文化类型，并考虑它们对孩子发展产生的影响。

文化导向：个人主义和集体主义　文化是指由一个群体的每位成员所共有且代代相传的习俗和价值体系。文化包括明确规定的规则（比如法律），也包括态度、信仰、目标、价值和传统。在具体的习俗和价值上，文化与文化之间大不相

表 15.4

通过学校教育预防问题		
策略	父母可以……	学校可以……
加强入学准备，帮助学生在学习上有一个良好的开端	为孩子接种疫苗，鼓励他们养成良好的饮食和锻炼习惯并确保孩子有充足的睡眠。 利用高质量的学前班教授孩子基本技能，并鼓励他们树立对学习和学校教育的积极态度。 每日都为孩子阅读并鼓励他们使用描述性的词语。 激发孩子的好奇心，鼓励他们提问题。鼓励孩子重视努力，而不仅仅是结果。 让孩子知道，你相信他们可以通过努力和毅力学习。	在加强入学准备方面给家长提出具体的建议。 对所有学龄前儿童进行彻底审查，找出那些最需要早期教育的儿童。 建立一种重视并鼓励好奇心、质疑精神和学习热情的环境。 制定重视努力、毅力和以掌握知识为导向的政策。 对学生抱有积极的期望。
创造一个积极的学校环境，让学生在学校感到舒服、自信和快乐	参与孩子的学校活动。主动出席学校重大活动。 定期会见孩子的老师，即使孩子没有出现任何问题。 对重视努力、毅力和掌握知识的老师和对孩子有积极期望的老师提出请求。 考虑孩子的班级环境——是温暖和支持的环境，还是冷漠和令人讨厌的环境?	鼓励有意义和定期的父母参与。 采取措施消除消极的教室氛围。 在政策方面，定期举行在职培训以促进积极的教室环境和以掌握知识为导向的政策。 努力把班级大小控制在 20 个学生以内，尤其在低年级。
想一想学校结构和政策产生的影响，使阶段与环境相适应	对强调成绩和竞争的学校政策提出质疑。对学校如何鼓励以学习为导向、努力和毅力方面提出质疑。 支持中学那些建设友好校园的项目，比如板块式课程表（弹性课程安排）或教师指导“咨询”项目。 观察孩子有没有不适应新学校的迹象。	反思学校的政策是否过于强调能力，试着多把重点转移到努力、毅力和以学习为导向的政策上。 考虑建立“咨询”项目和板块式课程表，这样，师生之间可以更好地相互了解。 留心观察学生个体是否出现了很难适应的迹象。 制定学生友好型的常规，教授学生自我管理和自我控制策略。 与学生家长保持联系，确保学生的需要得到满足。

表 15.4（续）

通过学校教育预防问题		
策略	父母可以……	学校可以……
了解不同的文化，使学校更加有趣，与学生更相关	去认识孩子的任课老师。帮他们了解他们文化和你们文化的不同之处。 在孩子的班级或学校里协助组织一场多文化活动。试着理解学校为什么进行这样的课程安排。 试着找到让你的孩子认为这些安排合乎情理的原因。 为孩子举例说明他或她正在学习的内容和技能，尤其是他们认为与他们不相关的课程。	安排一些可以鼓励家长和老师相互了解的活动。 提供在职培训，帮老师们更好地理解学生的文化、期待和风俗。 鼓励老师把有关学生文化背景的信息融入教学当中。 向社区成员咨询那些看起来对学生不相关的课程，从社区成员那里得到建议并改进课程与学生的相关度。
不要仅仅教授书本上的知识，让学生多参加户外活动	帮助孩子建立积极的、支持性的友谊。鼓励孩子讲述在学校所学的内容、他们对学校喜欢和不喜欢的地方及其原因。 鼓励孩子与他们信任的成年人，如老师，建立积极的关系。	与学生谈论对待学习的态度、自控的策略、如何处理强烈或消极的情绪。 为在学习、社会或情感上有困难的学生提供咨询服务或推荐。 既作为学习信息资源，又作为非学习服务和其他事项的信息资源。

同。人们常常进行文化比较的一个重要角度是他们重视集体还是个人。比如，想一想你如何描述自己。通常是使用强调集体的词语还是与他人关系的词语呢？现在请诚实地思考你对朋友和家人的幸福愿意承担多少责任：你愿意为了他们牺牲自己的心愿、独立和幸福吗？心理学家会从各种不同的角度提出类似这样的问题。回答可以被分为有个人主义或集体主义的一般文化取向。

个人主义包括普遍认为人与人之间相互独立。个人主义文化认为，个人的“权利高于义务，更关心自我和直系家庭，强调个人的自主和自我实现”，并且还强调，个人身份取决于个人成就。相比来看，集体主义认为，社会组织成员之间相互依赖，最关心的问题是集体的目标、价值和幸福。集体主义强调履行对他人的义务，即使会牺牲自己的意愿和幸福；个人认同与集体而非个人的信仰、成就和特点相关。在这种文化中，集体成员以亲属、宗教、种族划分，或以其他关系为基础建立联系。

研究者经常把国家分为以个人主义或集体主义为导向两种类型，但是任何一个国家中具体的个人都可能有不同的导向。在某个特定的国家，个人在严格遵守整体文化导向或任何一种文化具体习俗和价值的程度上有很大的不同。

研究表明，在很多信仰和行为中，个人主义和集体主义的差异都与发展有关。其中包括：家长对孩子的教育政策、情感依恋类型、对待学习努力和能力的态度、学校纪律策略、合作与竞争、解决冲突的方法、助人行为、喜欢独自工作还是集体工作。比如，很多欧洲裔美国人（更不用说发展研究员）认为权威型家庭教育非常有效，因为这种方式鼓励自力更生、自我管理和探索等，这种个人主义的文化导向很令人满意。但是，我们在本章前面部分已经讨论过，这种父母教育类型并不是基准，并且这样的结果与不主张个人主义的文化目标不相符，比如东亚和非洲国家的文化。

可能你已经猜到了，研究者经常把西方文化与美国文化，如个人主义相提并论。在美国文化中，他们通常认为欧洲裔美国人最具个人主义倾向。然而，最近的研究对已经形成的部分有关个人主义和集体主义的文化提出挑战。有些理论和测量方法看起来似乎有取向偏见，另外，有些研究对哪些文化更倾向于某种取向的传统观念提出了质疑。

社区环境如何？城市和乡村贫困 最近几年，发展研究员重点研究了孩子们生活环境的特点。社区环境通常是由在很多重要的方面都很相似的群体组成，比如，在态度、信仰、种族、语言和行为方面。社区所提供的资源、所鼓励的私人和公共行为、所提倡的家庭教育方式、所组织和允许的社会活动都对孩子产生较好或较坏、直接或间接的影响。一个突出的因素是，居住在较差的社区环境带来的影响。生活贫困对孩子的发展会普遍地产生负面影响。

贫困：一种经济文化 自 2010 年起，美国家庭的总贫困率为 15.1%，这是自 1993 年以来最高的比例。仔细观察图 15.4，图中有关儿童和青少年相对于总人口的贫困状态说明了什么？截至 18 岁的儿童和青少年贫困率几乎比其他所有年龄的贫困率高 1.5 倍。换句话说，儿童，尤其是年龄较小的儿童比其他年龄组的人更有可能生活在贫困中。非洲裔和拉美裔美国儿童尤其如此，这些族裔中，

10 个孩子里就有 4 ～ 5 个生活在贫困中。更令人惊讶的是，在很多这些家庭中，至少有一个人是全年全职工作，或者有至少受过大学教育的父母。

2010 年，美国人口普查局规定，两人家庭年收入不超过 15 310 美元的属于贫困家庭（四人家庭贫困的基准是每年收入不超过 23 050 美元）。你认为依靠这些收入的四人家庭会遇到哪些困难？考虑到最近的经济情况，未来几年贫困率会呈现出什么趋势？

总的来说，生活贫困的儿童和青少年在他们的日常生活中面临非常有限的选择和诸多困难。资源短缺、持续不断的麻烦和相对频繁的消极的生活事件给所

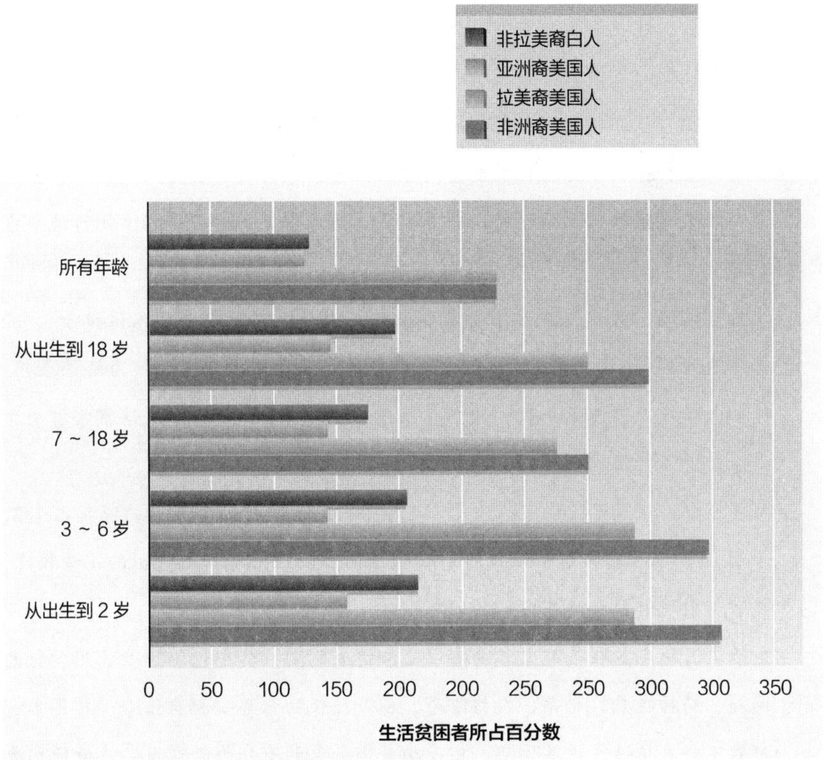

图15.4　美国生活贫困的年龄阶段百分比（2010）

在美国生活贫困的人群中，儿童所占数量比其他任何年龄阶段的人都多，尤其是 2 岁以下的儿童。非洲裔美国儿童和拉美裔美国儿童的风险特别大。

有家庭成员带来很大的压力，并且这种压力似乎从来不会减轻。孩子越小，他生活在贫困中的时间就越长，由此造成的影响就越大。个体经历的由贫困造成的风险因素（比如不良的健康状况、不足的家庭教育和较低的社会支持）越大，产生的影响就越严重。生活贫困对幸福生活会造成多方面的影响，主要包括以下几个方面：

- 生活贫困的儿童比其他儿童更容易出现身体健康问题，其中包括早产、低出生体重、疾病、受伤、中毒、父母忽视、接触到有毒物质和暴力的风险较高。他们能够接受到充分医疗服务的机会很少，免疫接种率也比较低，因此在接受治疗前，疾病和伤口常常恶化得更为严重。
- 贫困与较低的智商、学习成绩和各种认知测评结果有很大的关系。贫困的儿童在知识、认知技能、社交技能和自我调节方面都没有做好入学准备。
- 贫困儿童和青少年往往在低质量的学校上学，这样，与其他儿童相比，他们参与积极丰富的课外活动的机会非常少。他们留级并且最终辍学的可能性也比较大。
- 生活贫困的父母更依赖专断型教养策略（比如，发布命令并体罚孩子），并且不太可能给孩子讲道理、让孩子参与决策或对孩子合适的行为给予表扬。家长教养方式可能不一致，缺少对以孩子为中心的关心，不过这常常取决于是否出现了其他问题。
- 无家可归是非常可能出现的情况。无家可归的人口中，有子女的家庭占 1/3，子女 18 岁以下的占这个人口的 1/4。无家可归的儿童与其他贫困的儿童相比，更容易出现健康和发展方面的问题。
- 生活贫困的儿童在早期更容易有社交和情感问题，其中包括药物滥用、行为问题、精神疾病、自杀、人格障碍，以及较低的自尊心和自信心。贫困本身可能不会直接造成这些困难，但是由贫困带来的有压力的环境条件使他们更容易出现这些问题。

有少数族裔背景的儿童更有可能生活在贫困中，并且比非拉美裔白人儿童生活在贫困中的时间更长。我们在前面章节提到的很多族裔差异（比如，在父母教养方式、学业成绩和完成学业、较早怀孕、低出生体重等方面的差异）至少部分反映出贫困造成的影响。实际上，从结果上来看，当分析者考虑到贫困因素时，这些族裔差异逐渐减弱或消失。从一个较差的社区环境中搬到基本不贫困的地区会产生很多积极的影响，包括情感抑郁减少、较少依赖使用严厉的家教方式、较少出现暴力行为。

市中心　市中心贫民区对儿童和青少年来说是一个尤其困难的环境。在美国市中心，几乎 1/4 的儿童都生活在贫困中。所有这些我们已经讨论过的由贫困带来的影响，尤其对生活在市中心贫民区的儿童作用严重，并且这些儿童中大部分都是少数族裔成员。这里还会出现其他的问题。犯罪，尤其是暴力犯罪，在市中心贫民区发生的频率更高。这里的住房通常不合规格、拥挤、不统一。积极的选择并不多，像黑帮和毒品这样消极的选择却很普遍。儿童和父母一样都更注重当下，而非将来；“仅仅在市中心贫民区存活下来就可以被这些家庭视为”成功了。父母缺少经济和情感资源，经常面临长期失业或不长久的工作，并且没有足够的社区支持和帮助。市中心贫民区与城市其他部分相比，经常弥漫着一种社会孤立感，而家庭由于担心孩子的安全问题，不与外人交际。市中心贫民区的孩子在学习成绩上远远落在后面，某些地区的辍学率达 50%。这些结果进一步限制了这些孩子的选择，使他们的下一代也陷入了贫困的恶性循环。

生活在贫困社区的家庭如何才能找到出路呢？很多社会组织试图帮他们创造经济机会，提高贫民区年轻人的受教育水平，达到不同程度的教育成功。毋庸置疑，社区环境非常重要。尽管如此，家庭仍然可以克服不良社区环境的影响。比如，研究者确定了几种可以帮助市中心贫民区的非洲裔美国青少年更加成功的家庭行为。这些行为以社区连结家庭为特色，可以帮助学生发现和利用在周围环境内外的机会。比如，社区连结家庭：

- 在那些提供支持和资源的家庭成员（较近或较远的）之间建立并维护网络。
- 限制孩子与那些同家庭目标和价值观不相符的人接触，这就减少了孩子接受负面影响的可能。
- 小心并持续关注孩子的活动和建立的友谊。
- 鼓励孩子参与积极的活动——加强与志趣相投的家庭和朋友之间的联系，帮助孩子发展技能和天赋。
- 期待孩子通过做家务、肩负责任、做兼职等为家庭做贡献，所有这些都能帮助提高孩子自尊心和家庭凝聚力。

乡村贫困　农村地区的贫困率与市中心的贫民区的贫困率一样高，这一事实常常被人忽略。在 2007 年，比如，市中心贫民区孩子的贫困率和乡村地区孩子的贫困率分别为 25% 和 22%，与之相比，市郊地区的孩子的贫困率为 12.5%。与所有贫困儿童一样，生活在农村地区的贫困儿童比非贫困儿童面临更多的困难和压力。他们经历过很多我们已经发现的影响，不过仍然有非常重要的例外。一个针对艾奥瓦州农村地区农场儿童的广泛研究发现，这里的家庭关系往往非常紧密，家庭关系是联系几代人的枢纽，而强大的社交网络又使整个农场社区都联系起来。在阿巴拉契亚山的贫困家庭中也有着强烈的家庭忠诚。至少在这些农村家庭中，贫困并不会像市中心贫民区那样破坏社会支持。

来到美国：移民和文化适应　纵观美国历史，移民都会面对在一个新的国家安家落户的压力——通常刚来时没有资源，对英语和美国习俗了解得都很少。文化适应是指学习一个新文化的语言、文化、风俗和社会技能的过程。这是一个很漫长的过程，通常跨度为几代，因此这就为家庭制造了矛盾和压力，尤其家庭中有处在青春期的青少年。比如，当青少年对父母讲不同的语言（比如，父母对青少年讲母语，但是孩子通常用英语回答）。据报道，这些青少年和与父母讲同种语言的青少年相比与父母的交流较少，与父母的关系也较疏远。另外，在美国出生的移民家庭的青少年与他们的父母相比，往往转变价值观和信仰的速度更快，这就使得这些家庭中的家长和青少年之间的价值观与其他移民或非移民家庭相比，产生了更大的差异。因为很多移民来自一种强调对成年人尊重和服从的文化，这种不同造成了很大的家庭压力和分裂。在文化适应中，父母和孩子产生的分歧越多，家庭矛盾往往也就越多。

不论他们的原国籍是哪个国家，移民为了更好地适应新环境必须发展某些策略。比如，研究发现，墨西哥移民强调加强家庭关系，这一策略成为其额外的经济、情感和社会支持的来源。他们也培养二元文化，或者同时采用两种文化取向。二元文化允许家庭保持他们从自己祖国带来的文化价值，但也需要他们很好地理解新文化并在新文化中很好地发挥作用。移民的青少年（有时甚至是更小的儿童）常常认为自己是儿童文化经纪人——孩子对他们家庭成员来说，既是新国家语言的口译员，又是文化的解说员。这个角色对儿童来说并不轻松。他们必须试着面向主流文化成员代表自己的家庭，并且肩负起重要的成年人责任，如法律事件、填写税表和保险索赔。教父母适应新文化及其微妙之处的重担就落在了儿童文化经纪人身上，但是教授过程必须在保证父母地位，以及在家庭和社区内尊敬父母的前提下进行。成为儿童文化经纪人也会产生积极的影响，这些儿童可以更大地拓展美国文化知识，更加敏锐地察觉他们父母面临的挑战，并且与父母的关系会变得更加紧密。

到美国的移民逐渐适应美国的主流文化，但要谨记，美国的主流文化也在发生着变化，这点非常重要。拉美裔和亚裔美国人是美国少数族裔中增长最快的族裔，每个族裔代表着一种变化的本族文化和语言集合。随着美国人口变得更加多元化，主流文化不断进化、接受新习俗，并反映出文化的多样性。

解释文化的影响 回想布朗芬布伦纳提出的生态系统理论层次（见表 1.3），观察那些可以直接或间接影响发展的诸多不同系统。所有这些系统都存在于内部，并且会受到一个特定文化背景的影响。在最高层面（宏系统和外系统），文化影响着儿童和家庭的选择范围、他们不得不利用的资源、政府制定的或有利或不利他们的政策和法律，还影响着他们居住的社区环境和他们拥有或希望得到的生活方式类型。在更加个人的层面（微系统和中系统），文化影响着社会互动发生的方式和参与的人员；哪些家庭教育方式是合理的；人们把什么当作重要的或有问题的，把哪些当作是可能的或不可能的；什么是可接受的行为，什么是不恰当的行为；儿童对自己和他人的期望是什么。总之，文化渗入了所有层面，影响着孩子的想法、情绪、信念和行为。然而，我们在面对其他的文化前，常常都没有意识到自己的文化产生的普遍影响。因为文化的信仰和习俗往往根深蒂固，有时我们会把误解文化差异看作一种损失，这一点并不令人感到惊讶。我们过于习惯按照自己文化中认为正确的方式做事和思考，以至于忘了还有其他文化也以同样正确的方式处理事情。“就像人们呼吸的空气一样，在一般条件下，这些价值观框架无法上升进入意识中”。

本章我们讲了青少年在社会情绪发展中面临的三个主要的发展任务，他们的社会情绪发展，即认同、自主性和亲密性发展，以及影响他们完成这些任务的几个因素。家庭、同龄人和社会环境产生了巨大的影响。每一个影响我们都分别进行了阐述，但重要的是，要记住这些和其他因素都相互作用，共同影响着青少年的发展。

图书在版编目（CIP）数据

儿童发展心理学 /（美）琼·利特菲尔德·库克，（美）格雷格·库克著；和静，张益菲译 . -- 北京：中信出版社，2020.5（2025.6重印）
ISBN 978-7-5086-8790-2

Ⅰ . ①儿… Ⅱ . ①琼… ②格… ③和… ④张… Ⅲ . ①儿童心理学 Ⅳ . ① B844.1

中国版本图书馆 CIP 数据核字（2018）第 054519 号

儿童发展心理学

著　　者：[美] 琼·利特菲尔德·库克　[美] 格雷格·库克
译　　者：和　静　张益菲
出版发行：中信出版集团股份有限公司
（北京市朝阳区东三环北路27号嘉铭中心　邮编　100020）
承 印 者：北京通州皇家印刷厂

开　　本：787mm × 1092mm　1/16　　印　　张：34.5　　字　　数：530 千字
版　　次：2020 年 5 月第 1 版　　印　　次：2025 年 6 月第 15 次印刷
京权图字：01–2019–5369
书　　号：ISBN 978-7-5086-8790-2
定　　价：88.00 元